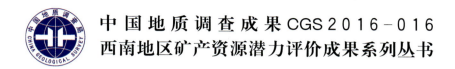

中国地质调查成果 CGS 2016-016
西南地区矿产资源潜力评价成果系列丛书

中国西南地区重要矿产成矿规律

THE METALLOGENIC REGULARITY OF MAIN MINERALS IN SOUTHWEST CHINA

秦建华　刘才泽　廖震文
范文玉　李光明　耿全如　等编著

图书在版编目(CIP)数据

中国西南地区重要矿产成矿规律/秦建华,刘才泽,廖震文,范文玉,李光明,耿全如等编著.—武汉:中国地质大学出版社,2017.12
(西南地区矿产资源潜力评价成果系列丛书)
ISBN 978-7-5625-4120-2

Ⅰ.①中⋯
Ⅱ.①秦⋯ ②刘⋯ ③廖⋯ ④范⋯ ⑤李⋯ ⑥耿⋯
Ⅲ.①成矿规律-研究-西南地区
Ⅳ.①P612

中国版本图书馆 CIP 数据核字(2017)第 272774 号

中国西南地区重要矿产成矿规律	秦建华 刘才泽 廖震文 范文玉 李光明 耿全如	等编著

责任编辑:胡珞兰	选题策划:刘桂涛	责任校对:周 旭

出版发行:中国地质大学出版社(武汉市洪山区鲁磨路 388 号) 邮编:430074
电　　话:(027)67883511　　传　　真:(027)67883580　　E-mail:cbb@cug.edu.cn
经　　销:全国新华书店　　　　　　　　　　　　　　　　　　Http://cugp.cug.edu.cn

开本:880 毫米×1230 毫米 1/16　　　　　　　　　　字数:744 千字　印张:23.5
版次:2017 年 12 月第 1 版　　　　　　　　　　　　　　印次:2017 年 12 月第 1 次印刷
印刷:武汉中远印务有限公司　　　　　　　　　　　　　印数:1—1000 册

ISBN 978-7-5625-4120-2　　　　　　　　　　　　　　　　　　　　定价:280.00 元

如有印装质量问题请与印刷厂联系调换

《西南地区矿产资源潜力评价成果系列丛书》

编委会

主　　任：丁　俊　秦建华

委　　员：尹福光　廖震文　王永华　张建龙　刘才泽　孙　洁

　　　　　刘增铁　王方国　李　富　刘小霞　张启明　曾琴琴

　　　　　焦彦杰　耿全如　范文玉　李光明　孙志明　李奋其

　　　　　祝向平　段志明　王　玉

《中国西南地区重要矿产成矿规律》

主要编著人员：

秦建华	刘才泽	廖震文	范文玉	李光明	耿全如
尹福光	王永华	焦彦杰	李　富	曾琴琴	刘小霞
张林奎	蒋小芳	王生伟	张启明	侯　林	朱斯豹
周　清	石洪召	刘书生	杨永飞	聂　飞	谭耕莉
王显峰	吴文贤	金灿海	高建华	钟婉婷	黄　勇
段志明	董随亮	吴建阳	马国桃	祝向平	张　璋
马东方	王方国	齐先茂	陈华安	周家云	孙　洁
冯孝良	张　丽	侯春秋	林方成	张　玙	赖　杨
张　红	张　海	沈战武	罗茂金	吴振波	王　宏
李奋其	梁　维	夏祥标	李应栩	崔晓亮	关俊雷
彭智敏	施美凤	朱华平			

序

中国西南地区雄踞青藏造山系南部和扬子陆块西部。青藏造山系是最年轻的造山系，扬子陆块是最古老的陆块之一。从地质年代来讲，最古老到最年轻是一个漫长的地质历史过程，其间经历过多期复杂的地质作用和丰富多彩的成矿过程。从全球角度来看，中国西南地区位于世界三大巨型成矿带之一的特提斯成矿带东段，称为东特提斯成矿域。中国西南地区孕育着丰富的矿产资源，其中的西南三江、冈底斯、班公湖-怒江、上扬子等重要成矿区带都被列为全国重点勘查成矿区带。

《西南地区矿产资源潜力评价成果系列丛书》主要是在"全国矿产资源潜力评价"计划项目（2006—2013）下设工作项目——"西南地区矿产资源潜力评价与综合"（2006—2013）研究成果的基础上编著的。诸多数据、资料都引用和参考了1999年以来实施的"新一轮国土资源大调查专项""青藏专项"及相关地质调查专项在西南地区实施的若干个矿产调查评价类项目的成果报告。

该套丛书包括：

《中国西南区域地质》

《中国西南地区矿产资源》

《中国西南地区重要矿产成矿规律》

《西南三江成矿地质》

《上扬子陆块区成矿地质》

《西藏冈底斯-喜马拉雅地质与成矿》

《西藏班公湖-怒江成矿带成矿地质》

《中国西南地区地球化学图集》

《中国西南地区重磁场特征及地质应用研究》

这套丛书系统介绍了西南地区的区域地质背景、地球化学特征和找矿模型、重磁资料和地质应用、矿产资源特征及区域成矿规律，以最新的成矿理论和丰富的矿床勘查资料深入地研究了西南三江地区、上扬子陆块区、冈底斯地区、班公湖-怒江地区的成矿地质特征。

《中国西南区域地质》对西南地区成矿地质背景按大地构造相分析方法，编制了西南地区1∶150万大地构造图，并明确了不同级别构造单元的地质特征及其鉴别标志。西南地区大地构造五要素图及大地构造图为区内矿产总结出不同预测方法类型的矿产的成矿规律、矿产资源潜力评价和预测提供了大地构造背景。同时对一些重大地质问题进行了研究，如上扬子陆块基底、三江造山带前寒武纪地质，秦祁昆造山带与扬子陆块分界线、保山地块归属、南盘江盆地归属，西南三江地区特提斯大洋两大陆块的早古生代增生造山作用。对西南地区大地构造环境及其特征的研究，为成矿地质背景和成矿地质作用研究建立了坚实的成矿地质背景基础，为矿产预测提供了评价的依据，为基础地质研究服务于矿产资源潜力评价提供了示范，为西南地区各种尺度的矿产资源潜力评价和成矿预测提供了全新的地质构造背景，已被有关矿产资源勘查决策部门应用于潜力评价和成矿预测，并为国家找矿突破战略行动、整装勘查部署，国土规划编制、重大工程建设和生态环境保护以及政府宏观决策等提供了重要的基础资料。这是迄今为止应用板块构造理论及从大陆动力学视角观察认识西南地区大地构造方面最全面系统的重大系列成果。

《中国西南地区矿产资源》对该区非能源矿产资源进行了较为全面系统的总结,分别对黑色金属矿产、有色金属矿产、贵金属矿产、稀有稀土金属矿产、非金属矿产等47种矿产资源,从性质用途、资源概况、资源分布情况、勘查程度、矿床类型、重要矿床、成矿潜力与找矿方向等方面进行了系统全面的介绍,是一部全面展示中国西南地区非能源矿产资源全貌的手册性专著。

《中国西南地区重要矿产成矿规律》对区内铜、铅、锌、铬铁矿等重要矿产的成矿规律进行了系统的创新性研究和论述,强化了区域成矿规律综合研究,划分了矿床成矿系列。对西南地区地质历史中重要地质作用与成矿,按照前寒武纪、古生代、中生代和新生代4个时期,从成矿构造环境与演化、重要矿产与分布、重要地质作用与成矿等方面进行了系统的研究和总结,并提出或完善了"扬子型"铅锌矿、走滑断裂控制斑岩型矿床等新认识。

该套丛书还对一些重点成矿区带的成矿特征进行了详细的总结,以区域成矿构造环境和成矿特色,对上扬子地区、西南三江(金沙江、怒江、澜沧江)地区、冈底斯地区和班公湖-怒江4个地区的重要矿集区的矿产特征、典型矿床、成矿作用与成矿模式等方面进行了系统研究与全面总结。按大地构造相分析方法全面系统地论述了区域地质背景,重新厘定了地层、构造格架,详细阐述了成矿的区域地球物理、地球化学特征;重新划分了区域成矿单元,详细论述了各单元成矿特征;论述了重要矿集区的成矿作用,包括主要矿产特征、典型矿床研究、成矿作用分析、资源潜力及勘查方向分析。

《西南三江成矿地质》以新的构造思维全面系统地论述了西南三江区域地质背景,重新厘定了地层、构造格架,详细阐述了成矿的区域地球物理、地球化学特征;重新划分了区域成矿单元;重点论述了若干重要矿集区的成矿作用,包括地质简况、主要矿产特征、典型矿床、成矿作用分析、资源潜力及勘查方向分析;强化了区域成矿规律的综合研究,划分了矿床成矿系列;根据洋-陆构造体制演化特征与成矿环境类型、成矿系统主控要素与作用过程、矿床组合与矿床成因类型等建立了成矿系统;揭示了控制三江地区成矿作用的重大关键地质作用。该研究对部署西南三江地区地质矿产调查工作具有重要的指导意义。

《上扬子陆块区成矿地质》系统论述了位于特提斯-喜马拉雅与滨太平洋两大全球巨型构造成矿域结合部位的上扬子陆块成矿地质。其地质构造复杂,沉积建造多样,陆块周缘岩浆活动频繁,变质作用强烈。一系列深大断裂的发生、发展,对该区地壳的演化起着至关重要的控制作用,往往成为不同特点地质结构岩块(地质构造单元)的边界条件,与它们所伴生的构造成矿带,亦具有明显的区带特征。较稳定的陆块演化性质的地质背景,决定了该地区矿床类型以沉积、层控、低温热液为显著特点,并在其周缘构造-岩浆活动带背景下形成了与岩浆-热液有关的中高温矿床。区内的优势矿种铁、铜、铅、锌、金、银、锡、锰、钒、钛、铝土矿、磷、煤等在我国占有重要地位,目前已发现有色金属、黑色金属、贵金属和稀有金属矿产地1494余处,为社会经济发展提供了大量的矿产资源。

《西藏冈底斯-喜马拉雅地质与成矿》对冈底斯、喜马拉雅成矿带"十二五"以来地质找矿成果进行了系统的总结与梳理。结合新的认识,按照岩石建造与成矿系列理论,将冈底斯-喜马拉雅成矿带划分为南冈底斯、念青唐古拉和北喜马拉雅3个Ⅳ级成矿亚带,对各Ⅳ级成矿亚带在特提斯演化和亚洲-印度大陆碰撞过程中的关键建造-岩浆事件及成矿系统进行了深入的分析与研究。同时对16个重要大型矿集区的成矿地质背景、成矿作用、成矿规律与找矿潜力进行了总结,建立了冈底斯成矿带主要矿床类型的区域预测找矿模型和预测评价指标体系,并采用MRAS资源评价系统对其开展了成矿预测,圈定了系列的找矿靶区,对指导区域找矿和下一步工作部署有着重要的意义。

《西藏班公湖-怒江成矿带成矿地质》对班公湖-怒江成矿带成矿地质进行系统总结。班公湖-怒江成矿带是青藏高原地质矿产调查的重点之一。近年来,先后在多不杂、波龙、荣那、拿若发现大型富金斑岩铜矿,在尕尔穷和嘎拉勒发现大型矽卡岩型金铜矿,在弗野发现矽卡岩型富磁铁矿和铜铅锌多金属矿床等。这些成矿作用主要集中在班公湖-怒江结合带南、北两侧的岩浆弧中，是班公湖-怒江成矿带特提斯洋俯冲、消减和闭合阶段的产物。目前的班公湖-怒江成矿带指的并不是该结合带的本身，而主要是其南、北两侧的岩浆弧。研究发现，班公湖-怒江成矿带北部、南部的日土-多龙岩浆弧和昂龙岗日-班戈岩浆弧分别都存在东段、西段的差异，表现在岩浆弧的时代、基底和成矿作用类型等方面都各具特色。

《中国西南地区地球化学图集》在全面收集1：20万、1：50万区域化探调查成果资料的基础上，利用海量的地球化学数据，进行了系统集成与编图研究，编制了铜、铅、锌、金、银等39种元素（含常量元素氧化物）的地球化学图和异常图等图件，实现青藏高原区域地球化学成果资料的综合整装，客观展示了西南地区地球化学元素在水系沉积物中的区域分布状况和地球化学异常分布规律。该图集的编制，为西南地区地质矿产的展布规律及其找矿方向提供了较精准的战略方向。

《中国西南地区重磁场特征及地质应用研究》在收集与总结前人资料的基础上，对西南地区重磁数据进行集成、处理和分析，编制了西南地区重磁基础与解释图件，实现了中国西南区域重力成果资料的综合整装。利用重磁异常的梯度、水平导数等边界识别的新方法和新技术，对西南三江、上扬子、班公湖-怒江和冈底斯等重要矿集区的重磁数据进行处理，对异常特征进行分析和解释；利用区域重磁场特征对断裂构造、岩体进行综合推断和解释，对主要盆地的重磁场特征进行分析和研究。针对西南地区存在的基础地质问题，论述了重磁资料在康滇隆起、龙门山等重要地质问题研究中的应用与认识。同时介绍了西南地区物探资料在铁、铜、铅、锌和金矿等矿产资源潜力评价中的应用效果。

中国西南地区蕴藏着丰富的矿产资源，加强该区的地质矿产勘查和研究工作，对于缓解国家资源危机、贯彻西部大开发战略、繁荣边疆民族经济和促进地质科学发展均具有重要的战略意义。该套丛书系统收集和整理了西南地区矿产勘查与研究，并对所获得的海量的矿床学资料、成矿带的地质背景和矿床类型进行了总结性研究，为区域矿产资源勘查评价提供了重要资料。自然科学研究的重大突破和发现，都凝聚着一代又一代研究者的不懈努力及卓越成就。中国西南地区矿产资源潜力评价成果的集成和综合研究，必将为深化中国西南地区成矿地质背景、成矿规律与成矿预测研究、矿产资源勘查和开发与社会经济发展规划提供重要的科学依据。

该丛书是一套关于中国西南地区矿产资源潜力的最新、最实用的参考书，可供政府矿产资源管理人员、矿业投资者，以及从事矿产勘查、科研、教学的人员和对西南地区地质矿产资源感兴趣的社会公众参考。

编委会

2016年1月26日

前　言

《中国西南地区重要矿产成矿规律》为《西南地区矿产资源潜力评价成果系列丛书》之一。该书是自中华人民共和国成立以来，特别是1999年国土资源大调查以来在对中国西南地区矿产勘查及地质矿产科研成果海量数据和资料较为全面系统收集整理的基础上，以板块构造、地球动力学和现代成矿理论为指导，从成矿地质背景，重要矿产铜、铅、锌、铬、稀土等单矿种（组合）成矿规律，综合矿产成矿区（带）划分，重要成矿带（上扬子、三江、冈底斯-喜马拉雅和班公湖-怒江）矿集区成矿规律和地质历史中（前寒武纪、古生代、中生代和新生代）重要地质作用与成矿等方面对西南地区重要矿产成矿规律进行了较为系统全面的论述。

本书共由8章组成，本书的编写和出版是参与编写者共同努力的结果（表1）。

表1　主要编写人员表

内容		编写人员	备注
前言		秦建华	
第一章　西南地区成矿地质背景	区域地质基本特征	尹福光　孙洁	李富汇总
	区域地球化学特征	王永华	
	区域自然重砂特征	焦彦杰	
	区域地球物理场特征	李富　曾琴琴	
	区域遥感特征	刘小霞	
第二章　重要矿产特征		刘才泽（铁）；王生伟、张启明（锰）；王方国、朱斯豹（铬）；秦建华、李光明、冯孝良、张丽、侯春秋（铜）；秦建华、廖震文、金灿海、林方成、张屿（铅）；秦建华、廖震文、张屿（锌）；张启明（铝土矿）；齐先茂、赖杨（镍）；陈华安、张林奎、石洪召（钨）；陈华安、张林奎、张红（锡）；秦建华、李光明、冯孝良、朱斯豹、张丽、侯春秋（钼）；马东方、刘才泽（锑）；侯林（金）；蒋小芳、赖杨（银）；周家云（稀土）；卢贤志、郭强（钾盐）；郭强（磷）；李建康、杨群（硫）；曹新群、杨发伦、陈政（石墨）；杨群、郭强（重晶石、萤石）	秦建华汇总、修改
第三章　西南地区成矿区（带）划分和主要成矿特征		刘才泽、廖震文、蒋小芳、王生伟	
第四章　上扬子重要矿集区		廖震文、张林奎、蒋小芳、秦建华、王生伟、张启明、侯林、朱斯豹	廖震文汇总、修改
第五章　三江地区重要矿集区		杨永飞、范文玉、石洪召、谭耕莉、王显峰、刘书生、聂飞、吴文贤、金灿海、高建华、张玙、张海、沈战武、罗茂金、吴振波、王宏	范文玉汇总、修改

续表 1

内容	编写人员	备注
第六章　冈底斯-喜马拉雅重要矿集区	李光明、段志明、李奋其、黄勇、侯春秋、钟婉婷、梁维、马国桃、董随亮、张林奎、夏祥标、吴建阳、李应栩、崔晓亮	秦建华、钟婉婷汇总和修改
第七章　班公湖-怒江重要矿集区	耿全如、张璋、关俊雷、彭智敏、祝向平、马东方	耿全如、秦建华汇总和修改
第八章　西南地区重要地质作用与成矿	廖震文、王生伟、周清(上扬子);聂飞、范文玉、石洪召、刘书生、杨永飞、施美凤、朱华平(三江);李光明、钟婉婷、黄勇、张林奎、夏祥标、董随亮、侯春秋、梁维(冈底斯-喜马拉雅);耿全如、张璋、彭智敏、关俊雷、祝向平、马东方(班公湖-怒江);秦建华、刘才泽(斑岩矿床与走滑断裂关系)	秦建华、刘才泽汇总
结语	秦建华	

本书最后由秦建华、刘才泽统纂。本书在编写过程中,得到了丁俊研究员的悉心指导和大力帮助,得到了中国地质调查局成都地质调查中心、中国地质科学院矿产综合利用研究所、四川省化工地质勘查院等单位的大力支持。同时,还参阅了西南5省(自治区、直辖市)省级矿产资源潜力评价成果报告和西南地区部分地勘单位地质勘查报告,这些报告资料未在参考文献中一一列出,在此一并表示诚挚的感谢。

编著者
2017 年 7 月

目　录

第一章　西南地区成矿地质背景 (1)
　　第一节　区域地质基本特征 (1)
　　第二节　区域地球化学特征 (18)
　　第三节　区域自然重砂特征 (36)
　　第四节　区域地球物理场特征 (41)
　　第五节　区域遥感特征 (51)

第二章　重要矿产特征 (57)
　　第一节　概述 (57)
　　第二节　铁矿 (58)
　　第三节　锰矿 (59)
　　第四节　铬铁矿 (60)
　　第五节　铜矿 (60)
　　第六节　铅矿 (61)
　　第七节　锌矿 (62)
　　第八节　铝土矿 (63)
　　第九节　镍矿 (63)
　　第十节　钨矿 (64)
　　第十一节　锡矿 (65)
　　第十二节　钼矿 (65)
　　第十三节　锑矿 (66)
　　第十四节　金矿 (67)
　　第十五节　银矿 (68)
　　第十六节　稀土矿 (69)
　　第十七节　石墨矿 (69)
　　第十八节　钾盐 (70)
　　第十九节　磷矿 (71)
　　第二十节　硫铁矿 (72)
　　第二十一节　重晶石、萤石矿 (73)

第三章　西南地区成矿区(带)划分和主要成矿特征 (74)
　　第一节　成矿区(带)划分 (74)
　　第二节　成矿区(带)主要成矿特征 (75)

第四章　上扬子重要矿集区 (118)
　　第一节　重要矿集区划分 (118)
　　第二节　四川松潘金矿集区 (118)

第三节　川滇黔相邻区碳酸盐岩容矿铅锌矿集区 ………………………………………… (122)
　　第四节　四川冕宁稀土矿集区 ……………………………………………………………… (133)
　　第五节　四川攀西地区钒钛磁铁矿集区 …………………………………………………… (138)
　　第六节　云南鹤庆北衙金多金属矿集区 …………………………………………………… (144)
　　第七节　川滇前寒武纪铜铁多金属矿集区 ………………………………………………… (149)
　　第八节　云南元阳-金平金多金属矿集区 ………………………………………………… (155)
　　第九节　渝南-黔北铝土矿集区 …………………………………………………………… (159)
　　第十节　云南广南-丘北-砚山铝土矿集区 ………………………………………………… (163)
　　第十一节　贵州铜仁-重庆秀山锰矿集区 ………………………………………………… (167)
　　第十二节　贵州黔西南卡林型金矿集区 …………………………………………………… (170)
　　第十三节　云南个旧钨锡铅锌矿集区 ……………………………………………………… (179)
　　第十四节　云南蒙自薄竹山-白牛厂锡铅锌多金属矿集区 ……………………………… (183)
　　第十五节　云南麻栗坡钨锡铅锌多金属矿集区 …………………………………………… (188)

第五章　三江地区重要矿集区 …………………………………………………………… (194)
　　第一节　重要矿集区划分 …………………………………………………………………… (194)
　　第二节　云南腾冲-盈江地区铁钨锡矿集区 ……………………………………………… (196)
　　第三节　云南保山-龙陵地区铅锌矿集区 ………………………………………………… (200)
　　第四节　云南镇康芦子园-云县高井槽铅锌矿集区 ……………………………………… (207)
　　第五节　云南思茅大平掌-文玉地区铅锌银铜金矿集区 ………………………………… (212)
　　第六节　云南德钦羊拉地区铜金矿集区 …………………………………………………… (218)
　　第七节　云南香格里拉格咱地区斑岩-矽卡岩铜铅锌矿集区 …………………………… (225)
　　第八节　云南省鹤庆县北衙地区金多金属矿集区 ………………………………………… (232)
　　第九节　四川梭罗沟地区金铜多金属矿集区 ……………………………………………… (238)
　　第十节　四川盐源县平川地区铁矿集区 …………………………………………………… (243)

第六章　冈底斯-喜马拉雅重要矿集区 …………………………………………………… (249)
　　第一节　驱龙-甲玛铜多金属矿集区 ……………………………………………………… (251)
　　第二节　雄村铜金矿集区 …………………………………………………………………… (254)
　　第三节　努日铜钨矿集区 …………………………………………………………………… (260)
　　第四节　弄如日-得明顶铜金矿集区 ……………………………………………………… (266)
　　第五节　蒙亚啊-龙马拉铅锌矿集区 ……………………………………………………… (269)
　　第六节　亚贵拉-沙让铅锌钼矿集区 ……………………………………………………… (273)
　　第七节　勒青拉-哈海岗铅锌钨矿集区 …………………………………………………… (276)
　　第八节　查个勒铅锌矿集区 ………………………………………………………………… (279)
　　第九节　隆格尔铁铜多金属矿集区 ………………………………………………………… (282)
　　第十节　扎西康铅锌多金属矿集区 ………………………………………………………… (286)
　　第十一节　邦布-查拉普金矿集区 ………………………………………………………… (292)

第七章　班公湖-怒江重要矿集区 ………………………………………………………… (296)
　　第一节　多龙铜金矿集区 …………………………………………………………………… (297)
　　第二节　尕尔穷-嘎拉勒铜金多金属矿集区 ……………………………………………… (306)
　　第三节　扎普-弗野铜铁多金属矿集区 …………………………………………………… (307)
　　第四节　商旭金矿集区 ……………………………………………………………………… (311)

第八章 西南地区重要地质作用与成矿 (314)

第一节 前寒武纪重要地质作用与成矿 (314)
第二节 古生代重要地质作用与成矿 (317)
第三节 中生代重要地质作用与成矿 (322)
第四节 新生代重要地质作用与成矿 (333)
第五节 斑岩铜(钼金)成矿与走滑断裂关系 (340)

结 语 (345)

主要参考文献 (346)

第一章　西南地区成矿地质背景

第一节　区域地质基本特征

西南地区区域地质复杂、成矿条件优越、矿产资源丰富,构造上主体属于特提斯构造域,大致以龙门山断裂带—哀牢山断裂为界,分为东部上扬子陆块区和西部造山带。

上扬子陆块区四周分别被北部龙门山-米仓山-大巴山陆缘褶冲带、西南部屏边-富宁-那坡陆缘褶冲带和东南部梵净山-独山-江口陆缘褶冲带所环绕,陆块内部主体为稳定的古生代地台型盆地和中生代前陆盆地,其次是康滇基底断隆带。上扬子陆块区具有中元古代末形成的典型扬子陆块基底,在陆块周缘褶冲带和康滇基底断隆带中,较广泛出露古元古代—中元古代古弧盆系岩石组合形成的基底变质岩系,表现为1000~820Ma罗迪尼亚(Rodinia)超大陆汇聚碰撞(即晋宁运动),在昆阳群等之上不整合覆盖了新元古代的澄江砂岩(耿元生等,2008;程裕淇,1994;尹福光,2011,2014)。南华纪裂解事件群表现为康定杂岩中的基性岩墙群(780~750Ma)、双峰式火山岩(苏雄组803±12Ma),在澄江砂岩与上覆南沱冰碛岩之间,形成了与超大陆解体有关的伸展不整合(王剑等,2009,2012;李献华等,2008,2012)。随后,在上扬子陆块的广大地区,表现为震旦纪灯影期白云岩—灰岩的广泛超覆,其上显生宙为稳定的盖层沉积,其中二叠纪峨眉山火成岩省是上扬子陆块区演化过程中的一大特色。

西部造山带为青藏高原的主体,是环球东西向特提斯造山系的东部主体,具有复杂而独特的巨厚地壳和岩石圈结构,是一个在特提斯消亡过程中,北部边缘—泛华夏陆块西南缘和南部边缘—冈瓦纳大陆北缘之间洋盆不断萎缩消减,弧-弧、弧-陆碰撞的复杂构造域,经历了漫长的构造变动历史。古生代以来,形成古岛弧弧盆体系,具条块镶嵌结构(潘桂棠等,2004,2012,2013;李兴振等,1995,1999,2002;李才等,2008;王立全等,2008;翟庆国等,2010;《1∶5万戈木错幅、望湖岭幅区调报告》,2011;王保弟等,2013,Wang et al.,2013)。由于后期印度板块向北强烈顶撞,在它的左右犄角处分别形成帕米尔和横断山构造结及相应的弧形弯折,在东、西两端改变了原来东西向展布的构造面貌。加之华北和扬子刚性陆块的阻抗及陆内俯冲对原有构造,特别是深部地幔构造的改造,形成了本区独特的构造、地貌景观。

一、地层层序

参照"全国地层多重划分与对比研究"方案,结合西南地区的实际,将该地区岩石地层划分为秦祁昆地层大区、羌塘-昌都-思茅地层大区、班公湖-双湖-怒江-昌宁-孟连地层大区、冈底斯-喜马拉雅地层大区、印度地层大区、扬子地层大区(表1-1,图1-1)(潘桂棠,2015;尹福光,2007,2014,2015)。

1. 秦祁昆地层大区

该地层大区只出露在西倾山一带,主要为晚古生代碳酸盐岩夹碎屑岩。

2. 羌塘-昌都-思茅地层大区

该地层大区夹持于金沙江-哀牢山与昌宁-孟连两大断裂带之间，主体为一中生代盆地，古生代及其以前的地层多分布于盆地的东、西两侧。三叠纪以后由浅海环境逐步向陆相转化，形成侏罗纪—古近纪红色盆地(尹福光，2011，2014；李兴振等，1995，1999，2002)。

表 1-1 西南地区岩石地层区划表

大区	区	分区
秦祁昆地层大区（Ⅰ）	南秦岭-大别山地层区（$Ⅰ_1$）	西倾山-南秦岭地层分区（$Ⅰ_1^1$）
		勉略塔藏(阿尼玛卿)构造-地层分区（$Ⅰ_1^2$）
羌塘-昌都-思茅地层大区（Ⅱ）	巴颜喀拉地层区（$Ⅱ_1$）	玛多-马尔康地层分区（$Ⅱ_1^1$）
		雅江地层分区（$Ⅱ_1^2$）
		摩天岭地层分区（$Ⅱ_1^3$）
	甘孜-理塘构造-地层区（$Ⅱ_2$）	甘孜-理塘构造-地层分区（$Ⅱ_2^1$）
		义敦-沙鲁地层分区（$Ⅱ_2^2$）
		勉戈-青达柔地层分区（$Ⅱ_2^3$）
	德格-中甸地层区（$Ⅱ_3$）	
	西金乌兰-金沙江-哀牢山构造-地层区（$Ⅱ_4$）	西金乌兰构造-地层分区（$Ⅱ_4^1$）
		金沙江构造-地层分区（$Ⅱ_4^2$）
		哀牢山构造-地层分区（$Ⅱ_4^3$）
	北羌塘-昌都-思茅地层区（$Ⅱ_5$）	甜水海地层分区（$Ⅱ_5^1$）
		北羌塘地层分区（$Ⅱ_5^2$）
		那底岗日-格拉丹冬-唐古拉地层分区（$Ⅱ_5^3$）
		昌都地层分区（$Ⅱ_5^4$）
		兰坪-思茅地层分区（$Ⅱ_5^5$）
	乌兰乌拉-澜沧江构造-地层区（$Ⅱ_6$）	乌兰乌拉湖构造-地层分区（$Ⅱ_6^1$）
		北澜沧江构造-地层分区（$Ⅱ_6^2$）
		南澜沧江构造-地层分区（$Ⅱ_6^3$）
	崇山-临沧地层区（$Ⅱ_7$）	碧罗雪山-崇山地层分区（$Ⅱ_7^1$）
		临沧地层分区（$Ⅱ_7^2$）
班公湖-双湖-怒江-昌宁-孟连地层大区（Ⅲ）	龙木错-双湖-类乌齐构造-地层区（$Ⅲ_1$）	托和平错-查多岗日地层分区（$Ⅲ_1^1$）
		龙木错-双湖构造-地层分区（$Ⅲ_1^2$）
	南羌塘-左贡地层区（$Ⅲ_2$）	多玛地层分区（$Ⅲ_2^1$）
		南羌塘地层分区（$Ⅲ_2^2$）
		吉塘-左贡地层分区（$Ⅲ_2^3$）
	班公湖-怒江构造-地层区（$Ⅲ_3$）	乌兰乌拉湖-北澜沧江构造-地层分区（$Ⅲ_3^1$）
	昌宁-孟连构造-地层区（$Ⅲ_4$）	
	保山地层区（$Ⅲ_5$）	

续表 1-1

大区	区	分区
冈底斯-喜马拉雅地层大区（Ⅳ）	冈底斯-腾冲地层区（Ⅳ$_1$）	那曲-洛隆地层分区（Ⅳ$_1^1$）
		班戈-八缩-腾冲地层分区（Ⅳ$_1^2$）
		狮泉河-永珠-嘉黎地层分区（Ⅳ$_1^3$）
		措勤-申扎地层分区（Ⅳ$_1^4$）
		隆格尔-工布江达地层分区（Ⅳ$_1^5$）
		冈底斯-下察隅-盈江地层分区（Ⅳ$_1^6$）
		日喀则地层分区（Ⅳ$_1^7$）
	雅鲁藏布江构造-地层区（Ⅳ$_2$）	
	喜马拉雅地层区（Ⅳ$_3$）	拉岗轨日地层分区（Ⅳ$_3^1$）
		北喜马拉雅地层分区（Ⅳ$_3^2$）
		高喜马拉雅地层分区（Ⅳ$_3^3$）
		低喜马拉雅地层分区（Ⅳ$_3^4$）
印度地层大区（Ⅴ）	西瓦里克地层区（Ⅴ$_1$）	
扬子地层大区（Ⅵ）	上扬子地层区（Ⅵ$_1$）	盐源-丽江地层分区（Ⅵ$_1^1$）
		木里-龙门山-米仓山-大巴山地层分区（Ⅵ$_1^2$）
		康滇地层分区（Ⅵ$_1^3$）
		川中地层分区（Ⅵ$_1^4$）
		扬子南部（曲靖-遵义）地层分区（Ⅵ$_1^5$）
		个旧地层分区（Ⅵ$_1^6$）
		南盘江-右江地层分区（Ⅵ$_1^7$）
		富宁-那坡地层分区（Ⅵ$_1^8$）
		上扬子东缘（雪峰山）地层分区（Ⅵ$_1^9$）
		上扬子东南缘地层分区（Ⅵ$_1^{10}$）

3. 班公湖-双湖-怒江-昌宁-孟连地层大区

该地层大区大致与龙木错-双湖和昌宁-孟连构造带相当。以广泛出露古生代蛇绿岩、蛇绿混杂岩、俯冲增生杂岩为特征（潘桂棠等，2003，2004，2013；王立全等，2004，2008，2013；李文昌等，2010）。

4. 冈底斯-喜马拉雅地层大区

该地层大区位于龙木错-双湖构造带以南、昌宁-孟连构造带以西，包括羌南至喜马拉雅山脉南坡边界断裂之间的西藏自治区大部，以及滇西地区（周维全等，1982；翟明国等，1990；雍永源等，1990；沈上越等，2008；沙绍礼等，2012）。

冈底斯-腾冲地层区：位于藏北地区怒江与雅鲁藏布江之间的冈底斯-念青唐古拉山系，东经八宿，向南转至伯舒拉岭、高黎贡山及其以西地区。前震旦系—新生界均有出露，以上古生界分布最为广泛。

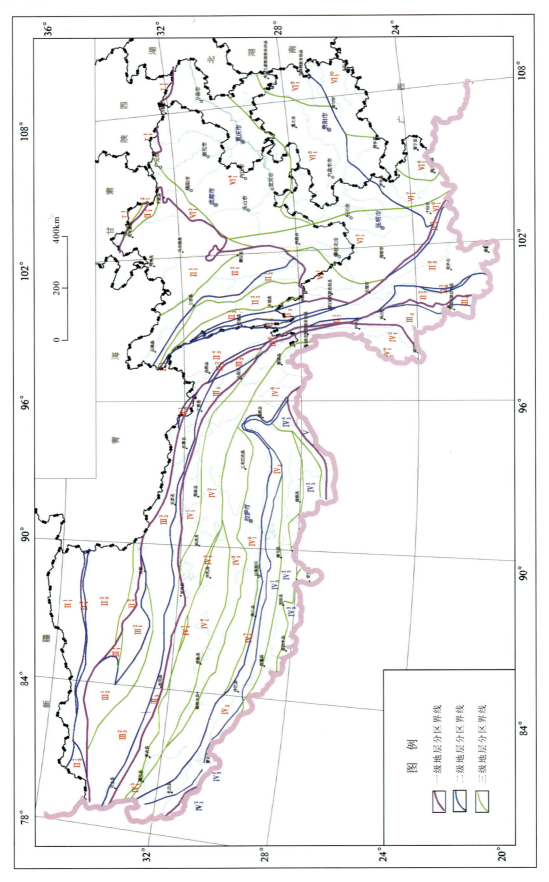

图1-1 西南地区及邻区地层划分图

喜马拉雅地层区:位于雅鲁藏布江以南、喜马拉雅山南坡以北地区。前震旦系大片出露于高喜马拉雅地区,古生界以珠穆朗玛峰地区发育最完整,中生界广泛发育于高喜马拉雅及其以北的广大地区,新生界发育古近系及上新统—更新统,缺失渐新统—中新统。

5. 印度地层大区

该地层大区位于喜马拉雅山南麓至国境线一带,称西瓦里克地层区。分布地层称西瓦里克群,属新近纪—更新世山麓磨拉石堆积。

6. 扬子地层大区

该地层大区位于龙门山—康定—丽江及点苍山、哀牢山一线以东,开远—师宗—兴义—凯里一线以北的川、渝、黔、滇地区。本区地层发育齐全,自新太古界—第四系均有出露。

二、侵入岩

西南地区侵入岩十分发育,岩石类型齐全,岩浆活动期次多,形成的大地构造环境复杂多样,时代范围为古元古代(?)—新近纪中新世,区域分布上以青藏高原及其东缘、扬子板块西缘、西南缘大量出露,另在扬子板块东南缘也有少量出露。

通过区域对比,在西南地区侵入岩岩石构造组合、时代格架厘定的基础上,对西南地区划分出一级侵入构造岩浆岩省6个,二级侵入构造岩浆岩带(亚省)18个(表1-2,图1-2)(潘桂棠,2015;尹福光,2014,2015)。

构造-岩浆事件旋回主要有5个:前南华纪、南华纪—中泥盆世、晚泥盆世—中三叠世、晚三叠世—白垩纪、古近纪—第四纪。

三、火山岩

西南地区火山岩除川东北及重庆市外,几乎广布全区,将西南地区火山岩划分出5个火山岩构造岩浆岩省,19个火山岩带(表1-3,图1-3)(潘桂棠,2015;尹福光,2014,2015)。

西南地区的火山岩从古元古代到第四纪都有分布,先后有3次大规模的裂谷岩浆事件:长城纪、南华纪和中晚二叠世。与3次超大陆裂解相关,即Columbia超大陆、Rodinia超大陆、Gandwana超大陆裂解。西南地区先后有3期多岛弧盆系火山活动,即早古生代、晚古生代、三叠纪—新生代。前两次已经形成碰撞造山系,第三次仅在特提斯-喜马拉雅形成碰撞造山系。

(1)前南华纪火山岩主要出露于扬子陆块西缘之上,在扬子陆块北缘及西缘有时代为中新元古代的古老火山岩出露。变质或轻微变质的前南华纪火山岩主要出露在地块上。如冈底斯地块、中甸地块、昌都地块、保山地块等其上或边缘都有中新元古代变质或轻微变质的火山岩出露,大部分属于古岛弧火山岩,还有一部分属于古裂谷火山岩。

(2)南华纪—震旦纪火山岩(本书界定的南华纪下限为820Ma)主要出露于扬子地块之上(包括内部及周缘)。在西南该期火山岩总体表现为双峰式,被许多地质学家看作是Rodinia超大陆裂解的构造岩浆事件响应。陆松年等认为这次裂谷事件除了此点外,还在于它是大陆地壳克拉通化的重要标志。

(3)早古生代火山岩时期的岩浆活动较为微弱,冈底斯弧断隆尼玛县帮勒村一带有少量分布,并以川西高原金沙江地区呈带状分布的基性火山岩及火山碎屑岩为特征,时代多属震旦纪—奥陶纪,在义敦、木里、宝兴、康定等地也有零星分布,时代可延续至泥盆纪,累计厚度均达数百米,偶愈千米。海西晚期至燕山早期是岩浆活动的又一高峰期,随川西高原地区"沟、弧、盆"体系的发育和完善,岩浆活动尤为频繁和强烈,在义敦地区形成了火山弧。

（4）泥盆纪火山岩在兰坪-思茅构造岩浆岩带上以发育弧后盆地的火山-沉积岩组合为特征。火山岩的主要赋存层位有志留纪—泥盆纪大凹子组,无量山岩群、石登群、龙洞河组、邦沙组、吉东龙组、沙木组、羊八寨组等分布十分广泛,说明这期火山岩的喷发背景是大陆地壳伸展环境。

表 1-2 西南地区侵入岩分区表

一级	二级	三级
秦祁昆侵入岩省（Ⅰ）		南秦岭侵入岩浆岩亚带（$Ⅰ_1^1$）
扬子侵入岩省（Ⅱ）	上扬子侵入岩亚省（$Ⅱ_1$）	米仓山侵入岩亚带（$Ⅱ_1^1$）
		龙门山侵入岩亚带（Pt_{2-3}，P_2）（$Ⅱ_1^2$）
		康滇侵入岩亚带（$Ⅱ_1^3$）
		上扬子东南缘侵入岩亚带（$Ⅱ_1^4$）
		南盘江-个旧侵入岩亚带（$Ⅱ_1^5$）
		元谋-楚雄侵入岩亚带（$Ⅱ_1^6$）
		盐源-丽江侵入岩亚带（$Ⅱ_1^7$）
		哀牢山-点苍山侵入岩亚带（$Ⅱ_1^8$）
		金平侵入岩亚带（$Ⅱ_1^9$）
北羌塘-三江侵入岩省（Ⅲ）	可可西里-巴颜喀拉侵入岩带（$Ⅲ_1$）	黄龙侵入岩亚带（$Ⅲ_1^1$）
		可可西里-巴颜喀拉侵入岩亚带（$Ⅲ_1^2$）
	甘孜-理塘侵入岩带（P—T）（$Ⅲ_2$）	
	义敦-沙鲁侵入岩带（$Ⅲ_3$）	义敦侵入岩亚带（T_3—K）（$Ⅲ_3^1$）
		莫隆-格聂侵入岩亚带（K—E）（$Ⅲ_3^2$）
		普朗侵入岩亚带（T_{2-3}）（$Ⅲ_3^3$）
	中咱地块侵入岩带（E）（$Ⅲ_4$）	
	西金乌兰-金沙江-哀牢山侵入岩带（$Ⅲ_5$）	西金乌兰侵入岩亚带（P—T_2）（$Ⅲ_5^1$）
		金沙江侵入岩亚带（$Ⅲ_5^2$）
		哀牢山侵入岩亚带（P—T）（$Ⅲ_5^3$）
	甜水海-北羌塘-昌都-兰坪-思茅侵入岩带（$Ⅲ_6$）	甜水侵入岩亚带（T_3）（$Ⅲ_6^1$）
		北羌塘侵入岩亚带（$Ⅲ_6^2$）
		昌都-兰坪陆块侵入岩亚带（P—T）（$Ⅲ_6^3$）
		思茅侵入岩亚带（P—T）（$Ⅲ_6^4$）
	乌兰乌拉-澜沧江侵入岩带（$Ⅲ_7$）	乌兰乌拉侵入岩亚带（C—P）（$Ⅲ_7^1$）
		北澜沧江侵入岩亚带（P—T）（$Ⅲ_7^2$）
		南澜沧江侵入岩亚带（P—T）（$Ⅲ_7^3$）
	本松错-冈塘错-唐古拉-他念他翁-临沧侵入岩带（$Ⅲ_8$）	本松错-冈塘错花岗岩段（$Ⅲ_8^1$）
		唐古拉侵入岩亚带（Mz）（$Ⅲ_8^2$）
		他念他翁侵入岩亚带（Pt，P—T）（$Ⅲ_8^3$）
		碧落雪山-临沧侵入岩亚带（Pt，T—K）（$Ⅲ_8^4$）

续表 1-2

一级	二级	三级
班公湖-双湖-怒江蛇绿混杂岩浆岩省（Ⅳ）	龙木错-双湖侵入岩带（Ⅳ$_1$）	龙木错-双湖侵入岩亚带（C—P）（Ⅳ$_1^1$）
		查多岗日侵入岩亚带（P$_2$）（Ⅳ$_1^2$）
	多玛-南羌塘-左贡侵入岩带（Ⅳ$_2$）	多玛侵入岩亚带（D$_2$, J$_3$—K$_2$）（Ⅳ$_2^1$）
		扎普-多不杂-热那侵入岩亚带（K$_1$）（Ⅳ$_2^2$）
		吉塘-左贡侵入岩亚带（C—T）（Ⅳ$_2^3$）
	班公湖-怒江侵入岩带（Ⅳ$_3$）	聂荣增生复合侵入岩亚带（Pt$_{2-3}$, J$_1$）（Ⅳ$_3^1$）
		嘉玉桥增生复合侵入岩亚带（Pt$_{2-3}$—J$_1$）（Ⅳ$_3^2$）
		班公湖-怒江侵入岩亚带（Ⅳ$_3^3$）
	昌宁-孟连侵入岩带（O—T$_3$）（Ⅳ$_4$）	
冈底斯-喜马拉雅多岛弧侵入构造岩浆岩省（Ⅴ）	冈底斯-察隅多岛弧盆侵入岩带（Ⅴ$_1$）	昂龙岗日侵入岩亚带（K$_1$—E$_2$）（Ⅴ$_1^1$）
		那曲-洛隆侵入岩亚带（J$_3$—K$_1$, K$_2$—E）（Ⅴ$_1^2$）
		班戈-腾冲侵入弧岩带（Ⅴ$_1^3$）
		噶尔-拉果错-嘉黎侵入岩亚带（Ⅴ$_1^4$）
		措勤-申扎侵入岩亚带（Ⅴ$_1^5$）
		隆格尔-工布江达侵入岩亚带（Ⅴ$_1^6$）
		南冈底斯-下察隅侵入岩亚带（Ⅴ$_1^7$）
	雅鲁藏布江侵入岩带（Ⅴ$_2$）	萨嘎-札达侵入岩亚带（J—K）（Ⅴ$_2^1$）
		昂仁-仁布侵入岩亚带（J—K）（Ⅴ$_2^2$）
		仁布-泽当-大拐弯侵入岩亚带（T$_3$—K$_1$）（Ⅴ$_2^3$）
		朗杰学侵入岩带（T$_3$）（Ⅴ$_2^4$）
	喜马拉雅侵入岩带（Ⅴ$_3$）	拉轨岗日侵入岩亚带（O, J, K, N）（Ⅴ$_3^1$）
		北喜马拉雅侵入岩亚带（N）（Ⅴ$_3^2$）
		高喜马拉雅侵入岩亚带（N$_1$）（Ⅴ$_3^3$）
		低喜马拉雅侵入岩亚带（∈, N）（Ⅴ$_3^4$）
	保山侵入岩带（Ⅴ$_4$）	耿马侵入岩亚带（T$_3$, E）（Ⅴ$_4^1$）
		潞西三台岩段（Ⅴ$_4^2$）
		保山侵入岩亚带（Ⅴ$_4^3$）
		施甸侵入岩带（P）（Ⅴ$_4^4$）
印度陆块侵入岩浆岩省（Ⅵ）		

（5）石炭纪——二叠纪火山岩主要出露于羌塘-三江造山系、班公湖-双湖-怒江对接带，甚至在雅鲁藏布江俯冲增生杂岩带中也有所出露，大多以构造岩块形式卷入到俯冲增生杂岩带中。

（6）二叠纪峨眉山裂谷玄武岩事件，其波及范围不限于上扬子陆块西部的川、黔、滇、桂，而且波及到羌塘-三江造山系东部的川西、滇西地区，如大石包组玄武岩及其相当层位的玄武岩。在产出的地理环境上不仅有陆相，而且有海相。这一事件，现已被全球地学界公认为一次与地幔柱活动相关的大火成岩省事件。值得关注的是，在冈底斯地块上也有同期的二叠纪玄武岩出露，其喷发的地球动力学背景可能与冈瓦纳大陆的裂解相关。

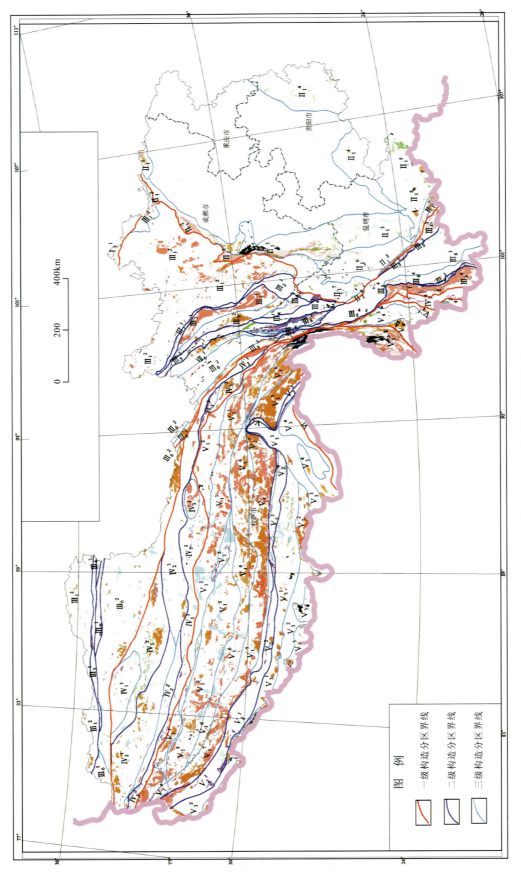

图1-2 西南地区侵入岩构造图

表 1-3 西南地区火山岩分区表

一级	二级	三级
秦祁昆火山岩省（Ⅰ）	秦岭火山岩带（Ⅰ$_1$）	西倾山-南秦岭火山岩亚带（Ⅰ$_1^1$）
		南昆仑-玛多-勉略火山岩亚带（C—T）（Ⅰ$_1^2$）
上扬子北缘火山岩省（Ⅱ）	米仓山-大巴山火山岩带（Z—T$_2$）（Ⅱ$_1$）	米仓山火山岩亚带（Pt$_{2-3}$）（Ⅱ$_1^1$）
		龙门山火山岩亚带（Z—T$_2$）（Ⅱ$_1^2$）
	上扬子东南缘火山岩带（Ⅱ$_2$）	梵净山古增生楔火山岩亚带（Pt$_3$）（Ⅱ$_2^1$）
		雪峰山陆缘裂谷火山岩亚带（Nh）（Ⅱ$_2^2$）
		黔东都匀-镇远-梵净山火山岩亚带（Z—O）（Ⅱ$_2^3$）
		南盘江-右江火山岩亚带（T）（Ⅱ$_2^4$）
	上扬子西缘火山岩带（Ⅱ$_3$）	盐源-丽江火山岩亚带（Pz$_2$）（Ⅱ$_3^1$）
		康滇火山岩亚带（Ⅱ$_3^2$）
		峨眉山火山岩亚带（Ⅱ$_3^3$）
		滇东-黔西火山岩亚带（P$_{2-3}$）（Ⅱ$_3^4$）
羌塘-三江构造火山岩省（Ⅲ）	巴颜喀拉火山岩带（Ⅲ$_1$）	碧口火山岩亚带（Pt$_{2-3}$）（Ⅲ$_1^1$）
		巴颜喀拉火山岩亚带（P）（Ⅲ$_1^2$）
		炉霍-道孚火山岩亚带（P—T$_1$）（Ⅲ$_1^3$）
		雅江火山岩亚带（T$_3$）（Ⅲ$_1^4$）
	甘孜-理塘火山岩带（P—T）（Ⅲ$_2$）	甘孜-理塘火山岩亚带（P—T$_3$）（Ⅲ$_2^1$）
		义敦-沙鲁火山岩亚带（T$_3$）（Ⅲ$_2^2$）
	中咱-中甸火山岩带（P）（Ⅲ$_3$）	
	西金乌兰-金沙江-哀牢山火山岩带（Ⅲ$_4$）	西金乌兰火山岩亚带（Ⅲ$_4^1$）
		金沙江火山岩亚带（D$_3$—P$_3$）（Ⅲ$_4^2$）
		哀牢山火山岩亚带（C—P）（Ⅲ$_4^3$）
	甜水海-北羌塘-昌都-兰坪-思茅火山岩带（Ⅲ$_5$）	治多-江达-维西火山岩亚带（P$_2$—T）（Ⅲ$_5^1$）
		北羌塘-昌都-兰坪-思茅火山岩亚带（Ⅲ$_5^2$）
		加若山-杂多-景洪火山岩亚带（P$_2$—T）（Ⅲ$_5^3$）
	乌兰乌拉-澜沧江火山岩带（P$_2$—T$_2$）（Ⅲ$_6$）	乌兰乌拉火山岩亚带（Ⅲ$_6^1$）
		北澜沧江火山岩亚带（Ⅲ$_6^2$）
		南澜沧江火山岩亚带（C—P）（Ⅲ$_6^3$）
	那底岗日-格拉丹冬-他念他翁-崇山-临沧火山岩带（Ⅲ$_7$）	拉底岗日-格拉丹冬火山岩亚带（Ⅲ$_7^1$）
		乌兰乌拉湖火山岩亚带（Ⅲ$_7^2$）
		临沧岩浆弧火山岩亚带（P—T）（Ⅲ$_7^3$）

续表 1-3

一级	二级	三级
班公湖-怒江-昌宁-孟连火山岩省（Ⅳ）	龙木错-双湖-类乌齐火山岩带（Ⅳ$_1$）	
	多玛-南羌塘-左贡火山岩带（Ⅳ$_2$）	多玛火山岩亚带（Pz）（Ⅳ$_2^1$）
		南羌塘火山岩亚带（Pz）（T$_3$—J）（Ⅳ$_2^2$）
		扎普-多不杂火山岩亚带（J$_3$—K$_1$）（Ⅳ$_2^3$）
	班公湖-怒江火山岩带（Ⅳ$_3$）	班公湖-改则火山岩岩段（Ⅳ$_3^1$）
		东巧-安多火山岩岩段（Ⅳ$_3^2$）
	昌宁-孟连火山岩带（Pz$_2$）（Ⅳ$_4$）	曼信火山岩亚带（D—C）（Ⅳ$_4^1$）
		铜厂街-牛井山-孟连火山岩亚带（C）（Ⅳ$_4^2$）
		四排山-景信火山岩亚带（D$_3$—P）（Ⅳ$_4^3$）
冈底斯-喜马拉雅火山岩省（Ⅴ）	冈底斯-察隅火山岩带（Ⅴ$_1$）	昂龙岗日火山岩亚带（Ⅴ$_1^1$）
		狮泉河-永珠-嘉黎火山岩亚带（T$_2$—K）（Ⅴ$_1^2$）
		措勤-申扎火山岩亚带（C—K）（Ⅴ$_1^3$）
		隆格尔-工布江达火山岩亚带（C—K）（Ⅴ$_1^4$）
		冈底斯-下察隅火山岩亚带（J—E）（Ⅴ$_1^5$）
	雅鲁藏布江火山岩带（Ⅴ$_2$）	雅鲁藏布火山岩亚带（T—K）（Ⅴ$_2^1$）
		朗杰学火山岩亚带（T$_3$）（Ⅴ$_2^2$）
		仲巴火山岩亚带（Pz—T）（Ⅴ$_2^3$）
	喜马拉雅构造火山岩带（Ⅴ$_3$）	康马-隆子火山岩亚带（Ⅴ$_3^1$）
	保山火山岩带（Ⅴ$_4$）	保山火山岩亚带（∈—T$_2$）（Ⅴ$_4^1$）
		潞西火山岩亚带（Ⅴ$_4^2$）

（7）三叠纪—新生代火山岩主要出露羌塘-三江造山系、班公湖-双湖-怒江对接带、冈底斯-喜马拉雅造山系；中国西南地区以弧盆系火山岩组合、增生楔火山岩组合及后碰撞火山岩组合为主，构成西南地区中新特提斯多岛弧盆系，以及同碰撞弧火山岩组合和后碰撞 SH 系列火山岩组合。值得特别指出的是，伴随着青藏高原特提斯-喜马拉雅造山系的扩展和岩石圈增厚，后碰撞火山岩已经波及到塔里木陆块南缘的西昆仑一带。这些火山岩在岩石组合上大都以安山岩-英安岩-流纹岩为主，其形成的构造环境暂时归于后造山环境。

四、变质岩

区内变质岩出露比较广泛，变质岩石、变质作用类型和变质强度（相及相系）亦较齐全，以区域变质作用及其变质岩类为主。从区域变质岩类的出露形式上来看，可分面型和线型两种。面型出露者，多属构成各大小陆块基底的前寒武纪和古生代以来各活动型盆地；线型分布者，则与各构造-岩浆岩带，特别是板块边界相吻合。依其区域变质特征可进一步划分为东部区（扬子陆块及其边缘区）、西部区造山带（羌塘-三江地区、冈底斯-喜马拉雅区）。

扬子陆块及其边缘区经历了 1800Ma±（吕梁运动）至 820Ma±（晋宁运动）完全硬化成为基底，为区域动力热流变质，变质程度达绿片岩相-角闪岩相。

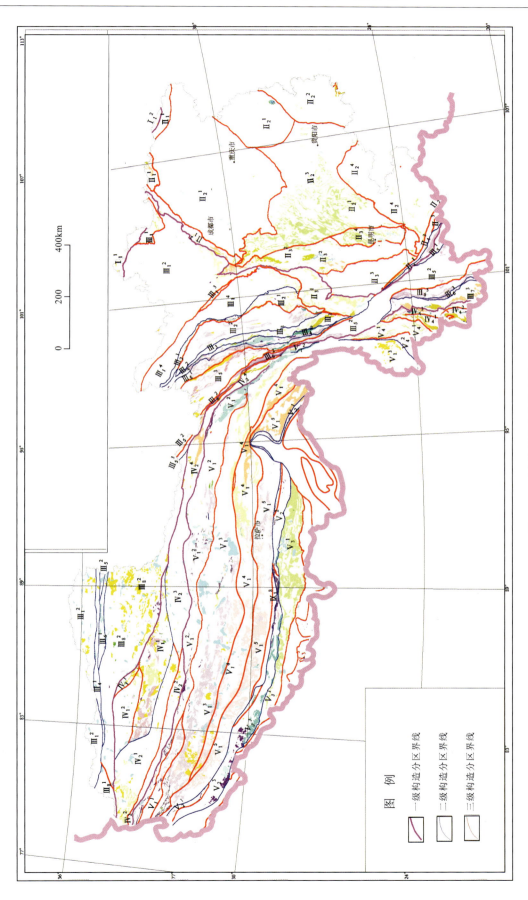

图 1-3 西南地区火山岩构造图

造山带内,雅鲁藏布江带埋深变质的绿纤石-葡萄石带至高压带的蓝闪石-绿片岩带,与地块上的低绿片岩带呈平行排列。冈底斯-腾冲带,形成低绿片岩-低角闪岩相,属区域热流变质作用。怒江带中出现中-高压相系以及埋深变质的绿纤石-葡萄石相变质岩。羌中南-保山陆块,除低绿片岩相的区域动力热流变质带外,位于裂谷带间尚有低温动力变质形成的低绿片岩带。澜沧江结合带两侧,也有埋深变质的绿纤石-葡萄石带至高压相系的蓝闪片岩带。松潘甘孜活动带,一般为低绿片岩相,接近构造带有递增趋势。金沙江带中,也有埋深变质带及高压相系存在。

就全区而言,围绕某一构造带热穹隆的递增变质和混合岩化作用在各地质单元均有显示,成为西南地区变质作用的特色。

五、构造单元划分及其地质演化

(一)构造单元划分方案

采取时空结构的系统性、层次性、相关性的大地构造单元划分原则,其基本作法是把由大洋和大陆岩石圈两种构造体制演化形成的构造单元作为一级构造域。在大洋构造体制演化过程中划分出结合带、洋内岛弧带、增生楔逆推带或(岛弧)地体等不同级别的构造单元;在大陆构造体制演化过程中划分出陆块、地块、大陆边缘褶冲带、近陆岛弧、弧后盆地、弧前盆地、弧间盆地、前陆和后陆坳陷带或盆地、走滑拉分盆地、拉伸盆地或裂谷盆地、推覆带等。

依据上述构造单元划分的总体思路和基本原则,拟定区域构造单元划分方案(表1-4,图1-4)。

表1-4 西南地区构造单元划分表

一级构造单元	二级构造单元	三级构造单元
秦祁昆造山系(Ⅰ)	西倾山-南秦岭陆缘裂谷(Ⅰ$_1$)	
	玛多-塔藏-略阳结合带(Ⅰ$_2$)	
上扬子陆块构造区(Ⅱ)	上扬子陆块北缘逆冲带(Ⅱ$_1$)	米仓山-大巴山逆冲带(Ⅱ$_{1-1}$)
	上扬子陆块西缘逆冲带(Ⅱ$_2$)	摩天岭陆块(Ⅱ$_{2-1}$)
		龙门山逆冲带(Ⅱ$_{2-2}$)
		盐源-丽江中生代逆冲带(Ⅱ$_{2-3}$)
		金平被动陆缘(Ⅱ$_{2-4}$)
		红河基底逆推带(Ⅱ$_{2-5}$)
	上扬子陆块(Ⅱ$_3$)	楚雄中生代前陆盆地(Ⅱ$_{3-1}$)
		康滇断隆带(Ⅱ$_{3-2}$)
		四川中生代前陆盆地(Ⅱ$_{3-3}$)
	上扬子陆块东南缘逆冲带(Ⅱ$_4$)	扬子陆块南部被动边缘褶冲带(Ⅱ$_{4-1}$)
		锦屏基底逆冲带(Ⅱ$_{4-2}$)
	南盘江-屏边构造区(Ⅱ$_5$)	南盘江-右江中生代前陆盆地(Ⅱ$_{5-1}$)
		屏边-都龙逆冲带(Ⅱ$_{5-2}$)

续表 1-4

一级构造单元	二级构造单元	三级构造单元
松潘-北羌塘-昌都-思茅构造区（东特提斯洋北东缘多岛弧盆系）（Ⅲ）	巴颜喀拉中生代双向周缘前陆盆地（Ⅲ$_1$）	可可西里盆地（Ⅲ$_{1-1}$）
		炉霍-道孚裂谷盆地（Ⅲ$_{1-2}$）
		雅江盆地（Ⅲ$_{1-3}$）
		碧口-黄龙地块（Ⅲ$_{1-4}$）
	甘孜-理塘结合带（Ⅲ$_2$）	
	义敦-沙鲁里岛弧（Ⅲ$_3$）	
	中咱-中甸地块（Ⅲ$_4$）	
	西金乌兰-金沙江-哀牢山结合带（Ⅲ$_5$）	
	昌都-思茅陆块（Ⅲ$_6$）	江达-维西-绿春晚古生代末—早中生代火山弧（Ⅲ$_{6-1}$）
		昌都-思茅中生代弧后盆地（Ⅲ$_{6-2}$）
		开心岭-东达山-景洪晚古生代末—早古生代火山弧（Ⅲ$_{6-3}$）
	乌兰乌拉-澜沧江结合带（Ⅲ$_7$）	
	甜水海-北羌塘陆块（Ⅲ$_8$）	甜水海陆块（Ⅲ$_{8-1}$）
		北羌塘陆块（Ⅲ$_{8-2}$）
	临沧岛弧带（Ⅲ$_9$）	
南羌塘-左贡-保山构造区（特提斯洋）（Ⅳ）	龙木错-双湖-查吾拉结合带（Ⅳ$_1$）	
	南羌塘陆块（Ⅳ$_2$）	塔查普山-马尔岗木增生楔隆起带（Ⅳ$_{2-1}$）
		南羌塘叠合盆地（Ⅳ$_{2-2}$）
	左贡陆块（Ⅳ$_3$）	
	昌宁-孟连结合带（Ⅳ$_4$）	
	保山陆块（Ⅳ$_5$）	
	班公湖-怒江结合带（Ⅳ$_6$）	东恰错增生弧（Ⅳ$_{6-1}$）
		聂荣残余弧（Ⅳ$_{6-2}$）
		嘉玉桥残余弧（Ⅳ$_{6-3}$）
冈底斯-喜马拉雅-腾冲构造区（东特提斯洋南西缘多岛弧盆系）（Ⅴ）	昂龙岗日-班戈-腾冲岩浆弧带（Ⅴ$_1$）	昂龙岗日增生弧（Ⅴ$_{1-1}$）
		班戈-伯舒拉岭-高黎贡山岩浆弧（Ⅴ$_{1-2}$）
	狮泉河-申扎-嘉黎结合带（Ⅴ$_2$）	
	冈底斯-念青唐古拉复合岩浆弧（Ⅴ$_3$）	革吉-则弄火山岩浆弧（Ⅴ$_{3-1}$）
		隆格尔-念青唐古拉复合火山岩浆弧（Ⅴ$_{3-2}$）
		冈底斯-下察隅岩浆弧带（Ⅴ$_{3-3}$）
	日喀则弧前盆地（Ⅴ$_4$）	
	印度河-雅鲁藏布江结合带（Ⅴ$_5$）	札达-仲巴微陆块（Ⅴ$_{5-1}$）
		朗杰学增生楔（Ⅴ$_{5-2}$）
印度陆块构造区（Ⅵ）	北印度陆块（Ⅵ$_1$）	北喜马拉雅褶冲带（Ⅵ$_{1-1}$）
		高喜马拉雅结晶岩带或基底逆冲带（Ⅵ$_{1-2}$）

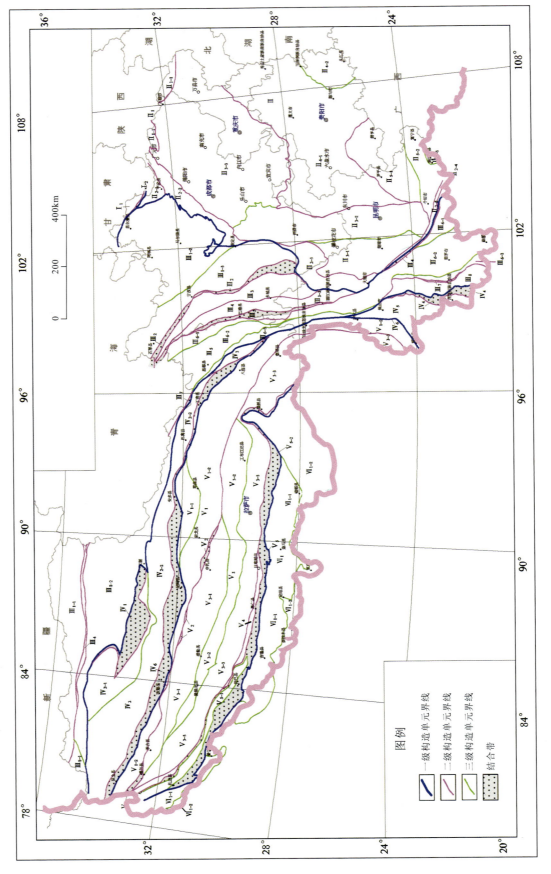

图1-4 西南地区大地构造分区图

（二）构造演化

在全球特提斯构造框架下，特提斯大洋的开启承接于罗迪尼亚（Rodinia）超大陆的解体，它主要表现为3个重要的地质构造过程：一是特提斯大洋岩石圈的不断萎缩、消亡，大陆边缘多岛弧盆系形成的过程；二是大陆边缘多岛弧盆系构造演化历史中，一系列弧后或弧间盆地消亡、弧-弧或弧-陆碰撞岛弧造山作用过程，亦即盆-山转换、造山带不断形成而发生的高原不断增生的过程；三是随陆内汇聚造山作用和高原隆升而发生的地壳大幅度缩短和增厚的过程。

1. 罗迪尼亚超大陆解体与原特提斯洋初始扩张

在全球构造的框架下，13亿～10亿年的格林威尔造山运动形成罗迪尼亚超级大陆。在青藏高原南部的羌塘-三江造山系、冈底斯-喜马拉雅造山系及其东西两侧的扬子和印度陆块区，主要表现为10亿年左右汇聚造山形成的"变质基底"，其上的新元古代青白口纪表现为含大量藻叠层石和微古植物化石的碎屑岩-碳酸盐岩建造"填平补齐"。新元古代南华纪裂谷事件（约830～810Ma；王剑等，2009，2012；李献华等，2008，2012）火山岩以及冰碛岩的不整合覆盖，标志着罗迪尼亚超大陆的解体，意味着原特提斯洋的初始扩张（潘桂棠等，1997，2004，2012，2013）。承接于罗迪尼亚超大陆的裂解，在新元古代至寒武纪时期，从北向南顺次发育形成北部劳亚大陆群→古亚洲洋→中部的泛华夏大陆群→原特提斯大洋→南部冈瓦纳大陆群的洋-陆分布时空格局。

冈底斯-喜马拉雅构造区，晋宁运动之后至早古生代，原特提斯大洋可能向班公湖-怒江带西南侧的冈瓦纳大陆之下潜没，以至出现距今7亿～5亿年间的主要变质期（泛非运动）。原特提斯大洋消失后的残余海即为古特提斯海的雏形。

2. 早古生代原特提斯演化

新元古代末—早古生代，主体表现为特提斯大洋向北俯冲及其泛华夏大陆群西南缘秦祁昆多岛弧盆系的发育和演化。东特提斯成矿带北羌塘-三江地区，主体表现为原特提斯洋扩张及其东（扬子陆块）西（印度陆块）两侧被动边缘发育。

龙木错-双湖结合带中已知寒武纪—志留纪（505～431Ma）N-MORB型堆晶岩（李才等，2008；王立全等，2008；翟庆国等，2010）、昌宁-孟连结合带识别出奥陶纪—志留纪（473～439Ma）N-MORB型堆晶岩（王保弟等，2013），代表了原特提斯大洋的残存古洋壳地质体遗迹。保山地块和冈底斯带的寒武纪（510～491Ma）双峰式火山岩、寒武纪—早奥陶世（496～480Ma）过铝质花岗岩（计文化等，2009；Dong et al.，2010；董美玲等，2012），指示冈瓦纳大陆北部边缘发育伸展构造环境下的被动边缘裂陷-裂谷盆地；保山地块东侧雅安多—耿马一带早古生代深水陆棚相碎屑岩和硅质岩→斜坡相复理石砂板岩序列，则是响应于原特提斯大洋扩张过程中被动边缘盆地中的沉积地质记录（潘桂棠等，2003，2013）。

3. 晚古生代—中三叠世古特提斯演化

羌塘-三江构造区，晚古生代—三叠纪受古特提斯大洋向东俯冲消减作用的制约，在扬子陆块西南缘发育唐古拉-他念他翁前锋弧及其东侧的北羌塘-三江多岛弧盆系（潘桂棠等，2003，2004，2013；王立全等，2004，2008，2013）。区内发育的北-南澜沧江、金沙江-哀牢山、甘孜-理塘等结合带，它们所恢复的泥盆纪—二叠纪弧后扩张洋盆的时空结构（周维全等，1982；翟明国等，1990；雍永源等，1990；沈上越等，2008；沙绍礼等，2012），以及与一系列二叠纪—三叠纪火山-岩浆弧的相互关系，揭示了北羌塘-三江造山系的地质历史，是晚古生代—三叠纪多岛弧及弧后扩张与弧后盆地萎缩、消亡和弧-弧、弧-陆碰撞的演化过程（莫宣学等，1993；李兴振等，1999，2002；王立全等，1999；李定谋等，2002；潘桂棠等，2003；李文昌等，2010）。晚三叠世碰撞造山及盆-山转换区域性构造事件，使得特提斯大洋北侧的北羌塘-三江多岛弧盆系转化为造山系，并成为泛华夏大陆西南增生边缘的组成部分，至此，泛华夏大陆及其大陆边缘造山带基本定型、定位，从而使主体进入中生代陆内造山过程。

4. 中生代新特提斯演化

从三叠纪晚期至白垩纪，新特提斯经历了扩张到消减阶段，冈瓦纳大陆北缘相应发生陆缘弧后扩张，局部演化为洋盆，但为时短暂，至白垩纪即行闭合，形成次级印度河-雅鲁藏布江结合带。碰撞之后该区的大部分地区于晚三叠世—侏罗纪转化为陆地，在江达-德钦陆缘弧上形成碰撞后地壳伸展背景下的裂陷或裂谷盆地。

羌塘-三江构造区，属于扬子古陆边缘的弧后拉张洋盆或裂谷，沿金沙江、甘孜-理塘排列，至中三叠世末即闭合，形成中特提斯次级结合带。三叠纪晚期，由于古特提斯闭合，大洋向南迁移，出现了新特提斯(潘桂棠等，2003，2004，2013；王立全等，2004，2008，2013；李文昌等，2010)。

冈底斯-喜马拉雅构造区，从北向南发育北冈底斯岛弧→狮泉河-纳木错-嘉黎弧间洋盆→南冈底斯岛弧→雅鲁藏布江弧后裂洋盆→喜马拉雅陆缘裂陷盆地的弧盆系主体格局。三叠纪—早白垩世的雅鲁藏布江蛇绿岩，是目前青藏高原乃至中国大陆内保存最好、最完整的蛇绿岩"三位一体"组合，多数人认为代表了特提斯洋向南俯冲诱导出的一系列中生代弧后扩张盆地。至此，欧亚大陆最后形成。以后的地质时期，主要表现为陆壳的挤压和拉张的频繁活动。

5. 新生代青藏高原隆升与陆内造山

晚白垩世末雅鲁藏布江洋盆消亡、印度-欧亚大陆碰撞聚合，以南冈底斯火山-岩浆弧带古新世—始新世林子宗群火山岩及其与下伏地层的不整合为标志，表现为大陆边缘科迪勒拉型的岛弧造山作用；始新世末陆内汇聚造山、雅鲁藏布江残留海盆地消亡转化为磨拉石盆地，冈底斯-腾冲多岛弧盆系最终全面转化为造山系。受印度-欧亚大陆碰撞聚合、陆内汇聚造山，尤其是青藏高原中新世以来(23Ma至今)地壳缩短加厚和高原强烈隆升等重要地质事件的强烈影响，三江造山带中的多个结合带、火山-岩浆弧带及其地块边缘带发育大规模的逆冲-推覆、走滑-剪切，造就了现今地貌景观。

青藏高原新生代构造演化具有明显的三阶段性，即：古新世—始新世印度-欧亚大陆碰撞期、渐新世—中新世高原隆升奠基期和上新世以来强烈隆升期。印度-欧亚初始碰撞时限为65～60Ma，高原周边盆地形成；碰撞高峰期发生在55～45Ma，特提斯残留海消亡，冈底斯岩浆弧定型，变质及成矿作用、高原东缘走滑拉分盆地形成等。渐新世末—中新世早期(27～14Ma)区域地球动力学体制发生明显转换，青藏高原开始区域整体隆升；喜马拉雅山主造山期为20～18Ma，冈底斯岩浆弧中区域性斑岩铜矿成矿事件集中在18～12Ma；高原内部沉积盆地和火山岩浆活动等受上地壳的拉张作用和深部热动力作用的制约；高原周边出现强烈挤压作用，塔里木盆地、恒河盆地、柴达木盆地等转化为压陷盆地。上新世—早更新世(5.3～2.6Ma)，高原周边地壳向周边盆地强烈仰冲，周边山前大断裂带断面毫无例外地向高原区倾斜的结构形式定型，火山活动明显呈自南向北、自东向西迁移趋势，且活动时代也愈新，高原周缘压陷盆地越萎缩。

(三) 东部扬子陆块区特征及其演化

东部扬子陆块区发展史大体上可划分为3个阶段：太古宙—中元古代扬子陆块基底形成、南华纪—中三叠世沉积盖层形成和晚三叠世—第四纪陆内改造。

上扬子陆块区，古元古代—中元古代其构造演化经历了结晶基底生长和增生期；四堡-晋宁期，扬子陆块褶皱基底形成期；南华纪—志留纪，第一沉积盖层的形成期；泥盆纪—中三叠世，第二沉积盖层的形成期；晚三叠世—第四纪的定型期。最有代表性的表现形式为龙门山-锦屏山-玉龙山推覆构造带演化与四川、楚雄等前陆盆地形成。晚三叠世晚期，大规模海退发生，形成巨大的微咸水-半咸水湖泊。岩浆活动仅在边缘有微弱表现。新近纪以来，现代地貌、构造意义上的"四川盆地"才真正开始形成，西部高原也逐渐隆升。古新世时盆地范围大为缩小，沉积了红色泥岩，含石膏和钙芒硝，夹有泥质碳酸盐岩。

中始新世后,发生地壳上升,至晚始新世—渐新世本区基本是隆起区,仅在山间盆地沉积有河湖及山麓相以粗碎屑岩为主的紫红色巨砾岩、砾岩、砂岩、泥岩等。渐新世末的喜马拉雅运动强烈影响本区,发生差异性升降,中始新统—渐新统及以老地层同时褶皱。

1. 太古宙—中元古代青白口纪扬子陆块基底形成

上扬子陆块区康滇断隆带中古元古代晚期—中元古代早期大红山岩群、河口岩群、汤丹岩群等中深变质岩系,以发育大量海相火山岩为特征(袁海华等,1987;杨应选,1988;陈好寿等,1992;刘肇昌等,1996,吴健民等,1998),主体同位素年龄为1800～1600Ma(Greentree et al.,2008;尹福光等,2012;王冬兵等,2103),被认为形成于哥伦比亚超大陆裂解期近东西向的裂谷盆地环境(刘肇昌等,1996;赵彻终等,1999;尹福光等,2012),发育以大红山铜铁矿、迤纳厂铜铁矿等为代表的火山岩型矿产(海底VHMS型矿床);中元古代中期东川群(因民组、落雪组、黑山组、青龙山组)中浅变质岩系,以碳酸盐岩及碎屑岩为主夹火山岩为特征,主体同位素年龄为1600～1300Ma(孙志明等,2000;尹福光等,2012),被认为形成于哥伦比亚超大陆裂解期被动边缘盆地环境(尹福光等,2012),发育以拉拉铜矿、东川铜矿等为代表的沉积改造型矿产。

上扬子陆块区康滇断隆带中元古代晚期力马河组、天宝山组、通安组五段、黑山头组富良棚段等浅变质岩系,以发育大量中基性—中酸性火山岩为特征,主体同位素年龄约为1000Ma(张传恒等,2007;尹福光等,2012),被认为是罗迪尼亚超大陆汇聚时期的活动大陆边缘盆地环境(Greentree et al.,2006;张传恒等,2007;尹福光等,2012),发育与火山活动有关的沉积改造型铁矿(如凤山营铁矿、满银沟铁矿、泸沽铁矿等)。此外,伴随晋宁运动发育的侵入岩浆及构造热液活动,对早期形成的各类矿床具有强烈的叠加改造作用,形成了康滇地区的铁铜矿资源富集区。

2. 南华纪—中三叠世沉积盖层形成

罗迪尼亚超大陆解体(820Ma)开始,形成伸展不整合,海侵上超,构成3套沉积盖层。

一是,南华纪—志留纪的第一套海相沉积盖层,志留纪末经加里东运动裂谷封闭,形成辽阔的南华加里东褶皱区,与扬子陆块连为一体,进入了统一的华南陆块发展阶段。主要表现为10亿年左右晋宁运动形成"变质基底",其上的新元古代青白口纪表现为含大量藻叠层石和微古植物化石的碎屑岩-碳酸盐岩建造"填平补齐"。新元古代南华纪裂谷事件(约820Ma)火山-碎屑岩及冰碛岩不整合覆盖,标志着罗迪尼亚超大陆的解体(王剑等,2000,2001;李怀坤等,2003;廖宗廷等,2005;李献华等,2008),意味着原特提斯洋的初始扩张(潘桂棠等,1997,2004,2009,2013),至新元古代末已扩张成大洋。

二是,泥盆纪—中二叠世的第二套海相沉积盖层,晚二叠世早期,以峨眉山玄武岩事件为标志,使统一的扬子陆块发生分裂,大部分抬升成陆,为热带雨林地带,植物繁茂,是重要的成煤时期。西部地区继续拗陷且更加强烈。晚二叠世早期华南除沉积物增多加厚外,还有广泛的基性火山喷发。

三是,中二叠世—中三叠世,海侵加大,海水从东向西侵进,因康滇、龙门山有古陆和岛链,秦岭、大巴山东段晚古生代已上升为陆,东南存在江南古陆,故四川盆地当时实际上已成为一个半封闭状态的内海盆地,东与环太平洋海域仅保持有狭窄通道。海盆内海水西浅东深,沉积物西粗东细,康滇古陆和龙门山岛链是主要物源区。向东依次为三角洲—滨海—浅海环境,生物由少至多、由底栖为主向浮游过渡,沉积红色复陆屑建造(飞仙关组、青天堡组)和异地碳酸盐岩建造、膏盐蒸发岩建造(大冶组、嘉陵江组),在龙泉山及华蓥山间,形成半封闭状态的水下隆起。

3. 晚三叠世—第四纪陆内改造

最有代表性的表现形式为龙门山-锦屏山-玉龙山推覆构造带演化与四川前陆盆地的形成。晚三叠世早—中期挤压作用初期阶段卡尼克期初,区域应力从拉张转变成挤压,哀牢山、龙门山带首先缓缓隆起,产生了马鞍塘组假整合在天井山组之上,并在小塘子组底部出现含花岗混合岩砾石,一碗水组不整合在志留系上，说明哀牢山—龙门山已成为物源区。但锦屏山和玉龙山带挤压作用还不明显，仅在丽江地区缺失拉丁阶地层，形成中窝组超覆假整合于北衙组之上。晚三叠世早—中期发生海侵，仅波及龙泉山以西地区，其中，龙门山东缘发育广元-峨眉潮间坪和盐源潮间、潮下碳酸盐台坪-斜坡。晚三叠世晚期大规模海退发生，形成巨大的微咸水-半咸水湖泊，大量碎屑物经由河流进入湖盆，形成富含有机物的沉积物（须家河组、白土田组）。从早侏罗世开始，扬子陆块已结束长期发展的海侵历史，成为大型内陆盆地，其沉降带多在哀牢山、龙门山靠近古老隆起的边缘处，但沉降中心时有变迁；岩浆活动仅在边缘有微弱表现。新近纪以来现代地貌、构造意义上的"四川盆地"才真正开始形成，西部高原也逐渐隆升。

第二节 区域地球化学特征

一、水系沉积物元素分布特征

（一）元素区域丰度特征

表 1-5 显示，与全国背景值相比，7 种常量元素氧化物中西南地区仅 Fe、Mg 显著富集，Si、Al 基本持平，Ca、Na 等显著贫化。

表 1-5 西南地区地球化学（异常）区带主要元素分布特征统计表

元素（氧化物）	西南地区						全国				区域/全国	
	平均值（X）	均方差（S）	几何平均值	P5%分位值	中值	P95%分位值	平均值（X）	中值	均方差（S）	几何平均值	中值	均值
Ag	0.097	0.302	0.076	0.035	0.071	0.178	0.091	0.070	0.297	0.072	1.01	1.05
As	18.6	82.9	11.0	2.1	11.2	51.3	13.2	8.7	41.9	8.5	1.29	1.29
Au	2.28	39.90	1.34	0.40	1.29	4.37	2.20	1.22	20.60	1.27	1.06	1.05
B	60.4	60.8	48.4	11.0	55.0	117.0	49.0	42.0	44.3	36.2	1.31	1.34
Ba	437	493	381	170	389	741	530	483	425	461	0.81	0.83
Be	2.36	2.63	2.14	0.93	2.24	3.80	2.32	2.06	7.91	2.02	1.09	1.06
Bi	0.45	2.69	0.31	0.10	0.30	0.89	0.49	0.29	4.77	0.29	1.02	1.06
Cd	0.354	3.300	0.198	0.068	0.178	0.933	0.260	0.125	1.700	0.138	1.42	1.44
Co	16.4	11.0	13.7	5.0	13.5	39.8	13.1	11.6	16.6	10.8	1.16	1.27
Cr	88.1	128.0	66.4	19.5	67.6	204.0	65.5	56.2	84.3	49.7	1.20	1.34
Cu	35.3	61.3	25.1	7.9	23.4	102.0	26.1	21.0	38.1	20.2	1.12	1.24
F	583	383	522	245	513	1096	517	470	579	459	1.09	1.14
Hg	0.116	3.210	0.039	0.008	0.036	0.219	0.080	0.035	1.358	0.037	1.04	1.06
La	41.3	77.7	37.7	18.6	38.0	70.8	40.7	37.6	19.9	37.5	1.01	1
Li	41.1	22.6	36.7	16.2	37.2	74.1	33.2	30.1	19.8	28.9	1.23	1.27
Mn	848	614	717	288	692	1820	735	638	630	616	1.08	1.16

续表 1-5

元素 (氧化物)	西南地区						全国				区域/全国	
	平均值 (X)	均方差 (S)	几何平均值	P5%分位值	中值	P95%分位值	平均值 (X)	中值	均方差 (S)	几何平均值	中值	均值
Mo	1.10	3.50	0.77	0.27	0.69	2.75	1.14	0.76	2.49	0.81	0.91	0.95
Nb	18.1	10.4	16.0	6.9	15.8	38.0	16.8	15.0	10.5	14.9	1.06	1.08
Ni	38.7	53.6	29.8	9.6	29.5	85.1	28.0	23.0	36.3	20.9	1.28	1.43
P	695	498	601	245	589	1380	129	549	441	539	1.07	1.12
Pb	35.8	369.0	25.1	11.7	24.0	60.3	29.2	22.5	127.0	23.3	1.07	1.08
Sb	2.13	46.40	0.90	0.20	0.83	5.13	1.45	0.60	17.20	0.66	1.39	1.37
Sn	4.08	33.80	3.05	1.23	3.09	6.76	4.12	2.90	25.10	2.94	1.07	1.04
Sr	134	1285	99	30	98	339	168	137	154	121	0.71	0.81
Th	13.3	8.9	12.0	5.8	12.0	22.9	13.2	11.3	10.8	11.4	1.06	1.05
Ti	5426	4401	4390	1514	4169	14 454	4352	3956	3019	3722	1.05	1.18
U	3.37	4.39	2.79	1.26	2.69	7.08	2.99	2.40	3.22	2.46	1.12	1.13
V	107.0	76.3	88.7	30.2	87.1	257.0	85.7	77.3	56.9	72.2	1.13	1.23
W	2.52	35.10	1.76	0.69	1.70	4.90	2.68	1.68	22.40	1.69	1.01	1.04
Y	26.5	12.6	24.5	12.3	24.6	43.7	25.9	24.0	14.8	24.0	1.02	1.02
Zn	90	313	73.9	30.2	75.86	155	75.7	66.4	171	63.9	1.14	1.16
Zr	273	135	248	107	251	457	279	254	166	246	0.99	1.01
SiO_2	62.7	12.2	61.1	39.8	63.1	79.4	64.9	65.5	10.0	63.9	0.96	0.96
Al_2O_3	12.7	3.7	12.0	5.9	12.6	18.2	12.8	12.9	3.2	12.3	0.98	0.97
TFe_2O_3	5.61	3.05	4.93	1.95	5.01	12.00	4.67	4.38	2.41	4.16	1.14	1.19
CaO	3.33	6.14	1.36	0.20	1.17	14.50	3.00	1.51	4.44	1.40	0.78	0.97
MgO	1.67	1.55	1.35	0.49	1.35	3.72	1.54	1.26	1.42	1.15	1.07	1.17
K_2O	2.13	0.96	1.90	0.71	2.09	3.63	2.43	2.38	0.94	2.23	0.88	0.85
Na_2O	1.15	1.12	0.73	0.10	0.79	3.09	1.44	1.30	1.14	0.92	0.61	0.79

注:其质量分数单位氧化物为%;Au 为 $\times 10^{-9}$;其他为 $\times 10^{-6}$。全国水系沉积物数据引自王永华《西南地区矿产部署研究报告(2009)》。

Fe 的富集主要由以峨眉山玄武岩为主的基性岩浆活动引起,富集部位主要在滇东、滇东北及与川、黔接壤的广大地区,滇西、滇西北丽江—木里地区。Mg 的富集主要由幔源超基性岩引起,富集部位主要为龙门山、金沙江、雅鲁藏布江等超深断裂带。Mg 的富集看似不太明显,甚至有的地区相对中国西北地区偏贫,这与西南地区潮湿多雨的景观地球化学条件有关。

Ca、Na 等的贫化主要受景观条件的制约,往北干旱多风尘沙,有利于其富集,往南则潮湿多雨,淋失作用明显。

微量元素中,除 Ba、Sr、Zr 等少数几个元素具有一定贫化特征外,其他元素总体上都相对富集。其中 La、Li、U、Th、Be、B、Sn、W、Bi、Pb、Zn、Ag、As、Sb、Au 等更偏向于在金沙江结合带以西(南)青藏高原呈弧形带状富集,显然与带内构造岩浆弧的发生和发展有着密切的关系。Cr、Ni、Co、Cu、V、Ti、Mn、

P、Zn、Cd、Sb、As、F、Y 等元素则偏向于在峨眉山玄武岩分布区及外围富集。Cr、Ni 等亲超基性岩浆元素则主要呈线状富集,多数强富集部位在有地幔橄榄岩出露的超深断裂带上。

在西南地区微量元素普遍富集的基本特征下,西南地区元素的不均匀性更显特别,而且,这种物质的不均匀性彰显了西南地区地质作用中物质分异的成熟度,是西南地区多种成矿物质大量聚集成矿的有利基础。Cr、Ni;V、Ti;Au、As、Sb、Hg;Sn、W、Bi、Mo、U;Pb、Zn、Ag、Cd;Sr、Ba;B、Li、Mg、Fe、Mn、Al、P 等,均匀性远远高于全国水平,表明其在西南地区具有优越的成矿远景。

(二)元素组合及区域分布规律

根据聚类分析结果(图 1-5),39 种元素和氧化物在西南地区总体上可以分为四大组。

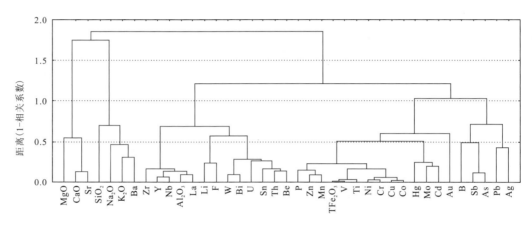

图 1-5　西南地区 39 种元素或氧化物聚类分析谱系图

1. Cr、Ni、Mg、Fe、Co、V、Ti、Nb、Mn、P 组合

这是与基性-超基性岩浆活动相关的元素组合,它可细分为以下 3 组。

(1)Cr、Ni、Mg 组合:深源超基性岩浆特征组合,多富集在构造结合带、超深断裂带、玄武岩喷溢裂隙等部位。区内主要集中在雅鲁藏布江超基性岩浆带、班公湖-怒江结合带、金沙江-红河结合带、甘孜-理塘-木里结合带、龙门山-攀枝花构造带等。这类组合异常是铬铁矿找矿的主要化探异常标志。因为是幔源超基性岩的特征组合,所以其异常多与重力高异常带和航磁强异常带一一对应(图 1-6)。

(2)Fe、Cu、Co、V、Ti、Nb 组合:超基性-基性岩浆活动的特征组合,多在玄武岩、基性侵入岩分布区富集。区内滇东、滇西北、川南以及整个贵州地区,也就是峨眉山玄武岩广泛分布的区域,为这组元素的主要富集区域。从地球化学特征上来看,同样是峨眉山玄武岩,其地域特征差异十分明显。以绿汁江断裂带(磨盘山断裂带)—小江断裂带为界,以西的甘孜-理塘-木里-丽江富集带、道孚-康定-盐源-永胜-宾川富集带,与东侧的滇东贵州富集带存在显著差别。前者 Fe、Co 等亲铁元素更富集,而 V、Ti 等亲基性岩浆元素处于次要地位;后者则是大面积富集 V、Ti 等亲基性岩浆元素,而 Fe、Co 等元素的富集处在次要地位。这种富集元素组合的差异,表明两区域的玄武岩来源深度是有明显差别的,西面玄武岩与幔源物质更接近(图 1-7)。

(3)Mn、P 组合:这组元素的富集区域不仅仅是基性岩类直接出露的地区,其富集区域可从岩浆溢流区域一直向岩浆未到达的更广阔的外围区域,表明这组元素除了随岩浆溢流相迁移外,更多的还会以火山灰及气、水溶胶等方式被水和大气带向更广的区域富集。Mn、P 的富集介质可能与凝灰岩、磷块岩等有关。

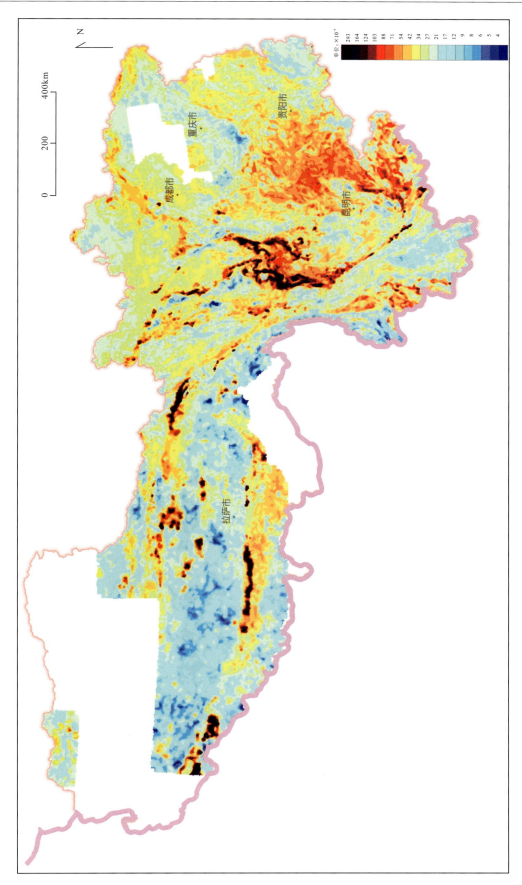

图 1-6 西南地区 Ni 元素地球化学图

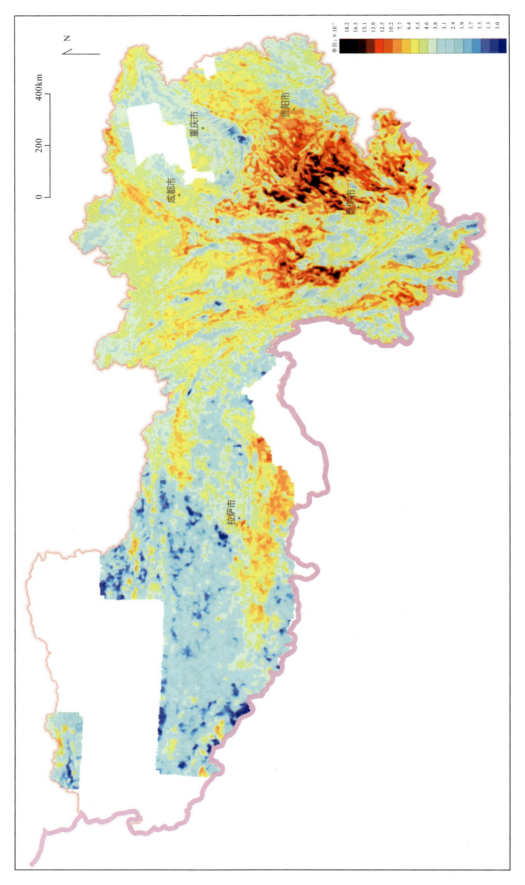

图1-7 西南地区Fe元素地球化学图

2. Al、Y、La、Th、Zr、Li、F、Be、K、U 组合

这是一组亲石元素组合,总体上来讲,其在内生作用中主要与二长、二云、黑云母花岗岩有较密切的关系,在云母片岩、片麻岩等富含长石、云母的变质岩中也有富集特征。在滇东及贵州地区,这组元素在中生界关岭组和古生界内显著富集,尤其是 Li 和 F 在关岭组的富集堪称所有地质单元之最。这组元素中一些元素富集还与绢云板岩等碎屑岩类有关。

进一步可将这组元素细分为以下 3 组。

(1) Al、Y、La、Th、Zr 组合(图 1-8):主要与原地重熔型中酸性岩类有关,部分也与岩溶地区的表生富集作用有关。

(2) Li、F 组合:系由中酸性岩浆作用过程的岩浆射气,或岩浆期后高温气成热液活动(伟晶岩等)所致,也有部分与岩溶地区的表生富集作用有关。

(3) Be、K、U 组合:中酸性侵入岩、火山岩等的特征元素组合。

3. Si、Na、Au、B、Hg、Ba、Sr、Ca 组合

这组元素中 Hg、Ba 组合与沿断裂构造的低温热液活动有关,比如沿澜沧江断裂,二者形成了明显的线状异常带。对找矿评价而言,Ca 和 Sr 的组合、Si 和 Na 的组合以及 B 和 Au 的组合可能与低温热液活动,尤其是与变质低温热液活动有一定的关系(图 1-9)。

4. Ag、Cd、Mo、Sb、Bi、Cu、W、Sn、As、Pb、Zn 组合

这组元素全部为成矿或指示元素,它们在西南地区的富集与岩浆侵入、火山活动及其成矿热液活动等密切相关。进一步可划分出 4 组特征组合。

(1) Ag、Cd、Mo、Sb 组合:火山、次火山及其热液活动特征组合,与火山喷流成矿作用关系密切(图 1-10、图 1-11)。

(2) Bi、Cu、W 组合:斑岩铜矿特征组合,表明斑岩铜矿在西南地区铜矿类型中的重要地位(图 1-12、图 1-13)。

(3) Sn、As 组合:与中酸性岩浆侵入和喷发活动关系较为密切;是含锡岩体的有利组合(图 1-14)。

(4) Pb、Zn 组合:西南地区一般铅锌成矿作用的特征组合(图 1-15)。

二、地球化学分区及其特征

(一) 重要控制构造(断裂)

西南地区地球化学异常分带明显,总体特征与构造特征完全一致。但西南地区的地球化学异常由于受复杂地质作用的综合影响,组合分布规律也十分复杂。在对比研究区域构造分带和地球化学元素分布规律的基础上,首先可以确定以下主要断裂对区域地球化学规律的控制作用最为明显。

1. 澜沧江断裂带

澜沧江断裂带是亲中酸性岩浆元素西富东贫的分界线。Sn、W、Bi、Be、U、Th、K_2O 等元素和氧化物在断裂以西普遍呈带状富集,以东则普遍贫化,仅局部呈岛状富集。

2. 金沙江-红河断裂带(结合带)

金沙江断裂带以字嘎寺-羊拉断裂、金沙江-红河断裂(大理以南以阿墨江-李仙江断裂)为界,V、Ti、Cu、Fe、Zn 等亲基性岩浆元素在断裂东侧普遍呈面型富集,而西侧相对贫化。在金沙江-红河结合带

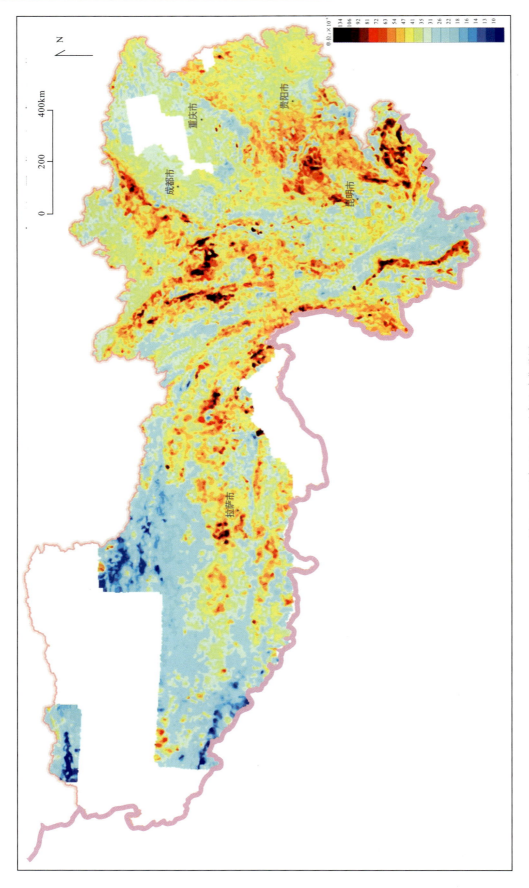

图 1-8　西南地区 La 元素地球化学图

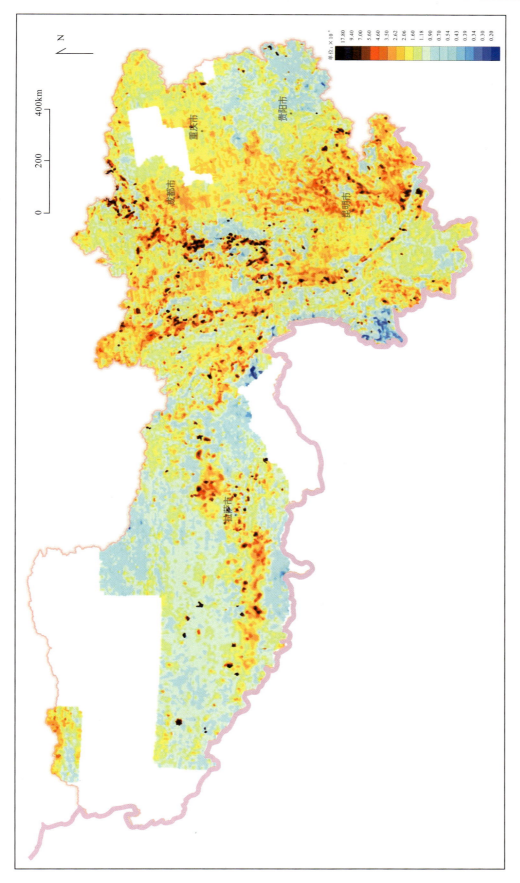

图 1-9 西南地区 Au 元素地球化学图

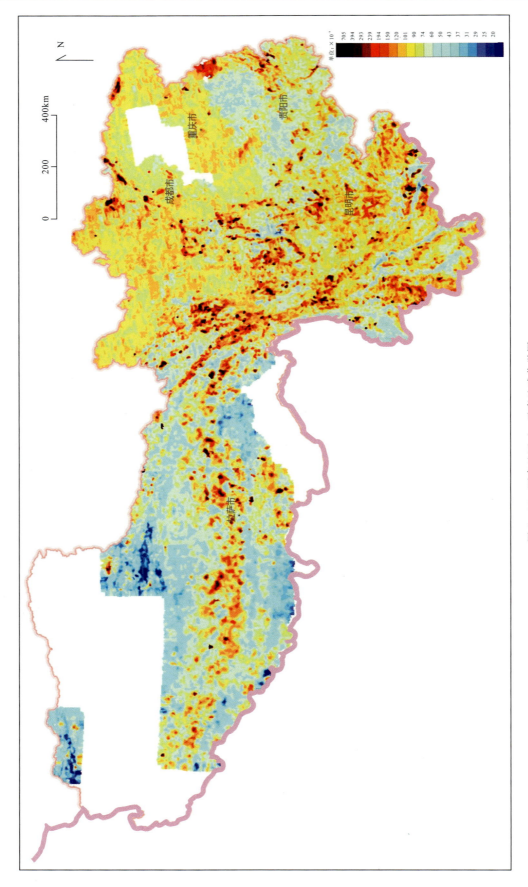

图 1-10 西南地区 Ag 元素地球化学图

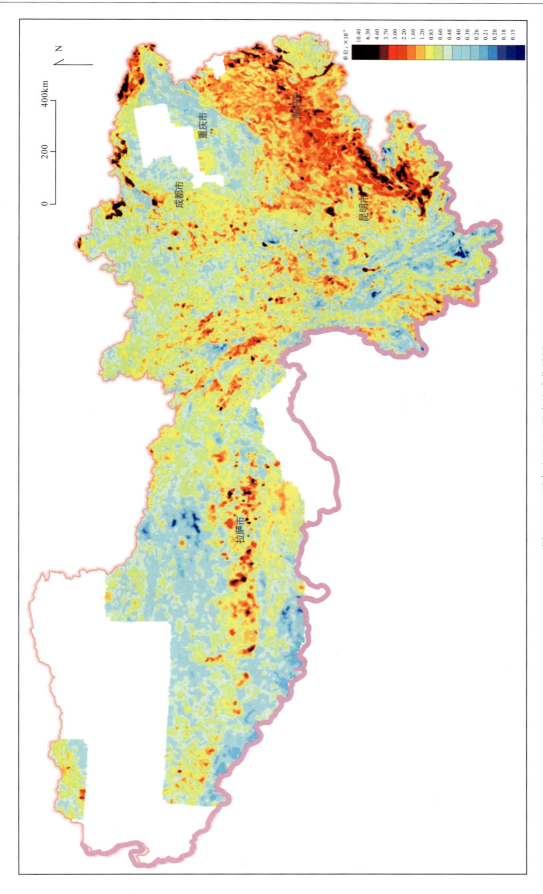

图1-11 西南地区 Mo 元素地球化学图

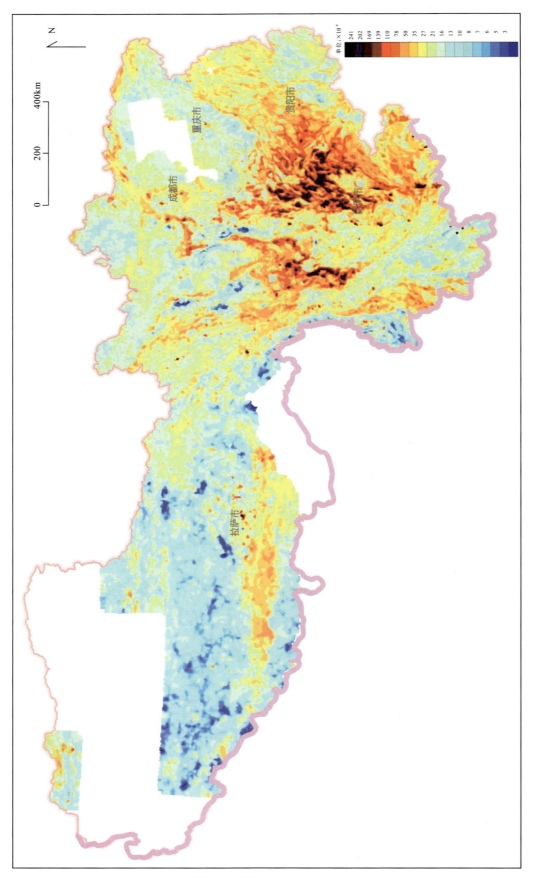

图1-12 西南地区 Cu 元素地球化学图

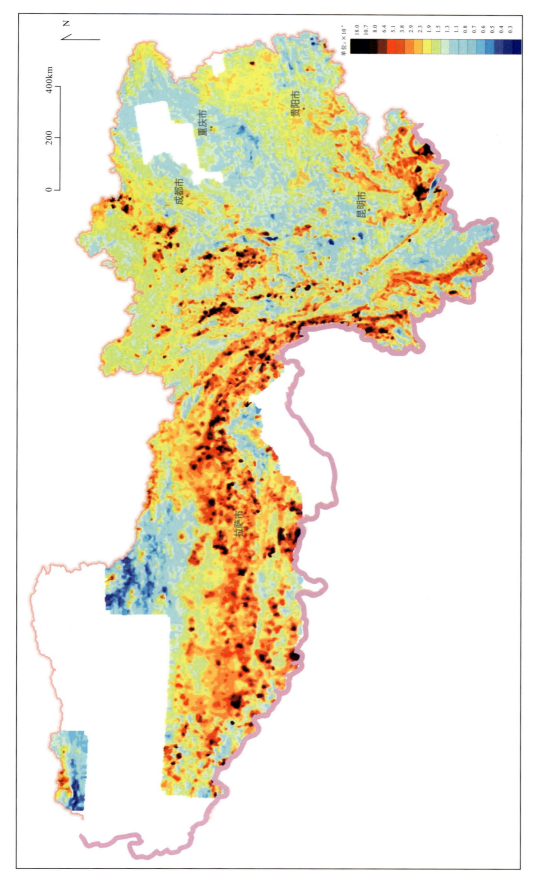

图1-13 西南地区W元素地球化学图

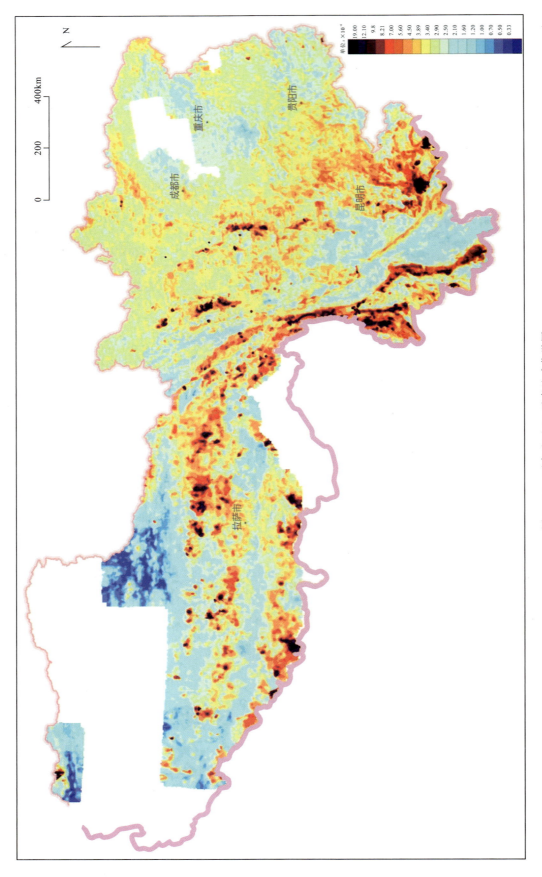

图1-14 西南地区Sn元素地球化学图

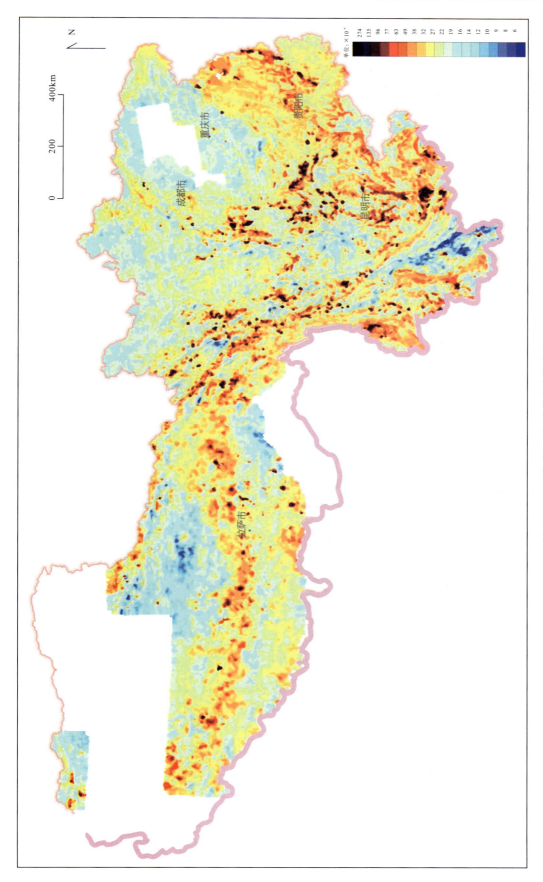

图1-15 西南地区 Pb 元素地球化学图

以西(南),所有富集区或异常的条带状特征非常明显,而且多数呈弧形分布;结合带以东则多为形状不等的富集区或异常区分布,总体条带特征不明显。

3. 龙门山-金河-程海断裂带(深部可能为龙门山-安宁河-罗茨-易门断裂带)

该断裂带地表对应的地球化学异常是一组亲超基性岩浆元素 Ni、Cr、Co、Fe 等的条带状异常。断裂带处于泛扬子构造区内,是青藏高原和扬子陆块的碰撞推覆断裂带。

4. 拉萨河断裂带(重力、化探推测的北东向断裂带)

该断裂带在地表呈北东向断裂断续分布,地球化学特征显示为区域性控制断裂,它制约着青藏高原东、西两侧诸多内生地质作用的强弱分布,当然也是内生成矿作用强弱的分界线。如驱龙铜矿等多种成矿作用,在断裂以西呈明显减弱趋势,有的甚至截然消失。

5. 雅鲁藏布江结合带

该结合带以亲超基性岩浆元素 Cr、Ni、Co、Cu、Fe、Mg 等的线状异常分布为标志,与一套线状分布的蛇绿岩群相对应,其中最具代表性的是地幔橄榄岩。雅鲁藏布江断裂为结合带北界,是一条十分明显的地球化学分界线,南界则不够清晰,多数富集元素的富集强度由北向南逐渐降低。

6. 班公湖-怒江结合带

该结合带以亲超基性岩浆元素 Cr、Ni、Co、Cu、Fe、Mg 等的线状异常分布为标志,异常多与一套线状分布的地幔橄榄岩相对应,但与雅鲁藏布江结合带不同,该带除了自身形成了亲超基性岩浆元素高强异常条带外,对青藏高原内部地球化学带的控制作用并不十分明显,只对少数元素空间上的突变产生控制作用。Cr、Ni 等异常带的延续性较差,断裂带本身的界线及主次断裂也不易界定。从地球化学特征分析,该带的北界大约为班公错-康托-怒江断裂;而南界的特征模糊,西段大约为噶尔-古昌-吴如错断裂,东段大致相当于嘉黎-然乌断裂。标志元素及异常分布特征表明,该结合带由一系列深达地幔的拉张断裂构成。

(二)地球化学(异常)分区

西南地区的地质构造分区通常是以班公湖-怒江结合带作为一级构造单元的分界线。在对地球化学元素分布规律进行对比研究后,对地球化学元素分布起明显控制作用的为澜沧江结合带。这种与地质划分方案的差异主要是由划分依据的差异引起的,地质划分方案以沉积相为主要依据,而地球化学划分方案更多地受内生地质作用规律的影响。

沿澜沧江断裂可以将西南地区首先划分成两大地球化学域,即泛扬子亲铁亲铜元素地球化学域和藏滇冈底斯-喜马拉雅亲氧元素地球化学域。

对泛扬子亲铁亲铜元素地球化学域,根据地球化学元素的背景变化规律,进一步划分为 9 个地球化学省,并根据异常分布特征进一步划分了与区域成矿作用规律和成矿带对应的 16 个异常区带;对藏滇冈底斯-喜马拉雅亲氧元素地球化学域,则进一步划分了 10 个地球化学省,19 个异常区带(图 1-16)。各异常带或地球化学背景各异,或异常特征各异;或反映一定的地质背景,或反映特定的区域成矿作用,是其区内所列典型矿床的有利找矿区域。

结合矿产分布规律的对照研究,西南地区各地球化学(异常)区带的元素分布特征被简化为表 1-6,各区的典型矿床类型,或与元素的高背景相关,或与成矿元素的局部强富集、强异常相关,与地球化学省、地球化学(异常)区带特征相对应,充分反映出成矿作用与地球化学作用之间的一致性。

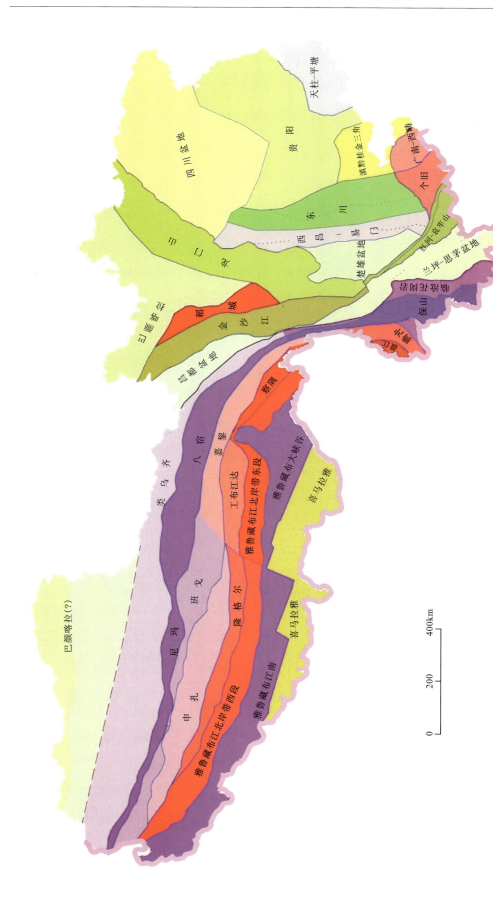

图 1-16 西南地区地球化学分区图

表 1-6 西南地区地球化学(异常)区带划分及主要特征简表

地球化学域	地球化学省	异常区带	高背景元素	强异常元素	典型矿床
泛扬子亲铁亲铜元素地球化学域	巴颜喀拉	巴颜喀拉	(Au)	(Au)	金木达等金矿
		龙门山	Ag、Au、Cu、Zn、Mn、Cr、Ni、Ti	Ag、Au、Cu、Mo、Cr、Ni、Ti	杨柳坪铂镍矿、木里金铁矿等
	稻城	稻城		(Cu、Ni、W)	赠科嘎衣穷铜镍锌矿、呷村锌矿
	金沙江	金沙江	Ag、Au、Cu、Ni、Pb、Zn	Ag(Au)Cu、Pb	普朗铜矿
	昌都-思茅盆地	昌都盆地	Cu	Ag、Pb、Cu(Mo、Sb)	玉龙铜(钼)矿床
		兰坪-思茅盆地	Ag、Pb	Zn、Al	金顶铅锌矿
	红河-哀牢山	红河-哀牢山	Ag、Au、Cu、Cr、Ni	Ag、Au、Pb(Sb)、Cr、Ni	镇沅金矿、金宝山铂钯矿、元江镍矿、长安金矿
	西扬子	楚雄盆地	(Ag)	(Cr)	攀枝花铁矿
		西昌-易门		Ag、Cu、Pb、Zn、Mn、Ti	易门狮子山铜矿、鱼子甸铁矿
	四川盆地	四川盆地	Au		古龙锶矿
	东扬子	东川	Ag、Au、Cr、Ni、Cu、Mn、Mo、Pb、Zn、Sb、Ti	Cu、Pb、Zn、Sb、Ti	东川铜矿
		黔中	Cu、Mo、Pb、Zn、Mn、Cr、Ni、Ti	Cu、Zn、Ti	滥坝镇铅锌矿
		天柱-平塘	Mn、Mo、Sb、Zn	Au	大梁子锌矿、八克金矿
		滇黔桂金三角	Au、Sb、Cu、Mo、Zn、Ni、Mn、Ti	Au、Cu、Mo(Zn)Mn、Sb、Cr、Ti	老万场金矿、烂泥沟金矿
	个旧-越北	个旧	Ag、Au、Cu、Mo、PbZn、Sb、SnW、Bi、Cr、Ni、Ti、Mn	Ag、Cu、Mo、Bi、Sb、Pb、Zn、Sn、W、Mn、Ti	个旧锡矿、白牛厂锡矿
		广南-西畴	Ag、Au、Sb、Bi、Cu、ZnMn、Cr、Ni、Ti(Mo)	Mo、Zn	老寨弯金矿

续表 1-6

地球化学域	地球化学省	异常区带	高背景元素	强异常元素	典型矿床
藏滇冈底斯-喜马拉雅亲氧元素地球化学域		临沧	临沧花岗岩	Bi、Sn、W、Al	Sn	惠民铁矿、西定铁矿
		保山	保山	Ag、Sb、Cu、Cr、Ti(Pb、Zn、Sn)	Pb、Zn、Sn、Bi、Sb、Mn、Ni、Ti	芦子园铅锌矿、勐兴铅锌矿
		畹町	畹町	Sn、W、Bi、Al	Au、Sn、W、Bi、Mo、Ni	黄莲沟铍矿
		腾冲	腾冲	Sn、W、Bi、Pb、Al	Au、Sb、Sn、W、Bi、Cu、Ni	铁窑山钨锡矿、滇滩铁矿、铜厂山铅锌矿等
			盈江	Au、Pb、Sn、Al	Bi(Sb)	
	类乌齐	类乌齐	Sb、Cu	Sn、W、Bi、Ag、Pb、Zn、Cu、Ti	赛北弄锡矿
	怒江	八宿县	Bi、W、Cr、Ni	Cr、Ni	
		嘉黎县	Au、Bi、W	Ag、Au(Sn)W、Bi	龙卡朗铅锌矿、沙拢弄锌矿、聪古拉铜多金属矿
	班公湖-尼玛	尼玛县		Cr、Ni、Zn、Al	东巧铬铁矿、依拉山铬铁矿
		班戈县		Cr、Ni、Sn	屋素拉金矿、下吴弄砂金矿
	冈底斯-念青唐古拉东	察隅县	W、Sn	Au、Ag、W、Sn	
		工布江达县		Ag、W、Bi	洞中松多多金属矿
		雅鲁藏布北岸带东段	Cu	Au、Cu、Mo(Ag、Bi、W)	驱龙铜矿
	冈底斯-念青唐古拉西	申扎县			崩纳藏布砂金矿
		隆格尔县	W		尼雄磁铁矿
		雅鲁藏布北岸带西段	W、Cu	Cu	白容铜(金)矿、冲江铜(金)矿
	喜马拉雅弧	雅鲁藏布大峡谷	Au、Cu、Cr、Ni、Ti	(Sb)	罗布莎铬铁矿、格刃北铜矿
		雅鲁藏布江南	Ni	Cr、Ni(Cu、Mn、Ti、W)	搭格架锑矿、柳区北西铂矿、休古嘎布铬铁矿
		喜马拉雅	Bi、W	W	亚东磁铁矿

第三节 区域自然重砂特征

根据西南地区矿产资源分布特征、成矿地质条件，按照预测矿种中确定铜、铅锌、金、钨锡、稀土等矿种为自然重砂资料评价的矿种，对相关的自然重砂矿物进行矿物特征和分布规律研究。

一、铜矿物分布特征及分布规律

(一) 自然重砂矿物组成

西南地区1:20万河流重砂测量发现的铜矿物（根据铜矿选择）有赤铜矿、黄铜矿、自然铜、孔雀石、辉铜矿5种。

(二) 分布特征

1. 黄铜矿

西南地区黄铜矿分布主要体现在几个方面：①受深大断裂构造的控制明显，如集中出现的龙门山断裂带和小江深断裂带北段，即沿Ⅰ级成矿区（带）边界分布，包含Ⅱ级成矿区（带），如云南哀牢山断裂带；②东川一带黄铜矿含量也比较高，在区域上体现在康滇隆起铁、铜、矾、钛、锡、镍、稀土、金、蓝石棉、盐类成矿带与上扬子中东部（坳褶带）铅、锌、铜、银、铁、锰、汞、锑、磷、铝土矿、硫铁矿、煤成矿带分界线，以及与金沙江断裂带交会部位；③西藏东部怒江褶皱带，黄铜矿异常也比较明显，受构造控制明显。

2. 蓝铜矿

蓝铜矿在西南地区分布规律性不明显，仅在大断裂带、东川有零星异常，而且级别较低，特别是与黄铜矿对比，明显出现在怒江、澜沧江下游，云南兰坪一带。

3. 孔雀石

西南地区孔雀石分布与黄铜矿分布有相同点也有不同点，较黄铜矿分布广。除了龙门山断裂带和小江深断裂带北段，云南东川一带与黄铜矿分布大致相同，其他地区分布有所不同。如黄铜矿分布集中的哀牢山断裂，孔雀石只分散出现，集中位置出现在哀牢山断裂北部，主要集中出现在康滇隆起成矿带亚带之间。在怒江、澜沧江下游孔雀石与蓝铜矿分布相似，但向南偏移。

4. 自然铜

自然铜在西南地区出现的地区有限，分布零散，含量分级高值区较集中出现在龙门山断裂带石棉县一带，以及云南东川一带。

二、铅锌矿物分布特征及分布规律

(一) 自然重砂矿物组成

西南地区1:20万河流重砂测量发现的铅锌矿物（根据铅锌矿选择）有铅丹、铅矾、白铅矿、方铅矿、钼铅矿、钨铅矿、闪锌矿、自然铅8种。

(二) 分布特征

1. 白铅矿

白铅矿分布广泛，但不集中，相对集中出现在西藏东部、西南三江一带。

2. 方铅矿

方铅矿分布较为广泛，较集中出现在四川西部、西藏东部、云南西部、西南三江一带，以及普格—宁南—东川一带，在贵州六盘水一带也有集中分布。

沿龙门山断裂带：方铅矿呈带状北东-南西向展布，累频高值点分布密集，形成方铅矿高值带，受龙门山断裂带控制明显。在该带中以青川、北川、都江堰3个地段分布最为集中，以累频70以上高值点为主。

卢定-石棉地区：方铅矿分布于泸定、宝兴、丹巴、道孚等地区，分布面积大，累频70以上高值点在宝兴地区最为集中，方铅矿分布于宝兴—泸定—道孚呈弧形宽带，与该地区断裂构造形态基本一致，受深大断裂构造控制明显。方铅矿密集出现在石棉、汉源、甘洛地区，累频70以上高值点大量出现，分布集中，该地区已发现大量的矿体，方铅矿大量出现多是由已知矿床、矿体引起。

普格-宁南-会东-东川：方铅矿沿普格-宁南会东-东川地区呈北西向带状展布，由累频50的点为主构成，其展布特征与则木河达断裂相一致，并沿金沙江向西分布，受断裂构造控制明显。

在冈底斯区方铅矿主要分布在拉萨附近及南木林-谢通门之间。分布零散不连续，高值点集中在拉萨和墨竹工卡之间，其余地区较分散；低值点在琼结和浪卡子附近集中出现。在三江地区分布较为广泛，分别沿波密—察隅、八宿—边坝、左贡—类乌齐—丁青和妥坝以北一带分布，这4个分布带中高值点和低值点均分布较密集，有利于异常的圈定。另外，在察隅以西连续出现高值点，几乎没有低值点出现，在很多自然重砂矿物分级图中均有这种现象。

贵州六盘水：呈两条近平行的条带状异常，南东向展布，集中分布在韭菜坪、六盘水地区，与断裂关系密切。

3. 闪锌矿

闪锌矿主要分布在成都以西龙门山断裂带西部；西藏昌都和贵州六盘水地区也有较为集中的出现。

4. 自然铅

自然铅主要分布在石棉、汉源一带，沿Ⅰ级成矿带界线（龙门山断裂）分布。此外，贵州六盘水也有集中分布。

三、金矿物分布特征及分布规律

(一) 自然重砂矿物组成

西南地区1∶20万河流重砂测量发现的金矿物为自然金，与其紧密伴生的矿物有毒砂、雄黄、辰砂、黄铁矿等。

（二）分布特征

1. 自然金

龙门山断裂带（Ⅰ级成矿带界线）：沿龙门山断裂带金矿物断续分布，出现较为集中的分布区，主要出现于都江堰西部地区，由一系列累频70以上的高值点构成，主体分布在岩浆岩体中，部分分布在下古生界中。

甘孜-理塘断裂带：沿甘孜-理塘断裂带金高值点断续分布，受断裂构造控制作用明显，在新龙、汉源、木里地区出现了3个相对集中的高值点分布区。

会理、大理—鹤庆、个旧南部的西隆山均有小范围的金矿物集中分布。

2. 辰砂

辰砂在西南地区分布较为广泛，高值点主要分布在以下4个区带。

藏东-川西地区：甘孜-理塘断裂带中段及南段，辰砂高值点沿甘孜—新龙—理塘—稻城一线分布，形成1条近南北向展布的高值点分布带，受深大断裂控制作用明显；沿丁青—昌都—察雅一线分布，形成1条由西向东、向南展布的分布带。在这个区域辰砂大部分沿Ⅲ级成矿带界线分布，与构造断裂关系比较密切。

龙门山断裂带：辰砂高值点主要出现在龙门山断裂带的北段地区。广元、青川集中分布区，辰砂高值点呈分散面状集中出现，分布面积较广，在青川以南和广元北出现3处辰砂高值点集中区。北川、绵阳、江油地区，辰砂高值点呈散点面状分布，分布区域面积较大，相对集中，高值点主要出现在第四系中。

除上述地区外，辰砂高值点在川东南华蓥、邻水，川南珙县、长宁，攀西地区的盐边县等地有分布面积较小的高值集中区。

昌都-普洱（地块/造山带）铜、铅、锌、银、金、铁、汞、锑、石膏、菱镁矿、盐类成矿带：辰砂高值点呈分散面状集中出现在兰坪、大理、江城、景洪，分布面积较广，但高值点不是特别集中。

上扬子中东部（坳褶带）成矿带：在贵州分布比较分散，高值点沿铜仁、贵州北、安龙呈北东向展布。

四、钨矿物分布特征及分布规律

（一）自然重砂矿物组成

西南地区1∶20万河流重砂测量发现的钨矿物由白钨矿、黑钨矿、锡石等矿物构成。

（二）分布特征

1. 白钨矿

藏东，白钨矿主要沿班公湖-怒江（缝合带）（Ⅲ$_{40}$）、班戈-腾冲（岩浆弧）成矿带（Ⅲ$_{42}$）分界线分布，集中出现在洛隆、八宿一带，受构造断裂控制明显。

川西北，白钨矿主要沿Ⅰ级成矿带分界线、龙门山断裂带北段分布，累频70以上高值点分布较为集中。

滇西南，白钨矿主要沿怒江、澜沧江、哀牢山断裂呈条带状分布，沿Ⅲ级成矿带界线展布。白钨矿的出现频率较高，但层控型白钨矿床只在马关南秧田发现，自然重砂中白钨矿异常的找矿意义有待进一步研究。

(二)分布特征

1. 白铅矿

白铅矿分布广泛,但不集中,相对集中出现在西藏东部、西南三江一带。

2. 方铅矿

方铅矿分布较为广泛,较集中出现在四川西部、西藏东部、云南西部、西南三江一带,以及普格—宁南—东川一带,在贵州六盘水一带也有集中分布。

沿龙门山断裂带:方铅矿呈带状北东-南西向展布,累频高值点分布密集,形成方铅矿高值带,受龙门山断裂带控制明显。在该带中以青川、北川、都江堰3个地段分布最为集中,以累频70以上高值点为主。

卢定-石棉地区:方铅矿分布于泸定、宝兴、丹巴、道孚等地区,分布面积大,累频70以上高值点在宝兴地区最为集中,方铅矿分布于宝兴—泸定—道孚呈弧形宽带,与该地区断裂构造形态基本一致,受深大断裂构造控制明显。方铅矿密集出现在石棉、汉源、甘洛地区,累频70以上高值点大量出现,分布集中,该地区已发现大量的矿体,方铅矿大量出现多是由已知矿床、矿体引起。

普格-宁南-会东-东川:方铅矿沿普格-宁南会东-东川地区呈北西向带状展布,由累频50的点为主构成,其展布特征与则木河达断裂相一致,并沿金沙江向西分布,受断裂构造控制明显。

在冈底斯区方铅矿主要分布在拉萨附近及南木林-谢通门之间。分布零散不连续,高值点集中在拉萨和墨竹工卡之间,其余地区较分散;低值点在琼结和浪卡子附近集中出现。在三江地区分布较为广泛,分别沿波密—察隅、八宿—边坝、左贡—类乌齐—丁青和妥坝以北一带分布,这4个分布带中高值点和低值点均分布较密集,有利于异常的圈定。另外,在察隅以西连续出现高值点,几乎没有低值点出现,在很多自然重砂矿物分级图中均有这种现象。

贵州六盘水:呈两条近平行的条带状异常,南东向展布,集中分布在韭菜坪、六盘水地区,与断裂关系密切。

3. 闪锌矿

闪锌矿主要分布在成都以西龙门山断裂带西部;西藏昌都和贵州六盘水地区也有较为集中的出现。

4. 自然铅

自然铅主要分布在石棉、汉源一带,沿Ⅰ级成矿带界线(龙门山断裂)分布。此外,贵州六盘水也有集中分布。

三、金矿物分布特征及分布规律

(一)自然重砂矿物组成

西南地区1:20万河流重砂测量发现的金矿物为自然金,与其紧密伴生的矿物有毒砂、雄黄、辰砂、黄铁矿等。

（二）分布特征

1. 自然金

龙门山断裂带（Ⅰ级成矿带界线）：沿龙门山断裂带金矿物断续分布，出现较为集中的分布区，主要出现于都江堰西部地区，由一系列累频 70 以上的高值点构成，主体分布在岩浆岩体中，部分分布在下古生界中。

甘孜-理塘断裂带：沿甘孜-理塘断裂带金高值点断续分布，受断裂构造控制作用明显，在新龙、汉源、木里地区出现了 3 个相对集中的高值点分布区。

会理、大理—鹤庆、个旧南部的西隆山均有小范围的金矿物集中分布。

2. 辰砂

辰砂在西南地区分布较为广泛，高值点主要分布在以下 4 个区带。

藏东-川西地区：甘孜-理塘断裂带中段及南段，辰砂高值点沿甘孜—新龙—理塘—稻城一线分布，形成 1 条近南北向展布的高值点分布带，受深大断裂控制作用明显；沿丁青—昌都—察雅一线分布，形成 1 条由西向东、向南展布的分布带。在这个区域辰砂大部分沿Ⅲ级成矿带界线分布，与构造断裂关系比较密切。

龙门山断裂带：辰砂高值点主要出现在龙门山断裂带的北段地区。广元、青川集中分布区，辰砂高值点呈分散面状集中出现，分布面积较广，在青川以南和广元北出现 3 处辰砂高值点集中区。北川、绵阳、江油地区，辰砂高值点呈散点面状分布，分布区域面积较大，相对集中，高值点主要出现在第四系中。

除上述地区外，辰砂高值点在川东南华蓥、邻水，川南珙县、长宁，攀西地区的盐边县等地有分布面积较小的高值集中区。

昌都-普洱（地块/造山带）铜、铅、锌、银、金、铁、汞、锑、石膏、菱镁矿、盐类成矿带：辰砂高值点呈分散面状集中出现在兰坪、大理、江城、景洪，分布面积较广，但高值点不是特别集中。

上扬子中东部（坳褶带）成矿带：在贵州分布比较分散，高值点沿铜仁、贵州北、安龙呈北东向展布。

四、钨矿物分布特征及分布规律

（一）自然重砂矿物组成

西南地区 1∶20 万河流重砂测量发现的钨矿物由白钨矿、黑钨矿、锡石等矿物构成。

（二）分布特征

1. 白钨矿

藏东，白钨矿主要沿班公湖-怒江（缝合带）（Ⅲ$_{40}$）、班戈-腾冲（岩浆弧）成矿带（Ⅲ$_{42}$）分界线分布，集中出现在洛隆、八宿一带，受构造断裂控制明显。

川西北，白钨矿主要沿Ⅰ级成矿带分界线、龙门山断裂带北段分布，累频 70 以上高值点分布较为集中。

滇西南，白钨矿主要沿怒江、澜沧江、哀牢山断裂呈条带状分布，沿Ⅲ级成矿带界线展布。白钨矿的出现频率较高，但层控型白钨矿床只在马关南秧田发现，自然重砂中白钨矿异常的找矿意义有待进一步研究。

2. 锡石

川西北地区：锡石主要沿义敦-香格里拉（造山带，弧盆系）成矿带分布，累频 75 以上高值点在甘孜、巴塘、理塘、稻城分布较为集中。

滇西南-滇南地区：锡石主要沿怒江、澜沧江呈条带状分布，沿Ⅲ级成矿带界线展布。此外，在个旧、马关一带呈集中面状分布。

五、稀土矿物分布特征及分布规律

（一）自然重砂矿物组成

西南地区 1∶20 万河流重砂测量发现的稀土矿物有氟碳铈矿、褐帘石、独居石、磷钇矿、磷铝铈矿 5 种。

（二）分布特征

1. 独居石

藏东-川西地区：独居石在西藏东部、四川西部分布极为广泛，主要集中出现在洛隆、甘孜、巴塘、康定地区，累频值较高。主要分布在三叠系中，受地层控制明显，与构造断裂关系密切。

滇西南地区：独居石主要沿怒江、澜沧江、哀牢山断裂呈条带状分布，沿Ⅲ级成矿带界线展布。如勐海县勐往独居石砂矿、勐海县阿勐康磷钇独居石矿属于高值区的矿产地。

2. 磷钇矿

磷钇矿在四川、云南等地出现，可划分出 4 个集中分布区。

川西地区：毛尔盖西集中分布区，磷钇矿集中分布在黑水县与红原县之间的毛尔盖以西地区，由 12 个累频 70 以上高值点和一系列低值点构成，磷钇矿分布在二长花岗岩体中，受岩浆岩体控制明显。巴塘县格聂集中分布区，磷钇矿集中分布在巴塘县东部的格聂地区，由大量累频 70 以上高值点和一系列低值点构成，磷钇矿分布在二长花岗岩体中，受岩浆岩体控制明显。稻城至理塘集中分布带，磷钇矿在稻城县至理塘县形成一近南北向展布的带状密集分布带，在稻城县南部出现 2 处高值点集中分布区，在稻城县至理塘县中部分布大量分散状的低值点。该地区出露有规模巨大的长轴近南北向展布的二长花岗岩体，磷钇矿均分布在岩体中，与岩体展布方向一致，受岩体控制明显。

总之，磷钇矿的分布主要受二长花岗岩的控制，在二长花岗岩分布地区基本都有磷钇矿出现。

滇西南地区：磷钇矿与独居石分布特征基本相同，主要沿怒江、澜沧江、哀牢山断裂呈条带状分布，沿Ⅲ级成矿带界线展布。如勐海县勐往独居石砂矿、勐海县阿勐康磷钇独居石矿就是位于高值区的矿产地。

六、铁矿物分布特征及分布规律

（一）自然重砂矿物组成

西南地区 1∶20 万河流重砂测量发现的铁矿物有磁铁矿、铬铁矿、钛铁矿、赤铁矿、菱铁矿、褐铁矿、镜铁矿等。

（二）分布特征

1. 磁铁矿

康滇隆起、龙门山构造带：磁铁矿在康滇隆起区形成南北向展布的高值带，在该带中分布有攀枝花铁矿、红格铁矿、白马铁矿等铁矿床，自然重砂矿物磁铁矿的出现与该地区富含磁铁矿地质体密切相关，受富铁基性岩浆岩的控制。

腾冲、三江成矿带：磁铁矿沿怒江、澜沧江形成南北向扇形展布，且主要集中在腾冲一带，其他地区分布较少，且均匀分布。

冈底斯、三江成矿带：磁铁矿分布比较普遍，从冈底斯到三江都有样点显示，累频高低不同，稀密差异有致。

2. 铬铁矿

康滇隆起、龙门山构造带：铬铁矿沿龙门山断裂带北东向断续分布，且在宝兴—都江堰出现高值集中分布区；沿康滇隆起宽带呈散状南北向分布，攀枝花—盐源—西昌地区有高值点出现，但分布较零散。

甘孜-理塘断裂带：铬铁矿沿甘孜-理塘断裂带呈宽带散状南北向分布，沿甘孜、理塘、稻城、丽江形成长达数百千米的紧密北西向高值集中分布带。

丁青、左贡一带：铬铁矿主要由一系列密集的高值点和少量低值点构成，总体呈北东-南西向位于构造带中，与构造带吻合程度较好。

3. 钛铁矿

钛铁矿是一种分布极为广泛的矿物，几乎在各种地层、岩石和大多数河流重砂中都有出现。在康滇、攀枝花、哀牢山、腾冲、黑山、景洪、琼结、曲松有集中分布，但规律性不明显。

七、磷矿物分布特征及分布规律

（一）自然重砂矿物组成

西南地区 1∶20 万河流重砂测量发现的磷矿物有磷灰石、胶磷矿 2 种。

（二）分布特征

磷灰石是一种广普性矿物，分布较广泛，在冈底斯和三江都有大面积、大范围密集分布。冈底斯区除了加查县北面有零星空白区外，其余地区皆有分布，高值点集中出现在浪卡子—扎囊以西一带，在谢通门、桑日周边也有小块高值点集中区。三江区主要分布在丁青—江达—洛隆—察隅、贡觉—芒康一带。

在四川盆地外广为分布，但高值点分布较为集中，出现在四川中部及中北部，包括龙门山、松潘、道孚、平武、金川等地区。

八、锂矿物分布特征及分布规律

西南地区 1∶20 万河流重砂测量没有发现锂辉石自然重砂数据，与其伴生的有磷矿物，与其紧密伴生的有铌钽铁矿、锡石、钛铁矿、磁铁矿、独居石等。因此其分布特征可参照相应伴生矿物的分布特征及规律。

九、锰矿物分布特征及分布规律

(一)自然重砂矿物组成

西南地区1∶20万河流重砂测量发现的锰矿物有软锰矿、硬锰矿、自然锰。

(二)分布特征

1. 软锰矿

软锰矿主要分布在川西北地区,其中红原北东、松潘、平武、马尔康、都江堰、宝兴西部6个地区集中分布软锰矿累频高值点,主要由累频9、10的高值点组成。另在珙县、古蔺县南、道孚县、雅江县南东、壤塘县北东、广元市北、北川县等地主要为累频低值点集中分布区。贵州地区分布广泛,云南省其他地区软锰矿主要呈累频低值点零星分布。

2. 硬锰矿

四川省具硬锰矿反映的自然重砂采样点分布极其有限,主要有两处集中分布点。平武县东为一硬锰矿累频高值点集中分布区;新龙县东为另一硬锰矿集中分布区,主要有中、低累频值出现。此外,在云南地区硬锰矿集中分布在开远、蒙自、耿马一带。

第四节 区域地球物理场特征

一、区域重力场特征

西南地区位于大兴安岭-太行山-武陵山大型重力梯级带西南部,布格重力异常总体呈东高西低、南高北低的特征(图1-17)。异常最大值位于西南地区东部铜仁一带,异常值$-44\times10^{-5}\text{m/s}^2$,异常最小值位于西南地区西部日土一带,异常值约$-600\times10^{-5}\text{m/s}^2$,变化达$556\times10^{-5}\text{m/s}^2$,反映了由东向西莫霍面深度存在较大差异;其中,异常最低值位于西藏自治区境内,它也是青藏高原的主体,其异常范围宽广,主要由4条近东西向、高低相间排列的异常带组成,且异常带宽度南窄北宽。雅鲁藏布江结合带、喜马拉雅地块则与重力异常等值线形成全区规模最大、由西向东连续性最好的梯级带。在东经95°以东的藏东地区,布格重力异常的特征变化较大,主要表现在重力异常的走向由近东西向变为北西向;异常高低相间的带状分布特征变化不够明显。这些重力异常特征客观反映了区内大地构造格架、大型变形构造与区域断裂的基本特征。西藏-三江造山系、巴颜喀拉地块、三江弧盆系、西金乌兰湖-金沙江-哀牢山蛇绿混杂岩带、羌塘弧盆系、龙木错-双湖俯冲增生杂岩带、班公湖-怒江-昌宁-孟连结合带、拉达克-冈底斯弧盆系等大地构造单元边界的走向,都是在东经95°以西为近东西向,以东变为北西向。

云贵高原与青藏高原过渡带表现为变化较陡的梯级异常带特征,反映了区域性大构造的展布和莫霍面深度变化特征;宽大的龙门山重力异常梯级带将异常分为东、西两支,其西支沿大雪山往西延续与喜马拉雅山重力梯级带相连;东支经马边向南东方向弯转,沿乌蒙山南下。该梯级带与滇东地区(鲁甸、曲靖东)的弧形重力梯级带共同构成了川南、滇中宽缓的南东凸起的重力异常带。其中,红河以西的滇西地区,以北西向展布为主,兼有北东向及南北向异常带分布;金沙江断裂和木里-丽江断裂之间的滇西北区域,布格重力异常等值线密集,呈同形扭曲的叠加圈闭,由西向东异常带方向由北北西向变为南北

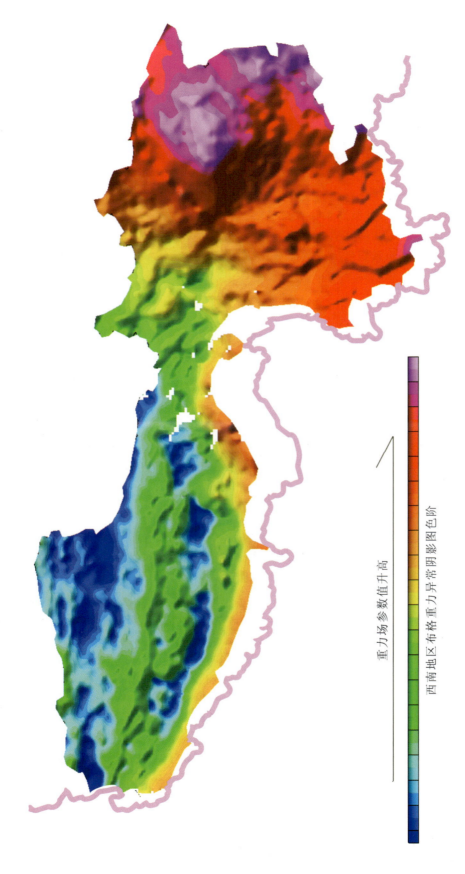

图1-17 西南地区布格重力异常阴影图

向。红河以东的滇中、川南地区则为南北向展布,贵州南部异常呈北东向或向东凸起的弧形异常带特征。弥勒—师宗一线为宽约 20~30km 重力梯级带,其上叠加局部重力高或低。

纵观西南地区布格重力异常图(图 1-17),具有以下主要特征。

(1) 全区布格重力异常均为负值,异常值在 $(-600 \sim -44) \times 10^{-5} \text{m/s}^2$ 之间,相对变化达 $556 \times 10^{-5} \text{m/s}^2$,总体趋势为东高西低、南高北低,反映了不同区域的地壳厚度存在巨大的差异。

(2) 重力异常存在四大台阶:青藏高原腹地重力场在 $(-600 \sim -370) \times 10^{-5} \text{m/s}^2$ 之间,为全区的最低区,为第一台阶;川南、滇中和滇北的不规则区域重力值在 $(-370 \sim -200) \times 10^{-5} \text{m/s}^2$ 之间,为第二台阶,比第一台阶重力值提高了 $150 \times 10^{-5} \text{m/s}^2$ 左右;滇南和贵州构成一个向外抬升的大弧形区域,重力值一般在 $(-200 \sim -160) \times 10^{-5} \text{m/s}^2$ 之间,比第二台阶高约 $80 \times 10^{-5} \text{m/s}^2$,为第三台阶;川东和重庆构成最高的第四台阶,布格异常值在 $(-160 \sim -44) \times 10^{-5} \text{m/s}^2$ 之间,比第三台阶高出约 $60 \times 10^{-5} \text{m/s}^2$。

(3) 具有两大弧形梯级带:南坪-理县-泸定-中甸-贡山为第一弧形梯级带(内弧),也是区内最大的梯级带,布格重力场落差达 $(50 \sim 130) \times 10^{-5} \text{m/s}^2$,宝兴-盐津-六盘水-罗平-通海-临沧-潞西为第二弧形梯级带(外弧),重力场落差为 $(20 \sim 50) \times 10^{-5} \text{m/s}^2$,相对较为宽缓。两大梯级带是地壳厚度陡变带的反映。

(4) 冕宁—德昌—攀枝花—元谋—楚雄一带构成了近南北走向的带状重力高,其东侧的喜德-布拖-巧家-东川-昆明则形成了带状重力低,这与周围的重力场特征形成鲜明对比。显示该区西高东低、走向南北的基底构造特征。

(5) 青藏高原沿雅鲁藏布江一线存在一个巨大的弧形梯度带,向南重力异常急剧上升。

二、区域航磁磁场特征

由西南地区航磁 ΔT 阴影图(图 1-18)可以看出:西南地区航磁异常强弱层次分明,区带特征明显,展布形态规律性强,清楚地反映了不同地质构造单元的磁场面貌。总的趋势是四川盆地、云南磁异常强度高,变化范围约为 30~225nT,极大值可达到 450nT;贵州中部、石渠-阿坝地区、羌塘以北等以弱或负磁异常为主,变化范围为 -75~10nT;班公湖-怒江、冈底斯、雅鲁藏布江、喜马拉雅、康滇隆起中部等以串珠状异常为主,变化范围为 -75~225nT。

总体来看,西南地区航磁磁场可以按磁异常强度的特征分为鱼鳞山-双湖-安多、冈底斯-念青唐古拉、雅鲁藏布江、喜马拉雅、昌都-昭通、石渠-马尔康、四川盆地、贵州大部、云南大部九大块,各区块特征如下:

鱼鳞山-双湖-安多以北地区,以负磁异常的背景场为主,局部有少量的正磁异常,正磁异常呈串珠状特征,可以形成三级断裂构造。

冈底斯-念青唐古拉主要以正磁异常为主,局部含有少量的负磁异常。正磁异常有几条醒目的东西向串珠状、线性异常带,中间以平静的负(或正)磁场区相隔形成不同特征的磁场条块。线性异常带一般宽几十千米,长数百千米至数千千米不等;展布方向与断裂-岩浆岩带-变质岩带平行,或者就分布其上。

雅鲁藏布江是以条带状正磁异常为主,磁异常的强度较大,以条带状为主;其在中部有双磁异常条带出现,两边为正磁异常,中间为负磁异常;其正磁异常由基性或超基性岩体引起。

喜马拉雅磁异常区位于雅鲁藏布江以南,主要以负磁异常为主,向南负磁异常的强度加大,局部出现正磁异常,由基性或超基性岩体引起。

昌都-昭通地区磁异常较为零乱,以正磁异常为主,正磁异常表现形态有串珠状、线性异常,昌都地区多表现为线性异常特征,金沙江表现为串珠状异常特征;丽江—昭通一带磁场面貌复杂多变,没有规律性,正、负磁异常相伴产生,主要由峨眉山玄武岩引起。

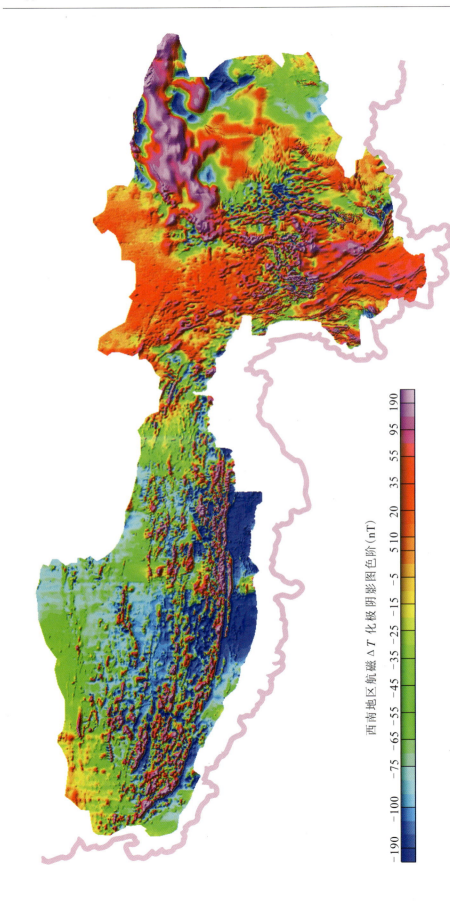

图 1-18 西南地区航磁 ΔT 化极阴影图

石渠—马尔康一带磁异常较为稳定,以负磁异常为主,局部出现少量的正磁异常,南以甘孜-理塘线性异常带为界,其最北边出现少量正磁异常,为西秦岭地质体。

四川盆地磁异常带以正磁异常为主,部分地方出现负磁异常;龙门山断裂表现为不连续的线性负磁异常带。巴中以负磁异常为主,磁异常的强度较大。乐山-达州的正磁异常带方向为北东向。最北边负磁异常为东秦岭地质体。其间还夹有自贡、大竹两个小的局部负磁异常。

贵州大部磁异常带以负磁异常为主。遵义-安顺表现为正磁异常,磁异常强度较弱,遵义-彭水以弱的负磁异常为主,局部有两个强的负磁异常区。贵阳东南部以负磁异常为主,负磁异常的强度较弱;局部表现为正磁异常,主要由玄武岩或变质岩引起。

云南大部磁异常以正磁异常为主,仅在兰坪、曲靖一带有大面积的负磁异常区。元江以东的滇中地区,磁场面貌复杂多变,线性特征不明显,异常主体走向近南北,除红河北东侧有北西向串珠状异常带与红河平行分布外,其余则表现为几个大的异常区,异常强度亦较大。永宁—虎跳峡、华坪—凤仪夹持的区域,以负磁场为背景,叠加两条不同特征的异常带。则黑-华宁-建水断裂和弥勒-师宗断裂夹持的滇东地区,磁异常主要表现为负背景场上叠加不同方向的串珠状异常带,异常带多数呈近南北向的弧形,滇东北地区则呈北东向,异常主要是滇东玄武岩的反映。弥勒-师宗断裂和红河断裂夹持的滇东南地区,东、西两侧磁场背景截然相反:东侧为平静的负背景场,其上叠加一些弱小的正异常;西侧为正背景场,其上叠加北东向异常带和范围较大的正磁异常带。

三、重磁场分区特征

西南地区重、磁异常可划分为十大异常区:北羌塘-昌都-兰坪异常区、班公湖-怒江异常区、冈底斯异常区、北喜马拉雅异常区、南喜马拉雅异常区、松潘-甘孜异常区、四川盆地异常区、川滇黔菱形异常区、南盘江-右江异常区、黔东南异常区。

根据重、磁异常总体特征,前6个为第一组异常大区,后4个为第二组异常大区。第一组异常大区对应青藏高原及周缘地块,异常特征为重力低、磁力低;第二组异常大区对应上扬子异常区,异常特征为重力高、磁力高。两组的分界线以龙门山、木里-丽江、红河等深大断裂为界,基本与地质构造相吻合(图1-19、图1-20)。

西南地区航磁 ΔT 等值线图的磁场特征较为复杂,不同地域特征各异,异常较为杂乱;但西南地区航磁 ΔT 化极上延20km等值线图能反映深部变化的区域磁场特征,区域磁场面貌简单、明显醒目,可以反映出西南地区深部大板块的界线。本节仅用西南地区航磁化极上延20km等值线图作为西南地区的区域磁场特征,并对磁场分区特征进行逐一介绍。

区域重力异常是从布格重力异常中消除或减弱了局部密度不均匀体而突出埋藏较深或分布范围较大的不均匀地质体的重力异常,区域重力异常主要反映莫霍界面特征。各重力异常区特征如下。

1. 北羌塘-昌都-兰坪异常区特征

该重力异常区可分为3段:羌塘重力相对低值区、昌都-中甸重力相对中值区、兰坪-思茅重力相对高值区。羌塘重力异常低值区,最低值位于羌塘西部的咸则错,达$-595\times10^{-5}\mathrm{m/s^2}$,该区重力异常呈近东西向展布,背景为宽缓的重力低异常,呈向北凸出的弧形异常带,莫霍面凹陷是引起该异常的主要因素。全区莫霍面平均深度达69km,最深可达71km,是研究区莫霍面最深的地区之一。剩余重力异常也以重力低为主,且大多是由沉积盆地所致,也有一些重力低是由酸性侵入岩引起的。昌都-中甸地区的重力异常值相对中值,异常特征明显,呈南北向条带展布,异常值小于$-480\times10^{-5}\mathrm{m/s^2}$。兰坪-思茅相对重力高值异常,重力异常值由北向南逐渐增加,异常值大于$-480\times10^{-5}\mathrm{m/s^2}$,异常两边界有明显的曲线错动特征,东界以红河断裂为界,西界以怒江为界。

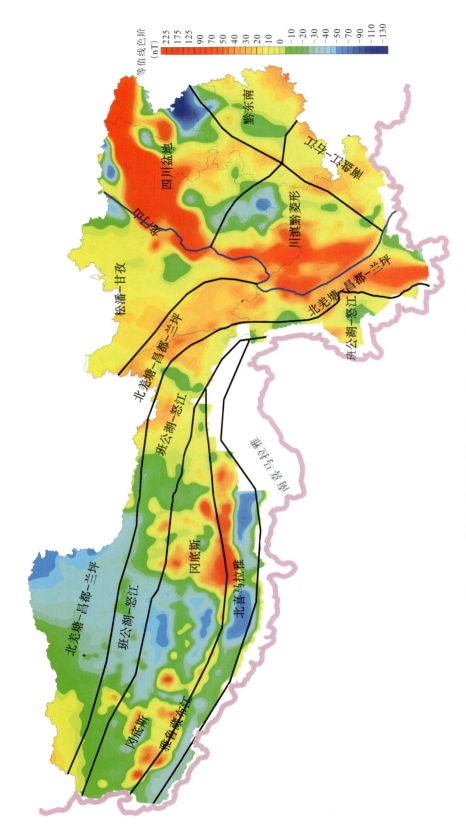

图1-19 西南地区航磁异常分区图(底图:航磁化极上延20km等值线图)

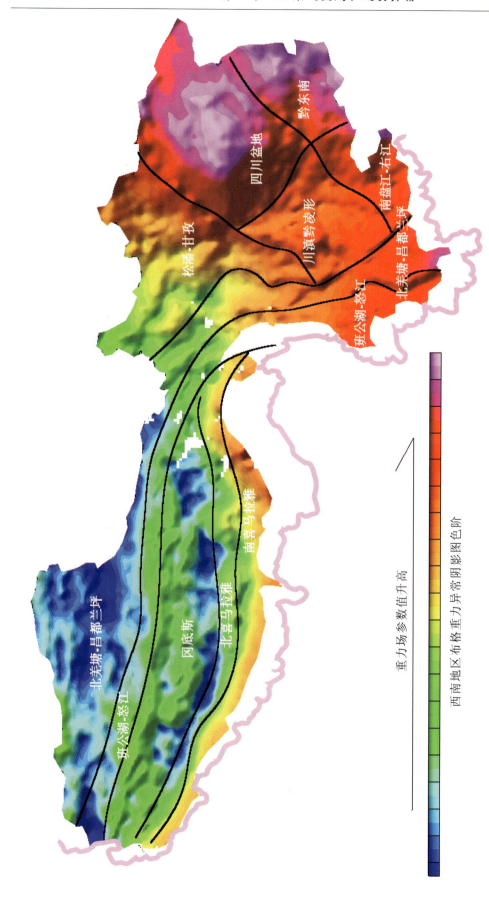

图1-20 西南地区重磁异常分区图（底图：重力异常阴影图）

该区磁异常特征也能清楚地分为3段。羌塘负磁异常区对应地层为羌塘北部地层区,地质界线以龙木错-双湖洋盆为界,以沉积岩为主,磁性基底部分可能存在消磁,所以表现为负磁异常,磁异常特征表现中部磁异常值低,化极上延20km等值线值小于−50nT,两边的磁异常值略高,等值线值约10nT。

昌都-中甸正磁异常区对应地层区为昌都地层区,主要为唐古拉-昌都地层分区($Ⅲ_{42}$)和西金乌兰-金沙江地层分区($Ⅲ_{41}$)。主体为中生代盆地,古生代及其以前的地层多分布于盆地的东、西两侧。三叠纪以后由浅海环境逐步向陆相转化,形成侏罗纪—古近纪红色盆地。该区域有德钦蛇绿混杂岩和金沙江蛇绿混杂岩,其间还有昌都-芒康-兰坪-勐腊侏罗纪—新近纪碎屑岩坳陷盆地,叶枝-易田中晚二叠世火山碎屑浊积岩、火山碎屑岩夹碳酸盐岩、中基性火山岩及泥岩-粉砂岩-杂砂岩为主的弧后盆地,维西石炭纪—泥盆纪蛇绿混杂岩扩张洋脊,石登志留纪—二叠纪碳酸盐岩夹火山岩等与岩浆活动有关的地层出露。该区域的航磁数据主要反映了岩浆活动基底特征,所以表现为正磁异常特征。

兰坪-思茅磁异常高值区,表现为条带状磁异常特征,该带两侧的磁异常均比中间磁异常值低,化极上延20km等值线值大于50nT,说明该地区磁异常具有深源特征;该两段在丽江以西有明显的磁异常错断,很明显地区分开两磁异常高值区,该区域的航磁数据主要反映了岩浆活动基底特征,所以显示为正磁异常特征。

2. 班公湖-怒江异常区特征

根据异常特征,班公湖-怒江重力异常区可以分为东段和西段,东、西两段以巴青为界。西段阿里地区北部-巴青重力低异常区:以团块状或环形异常为主要特征,这些重力低异常大部分与地表出露的中酸性岩体对应。东段巴青-龙陵重力高异常区:是一个相对重力高值区,幅值不是很大但范围比较宽缓,宽缓的重力高与深部构造的隆起有关,异常区北部的重力异常值比南部的低,该高值异常带与基性、超基性岩浆岩有关。

班公湖-怒江异常区东段以正磁异常区为主,位于西藏东部、云南西南部,包括昌都盆地、怒江洋盆、保山被动陆缘、腾冲岩浆弧等。区内岩浆活动发育,重要断裂构造也很多;航磁化极上延20km等值线显示,在兰坪盆地和昌都盆地出现小面积的弱负磁异常。该正磁异常表明该区成矿条件好,岩浆活动频繁。班公湖-怒江西段以负磁异常为主,仅在改则西、安多南出现局部的正磁异常,负磁异常主要与中酸性岩体有关,正磁异常主要与基性、超基性岩体有关。

3. 冈底斯异常区特征

根据异常特征,冈底斯重力异常区可以分东、中、西3段。东段冈底斯-念青唐古拉重力低异常区:以条带状、团块状或环形异常为主要特征,这些重力低异常大部分与地表出露的中酸性岩体对应。如空波冈日环形重力低异常就是由半隐伏的酸性岩体所引起的异常。中段措勤-那曲重力高异常区:是一个相对重力高值区,幅值不是很大但范围比较宽缓,宽缓的重力高异常与深部构造隆起有关,异常区北部为东西向展布的重力高值带,高值带的范围、走向均与出露的蛇绿岩带相吻合,这就是著名的班怒缝合带在重力异常上的反应。西段措勤-狮泉河重力低异常区:以条带状、团块状或环形异常为主要特征,这些重力低异常大部分与地表出露的中酸性岩体相对应。

冈底斯东、西两段以正磁异常为主,中段以负磁异常为主,对应地层区为冈底斯地层区,东西向条带状展布,整体位于西藏中部。磁异常区内地质以火山岩岩浆弧为主,局部有蛇绿混杂岩出露;由于岩浆活动较多,表现为正磁异常。成矿带总体属于隆格尔-念青唐古拉弧背断隆,构造古地理单元属陆缘裂谷盆地。石炭纪—二叠纪时期,断隆带表现为从印度大陆(冈瓦纳大陆)北缘裂离,并出现了活动性沉积、冈瓦纳相沉积及多岛洋。就地质工作情况来看,已发现的矿产有金属矿产铜、金、银、钨、钼、铅、锌等,特别是对铜、金、钨、钼的成矿作用有一定特点,主要为矽卡岩型和热液脉型,如巴弄坐寺矽卡岩型铜银矿床和甲岗热液脉型钨钼矿床等。

4. 北喜马拉雅异常区特征

北喜马拉雅负磁异常区对应地层区为喜马拉雅地层区,主要为雅鲁藏布江地层分区、北喜马拉雅地层分区。以近东西向展布的团块状重力低异常为主,在异常区的南部和北部分布有相对重力高值区。雅鲁藏布洋盆包括伊拉日居-仲巴-白朗-朗县中生代—新生代砂砾岩-浊积岩-硅质岩为主的洋盆、仲巴-札达三叠纪—白垩纪以细碎屑岩含碳酸盐岩为主的被动陆缘、札达-门士中—新生代陆内盆地沉积。北喜马拉雅碳酸盐岩台地:南以喜马拉雅主拆离断裂(STDS)为界,北以吉隆-定日-岗巴-洛扎断裂为界,包括吉隆-定结-堆纳显生宙陆棚碳酸盐岩台地、贡当-亚来-岗巴显生宙陆棚碎屑岩盆地、吉隆藏布早石炭世碎屑岩弧后盆地。北喜马拉雅重力梯级带,沿喜马拉雅山脉呈弧形展布,曲松—亚东一带呈北西向,亚东—多吉一线转为北东向,多吉-察隅又呈北西向。尽管由于该区地形条件限制,测点较稀,但重力异常的总体形态是非常清晰的,布格重力异常以梯度带为主,梯度可达 $1.85\times10^{-5}\mathrm{m/s^2\cdot km}$。巨大规模的梯度带与莫霍面的突变有关。

5. 南喜马拉雅异常区特征

南喜马拉雅有高喜马拉雅地层分区、低喜马拉雅地层分区 2 个分区。南喜马拉雅表现为重力相对高异常区,与出露的基性、超基性岩分布特征有关。在局部异常图上可见南北向条带状异常,显示区内构造分布特征。

高喜马拉雅地层分区位于印度河-雅鲁藏布江结合带与北喜马拉雅碳酸盐岩台地之间东西向展布的狭长带状区域,东、西两侧均被藏南拆离系断失。低喜马拉雅被动陆缘盆地(C—P):位于喜马拉雅山脉南坡,以喜马拉雅主中央断裂带(MCT)为北界,南侧以主边界断裂带(MBT)与印度地盾前缘的西瓦里克后造山前陆盆地为邻;主要为门卡—格当一带石炭纪—二叠纪陆棚碎屑滨海沉积。

南喜马拉雅以正磁异常为主,表现为条带状正磁异常,主要反映了喜马拉雅造山带的变质基底,为强磁性基底,所以显示为正磁异常特征。

6. 松潘-甘孜异常区特征

松潘-甘孜异常区位于龙门山断裂带以西、鲜水河以北。该异常区以重力低异常为主,靠近龙门山断裂带表现为重力相对较高,总体特征为西低东高。航磁异常特征以弱正磁异常为主,正磁异常区对应地层为巴颜喀拉地层区,主要位于玛多-马尔康地层分区,包括平武志留纪—泥盆纪碳酸盐岩陆表海、摩天岭元古宙碎屑岩陆表海、黄龙-白马泥盆纪—三叠纪碳酸盐岩陆表海、色达-松潘-马尔康-金川三叠纪浊积岩复理石周缘前陆盆地、若尔盖-红原三叠纪—第四纪砂砾岩-粉砂岩-泥岩夹火山岩无火山岩断陷盆地、南坝-汶川志留纪—泥盆纪海相碎屑岩和碳酸盐岩陆缘斜坡、丹巴-金汤泥盆纪—三叠纪被动陆缘碳酸盐岩台地、丹巴三叠纪—侏罗纪被动陆缘陆棚碎屑岩盆地、丹东-道孚晚三叠世滑塌岩-浊积岩陆缘裂谷、泥杂-炉霍晚三叠世深海浊积扇火山碎屑岩,砂砾岩深海平原、巴颜喀拉-四通达晚三叠世深海浊积岩残余海盆、阿坝第四纪河流相砂砾岩坳陷盆地。成矿带位于北巴颜喀拉-马尔康成矿带。该区域以正磁异常为主,强度不大,局部火山岩引起部分弱的正磁异常。

龙门山重力异常梯级带由北至南呈弧形展布,北部呈北北东向,南部呈北西向,北部梯度较大,最高达 $2.5\times10^{-5}\mathrm{m/s^2\cdot km}$,南部梯度较小,为 $0.9\times10^{-5}\mathrm{m/s^2\cdot km}$。显然北部的梯级带是由龙门山断裂带引起的,南部梯度带是一组北西向断裂形成的异常。

7. 四川盆地异常区特征

四川盆地异常区包括四川盆地、川中前陆盆地和黔北地区。区内重力场以宽缓的高背景为主要特征,局部异常走向北东,幅度较小,说明莫霍界面埋深浅,呈北东走向。盆地中部是结晶基底上发育起来的北东向古生代隆起区,无褶皱基底,盖层中的古生界厚度薄。因此,盆地结晶基底及地质构造是造成区内重力异常特征的主要原因之一。整个区域重力剩余异常带呈圆弧形分布，弧形带以重庆大足一带为共同的圆心，平行于莫霍面等深度线。区内矿产较为丰富，以沉积型铁矿、锶矿、铝土矿、砂岩型铜矿、砂金及油气、石膏、钙芒硝、石盐、煤、煤层气为主。

四川盆地正磁异常区对应的地层为扬子地层区，对应的分区为上扬子地层分区，比地质上的四川盆地范围略小，与川中前陆盆地相当，包括广元-江油早白垩世河湖相砂砾-粉砂质泥岩压陷盆地、巴中-南充-内江侏罗纪—白垩纪含煤碎屑岩压陷盆地、成都-南江-达州-重庆晚三叠世—第四纪砂岩压陷盆地、巫溪-忠县-涪陵-习水二叠纪—三叠纪泥晶碳酸盐岩-蒸发岩陆表海、珙县-筠连-古蔺寒武纪—三叠纪碎屑岩、铁质岩陆表海、叙永晚三叠世—侏罗纪砂砾岩坳陷盆地。对应的成矿带为四川盆地铁、铜、金、油气、石膏、钙芒硝、石盐、煤和煤层气成矿带。航磁资料主要反映了四川盆地结晶基底的磁性特征。

彭水负磁异常区对应的地层为扬子地层区，主要位于重庆中东部地区。该区包括彭水寒武纪—三叠纪碳酸盐岩夹碎屑岩陆表海、思南-彭水寒武纪—三叠纪碎屑岩-碳酸盐岩被动陆缘。对应的成矿带为四川盆地铁、铜、金、油气、石膏、钙芒硝、石盐、煤和煤层气成矿区。

自贡-昭通负磁异常区对应的地层为扬子地层区，对应的分区为上扬子地层分区，位于四川盆地西南边。该区包括曲靖-昭通寒武纪—三叠纪碳酸盐岩夹碎屑岩陆表海，桐梓夜郎-大方新场晚三叠世—第四纪河湖相砂岩、粉砂岩、泥岩压陷盆地。对应的成矿带为滇东-川南-黔西铅、锌、铁、稀土、磷、硫铁矿、钙芒硝、煤和煤层气成矿带。

8. 川滇黔异常区特征

川滇黔异常区呈向西开口的不规则形态。布格重力异常值为$(-370\sim-200)\times10^{-5}\,\mathrm{m/s^2}$。泸定-冕宁-盐源-洱源-南涧-恩乐以西地区重力场由南向北缓慢递减，布格异常和区域异常等值线基本走向为北西和北西西向，剩余异常为正负相间的狭长形态，走向主要为南北向，局部为北西向。反映以北西和北西西向为主的深部构造与以南北向为主的浅部构造不一致，同时反映浅部以强烈挤压构造为基本特征。冕宁-攀枝花-楚雄为相对重力高异常区，攀西裂谷位于重力高异常区西北部，重力场显示裂谷向南有延伸至禄丰附近的可能。布拖和东川-玉溪两大负异常为南北走向。这些异常构成了一个巨型的菱形重力异常区域，它由两高、两低南北走向的异常带组成，与周围的重力场形态存在显著差异，反映了攀西裂谷所具有的独特地质构造背景。

康滇隆起正磁异常区对应地层为扬子地层区，位于康滇地层分区。磁异常表现为东低西高的特征，东部磁异常较低，有部分负磁异常场；西部与中部以正磁异常为主，泸定—冕宁—楚雄一带正磁异常特别高，磁性高主要由岩浆岩等磁性体引起。正磁异常区包括：西昌-会理-禄丰三叠纪—新近纪陆相红色碎屑岩为主的陆内坳陷盆地、泸定-石棉-冕宁三叠纪—侏罗纪远滨泥岩-粉砂岩被动陆缘陆棚碎屑岩盆地、宁南-昆明-石屏寒武纪—二叠纪陆源碎屑-碳酸盐岩陆表海、喜德-德昌-龙树古元古代—奥陶纪被动陆缘碳酸盐岩台地，以及楚雄前陆盆地、盐源-丽江陆缘裂谷盆地。成矿带对应于盐源-丽江-金平金、铜、钼、锰、镍、铁、铅、硫成矿带和康滇隆起铁、铜、钒、钛、锡、镍、稀土、金、石棉盐类成矿带。

9. 南盘江-右江异常区特征

南盘江-右江异常区包括南盘江-右江前陆盆地和富宁-那坡被动边缘盆地等，以碳酸盐岩台地、陆缘裂谷和前陆盆地等为主。异常区重力特征表现为相对重力高，重力值为$(-195\sim-95)\times10^{-5}\,\mathrm{m/s^2}$，重力异常等值线表现为东高西低的特点；丘北附近出现相对重力低的异常圈闭，可能由盆地引起。该异常区以正磁异常为主，仅在北东部与南西部出现弱负磁异常，兴义—广南一带以正磁异常值最高，上延20km等值线仍有40nT，说明该区磁异常具有深源特征；蒙自—马关一带以条带状的负磁异常为主。

10. 黔东南异常区特征

黔东南正磁异常区对应的是上扬子地层分区，位于贵州东南部，为黔中隆起，范围略大，包括雪峰山陆缘裂谷盆地、上扬子东南缘古弧盆系,总体表现为陆表海浅海边缘-斜坡碳酸盐岩组合特征。异常区重力特征表现为相对重力高,重力值为$(-140\sim-70)\times10^{-5}\mathrm{m/s^2}$,重力异常等值线表现为东高西低的特点,整体异常向东部圈闭。该异常区以正磁异常为主,仅贵阳附近有北东向条带状弱负磁异常,榕江一带的磁异常值最高,上延20km等值线为50nT,反映了雪峰隆起的异常特征。

第五节 区域遥感特征

西南地区区域地质复杂,成矿条件优越,矿产资源丰富,构造上主体属于特提斯构造域,大致以龙门山断裂带—哀牢山断裂为界,分为东部陆块区和西部造山带。

西部造山带为青藏高原的主体,是环球纬向特提斯造山系的东部主体,具有复杂而独特的巨厚地壳和岩石圈结构,是一个在特提斯消亡过程中北部边缘(泛华夏陆块西南缘)和南部边缘(冈瓦纳大陆北缘)之间洋盆不断萎缩消减、弧-弧、弧-陆碰撞的复杂构造域,经历了漫长的构造变动历史,古生代以来形成古岛弧弧盆体系,具条块镶嵌结构。东部是扬子陆块的主体,具有古老基底和稳定盖层。基底分别由块状无序的结晶基底及成层无序的褶皱基底两个构造层组成;沉积盖层稳定分布于陆块内部及基底岩系周缘,沉积厚度超万米,分布不均衡。由于后期印度板块向北强烈顶撞,在它的左右犄角处分别形成帕米尔和横断山构造结及相应的弧形弯折,在东、西两端改变了原来东西向展布的构造面貌。加之华北和扬子刚性陆块的阻抗与陆内俯冲对原有构造特别是深部地幔构造的改造,形成了本区独特的构造、地貌景观。

一、遥感构造特征分区

遥感图像显示的主要是地表构造形迹,因此在综合构造形式、构造组合及构造线方向的基础上将西南地区划分为5个一级构造单元,即秦祁昆造山系(Ⅴ)、扬子陆块区(Ⅵ)、羌塘-三江造山系(Ⅶ)、班公湖-怒江昌宁-孟连对接带(Ⅷ)、冈底斯-喜马拉雅多岛弧盆系(Ⅸ)(图1-21)。

1. 秦祁昆造山系

秦祁昆造山系位于城口深断裂以北,在西南地区出露很少。在ETM$^+$(7/R、4/G、2/B)波段组合图像上,以深绿色为主,为植被高覆盖区。

2. 扬子陆块区

扬子陆块区北与秦祁昆造山系相接,西部以茂汶深大断裂、小金河深大断裂带与哀牢山断裂为界。断裂构造发育,构造线走向以南北向为主,北东向、北西向、东西向次之,不同方向的断裂将地层切割成菱形、长条形块状影像单元。全区影像总体成团块状、条块状影像区或影像带,反映了巨型条块状稳定型基底构造特征。在ETM$^+$(7/R、4/G、2/B)波段组合图像上,该区为浅绿色至深绿色不等,中间夹杂大小不一的灰白色至灰紫色斑块。块体内部南北向线性构造突显,自西向东有程海断裂、磨盘山大断裂、黑水河大断裂、汉源-甘洛大断裂、元谋-绿汁江断裂、罗茨-易门断裂、普渡河断裂、小江断裂及曲靖-大关断裂等。北东向的华蓥山深大断裂以东区域主要为北东向及北西向中小型断裂,断裂互相切割。区内发育多组东西向隐伏断裂,影像上表现为紫红色影像区与绿色影像区之间模糊、断续出现的隐晦线条,隐伏断裂与矿体(矿床)的空间展布关系十分密切,是遥感找矿预测的重要地带,应是未来找矿勘查中值得关注的找矿目标区。

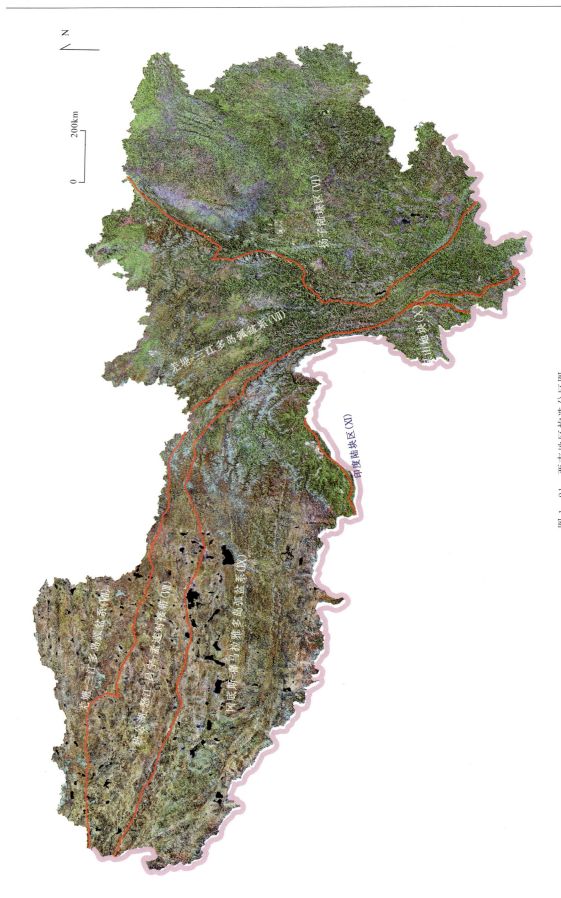

图1-21 西南地区构造分区图

3. 羌塘-三江造山系

羌塘-三江造山系东与扬子陆块相接,西以澜沧江断裂带、多日卡断层、蜈蚣山断层为界。该区域被分为两部分:一部分位于藏北区域,该区植被覆盖少,在 ETM$^+$(7/R、4/G、2/B)波段组合图像上,积雪覆盖区为亮白色,主色彩为紫红色,主要发育近东西向断裂,形迹清晰,岩浆环、岩浆构造环发育,多有隐伏岩体存在;另一部分位于四川、云南,该区植被覆盖程度高,在 ETM$^+$(7/R、4/G、2/B)波段组合图像上,色彩以浅绿色为主,夹杂紫红色斑点,且越往南绿色越深,表明植被覆盖变厚,北西向线性构造发育,形迹清晰,分直线和弧线两种,南部岩浆环、岩浆构造环发育,多有隐伏岩体存在,多期环形构造以及线环相切、相交,多控制矿体产出。

4. 班公湖-怒江昌宁-孟连对接带

北与羌塘-三江造山系相接,南以班公湖-怒江断裂为界。该区域被分为两部分:一部分位于藏北区域,该区植被覆盖少,在 ETM$^+$(7/R、4/G、2/B)波段组合图像上,主色彩为紫红色,主要发育近东西向断裂,形迹清晰,被近南北向断裂切割,形成棋盘状,岩浆环、岩浆构造环发育,多有隐伏岩体存在;另一部分位于云南南部,该区植被覆盖程度高,在 ETM$^+$(7/R、4/G、2/B)波段组合图像上,色彩以浅绿色为主,夹杂紫红色斑点,断层呈带状产出,形迹清晰,多期环形构造以及线环相切、相交,多控制矿体产出。

5. 冈底斯-喜马拉雅多岛弧盆系

冈底斯-喜马拉雅多岛弧盆系分布于班公湖-怒江昌宁-孟连对接带以南,自西藏经四川至云南呈弧状。西部以紫红色为主,向东南植被覆盖增加,绿色加深,主要发育近北西向断裂,弧形分布,形迹清晰,被近南北向断裂切割,岩浆环、岩浆构造环发育,多有隐伏岩体存在。多期环形构造以及线环相切、相交,多控制矿体产出。

二、大型断裂遥感特征

西南地区构造格架断裂主要有两类:一类是板块结合带断裂带(相当于全国性的Ⅰ类断裂,多为地层大区或地层分区断裂),主要有班公湖-怒江板块结合带、雅鲁藏布江板块结合带、金沙江板块结合带等;另一类是地区性大断裂(相当于全国性的Ⅱ类断裂,多为地层区或地层分区的分区断裂)。下面就断裂在遥感影像上的表现特征进行说明(图1-22)。

1. 班公湖-怒江板块结合带的遥感特征

该板块结合带标志着冈底斯-念青唐古拉地体在欧亚大陆南缘的最终拼贴。带内主要由古近系组成,包括贡觉组和牛堡组等,基本属于山间盆地红色或灰色复陆屑建造,是碰撞阶段同造山或后造山隆起的产物。北界为班公湖-兹格塘错-碧土断裂,南界由西段日土-改则-丁青断裂和东段洛隆-八宿断裂两条断裂组成,边界断裂整体表现为逆冲性质。

班公湖-怒江板块结合带以聂荣为界表现为两种主要遥感影像特征。聂荣以西,因植被稀疏、基岩裸露,构造形迹明显,在遥感影像图上一般表现为近东西向线状和带状延伸的黄绿色、红褐色色调界面;聂荣以东至丁青、八宿一带,板块结合带穿越了伯舒拉岭积雪-植被覆盖区和藏东高山峡谷半植被-积雪覆盖区,积雪、冰川、植被、云、阴影等干扰因素的存在,使得构造形迹模糊,局部地段甚至不易判别。

2. 雅鲁藏布江板块结合带的遥感特征

该板块结合带沿雅鲁藏布江-印度河河谷发育,故也称雅鲁藏布江蛇绿岩带,是印度板块与欧亚板块结合带,主要由雅鲁藏布江蛇绿岩和早—中白垩世日喀则群复理石岩系共同组成。北界为达机翁-彭

图1-22 西南地区遥感线要素解译示意图（线要素图例略）

错林-郎县逆冲断裂,南界为札达-拉孜-邛多江逆冲断裂,板块结合带内还有多条同结合带走向的逆冲走滑断裂,如达吉岭-昂仁-仁布断裂、东波寺-康拓-底杂杠断裂等。

雅鲁藏布江板块结合带构造形迹在ETM741影像上表现出与两侧地质体在地貌、色彩、纹形、水系等诸多方面均存在明显差异,并呈宽阔的带状体,略黑的色调,东西向直线状稳定延伸,特别是蓝黑色、深蓝色色调蛇绿岩/复理石岩系的特征影像标志明显(图1-23)。

图1-23　雅鲁藏布江板块结合带蛇绿岩带的影像特征

蛇绿岩带南侧为晚三叠世修康群复理石分布带,发育滑塌混杂岩和结合带型蛇绿混杂岩。前者含有大量的二叠纪石灰岩块,多为沉积接触关系;后者混杂组合中有大量的蛇绿岩,基质为修康群复理石,在复理石中一般发育有紧闭型褶皱。沿蛇绿岩南侧断裂带有断续分布的晚侏罗世——早白垩世的深海火山硅质岩;蛇绿岩北侧为日喀则复理石分布带,属弧前盆地沉积,也有较多的外来滑塌岩块。

3. 金沙江板块结合带的遥感特征

金沙江板块结合带是一条重要的蛇绿混杂岩带,属松潘-甘孜(陆缘)活动带与羌北-昌都-思茅(微)陆块的地壳拼接带,傍金沙江东岸展布,从西藏穿过四川境内南延入云南。断裂两侧沉积建造、岩浆活动、变质作用及地壳运动存在显著差异,同时有大量"外来岩块"堆积,准同生期的复杂褶皱和双变质带的存在指示了洋壳残片与俯冲作用的存在。

金沙江板块结合带在遥感影像上形态较隐晦,以地貌差异分界线为主要特征,断裂周围细碎纹形发育。在巴塘县北侧,德来-定曲断裂为北东向断裂错动,向南波状起伏,延伸入云南境内。

金沙江板块结合带东侧为德来-定曲断裂,在岗拖—定曲一线分布,北通西藏,纵穿四川,南入云南,断面多向西呈倒陡倾斜。断裂以东,上二叠统—三叠系为连续沉积,仅中、上三叠统局部存在超覆;西侧则角度不整合或平行不整合发育,中三叠统缺失。

德来-定曲断裂以弧状水系为主要特征,两侧纹形方向及地貌均存在较大差异,断裂左侧侵入体呈近南北向长条状,断裂右侧侵入体的环状影像特征明显。

4. 区域性大断裂遥感特征

龙门山断裂带由3条断裂带组成,分别为茂汶断裂带、北川-映秀断裂带和江油-灌县断裂带。

茂汶断裂带位于后龙门山陆缘活动带内,北起茂汶,向南经汶川、陇东—泸定,走向北东,倾向北西。汶川—茂汶以北,西侧为灯影组、寒武系,东侧为茂县群、泥盆系月里寨组;耿达至汶川段断裂发育在茂县群与彭灌杂岩、康定群、黄水河群间;耿达以南断裂发育在变质古生界中。遥感影像上断裂多顺河谷展布,两侧纹理、色彩及水系方向存在较大差异。

北川-映秀断裂带为龙门山主中央断裂带。北起广元,南达泸定,北延入陕西。断裂带自西向东构成挤压带,后部上叠岩片地层从老到新至中、上侏罗统渐次出露,相应的岩石建造类型也从冒地槽沉积、槽台过渡型到地台型沉积的变化。遥感影像上以直线或弧线状凹地、断层崖及构造透镜体为主要特征，断裂带内及周围发育大量与主断裂平行的纹形，地貌形态清晰，并见较多后期北西向、南北向小型断裂错动主构造。

江油-灌县断裂带系龙门山推覆带的前锋断裂。断裂北西为台缘坳陷带，上古生界至三叠系发育，为海相碳酸盐岩建造。南东为四川台坳，广泛发育三叠纪陆相含煤建造、侏罗纪—白垩纪红色复陆屑建造和山前坳陷的磨拉石建造。遥感影像上以显著的线性特征及地貌景观差异为主要标志，断层崖发育。

龙泉山大断裂北起仁寿，向北延伸，经老君场后渐转为北东。断面走向呈舒缓波状，东盘为上升盘，多数情况是侏罗系蓬莱镇组与西盘白垩系灌口组接触。双流—太平以南，地表线性特征明显，以北则为第四系覆盖。老君场北断层破碎带清晰明显。地震及地球物理证明了此断裂存在。遥感影像上主要表现为山体地貌特征，与周围红层盆地存在明显的差异，局部见构造破碎带。

第二章 重要矿产特征

第一节 概述

西南地区成矿条件优越，矿产资源丰富，主要可划分为两个Ⅰ级成矿域，即特提斯-喜马拉雅成矿域和滨太平洋成矿域（南西部）。据统计，截至2010年西南地区发现的矿种有155种，探明有资源储量的矿种达100种，矿产地有12 000处以上，具大中型以上规模的矿床1200余处。根据国土资源部2010年《全国矿产资源储量通报》统计，西南地区保有资源储量位居全国前3位的优势矿种主要有铁、锰、铬、钒、钛、铜、铅、锌、铝土矿、锡、汞、银、稀土矿、磷、钾盐、芒硝、重晶石等，尤以铜、锌、铬、铝土矿等重要矿种在全国占有主导地位。

西南地区各省（自治区、直辖市）矿产资源概况如下：

西藏位于特提斯-喜马拉雅成矿域，矿产资源勘查工作始于西藏和平解放以后，随着西藏社会经济的发展，矿产资源勘查评价工作才得以逐步展开。尤其是20世纪70年代以来，对西藏已知的重要成矿区带相继开展了1∶20万区域地质调查，1∶20万、1∶50万区域地球化学勘查，为矿产资源勘查奠定了一定的基础，先后探明了罗布莎铬铁矿、玉龙铜钼矿、崩纳藏布砂金矿、扎布耶硼锂矿、美多锑矿、羊八井地热田、伦坡拉油气等一大批代表性矿床。据不完全统计，截至2012年底，西藏已发现矿床、矿点及矿化点（矿化线索）4000余处，矿产地3000多处。已发现矿种125种，其中有查明资源储量的41种。大型矿床71处，中型83处，小型175处。西藏优势矿产资源主要有铬、铜、铅锌银多金属、钼、铁、锑、金、盐湖锂硼钾矿、高温地热等，同时油气资源也有很好的找矿前景。在现有查明矿产资源储量的矿产中，有12种矿居全国前5位，18个矿种居前10位，其中铬、铜的保有资源储量以及盐湖锂矿的资源远景列全国第1位。

云南地处西南"三江"成矿带、扬子成矿区和华南成矿带结合部位，矿产资源丰富。云南矿产地质工作程度十分不均衡，交通便利、矿产开发较早的滇中、滇东地区勘查程度较高，其余地区勘查程度较低。据统计，云南省发现的各类金属、非金属矿产资源有155种，占全国已发现矿产（171种）的90.64%。已发现的矿产，其中查明资源储量矿产有86种，包括能源矿产2种、金属矿产39种、非金属矿产45种。据不完全统计，发现各类矿床（点）2700余处，截至2010年底列于《云南省矿产资源储量简表》的矿产地（上表矿区）1338处，其中大型矿区119处，中型矿区285处，小型矿区934处。勘查程度达到勘探程度的占30%左右，其余为详查和普查。据2010年《全国矿产资源储量通报》统计，云南有65种固体矿产保有资源储量排在全国前10位，其中能源矿产1种，金属矿产32种，非金属矿产32种。居全国第1位的有锡、锌、铟、铊、镉、磷、蓝石棉7种；居第2位的有铅、钛铁砂矿、铂族金属、钾盐、砷、硅灰石6种；居第3位的有铜、镍、银、锶、锗、芒硝矿石、霞石正长岩、水泥配料用砂岩、水泥用凝灰岩9种。

四川地质构造上横跨扬子陆块区、西藏-三江造山系和秦祁昆造山系3个构造单元。根据四川省2011年度《矿产资源年报》，截至2010年底，四川省已发现矿种135种，具有查明资源储量的矿种有82种。这些矿产主要有煤炭、石油、天然气、铀、铁、锰、铬、钛、钒、铜、铅、锌、铝土矿、镁、镍、钴、钨、锡、铋、钼、汞、锑、铂族金属、金、银、铌、钽、铍、锂、锆、铷、铯、稀土（轻稀土矿）、锗、镓、铟、铪、碲、盐矿、磷矿、硫铁矿、芒硝、石灰岩、白云岩等。除石油、天然气、铀矿、地下热水和矿泉水以外，其矿产地分布于2149个矿区（分矿区、矿段统计），其矿产地数量按矿类分：煤616处，黑色金属矿产256处，有色金属矿产371处，贵金属矿产160处，稀有及稀土金属矿产81处，冶金辅助原料非金属矿产68处，化工原料非金属矿产226处，建材和其他非金属矿产371处。根据2010年《全国矿产资源储量通报》统计，除石油、水气矿产外，包括天然气在内，在四川已查明及开采利用的矿种（包括同一矿种的不同矿产形式），有36种矿产在全国同类矿产中居前3位。钒矿（V_2O_5）、钛矿（TiO_2）、锂矿（Li_2O）、硫铁矿（矿石）、芒硝（矿石）、轻稀土矿（氧化物总量2010年未纳入统计，据2009年统计资料）、盐矿（矿石）等在全国排名第1位。其中，查明资源量与全国总量相比，芒硝占71.6%，锂矿（Li_2O）占55.25%，轻稀土矿氧化物占40.24%，硫铁矿石占19.34%；铁矿、钴矿、铂钯矿（未分）、镉矿、天然气、化肥用石灰岩、石墨、石棉（矿物）等为第2位；铂族金属（合计）、铂矿（金属量）、钯矿（金属量）、铍（绿柱石）、锂矿（$LiCl$、锂辉石）、锆矿（ZrO_2）、熔剂用石灰岩、毒重石等为第3位。

贵州位于扬子陆块西南缘，先后经历了江南造山带和东部环太平洋成矿域与西部的特提斯两大成矿域构造域共同控制和作用，形成了较好的成矿地质条件。据不完全统计，贵州已发现矿产（点）3000余处。已发现123个矿种，已探明的大中型矿床有735处。在探明储量的74种矿产中，有51种矿产被不同程度地开发利用，尤其以煤、磷、铝、汞、锑、锰、金、铅锌、银、非金属建材等具有优势和资源潜力。贵州是著名的汞省，汞资源长期居我国之首；铝土矿位居全国第2位，锰矿位居全国第3位。此外，磷、重晶石、锑在我国都占有很重要的地位，而镍钼钒等也是优势矿产。

重庆构造上属上扬子陆块。据不完全统计，已发现矿产82种，矿床、矿点、矿化点1000余处，其中有探明储量的矿产38种，发现各类矿床303处，其中大型矿床40处，中型矿床83处。毒重石、岩盐、汞、锶、锰和铝土矿等矿产是重庆优势矿产。

下面对西南地区部分重要矿产特征进行概要介绍，详细资料可见本系列丛书之《中国西南地区矿产资源》。

第二节 铁矿

一、概况

西南地区铁矿资源丰富，据不完全统计，规模以上矿床364处，其中大型25处，中型59处，小型280处。根据行政区划：四川143处，云南110处，西藏26处，贵州44处，重庆41处。主要分布于四川、云南等地。主要矿床有四川攀枝花、红格、米易白马、西昌太和，云南新平大红山、澜沧惠民，西藏加多岭、措勤尼雄、安多当曲等。近年来勘查成果表明，西藏冈底斯西段、唐古拉山区具有良好的找矿远景。

二、重要矿床类型与重要矿床

西南地区铁矿重要矿床类型有岩浆晚期分异型铁矿床、接触交代-热液型铁矿床、与陆相火山-侵入活动有关的铁矿床、与海相火山-侵入活动有关的铁矿床、浅海相沉积型铁矿床（以泥盆纪的"宁乡式铁矿"为主）、海陆交替-湖相沉积型铁矿床。

另外，全国乃至世界最重要的变质铁硅建造型铁矿在西南地区少有分布，仅发现了一批变质碳酸盐岩型铁矿，以小型规模分布，主要有四川会理凤山营、云南鲁奎山等铁矿；风化淋滤型铁矿主要有云南陆良天花铁矿。

重要铁矿床主要有四川攀枝花钒钛磁铁矿床、四川会东满银沟铁矿床、四川盐源矿山梁子铁矿床、四川冕宁泸沽铁矿床,云南新平大红山铁(铜)矿床、云南新平鲁奎山矿区铁矿、云南澜沧惠民铁矿床、云南腾冲滇滩铁矿床,西藏措勤尼雄铁矿床、西藏安多当曲铁矿床、西藏当曲铁矿、西藏加多岭铁矿床,贵州赫章菜园子铁矿床,重庆綦江土台铁矿床。

三、找矿远景区

根据地质工作程度,已有矿床(点)的分布情况,西南地区可划分为四川攀(枝花)-西(昌)、南江-万源、龙门山,云南滇中、德钦-腾冲、临沧-勐腊,西藏冈底斯、藏东、唐古拉,重庆巫山-綦江,贵州黔西北、凯里-都匀 12 个铁矿找矿远景区。除上述远景区外,云南金平、云南富宁、四川道孚,西藏日土-革吉等地也具有成矿潜力,其中,云南金平主要成矿类型为岩浆分异型磁铁矿,以棉花地铁矿为代表;富宁近年来有新发现,以板仑铁矿为代表;道孚主要类型为接触交代-热液型铁矿,以道孚菜子沟磁铁矿(小型)为代表;值得重视的是,西藏日土-革吉地区地质工作程度低,但近年来有较大发现,显示出较好的成矿潜力,主要类型为接触交代-热液型,以弗野铁矿为代表。

第三节 锰矿

一、概况

西南地区锰矿为云南、贵州、重庆特色优势矿种,而四川、西藏尚无大的锰矿资源。截至 2007 年底,锰矿查明的资源储量:云南为 $9215.7×10^4$ t[全省共发现矿产地 67 处,其中中型矿床 7 处,小型矿床及矿(化)点 60 处,截至 1988 年],贵州为 $7981.5×10^4$ t,重庆为 $4127.6×10^4$ t,西南地区锰矿探明储量占全国的比例为 25%。锰是四川的不足矿产,已知矿产地 71 处,其中含中、小型矿床各 3 处,矿(化)点 68 处,列入 1987 年储量平衡表者仅 6 处,获工业储量 $3956.5×10^4$ t。西藏目前没有发现大型锰矿床,多以小型矿床和矿化点为主。

二、重要矿床类型与重要矿床

西南地区锰矿床类型以内源外生的(热水)沉积(改造)型为主,主要分布于扬子地台及周缘地区。成矿时期较多,主要有中元古代、南华纪、晚震旦世、寒武纪、奥陶纪、二叠纪、三叠纪直至第四纪风化沉积成矿,其中以南华纪、二叠纪为主,以黔东、黔中、滇东为代表(如大塘坡式、遵义式、格学式)。在西藏拉萨地区尚有热液型锰矿产出,但规模均较小。

重要锰矿床主要有贵州遵义锰矿、贵州铜仁松桃杨立掌锰矿,云南鹤庆锰矿、云南斗南锰矿,重庆高燕锰矿,四川轿顶山锰矿、四川虎牙锰矿、四川德石沟锰矿。

三、找矿远景区

锰矿是重庆、云南、贵州的优势矿产资源,近年来在贵州铜仁地区找矿成果非常显著。西南地区锰矿成矿时期较多,空间分布广,成矿潜力大,可划分为 14 个找矿远景区。

第四节 铬铁矿

一、资源概况

据不完全统计，西南地区共发现铬铁矿矿床(点)124个，其中西藏曲松罗布莎铬铁矿床是全国最大的铬铁矿床；同时还评价了一批中、小型铬铁矿床。据全国铬铁矿保有储量资料统计，西藏是国内保有储量最多的地区，位居第1，占全国保有储量的41.34%。

二、重要矿床类型与重要矿床

西南地区铬铁矿产出均与蛇绿岩中的超基性岩密切相关，铬铁矿带的展布与蛇绿岩带的展布完全一致，铬铁矿的分布分别与雅鲁藏布江蛇绿岩带、班公湖-怒江蛇绿岩带、金沙江蛇绿岩带和哀牢山蛇绿岩带有关。

西南地区铬铁矿均属于与蛇绿岩有关的豆荚状铬铁矿，以西藏曲松罗布莎铬铁矿床、东巧铬铁矿床、依拉山铬铁矿床较为典型。

第五节 铜矿

一、资源概况

西南地区铜矿资源丰富，是我国重要的铜矿富集区，主要分布于西藏和云南，四川次之，贵州和重庆较少。西南地区铜矿在全国资源优势明显，尤其是斑岩型铜矿在全国占有重要地位。到2008年，西南地区保有铜资源储量(包括基础储量和资源量)已达2780×10^4t，占全国的比例已由29.5%上升到36.1%(刘增铁，2010)，与华东、华北、东北、中南和西北五大区域相比，列全国第1位。据不完全统计，2010年西南地区已发现铜矿床(点)1026个，其中超大型矿床5个(西藏玉龙铜矿、驱龙铜矿、甲玛铜矿、多不杂铜矿，云南普朗铜矿)，大型矿床23个，中型矿床44个，小型矿床182个。

西藏有铜矿床(点)515个，其中大型以上矿床16个，中型矿床17个，小型矿床49个，其余均为矿点(《西藏自治区铜矿资源潜力评价》，2011)。截至2008年底，西藏保有铜资源储量1500×10^4t，占全国储量的19%，在全国排第1位(国土资源部，2009)。

云南有铜矿床(点)264个，其中大型以上矿床6个，中型矿床21个，小型矿床126个，其余均为矿点(《云南省铜矿资源潜力评价》，2011)。截至2008年底，云南保有铜资源储量1050×10^4t，占全国储量的14%，在全国排第3位(国土资源部，2009)。

四川有铜矿床(点)165个，其中大型矿床1个，中型矿床6个，小型矿床13个，其余均为矿点(《四川省铜矿资源潜力评价》，2011)。截至2008年底，四川保有铜资源储量220×10^4t，占全国储量的3%，在全国排第12位(国土资源部，2009)。

贵州有铜矿床(点)21个，其中小型矿床6个，其余均为矿点(《贵州省铜矿资源潜力评价》，2011)。截至2008年底，贵州保有铜资源储量10×10^4t，占全国储量的0.1%，在全国排第26位(国土资源部，2009)。

重庆有铜矿床（点）61个，均为矿点（《重庆市铜矿资源潜力评价》，2011）。

二、重要矿床类型与重要矿床

西南地区铜矿床类型较多，以斑岩型、矽卡岩型最为重要，次为火山岩型和沉积变质型。斑岩型铜矿占西南地区储量的52%，占全国储量的44%，矽卡岩型占西南地区储量的31%，占全国储量的27%，火山岩型占西南地区储量的8%，占全国储量的13%（刘增铁等，2010；陈毓川，王登红，2007）。

西南地区重要铜矿有西藏驱龙铜矿、西藏甲玛铜多金属矿床、西藏厅宫铜矿床、西藏谢通门雄村铜金矿床、西藏江达玉龙铜矿床、西藏改则多不杂铜矿床、云南香格里拉普朗铜矿、云南德钦羊拉铜矿、云南普洱大平掌铜矿、云南东川汤丹铜矿、云南兰坪金满铜矿、云南德钦鲁春铜矿，四川会理拉拉铜矿、四川盐源西范坪铜矿、四川九龙里伍铜矿、四川会东淌塘铜矿、四川会理大铜厂铜矿、四川昭觉乌坡铜矿，贵州从江地虎铜矿。

三、找矿远景区

西南地区铜矿成矿潜力巨大。根据西南地区铜矿资源潜力评价成果，西南地区铜矿已查明资源量占预测资源量的1/3，还有很大的找矿潜力。根据铜矿成矿地质条件、已有资源基础等因素，可以将西南地区划分为嘎尔穷多龙、侏诺雄村、厅宫驱龙、得明顶汤不拉、玉龙丁钦弄、羊拉鲁春、普朗、里伍、拉拉滇中、大平掌、滇东南11个铜矿主要找矿远景区。

第六节 铅矿

一、资源概况

西南地区铅矿极为丰富，主要与锌矿共伴生产出，独立铅矿极少，并常伴生有银、锗、镓、铟、钴等元素，主要分布在川滇黔相邻区，云南三江地区，西藏昌都、念青唐古拉地区，重庆秀山和贵州铜仁地区也有分布。

据不完全统计，西南地区小型及以上铅（含共伴生锌矿，下同）矿床共465个：四川118个，其中大型及以上矿床6个，中型矿床30个，小型矿床82个；云南213个，其中大型及以上矿床20，中型矿床34个，小型矿床159个；贵州42个，其中中型矿床11个，小型矿床31个；西藏85个，其中大型及以上矿床13个，中型矿床25个，小型矿床47个；重庆7个，其中中型矿床2个，小型矿床5个。

据《中国统计年鉴》（2011），西南地区铅矿储量所占全国的比例为22.35%，云南以铅储量191.01×10^4 t，占全国储量的15.02%，列全国第2位；四川铅储量82.95×10^4 t，占全国储量的6.52%，列全国第6位；贵州铅储量6.32×10^4 t，占全国储量的0.50%；重庆铅储量3.94×10^4 t，占全国储量的0.31%；西藏铅储量19.44×10^4 t（据国土资源部规划司2001年统计数据）。

二、重要矿床类型与重要矿床

西南地区铅矿主要矿床类型有矽卡岩型、碳酸盐岩型、砾岩碎屑岩型、海相火山岩型、陆相火山岩型和各种围岩中的脉状铅矿床等类型。

重要铅矿床有西藏工布江达县亚贵拉铅锌矿床、西藏隆子县扎西康铅锌锑银矿床,四川白玉县呷村银铅锌多金属矿床、四川会东县大梁子铅锌矿床、四川汉源县马托黑区铅锌矿床,云南兰坪县金顶铅锌矿床、云南保山市核桃坪铅锌铜多金属矿床、云南澜沧县老厂铅锌银多金属矿床、云南会泽县会泽铅锌矿床、云南蒙自县白牛厂铅锌银多金属矿床,贵州织金县杜家桥铅锌矿床。

三、找矿远景区

根据西南地区铅锌矿资源潜力调查评价成果,西南地区铅锌矿已查明资源量占预测资源量的28.14%,还有很大的找矿潜力。根据铅锌矿成矿地质条件、已有资源基础等因素,可将西南地区铅锌矿划分为11个找矿远景区,在这11个找矿远景区中又进一步圈定出47个找矿靶区。

第七节 锌矿

一、资源概况

西南地区锌矿较为丰富,并主要与铅矿等金属矿产共伴生产出,独立产出的锌矿床较少。据不完全统计,西南地区小型及以上矿床(除与铅伴共生的矿床外)共36个:四川11个,其中中型矿床3个,小型矿床8个;云南11个,其中特大型矿床1个,中型矿床5个,小型矿床5个;贵州9个,其中中型矿床2个,小型矿床7个;西藏5个,其中中型矿床2个,小型矿床3个。

据《中国统计年鉴》(2011),西南地区锌矿储量占全国的比例为28.75%。云南锌储量682.05×10^4t,占全国储量的20.98%,列全国第1位;四川锌储量222.40×10^4t,占全国储量的6.84%,列全国第4位;贵州锌储量15.62×10^4t,占全国储量的0.48%;重庆锌储量14.78×10^4t,占全国储量的0.45%;西藏锌储量1.46×10^4t(据国土资源部规划司2001年统计数据)。

二、重要矿床类型与重要矿床

西南地区锌矿与铅矿共伴生的主要矿床类型有矽卡岩型、碳酸盐岩型、砾岩碎屑岩型、海相火山岩型、陆相火山岩型和各种围岩中的脉状铅矿床等类型。西南地区独立锌矿的矿床类型主要为矽卡岩型、碳酸盐岩型和脉型。

重要锌矿床有云南马关县都龙锌锡多金属矿,贵州织金县新麦锌矿、贵州都匀市牛角塘锌矿、贵州丹寨县丹寨竹留锌矿。

三、找矿远景区

根据成矿地质条件、已有资源基础等因素分析,将西南地区锌矿划分为11个找矿远景区,在这11个找矿远景区中又进一步圈定出47个找矿靶区。其中,在渝东南黔东找矿远景区的镇远三都、福泉都匀、织金3个找矿靶区和滇东南找矿远景区的马关找矿靶区中具有找到独立锌矿的成矿条件。

第八节　铝土矿

一、资源概况

西南地区铝土矿主要分布于贵州、云南、重庆、四川,西藏目前还未发现有铝土矿产出。根据西南各省矿产资源潜力评价成果,西南地区共发现铝土矿床(点)213个,其中大型及以上4个,中型44个,小型97个,矿点68个。根据《中国统计年鉴》(2011),截至2010年,西南地区铝土矿基础储量25 362.38×10^{4}t,占全国基础储量的31.05%。

二、重要矿床类型与重要矿床

西南地区的铝土矿主要有两种类型,即沉积型和堆积型。重要铝土矿有重庆南川大佛岩铝土矿床、贵州务川县大竹园铝土矿床、贵州遵义县后槽铝土矿床、贵州清镇市猫场铝土矿床、贵州凯里市鱼洞铝土矿床,云南老煤山铝土矿床、云南麻栗坡县铁厂铝土矿床、云南西畴县卖酒坪铝土矿床、云南鹤庆县中窝铝土矿床,四川大白岩铝土矿床、四川乐山市峨边县新华铝土矿床。

三、找矿远景区

西南地区铝土矿主要分布于扬子陆块、华南陆块。根据区域成矿地质条件、矿床成因、成矿规律等,可将西南地区铝土矿划分为10个找矿远景区,其中,广元天全铝土矿、新华雷波铝土矿、渝南黔北铝土矿、黔中铝土矿、大理鹤庆铝土矿、昆明铝土矿、滇东南铝土矿7个找矿远景区找矿潜力较大。

第九节　镍矿

一、资源概况

中国西南地区成矿条件好,资源丰富,是镍矿床的重要成矿区。截至2010年,已查明矿床17个,矿点多个,其中大型矿床(镍金属>10×10^{4}t)2个,中型矿床[镍金属(2~10)×10^{4}t]6个,小型矿床[镍金属(0.4~2)×10^{4}t]7个。区内分布有我国第一个开发利用的镍矿山——力马河中型镍矿床。

二、重要矿床类型与重要矿床

西南地区具有工业价值的镍矿床,按成矿特征不同可划分为3种类型,即岩浆型硫化物铜镍矿床、风化壳型镍矿床、热液型镍矿床,其中岩浆型硫化物铜镍矿床为主要类型。

重要镍矿床主要有四川会理力马河岩浆型铜镍硫化物矿床，云南金厂安定风化壳镍（钴）矿床、云南墨江金厂热液型镍矿床。

三、找矿远景区

已知的硫化物铜镍矿床分布于宁蒗弥渡、金平、西昌、元谋绿汁江、丹巴和马关富宁各岩带，它们分别位于扬子陆块西缘及其邻接的构造带内，而马关富宁岩带则位于越北古陆的北缘，这些岩带的形成均与古陆边缘长期活动的深大断裂如程海宾川、元谋绿汁江、安宁河、哀牢山、红河、普渡河等断裂有关，特别是海西期岩浆旋回对川滇地区基性-超基性岩带及铜镍矿床的形成与分布具有十分重要的意义。铜镍硫化物矿床需要一个相对稳定的对岩浆分异有利的构造环境。扬子陆块区相对稳定，具备岩浆分异的良好条件。根据西南地区镍矿床成矿地质条件、时空分布等特征，划分出以下7个找矿远景区：元谋找矿远景区、丹巴找矿远景区、金河箐河断裂沿线及盐源盐边找矿远景区、滇西找矿远景区、景谷半坡找矿远景区、德钦维西找矿远景区、金平基性-超基性杂岩带找矿远景区。

第十节 钨矿

一、资源概况

西南地区是我国重要的钨矿分布区。据目前掌握的资料，西南地区共发现预查以上钨矿产地（含伴生）77处，其中大型9处，中型9处，小型29处，矿点30处。主要分布于云南的个旧、马关、麻栗坡、文山、腾冲、云龙、泸水、中甸，四川的会理、巴塘、康定、乡城，西藏的察隅、定结、八宿、乃东、类乌齐、申扎；另外在贵州的江口、从江有少量分布。

二、重要矿床类型与重要矿床

西南地区钨矿的主要工业类型有矽卡岩型、斑岩型、云英岩型、石英脉型，其中矽卡岩型和斑岩型规模大，石英脉型点多，但多以中小型为主。

主要钨矿床有云南麻栗坡县南秧田钨矿、云南马关县花石头村钨锡矿床、云南泸水县石缸河锡钨矿、云南香格里拉县麻花坪钨矿，西藏左贡县拉荣钨（钼）矿、西藏乃东县努日钨铜钼矿，四川道孚县根深沟钨锡矿，贵州从江县乌牙钨锡矿。

三、找矿远景区

依据西南地区钨矿的分布和成矿条件，共划分为云南滇东南、云南腾冲、云南铁厂、云南丽江，四川巴塘，西藏拉荣、西藏泽当几个重要找矿远景区，以及老君山、个旧等5个找矿靶区，主要分布于滇南、滇西、川西、黔东南、藏东、藏南等地区。

第十一节 锡矿

一、资源概况

西南地区是我国重要的锡矿分布区。据目前掌握的资料,西南地区共发现预查以上锡矿产地(含伴生)123处,其中大型9处,中型23处,小型46处,矿点45处。主要分布于云南的个旧、马关、西盟、腾冲,四川的会理、冕宁、巴塘,另外在贵州的江口,西藏的类乌齐、班戈有少量分布。

二、重要矿床类型与重要矿床

西南地区锡矿的工业类型齐全,除斑岩型外均有产出,其中矽卡岩型、锡石硅酸盐脉型、石英脉及云英岩型、锡石硫化物脉型为主要类型,其余类型较少。

重要锡矿床有云南个旧老厂锡矿、云南腾冲县小龙河锡矿、云南云龙县铁厂锡矿、云南梁河县来利山锡矿、云南昌宁县薅坝地锡矿、云南马关县都龙锡锌矿,四川巴塘县措莫隆锡多金属矿、四川会理县岔河锡矿、四川理塘县脚根玛锡矿,贵州印江县标水岩锡钨矿。

三、找矿远景区

依据成矿地质背景、成矿地质条件以及已发现矿床点的分布,划分了云南个旧老君山、西盟勐海、梁河、腾冲,四川泸沽岔河、巴塘石渠,贵州梵净山7个找矿远景区,以及个旧、老君山、西盟等11个找矿靶区,主要分布于滇南、滇西、川南、川西、黔东地区。

第十二节 钼矿

一、资源概况

西南地区钼矿资源较丰富,是我国重要的钼矿富集区之一。西南地区钼矿主要分布于西藏和云南,四川、贵州和重庆较少。西南地区钼矿独立矿床少见,多为共伴生矿产,多与铜、金、铅锌、镍、钒多金属相共伴生产出。钼矿除以斑岩铜矿共伴生为主外,尚有少量的独立型斑岩钼矿床和矽卡岩型钼矿、沉积岩型钼矿以及脉型钼矿床。据不完全统计,西南地区已发现钼矿床(点)(含共伴生)115个,其中大型以上矿床10个,中型矿床24个,小型矿床38个,矿点43个。据不完全统计,西南地区钼矿的分布特征为:西藏已发现有独立钼矿床、共伴生钼多金属矿床(点)29个,其中大型以上矿床7个,中型12个,小型4个,矿点6个;云南已知矿床(点)29个,其中大型以上1个,中型2个,小型4个,矿点22个;四川主要为伴生钼矿,已知钼矿床(点)6个,其中大型1个,中型2个,矿点3个;贵州主要有沉积型镍钼钒矿和热液型钼矿两种矿床类型,已知钼矿床(点)38个,其中中型8个,小型27个,矿点3个;重庆钼矿有13个,其中大型1个,小型3个,矿化点9个。

二、重要矿床类型与重要矿床

西南地区独立型钼矿矿床类型主要为斑岩型和矽卡岩型,其次为沉积岩型和脉型。重要矿床主要有西藏邦浦钼矿、重庆巫溪田坝钼矿。

三、找矿远景区

西南地区钼矿除以斑岩铜矿共伴生为主外,尚有少量的独立型斑岩型钼矿床与矽卡岩型、沉积岩型、脉型钼矿床。沉积岩型钼矿在贵州、重庆有少量产出。脉型钼矿尽管在云南、西藏等地均有分布,但因规模小、资源量少而工业意义不大。与斑岩铜矿共伴生的钼矿主要分布于三江成矿带玉龙地区、香格里拉地区,冈底斯成矿带墨竹工卡和尼木地区,成矿潜力大。斑岩型和矽卡岩型钼矿是西南地区独立型钼矿的主要产出类型,主要分布在西藏冈底斯,其次在云南澜沧老厂,均形成于新生代,具有良好的成矿条件和较大的找矿潜力。根据西南地区铜矿资源潜力评价成果,西南地区钼矿已查明资源量占预测资源量的1/3,还有很大的找矿潜力。根据钼矿的成矿地质条件、已有资源基础等,在西南地区可以划分出邦浦-努日、得明顶-汤不拉、香格里拉、澜沧老厂、巫溪田坝5个可以找到独立型钼矿的主要找矿远景区。

第十三节 锑矿

一、资源概况

西南地区锑矿床主要分布于贵州、云南、西藏、四川。贵州已发现锑矿床(点)集中分布于黔东南雷山—榕江、黔南独山和黔西南晴隆一带。云南锑矿主要分布于三江和滇东南地区,在三江地区主要沿澜沧江、怒江、金沙江流域呈南北向展布,锑矿床点多,在空间分布上有一定的规律,并可细分为保山-孟连地区和维西-兰坪-巍山地区。西藏锑矿主要分布于唐古拉-西亚尔岗-岗玛错构造隆起带,藏南喜马拉雅地区是西藏南部锑(金)成矿有利地区,已发现沙拉岗锑矿、马扎拉金锑矿和扎西康锑多金属矿等中小型矿床多处,以及金锑矿点、矿化点30余处和众多找矿线索,昌都地区仅有1个达到普查程度的铅锌锑多金属矿。四川锑矿少,据已有报告资料,仅有九寨沟县勿角锑矿、西昌马鞍山铅锑多金属矿、道孚辉锑矿和新龙县麦科茶农贡马锑矿4个小型矿床(贵州省地质矿产局,1992)。

二、重要矿床类型与重要矿床

西南地区锑矿有热液层状锑矿床和热液脉状锑矿床两大类。前者是西南地区最重要的矿床类型,具有数量多、分布广、储量大等特点。三江、滇南和黔南地区锑矿主要为热液层状锑矿床,为二叠纪硅质蚀变岩中顺层充填交代型层状锑矿,含矿围岩主要为角砾状石英蚀变岩,硅化角砾状黏土岩,硅化、黄铁矿化黏土岩等,矿体均沿层间破碎带充填交代形成似层状、扁豆状等,如晴隆大厂大型矿床。另外二叠纪、三叠纪的硅化碎屑岩和碳酸盐岩中也有零星的裂隙充填交代型锑矿产出,如册亨板其锑金矿点(刘文均,1992)。西藏锑矿主要类型为热液脉状锑矿,藏北锑矿的主要含矿地层为土门格拉群、中侏罗统雁石坪群,其中碳酸盐岩地层中也发现有少量锑矿点。藏南喜马拉雅地区是锑(金)成矿有利地区,已发现沙拉岗锑矿、马扎拉金锑矿。

西南地区锑矿重要矿床有贵州晴隆大厂锑矿、贵州独山半坡锑矿、云南广南木利锑矿、西藏江孜沙拉岗锑矿。

三、找矿远景区

西南地区锑矿床多为独立矿床，分布广。按其产出地质构造与成矿特征可归属于中国扬子锑成矿带、三江锑成矿带和西藏锑成矿带。根据成矿带及矿产地分布特点划分为晴隆、独山、雷公山-榕江、滇东南、滇西、藏北双湖安多、藏南、昌都等找矿远景区（赵云龙，2006）。

第十四节 金矿

一、资源概况

据不完全统计，西南地区已发现金矿（化）产地771处（含金矿、金铜矿、金银铜矿、金银矿、金铀矿、金铅矿、金铁矿以及砂金矿），其中特大型2处，大型23处，中型47处，小型166处，矿（化）点533处。按金矿产出类型，有岩金矿514处，砂金矿219处，共伴生金矿38处。西南地区以云南金矿勘查提交的金金属量最多，约占总量的50%；其次为贵州，约占总量的30%；四川和西藏相对较少，为10%~15%。

西南地区金矿资源概况如下：

云南金矿床有141个，其中超大型矿床2个，大型矿床6个，中型矿床11个，小型矿床90个，矿点32个。已累计查明金资源储量为684.24t（岩金676.06t，砂金8.18t）。

贵州已探明7个大型矿床，3个中型矿床，11个小型矿床。金矿类型主要有微细粒浸染型金矿，其次有石英脉型金矿、蚀变岩型金矿、红土型金矿、砂金矿。

四川金矿产地有500余个（岩金、砂金、伴生金），上储量表的有86个，其中岩金26个，砂金55个，伴生金5个。四川已探明大型3个，中型12个，小型56个，矿（化）点158个。据2011年《四川省国土资源年报》，全省金矿资源量315.10t（据2004年平衡表砂金为142.73t）。

西藏目前已勘查发现岩金矿床、矿点及矿化点312个，其中矿床24个，矿点153个，矿化点135个。已初步查明独立岩金矿资源量130.483t，其中构造蚀变岩型岩金矿资源量为67.174t，热液（脉）型为28.986t，矽卡岩型为23.573t，斑岩型为10.750t。已初步查明共伴生岩金矿资源量554.38t，其中斑岩型共伴生岩金矿资源量为383.27t，热液型为120.64t，矽卡岩型为25.52t，"矽卡岩型＋斑岩型"为23.36t，沉积型为1.59t。

重庆仅发现金化探异常及个别矿化现象，无查明资源储量的金矿产地。

二、重要矿床类型与重要矿床

西南地区独立岩金矿床成因类型主要有以大气降水为主的热液型金矿、岩浆热液型金矿、剪切带型中低温混合热液金矿、与碱质斑岩有关的热液蚀变型金矿、混合（岩浆热液地层水）热液型金矿、地下水淋滤型金矿（卡林型）、与碱质斑岩侵入有关的矽卡岩型金矿等，砂金矿床主要以冲洪积为主。独立岩金矿主要工业类型有构造蚀变岩型、微细粒浸染型、含金石英脉型、矽卡岩型。

西南地区共伴生金矿主要类型为斑岩型和矽卡岩型,次为火山岩型。斑岩型有西藏驱龙斑岩型铜金矿、云南普朗铜金矿等;矽卡岩型有西藏甲玛铜铅锌多金属矿、云南德钦羊拉铜矿等;火山岩型有四川呷村海相火山岩型银铅锌铜金多金属矿。

重要矿床主要有四川木里县梭罗沟金矿、四川壤塘县金木达金矿、云南镇沅县老王寨金矿、云南祥云县马厂箐金矿、云南东川县播卡金矿、云南金平县长安金矿、云南鹤庆县北衙金矿、云南广南县老寨湾金矿、西藏普兰县马攸木金矿、西藏墨竹工卡县弄如日金矿、贵州贞丰县烂泥沟金矿、贵州贞丰县水银洞金矿、四川松潘县东北寨金矿、四川九寨沟县马脑壳金矿。

第十五节 银矿

一、资源概况

截至2011年西南地区已发现银(共、伴生)矿床(点)共计633个,其中大型矿床39个,中型66个,小型141个,矿(化)点387个。独立银矿床(点)24个,共(伴)生矿床(点)619个。银矿是云南优势矿种之一,已发现矿床(点)116个,其中特大型1个,大型2个,中型5个。已查明资源储量20 499.34t,其中非伴生银矿77处,资源储量16 429t,占总探明资源储量的80.14%;伴生银矿39处,资源储量4070.34t,占总探明资源储量的19.86%。四川银矿主要共伴生赋存于以铅锌、铜等为主元素的矿床中,与银矿相关的铅锌矿59处,铜矿34处,共93处,其中大型矿床6个,中型矿床9个,小型矿床31个,共计46个,银矿累计查明资源储量7631t。西藏银矿资源丰富,目前均以共伴生银矿为特征,已发现共伴生银多金属矿床、矿点及矿化点401个,其中大型以上矿床10个,中型矿床20个,小型矿床49个,矿点164个,矿(化)点158个,初步查明共伴生银矿资源量31 569.33t。贵州已发现几处中小型矿床,资源储量有限。重庆尚无达到工业品位的独立银矿,多为铅锌矿石的伴生组分,或者为元素化探异常。

二、重要矿床类型与重要矿床

西南地区银矿主要赋存于以铅锌、铜等为主元素的矿床中,银矿与铅锌矿、铜矿呈同体共伴生产出,独立银矿床比较少见。与银矿相关的铅锌矿、铜矿产地数量众多,赋矿层位多,分布范围广,含矿建造多样,矿床类型也比较复杂。银矿按工业类型划分主要有碳酸盐岩型银(铅锌)矿,泥岩碎屑岩型银矿,海相火山岩、火山沉积岩型银矿,脉状银矿和矽卡岩型银矿。

重要银矿床主要有云南鲁甸乐马厂银矿床、云南澜沧老厂铅锌银多金属矿床,四川巴塘夏塞银多金属矿床。

三、找矿远景区

西南地区银矿主要与铅锌矿、铜矿共伴生产出,独立产出的银矿较少,与铅锌矿、铜矿共伴生产出的银矿在地质历史各个时期均有发生,尤其以中生代和新生代产出最多,找矿潜力巨大。西南地区银矿在空间分布上,可划分为昌都、丁钦弄、白玉巴塘、汉源甘洛、中甸兰坪、鲁甸-会东、澜沧勐腊、蒙自-麻栗坡、日喀则-拉萨、错美-隆子10个主要银矿找矿远景区。

第十六节 稀土矿

一、资源概况

稀土矿在四川、云南和贵州均有发现,已发现稀土矿床及矿点32个,其中大型矿床5个,中型矿床4个,小型矿床9个,矿化点14个。成因类型有7种,但多数矿产地工作程度不高,探明储量不多,工业矿床中以轻稀土为主。四川冕宁-德昌已探明稀土资源量约$250×10^4$t,是单一氟碳铈矿最有潜力区,预测资源远景超过$500×10^4$t(侯宗林,2003),其中牦牛坪稀土矿是一个世界级大型矿床,矿石埋藏浅、品位高、易采选、品质好。滇西龙川、滇南金平分布有风化壳型稀土矿。黔西北分布有一些以稀土为副产品的磷块岩型稀土矿床。近年来在贵州毕节二叠系宣威组中发现有稀土矿。

二、重要矿床类型与重要矿床

西南地区稀土矿床在成因上可分为内生矿床、外生矿床和变质矿床三大类。内生矿床主要为与碱性岩、碳酸岩有关的碱性岩碳酸岩型和与花岗岩有关的花岗岩型;外生矿床主要为与沉积作用有关的磷矿型和黏土岩型,与风化作用有关的冲积残积风化壳砂矿型、离子吸附型;变质矿床为与沉积变质作用有关的沉积变质岩型。

重要稀土矿主要有四川牦牛坪矿床,四川路枯稀土、铌、钽矿床;贵州新华含稀土磷矿床;云南龙安矿床。

三、找矿远景区

根据西南地区各类稀土矿床的地质背景、控矿因素分析和成矿规律研究,可划分出5个稀土找矿远景区,即冕宁德昌稀土矿远景区、威宁织金稀土矿远景区、龙安稀土矿远景区、思茅阿德博稀土矿远景区和水桥稀土矿远景区。

第十七节 石墨矿

一、资源概况

西南地区石墨矿主要分布于四川、云南和西藏等地,查明石墨资源以晶质石墨为主。

二、重要矿床类型与重要矿床

《中国矿床》(1994)将国内石墨矿床按成因可划分为区域变质型、接触变质型和岩浆热液型3种类型。西南地区具工业价值的石墨矿床成因类型单一,主要为区域变质型。

西南地区重要石墨矿主要有四川攀枝花市中坝石墨矿、四川南江县坪河石墨矿、四川彭州市桂花村下炉房石墨矿,云南元阳县棕皮寨石墨矿。

三、找矿远景区

西南地区石墨矿床见于古老基底褶断带,以褶皱、断裂构造发育和岩浆活动强烈的变质岩带为主要产地。赋矿地层主要为四川火地垭群麻窝子组、康定岩群冷竹关岩组、黄水河群,云南哀牢山群阿龙组下段。赋矿岩石为富含有机碳的碎屑岩经变质作用形成的石墨片岩、石墨石英片岩、石墨云母片岩及少量石墨大理岩。构造和岩浆活动对石墨的形成也有重大影响,构造提供了岩浆和热液活动的通道,为提供热源的必备条件,岩浆和后期热液活动提供了热源,促进了石墨的形成和重结晶作用。

根据矿床成矿地质条件,西南地区石墨矿床主要形成于四川米仓山、龙门山、攀枝花—盐边、云南元阳—元江一带,西藏仅有两例,工作程度低。根据石墨矿床类型、成矿地质背景等特征,划分为四川南江旺苍、四川攀枝花、四川彭州汶川,云南元阳4个找矿远景区。

第十八节 钾盐

一、资源概况

西南地区发现钾盐矿床数量少,主要分布于云南、四川和西藏。

二、重要矿床类型与重要矿床

西南地区钾盐重要矿床类型主要有多层状钾盐、盐湖卤水型钾盐、富钾卤水、杂卤石钾盐。
重要矿床有云南江城勐野井钾盐矿,西藏仲巴扎布耶茶卡盐湖卤水,四川邛崃平落坝富钾卤水。

三、找矿远景区

1. 云南地区

兰坪云龙找矿远景区地处兰坪凹陷带,兰坪地区云龙组盐系分布面积129.5km²,厚881.33m,由棕红色块状泥岩、粉砂质泥岩、杂色泥砾岩组成,盐溶泥砾岩2~3层,共厚103~260m,以杂色泥砾岩为主。

镇沅景谷找矿远景区地处景谷凹陷带,已发现$Cl—Na^+$型盐泉57个。勐野井组盐系地层有岩盐、钾盐沉积,总厚421m以上。

江城勐腊找矿远景区地处江城凹陷、大渡岗凹陷区,已发现$Cl—Na^+$型盐泉115个。据勐野井矿区野狼山剖面,勐野井组含盐系地层厚度30.9m。依含盐性细分为江城含盐带、整董含盐带和勐腊含盐带。

2. 四川地区

四川盆地三叠系是我国重要的海相含盐岩系之一,主要成盐期为早三叠世晚期—中三叠世早期($T_1j^4—T_2l^1$)(蔡克勤,袁见齐,1986)。

自流井凹陷找矿远景区,自流井背斜 T_2j^5 层位卤水基本采空。近几年四川盐业钻井大队在自流井背斜近东段施工自东 1 井,在井深 1200~1300m 井段获黑卤 $3.65\times10^4m^3$。深部可能有 T_1j^4 富钾卤水。

宣汉找矿远景区,尚未开采利用。埋深 2824~3258m,目前仅黄金口背斜群南西段罗家坪背斜估算 KCl 资源量 702.37×10^4t,而对背斜群中段及北西段尚未涉及;在罗家坪南部双石庙背斜与月儿梁背斜构造复合的双石 1 井,仅钻遇 T_2l^1 的上部,未达目的层,已有较好的富钾异常显示(朱洪发,刘翠章,1985),再加深到目的层可能见富钾卤水。

平落坝构造找矿远景区,根据区内远景调查资料,平落坝构造预测富钾卤水潜在资源量 $1.87\times10^8m^3$。析出钾盐潜在资源量 1781×10^4t。在成都凹陷边缘除平落坝构造外,邻近油罐顶构造油 1 井 $T_2l^3—T_2l^{4-1}$ 卤水,埋深较大,含卤井段为 3126~3157m。平落 4 井富卤井段为 4290~4360m,富钾卤水埋深都较大,而且埋深越大,品质越好。从浅部找钾难度大,可能性小。

3. 西藏地区

北羌塘高原内流湖盆钾、锂、硼、石盐成矿带找矿远景区,湖水水化学类型主要为硫酸镁亚型,少量为氯化物型。盐湖演化过程属中、后期硫酸镁亚氯化物阶段,矿化度普遍较高,有利于盐湖矿产的形成。已发现了一些高品位的钾、锂、硼、石盐等矿产的盐湖,如龙木错、永波错、多格错仁、鄂雅错等。

西羌塘高原内流湖盆硼、锂、钾成矿带找矿远景区,湖盆受班公湖-怒江断裂带以及近北西向次级活动构造控制,分布有较多的热泉,且富含 B、Li、Cs、Rb、F 等元素,是藏北高原硼、锂、钾等地球化学异常主要分布区,为形成中大型硼、锂、钾盐湖提供了丰富的物源,如麻米错中型硼、锂、钾矿,查波错硼、钾矿,才玛尔错硼、钾、锂矿等,具有很高的经济价值。

南羌塘高原内流湖盆锂、硼、钾、铯、铷成矿带找矿远景区,横穿了整个南羌塘高原。湖盆规模一般较大,水化学类型多以碳酸盐型盐湖或咸水湖为主。受班公湖-怒江断裂带及冈底斯山构造带影响,发育有众多的中、高温热泉,富含 B、Li、Cs、Rb、F 等元素,为 B、Li 等元素地球化学异常扩散中心,为盐湖的演化及成盐提供了丰富的物源。该带主要的卤水矿产有锂、硼、钾、铯、铷等,大多数盐湖产有硼砂、石盐、碱、芒硝、水菱镁矿等固体矿产,如扎布耶茶卡、杜加里湖、班戈错等。

第十九节 磷矿

一、资源概况

西南地区目前以云、贵、川 3 省统计,累计查明保有资源储量居全国第 1 位,3 省磷矿石年产量一直都排全国前 5 名。西南地区震旦系、寒武系十分发育,为磷矿形成提供了优越条件。已勘查工业磷矿床均位于扬子陆块区。沉积型磷矿呈层状、似层状或透镜状产于碳酸盐岩和碎屑岩之中,主要分布于 5 个区域:云南滇池,贵州开阳,贵州瓮福,四川金河-清平、马边。重庆、西藏有磷矿点分布,尚未发现有工业价值的矿床。

二、重要矿床类型与重要矿床

我国磷矿床按其产出地质条件和形成方式,分为外生沉积磷块岩矿床、内生磷灰石矿床、变质磷灰岩矿床三大类(《磷矿地质勘查规范》,2002)。西南地区仅有外生沉积磷块岩矿床,尚未发现内生磷灰石矿床和变质磷灰岩矿床。

外生沉积磷块岩矿床按矿床形成条件又可分为生物化学沉积和风化淋滤残积两个亚类。西南地区已勘查工业矿床均位于扬子陆块区,成矿时代主要为震旦纪、寒武纪和泥盆纪。富矿的形成主要与磷块岩的风化作用有关,磷块岩中常共伴生有硫磷铝锶矿、稀土,以及碘、氟、铀、钾等重要矿产。根据成矿时代、含矿层段、成矿特征等因素,沉积型磷矿可进一步分为开阳式、昆阳式、什邡式、新华式、汉源式、清平式、布达式、下汤郎式、宁强式、荆襄式共10种矿床类型。

西南地区重要磷矿床主要有贵州开阳洋水磷矿、贵州瓮福磷矿、贵州福泉大湾磷矿、贵州织金新华磷稀土矿床、云南晋宁昆阳磷矿、四川绵竹马槽滩磷矿区兰家坪矿段、四川汉源水桶沟含钾磷矿床。

三、找矿远景区

根据西南各省(直辖市、自治区)磷矿资源潜力评价成果报告及磷矿Ⅲ、Ⅳ、Ⅴ级成矿区带划分方案,可划分出15个磷矿找矿远景区,即旺苍南江远景区、万源巫溪远景区、绵竹什邡远景区、峨边汉源远景区、渝南黔北远景区、马边雷波远景区、金沙遵义远景区、开阳瓮安远景区、织金清镇远景区、会泽宜良远景区、丹寨麻江远景区、甘洛越西远景区、会东华宁远景区、右江远景区、蒙自屏边远景区。

第二十节　硫铁矿

一、资源概况

硫铁矿是西南地区优势矿种之一,资源十分丰富,广泛分布于扬子陆块,主要分布在川、滇、黔3省交界处,其次是华蓥山地区及重庆酉阳、黔江等地,西藏由于工作程度低,发现的矿床很少。

二、重要矿床类型与重要矿床

中国硫铁矿床分布广泛,控矿因素多,成因复杂,目前尚未形成成熟共识的成因分类方案。根据不同的成矿地质条件和成矿方式,将硫铁矿床的成因类型划分为沉积型、沉积变质型、岩浆热液型、海相火山岩型、陆相火山岩型和自然硫型6种(熊先孝等,2010)。从工业利用角度分类,《硫铁矿地质勘查规范》(DZ/T 0210—2002)将硫铁矿床工业类型划分为三大类共9个工业类型。西南地区硫铁矿主要矿床类型为煤系沉积型,以产于上二叠统龙潭组(及宣威组)煤系地层底部的硫铁矿而著称,目前发现的大、中型矿床绝大部分产于其中,还有少量非煤系沉积型;其次为火山岩硫铁矿型,以产于峨眉山玄武岩底部的硫铁矿为代表,其他类型的硫铁矿形成的规模一般较小,以矿点和矿化点居多。根据硫铁矿类型特点,西南地区硫铁矿的工业类型划分为煤系沉积硫铁矿、沉积变质硫铁矿、火山岩硫铁矿、沉积改造硫铁矿、热液充填交代硫铁矿、火山沉积多金属硫铁矿。

西南地区重要硫铁矿主要有贵州大方猫场硫铁矿,四川天全打字堂硫铁矿、四川江油杨家院硫铁矿、四川兴文先锋煤硫矿区周家矿段、四川青川通木梁硫铁矿床,云南石屏马鞍山硫铁矿。

三、找矿远景区

考虑矿床分布空间位置、构造环境和矿床类型,将西南地区硫铁矿由北向南、由东向西共划分为3个远景区,即四川龙门山远景区,华蓥山远景区,川、滇、黔3省交界远景区。

第二十一节 重晶石、萤石矿

一、资源概况

重晶石为西南地区优势矿种之一,已查明重晶石资源储量约 1.34×10^8 t,资源丰富,但矿床数量相对较少,且集中分布于渝黔地区。贵州重晶石资源量约占全国的 1/3,大、中型矿床仅发现于贵州,数量不多,但集中了西南地区大部分查明资源量。

西南地区萤石资源相对偏少,累计查明资源量(普通萤石,以 CaF_2 计算)为 1466×10^4 t。萤石呈单一矿床和共伴生矿床两种形式产出。云南萤石资源储量分布集中,资源量较大。查明单一的萤石矿床规模小,多金属、稀土及重晶石矿床中伴生萤石矿产地数量较多,如个旧锡矿,应注意综合利用。西藏已发现多处重晶石、萤石矿点和矿化点,如西藏嘉黎县多仁沟萤石矿点。

二、重要矿床类型与重要矿床

西南地区重晶石、萤石矿重要矿床类型可划分为沉积型重晶石矿床、热液型重晶石矿床、层控型萤石重晶石矿、火山-沉积型重晶石矿、残坡积型重晶石矿、沉积改造型萤石矿。

重要矿床主要有贵州天柱大河边重晶石矿、贵州施秉顶罐坡重晶石矿、贵州晴隆后坡萤石矿,重庆彭水红花岭重晶石萤石矿。

三、找矿远景区

根据西南地区重晶石、萤石矿分布特征,全区共划分重晶石远景区 2 个,重晶石、萤石远景区 1 个,萤石远景区 2 个。重庆彭水、贵州施秉等地无中型以上重晶石矿床或萤石矿床,四川和西藏重晶石、萤石矿查明资源量很少,未圈定找矿远景区。

西南地区重晶石、萤石矿找矿远景区为沿河石阡重晶石、萤石远景区,大河边重晶石远景区,乐纪重晶石远景区,晴隆大厂萤石远景区,富源老厂萤石远景区。

第三章 西南地区成矿区（带）划分和主要成矿特征

第一节 成矿区（带）划分

成矿区（带）（又称成矿单元）一般可划分为 5 个级次（徐志刚等，2008），即：Ⅰ级成矿域、Ⅱ级成矿省、Ⅲ级成矿区（带）、Ⅳ级成矿亚带和Ⅴ级矿田。西南地区大致可划分为 3 个Ⅰ级成矿域、9 个Ⅱ级成矿省、28 个Ⅲ级成矿区（带）（表 3-1，图 3-1）。本章主要对Ⅲ级成矿区（带）成矿特征进行论述。

表 3-1 西南地区成矿区（带）划分表

Ⅰ级成矿域	Ⅱ级成矿省	Ⅲ级成矿区（带）
Ⅰ-2 秦祁昆成矿域	Ⅱ-6 昆仑（造山带）成矿省	Ⅲ-27 西昆仑铁、铜、铅、锌、稀有、稀土、硫铁矿、水晶、白云母、宝玉石成矿带
	Ⅱ-7 秦岭-大别（造山带）成矿省	Ⅲ-28 西秦岭铅、锌、铜（铁）、金、汞、锑成矿带
Ⅰ-3 特提斯成矿域	Ⅱ-8 巴颜喀拉-松潘（造山带）成矿省	Ⅲ-29 阿尼玛卿铜、钴、锌、金、银成矿带（Vl；I—Y）
		Ⅲ-30 北巴颜喀拉-马尔康金、镍、铂、铁、锰、铅、锌、锂、铍、云母成矿带
		Ⅲ-31 南巴颜喀拉-雅江锂、铍、金、铜、锌、水晶成矿带（Pt_2；I；Q）
	Ⅱ-9 喀喇昆仑-三江（造山带）成矿省	Ⅲ-32 义敦-香格里拉（造山带，弧盆系）金、银、铅、锌、铜、锡、汞、锑、钨、铍成矿带
		Ⅲ-33 金沙江（缝合带）铁、铜、铅、锌成矿带（T_2；E_2—N_1）
		Ⅲ-34 墨江-绿春（小洋盆）金、铜、镍成矿带（V；Yl—He；He；Q）
		Ⅲ-35 喀喇昆仑-羌北（弧后/前陆盆地）铁、金、石膏成矿带（J；Q）
		Ⅲ-36 昌都-普洱（地块/造山带）铜、铅、锌、银、铁、汞、锑、石膏、菱镁矿、盐类成矿带
		Ⅲ-37 羌南（地块/前陆盆地）铁、锑、硼（金）成矿带（J_2；N_1；Q）
		Ⅲ-38 昌宁-澜沧（造山带）铁、铜、铅、锌、银、锡、白云母成矿带（Pt_{2-3}；C_1；T_3；K_2）
		Ⅲ-39 保山（地块）铅、锌、锡、汞成矿带（K_2—E；Q）
	Ⅱ-10 冈底斯-腾冲（造山系）成矿省	Ⅲ-40 班公湖-怒江（缝合带）铬成矿带（J）
		Ⅲ-41 狮泉河-申扎（岩浆弧）钨、钼（铜、铁）、硼、砂金成矿带（E_1；Q）
		Ⅲ-42 班戈-腾冲（岩浆弧）锡、钨、铍、锂、铁、铅、锌成矿带（Y）
		Ⅲ-43 拉萨地块（冈底斯岩浆弧）铜、金、钼、铁、锑、铅、锌成矿带（K_1^3；N_1^2）
	Ⅱ-11 喜马拉雅（造山系）成矿省	Ⅲ-44 雅鲁藏布江（缝合带，含日喀则弧前盆地）铬、金、银、砷、锑成矿带（Yl—He；E_2；N；Q）
		Ⅲ-45 喜马拉雅（造山带）金、锑、铁、白云母成矿带

续表 3-1

Ⅰ级成矿域	Ⅱ级成矿省	Ⅲ级成矿区（带）
Ⅰ-4 滨太平洋成矿域（叠加在古亚洲成矿域之上）	Ⅱ-7 秦岭-大别成矿省（东段）	Ⅲ-66 东秦岭金、银、钼、铜、铅、锌、锑、非金属成矿带
	Ⅱ-15 扬子成矿省 Ⅱ-15B 上扬子成矿亚省	Ⅲ-73 龙门山-大巴山（陆缘坳陷）铁、铜、铅、锌、锰、钒、磷、硫、重晶石、铝土矿成矿带（Pt_1；Z_1d；ϵ_1；P_1；P_2；Mz）[含摩天岭（碧口）铜、金、镍、铁、锰成矿亚带（Pt_2；Pz_1）]
		Ⅲ-74 四川盆地铁、铜、金、油气、石膏、钙芒硝、石盐、煤和煤层气成矿区（T_{1-2}；J_1；K_2；C_2）
		Ⅲ-75 盐源-丽江-金平（陆缘坳陷和逆冲推覆带）金、铜、钼、锰、镍、铁、铅、硫铁矿成矿带
		Ⅲ-76 康滇隆起铁、铜、钒、钛、锡、镍、稀土、金、石棉、盐类成矿带
		Ⅲ-77 上扬子中东部（坳褶带）铅、锌、铜、银、铁、锰、汞、锑、磷、铝土矿、硫铁矿成矿带
		Ⅲ-78 江南隆起西段锡、钨、金、锑、铜、重晶石、滑石成矿带（Pt_3^1；$Z—\epsilon_1$；Ym；Yl）
	Ⅱ-16 华南成矿省	Ⅲ-88 桂西-黔西南（右江海槽）金、锑、汞、银、水晶、石膏成矿区（I；Y）
		Ⅲ-89 滇东南锡、银、铅、锌、钨、锑、汞、锰成矿带（I；Y）

注：C. 加里东旋回；V. 海西旋回；I. 印支旋回；Y. 燕山旋回；H. 喜马拉雅旋回；e. 旋回早期；m. 旋回中期；l. 旋回晚期。

第二节 成矿区（带）主要成矿特征

一、西昆仑成矿带（Ⅲ-27）

Ⅲ-27 成矿带全称为"Ⅲ-27 西昆仑铁、铜、铅、锌、稀有、稀土、硫铁矿、水晶、白云母、宝玉石成矿带"，南以喀喇昆仑断裂为界与喀喇昆仑-羌北成矿带（Ⅲ-35）相邻，东临南巴颜喀拉-雅江成矿带（Ⅲ-31）。隶属于秦祁昆成矿域（Ⅰ-2）昆仑（造山带）成矿省（Ⅱ-6）。

成矿带主体位于新疆维吾尔自治区境内，其中西昆仑南部铁、锰、铜、金、白云母、宝玉石成矿亚带（Pt；Pz_2；Mz）（Ⅲ-27-②）一小部分位于西藏自治区西北角，已发现矿产资源相对较少，仅发现铁、金、石膏等矿化信息。

二、西秦岭成矿带（Ⅲ-28）

1. 概述

Ⅲ-28 成矿带全称为"Ⅲ-28 西秦岭铅、锌、铜（铁）、金、汞、锑成矿带"，隶属于秦祁昆成矿域（Ⅰ-2）秦岭-大别（造山带）成矿省（Ⅱ-7）。成矿带主体位于甘肃省和陕西省，其中迭部-武都铁、（菱铁矿）、金、铀成矿亚带（D；$I—Y$）（Ⅲ-28-③）一小部分位于四川省最北端，南以玛沁-略阳断裂为界与特提斯成矿域（Ⅰ-3）相邻。

2. 成矿带主要矿产特征

成矿带内矿产以铀矿为主，少量岩金。若尔盖式热液蚀变型铀矿产于降扎被动大陆边缘，志留系白龙江群碳硅质泥岩、硅灰岩，东西向温泉-益洼断裂带控矿，代表性矿床若尔盖。若尔盖铀矿区包括5个矿床，长沟、天赉沟、温泉、罗军沟等10个矿段。寒武系至下志留统巨厚的富铀、富多金属的碳硅泥岩建造，既是铀源体，又是储矿层。邛莫式构造-热液型金矿，产于寒武系太阳顶群碳硅质泥岩，东西向温泉-益洼断裂带次级含金剪切带控矿。邻区甘肃、青海已发现有大水、巴西、阿西等大中型微细浸染型金矿。

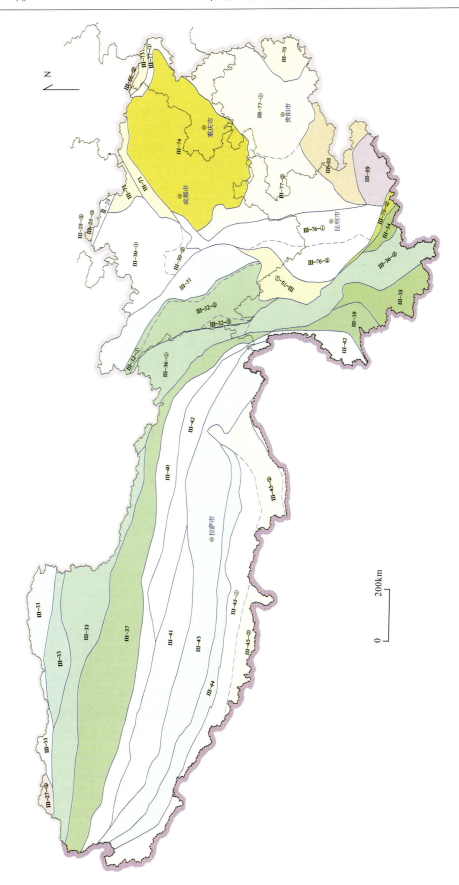

图 3-1 西南地区Ⅲ级成矿区（带）划分示意图［成矿区（带）编号参见表3-1］

3. 矿床成矿系列

四川境内仅为西秦岭铅、锌、铜(铁)、金、汞、锑成矿带的迭部-武都铁、金、铀成矿亚带(Ⅲ-28-③)，划分为1个成矿系列2个成矿亚系列(表3-2)。

表3-2 西秦岭成矿带(Ⅲ-28)矿床成矿系列表

矿床成矿系列	矿床成矿亚系列	矿床式	成因类型	成矿要素	代表性矿床
与侏罗纪—古近纪降扎被动大陆边缘构造和地下热流体活动有关的金、铀成矿系列	与侏罗纪—古近纪构造剪切作用有关的金矿成矿亚系列	邛莫式	构造-热液型	Au	邛莫(小)
	与侏罗纪—古近纪地下热流作用有关的铀矿成矿亚系列	若尔盖式	热液蚀变型	U	若尔盖(大)

三、阿尼玛卿成矿带(Ⅲ-29)

1. 概述

Ⅲ-29成矿带全称为"Ⅲ-29阿尼玛卿铜、钴、锌、金、银成矿带(Vl;I—Y)"，北以玛沁-略阳断裂为界与秦祁昆成矿域(Ⅰ-2)相邻，南以玛曲-荷叶深断裂为界与北巴颜喀拉-马尔康成矿带(Ⅲ-30)相邻。

2. 成矿带主要矿产特征

阿尼玛卿成矿带(Ⅲ-29)大部分位于青海省境内，仅局部分布于四川省北端，矿产主要为岩金矿，少量铁、锰矿。已发现矿产地11处；金矿按矿化集中地段可分为马脑壳成矿区、水神沟成矿区、二道桥成矿区；锰矿有隆康、达基寺矿点(虎牙式)等。该区先后经历了印支、燕山及喜马拉雅等多期次构造运动的强烈影响，由早到晚分为韧性、韧-脆性和脆性3种性质的构造变形作用，金矿位于羊布梁子、水神沟、荷叶断裂的次级构造破碎带中，主要为侏罗纪—古近纪断裂构造的多次活动及构造、变质水和大气降水混合热液的叠加形成。

3. 矿床成矿系列

该成矿带仅划分为1个成矿系列(表3-3)。

表3-3 阿尼玛卿成矿带(Ⅲ-29)矿床成矿系列表

矿床成矿系列	矿床成矿亚系列	矿床式	成因类型	成矿元素	代表性矿床
与侏罗纪—古近纪玛曲-荷叶俯冲增生杂岩地下热液活动有关的金矿成矿系列		马脑壳式	构造热液蚀变型	Au	马脑壳(大)、西河口(中)、青山梁(小)

四、北巴颜喀拉-马尔康成矿带(Ⅲ-30)

1. 概述

Ⅲ-30成矿带全称为"Ⅲ-30北巴颜喀拉-马尔康金、镍、铂、铁、锰、铅、锌、锂、铍、云母成矿带"，北以玛曲-荷叶深断裂为界与阿尼玛卿成矿带（Ⅲ-29）相邻，南西以鲜水河深断裂带为界与南巴颜喀拉-雅江成矿带（Ⅲ-31）相接。隶属于特提斯成矿域（Ⅰ-3）巴颜喀拉-松潘（造山带）成矿省（Ⅱ-8）。

2. 成矿带主要矿产特征

成矿带主要位于四川西北部，呈一个倒三角形状。三角形核部壤塘-松潘-平武是俗称"金三角"地区。若尔盖地区产金矿，黑水-松潘-平武地区是锰矿、金矿的集中分布区，壤塘-马尔康-金川是金矿和锂等稀有金属矿的分布区。构造破碎蚀变岩型金矿（东北寨式）产于松潘前陆盆地、岷江构造剪切带及东西向雪山含金剪切带，上三叠统新都桥组黑色碳质板岩夹砂岩中；构造破碎热液蚀变岩型金矿（金木达式）受壤塘-理县构造剪切带、中上三叠统含碳质粉砂质复理石建造、印支-燕山期浅成-超浅成闪长玢岩、花岗闪长玢（斑）岩等因素控制，以金木达金矿为代表。在地块边缘活动带，燕山期闪长岩、石英闪长岩、岩体地块边缘及断裂破碎带热液交代成矿，以阿西金矿为代表。沉积变质型铁锰矿（虎牙式）产于马尔康前渊盆地东缘紧临摩天岭古陆，受松潘-黑水边缘海古构造和古地理控制，产于下三叠统菠茨沟组浅变质含锰杂色泥质岩夹碳酸盐岩中，以虎牙锰矿为代表。

三角形周缘金川、小金"弧形"构造带、鲜水河断裂带围绕。甘孜丘洛地区主要产金矿，道孚-康定地区主要产铅锌矿和铁矿，丹巴地区主要产铜镍矿和金矿，康定-宝兴地区主要产铅锌矿，松潘—北川一带有小型金矿，汶川一带产铁矿。在炉霍-道孚金、铁、铜、铅、锌矿集区，金矿产于上三叠统如年谷组滑塌堆积基性火山岩、硅质岩、碎屑岩中，基性火山岩及基性岩脉、北西向断裂破碎带内有岩浆热液型丘洛金矿、拉普金矿、普弄巴金矿等。在折多山后碰撞岩浆杂岩带中三叠统杂谷脑组砂板岩、折多山黑云母花岗岩内部及岩体外接触带，有接触交代-热液充填型农戈山式铅、锌、（银）矿，在花岗闪长岩体外接触带有矽卡岩型菜子沟式铁矿。在小金-茂汶外陆棚沉积区，志留系茂县群碎屑岩夹碳酸盐岩中有沉积变质型威州式铁矿（茅岭铁矿）。在马尔康前渊盆地马尔康后碰撞花岗岩带，与侏罗纪后碰撞花岗岩有关的锂、铍、铌、钽矿，以可尔因锂矿为代表。在金汤弧形构造前缘、构造破碎带或层间滑脱带的泥盆纪碳酸盐岩中，有寨子坪铅锌矿、二郎铅锌矿、猫子湾铅锌矿等矿产。在丹巴陆缘裂谷带、深层次热穹隆构造中古生代沉积变质岩带，燕山早期混合岩化交代伟晶岩，形成丹巴式白云母、稀有矿；在杨柳坪等穹隆构造中晚二叠世基性-超基性岩中有岩浆熔离-热液叠加改造型杨柳坪式铜、镍、铂矿。

3. 矿床成矿系列

该成矿带划分了8个成矿系列11个亚系列12个矿床式（表3-4）。

表3-4 北巴颜喀拉-马尔康成矿带（Ⅲ-30）矿床成矿系列表

矿床成矿系列	矿床成矿亚系列	矿床式	成因类型	成矿元素	代表性矿床
与侏罗纪—古近纪松潘前陆盆地逆冲-滑脱构造剪切作用和地下热流活动有关的金矿成矿系列	与侏罗纪—古近纪岷江韧性剪切带破碎蚀变岩有关的金矿成矿亚系列	东北寨式	构造破碎蚀变岩型	Au	东北寨（大）、桥桥上（中）
	与侏罗纪—古近纪韧-脆性剪切带破碎蚀变岩有关的金矿成矿亚系列	金木达式	构造破碎热液蚀变岩型	Au	金木达（中）、南木达（中）、刷金寺（大）
	与侏罗纪古地块边缘活动带中酸性岩有关的金、铁、铜、（银、砷、锑）成矿亚系列	巴西式	热液交代型	Au、Fe、Cu、(Ag、As、Sb)	阿西（中）、团结（小）、哲波山（小）

续表 3-4

矿床成矿系列	矿床成矿亚系列	矿床式	成因类型	成矿元素	代表性矿床
与新近纪陆内碰撞花岗岩有关的铅、锌、(银)、铁矿成矿系列		农戈山式	接触交代-热液充填型	Pb、Zn、(Ag)	农戈山(中)
		菜子沟式	矽卡岩型	Fe	菜子沟(小)
与晚古生代—晚三叠世炉霍-道孚陆缘裂谷蛇绿混杂岩有关的金矿成矿系列		丘洛式	构造-热液型	Au	丘洛(中)、拉普(小)、普弄巴(小)
与三叠纪—侏罗纪花岗岩有关的花岗伟晶岩型白云母、锂、铍、铌、钽、水晶矿成矿系列	与侏罗纪后碰撞花岗岩有关的锂、铍、铌、钽成矿亚系列	甲基卡式	花岗伟晶岩型	Li、Be、(Nb、Ta)	可尔因(大)
	与侏罗纪丹巴陆缘裂谷混合岩有关的伟晶岩型云母、水晶、稀有矿成矿亚系列	丹巴式	混合岩化花岗伟晶岩型	白云母、稀有	丹巴云母(大)
与晚二叠世大陆裂谷基性-超基性岩有关的铜、镍、铂、铅、钴矿成矿系列		杨柳坪式	岩浆熔离-热液叠加改造型	Cu、Ni、Pt、Pd、(Co、Au、Ag)	杨柳坪(中)、正子岩窝(大)、鱼海子(小)、协作坪
与志留纪—泥盆纪金汤弧形构造地下热流体有关的铅、锌矿成矿系列		寨子坪式	热水喷流沉积-改造型	Pb、Zn	寨子坪(中)、二郎(中)、猫子湾(小)
与早中三叠世松潘海盆东缘浅海沉积变质碎屑-碳酸盐岩有关的铁、锰矿成矿系列		虎牙式	沉积变质型	Fe、Mn	虎牙(中)、简竹垭(中)、四望堡(中)、火烧桥(小)
与早古生代浅海沉积-变质作用有关的铁矿成矿系列		威州式	沉积变质型	Fe	威州茅岭(中)

五、南巴颜喀拉-雅江成矿带(Ⅲ-31)

1. 概述

Ⅲ-31 成矿带全称为"Ⅲ-31 南巴颜喀拉-雅江锂、铍、金、铜、锌、水晶成矿带(Pt_2;I;Q)",北以木孜塔格-布青山-玛曲-荷叶深断裂和巴颜喀拉中央断裂为界与阿尼玛卿成矿带(Ⅲ-29)相邻,东以炉霍-道孚断裂为界与北巴颜喀拉-马尔康成矿带(Ⅲ-30)相邻,南西以西金乌兰湖-治多-歇武深断裂和甘孜-理塘深断裂为界与义敦-香格里拉(造山带,弧盆系)成矿带(Ⅲ-32)和金沙江(缝合带)成矿带(Ⅲ-33)相邻。隶属于特提斯成矿域(Ⅰ-3)巴颜喀拉-松潘(造山带)成矿省(Ⅱ-8)。

2. 成矿带主要矿产特征

成矿带横跨西藏、青海、四川,可划分为西段(西藏段)、中段(青海段)和南东段(四川段)。西段(西藏段)地质工作程度极低,已发现铜、石膏、砂金等矿产,主要分布于喀拉塔格—可可西里一带。铜矿化点以云雾岭、雪头、双石崖东为代表;石膏矿以北湃浪河、朝阳湖、高棱山、宝泉山、白流河为代表;砂金矿点以云雾岭头道沟为代表。

南东段(四川段)北部广泛出露中晚三叠世砂板岩为主的浊积岩系;侏罗纪—白垩纪碰撞造山、地壳重熔碰撞型岩浆杂岩侵入,形成花岗伟晶岩型锂、铍、钽、铌、铷、铯矿(甲基卡式);部分岩体外接触带有岩浆热液型或隐曝角砾岩型多金属矿,如渣陇(小型)锡、银、铅、锌矿。南部发育有前南华纪基底(李五岩群)和古生代变质盖层,长枪、江浪和踏卡等变质穹隆是其特点,有多层次韧性剪切滑脱带的李伍式火山-沉积变质型铜、锌、(金、硫)富铜矿,以挖金沟(小型)、黑牛硐(小型)为代表;部分上二叠统岗达概组绿片岩-变质基性火山岩中有热液型金矿,以木里金山(小型)为代表。

3. 矿床成矿系列

该成矿带可划分为2个成矿系列4个亚系列5个矿床式(表3-5)。

表3-5 南巴颜喀拉-雅江成矿带(Ⅲ-31)矿床成矿系列表

矿床成矿系列	矿床成矿亚系列	矿床式	成因类型	成矿元素	代表性矿床
与三叠纪—侏罗纪陆陆碰撞花岗岩岩浆作用有关的锡、钨、稀有、水晶矿成矿系列	与侏罗纪后碰撞花岗岩有关的稀有、水晶矿成矿亚系列	甲基卡式	花岗伟晶岩型	Li、Be、Ta、Nb、Rb、Cs	甲基卡(大)、容须卡(大)、扎乌龙(大)、三岔(小)
		哈诺山式	石英脉型	Si	哈若山(大)
	与三叠纪—侏罗纪后碰撞花岗岩岩浆热液活动有关的锡、钨、银、铅、锌矿成矿亚系列	渣陇式	岩浆热液型或隐曝角砾岩型	Sn、Ag、Pb、Zn	渣陇(小)
与古生代—侏罗纪变质穹隆有关的铜、锌、金、(银、硫)矿成矿系列	与古生代—侏罗纪江浪变质穹隆有关的铜、锌、(金、银、硫)矿成矿亚系列	李伍式富铜矿	火山-沉积变质型	Cu、Zn、(Au、S)	李伍(中)、挖金沟(小)、黑牛硐(小)
	与晚二叠世—侏罗纪长枪变质穹隆有关的金矿成矿亚系列	金山式	热液型	Au	木里金山(小)

六、义敦-香格里拉成矿带(Ⅲ-32)

1. 概述

Ⅲ-32成矿带全称为"Ⅲ-32义敦-香格里拉(造山带,弧盆系)金、银、铅、锌、铜、锡、汞、锑、钨、铍成矿带",东以甘孜-理塘深断裂带为界与南巴颜喀拉-雅江成矿带(Ⅲ-31)相邻,西以金沙江深断裂为界与金沙江(缝合带)成矿带(Ⅲ-33)相邻。隶属于特提斯成矿域(Ⅰ-3)喀喇昆仑-三江(造山带)成矿省(Ⅱ-9)。该成矿带可进一步划分为甘孜-理塘(小洋盆,结合带)金、(铜、镍)成矿亚带(Ⅲ-32-①),义敦-香格里拉(岛弧)铅、锌、银、金、铜、锡、钨、钼、铍成矿亚带(Ⅲ-30-②),中咱-巨甸(地块)锌、铅、铜、金、铁成矿亚带(Ⅲ-32-③)三个亚带。

2. 成矿带主要矿产特征

该成矿带内矿产资源丰富,已发现梭罗沟式金矿,措莫隆式、硐中达式锡多金属矿,呷村式多金属矿,夏塞式银多金属矿,纳交系式铅锌矿,昌达沟式铜矿,孔马寺汞矿,蒙柯山小型铁矿等金属矿床。

1) 甘孜-理塘(小洋盆、结合带)成矿亚带(Ⅲ-32-①)

金矿化主要集中于中南段,已发现大、中型矿床4处(嘎拉、错阿、雄龙西金矿及金厂沟、生康砂金矿等),小型矿床及矿点多处。这些矿床的形成绝大多数与燕山期—喜马拉雅期碰撞推覆构造作用密切相关。

与甘孜-理塘混杂岩有关的金矿产于甘孜-理塘结合带北段,基性火山岩、灰岩及三叠纪岛弧火山岩、碎屑岩、碳酸盐岩等岩块混杂,韧-脆性剪切带控矿。代表性矿床有甘孜嘎拉金矿、德格错阿金矿等。

与板块俯冲增生杂岩有关的金、铜、镍矿产于甘孜-理塘结合带南段木里贡岭地区,中二叠统—上三叠统卡尔组、瓦能组蚀变玄武质火山角砾岩、火山角砾凝灰岩、凝灰岩等十分发育,顺层韧性剪切带控矿,以梭罗沟大型金矿为代表。

木里水洛地区陆壳残片为金、铁、铜、银成矿区,为一构造块体,属前陆冲断带后缘"恰斯构造穹隆体"(水洛河穹隆状复式背斜),赋矿地层为晚二叠世碳酸盐岩,以耳泽金(菱铁矿)为代表。另外,还有木里央岛铜铁矿,成矿条件较好,但工作程度很低。

2) 义敦-香格里拉(岛弧)成矿亚带(Ⅲ-32-②)

义敦-香格里拉(岛弧)火山岩浆活动及造山期后构造活动强烈,成矿条件优越,蕴藏着丰富的矿产资源,是一个以铜、铅、锌、银为主的多金属成矿带。已发现大、中型矿床10余处,著名的超大型呷村银多金属矿床即位于其中,近期又发现超大型的夏塞银多金属矿床、普朗大型铜矿床。

雀儿山-沙鲁里山-冬措岩浆岩带北段高贡、硐中达地区,从北西至南东分布有燕山晚期的高贡、硐中达等中酸性岩体,已知矿床均产于岩体与围岩的外接触带,主要矿产有硐中达锡矿床,身小基岭、苋宗陇等小型锡铜多金属矿床,以及昌达沟式斑岩铜(金)矿。

白玉赠科-昌台-乡城火山沉积盆地岛弧火山喷发活动具有多期次、多中心喷发特征。北部赠科有嘎依穷、胜莫隆等银铅锌矿,弧间裂谷带有孔马寺汞矿;中部昌台有呷村银多金属矿,及东山脊、曲登银多金属矿;南部乡城有青麦铅锌矿(小型)。东部燕山晚期花岗岩体外接触带形成接触交代热液型矿床,如青达铅锌矿、绒叟锡矿,喜马拉雅期(?)的竹鸡顶、热香、红卓等"斑岩"群有斑岩型铜矿等矿化线索。

高贡-格聂酸性岩浆侵入活动十分强烈,形成了规模巨大的措莫隆-格聂花岗岩带。已发现的矿床大多数产于花岗岩岩体与围岩接触带,近岩体接触带内为W、Sn、Mo、Bi,远离岩体为Ag、Pb、Zn富集带,从内向外有由高温富锡(措莫隆、热隆)—中低温富银铅锌(夏塞、砂西)的组合变化。代表性矿产地有巴塘夏塞、砂西银铅锌矿,杠日隆铅锌矿,措莫隆锡矿,布托隆铅锌矿,白玉查龙铜钼矿,托夏登锡矿,连龙西锡矿,措普铜钼矿等。

格咱地区的成矿作用主要与俯冲造山阶段(岛弧期)、碰撞造山阶段(后岛弧期)及陆内造山阶段(陆内汇聚期)的花岗岩浆侵入活动有关:岛弧期的幔壳同熔型(Ⅰ型)中酸性岩类,形成斑岩型、矽卡岩型铜多金属矿床,代表性矿床有普朗、雪鸡坪、红山矿床;后岛弧期的壳熔型(S型)花岗岩,形成蚀变花岗岩型-石英脉型钨钼矿床,代表性矿床有休瓦促及热林钨钼矿床;陆内汇聚期的壳幔同熔型(Ⅰ型)正长(斑)岩,形成金矿床。代表性矿床有甭哥矿床。岛弧带显示3套成矿系统叠加、复合特征。

3) 中咱-巨甸(地块)成矿亚带(Ⅲ-32-③)

该成矿亚带位于德来-定曲深断裂带和金沙江深断裂带之间。亚带内有早古生代碳酸盐岩层位控制的有纳交系式铅锌矿,与中酸性侵入岩有关的矿床有打马池觉铜金矿、蒙柯铁铜金矿等,以及矿(化)点及矿化线索。

3. 矿床成矿系列

该成矿带可划分出7个成矿系列13个亚系列19个矿床式(表3-6)。

表 3-6 义敦-香格里拉成矿带（Ⅲ-32）矿床成矿系列表

矿床成矿系列	矿床成矿亚系列	矿床式	成因类型	代表性矿床
与晚三叠世岛弧火山岩有关的银、铅、锌、铜、金、汞、锑、硫、重晶石矿成矿系列	与晚三叠世海相英安质流纹质火山岩有关的银、铅、锌、铜、金、锑、硫、重晶石成矿亚系列	呷村式	火山喷流-沉积型	呷村（特大）
		嘎依穷式	火山喷流-沉积型	嘎依穷（大）、胜莫隆、曲登（中）
	与晚三叠世灰岩、玄武岩流纹岩双峰式组合有关的铜、铅、锌、（金）矿成矿亚系列	东山脊式	火山热液充填交代型	东山脊（小）
	与晚三叠世酸性火山岩有关的低温热液成矿亚系列	孔马寺式	浅成低温改造型	孔马寺（大）
与侏罗纪—白垩纪甘孜-理塘弧陆碰撞结合带蛇绿混杂岩和增生杂岩有关的金、锑、铜矿成矿系列	与侏罗纪—白垩纪甘孜-理塘弧陆碰撞结合带蛇绿混杂岩有关的金、铜、锑矿成矿亚系列	嘎拉式	构造热液蚀变岩型	嘎拉（中）、错阿、马达柯（小）
	与侏罗纪—白垩纪康嘎-贡岭俯冲增生杂岩有关的金矿成矿亚系列	梭罗沟式	构造-热液蚀变岩型	梭罗沟（大）
与晚三叠世俯冲阶段陆缘弧碰撞花岗岩有关的铜、钼、铁、（金）矿成矿系列	与晚三叠世俯冲中深成岩浆作用有关的铜、铁、金矿成矿亚系列	打马池式	矽卡岩型	打马池觉（中）、蒙柯山（小）
	与晚三叠世俯冲浅层岩浆作用有关的铜、钼、（金）矿成矿亚系列	昌达沟式（红卓式）	斑岩型	昌达沟（小）、红卓（小）
	与白垩纪后造山阶段碰撞花岗岩浆作用有关的锡、铜、铁多金属成矿系列	硐中达式	矽卡岩型	硐中达（中）、鸡岭（小）
与白垩纪—古近纪后造山阶段碰撞花岗岩浆作用有关的银、锡、铜、铁、铅、锌、钨、钼、铍矿成矿系列	与白垩纪—古近纪后碰撞花岗岩浆侵入活动有关的银、锡、铅、锌、钨、钼、铍成矿亚系列	夏塞式	热液型	夏塞（大）、沙西（中）
		措莫隆式	矽卡岩型	措莫隆（中）、亥隆（中）、连龙（小）
		热隆式	云英岩型	热隆（中）
与白垩纪—新近纪陆内汇聚期地下热流体活动有关的铅、锌、金、铁（铜）矿成矿系列	与白垩纪陆块内地下热卤水改造有关的铅、锌矿成矿亚系列	纳交系式	热液型	纳交系（中）
	与侏罗纪—白垩纪陆-弧碰撞有关的金、铁成矿亚系列	耳泽式	热液（淋积加富）型矿床	耳泽（中）
与印支期中酸性斑（玢）岩有关的有色金属成矿系列	与印支期中酸性斑（玢）岩有关的铜、铅、锌亚系列	普朗式	斑岩型、热脉型	普朗、雪鸡坪
		红山式	矽卡岩型	红山、朗都
		恩卡式	热液型	
与燕山期花岗岩有关的有色金属成矿系列	与燕山期花岗岩有关的钨、钼、铜、铅、锌亚系列	亚杂式	蚀变花岗岩型、石英脉型	亚杂、休瓦措

七、金沙江成矿带（Ⅲ-33）

1. 概述

Ⅲ-33 成矿带全称为"Ⅲ-33 金沙江（缝合带）铁、铜、铅、锌成矿带（T_3；E_2—N_1）"，北以西金乌兰湖-治多-歇武深断裂为界与南巴颜喀拉-雅江成矿带（Ⅲ-31）相邻，南以乌兰乌拉-玉树深断裂为界，南西与喀喇昆仑-羌北成矿带（Ⅲ-35）相邻，南东则与昌都-普洱成矿带（Ⅲ-36）相邻。隶属于特提斯成矿域（Ⅰ-3）喀喇昆仑-三江（造山带）成矿省（Ⅱ-9）。

2. 成矿带主要矿产特征

该成矿带地质工作程度较低，已发现矿产地较少，主要有路南沟石膏矿点、枯沙沟石膏矿床，还有盐湖矿产石盐、碱、钾、硼和锂等。盐湖矿产主要产于全新世现代盐湖中。石膏矿产于上侏罗统索瓦组（J_3s）、中新统唢呐湖组（N_2s）。

八、墨江-绿春成矿带（Ⅲ-34）

1. 概述

Ⅲ-34 成矿带全称为"Ⅲ-34 墨江-绿春（小洋盆）金、铜、镍成矿带（Y1—He）"，北东以哀牢山断裂带为界与盐源-丽江-金平成矿带（Ⅲ-75）相邻，南西以阿墨江断裂为界与昌都-普洱成矿带（Ⅲ-36）相邻。北起弥渡王顶山，南至中老国界，南北长 360km，东西宽 10～75km，面积约 15 000km²。隶属于特提斯成矿域（Ⅰ-3）喀喇昆仑-三江（造山带）成矿省（Ⅱ-9）。

2. 成矿带主要矿产特征

该成矿带跨同属一个沟-弧-盆系的 2 个构造单元，墨江-绿春火山弧主要由中晚三叠世碎屑岩、碳酸盐岩和基性—中酸性火山岩组成。印支期同碰撞 S 型花岗岩主要出露于绿春地区，见锡钨矿化。喜马拉雅期正长斑岩有金的成矿作用。矿带成矿作用主要有 3 种类型：与泥盆纪—二叠纪基性火山岩，以及中、晚三叠世基性—中酸性火山岩有关的铁的成矿作用（俄扎铁矿）及铅锌矿化；与印支期同碰撞 S 型花岗岩有关的锡钨矿化；与喜马拉雅期正长斑岩有关的金的成矿作用（绿春哈播、牛孔金矿）。

哀牢山结合带/小洋盆已发现超大型金矿床 1 处（老王寨），大型金矿 1 处（金厂），中型金矿 2 处（平掌、大坪）；大型镍矿 2 处（金厂、安定），中型镍矿 3 处（勐里、龙潭、米底）。哀牢山断裂与红河断裂之间的深变质岩系，为一套强烈混合岩化的高角闪岩相变质岩石；哀牢山断裂与九甲-墨江断裂之间的晚古生代浅变质岩系，为一套绿片岩相岩石；脆-韧脆性剪切带（浅变质带）成矿，形成哀牢山金矿带，西南侧为九甲-安定金矿带，北东侧为官朗山-小水井金矿带。镍矿主要为硅酸镍型镍矿，矿体产于超基性岩风化壳中。铬铁矿赋存于哀牢山超基性岩带中，岩体受哀牢山深断裂和九甲断裂控制。

3. 矿床成矿系列

该成矿带仅划分为 1 个成矿系列 1 个亚系列 3 个矿床式（表 3-7）。

表 3-7 墨江-绿春成矿带(Ⅲ-34)矿床成矿系列表

矿床成矿系列	矿床成矿亚系列	矿床式	成因类型	代表性矿床
与中、新生代地下热水(非岩浆水)作用有关的有色、贵金属成矿系列	容矿围岩为古生代海相陆源碎屑岩、基性火山岩的金成矿亚系列	金厂式	交代石英岩-硅化蚀变岩型	金厂
		库独木式	绢云母化蚀变岩型	东瓜林、库独木
		老王寨式	碳酸盐化蚀变岩型	老王寨

九、喀喇昆仑-羌北成矿带(Ⅲ-35)

1. 概述

Ⅲ-35成矿带全称为"Ⅲ-35喀喇昆仑-羌北(弧后/前陆盆地)铁、金、石膏成矿带(J;Q)",北以乌兰乌拉断裂为界与金沙江(缝合带)成矿带(Ⅲ-33)相邻,南以龙木错-双湖缝合带为界与羌南成矿带(Ⅲ-37)相邻,东抵沱沱河-杂多冲褶带与昌都-普洱成矿带(Ⅲ-36)相邻。隶属于特提斯成矿域(Ⅰ-3)喀喇昆仑-三江(造山带)成矿省(Ⅱ-9)。

2. 成矿带主要矿产特征

主要矿床(点)有当曲铁矿床、那底岗日石膏矿床、普若岗日铜铝铁金矿床、尕儿西姜锑矿床、县卓登元铅锌矿床、果茶拉萤石矿点、长龙河石膏矿点、沥青显示点、奇陇乌如铜矿点、阿鄂阳岗多金属矿点、美日切错钾盐矿点、角木日铁矿点。

当曲菱铁矿为大型富铁矿。矿区出露地层为中侏罗统雀莫错组(J_2q),为一套滨海相陆源碎屑岩夹潟湖-潮坪相碳酸盐岩类组合。阿布山组为褐红色厚层砾岩和紫红色砂砾岩,不整合于雀莫错组之上。矿区外围为早白垩世英云闪长岩和花岗闪长岩。当曲铁矿产于雀莫错组一段,矿体规模总体受层位控制,具有典型的层控矿床特征。

3. 矿床成矿系列

该成矿带地质工作程度较低,已发现矿产地较少。据现有资料,可划分出2个成矿系列(表3-8)。

表 3-8 喀喇昆仑-羌北成矿带(Ⅲ-35)矿床成矿系列表

矿床成矿系列	矿床式	代表性矿床
青藏高原西北部盐湖与沉积-蒸发作用有关的锂、硼、钾(铷、铯)成矿系列	多格错仁式(盐湖矿)	多格错仁式盐湖矿
羌塘与侏罗纪沉积作用有关的铁、铜、锰、石膏、油气成矿系列	当曲式	当曲、确定日、长龙河石膏

十、昌都-普洱成矿带(Ⅲ-36)

1. 概述

Ⅲ-36成矿带全称为"Ⅲ-36昌都-普洱(地块/造山带)铜、铅、锌、银、铁、汞、锑、石膏、菱镁矿、盐类成矿带",北以乌兰乌拉-玉树深断裂为界,东以金沙江深断裂东断裂、金沙江深断裂西断裂和阿墨江断裂为界,西以沱沱河-杂多冲褶带、龙木错-双湖缝合带和澜沧江缝合带为界。隶属于特提斯成矿域

（Ⅰ-3）喀喇昆仑-三江（造山带）成矿省（Ⅱ-9）。

该成矿带可以进一步划分为：昌都铜、铅、锌、银、铁、菱镁矿、石膏成矿亚带（$T_3;J_{1-2};J_3;E_2—N_1$）（Ⅲ-36-①）和兰坪-普洱铅、锌、银、铜、铁、锰、汞、锑、盐类成矿亚带（Ⅲ-36-②），其中Ⅲ-36-②还可以细分为两个成矿小带：德钦-乔后（江达-维西陆缘弧南段）铜、铁、锰、铅、锌成矿小带（T_{2-3}）和兰坪-普洱（中生代盆地）铅、锌、银、锑、汞、铜、盐类成矿小带（$J_2;K_2;K_2—N_1$）。

2. 成矿带主要矿产特征

昌都-兰坪-普洱铜、铅、锌、银多金属矿成矿带成矿地质条件优越，也是西南三江地区最重要的以铜、铅、锌、银为主的成矿带之一。该带中已发现世界著名的超大型铜、铅、锌矿床2处（玉龙铜钼矿床、金顶铅锌矿床），大型铜、铅、锌、银、锶、砷、锑矿床11处，中型铜、铅、锌、银矿床和矿（化）点及矿化异常数百处。

昌都成矿亚带铁、铜、铅、锌等矿产资源丰富，铅锌成矿与中新生代中酸性侵入岩关系密切，岩浆活动提供了矿种物质来源。区域矿产有拉诺玛、色果干、赵发涌、都日、优日、南越啦、干忠雄、织翁源等铅锌矿床。拉诺玛铅锌银锑矿赋存于上三叠统波里拉组（T_3b）角砾状灰岩中。

德钦-乔后（江达-维西陆缘弧南段）主要矿床类型为与喜马拉雅期浅成-超浅成中酸性岩体有关的铜（钼）和金（银）矿床。玉龙斑岩型铜矿带（玉龙、纳口贡玛、多霞松多、马拉松多、莽总）是我国最重要的铜矿带之一。铜（钼）矿化主要与二长花岗斑岩类有关，而金（银）矿化主要与二长斑岩、正长斑岩有关。其次有：泥盆纪—石炭纪火山喷流沉积，印支期—燕山期酸性岩浆活动叠加的羊拉式铜矿；与二叠纪火山弧内盆地有关，上块（层）状下脉状矿体，属火山喷流沉积型铅锌矿床（也有认为是热液成因）（南佐式铅锌矿）；二叠纪火山弧火山岩型铜矿床（南仁式铜矿）；早—中三叠世鲁春-红坡火山沉积盆地在拉张沉陷阶段，有与双峰式火山岩相伴的鲁春喷流沉积型铜多金属矿产出，晚三叠世远山火山喷气口，形成楚格札式火山沉积型铁矿床。

兰坪-普洱（中生代盆地）为铅、锌、银多金属矿富集区，兰坪白秧坪矿床、云龙大龙矿床等铅锌矿床与古新世喷流沉积作用（或沿构造接口充填交代，或形成热泉型）有关。白秧坪-富隆厂-金满为与构造热液活动有关的钴、铜、铅、锌、银成矿带，以白秧坪、富隆厂矿床为代表。巍山紫金山与喜马拉雅期热液活动有关的汞、锑、砷、金成矿带，以黑龙潭汞矿、罗旧村锑矿、石磺厂砷矿及扎村金矿床为代表。云县-景洪地区与火山活动有关的铜多金属矿床（点）有数十处，大平掌铜多金属矿床受泥盆纪—石炭纪—二叠纪英安岩所控制。民乐、三达山、文玉、官房等与三叠纪火山岩有关云龙漕涧一带崇山岩群分布区，条痕状混合岩断裂破碎带中有大型锡矿产出，如云龙铁厂锡矿、泸水石缸河锡钨矿、泸水志本山锡矿等。盐类矿床主要分布于兰坪-云龙、乔后、磨黑-勐腊、景东江城等地。

3. 矿床成矿系列

昌都成矿亚带（Ⅲ-36-①）可划分出6个成矿系列9个亚系列14个矿床式（表3-9）。

表3-9 昌都成矿亚带（Ⅲ-36-①）矿床成矿系列表

矿床成矿系列	矿床成矿亚系列	矿床式	代表性矿床
与冲洪积作用有关的砂金矿床成矿系列		瓦达塘式（砂金矿）	
与喜马拉雅期富碱斑岩有关的铜、钴、钼、金、铅、锌、萤石成矿系列		玉龙式[铜、金（硫）矿]	马拉松多、莽总、多霞松多、夏日多
		各贡弄式（铜、金矿）	马牧普
		果查拉式（萤石矿）	吵杂玛

续表 3-9

矿床成矿系列	矿床成矿亚系列	矿床式	代表性矿床
与构造-流体作用有关的铅、锌、锑、银、金、砷、汞、石膏、重晶石成矿系列	盆地西部与构造-流体作用有关的铅、锌、锑成矿亚系列	拉诺玛式（铅、锌、锑矿）	干中雄铅、锑
	昌都盆地西部与低温热液有关的砷、汞成矿亚系列	俄洛桥式（砷、汞矿）	思达
	盆地东部与构造-流体作用有关的铅、锌成矿亚系列	都日式（银、铅矿）	优日铅、锌
		颠达式（铅、锌矿）	错纳
	与断裂-流体作用有关的重晶石成矿亚系列	温泉式（重晶石矿）	宗布
与侏罗纪沉积作用有关的铁、铜、锰、石膏、油气成矿系列			察雅石膏含铜砂岩
与三叠纪沉积作用有关的铜、煤、石膏、油页岩、重晶石成矿系列		巴贡式（煤矿）	夺盖拉、穷卡、土门格拉
		竹巴式（重晶石）	打涌格、查曲腊
		荣固式（油页岩）	（矿点）
与晚古生代海相沉积作用有关的煤（石膏）成矿系列		妥坝式（煤矿）	妥坝（煤矿）
		马查拉式（煤矿）	马查拉

兰坪-普洱成矿亚带（Ⅲ-36-②）可划分出 9 个成矿系列 13 个亚系列 18 个矿床式（表 3-10）。

表 3-10 兰坪-普洱成矿亚带（Ⅲ-36-②）矿床成矿系列表

矿床成矿系列	矿床成矿亚系列	矿床式	代表性矿床
第四纪陆相表生风化沉积带有色、贵金属矿成矿系列	海西期超基性岩体表生风化带镍亚系列	墨江式（镍矿）	金厂、安定
	冰碛砂金亚系列	小中甸式（金矿）	小中甸、金坪
中、新生代陆相碎屑岩，蒸发岩建造的有色、盐类、煤矿成矿系列	晚白垩世—古新世陆相含铜碎屑岩亚系列	登海山式（铜矿）	登海山
	晚白垩世—古新世陆相碎屑岩及蒸发岩铅、锌、盐类亚系列	勐野井式（石盐、钾盐矿）	期井、拉井、勐野井、温井
		温井-西坡间式（石膏矿）	温井-西坡间、江城
		金顶式（铅锌矿）	金顶
	中新世、上新世陆相含煤碎屑岩亚系列	小勐养式（褐煤矿）	小勐养、镇安
中生代海相碳酸盐岩、碎屑岩建造及与后期叠加作用有关的有色、贵金属矿成矿系列	晚三叠世海相碎屑岩夹碳酸盐岩沉积及与后期叠加作用有关的汞、锑、砷、金亚系列	马鞍山式（汞矿）	马鞍山、黑龙潭
		笔架山式（锑矿）	笔架山、石崖村
		石磺厂式（砷矿）	石磺厂、田口村
		扎村式（金矿）	扎村

续表 3-10

矿床成矿系列	矿床成矿亚系列	矿床式	代表性矿床
与三叠纪海相中基性火山岩有关的黑色有色金属矿成矿系列	与晚三叠纪海相中基性火山岩有关的铁、铅、锌亚系列	楚格咱式(铁矿)	楚格咱、建基、新山
	与晚三叠世海相基性酸性火山岩有关的铜、铅、锌亚系列	鲁春式(铜矿)	鲁春
与燕山期花岗岩有关的有色金属矿成矿系列	与燕山晚期花岗岩有关的锡亚系列	铁厂式	铁厂
与印支期花岗闪长岩有关的有色金属矿成矿系列	与印支期花岗闪长岩有关的铜亚系列	羊拉式	羊拉、里农
与晚泥盆世—早石炭世基性-酸性火山岩有关的有色金属矿成矿系列	与晚泥盆世—早石炭世基性-酸性火山岩有关的铜、铅、锌亚系列	大平掌式(铜矿)	大平掌
与古元古代海相中-基性火山岩有关的黑色金属矿成矿系列	与古元古代海相中-基性火山岩有关的铁亚系列	贺别列式(铁矿)	崇山贺别列
与海西期—喜马拉雅期韧性剪切作用有关的贵金属矿成矿系列	与海西期—喜马拉雅期韧性剪切作用有关的金亚系列	老王寨(金矿)	老王寨、金厂、冬瓜林

十一、羌南成矿带(Ⅲ-37)

1. 概述

Ⅲ-37 成矿带全称为"Ⅲ-37 羌南(地块/前陆盆地)铁、锑、硼(金)成矿带(J_2;N_1;Q)",北部以龙木错-双湖缝合带为界与喀喇昆仑-羌北成矿带(Ⅲ-35)相邻,东部以澜沧江缝合带为界与昌都-普洱成矿带(Ⅲ-36)相邻,南以班公湖-康托-东巧-丁青-怒江断裂为界与冈底斯-腾冲(造山系)成矿省(Ⅱ-10)相邻,面积约为 $21.38×10^4 km^2$。隶属于特提斯成矿域(Ⅰ-3)喀喇昆仑-三江(造山带)成矿省(Ⅱ-9)。

2. 成矿带主要矿产特征

已发现的矿产有金属矿产和非金属矿产,金属矿产有铜、金、锑、银、铁、铅、锌等,如多不杂超大型斑岩型铜金矿床、大型波隆斑岩型铜金矿床、青草山铜矿床、美多锑矿床、尕尔巴阔尔锑矿床、尕尔西姜锑矿床、阿尕陇巴锑矿床、扎那锑矿床、杜日山锑矿床、弗野铁矿床、亚拉铅矿床。非金属矿产主要有石膏,如念秋石膏矿和吐错石膏矿。

西部多龙地区岩浆作用较强烈,主要分布有燕山期中酸性浅成侵入岩(花岗闪长斑岩)和中基性喷出岩(安山岩、安山玄武岩、火山碎屑岩)。中酸性浅成侵入岩主要为花岗闪长斑岩,多龙地区铜金矿化主要产在此斑岩中。含矿斑岩中锆石的 U-Pb 测年为 $120.19±2.14Ma$,代表了含矿斑岩的形成时代;含矿斑岩的铜金矿体中有 6 个辉钼矿样品的 Re-Os 模式年龄为 $118.10±1.15Ma$,代表了该矿床的成矿年龄。

美多地区矿床的成矿作用主要受构造、地层及岩浆活动控制。北西—北西西向断裂(有 10 余条)为主干断裂,目前发现的所有锑矿床均沿断裂两侧分布,构成规模宏大呈北西向展布的藏北锑矿带;北东—北北东向断裂为次级构造,与主断裂共同控制了锑矿床内富锑矿脉的形成和分布。容矿地层为土门格拉群,由含煤碎屑岩组、硅质岩组和碳酸盐岩组组成。成矿时期为喜马拉雅期后碰撞构造阶段,如大型美多锑矿床的成矿时间是 20.2 ± 1.8 Ma(Rb-Sr 同位素测年;闫升好,2004),可能与中新世以来造山带增厚岩石圈底部拆沉作用引起的软流圈上升和地幔底辟作用有关。

3. 矿床成矿系列

该成矿带可划分出 7 个成矿系列(表 3-11)。

表 3-11 羌南成矿带(Ⅲ-37)矿床成矿系列表

矿床成矿系列	矿床式	相关矿床
与现代沉积-蒸发作用有关的锂、硼、钾(铷、铯)成矿系列	扎布耶式(盐湖矿)	郭家林错
与新生代流体成矿作用有关的锑、金、银成矿系列	美多式(锑、银矿)	尕尔西姜、扎拉、阿尕陇巴、尕尔巴阔尔
与燕山晚期岩浆作用及改造有关的铁、锰成矿系列	当曲式(铁矿)	
与燕山晚期岩浆-热液作用有关的钨、锡、铜、钼、银成矿系列	赛北弄式(钨、锡矿)	索打铜、锡(铅、锌)
	拉荣式(钨、钼矿)	
	往过同式(铜矿)	
与燕山中晚期岩浆作用有关的铜、金、铅、锌、铁、镍成矿系列	多龙式(铜、金矿)	青草滩铜、盐湖乡金
	弗野式(铁矿)	
与燕山早期岩浆热液-改造有关的铁、萤石成矿系列	吉塘式(铁矿)	
	卡贡式(铁矿)	泄巴铁矿、恰洞萤石矿
与侏罗纪沉积作用有关的铁、镁、石膏成矿系列	吐错-念秋式(石膏矿)	吐错、那底岗日石膏矿

十二、昌宁-澜沧成矿带(Ⅲ-38)

1. 概述

Ⅲ-38 成矿带全称为"Ⅲ-38 昌宁-澜沧(造山带)铁、铜、铅、锌、银、锡、白云母成矿带(Pt_{2-3};C_1;T_3;K_2)",东以澜沧江缝合带为界与昌都-普洱成矿带相邻,西以柯街断裂和南定河断裂为界与保山成矿带相邻。隶属于特提斯成矿域(Ⅰ-3)喀喇昆仑-三江(造山带)成矿省(Ⅱ-9)。

2. 成矿带主要矿产特征

该成矿带内共有铁、铜、铅、锌、金、银、钼、锰、稀土等重要矿产地 165 处,其中,大型矿床 4 处,中型矿床 9 处,小型矿床 42 处。此外还有大型稀散元素锗矿床 1 处(临沧大寨),大型高岭土矿床 1 处(临沧细腻),大型硅藻土矿床 1 处(临沧勐托盆地),以及这些相应矿产及汞、砷、铍、硅石等矿点多处,古近纪以来山间盆地多有中小型褐煤,锗矿也与临沧周边褐煤层有关,高岭土、硅藻土、稀土砂矿也产于古近纪山间盆地中,临沧复式花岗岩基应是重要的物源。

铁矿是该成矿带分布最广、最常见的矿产,2/3 以上铁矿产地基本上集中出现在临沧花岗岩基两侧古老的陆壳结晶基底残片内,小型及以上矿床和探明资源储量全部都分布在其中。这些铁矿无一例外均为受元古宇澜沧岩群和大勐龙岩群变质中基性火山喷发-沉积岩系控制的海相火山-沉积型前寒武纪含铁建造铁矿床,共伴生锰矿、钴、铬、镍、硫、磷等。澜沧岩群中铁矿以惠民特大型矿床为代表,大勐龙岩群中铁矿以疆峰中型矿床为代表。

铅锌矿是本成矿带内最重要的矿产,常共伴生银、铜等形成多金属矿。与火山成矿作用直接有关的铅锌多金属矿,主要受昌宁-孟连结合带或晚古生代(早石炭世为主)澜沧裂谷/洋盆形成和演化的控制。澜沧老厂铅、锌、银、钼多金属矿床最具代表性,近年来工作取得了新的重大突破,在矿区铅锌银大型矿床的深部新发现了隐伏钼矿,初步查明属喜马拉雅期斑岩型钼矿。

锡钨矿主要出现在成矿带印支期—燕山期—喜马拉雅期花岗岩体出露分布地带,临沧大花岗岩基有较高的锡钨背景,虽未出现工业矿化,但为后期锡钨富集提供了物质基础。岩基以北构成铁厂大型锡矿床,岩基西侧薅坝地达中型矿床。临沧花岗岩基之南倾没端,矿床规模为小型。西盟一带阿莫、班哲中小型锡矿床和锡石-电气石-石英脉型锡矿化与喜马拉雅期始新世花岗岩侵入活动有关。

金矿床类型主要有岩浆热液型和变质碎屑岩中热液型,其次为风化淋滤型。岩浆热液型金矿,含金石英脉主要产在耿马大山印支期—喜马拉雅期花岗岩体内断裂破碎带,部分分布在周边古生代和侏罗纪变质碎屑岩蚀变断裂、裂隙构造破碎带。变质碎屑岩中热液型金矿,以勐海县勐满中型、西定小型金矿床为代表,产于元古宙、古生代变质火山-沉积碎屑岩中。

该成矿带内独居石、磷钇矿砂矿床也属独一无二,分布于临沧复式花岗岩基南部勐海县勐往、勐阿、城郊等地古近纪以来的山间盆地中,也是云南唯一开展此类稀土矿物砂矿床勘查工作程度较高的地区,探明有大、中、小型砂矿床,物源显然来自临沧复式花岗岩基岩石的副矿物或矿物包裹体,在表生条件下适宜的气候、地貌、岩石风化后成为稳定的矿物组分被保存下来,经流水冲刷、搬运、分选富集,在盆地中河流下游的适宜地段沉积,形成冲积型砂矿床。

3. 矿床成矿系列

该成矿带可划分为5个成矿系列11个亚系列14个矿床式(表3-12)。

表 3-12 昌宁-澜沧成矿带(Ⅲ-38)矿床成矿系列表

矿床成矿系列	矿床成矿亚系列	矿床式	代表性矿床
与新生代风化-沉积作用有关的金、锰、银、磷钇矿、独居石、煤、锗、硅藻土、高岭土成矿系列	与第四纪河流冲积成矿作用有关的磷钇矿、独居石矿成矿亚系列		勐往、勐阿、城郊、勐康
	新近纪盆地中的煤、锗、硅藻土、高岭土矿成矿亚系列		大寨、细腊
	与中新元古代变质岩、晚古生代火山-沉积岩风化壳有关的金、锰、银多金属矿成矿亚系列		英山、巴夜、巴夜老寨、勐宋、老厂
与印支期—喜马拉雅期花岗岩类有关的锡、钨、金、银、铅、锌、铜、锑、汞、萤石矿成矿系列	与喜马拉雅期斑岩类有关的钼、铜矿成矿亚系列	老厂式(钼矿)	老厂
	与印支期—燕山期花岗岩有关的锡、铅、锌、铌、钽亚系列	厂硐河式(铜铅锌矿)	厂硐河
		铁厂式(锡矿)	铁厂、太阴宫
		薅坝地式(锡矿)	薅坝地、赶香寨、亮山箐、阿莫
		朗山式(锡矿)	布朗山
		勐宋式(锡矿)	勐宋、红毛岭、松山、大麻场

续表 3-12

矿床成矿系列	矿床成矿亚系列	矿床式	代表性矿床
与早石炭世—晚二叠世海相中基性火山岩有关的铅、锌、银、铜、硫矿成矿系列	与晚二叠世早期海相基性火山岩有关的铁矿成矿亚系列	曼养式（铁矿）	曼养、曼南坎
	与晚二叠世晚期海相中-酸性火山岩有关的铜、硫矿成矿亚系列	三达山式（铜矿）	三达山
	与早石炭世海相基性-中性火山岩有关的铜、铅、锌、银、硫、砷、汞矿成矿亚系列	铜厂街式（铜矿）	铜厂街
		老厂式（铅锌银矿）	老厂
		小村式汞矿	小村
与元古宙海相中-基性火山岩有关的铁矿成矿系列	与中新元古代变质基性火山岩有关的铁矿成矿亚系列	惠民式（铁矿）	惠民、西定、中和
	与古元古代变质基性火山岩有关的铁矿成矿亚系列	疆峰式（铁矿）	疆峰、曼养、曼南坎、国防、大勐龙、曼老、曼允-曼纳
与构造热液作用有关的金、铅、锌、银、铁多金属矿成矿系列	容矿为碎屑岩、变质碎屑岩破碎带蚀变岩型和石英脉型金、铅、锌、银、铁多金属矿成矿亚系列	勐满式	勐满、西定、翁嘎科、火烧山、南角河、下湾子、公鸡山、勐佛、坝老

十三、保山成矿带（Ⅲ-39）

1. 概述

Ⅲ-39 成矿带全称为"Ⅲ-39 保山（地块）铅、锌、锡、汞成矿带（K₂—E；Q）"，东以澜沧江缝合带、柯街断裂和南定河断裂为界与昌宁-澜沧（造山带）成矿带（Ⅲ-38）相邻，西以怒江断裂和陵龙-瑞丽断裂为界与班戈-腾冲成矿带（Ⅲ-42）相邻。隶属于特提斯成矿域（Ⅰ-3）喀喇昆仑-三江（造山带）成矿省（Ⅱ-9）。

2. 成矿带主要矿产特征

该成矿带内矿产资源丰富，已发现矿产地 90 余处，包括大型矿床 7 处，中型矿床 11 处，小型矿床 32 处。其中，铁铜铅锌金等矿产地 80 处，其余为稀有金属（铍、锂、铌）、钛、汞、砷、白云母等矿产。

成矿带总体以铅锌矿占优势，大中型矿床主要集中出现在保山陆块中保山—施甸—镇康一线，小型以下铅锌矿多围绕大中型矿床分布。铅锌矿床类型主要是沉积-改造型、矽卡岩型和构造热液脉型。主要含（容）矿层位是上寒武统，个别为下奥陶统和泥盆系。碳酸盐岩是主要容矿岩层，个别为泥质岩类与碳酸盐岩的过渡带（勐兴）。部分矿床共生铜矿、铁矿、金矿，银均为伴生，如鲁子园矿床、核桃坪矿集区等。

金矿床主要分布在潞西断块区和保山地块的核桃坪矿集区、施甸—镇康一带。矿床类型主要是地下热水溶滤型、岩浆热液型和构造蚀变岩型，前者在潞西上芒岗一带，沿北东向潞西-瑞丽断裂带次级上芒岗断裂带二叠系沙子坡组与侏罗系勐嘎组岩溶不整合面展布；后两者多与成矿带内燕山期花岗岩体侵入活动相关，金矿化均赋存于岩体边缘或距离不太远的古生代—中生代围岩构造破碎带中，热液蚀变特征显著，如核桃坪矿集区打厂凹、陡崖矿段及镇康小干沟金矿等。

钨锡矿主要出现在燕山期花岗岩体出露地带，岩体与古生代地层外接触带断裂构造破碎带形成云英岩型、钨锡-电气石-石英脉型矿床，泸水石缸河矿床规模接近大型；贡山一带、潞西报洒、镇康乌木兰等地小而富，尤其贡山一带矿化普遍，鲁子园矿区亦有一定伴生钨锡矿的线索。

中部怒江断裂带东支东侧泥盆纪—石炭纪碳酸盐岩地层中，明显构成一南北向构造-热液脉型汞-锑-砷矿带，属于中低温热液充填交代作用的构造-热液脉型矿床，成矿作用主要发生于燕山晚期—喜马拉雅期的陆内汇聚作用过程中。在此过程中,潞西断块东部还形成燕山晚期的黑云母二长花岗岩及喜马拉雅早期的二云母、白云母花岗岩侵入体,沿岩体及其与围岩的内外接触带中的次级裂隙、小断裂充填交代形成含矿伟晶岩脉,从而发育黄连沟大型伟晶岩型稀有金属(铍、锂、铌)矿床。

铁矿遍及整个成矿带,核桃坪矿集区金厂河矿段、鲁子园矿区小河边矿段矽卡岩型铁矿可达大中型规模,其余除云龙分水岭热液型铁矿个别为小型外,20多处均为矿点、矿化点,多为沉积或热液成因。

3. 矿床成矿系列

该成矿带可划分为4个成矿系列11个亚系列(表3-13)。

表3-13 保山成矿带(Ⅲ-39)矿床成矿系列表

矿床成矿系列	矿床成矿亚系列	矿床式	代表性矿床
与新生代风化-沉积作用有关的矿床成矿系列	与第四纪河流冲积成矿作用有关的砂金矿成矿亚系列		南汀河望
	与海西期基性-超基性岩风化壳有关的镍、钛、铁成矿亚系列	板桥式	邦滇寨、板桥
与燕山晚期—喜马拉雅早期花岗岩类有关的铅、锌、铜、钨、锡、金、镍、铁、稀有金属、白云母矿成矿系列	与花岗岩有关的钨、锡成矿亚系列	石缸式(钨锡矿)	石缸河
	与花岗岩有关的镍矿成矿亚系列	邦滇寨式(镍矿)	邦滇寨
	与花岗岩有关的铅、锌矿成矿亚系列	大矿山式(铅锌矿)	大矿山、沙河厂、打厂凹、小河边、芒亮
	与花岗岩有关的稀土矿成矿亚系列	黄连沟式(铍、锂、铌矿)	黄连沟、黑马
	与花岗岩有关的白云母矿成矿亚系列	黑马式(白云母矿)	黑马
与燕山期—喜马拉雅期地下热流作用有关的铅、锌、银、铜、金、铁、汞、锑、砷、多金属矿成矿系列	与晚二叠世—中侏罗世碳酸盐岩建造地下热(卤)水有关的金矿成矿亚系列		上芒岗
	与晚古生代碳酸盐岩建造有关的铅、锌、银、汞、锑、砷矿成矿亚系列	西邑式(铅、锌矿)	西邑、东山
		茅草坡式	水银厂、茅草坡
		水平寨式(锑矿)	水平寨
		和平式	和平
	早古生代碳酸盐岩建造容矿的铅、锌、银、铜、金、铁、多金属矿成矿亚系列	勐兴式(铅、锌矿)	勐兴、芦子园、核桃坪
与海西期基性-超基性岩有关的铜、镍、铬、铂矿成矿系列			大雪山

十四、班公湖-怒江成矿带(Ⅲ-40)

1. 概述

Ⅲ-40成矿带全称为"Ⅲ-40 班公湖-怒江(缝合带)铬成矿带(J)",北以班公湖-康托-东巧-丁青-怒江断裂为界与喀喇昆仑-三江(造山带)成矿省(Ⅱ-9)相邻,南以狮泉河-觉翁-八宿断裂为界,南西与狮泉河-申扎成矿带(Ⅲ-41)相邻,南东与班戈-腾冲成矿带(Ⅲ-42)相邻,面积约$12.346 \times 10^4 km^2$。隶属于特提斯成矿域(Ⅰ-3)冈底斯-腾冲(造山系)成矿省(Ⅱ-10)。

2. 成矿带主要矿产特征

班公湖-怒江成矿带的成矿作用受区域地质构造及演化的影响。已发现有铬、金、铜、铁、铅、锑等矿床，主要有塔吉冈铜矿（中型）、赞宗错铁矿（小型）、屋索拉金矿（中型）、商旭金矿（小型）、拉青铜金矿（小型）、东巧铬铁矿（中型）、依拉山铬铁矿（中型）、切里湖铬铁矿（小型）、东风铬铁矿（小型）、甲布弄锑矿、夏多铅多金属矿床、扎格拉金矿。

矿床分布有两个明显特点：一是靠近成矿带的南、北断裂带附近分布；二是在东巧地区有铬铁矿的集中分布。东部东巧-依拉山铬铁矿集区的铬铁矿赋存于蛇绿岩（如蛇绿岩中辉长岩）中，是伴随洋盆形成时代形成的，成矿时期是早侏罗世晚期（燕山中期），如东巧铬铁矿床的成矿时间是 $187.3\pm3.7\mathrm{Ma}$（U-Pb同位素测年）（夏斌，2008）。西部屋索拉金矿形成于陆内俯冲挤压时期，成矿时间是 $105\sim94\mathrm{Ma}$（Re-Os同位素测年）（夏斌，2008），造山后期S型花岗岩侵位（主要为小型岩株）形成金属矿床。

3. 矿床成矿系列

该成矿带共划分6个矿床成矿系列7个亚系列10个矿床式（表3-14）。

表3-14 班公湖-怒江成矿带（Ⅲ-40）矿床成矿系列表

矿床成矿系列	矿床成矿亚系列	矿床式	代表性矿床
与现代沉积-蒸发作用有关的锂、硼、钾（铷、铯）成矿系列		鄂雅错式（盐湖矿）	
		扎仓茶卡式（盐湖矿）	
与冲、洪积沉积作用有关的砂金矿成矿系列			
新生代与风化-沉积作用有关的锰、菱镁矿成矿系列	与超基性岩风化-沉积作用有关的锰、菱镁矿成矿亚系列	巴夏式（镁矿）	秋拉、八达
		班戈错式（镁矿）	
		几拉式（锰矿）	
与燕山中晚期岩浆作用有关的铬、金、（镍、铂）成矿系列	与基性-超基性岩浆作用有关的铬、（镍、铂族元素）成矿亚系列	东巧式（铬矿）	切里湖、依拉山、玉古拉（镍）
	与燕山中晚期变质-岩浆作用有关的金矿成矿亚系列	屋素拉式（金矿）	商旭
		扎格拉式（金矿）	
与早白垩世沉积作用有关的菱镁矿成矿系列		八达式（菱镁矿）	
与早中侏罗世沉积作用有关的油页岩成矿系列		通波日式（油页岩）	班戈、比洛错

十五、狮泉河-申扎成矿带（Ⅲ-41）

1. 概述

Ⅲ-41成矿带全称为"Ⅲ-41狮泉河-申扎（岩浆弧）钨、钼（铜、铁）、硼、砂金成矿带（$E_1;Q$）"，北西以狮泉河-觉翁-八宿断裂为界与班公湖-怒江成矿带（Ⅲ-40）相邻，北东以申扎-纳木错为界与班戈-腾冲成矿带（Ⅲ-42）相邻，南以措勤-嘉黎-仲沙断裂为界与拉萨地块成矿带相邻（Ⅲ-43），面积约 $8.634\times10^4\mathrm{km}^2$，呈狭窄条带状近东西向展布。成矿带隶属于特提斯成矿域（Ⅰ-3）冈底斯-腾冲（造山系）成矿省（Ⅱ-10）。

2. 成矿带主要矿产特征

该成矿带成矿作用受区域地质构造及演化的影响，已发现铜、金、银、钨、钼、铅、锌等矿床，主要有分布于北侧革吉—雄巴—文部一带的尕尔穷铜金矿床、窝肉金矿床、波拉扎铜钼矿床、江拉昂宗铜银锌多金属矿床，分布于南侧朗久—塔诺错—纳木错一带的巴弄坐寺铜银矿床、嘎曲铜矿床、陈雄铜矿床、甲岗钨钼矿床。主要为矽卡岩型和热液脉型。

北侧革吉—雄巴—文部一带矿床紧靠北冈底斯的狮泉河-申扎蛇绿岩带分布。矿区内岩浆活动频繁，燕山中晚期的中性-中酸性侵入岩分布较广，与成矿有关的侵入岩主要为花岗闪长岩、花岗闪长斑岩。江拉昂宗矿区铜银锌矿体主要赋存于二长花岗岩与中二叠统下拉组（P_2x）灰岩、大理岩接触带的矽卡岩中，受接触破碎带控制，呈带状。成矿时期是燕山中晚期，区调资料显示，中型尕尔穷铜金矿床的成矿时间是89.7Ma。

南侧朗久—塔诺错—纳木错一带矿床具有近等间距分布的特点，可能与近南北向控制的构造和成矿作用有关。甲岗热液脉型钨钼铋矿床产于二长花岗岩与下石炭统永珠组砂岩的内外接触带，金属矿化具有中部钨钼铋矿化向外渐变为铜、金、银矿化的特征。区内岩浆活动具有多期特征。中型甲岗钨钼矿床的成矿时间是21.37±1.55Ma（王治华，2006），是喜马拉雅中晚期的产物。

3. 矿床成矿系列

该成矿带共划分4个矿床成矿系列（表3-15）。

表3-15 狮泉河-申扎成矿带（Ⅲ-41）矿床成矿系列表

矿床成矿系列	矿床成矿亚系列	矿床式	代表性矿床
与现代沉积-蒸发作用有关的锂、硼、钾（铷、铯）成矿系列		扎布耶式（盐湖矿）	郭家林错
与现代冲、洪积沉积作用有关的砂金矿成矿系列	内流水系砂金矿成矿亚系列	崩纳藏布式（砂金矿）	达查
与喜马拉雅期岩浆-热液作用有关的钨、钼、铜矿成矿系列		甲岗式[钨、钼（铋）矿]	
与燕山晚期岩浆作用有关的铜、金矿成矿系列		尕尔穷式（铜矿）	江拉昂宗 波拉扎、巴弄坐寺、嘎曲

十六、班戈-腾冲成矿带（Ⅲ-42）

1. 概述

Ⅲ-42成矿带全称为"Ⅲ-42班戈-腾冲（岩浆弧）锡、钨、铍、锂、铁、铅、锌成矿带（Y）"，北东以狮泉河-觉翁-八宿断裂为界与班公湖-怒江成矿带（Ⅲ-40）相邻，南东以怒江断裂和陵龙-瑞丽断裂为界与保山成矿带（Ⅲ-39）相邻，北西抵申扎-纳木错断裂，西以嘉黎-仲沙断裂为界与拉萨地块成矿带（Ⅲ-43）相邻，南抵中缅边境。成矿带隶属于特提斯成矿域（Ⅰ-3）冈底斯-腾冲（造山系）成矿省（Ⅱ-10）。

2. 成矿带主要矿产特征

西藏班戈-察隅地区已发现的金属矿产有镍、铜、金、银、铁、铅、锌等，成矿作用类型主要有岩浆分异型、矽卡岩型和热液型,如玉古拉镍矿床(岩浆分异型)、舍索铜矿床(矽卡岩型)和尤卡朗铅锌银矿床(热液型)。成矿时间有由南向北(向东)逐渐变新的趋势。玉古拉镍矿床成矿与拉果错-申扎蛇绿混杂岩带($J—K_1$)有密切的关系,辉长岩年龄为180~170Ma(Ar-Ar法年龄和锆石U-Pb法年龄),蛇绿混杂岩带的放射虫时代为早—中侏罗世。付少英等(2008)对尤卡朗—昂张一带的尤卡朗热液型铅锌银矿床进行了研究,认为该矿床的成矿时期是晚侏罗世—早白垩世。赵元艺等(2009)采取舍索矽卡岩型铜矿床赋矿斜辉辉橄岩(铜矿床)的辉钼矿,测得Re-Os法等时线年龄为116.2±1.9Ma,即成矿时期为燕山晚期。

云南腾冲-梁河地区集中分布锡、钨、稀有金属矿床,是"三江"地区的优势矿种之一,已发现大型矿床4处,中型矿床5处及小型矿床。百花脑稀有金属矿床可供综合回收利用的稀有元素达30多种,其中9种元素在岩体中分布均匀、稳定,Rb已达工业要求,Nb、Ta接近工业要求,其他元素也具有较大的回收价值。东部棋盘石—腾冲一带,由晚侏罗世—早白垩世侵位的东河岩群组成,形成以锡、铁、铅、锌为主的多金属矿床;中部狼牙山小龙河一带,由晚白垩世侵位的古永岩群组成,形成以锡、钨为主的多金属矿床;西部槟榔江两岸及新岐—来利山一带,由古近纪侵位的槟榔江岩群组成,形成以锡、钨及稀有、稀土金属为主的多金属矿床。岩性为碱长花岗岩、钾长花岗岩、二长花岗岩、花岗闪长岩和石英二长闪长岩,但成矿最好的是燕山晚期、喜马拉雅期碱长花岗岩和钾长花岗岩、二长花岗岩,随时间演化,后期岩体成矿富集度高,规模也大。含矿围岩主要为石炭系勐洪群浅变质含砾砂板岩夹钙硅酸盐岩。

3. 矿床成矿系列

该成矿带共划分3个矿床成矿系列6个亚系列13个矿床式(表3-16)。

表3-16 班戈-腾冲成矿带(Ⅲ-42)矿床成矿系列表

矿床成矿系列	矿床成矿亚系列	矿床式	代表性矿床
新近纪—第四纪与印支期及喜马拉雅期花岗岩表生风化作用有关的稀土、稀有矿成矿系列		陇川式（淋积型稀土矿）	
		新岐式（风化壳型稀有矿）	
与喜马拉雅早期花岗岩有关的锡、钨、稀有矿成矿系列	与喜马拉雅早期花岗岩有关的锡、钨、稀有矿亚系列	来利山式（锡钨矿）	
		丝光坪式（锡矿）	
		新歧式（稀有矿）	
与燕山中晚期岩浆-热液作用有关的铜、铁、铅、锌、钨、锡、钼、萤石矿成矿系列	班戈、洛隆铜、铁、铅、锌矿成矿亚系列	舍索式（铜矿）	松宗、谷贡铜矿,雄梅、日错伟铁矿
	伯舒拉岭钨、锡、铜、铁、银、萤石矿成矿亚系列	那阿式（钨、锡矿）	多日阿钨锡矿,多仁沟萤石矿点
	与燕山晚期花岗岩有关的锡、钨成矿亚系列	小龙河式（锡、钨矿）	
		铁窑山式（锡矿）	
	与燕山中期花岗岩有关的锡、铁、铅、锌、硅灰石矿成矿亚系列	滇滩式（铁矿）	
		大硐厂式（铅、锌矿）	
		红岩头式（锡矿）	
		白石岩式（硅灰石矿）	

十七、拉萨地块成矿带（Ⅲ-43）

1. 概述

Ⅲ-43 成矿带全称为"Ⅲ-43 拉萨地块（冈底斯岩浆弧）铜、金、钼、铁、锑、铅、锌成矿带（K_1^3；N_1^2）"，北以措勤-嘉黎-仲沙断裂为界，北西与狮泉河-申扎成矿带（Ⅲ-41）相邻，北东与班戈-腾冲成矿带（Ⅲ-42）相邻，南以达吉翁-彭林错-朗县深断裂为界与喜马拉雅（造山系）成矿省（Ⅱ-11）相邻，面积约 $20.725 \times 10^4 km^2$。隶属于特提斯成矿域（Ⅰ-3）冈底斯-腾冲（造山系）成矿省（Ⅱ-10）。

2. 成矿带主要矿产特征

该成矿带成矿地质条件优越，是西藏铜钼、铅锌、金、铬等重要矿产资源的富集区和重大科学问题区，已发现大型铜铅锌等多金属矿床数十处。北部主要有亚贵拉铅、锌、银矿床，沙让钼矿床，蒙亚啊铅、锌、银矿床，洞中拉铅、锌矿床，邦浦铅、锌、钼矿床，纳如松多铅、锌、银矿床等。南部主要有甲玛铜、钼、铅矿床，驱龙铜、钼、银矿床，厅宫铜、钼矿床，弄如日金、锑矿床，程巴钼、铜矿床，冲木达铜、金矿床，吉如铜矿床等。

北部西段与燕山中晚期（114～106Ma）岩浆作用有关的铁矿，如大型尼雄矽卡岩型铁矿，其成矿作用与区内花岗闪长岩和二长花岗岩密切相关。中东段发育多期次区域性构造活动及成矿事件，矿床主要受近东西走向的构造控制，成因上与燕山晚期及喜马拉雅期花岗岩关系密切，矿体多分布于北西向、北东向断裂破碎带内或赋存于石炭纪—二叠纪细碎屑岩与碳酸盐岩岩性转换部位。

南部米拉山地区以驱龙、得明顶等矿床为代表，含矿斑岩体一般呈小岩株或岩枝产于白垩纪末期的花岗岩体（基）中，岩石具斑状结构，围岩地层主要为中侏罗统叶巴组火山岩夹碳酸盐岩地层，矿化类型组合为斑岩型-矽卡岩型-热液脉型，成矿元素组合为 Cu－Mo－Pb－Zn－Ag，以伴生 Mo 为特征，缺少氧化矿石。

尼木地区含矿斑岩体为复成分花岗质复式岩体中的浅成或超浅成相中酸性小型侵入体，复式岩体在喜马拉雅期侵位于冈底斯南缘燕山晚期—喜马拉雅早期弧火山-沉积建造或中酸性侵入岩浆岩建造中，受南北向或北西向、北东向断裂构造的控制，控矿构造为两组或多组构造的交会部位。

朱诺地区火山活动强烈，燕山晚期—喜马拉雅期岩浆活动表现为大量中酸性复式岩体、岩株及中酸性岩脉侵入，成矿条件优越，与铜钼铅锌成矿关系密切。区内主体构造线方向呈近东西向展布，并多被后期北东向、北西向和近南北向断裂穿插，为区内铜、金多金属成矿提供了有利的条件。区域出露地层主要为侏罗系—下白垩统桑日群（包括麻木下组、比马组）和古近系林子宗群（典中组、年波组、帕那组）两套火山-沉积岩石组合。

山南地区与成矿作用关系密切的层位主要为上侏罗统—下白垩统桑日群（比马组）及塔克那组。矽卡岩型铜（钨、钼）矿、热液型铅锌矿体主要赋存于碳酸盐岩相与碎屑岩相过渡带。与成矿相关的侵入岩多为喜马拉雅期（早期）侵入并呈小岩株产出的花岗质（斑）岩体，与矽卡岩型矿床相关的侵入体年龄为 45～40Ma，早于与斑岩型矿床相关侵入岩年龄（20～10Ma）。铅锌矿化主要与喜马拉雅早期黑云母二长花岗岩相关（普夏），而似斑状二长花岗（斑）岩、钾长花岗（斑）岩则形成斑岩型钼矿（程巴）。

3. 矿床成矿系列

该成矿带共划分 8 个矿床成矿系列 17 个亚系列 23 个矿床式（表 3-17）。

表 3-17 拉萨地块成矿带(Ⅲ-43)矿床成矿系列表

矿床成矿系列	矿床成矿亚系列	矿床式	代表性矿床
与新生代风化-沉积作用有关的锰、菱镁矿成矿系列	与古近纪火山岩风化作用有关的锰矿成矿亚系列	拢穷式(锰矿)	孟嘎卓巴、常木、杠儿锰矿化点
与喜马拉雅期岩浆-热液叠加作用有关的铅、锌、钼、铜、银、铁矿成矿系列	与喜马拉雅期岩浆-热液(叠加)作用有关的铅、锌、钼、铜、银、铁矿成矿亚系列	勒青拉式(铅、锌、铁矿)、浦桑果式(铅、锌矿)、下尼巴弄式(铜、铅、锌矿)	查个勒、则学、浦桑果、新嘎果、斯弄多、纳如松多、下尼巴弄、勒青拉、夏龙
	与岩浆-热液作用有关的铁矿成矿亚系列	江拉式(铁矿)	春哲、查布-恰功、通门乡、拉朗、色拉、卡查窝等
	与岩浆-热液叠加作用有关的铅、锌、银、铁、铜、钼矿成矿亚系列	亚贵拉式(铅、锌、铜、钼矿)	尤卡朗、拉屋、郎中、昂张、蒙亚啊、亚贵拉、洞中送多、沙让、日乌多
与喜马拉雅期碰撞岩浆作用有关的铜、金、钼(金)、铅、锌矿成矿系列	与中新世后碰撞伸展环境高侵位岩浆作用有关的铜、钼、金矿成矿亚系列	驱龙式(铜、钼矿),甲玛式(铜、钼、铅矿),邦浦式(钼、铜、铅、锌矿)	朱诺、厅宫、岗讲、冲江、白蓉、总训、达布、拉俄抗、跃进、知不拉、向背山、邦浦、汤不拉
		弄如日式(金、锑矿)	普松金矿、车贡拉锑矿、娘古处金矿
	与始新世—渐新世走滑转换环境高侵位岩浆作用有关的铜、钼、金矿成矿亚系列	努日式(铜、钨、钼矿),程巴式(钼、铜矿)	克鲁、冲木达、明则(程巴)、帕南等
	与古新世主碰撞环境壳/幔源岩浆作用有关的铜矿成矿亚系列	吉如式(铜矿)	
与新生代火山-热液作用有关的金、铅、锌、银、硫、铀矿成矿系列	与新近纪构造-热液作用有关的硫、铀、金矿成矿亚系列	羊八井式(自然硫矿)	
		铀矿	
	与古近纪火山-热液作用有关的金、铅、锌、银、硫矿成矿亚系列	林周式(金矿)	深布棍巴,拢穷铅、锌矿
与喜马拉雅早期岩浆作用有关的白云母、冰洲石、水晶、绿柱石矿成矿系列	当雄-察隅亚系列	那明托式	
	乃东-墨脱亚系列	叶农港式	
与燕山中晚期岩浆作用有关的铁、铜、金、重晶石矿成矿系列	与岩浆作用有关的铁、铜、钨矿成矿亚系列	尼雄式(铁矿)	
		日阿式(铜矿)	
	与岩浆-热液作用有关的铁矿成矿亚系列	夺底式(铁矿)	特利泽共巴、比能(拉萨式铁)
	与辉长岩有关的热液重晶石矿成矿亚系列	欧雁龙巴式(重晶石矿)	
	与燕山中期岩浆作用有关的铜、金、银矿成矿亚系列	雄村式(铜、金、银矿)	
与晚侏罗世—早白垩世沉积作用有关的煤矿成矿系列		"多尼煤系"(川巴组)、"拉萨煤系"(林布宗组)	
与晚古生代海相沉积作用有关的石膏矿成矿系列		空布拉式	

十八、雅鲁藏布江成矿带（Ⅲ-44）

1. 概述

Ⅲ-44 成矿带全称为"Ⅲ-44 雅鲁藏布江（缝合带，含日喀则弧前盆地）铬、金、银、砷、锑成矿带（Yl-He;E$_2$;N;Q）"，北以达吉翁-彭木错-朗县深断裂为界接冈底斯-腾冲（造山系）成矿省（Ⅱ-10），南以札达-达孜-邛江多深断裂为界与喜马拉雅成矿带（Ⅲ-45）相邻，呈近东西向展布，面积约为 $7.27 \times 10^4 km^2$。隶属于特提斯成矿域（Ⅰ-3）喜马拉雅（造山系）成矿省（Ⅱ-11）。

2. 成矿带主要矿产特征

该成矿带已发现的矿产有铬、铂、金、银、铜、锑等，西段仲巴地区以金、锑、铜为主，主要矿床有阿布纳布锑矿床、马攸木金矿床。东段仁布-曲松地区以铬、铁、金、铜、锑矿为主，主要矿床有邦布金铜矿、罗布莎铬铁矿、康金拉铬铁矿、藏木铬铁矿、朗吉铬铁矿、白岗铬铁矿、鲁巴垂铬铁矿、秀章铬铁矿等 10 多个矿床，构成罗布莎矿集区。

西段马攸木金矿受缝合带南侧近东西向的大型褶皱和韧性断裂带控制。矿化区出露有喜马拉雅期岩浆岩岩体，矿化层位为中泥盆统马攸木群浅变质岩系，喜马拉雅期构造变形变质作用强烈。东段金矿主体受北北西向和北东向断裂带膨大部位控制，是由变质作用与多期次构造改造及热液活动相互叠加富集而形成的低温热液型金矿床。

曲松一带蛇绿混杂岩中分别有罗布莎等多个超基性岩浆岩型铬铁矿床，包括罗布莎、香卡山和康金拉 3 个矿区，主要为含铂族元素及少量 Ni、Co 和 Cu 的铬铁矿，属典型的阿尔卑斯型豆荚状铬铁矿。罗布莎岩体呈近东西向展布，为超基性岩、基性岩和堆晶杂岩，有不同程度的蛇纹石化。据罗布莎蛇绿岩带中辉绿岩 SHRIMP 锆石 U-Pb 年龄为 $162.9 \pm 2.8 Ma$（钟立峰等，2006），辉长-辉绿岩 Sm-Nd 等时线年龄为 $177 \pm 31 Ma$（周肃等，2001），上部枕状玄武岩 Rb-Sr 等时线年龄为 $173.27 \pm 10.90 Ma$（李海平等，1996）等，确定其成矿时期为燕山早期。

3. 矿床成矿系列

该成矿带共划分 5 个矿床成矿系列（表 3-18）。

表 3-18 雅鲁藏布江成矿带（Ⅲ-44）矿床成矿系列表

矿床成矿系列	矿床成矿亚系列	矿床式	代表性矿床
与冲、洪积沉积作用有关的砂金矿成矿系列		马攸木式（砂金矿）	达龙
与新生代风化-沉积作用有关的锰、菱镁矿成矿系列	与超基性岩风化作用有关的菱镁矿成矿亚系列	拉昂错式（镁矿）	
与燕山期超基性岩浆作用有关的铬（镍、铂）成矿系列		罗布莎式[铬（镍）矿]	达机翁、康金拉、香卡山、休古嘎布
与燕山期大洋盖层沉积作用有关的锰矿成矿系列			拉孜、仲巴、贡嘎达然多、扎囊郎含岭浦弄锰矿
与晚古生代海相沉积作用有关的铜矿成矿系列		丁波式（铜矿）	

十九、喜马拉雅成矿带(Ⅲ-45)

1. 概述

Ⅲ-45成矿带全称为"Ⅲ-45喜马拉雅(造山带)金、锑、铁、白云母成矿带",北以札达-达孜-邛江多深断裂为界与雅鲁藏布江成矿带(Ⅲ-44)相邻,南以纳卡利拉山-嘎枝断裂为界与西伐利克山前坳陷(属印度陆块)相邻,面积约$17.746×10^4km^2$。隶属于特提斯成矿域(Ⅰ-3)喜马拉雅(造山系)成矿省(Ⅱ-11)。

2. 成矿带主要矿产特征

该成矿带已发现有金、锑、铜、铅、锌、银等矿产,以金和锑两矿种为主。金矿床主要有查拉普、马扎拉、浪卡子金矿床等;锑矿床主要有扎西康、沙拉岗、勇日锑矿床等。矿床分布主要受区域构造及地层岩性的控制,相对集中分布于特提斯-喜马拉雅中东部,被称为"藏南锑成矿带"。

矿床主要受近东西向和近南北向两组构造控制:沿近东西向层间破碎带分布的矿床,如查拉普金矿、哲古锑金矿、马扎拉金锑矿、沙拉岗锑矿等;沿近南北向断裂构造带分布的矿床,如扎西康锑铅锌(银)矿、车穹卓布锑矿、壤拉锑矿等。上述构造控制的矿床在空间上具有一定的分带性,即围绕着变质核杂岩,矿种类型由近至远为金矿—金锑矿—锑矿—锑铅锌(银)矿—铅锌(银)矿的变化,控矿构造由北往南从以东西向层间破碎带为主转变为以南北向高角度断裂为主。

金和锑两矿种矿床的形成时间为24.2~14.3Ma,如查拉普金矿床(16.9~14.3Ma)、马扎拉金锑矿床(24.2~21.2Ma)、扎西康锑银矿床(23.3~18.3Ma)、沙拉岗锑矿床(18.0±1.8Ma)等矿床的成矿时期都是喜马拉雅中—晚期(相当于新近纪中新世早期),即是在喜马拉雅后碰撞造山伸展构造环境下的构造-流体(热液)作用下形成的。

3. 矿床成矿系列

该成矿带共划分3个矿床成矿系列4个亚系列6个矿床式(表3-19)。

表3-19 喜马拉雅成矿带(Ⅲ-45)矿床成矿系列表

矿床成矿系列	矿床成矿亚系列	矿床式	代表性矿床
与喜马拉雅早期岩浆作用有关的白云母、冰洲石、水晶、绿柱石矿成矿系列		冰洞式	
与构造-热液作用有关的锑、金、银、钼、铅矿成矿系列	与构造-流体作用有关的锑、金、钼矿成矿亚系列	扎西康式(锑、铅、锌矿)	索月、柯月、错姆其村、则当等
		马扎拉式(金、锑矿)	车穹卓布、哲古错
		沙拉岗式(锑矿)	阿布纳布、壤拉等
	藏南拆离系与变质核杂岩-热液有关的金矿成矿亚系列	查拉普式(金矿)	查拉普、浪卡子
与前寒武纪沉积-变质(改造)作用有关的铁、铜、石墨、铝土矿成矿系列		亚东式(铁矿)	下司马、聂拉木

二十、东秦岭成矿带(Ⅲ-66)

1. 概述

Ⅲ-66 成矿带全称为"Ⅲ-66 东秦岭金、银、钼、铜、铅、锌、锑、非金属成矿带"。隶属于滨太平洋成矿域(叠加在古亚洲成矿域之上)(Ⅰ-4)秦岭-大别成矿省(东段)(Ⅱ-7)。

该成矿带主体位于陕西省和湖北省,其中南秦岭金、铅、锌、铁、汞、锑、稀有、稀土、钒、蓝石棉、重晶石成矿亚带(Pt_3;∈;Pz_1;Pz_2;I—Y;Q)(Ⅲ-66-②)一小部分位于重庆市最北端,南西以城口-房县断裂为界与扬子成矿省(Ⅱ-15)上扬子成矿亚省(Ⅱ-15B)相邻。

2. 成矿带主要矿产特征

区内出露青白口系—寒武系,以复理石碎屑岩为主,有轻微区域变质,印支期有规模不大的中-基性侵入岩脉沿断裂或岩层软弱部位顺层侵入。下寒武统巴山组、鲁家坪组为浅变质的黑色碳硅质岩系,含钡、钼钒、石煤,其中钡矿(毒重石)工业意义大。毒重石矿主要分布在城口-房县断裂以北的城口县后裕、左岚、巴山、高楠桂花园等地,含矿地层为下寒武统巴山组二段陆架泥相硅质岩、硅质泥岩建造。

3. 矿床成矿系列

该成矿带共划分 2 个矿床成矿系列(表 3-20)。

表 3-20 东秦岭成矿带(Ⅲ-66)矿床成矿系列表

矿床成矿系列	矿床成矿亚系列	代表性矿床	备注
与新元古代—早古生代海相黑色页岩有关的钒、钼、镍、银、铀、磷、金、银、锑、重晶石矿成矿系列	大巴山地区震旦纪—寒武纪与黑色泥质岩碳酸盐岩有关的银、钒、重晶石、毒重石矿成矿亚系列	巴山式 (毒重石矿)	银、钒矿化
与加里东期构造-岩浆作用有关的金、银、云母成矿系列	大巴山加里东期与中基性侵入岩有关的金矿成矿亚系列	城口石门口式 (金矿化点)	仅发现矿化

二十一、龙门山-大巴山成矿带(Ⅲ-73)

1. 概述

Ⅲ-73 成矿带全称为"Ⅲ-73 龙门山-大巴山(陆缘坳陷)铁、铜、铅、锌、锰、钒、磷、硫、重晶石、铝土矿成矿带(Pt_1;Z_1d;∈$_1$;P_1;P_2;Mz)[含摩天岭(碧口)铜、金、镍、铁、锰成矿亚带(Pt_2;Pz_1)]",北西以茂汶深断裂带为界与特提斯成矿域(Ⅰ-3)相邻,北东以城口-房县断裂为界与秦岭-大别成矿省(东段)(Ⅱ-7)相邻,南以江油-灌县断裂为界与四川盆地成矿区(Ⅲ-74)相邻。隶属于滨太平洋成矿域(叠加在古亚洲成矿域之上)(Ⅰ-4)扬子成矿省(Ⅱ-15)上扬子成矿亚省(Ⅱ-15B)。

2. 成矿带主要矿产特征

该成矿带内矿产丰富、矿种较多,四川境内已发现矿产地 197 处,其中大型 6 处,中型 44 处,小型 60 处,矿点 87 处。主要类型有:与岩浆岩有关的李子垭式铁矿、坪河霞石铝矿、椿树坪钒钛磁铁矿;火山沉积变质型彭州式铜矿;沉积变质型坪河式石墨矿;沉积型石坎式锰矿、高燕式锰矿、什邡式磷矿、清平式磷矿、大白岩式铝土矿、宁乡式铁矿以及万源庙子钡矿、广旺(旺苍-南江)煤田、南江石膏矿、荆襄式磷矿(杨家坝)、宁强式磷矿(南江)、砂金矿;层控热液型杨家院式硫矿、沙滩式铅锌矿、唐王寨地区马鞍山式铅锌矿、新立萤石矿;破碎蚀变岩型金矿(平武桂花桥沟、青川后沟、青川草溪沟及平武松潘沟、水牛家等)。

旺苍—南江一带为铁、铅、锌、煤、磷、石墨、霞石、铝矿集中分布区。米仓山基底中与晋宁期岩浆岩有关的矽卡岩型矿产,以李子垭、红山等为代表。与岩浆分异有关的霞石铝矿为大型矿床,钒钛磁铁矿为中型。石墨矿分布于米仓山基底南缘中元古界火地垭群麻窝子组下段碳酸盐岩夹含碳碎屑岩(大理岩夹碳质片岩)与晋宁-澄江期岩浆岩体的接触外带,已知大型矿床1处。另外还有二叠纪、晚三叠世—早侏罗世的无烟煤、烟煤等中型矿床。

江油—青川一带为锰、铜、铅、锌、铁、铝、硫矿集中分布区。石坎式锰矿产于龙门山北段轿子顶背斜南翼寒武系邱家河组中,已发现6个小型矿床。产于唐王寨-仰天窝向斜的碧鸡山式铁矿(宁乡式赤铁矿),已知小型矿床7处。中泥盆统观雾山组产出杨家院中型硫铁矿床1处。唐王寨向斜中泥盆统养马坝组、观雾山组中的马鞍山式层控热液型铅锌矿有中型矿床3处,小型矿床4处。龙门山北段轿子顶背斜中火山沉积变质型铜矿,已有通木梁铜矿小型矿床。龙门山前山带北段广元-青川地区二叠系中分布的大白岩式铝土矿,具有一定的找矿潜力。

彭州-什邡主要产磷、铜、铁等矿产,龙门山中段下寒武统长江沟组清平式磷矿已知大型矿床1处,中型矿床3处。绵竹、什邡、安县上泥盆统沙窝子组下段的什邡式磷矿为大型矿床1处,中型矿床13处。火山沉积变质型彭州式铜矿已有小型矿床1处,矿点16处。

芦山地区主要为铝铜硫矿。龙门山南段天全地区的层控热液型打字堂式硫铁矿,有中型矿床1处。大白岩式铝土矿分布于芦山-天全地区,为中二叠世梁山期古风化壳沉积型铝土矿,属中型铝土矿床。

四川万源-重庆城口地区出露南华纪—三叠纪碎屑岩、碳酸盐岩。有锰、铅锌、磷、硫铁矿、煤等产出,高燕式锰矿和荆襄式磷矿均产于下震旦统陡山沱组硅质岩、碳酸盐岩、黑色页岩系中,前者产于碳质页岩+菱锰矿建造中,后者产于白云质灰岩、白云岩、碳质泥岩、锰磷质岩、磷质岩建造;铅锌矿产于晚震旦世、早三叠世白云岩和白云质灰岩中;煤、硫产于中二叠统梁山组和上二叠统吴家坪组。

3. 矿床成矿系列

该成矿带共划分9个矿床成矿系列14个亚系列17个矿床式(表3-21)。

表3-21 龙门山-大巴山成矿带(Ⅲ-73)矿床成矿系列表

矿床成矿系列	矿床成矿亚系列	矿床式	成因类型	代表性矿床
与早古生代被动大陆边缘形成期沉积作用有关的锰、磷、钡成矿系列	与震旦纪沉积作用有关的锰、磷、钡成矿亚系列	高燕式(锰矿)、荆襄式(磷矿)	沉积型	万源田坝、大竹河(小)、杨家坝(中)
		巴山式(重晶石矿)	沉积型	万源庙子(中)
	与早寒武世沉积作用有关的锰、磷矿成矿亚系列	宁强式(磷矿)	沉积型	南江新立(小)
		石坎式(锰矿)	沉积型	平武石坎(中)、平溪(中)、马家山(中)、青川马公(小)
		清平式(磷矿)	沉积型	绵竹天井沟(大)
与晚古生代大陆架环境稳定沉积作用有关的磷、铁、铝成矿系列	与泥盆纪沉积作用有关的铁、磷矿成矿亚系列	什邡式(磷矿)	岩溶堆积沉积	绵竹马家坪(大)、麦棚子(中)、安县五郎庙(中)、什邡岳家山(中)
	与早二叠世沉积作用有关的铝矿成矿亚系列	碧鸡山式(铁矿)	沉积型	江油老君山(小)
		大白岩式	沉积型(古风化壳型)	芦山大白岩(中)、天全杉木山(小)、天全干河(小)

续表 3-21

矿床成矿系列	矿床成矿亚系列	矿床式	成因类型	代表性矿床
与元古宙古岛弧岩浆作用有关的铁、铜、锌、硫、蛇纹石矿成矿系列	与新元古代古岛弧中酸性岩浆侵入作用有关的铁、铝矿成矿亚系列	李子垭式（铁矿）	矽卡岩型	南江李子垭（中）、红山（中）、五铜包（小）、水马门（小）
		坪河式	岩浆分异型	南江霞石铝矿（大）
	与中、新元古代古岛弧火山-沉积-变质作用有关的铜、锌矿成矿亚系列	彭州式（铜矿）	火山沉积-变质型	彭县马松岭（小）、大宝山（小）、青川通木梁（中）
与晚三叠世基底逆推带地下热流作用有关的层控铅、锌矿成矿系列		沙滩式（铅锌矿）	热液型	南江沙滩（小）
与古生代—新近纪龙门山逆冲推覆构造地下热流作用有关的铅、锌、硫矿成矿系列	与志留纪—泥盆纪推覆地下热流活动有关的黄铁矿成矿亚系列	打字堂式（硫矿）	热液型	天全打字堂（中）
	与晚三叠世—侏罗纪持续逆冲作用地下热流活动有关的铅、锌、（银）、硫矿成矿亚系列	马鞍山式（铅锌矿）	层控热液型	平武马鞍山（中）、楼房沟（中）、江油燕子硐（小）、北川黑铅槽（小）
		杨家院式（硫矿）	层控热液型	江油杨家院（中）
与中元古代米仓山古岛弧基底变质岩系变质作用有关的石墨矿成矿系列		坪河式	沉积-变质型	南江坪河（大）、大河（中）、尖山（中）
与热液（水）成矿作用有关的汞、铜、铅、锌、萤石、重晶石矿成矿系列	渝东与热液（水）成矿作用有关的铜、铅、锌矿成矿亚系列			城口高燕铅锌矿点、巫溪白鹤洞铅锌矿点
与中生代海相沉积蒸发岩建造有关的石膏、盐类（卤水）矿成矿系列	渝东与早三叠世蒸发岩建造有关的石膏盐类（卤水）矿成矿亚系列			城口明通盐矿、城口龙门石膏矿
与晚古生代海相海陆过渡相沉积作用有关的铁、锰、铝（镓）、煤、硫矿成矿系列	与晚二叠世海陆过渡相碎屑岩建造有关的煤、硫矿成矿亚系列			城口白水洞硫铁矿
	与早二叠世海陆过渡相碎屑岩建造有关的煤矿成矿亚系列			城口聚马坪煤矿

二十二、四川盆地成矿区（Ⅲ-74）

1. 概述

Ⅲ-74 成矿区全称为"Ⅲ-74 四川盆地铁、铜、金、油气、石膏、钙芒硝、石盐、煤和煤层气成矿区（T_{1-2}；J_1；K_2；C_2）"，北以江油-灌县断裂为界与龙门山-大巴山成矿带（Ⅲ-73）相邻，南接上扬子中东部（台褶带）成矿带（Ⅲ-77）。隶属于滨太平洋成矿域（叠加在古亚洲成矿域之上）（Ⅰ-4）扬子成矿省（Ⅱ-15）上扬子成矿亚省（Ⅱ-15B）。

2. 成矿区主要矿产特征

该成矿区大致范围与北东向四川菱形盆地(跨四川、重庆)相当,该盆地是中生代的坳陷,以产油气、盐类矿产为特色。矿产以沉积型铁矿、锶矿、铝土矿、砂岩型铜矿、砂金矿,及油气、石膏、钙芒硝、石盐、煤、煤层气为特点。锶矿床点共计18个,其中大型7个,小型2个,矿(化)点9个。

盆地东部华蓥山地区出露寒武系—三叠系地台型沉积建造,主要产煤、硫铁矿、石膏、石灰岩、白云岩、黏土、砂岩等沉积矿床。重要含煤层位为上二叠统龙潭组和上三叠统须家河组,有华蓥山煤田(达竹矿区和华蓥山矿区)。硫铁矿(叙永式)为上二叠统煤层共生矿。早三叠世沉积了厚度较大的石膏、岩盐及天青石等;中三叠统为锶矿(玉峡式)赋矿层位,矿体呈似层状—透镜状产出。已证实的成盐构造有开江盐盆、宣汉盐盆。中石化勘探的宣汉普光气田在2011年全国十大气田中排在第2位,是我国南方迄今发现的、资源储量规模最大的海相气田,其硫化氢含量高达$14\%\sim18\%$,伴生硫资源十分丰富。

盆地北部主要矿产有川北酸性天然气藏、嘉陵江流域砂金矿床和砂岩型铀矿等。砂金矿代表性产地有昭化、红岩、虎跳等。陆相沉积型铁矿较集中产在万源县境内,南江县有个别小型矿床,含矿地层为三叠系—侏罗系香溪组(TJx),为陆相含煤碎屑岩建造,铁矿与煤矿共生,常产在煤层顶底板内,有中型矿床1处(庙沟),小型矿床4处。中石化元坝气田资源潜力预计大大超过普光气田。侏罗纪—白垩纪红色碎屑岩是川北砂岩型铀矿产出的主要含铀建造,代表性产地有南江、通江、宣汉中小型矿床多处。

盆地西部出露侏罗纪至第四纪陆相沉积建造,分布有中三叠统雷口坡组中的石盐,白垩系灌口组—古近系名山组芒硝矿,涪江流域砂金矿床,中坝气田、新场气田、洛带气田、平落坝气田等。中石化在绵竹市孝德镇东利村施工有川科1井,2010年4月在5600多米深处的马鞍塘组,试获不含硫化氢的优质天然气流,日产量$86.8\times10^4\mathrm{m}^3$,这是本地区马鞍塘组首次钻获高产工业气流。盐矿达大型矿床远景,分布在成都-蒲江地区深部。芒硝矿类型单一,埋藏浅,可利用性较好,分布在新津、彭山、眉山、丹棱、洪雅、名山、雅安等地,查明有超大型矿床4处,大型矿床17处。

盆地南部已证实的成盐构造有威西、自贡、威远、资中等盐盆,为三叠纪主要的成盐(石盐、含锂钾硼地下卤水)盆地。煤主要赋存于上三叠统须家河组、上二叠统龙潭组,有乐威煤田(资威矿区和寿保矿区)、华蓥山煤田(隆泸矿区)。铼钼矿化主要产于侏罗纪长石石英砂岩地层中。水泥灰岩为栖霞组、茅口组灰岩和侏罗系灰岩透镜体。小型气田密集分布,代表性产地有威远、隆昌、自流井、邓井关、纳溪、合江等气田。

盆地中部的南充盐盆东起邻水、渠县,西至简阳,北迄阆中、仪陇,南至合川,是四川盐盆面积最大、浓缩程度最高、成盐持续时间最长、沉积中心稳定、规模最大的盐盆,代表性产地有蓬溪县蓬莱(大型)、大英县殷家沟(大型)、渠县鲜渡河(中型)。膨润土矿赋存于中侏罗统上沙溪庙组上部及下白垩统苍溪组,有三台小梁包、盐亭弥江苟家咀、仁寿张家庙、南充土门等小型矿床。渠县农乐是我国首例浅层杂卤石矿床,另有广安(大型)、安岳(大型)、磨溪(大型)等气田及桂花油田(小型)。

3. 矿床成矿系列

该成矿区共划分2个矿床成矿系列6个亚系列14个矿床式(表3-22)。

二十三、盐源-丽江-金平成矿带(Ⅲ-75)

1. 概述

Ⅲ-75成矿带全称为"Ⅲ-75盐源-丽江-金平(陆缘坳陷和逆冲推覆带)金、铜、钼、锰、镍、铁、铅、硫铁矿成矿带",北西、南西分别以锦屏山-小金河断裂和哀牢山断裂为界与特提斯成矿域(Ⅰ-3)相邻,东以箐河断裂和程海-宾川断裂为界,与康滇隆起成矿带(Ⅲ-76)相邻。隶属于滨太平洋成矿域(叠加在古亚洲成矿域之上)(Ⅰ-4)扬子成矿省(Ⅱ-15)上扬子成矿亚省(Ⅱ-15B)。

表 3-22　四川盆地成矿区(Ⅲ-74)矿床成矿系列表

矿床成矿系列	矿床成矿亚系列	矿床式	代表性矿床
与中生代四川盆地沉积作用有关的铁、锶、煤、硫、天然气、石膏、石盐、杂卤石、含钾卤水、芒硝矿成矿系列	与早中三叠世海相沉积作用有关的石盐、石膏、杂卤石、含钾卤水、天然气成矿亚系列	邓井关式	邓井关(小)、罗家坪(小)
		平落坝式	邛崃平落坝(小)
		农乐式	渠县农乐(中)
		威西式	威西(特大)
		合川式	合川大石盐矿、北碚八字岩石膏矿、万州高峰盐矿、奉节青龙石膏矿
	与早三叠世蒸发岩建造有关的锶矿成矿亚系列	玉峡式(锶矿)	
	与晚三叠世—早侏罗世陆相沉积作用有关的煤、铁、硫矿成矿亚系列	万源式	万源庙沟(中)、万源红旗(小)
		华蓥山式	华蓥煤田
		綦江式(铁矿)	
		永荣式(煤矿)	
	与侏罗纪陆相河流沉积作用有关的铼、钼矿成矿亚系列	沐川式	沐川(中)
	与晚白垩世—始新世盐湖沉积作用有关的芒硝矿成矿亚系列	新津式	新津金华(大)、彭山牧马(大)、洪雅联合(大)
与晚古生代海相海陆过渡相沉积作用有关的铁、锰、铝(镓)、煤、硫矿成矿系列	与晚二叠世海陆过渡相碎屑岩建造有关的煤、硫矿成矿亚系列	天府式(煤矿)	
		叙永式(硫铁矿)	

2. 成矿带主要矿产特征

该成矿带主要产出的矿产为金、铜镍、锰矿,其次为钼、铅锌、铂钯、煤、钛铁及铁、宝石矿和优质饰面材料等。矿床的主要形成时代有元古宙、二叠纪、三叠纪、古—新近纪和第四纪。

古元古代结晶基底岩系出露于点苍山-哀牢山带,为苍山岩群、哀牢山岩群变质成矿作用形成绿柱石、水晶、刚玉和尖晶石宝石矿,及优质大理石和花岗石材。沉积型重晶石矿仅产于宁蒗等地。

中—晚二叠世出露大面积峨眉山玄武岩类,与火山岩有关的铜、锰主要分布于玄武岩类出露最厚(>7000m)的盐源-丽江地区;与侵入活动有关的金宝山式铂钯矿集中分布于大理海东-弥渡地区,白马寨式铜镍矿主要分布于金平断块。矿山梁子式铁矿产于次火山相的辉绿岩-苦橄玢岩与下二叠统接触部位和附近的碳酸盐岩层间破碎带及剥离构造中。上二叠统海陆交替相含煤岩系中产出无烟煤,主要分布于宁蒗-丽江地区。

三叠纪沉积充填了一套厚度巨大的碳酸盐岩、含煤碎屑岩建造,中三叠统底部具有铝土矿层,分布于鹤庆的中窝-松桂地区等地,如中窝铝土矿、松桂无烟煤等。晚三叠世点苍山-哀牢山造山带、韧性剪切带中形成"造山带金矿-韧性剪切带蚀变岩型金矿",如老王寨-金厂及小水井金矿带,并发生同碰撞造山花岗岩侵入,发生铜、铅锌、金矿化。松桂组(T_3s)砂页岩中产出优质小型锰矿床。

喜马拉雅期富碱斑岩形成的铜、钼、金多金属矿分布于盐源坳陷-丽江盆地、边缘坳陷带、金平断块,岩性为石英正长斑岩、正长斑岩、花岗斑岩,以盐源西范坪、鹤庆北衙、祥云马厂箐为代表。走滑剪切作用、富碱斑岩的侵入均对哀牢山造山带进行了叠加改造,形成"造山带金矿-韧性剪切带蚀变岩型金矿",如镇沅大型金矿。大理海东地区还有超基-基性和碱性火山岩爆发,形成角砾岩筒等火山机构和金刚石成矿条件。

古—新近纪剑川盆地、三营盆地等右行走滑拉分盆地河湖相含煤沉积，产出三营煤矿等。含钛铁矿的二叠纪辉绿岩辉长岩类、二叠纪玄武岩及砂页岩中含锰灰岩夹层等含矿母岩暴露区，经风化作用、富集形成成残积型钛砂矿、淋滤富集成优质小型锰矿床，分布于洱源-邓川地区。锰矿仅分布于鹤庆地区。

3. 矿床成矿系列

该成矿带共划分10个矿床成矿系列17个亚系列17个矿床式（表3-23）。

表3-23 盐源-丽江-金平成矿带(Ⅲ-75)矿床成矿系列表

矿床成矿系列	矿床成矿亚系列	矿床式	代表性矿床
与第四纪风化和冲积作用有关的锰、钛、金矿成矿系列	与第四纪风化淋滤作用有关的锰矿成矿亚系列	鹤庆小天井式	鹤庆小天井
	与第四纪风化残积作用有关的钛砂矿成矿亚系列	邓川腊坪式	邓川腊坪式
	与第四纪风化-冲积作用有关的砂金矿成矿亚系列		永胜金江街
与新近纪沉积作用有关的褐煤成矿系列		盐源式	合哨(大)、梅雨(大)、洼水河(小)、东方食堂(中)
与古近纪造山后构造-岩浆活动有关的铅、铜、钼、金矿成矿系列	与古近纪陆内走滑富碱斑岩有关的铜(钼)、金、银矿成矿亚系列	西范坪式	西范坪(中)
	与古近纪走滑及幔壳花岗斑岩-正长斑岩-煌斑岩岩浆-流体作用有关的金、铜、钼、铅、锌、铁矿成矿亚系列	马厂箐式、北衙式	马厂箐、北衙
	与构造-岩浆-流体作用有关的金、铅、锌、银矿成矿亚系列	姚安式	姚安
	与幔源花岗斑岩和碱性斑岩及煌斑岩有关的金、铜、钼矿成矿亚系列	长安冲式、铜厂式	长安冲、铜厂
与三叠纪沉积作用有关的铅、锰、铜、煤、盐矿成矿系列	与中三叠世沉积作用有关的岩盐、石膏、芒硝矿成矿亚系列	黑盐塘式	黑盐塘(大)、小盐井(小)
与三叠纪(古近纪叠加)造山作用有关的金矿成矿系列		镇沅式	
与二叠纪中晚期沉积作用有关的煤矿成矿系列			
与二叠纪陆缘裂谷海相拉斑玄武岩有关的富铁矿、铜矿成矿系列	与晚二叠世海相陆缘裂谷基性火山-次火山热液作用有关的富铁矿成矿亚系列	矿山梁子式	矿山梁子(中)、牛厂(小)、烂纸厂(小)
	与晚二叠世海相基性火山热液作用有关的铜矿成矿亚系列	巴折式	盐源巴折(小)、平川代石沟(小)、后龙山(小)
与二叠纪岩浆作用有关的铜、镍、铂钯矿成矿系列	与二叠纪岩浆侵入活动有关的铜、镍、铂钯矿成矿亚系列	金宝山式	
		白马寨式	
	与二叠纪岩浆喷出活动有关的铜(锰)矿成矿亚系列	乌坡式	
与中奥陶世沉积作用有关的铁、锰矿成矿系列		东巴湾式	盐边东巴湾(小)、盐水河(小)
古元古代(吕梁旋回)变质宝石、大理石、花岗石矿成矿系列			

二十四、康滇隆起成矿带(Ⅲ-76)

1. 概述

Ⅲ-76成矿带全称为"Ⅲ-76康滇隆起铁、铜、钒、钛、锡、镍、稀土、金、石棉、盐类成矿带",西部和南部均与盐源-丽江-金平成矿带(Ⅲ-75)相邻,西以箐河断裂和程海-宾川断裂为界,南以元江-红河断裂为界;东则以小江断裂为界与上扬子中东部成矿带(Ⅲ-77)和华南成矿省(Ⅱ-16)相邻。成矿带隶属于滨太平洋成矿域(叠加在古亚洲成矿域之上)(Ⅰ-4)扬子成矿省(Ⅱ-15)上扬子成矿亚省(Ⅱ-15B)。

2. 成矿带主要矿产特征

1)四川攀枝花-西昌地区

康定大渡河地区位于成矿带最北段,区域断裂构造控制了成矿带的分布。金矿多位于主断裂带剪切滑脱带附近的前震旦纪次级剪切断裂中。与金矿密切相关的剪切带有3类:基底杂岩中网络状剪切带、基底与盖层界面剪切带、古生代盖层中的剪切带。基底杂岩中网络状剪切带主要为蚀变千糜岩-石英脉型金矿,如黄金坪金矿、白金台子金矿等;基底杂岩上部主要为石英脉型金矿,如三碉金矿;在盖层剪切带中见破碎蚀变岩型金矿和破碎蚀变岩-石英脉型金矿,如偏岩子金矿、铜炉房金矿等。

石棉-冕宁地区主要矿产有稀土矿伴生钼矿,产于喜马拉雅期碱性杂岩(霓石英碱正长岩、霓辉正长岩、碳酸岩等)中。金河断裂和南部磨盘断裂控制着该区的岩浆岩分布;而次一级的断裂控制着含矿碱性杂岩体及稀土矿床的分布。例如冕宁地区喜马拉雅期的碱性杂岩体和稀土矿床(牦牛坪、三岔河、包子村、麦地、里庄)沿哈哈断裂呈串珠状分布。

冕宁-攀枝花地区主要分布有岩浆型钒钛磁铁矿及其伴生硫、镍矿,基性-超基性岩型镍矿,层控热液型铅锌(银)矿及其伴生硫矿,火山-沉积变质岩型铅锌矿,沉积变质型石墨矿,岩浆型铂矿,沉积型铝土矿点及少数其他类型的铁矿。岩浆型钒钛磁铁矿及其伴生硫、镍矿沿安宁河大断裂分布,富铁质基性岩-超基性岩中集中有攀枝花、红格、白马及西昌太和四大矿田。

冕宁-西昌地区主要有接触交代型锡铁矿,分布于泸沽复背斜翼部,北北东向的泸沽倒转复背斜不仅控制了泸沽花岗岩体沿背斜轴部的上侵及其形态和产状,而且也是主要的控矿和容矿构造。矿床赋存于前震旦纪大理岩、千枚岩、变质砂岩中,主要矿种为铁矿,伴生有锡矿,规模以中小型为主,如冕宁大顶山、泸沽铁矿山2个中型矿床。

会理-会东地区构造上属振荡运动和断裂活动频繁的地区,凤山营式沉积变质型铁矿集中在会理,含矿地层为元古宇会理群凤山营组泥质建造。岩浆热液型锡矿分布于会理仓田一带和会理东北部新田—顺河一带。力马河式基性-超基性岩型铜镍矿主矿产为镍矿,伴生铜、钴。淌塘式铜矿含矿岩系为会理群淌塘组绢云千枚岩、碳质(凝灰质)绢云千枚岩、砂质板岩及白云质大理岩、结晶灰岩。拉拉式沉积变质型铜铁矿含矿地质体层位为河口岩群落凼组上段,为一套古元古代钠质火山沉积建造。沉积型铁矿含矿建造主要为中奥陶统巧家组海相碳酸盐岩建造,分布有宁南华弹大型矿床。火山沉积变质型铁矿为赤铁矿,以双水井、满银沟为代表。层控热液型铅锌矿呈南北向展布,有大梁子式、乌依式、黑区式3个矿床式。昆阳式磷矿分布在会东,有1个超大型矿床、1个小型矿床。

越西-宁南地区属上扬子陆块西部之凉山陷褶束,除石炭系外,震旦系—三叠系发育齐全。南北向继承性断裂限制了本区断陷盆的发育,对沉积作用有重要影响。如昭觉、布拖、宁南西侧的四开-交际河断裂,西侧奥陶系厚达600m,缺失上奥陶统和下志留统;东侧奥陶系总厚仅200m,下志留统普遍分布,覆于上奥陶统之上。早期的大陆架边缘在中奥陶世时成为有利于铁矿沉积的海岸浅滩环境。有华弹式沉积型铁矿、黑区式层控热液型铅锌矿、乌依式层控热液型铅锌矿,另有一些其他类型的铁矿。

盐边地区基性-超基性岩型铜镍矿分布于盐边县高坪—桔子坪—红果—米易大槽一带。矿产地有盐边县冷水箐镍矿、米易县阿布郎当镍矿。石墨矿分布于盐边县高坪乡—同德镇一带,同德基底隆起控制了含矿地层的产出。矿石主要为晶质石墨矿,矿产地主要有攀枝花大箐沟大型矿床,芭蕉菁和硝洞湾2个小型矿床,青林、田坪、新街田、大麦地4个矿点。

2) 云南滇中地区

云南滇中地区是铁铜矿的主要集中分布区(滇中基底隆起带)。主要矿产有铜矿、铁矿、(钒)钛铁矿及磷矿,其次为铅矿、铅锌矿、金矿、煤矿、铝土矿及食盐矿,少量稀土矿、钨矿、铜镍矿和蓝石棉等。

前震旦纪火山岩型、沉积变质型铁铜矿,主要分布在东川-易门-玉溪峨山地区、武定—富民一带、元谋—牟定地区及新平等地,与古—中元古界大红山岩群、昆阳群及苴林群等出露范围一致,尤其铜矿主要分布于东川地区,如易门铜厂铜矿、东川包子铺铁矿等;铁矿、铜矿主要分布于玉溪峨山地区,如新平县大红山铁铜矿,产有元谋姜驿铁矿等。南华纪中酸性侵入岩类形成钨石英脉和含钨云英岩脉的钨矿,如九道湾岩体中的钨(锡)矿化和牟定姚兴村钨矿。

震旦纪至早寒武世海相磷块岩矿,主要分布于东川地区、昆明滇池-澄江抚仙湖周边地区,为震旦纪至早寒武世过渡陆表海沉积。泥盆纪宁乡式铁矿主要分布于武定-昆明地区、石屏等地区。陆表海-陆内坳陷成矿,形成豆状及鲕状赤铁矿层矿。

中—晚二叠世玄武岩型铜矿,基性-超基性岩组合中的贫铁矿、(钒)钛铁矿、蓝石棉,第四纪钛砂矿集中分布于武定—富民一带、元谋—牟定地区,如安益钛铁矿等,以及含铜石英更长石脉中铜镍矿,如大姚秀水河铜镍矿。二叠系梁山组煤、铝土矿等主要分布于昆明-安宁地区、东川地区等地,陆表海含煤碎屑岩组合。

晚三叠世煤矿分布于楚雄盆地周缘、东川-易门基底断隆带北部;上白垩统马头山组砂岩型铜矿,以及新生代红层中盐矿、天然气,古近系和新近系中褐煤等沉积矿产分布于楚雄坳陷盆地内。砂岩型铜矿主要产于上白垩统马头山组湖泊三角洲砂砾岩组合中。

古近纪铅、金、铜、钼矿等分布于楚雄盆地内沿断裂带侵入的喜马拉雅期斑岩出露地段,如姚安铅矿等。第四纪稀土矿分布于东川-易门基底断隆带北东向老纳背斜北西翼。此外,风化残积型重晶石矿零星分布于昆明-安宁地区。

3. 矿床成矿系列

该成矿带共划分12个矿床成矿系列34个亚系列40个矿床式(表3-24)。

表 3-24 康滇隆起成矿带(Ⅲ-76)矿床成矿系列表

矿床成矿系列	矿床成矿亚系列	矿床式	代表性矿床
与新近纪—第四纪陆内变形有关的钛铁矿、稀土、重晶石、天然气成矿系列	新近纪湖相中褐煤、天然气成矿亚系列		
	第四纪风化壳型轻稀土矿、钛铁矿砂成矿亚系列		元谋—牟定一带离子吸附型稀土矿,武定-富民风化残积型钛砂矿、残积型重晶石矿
与古近纪陆内汇聚阶段陆内走滑-挤压期大陆隆升环境,碱性杂岩体有关的铌、钼、钍、铀、稀土矿成矿系列		牦牛坪式	牦牛坪(大)、三岔河(中)、德昌大陆乡(大)、冕宁木洛(中)

续表 3-24

矿床成矿系列	矿床成矿亚系列	矿床式	代表性矿床
与古近纪陆内发展阶段，陆内走滑挤压期构造-热液作用有关的铅、铜、钼、金（铁、银、铜、碲）矿成矿系列	与昆阳群板岩有关的剪切带蚀变岩金矿成矿亚系列	播卡-拖布卡式	播卡
	与前震旦纪基底杂岩中网络状含金剪切带有关的金矿成矿亚系列	黄金坪式	黄金坪（中）、白金台子（小）、三碉（小）
	与古生代碳酸盐岩含金剪切带有关的金（银、铜）矿成矿亚系列	田湾式	石棉田湾（小）
		偏岩子式	康定偏岩子（小）、灯盏（小）、菜子地（小）
	与晚二叠世基性火山岩中韧脆性剪切带有关的金（银、铜）矿成矿亚系列	茶铺子式	茶铺子（小）
	与三叠纪云南驿组有关的构造破碎带蚀变岩型金矿成矿亚系列	小水井式	小水井
	与白垩纪—古近纪沉积岩有关的金、多金属（铅、锌、银）矿成矿亚系列	姚安式	姚安
	与前震旦纪基底和盖层间滑脱-推覆带花岗糜棱岩有关的金矿成矿亚系列	机器房式	机器房（小）、菩萨岗（小）
与晚三叠世—古近纪陆相沉积有关的铜、（银）、煤矿成矿系列	晚三叠世—古近纪陆内盆地沉积煤矿成矿亚系列		
	与晚白垩世内陆盆地河流沉积有关的铜、（银）矿成矿亚系列	大铜厂式	大铜厂（中）、鹿厂（小）、白草（小）
	晚白垩世砂岩铜矿成矿亚系列	滇中式（铜矿）	
与晚二叠世—白垩纪地下热液作用有关的铅、锌（银）、蛇纹石、石棉（镍）矿成矿系列	与侏罗纪锦屏山逆冲推覆构造下热液蚀变作用有关的蛇纹石、石棉（镍）矿成矿亚系列	石棉式	石棉（大）
	与晚二叠世基性岩浆地下热液再造作用有关的铅、锌（银、硫、镉、镓、铟、锗）矿成矿亚系列	大梁子式、天宝山式	大梁子（大）、天宝山（大）、银厂（中）
与晚二叠世泛大陆裂解阶段大陆裂谷中心带有关的铁、钒、钛、铂、镍、铜、（铬、钯、钴、硫）矿成矿系列	与晚二叠世陆内裂谷层状超基性-基性岩有关的铁、钒、钛、铂、镍、钴、铜、硫矿成矿亚系列	攀枝花式、红格式、新街式（铂矿）	攀枝花（大）、红格（大）、白马（大）、太和（大）、新街（铂）、元谋-牟定、武定-富民、安益等地（钛）铁矿
	与晚二叠世弧后扩张裂谷基性-超基性侵入岩有关的铜、镍（铂、钯）矿成矿亚系列	力马河式	力马河（小）、清水河（中）
	与二叠纪晚期—三叠纪早期陆内裂谷环境碱性岩浆侵入活动有关的铌、钽、锆、铍、稀土矿成矿亚系列	路枯式	路枯（中）、白草（小）

续表 3-24

矿床成矿系列	矿床成矿亚系列	矿床式	代表性矿床
与古生代沉积作用有关的磷、重晶石、铁、煤、铝矿成矿系列	与震旦纪—早寒武世沉积作用有关的磷、重晶石矿成矿亚系列	昆阳式（磷矿）	昆阳
	与奥陶纪被动大陆边缘沉积作用有关的铁矿成矿亚系列	华弹式	华弹（中）、棋树坪（小）
	泥盆纪沉积型赤铁矿成矿亚系列	宁乡式（铁矿）	鱼子甸赤铁矿
	二叠纪沉积型煤、铝矿成矿亚系列	老煤山式（铝土矿）	富民老煤山
		梁山式（煤矿）	
与前南华纪基底形成阶段大洋裂谷环境基性-超基性侵入岩有关的铜、镍（铂）矿成矿系列		冷水箐式	冷水箐（中）、阿布郎当（小）
与新元古代古陆块汇聚阶段碰撞型花岗岩有关的锡、铁矿成矿系列	与早震旦世陆缘弧后碰撞花岗岩有关的富铁矿、锡矿成矿亚系列	泸沽式（富铁矿）	泸沽大顶山（中）、铁矿山（小）、拉克（小）
	与新元古代弧陆碰撞花岗岩有关的锡矿成矿亚系列	岔河式	岔河（中）、尖子洞（小）、顺河（小）
	新元古代早期碳酸盐岩中热水-沉积型铜矿成矿亚系列	滥泥坪式（铜矿）	滥泥坪
与中元古代基底形成阶段沉积（火山）-变质（改造）作用有关的铁、铜、金矿成矿系列	与中元古代沉积（火山）-变质作用有关的铜、铁、（金）矿成矿亚系列	满银沟式（富铁矿）	满银沟（中）、双水井（中）、雷打牛（小）
		淌塘式	淌塘（中）、大箐沟（中）、黑箐（小）
	中元古代（晋宁旋回）火山-沉积-变质型铁、铜、（金）矿成矿亚系列	东川式（铜矿）	落雪、因民、新塘、白锡腊
		鲁奎山式（菱铁矿）	鲁奎山、王家滩
		鹅头厂式（磁铁矿）	鹅头厂
	与中古元代沉积-变质改造作用有关的铜、铁、金矿成矿亚系列	小街式	小街（小）
		凤山营式	凤山营（中）
与元古宙基底形成阶段古岛弧海相火山-沉积作用有关的铜、铁、钴、钼、铅、锌、硫矿成矿系列	与古元古代火山喷气-沉积-变质作用有关的铜、铁、钴、钼、硫矿成矿亚系列	大红山式（铁铜矿）	大红山
		拉拉式	落函（大）、老羊汉滩（中）、菖蒲箐（小）、红泥坡（小）
	与古元古代海底火山喷发-浅层侵入作用有关的富铁（铜）矿成矿亚系列	石龙式（富铁矿）	石龙（小）
	与中元古代火山沉积-热液作用有关的富铁矿成矿亚系列	新铺子式（富铁矿）	新铺子（小）、龙潭箐（小）、香炉山-腰棚子（小）
	与中元古代火山喷气（流）沉积-变质作用有关的铅、锌（银）、重晶石矿成矿亚系列	小石房式	会理小石房（中）、梅子沟（小）
与古元古代基底形成阶段变质作用有关的石墨矿成矿系列		中坝式	攀枝花中坝（大）

二十五、上扬子中东部成矿带（Ⅲ-77）

1. 概述

Ⅲ-77 成矿带全称为"Ⅲ-77 上扬子中东部（坳褶带）铅、锌、铜、银、铁、锰、汞、锑、磷、铝土矿、硫铁矿成矿带"，西以小江断裂为界与康滇隆起成矿带（Ⅲ-76）相邻，北邻四川盆地成矿区（Ⅲ-74），东以玉屏—镇远—凯里—三都一线接江南隆起西段成矿带（Ⅲ-78），南以弥勒-师宗断裂和紫云-垭都断裂南东段为界与桂西-黔西南成矿区（Ⅲ-88）相邻。隶属于滨太平洋成矿域（叠加在古亚洲成矿域之上）（Ⅰ-4）扬子成矿省（Ⅱ-15）上扬子成矿亚省（Ⅱ-15B）。可进一步划分为 2 个成矿亚带：西部的滇东-川南-黔西铅、锌、铁、稀土、磷、硫铁矿、钙芒硝、煤和煤层气成矿亚带（Ⅲ-77-②），面积约 $9.3×10^4 km^2$；东部的湘鄂西-黔中南汞、锑、金、铁、锰、（锡、钨）、磷、铝土矿、硫铁矿、石墨成矿亚带（Ⅲ-77-①），面积约 $13.5×10^4 km^2$。

2. 成矿带主要矿产特征

1）滇东-川南-黔西成矿亚带（Ⅲ-77-②）

（1）滇东地区。滇东地区地层自新元古代以后发育齐全，最早是灯影期，先是形成膏盐，接着是滨-浅海潮坪相-碳酸盐岩台地相水下凹地的聚磷作用，形成几乎遍及全区的昆阳式磷矿，紧接其后是早寒武世黑色岩系沉积型镍钼钒矿和页岩气。往后多次大规模海侵层序底部碎屑岩建造都有煤、铁、铝、硫的成矿，先后有早石炭世、中二叠世、晚二叠世、晚三叠世，尤其是晚二叠世聚煤、聚硫作用形成了云南省最重要的晚二叠世煤矿和硫铁矿。其间还夹有早中寒武世和晚泥盆世石膏矿、奥陶纪—志留纪龙马溪期页岩气、中泥盆世宁乡式铁矿、晚二叠世伊利石矿、早三叠世砂岩型铜矿。新生代陆内发展阶段，有牛首山式表生铁矿形成，上新世陆内断陷盆地褐煤成矿作用仅次于晚二叠世聚煤作用。

印支期—喜马拉雅期流体成矿作用是该成矿亚带最重要的成矿作用之一。以铅锌银最为重要，北西向构造和北东向构造分别控制着矿带及矿床的空间展布，主要矿床类型有茂租式铅锌矿、会泽式铅锌矿、毛坪式铅锌矿、富乐厂式铅锌矿、乐马厂式银矿等，分布地域主要是镇雄—巧家—会泽一带。其次为金矿，类型为卡林型（富源金矿），成矿部位在中二叠统与上二叠统间的假整合面上下。

与岩浆作用有关的成矿作用表现较弱，晚二叠世强烈的玄武岩喷发，每喷发旋回晚期凝灰岩和间歇期虽有广泛的较强的铜矿化，但至今尚未发现有规模的富集，不过在本区东部玄武岩尖灭部位的凝灰岩相带中有大规模硫铁矿富集成矿。另外，中三叠世海相沉积中有火山成因的膨润土矿床。

（2）川南地区。汉源-甘洛-峨眉地区出露中元古界峨边群、南华系—三叠系稳定型沉积建造，局部有上三叠统白果湾组含煤岩系分布。矿产以磷、铅锌最重要。磷有灯影组麦地坪段（昆阳式）和筇竹寺组下段（汉源式）两个含矿层位。铅锌矿主要为层控热液型，以汉源黑区为代表。越西县、甘洛县碧鸡山式沉积型鲕状赤铁矿产于中泥盆统中部。轿顶山式海相沉积型锰矿产于上奥陶统大箐组上段。铜矿有乌坡式陆相火山岩型铜矿。菱镁矿床为小型规模。

昭觉-峨边-长宁铜矿化与二叠纪峨眉山玄武岩密切相关，包括玄武岩上覆地层宣威组中的火山沉积型铜矿和玄武岩中的含矿层。磷矿产于灯影组顶段麦地坪段。石灰岩矿为中二叠统阳新组灰岩。煤矿主要赋存于上三叠统须家河组。冶金白云岩为灯影组白云岩。耐火黏土矿产于中二叠统梁山组砂页岩内。石膏矿产于下三叠统嘉陵江组、中三叠统雷口坡组。

宁南-金阳-雷波昆阳式沉积型磷矿产地多，规模大，产出层位稳定，为震旦系灯影组顶段麦地坪段。在南端布拖—宁南一带有乌依式层控热液型铅锌矿，容矿地层为大箐组。黑区式层控热液型铅锌矿广泛分布于马边、雷波、金阳、宁南等地，容矿地层为灯影组顶段麦地坪段。

筠连-古蔺地区为四川省最大规模的无烟煤集中区、最大规模的硫铁矿集中区。无烟煤、硫铁矿赋存于上二叠统龙潭组（海陆交互相）、宣威组（陆相），东部古蔺复背斜所产沉积型硫铁矿厚度较大、品位稍高。已证实的成盐构造为长宁盐盆，是目前世界上发现的最古老的石盐矿床，赋存于上震旦统灯影组灯一段二亚段。中二叠统阳新组（栖霞、茅口灰岩）是水泥用灰岩产出层位，玻璃砂岩则产于上三叠统须家河组。风化淋积型高岭土，该类型矿石俗称"叙永石"，规模一般可达小型。此外，还有一些零星的褐铁矿、菱铁矿分布。

（3）黔西地区。黔西威宁-六盘水地区燕山期中低温热液活动比较活跃，主要形成以晚古生代海相碳酸盐岩容矿的低温热液型铅锌（银）矿床和中低温热液型铁矿，其次是风化型氧化锰矿。铅锌矿床（点）集中分布于北西向的云贵桥-垭都断裂带、威宁-水城断裂带，以及北北东向的银厂坡-石门断裂带、绿卯坪-顶头山断裂带等构造蚀变带中。锰矿主要分布于黔西北的水城—纳雍一带，产于中二叠统茅口组二段顶部，上覆峨眉山玄武岩。目前发现的矿石类型均为氧化锰矿，矿床成因类型为风化残积型。铜矿广泛分布于威宁、水城、盘县等地。矿床类型为玄武岩型铜矿，矿床规模较小，至目前为止所发现的铜矿均为矿点、矿化点或小型矿床。

2）湘鄂西-黔中南成矿亚带（Ⅲ-77-①）

毕节-习水地区主要有煤、铅锌、硫、镍钼钒、磷、铜等矿产。煤、硫矿分布全区，主要产于上二叠统龙潭组中，煤矿产于整个龙潭组中，而硫矿主要产于龙潭组底部。铅锌矿主要分布于习水、仁怀和毕节，产于上震旦统灯影组、下寒武统清虚洞组、中—上寒武统石冷水组和娄山关群白云岩中。镍钼钒、磷矿主要分布在松林-岩孔背斜中，镍钼钒矿产于寒武系牛塘组底部，而磷矿主要产于灯影组、牛塘组中。砂岩铜矿产于上三叠统至中侏罗统中。

织金-纳雍地区以沉积矿产为主，磷块岩赋存于早寒武世梅树村期牛蹄塘组一段。镍钼钒矿主要分布在水东、五指山地区，产在磷块岩之上，受牛蹄塘组控制。铝土矿产于早石炭世大塘期，受由黏土岩、铝质岩、铁质岩组成的九架炉组控制，矿床类型为古风化壳沉积型铝土矿，有马桑林等。硫铁矿和煤覆盖全区，主要产于上二叠统龙潭组中。铅锌矿主要分布于纳雍五指山地区和织金杜家桥-张维地区，铅锌矿床分布主要受一系列背斜及其配套的断裂控制，中震旦统灯影组、寒武系清虚洞组为主要含矿层位。

渝南-黔北地区产有铝土矿、磷块岩、锰矿、硫铁矿、汞矿、萤石矿、重晶石矿、铅锌矿等矿产，铝土矿相对集中分布于清镇-修文、遵义、务川-正安-道真。南部修文、息烽、遵义一带铝土矿沉积时代为早石炭世大塘期祥摆时—旧司时，含矿岩系的岩石地层为九架炉组。成矿带北部的正安、道真两矿带沉积时代为晚石炭世马平期—中二叠世早期，其岩石地层为大竹园组。磷块岩主要分布在开阳—瓮安一带，产于晚震旦世陡山沱期的陡山沱组中。碳酸锰矿主要分布在遵义铜锣井地区，产于中二叠统茅口组顶部，地表及浅部可见少量氧化锰矿。汞矿主要分布于务川、蒋家坝，主要产于下寒武统清虚洞组白云岩中，受北东向大断裂切割北北东向背斜部位及背斜向南南西倾没部位的控制。矿床类型为碳酸盐岩中热液型汞矿（矿床式）。

黔东的松桃—铜仁—万山—镇远—凯里一带，低温热液作用非常活跃。汞矿主要沿铜仁大断裂分布，容矿岩石主要为陆棚相的中寒武统敖溪组碳酸盐岩。锰矿主要有大塘坡、扬立掌、大屋等锰矿床，产于震旦系大塘坡组，矿床类型主要为碳酸锰矿，可见部分氧化锰矿。铝土矿主要分布在凯里炉山（苦李井）龙场—黄平县铁厂沟一带，其次在福泉县陆坪附近、马场坪—隆昌一带以及龙里县民主乡附近也有分布，矿体赋存于九架炉组中、上部，矿体产状与围岩基本一致。铅锌矿为碳酸盐岩型铅锌矿，依据其产出层位、矿体产状、成矿特征进一步划分为铜仁、松桃、凯里下寒武统清虚洞组，受藻灰泥丘相控制为主的层控型铅锌矿（密西西比型铅锌矿）和铜仁、凤凰中寒武统敖溪组产于汞矿体间隙带中的层控型铅锌矿两亚类。

梵净山地区为扬子陆块内部的中元古代浅变质基底裸露区，是由中元古代变质岩、基性-超基性岩、花岗岩三位一体的前寒武纪隆起构成。钨锡矿主要分布在白云母花岗岩及其相关的酸性脉岩出露区段，铌钽矿产于白云母花岗岩出露区附近接触带的沉积变质基性熔岩-辉绿岩中。铜矿主要为产于梵净山群下部基性熔岩-辉绿岩体内辉绿岩粗粒带中的岩浆热液型铜矿,其次为产于梵净山群层状基性熔岩-辉绿岩内的热液脉状铜矿。

贵定-长顺地区铅锌矿主要分布在贵定、都匀、牛角塘等地,矿体主要产于断层及节理裂隙中,含矿围岩为寒武系清虚洞组、泥盆系高坡场组的白云岩和泥质白云岩。

丹寨-荔波地区主要分布有著名的三丹汞金锑成矿带和独山锑矿带,产有较多汞、锑、金、铅锌等矿产,矿床成因类型属沉积低温热液再造型矿床。汞矿的矿床类型为丹寨式石灰岩中热液型汞矿;金矿为微细浸染型金矿(苗龙式);锑矿有碳酸盐岩中热液型锑矿(苗龙式)和不规则脉状热液型锑矿(半坡式)。

3. 矿床成矿系列

该成矿带共划分为11个矿床成矿系列31个亚系列55个矿床式(表3-25)。

表3-25　上扬子中东部成矿带(Ⅲ-77)矿床成矿系列表

矿床成矿系列	矿床成矿亚系列	矿床式	代表性矿床
与新生代风化-沉积作用有关的稀有、稀散元素、镍、金、铂族元素、钛铁矿、砂锡、褐煤矿成矿系列	与第四纪风化作用有关的锰、铁矿成矿亚系列	水城式(锰矿)	水城徐家寨
		榨子厂式(铅锌矿)	赫章榨子厂
	与第四纪风化作用有关的铝土矿成矿亚系列		零星分布
	石灰岩淋滤带中石膏矿成矿亚系列		黄平红梅
	与第三纪风化-沉积作用有关的褐煤、硅藻土矿成矿亚系列		昭通
与燕山期地下热液作用有关的铅、锌、汞、金、银、锑、砷、萤石、重晶石矿成矿系列	晚古生代碳酸盐岩容矿的铅、锌、银、菱铁矿成矿亚系列	杉树林式(铅锌矿)	水城杉树林
		菜园子式(菱铁矿)	赫章菜园子
	二叠纪玄武岩容矿的铜矿成矿亚系列	铜厂河式(铜矿)	威宁铜厂河
	早古生代碳酸盐岩、碎屑岩容矿的锑、汞、金矿成矿亚系列	排带式(硫铁矿)	三都排带
		半坡式(锑矿)	独山半坡
		丹寨式(汞矿)	丹寨宏发厂
		苗龙式(金矿)	丹寨苗龙
		胜境关式(金矿)	富源胜境关金矿
	奥陶纪碳酸盐岩容矿的锌、铅、镉、重晶石矿成矿亚系列	牛角塘式(铅锌矿)	都匀牛角塘、松桃嗅脑、酉阳小坝
		天桥式(铅锌矿)	织金天桥
		顶罐式(重晶石矿)	施秉顶罐坡
	寒武纪碳酸盐岩容矿的汞、砷、硒、锑、铀、金、萤石、重晶石矿成矿亚系列	务川式(汞矿)	务川木油厂
		万山式(汞矿)	万山杉木董
		白马硐式(汞矿)	开阳白马硐
		丰水岭式(萤石矿)	沿河丰水岭、彭水二河水
		老厂式(萤石矿床)	富源老厂
与中生代沉积作用有关的铜、铅、锌、锰、锶、石膏、盐、杂卤石、煤矿成矿系列	与侏罗纪沉积作用有关的铁矿成矿亚系列	綦江式(铁矿)	仁怀沙滩、綦江
	三叠纪陆相沉积型煤矿成矿亚系列	龙头山式	贞丰龙头山、水富太平
	与早三叠世海相沉积有关的铜矿成矿亚系列		会泽大桥

续表 3-25

矿床成矿系列	矿床成矿亚系列	矿床式	代表性矿床
与晚二叠世峨眉山玄武岩、辉绿岩有关的铜、玉石矿成矿系列	紫云-水城裂陷槽罗甸软玉矿成矿亚系列	罗甸式	罗甸官固玉石矿点
	与晚二叠世大陆溢流玄武岩有关的铜矿成矿亚系列	乌坡式	昭觉乌坡(小)、荥经花滩(小)、鲁甸小寨
与晚二叠世地下热液作用有关的铅、锌、银、镉、重晶石、菱镁矿成矿系列	古生代碳酸盐岩容矿的铅、锌、锗、银、重晶石矿成矿亚系列	会泽式(铅锌锗矿)	会泽、巧家茂租、彝良毛坪、罗平富乐厂
		乐马厂式(银矿)	巧家乐马厂
		纳章式(重晶石矿)	马龙纳章
		乌依式(铅锌矿)	布拖乌依(中)、宁南松林(中)、银厂(中)、底舒(中)
		黑区式(铅锌矿)	黑区(大)、赤普(大)、唐家(中)
		团宝山式(铅锌矿)	汉源团宝山(中)
		银厂坡式	威宁银厂坡
与晚古生代沉积作用有关的铁、锰、铝、硫、锶、钒、镓、煤、膏盐、重晶石、磷矿成矿系列	与二叠纪海陆交互相沉积作用有关的硫、锰、铁、铝土矿、煤矿成矿亚系列	叙永式(硫铁矿)	兴文先锋(大)、叙永大树(大)、叙永五角山(大)、遵义三岔河、大方猫场、镇雄黑树庄、石壕
		六盘水式(煤矿)	盘县土城、沾益大明、恩洪、松藻
		楚米铺式(铁矿)	桐梓楚米铺
		新华式(铝土矿)	乐山新华(小)、雷波大谷堆(小)、四峨山(小)、巧家阿白卡、鲁甸三合场
		格学式(锰矿)	宣威格学
	与石炭纪海陆交互相沉积作用有关的铝土矿、黏土、镓、煤、铁矿成矿亚系列	大竹园式(铝土矿)	务川大竹园、大佛岩
		遵义岩式(铝土矿)	遵义后槽
		猫场式(铝土矿)	清镇猫场
		凯里式(铝土矿)	凯里鱼洞
		苦李井式(铁矿)	凯里苦李井
		龙里式(煤矿)	龙里营屯、彝良小法路
	与晚泥盆世海相蒸发岩有关的石膏矿成矿亚系列		巧家鲁纳田
	与泥盆纪沉积作用有关的铁矿成矿亚系列	宁乡式(赤铁矿)	赫章铁矿山、独山平黄山、敏子洛木(中)、拉基宝珠(中)、切罗木(中)、彝良寸田、巫山桃花
	晚泥盆世—早石炭世碳硅泥岩(黑色岩系)中锰、钒、铀、重晶石矿成矿亚系列	乐纪式(重晶石矿)	镇宁乐纪

续表 3-25

矿床成矿系列	矿床成矿亚系列	矿床式	代表性矿床
与早古生代沉积作用有关的磷、锰、重晶石、磷、钒、镍、钼、铂族元素、铀、石盐、石膏、石煤矿成矿系列	与晚奥陶世陆源碎屑岩-碳酸盐岩沉积作用有关的锰（钴、镍）矿成矿亚系列	轿顶山式	汉源轿顶山（中）、乐山金口河（中）
	与早、中寒武世海相碳酸盐岩有关的石膏矿成矿亚系列		巧家大包厂、永善河口
	与早寒武世早期碳酸盐岩沉积作用有关的磷矿成矿亚系列	昆阳式	昆阳（大）、马边老河坝（大）、雷波马颈子（大）、雷波牛牛寨（大）
	与早寒武世陆源碎屑沉积作用有关的含钾磷矿成矿亚系列	汉源式	水桶沟（大）、富泉（大）、市荣（中）
	与早寒武世黑色岩系有关的重晶石、磷、钒、镍、钼、铂族元素、铀、石煤矿成矿亚系列	遵义式（镍钼钒矿）	汇川杨家湾、陈大湾、得泽
		镇远式（钒矿）	镇远江古
	与蒸发岩有关的石盐、石膏矿成矿亚系列		镇雄羊二井膏盐矿
与加里东期钾镁煌斑岩有关的金刚石矿成矿系列		镇远式（金刚石矿）	镇远马坪
与新元古代火山-热水-沉积作用有关的磷、铁、锰矿床成矿系列组之沉积-变质成矿系列	与新元古代（热水）沉积（黑色岩系）-变质作用有关的重晶石、磷块岩、锰、镍、钼、钒、碘、稀土矿成矿亚系列	大河边式（重晶石）	天柱大河边
		新华式[磷（稀土）矿]	织金新华
		开阳式[磷（碘）矿]	开阳洋水、高坪
		大塘坡式（锰矿）	松桃大塘坡
与雪峰期岩浆作用有关的钨、锡、铜、铌、钽、金、银成矿系列	与壳源花岗质岩有关的钨、锡、铜、铌、钽矿成矿亚系列	乌牙式（钨矿）	从江乌牙
		梵净山式（钨锡铜矿）	江口黑湾河、印江标水岩
	与伟晶岩有关的铌钽矿成矿亚系列	磨槽沟式（铌钽矿）	印江磨槽沟
与新元古代基性-超基性岩有关的镍、铜、金矿成矿系列	与超基性岩有关的熔离型镍、铜矿成矿亚系列		江口桑木沟

二十六、江南隆起西段成矿带（Ⅲ-78）

1. 概述

Ⅲ-78 成矿带全称为"Ⅲ-78 江南隆起西段锡、钨、金、锑、铜、重晶石、滑石成矿带（Pt_3^1；$Z—\epsilon_1$；$Ym;Yl$）"，西以贵州黔东南玉屏—丹寨—荔波扬拱一线为界与上扬子中东部成矿带（Ⅲ-77）相邻，东部大部位于湖南省境内。隶属于滨太平洋成矿域（叠加在古亚洲成矿域之上）（Ⅰ-4）扬子成矿省（Ⅱ-15）上扬子成矿亚省（Ⅱ-15B）。

2. 成矿带主要矿产特征

剑河—榕江一线以西的雷公山地区以变质热液作用的锑脉状矿床为主，并有铅、锌、铜多金属矿床产出。其中，锑矿产于雷山-榕江地区下江群番召组、清水江组、隆里组粉砂质绢云母板岩、砂质板岩、变余沉凝灰岩、绢云母板岩中。矿床类型为浅变质岩中热液型锑矿，矿床式为八蒙式脉状透镜状囊状热液型锑矿。典型矿床有榕江八蒙、雷山开屯等。

天柱、锦屏、黎平及从江北部地区低温热液矿床发育，矿床类型为产于新元古代青白口纪浅变质碎屑岩中的热液型金矿床，见有铜鼓、金井、八克、磨山、主山冲、平秋、辣子坪等数十处金矿床（点）。天柱县大河边矿床是我国目前探明钡资源量最大的重晶石矿床，赋矿层位为下寒武统留茶坡组（黔东），岩性为黑色硅质岩、碳质页岩夹磷块岩、重晶石矿层和碳质页岩。天柱县大河边矿床地处湘黔交界的贡溪复向斜中坪地向斜南东翼。锰矿产于溆浦-从江地区，含矿岩系由灰黑色碳质粉砂质黏土岩、含锰硅质岩和浅灰色含粉砂质黏土岩及锰矿层组成，锰矿产出层位为震旦系大塘坡组。

九万大山从江县境内，属黔桂边境摩天岭花岗岩的北延部分。钨锡矿产于摩天岭花岗岩体外接触带附近的四堡岩群与下江群甲路组之间的层间滑脱构造蚀变岩带中（乌牙钨锡矿），以及四堡岩群唐柳岩组层间破碎蚀变岩带或花岗岩体与围岩接触带中（南加钨锡矿）。铜矿主要受区域性滑脱构造（蚀变岩）带控制，以地虎铜多金属矿为代表，矿体呈似层状、透镜状产出。金矿产于沉积岩建造中的蚀变岩型金矿或金、铜、银多金属矿，含矿建造为下江群甲路组沉积变质岩建造。

3. 矿床成矿系列

该成矿带共划分4个矿床成矿系列5个亚系列9个矿床式（表3-26）。

表3-26 江南隆起西段成矿带（Ⅲ-78）矿床成矿系列表

矿床成矿系列	矿床成矿亚系列	矿床式	代表性矿床
与燕山期地下热液作用有关的铅、锌、汞、金、银、锑、砷、萤石、重晶石矿成矿系列	前寒武纪浅变质岩容矿的锑、汞、金成矿亚系列	八蒙式（锑矿）	榕江八蒙
与加里东期岩浆热液作用有关的金、砷、水晶矿成矿系列	浅变质细碎屑岩容矿的金、钨、锑、铅、锌、铜矿成矿亚系列	铜鼓式（金矿）	锦屏铜鼓
		地虎式（铜多金属矿）	从江地虎
与寒武纪海相沉积作用有关的石煤、磷、钒、镍、钼、锰、铀、稀土、铂族元素、重晶石、石膏、石盐矿成矿系列	与早寒武世黑色岩系有关的重晶石、磷、钒、镍、钼、铂族元素、铀、石煤矿成矿亚系列	大河边式（重晶石）	天柱大河边
与雪峰期岩浆作用有关的钨、锡、铜、铌、钽、金、银矿成矿系列	与壳源花岗岩有关的钨、锡、铜矿成矿亚系列	乌牙式（钨矿）	从江乌牙
		南加式（铜矿）	从江南加
	与壳源花岗质岩有关的钨、锡、铜、铌、钽矿成矿亚系列	梵净山式（钨锡铜矿）	江口黑湾河、印江标水岩
		磨槽沟式（铌钽矿）	印江磨槽沟
		印江式（紫袍玉）	印江

二十七、桂西-黔西南成矿区（Ⅲ-88）

1. 概述

Ⅲ-88成矿区全称为"Ⅲ-88桂西-黔西南（右江海槽）金、锑、汞、银、水晶、石膏成矿区（I；Y）"，北以弥勒-师宗断裂和紫云-垭都断裂南东段为界与上扬子中东部成矿带（Ⅲ-77）相邻，南以开远-丘北-广南断裂和那坡断裂为界与滇东南成矿带（Ⅲ-89）相邻，东延至广西。隶属于滨太平洋成矿域（叠加在古亚洲成矿域之上）（Ⅰ-4）扬子成矿省（Ⅱ-15）上扬子成矿亚省（Ⅱ-15B）。

2. 成矿带主要矿产特征

黔西南地区金矿为我国金矿的重要产区之一，矿床类型主要为产于沉积岩中的微细浸染型金矿，个别为红土型金矿，以烂泥沟、水银洞为代表。兴仁—晴隆—贞丰东部以金、汞、铊为主，容矿岩石主要是下三叠统最下部和上二叠统上部的石灰岩（不纯石灰岩），中、西部则主要以峨眉山玄武岩组下部或边部的火山碎屑岩（凝灰岩）及其相邻地层岩石容矿，为锑、金、萤石组合。代表性矿床有紫木凼、水银洞、泥堡金矿床。册亨-望谟金矿主要以中三叠世陆源硅质碎屑岩为容矿岩石，矿床类型为微细浸染型金矿，有板其、丫他及烂泥沟金矿。

锑矿分布于晴隆大厂一带，为产于上、下二叠统间的火山凝灰质、硅质蚀变岩层的火山岩中的热液型锑矿，矿床式为晴隆大厂式似层状、脉状、囊状热液型锑矿，以晴隆锑矿、大厂大型锑矿为代表，并伴有萤石矿（达大型以上规模）。已发现1个大型重晶石矿床，即乐纪重晶石矿床。煤矿亦为本区重要矿产之一，有大中型煤矿12个。已发现3个中型硫铁矿床。铁矿为1个中型矿床（盘县特区老厂矿区）。钼-铀矿见于兴义大际山一带，含矿层位主要是永宁镇组、飞仙关组黑色碳质白云岩和黑色碳质黏土质粉砂岩，形成小型矿床。零星分布有锰、重晶石、石膏、铜、铅-锌、水晶、冰洲石、钼-铀、砷等小型矿床或矿点。

云南开远-罗平地区主要矿产有锑矿、铝土矿、锰矿、金矿、钛铁砂矿和铜镍矿、磷矿，还有与晚二叠世火山沉积成因有关的硫铁矿。锑矿以广南木利锑矿为代表，下泥盆统坡脚组硅质岩（燧石层）-硅化蚀变成矿。铝土矿多为沉积型，个别地区如丘北飞尺角铝土矿为堆积型。金矿多产于晚二叠世玄武质凝灰岩中，三叠系及其他地层中也有产出，如广南老寨湾金矿、富宁那能金矿和者桑金矿等。三叠纪早期辉绿岩风化后产生的钛铁砂矿、磁铁砂矿，富集成矿取决于风（氧）化条件与地形条件；三叠纪晚期的贫钛与拉斑玄武岩系列辉绿岩的分异程度决定了铜、镍矿的集中程度。

3. 矿床成矿系列

该成矿区共划分6个矿床成矿系列14个亚系列20个矿床式（表3-27）。

二十八、滇东南成矿带（Ⅲ-89）

1. 概述

Ⅲ-89成矿带全称为"Ⅲ-89滇东南锡、银、铅、锌、钨、锑、汞、锰成矿带（I；Y）"，北以开远-丘北-广南断裂和那坡断裂为界与桂西-黔西南成矿区（Ⅲ-88）相邻，西以小江断裂为界与康滇隆起成矿带（Ⅲ-76）相邻，南西以元江-红河断裂为界与盐源-丽江-金平成矿带（Ⅲ-75）相邻，南及南东抵中越边境。隶属于滨太平洋成矿域（叠加在古亚洲成矿域之上）（Ⅰ-4）扬子成矿省（Ⅱ-15）上扬子成矿亚省（Ⅱ-15B）。

表 3-27 桂西-黔西南成矿区(Ⅲ-88)矿床成矿系列表

矿床成矿系列	矿床成矿亚系列	矿床式	代表性矿床
与第四纪风化作用有关的稀有、稀散元素、镍、金、铂族元素、钛铁矿、砂锡矿成矿系列	与岩溶石山地区风化作用有关的金矿成矿亚系列	老万场式(金矿)	黔西南老万场、豹子洞、砂锅厂
与燕山期地下热液作用有关的铅、锌、汞、金、银、锑、砷、萤石、重晶石矿成矿系列	二叠纪及三叠纪碳酸盐岩容矿的金、银、砷、锑、汞矿成矿亚系列	水银洞式(金矿)	贞丰水银洞
		滥木厂式(汞矿)	兴仁滥木厂
	二叠纪及三叠纪硅质陆源碎屑岩容矿的金、锑、汞、砷矿成矿亚系列	烂泥沟式(金矿)	贞丰烂泥沟
	晚二叠世碎屑岩和火山凝灰岩容矿的金、锑矿成矿亚系列	者桑式(金矿)	者桑
	二叠纪(含)火山碎屑岩(凝灰岩)容矿的锑、金、萤石矿成矿亚系列	泥堡式(金矿)	普安泥堡金、兴仁大垭口、兴义雄武、盘县青山坡、陇英大地
		晴隆式(锑矿)	晴隆大厂、碧康、固路、支余、后坡锑矿
		晴隆式(萤石矿)	晴隆后坡、西舍、碧康
	早泥盆世碎屑岩、硅质岩容矿的金、锑矿成矿亚系列	老寨湾式(金矿)	
		木利式(锑矿)	
与中生代沉积作用有关的铅、锌、锰、锶、石膏、盐、杂卤石、煤矿成矿系列之海相沉积成矿系列	与中三叠统法郎组碎屑岩有关的锰、铁、铝矿成矿亚系列	斗南式(锰矿)	
	与三叠纪陆相沉积作用有关的煤矿成矿亚系列	龙头山式(煤矿)	贞丰龙头山
与晚二叠世与峨眉山玄武岩、辉绿岩有关的铜、玉石矿成矿系列	与二叠纪辉绿岩有关的软玉成矿亚系列	罗甸式(软玉矿)	罗甸官固
与晚古生代沉积作用有关的铁、锰、铝、硫、锶、钒、镓、煤、膏盐、重晶石、磷矿成矿系列	与晚二叠世陆相玄武岩、海陆交互相沉积岩有关的硫、锰、铁、铝土矿、煤矿成矿亚系列	叙永式(硫铁矿)	遵义三岔河、大方猫场
		六盘水式(煤矿)	六枝
	与泥盆纪沉积作用有关的铁矿成矿亚系列	宁乡式(赤铁矿)	
	与晚泥盆世碳硅泥岩(黑色岩系)有关的锰、钒、铀、重晶石矿成矿亚系列	乐纪式(重晶石矿)	镇宁乐纪
		下雷式(锰矿)	罗甸甲戎锰矿点
与基性-超基性岩有关的铜、镍、铁、钼、钛成矿系列	碳酸盐岩接触带、构造裂隙容矿的钛、铁、铜、镍矿成矿亚系列	板仓式(含钛磁铁矿)	板仓
	与基性-超基性岩浆分异作用有关的铜镍矿成矿亚系列	尾洞式(铜镍矿)	尾洞

2. 成矿带主要矿产特征

个旧等超大型锡多金属矿床是该成矿带内最具代表性的矿产,以燕山期花岗岩类岩浆活动与成矿关系较为密切,围绕着主要岩体形成矽卡岩型、热液型矿床,构成一个钨、锡、铜、铅锌成矿系列。个旧杂岩体、薄竹山岩体和都龙老君山岩体，控制了大中型矿床的展布。主要含矿围岩为中寒武统田蓬组、龙哈组及中三叠统个旧组碳酸盐岩。成矿带内主要构造格架，受边界深大断裂严格控制，发育北东向、北北东向及北西向几组断裂，褶皱不明显，只有少量夹持在断裂中的小型弧形向斜及北东向褶皱，形成短轴背斜及穹隆构造，往往是上述铅锌矿的产出部位。

碳酸盐岩容矿型铅锌矿分布于砚山芦柴冲地区、广南田尾-大桥坝地区。主要赋矿地层为花岗岩基外围中寒武统田蓬组、龙哈组碳酸盐岩建造以及下泥盆统古木组下部芭蕉箐组碳酸盐岩（芦柴冲式铅锌矿）。锰矿主要分布于薄竹山岩体北缘蒙自-文山地区以及富宁县新华、洞波乡、花甲乡一带，均为产于中三叠统法郎组中的沉积型锰矿，按含矿建造又可分为斗南式碎屑岩建造沉积型锰矿、白显式碳酸盐岩建造沉积岩型锰矿。晚二叠世峨眉山玄武岩与中二叠统阳新组灰岩接触带上的铅锌矿，其矿床（点）有大冷山、荒田为代表的铅锌矿已达大中型规模。

铝土矿集中分布于砚山、文山、西畴、麻栗坡、富宁地区，其中铁厂式沉积型铝土矿产于晚二叠世早期吴家坪组（龙潭组），在高温多雨的气候条件下，原生沉积铝土矿在地表水的作用下，经或未经短距离搬运，在有利于聚集的岩溶洼地、谷地和坡地中堆积成为极具开采利用价值的卖酒坪式岩溶堆积铝土矿。

铁矿主要分布于富宁南东部板仑一带，产于印支期基性—超基性侵入岩中，与矿床有关的岩石类型主要为矽卡岩、橄榄辉长岩、辉绿岩；矿体主要产出于矽卡岩、辉长岩、辉绿岩与碳酸盐岩接触带，少量为岩体内部裂隙；富宁-板仑断裂既是矿液通道，又是成矿控矿断裂；与矿化有关的蚀变主要为矽卡岩化和大理岩化。

下寒武统浪木桥组第二段中，经普查具有大、中型规模的钒矿，如屏边五家寨钒银矿、屏边马卫钒银矿。

3. 矿床成矿系列

该成矿带共划分4个矿床成矿系列9个亚系列12个矿床式（表3-28）。

表3-28 滇东南成矿带（Ⅲ-89）矿床成矿系列表

矿床成矿系列	矿床成矿亚系列	矿床式	代表性矿床
与第四纪风化-残积作用有关的铝、锰矿成矿系列		卖酒坪式	卖酒坪
与燕山期岩浆作用有关的锡、钨、银、铅、锌、铜多金属矿成矿系列	与个旧岩体有关的锡、铜、铅、锌多金属矿成矿亚系列	个旧式	个旧
	与薄竹山岩体有关的银、锡、铅、锌、钨、锗、铟等多金属矿成矿亚系列	白牛厂式	白牛厂
	与都龙岩体有关的锡、钨、铅、铜、锗、铟等多金属矿成矿亚系列	都龙式	都龙
		南秧田式	南秧田
与晚二叠世—白垩纪地下热液作用有关的铅、锌、银、金、锑、锰矿成矿系列	与二叠纪陆相火山岩有关的铅、锌、银、锑、铜矿成矿亚系列	荒田式（铅锌矿）	建水荒田
		虾洞式（铅锌矿）	虾洞
	产于晚二叠世碎屑岩和火山碎屑岩中的金、锑矿成矿亚系列	者桑式（金矿）	
	产于早泥盆世灰岩中铅、锌、锰矿成矿亚系列	芦柴冲式	芦柴冲
	产于早泥盆世碎屑岩或硅质岩中的金、锑矿成矿亚系列	老寨湾式（金矿）	
		木利式（锑矿）	
与二叠纪沉积作用有关的铝、锰矿成矿系列		卖酒坪式	卖酒坪

第四章 上扬子重要矿集区

上扬子地区位于特提斯-喜马拉雅与滨太平洋两大全球巨型构造域结合部位,地质构造复杂,沉积建造多样,变质作用强烈,岩浆活动频繁,一系列深大断裂的发生、发展对该区地壳的演化起着至关重要的控制作用,往往成为不同特点地质结构岩块(地质构造单元)的边界条件,与它们所伴生的构造成矿带亦具有明显的区带特征。其地质发展演化和成矿地质特征与其独特的地质背景密切相关。

区内较稳定的陆块演化性质的地质背景,决定了其矿产在类型上以沉积、层控、低温热液为其显著特点,在矿种上以铝土矿、锰矿、磷矿、煤矿、铅锌银矿、钨锡矿、金矿为主,其次还有铜矿、铁矿等。

第一节 重要矿集区划分

大致在全国统一划分的Ⅲ级成矿远景区带内,以次一级构造单元、由相似的成矿环境、相似的或密切联系的成矿机制,或能构成一个成矿系列的空间相近的一个或几个矿化异常集中区带为基础,以矿床成因相同或相近的、空间地理位置相近的中大型矿床集中分布区、重要Ⅳ级找矿远景区或国家级整装勘查区及重要的省级整装勘查区为原则圈定重要矿集区。

依据上述原则,结合上扬子区以沉积、层控、中低温热液型铅锌、金、铁、铜、钨锡、稀土、锰、铝土矿的成矿特色,圈定重要矿集区14个(含6个次级矿集区)(图4-1):①四川松潘金矿集区;②川滇黔相邻区碳酸盐岩容矿铅锌矿集区:②-1 泸定-荥经-汉源矿集区,②-2 雷波-金阳-巧家-会东矿集区,②-3 会泽-彝良矿集区,②-4 赫威水矿集区;③四川冕宁稀土矿集区;④四川攀西地区钒钛磁铁矿集区;⑤云南鹤庆北衙金多金属矿集区;⑥川滇前寒武纪铜铁多金属矿集区;⑦云南元阳-金平金矿集区;⑧渝南-黔北铝土矿集区;⑨云南广南-丘北-砚山铝土矿集区;⑩贵州铜仁-重庆秀山锰矿集区;⑪贵州黔西南卡林型金矿集区:⑪-1 贵州册亨-望谟卡林型金矿集区,⑪-2 贵州贞丰-普安卡林型金矿集区;⑫云南个旧钨锡铅锌矿集区;⑬云南蒙自薄竹山-白牛厂锡铅锌多金属矿集区;⑭云南麻栗坡钨锡铅锌多金属矿集区。

第二节 四川松潘金矿集区

一、概述

四川松潘金矿集区地处四川省松潘县,沿南北向岷江断裂呈近南北向条带状分布,南北最长处110km,东西最宽处38km,坐标极值 E103°20′45″—103°46′59″,N32°12′46″—33°15′00″。总面积约 $0.45 \times 10^4 km^2$(图4-2)。

矿集区大地构造位置属松潘前陆盆地之松潘边缘海盆地,矿集区为以若尔盖古地块为基础演化而成的印支造山带,在地块东缘地带构造形迹展布呈现为由西向东凸出的弧形,南、北两侧构造线呈北西-南东向展布。地块组成为晋宁期褶皱和结晶基底。区内主要构造带有雪山东西向逆冲断裂带、小西天-

第四章 上扬子重要矿集区

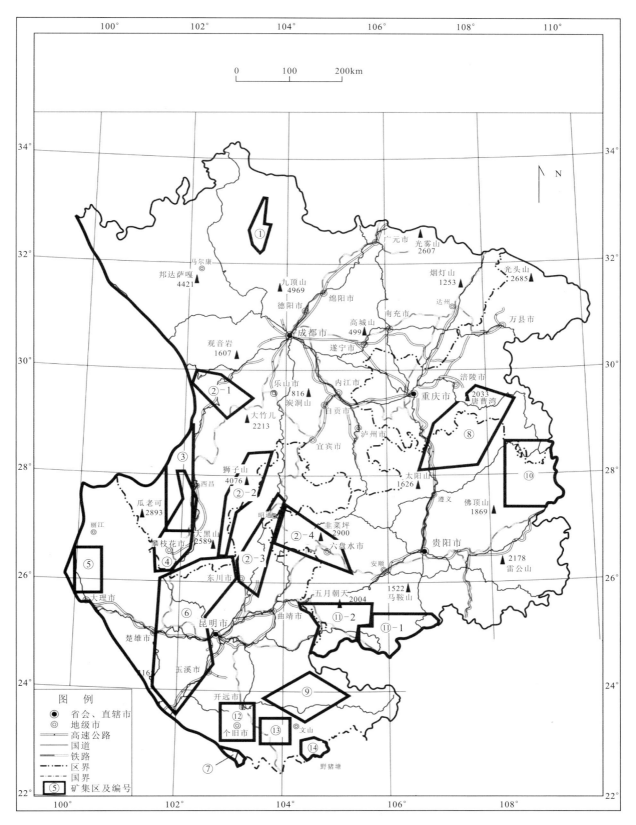

图 4-1 上扬子重要矿集区分布图

达波俄南北向逆冲断裂带、岷江南北向对冲式推覆构造带。各推覆构造带前缘的逆冲型或逆冲-走滑型控岩-控矿深大断裂带,在激发东北寨式金矿成矿物质活化与析出,驱动含矿流体沿断裂通道定向迁移,以及提供矿质沉淀、集聚和矿床定位所需局部有利减压扩容空间上,都发挥了具有决定性意义的导向和控制作用。

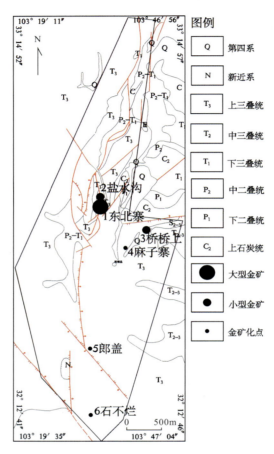

图 4-2 四川松潘金矿集区地质矿产图

矿集区跨居于巴颜喀拉地层区马尔康地层分区金川地层小区与南秦岭地层区摩天岭地层分区九寨沟地层小区之间。出露地层除第四系外,从石炭系到三叠系均有出露,但已知大、中、小型东北寨式岩金矿床、矿点和矿致 Au 元素化探异常的绝大多数均赋存或源出于上三叠统新都桥组黑色泥板岩系中。

松潘地区中生代岩浆活动相对微弱,分布零散,但却从基性—酸性侵入岩和喷出相皆有所发现。

二、矿产特征与典型矿床

区内已经发现的金矿床点 6 个,其中大型 1 个,小型 2 个,矿点 2 个,矿化点 1 个。主要有松潘东北寨大型金矿、松潘盐水沟小型金矿、松潘桥桥上小型金矿、松潘郎盖金矿点、松潘石不烂金矿点、松潘麻子寨金矿化点(图 4-2)。东北寨金矿达到详查,石不烂等金矿点达到初步普查或异常查证,其余矿化点仅作了矿点检查或踏勘。

以松潘东北寨大型金矿作为典型矿床阐述其特征如下。

1. 成矿背景

东北寨金矿位于松潘县元坝乡东北寨,地理坐标 E103°33′23″,N32°47′04″。东北寨金矿地层主要由三叠纪低绿片岩相浅变质沉积建造所组成。其中新都桥组(T_3x)是形成东北寨式金矿最重要的矿源层和最有利的赋矿层,以黑色含碳质板岩建造为主(图 4-3)。

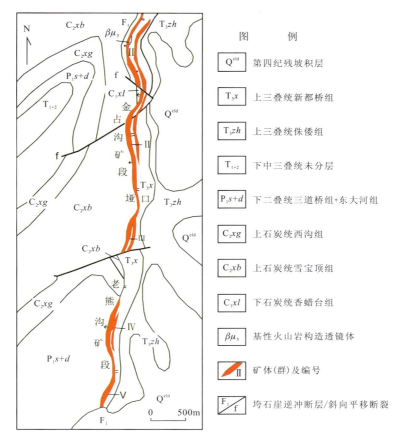

图 4-3　东北寨金矿地质图(引自四川省金矿潜力资源评价报告,2011)

区域上松潘地区中生代岩浆活动相对微弱,分布零散且局限分布于香蜡台-垮石崖逆冲断裂带及其以西的若尔盖中间地块区,岩石类型主要有变质中酸性火山碎屑岩和基性次火山岩-熔岩两类。全岩 K-Ar 法年龄值为 223Ma。不排除岩浆侵位活动提供了一部分成矿所需热源和物源的可能性。

区域垮石崖-扎尕山前锋逆冲断裂构造导致前锋逆冲断裂下盘上三叠统新都桥组黑色含碳质板岩层中的韧脆性剪切变形-变质-热液蚀变容矿岩带,表现最为强烈,并在其中蕴藏着一个规模巨大的东北寨式微细浸染型金矿带。

2. 矿床地质及矿体特征

东北寨金矿工程控制储量已达特大型。金矿床严格受控于垮石崖逆冲主断面之下南北长 4.4km、东西平均宽度不足 100m、海拔高程 3768～2819m 的狭长构造蚀变岩带中,并主要由金占沟矿段的 5 个主矿体和老熊沟矿段的 8 个主矿体及零散分布的其他 10 多个小矿体集聚组合而成(图 4-3)。矿体长 320～1360m,厚 1.4～6.2m,平均品位 $(3.95～4.36)×10^{-6}$,控制深度 250～300m,最深孔达 420m 左右。最大的Ⅱ号矿体长 1360m,厚 1.4～5.1m,平均品位 $4.39×10^{-6}$。

矿体呈似层状、透镜状、似脉状上下平行排列和产出于垮石崖主断面下 0～140m 的构造蚀变岩带中,尖灭再现或侧现、分支复合、膨胀收缩现象频繁显现。其中,尤以紧贴主断面产出的 II_1 号、III_1 号、IV 号和 V_1 号主矿体分布最稳定,单体规模相对最大,平均品位相对最高,与顶板石炭纪—二叠纪碳酸盐岩的断层分界标志也最明显。矿体总体走向南北,倾向正西,倾角变化较大,一般变化趋势是浅部缓($16°\sim45°$),深部陡($45°\sim85°$),局部直立乃至向东反倾。在横向上出现肘状或弧形弯转构造部位的矿体,通常出现体态膨胀变厚现象,尤以老熊沟矿段的 IV 号和 V 号矿体表现得最为明显。

矿石类型有黄铁矿化千糜状碎粒岩型金矿石、雄黄-黄铁矿化千糜状碎粒岩型金矿石、雄黄-黄铁矿化断层泥砾型金矿石等,均为"难选冶富砷碳泥质微细浸染型贫金矿石"。矿床平均品位 5.45×10^{-6}。矿石矿物成分比较复杂,其中具有成因研究和找矿标志意义的矿物则主要有生物沉积成因霉群状黄铁矿,热液成因黄铁矿、毒砂、雄黄、辉锑矿和自然砷,多世代的硅化石英和热液方解石,以及在表生氧化条件下形成的褐铁矿、黄钾铁矾和次生加大自然金等 10 余种矿物。其中,沉积和热液成因(含砷)黄铁矿、硅化石英和干酪根等是超显微金的主要载体。矿石组构类型复杂多样,常见的主要有:结晶型粒状、柱状、鳞片状和环带状结构;动力变质型碎粒和压力影结构;变余层理、条纹状、似眼球状和微粒浸染状构造等。东北寨金矿床的蚀变矿物比较简单,主要有硅化、碳酸盐化和黄铁矿化 3 种。其中,黄铁矿化和硅化蚀变强度与金矿化强度之间的同步消长关系十分明显,由矿体进入顶、底板围岩或无矿地段的衰减趋势也显得更为迅猛。因此,它既是东北寨金矿最重要的直接找矿标志,也是最重要的载金矿物。

三、成矿作用与成矿模式

据研究,矿床在燕山早期($J-K_1$)热液主成矿阶段主要形成硅化石英-含砷黄铁矿-毒砂-超显微自然金共生矿物组合,平均成矿温度 $180℃\pm$,成矿压力 400MPa。在燕山晚期(K_2-E)热液叠加成矿阶段则形成热液方解石-雄黄-辉锑矿-超显微自然金共生矿物组合,平均成矿温度 $150℃\pm$,成矿压力 $300\sim150$MPa。

矿床成因可概述为在逆冲推覆构造的强烈动力驱动作用下,致使先成和新生成矿物质再次活化析出,成矿热液也更加顺畅地经由层间裂隙构造通道侧向迁移和汇集于垮石崖主干导矿构造通道中,自下而上垂向运移至浅表构造层次的减压扩容空间内,随着成矿温度和成矿热液还原硫活度的持续下降,致使金(砷、锑、汞)-硫氢络合物还原成低价态的自然金和共生低温热液成因砷、铁、锑、汞等金属硫化物,在有机碳吸附和黄铁矿类质同相置换等成矿机制作用下,逐渐沉淀下来,最终形成主要由燕山早、晚两期热液成矿作用叠加富集而成的浅成低温热液成因的东北寨式微细浸染型金矿床。

第三节 川滇黔相邻区碳酸盐岩容矿铅锌矿集区

一、概述

川滇黔相邻区位于川南、滇北东、黔西北相邻区域,是我国重要的铅锌矿集区。该矿集区涵盖面积较大,行政区划涉及云、贵、川 3 省,区域经纬度范围 $E102°00'-105°20'$,$N26°00'-30°00'$(图 4-4)。

据不完全统计,该区域已发现碳酸盐岩容矿铅锌矿床达 400 多处,主要分布于上扬子陆块南部碳酸盐岩台地上。该区域碳酸盐岩容矿铅锌矿床主要赋存于震旦纪和古生代地层中,发育 3 种矿床类型,即沉积喷流型(Sedex 型)、密西西比河谷型(MVT 型)、与侵入作用有关的碳酸盐岩容矿铅锌银矿床类型(IRCH Pb-Zn-Ag 型)。上述 3 种成因类型的铅锌矿床主要以 4 个矿集区的形式分布(图 4-4),即泸定-荥经-汉源矿集区(I)、雷波-金阳-巧家-会东矿集区(II)、会泽-彝良矿集区(III)、赫章-威宁-水城矿集区(IV)。现对 4 个矿集区分述如下。

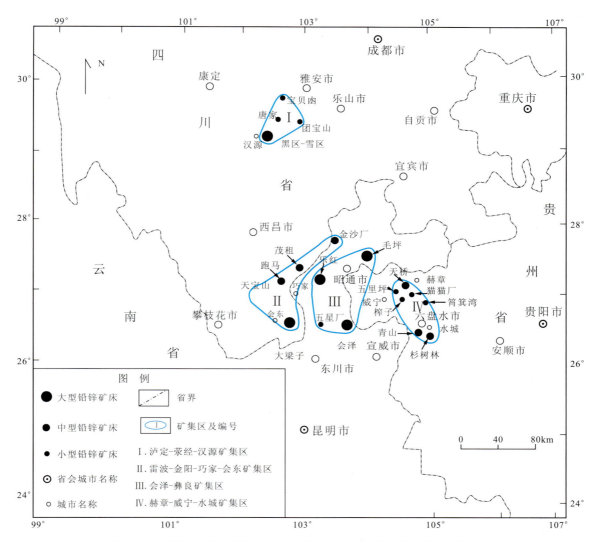

图 4-4 川滇黔相邻区碳酸盐岩容矿铅锌矿主要矿床和重要矿集区分布图

泸定-荥经-汉源矿集区（Ⅰ）：该矿集区地处四川泸定—荥经—汉源—金口河一带，经纬度范围 E102°00′—103°00′，N29°00′—30°00′。该矿集区面积约 $0.21×10^4 km^2$。矿集区内，主要铅锌矿床成因类型为沉积喷流型（Sedex 型），有黑区-雪区铅锌矿床和白沙河等 20 余个铅锌矿床（点），其中大型 1 个，中型 5 个。铅锌矿赋存于上震旦统灯影组和下寒武统麦地坪组粉晶白云岩、葡萄状白云岩和硅质白云岩中。

雷波-金阳-巧家-会东矿集区（Ⅱ）：该矿集区地处四川雷波—金阳—布拖、云南永善—巧家一带，经纬度范围 E102°00′—103°40′，N26°20′—28°00′，矿集区面积约 $0.45×10^4 km^2$。该矿集区内铅锌矿床类型主体以密西西比河谷型（MVT 型）为主，在该矿集区内已有大梁子、茂租等铅锌矿床（点）46 个，其中大型 2 个，中型 7 个。铅锌矿容矿地层有震旦系灯影组，寒武系麦地坪组、筇竹寺组、沧浪铺组、龙王庙组、二道水组，奥陶系宝塔组及志留系大关组。铅锌矿床主要受断裂控制，北西向与北东向（近南北向）两组断裂交会部位是铅锌成矿的有利位置。

会泽-彝良矿集区（Ⅲ）：该矿集区主要分布在会泽—昭通—彝良一带，经纬度范围 E103°00′—104°00′，N26°20′—27°30′，矿集区面积约 $0.47×10^4 km^2$。该矿集区内铅锌矿床类型主要为与侵入作用有关的碳酸盐岩容矿铅锌银矿床（IRCH Pb－Zn－Ag 型，为 Intrusion－related carbonate－hosted Pb－Zn－Ag deposits 的缩写),矿集区中分布有会泽(特大型)、乐红(大型)、五星厂(中型)等 45 个矿床及矿化点,赋矿地层包括震旦系、寒武系、泥盆系、石炭系。区内北东向断裂往往近于等距出现,铅锌矿床亦沿北东向的控矿断裂构造展布;北西向断裂有牛栏江断裂、大关断裂,它们与北东向断裂或北东向背斜交会处,是控制矿(点)产出的部位。区内次级区域性断裂,主要为走向逆断层,多数发生在褶皱轴部,这些断层促使层间滑动破碎,形成次级张性裂隙,控制矿床、矿体的产出。矿体形态多呈似层状、透镜状沿层产出,部分呈脉状,主矿体周围往往有囊状、扁豆状小矿体平行产出,在层间滑动构造发育处或地层产状转折地段矿体富厚。

赫章-威宁-水城矿集区(Ⅳ):该矿集区位于贵州赫章至云南彝良地区,经纬度范围 E104°00′—105°20′,N26°10′—27°10′,矿集区面积约 $0.6 \times 10^4 km^2$。该矿集区内矿床类型以 MVT 型铅锌矿为主,在该矿集区已有天桥等铅锌矿床(点)16 个,其中中型 7 个,铅锌矿产出与断裂或层间构造有关,矿体呈似层状或脉状,铅锌矿主要赋存层位为石炭系马平组(C_2m)—黄龙组(C_2h)—大塘组(C_1d)—摆佐组(C_1b)和二叠纪栖霞组(P_2q)—茅口组(P_2m)。

二、矿产特征与典型矿床

前已述及,川滇黔相邻区铅锌矿床类型主要可归为 3 类,即沉积喷流型(Sedex 型)、密西西比河谷型(MVT 型)、与侵入作用有关的碳酸盐岩容矿铅锌银矿床类型(IRCH Pb - Zn - Ag 型)。区域内产出各类铅锌矿体主要赋存于区内震旦纪和古生代地层中,不同矿集区因其差异性的成矿地质条件,矿床成因类型及矿体赋存层位不同。

其中:泸定-荥经-汉源矿集区(Ⅰ)为沉积喷流型(Sedex 型)铅锌矿床矿集区,以黑区-雪区铅锌矿床为代表;雷波-金阳-巧家-会东矿集区(Ⅱ)及赫章-威宁-水城矿集区(Ⅳ)为 MVT 型铅锌矿床矿集区,分别以大梁子(大型)铅锌矿和天桥(中型)铅锌矿为代表;会泽-彝良矿集区(Ⅲ)为与侵入作用有关的碳酸盐岩容矿铅锌银矿床(IRCH Pb - Zn - Ag 型)矿集区,可以会泽铅锌矿床为典型代表。现将各典型矿床特征分述如下。

1. 泸定-荥经-汉源矿集区(Ⅰ):黑区-雪区铅锌矿床

该矿床位于乌斯河火车站北东方向约 4km 处的大渡河谷北岸。地理坐标:E102°54′00″,N29°16′00″。

矿床大地构造上位于康滇隆起北段四川汉源-峨边东西向基底隆起构造带内。矿床产于近南北向开阔的万里山向斜南段,地层倾角 4°～18°。矿体产于下寒武统麦地坪组白云岩所夹的黑色硅质岩层和角砾状白云岩中。按 $Zn \geqslant 1.0\%$ 或 $Pb \geqslant 0.5\%$ 圈出上、下两层矿体。上层矿体为主矿体,呈整合层状产出,矿体厚度 0.50～4.86m,平均厚度 1.81m。矿体横向延伸规模大,从黑区向北东方向延至雪区,地表露头断续长达 6000m 以上(图 4-5)。矿石的有用化学成分以 Zn 为主,Pb 次之,矿体的平均品位 $Zn=8.62\%$,$Pb=1.96\%$,$Zn+Pb=10.58\%$,$Zn:Pb=4.4:1$。下层矿体呈透镜状,较不稳定,分布于矿区西南部山斗崖一带,工程控制厚度 1.16m。

矿体主要由金属硫化物与黑色硅质岩或白云岩组成。在层状矿体之下,局部地段发育浸染状铅锌矿化体。矿层底板为浅灰—灰色中厚层状粉晶和细晶白云岩、薄层状硅质岩及硅化白云岩,在一些地段铅锌矿层之下分布碎裂白云岩或角砾岩状白云岩,经研究其成因为海底地震作用形成的震积岩(林方成等,2006)。局部见星散状或浸染状铅锌矿化体($Zn=0.1\%～1.0\%$,$Pb=0.1\%～0.5\%$),铅锌矿(化)体最大厚度可达 20m,硅化及白云石化较强烈。

矿石矿物成分较简单。金属矿物以闪锌矿为主,其次为黄铁矿、方铅矿,有极少量白铁矿;非金属矿物主要为微晶石英,其次为玉髓、白云石,含少量重晶石、胶磷矿、水云母等以及沥青。

矿石类型有层纹状矿石、条带浸染状矿石、浸染状矿石、块状矿石、脉状矿石、角砾状矿石。

围岩蚀变在层状矿体产出区不甚明显,但在脉状矿石分布地带相对发育,有硅化、白云石化、黄铁矿化、沥青化、黑色有机质浸染等。蚀变矿物往往呈毫米级至厘米级的微小斑点状或细脉状产出。局部见白色粗粒石英和白云石亮晶呈斑块状、晶洞状、脉状产出；有的白色粗粒石英与深色闪锌矿、粗粒方铅矿等共生。

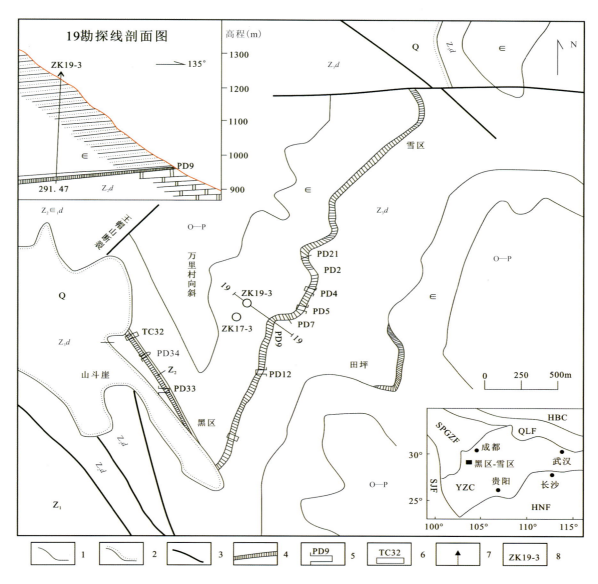

图 4-5　黑区-雪区铅锌矿床地质简图

（据四川省地质矿产局 207 地质队 1993 等资料改编）

1.地质界线；2.不整合界线；3.断层；4.铅锌矿（化）层露头；5.坑道口位置及编号；6.探槽及编号；7.钻孔；8.钻孔编号。
Z_1.下震旦统苏雄组陆相火山岩、碎屑岩；Z_2d.上震旦统灯影组白云岩；∈.寒武纪碎屑岩、碳酸盐岩；O—P.奥陶纪—二叠纪碎屑岩、碳酸盐岩；Q.第四系。YZC.扬子地台；HBC.华北地台；QLF.秦岭褶皱系；SPGZF.松潘甘孜褶皱系；SJF.三江褶皱系；HNF.华南褶皱系

2. 雷波-金阳-巧家-会东矿集区（Ⅱ）：大梁子铅锌矿

该矿床为一大型矿床，位于四川会东县大桥区小街乡境内，矿区距成昆铁路永郎站 216km，有公路衔接，交通方便。地理坐标：E102°51′54″，N26°37′50″。

矿区位于小江深大断裂西侧，会东大桥向斜东翼。区域地层由前震旦系昆阳群褶皱基底和上震旦

统、下寒武统、二叠系及中生界红层等沉积盖层构成。褶皱基底主要出露于矿床以东及以南地区，基底构造由近东西向的紧闭复式褶皱和与之平行的纵向压性断裂组成；盖层构造线方向较复杂，主要由南北、北西、北东及东西等走向的断裂及不太发育的褶皱构成。矿区附近发育有由北西向张扭性断裂构成的半隐蔽剪切构造带。当北西向、东西向断裂切割灯影组时，常具铅锌矿化（图4-6）。岩浆活动和岩浆岩有晋宁期变质玄武岩、变辉绿岩、变辉长岩和花岗岩；海西期峨眉山玄武岩、辉长岩；印支期花岗岩。

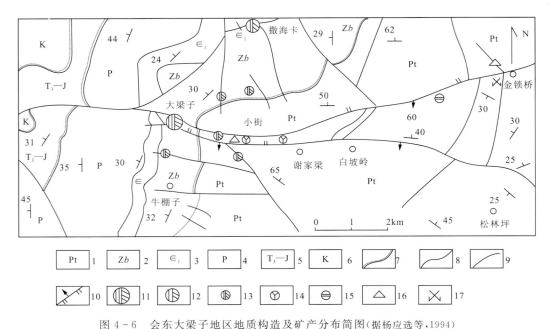

图4-6 会东大梁子地区地质构造及矿产分布简图（据杨应选等，1994）
1.前震旦系；2.上震旦统；3.下寒武统；4.二叠系；5.上三叠统—侏罗系；6.白垩系；7.地层不整合界线；8.地质界线；9.断层；10.逆断层；11.大型铅锌矿床；12.小型铅锌矿床；13.铅锌矿化点；14.多金属矿点；15.铜矿点；16.汞矿点；17.铅锌采矿遗址

矿床的赋矿地层主要为灯影组中、上部，矿体顶部延入筇竹寺组底部。灯影组总厚度为928m，主要岩性为白云岩，其中下部富藻，中部细碎屑成分较多，上部富含磷质和燧石条带。筇竹寺组为浅海相碎屑岩建造，可分为两段：下段厚143m，岩性为灰质砂岩、粉砂岩、页岩、含海绿石石英砂岩、含黄铁矿结核及钙质结核；上段厚296m，岩性为砂岩、页岩、含赤铁矿长石石英砂岩。

矿区发育以F_1、F_{15}断裂为南、北边界宽约600～800m的北西西向断裂构造带，带内断裂异常发育，是主要的控矿构造系统（图4-7）。矿体产状、形态、规模、分布以及矿石构造，都明显地受断裂构造控制。横向上，矿体主要赋存于F_{15}、F_6断裂拐弯处的内侧；纵向上，矿体富厚部位与断裂倾角由陡变缓及构造破碎带膨大部位相一致，其中，张性"黑破带"及北西西向组断裂带是最主要的容矿空间，在这些构造部位分布有富厚的块状、角砾状矿石，其次，北西西向及北西向断裂旁侧伴生的羽状裂隙也是储矿的良好空间，分布着脉状、细脉浸染状矿石。锌矿体的空间连续性好，而铅矿体则由一系列大致与断裂倾向相平行的脉状体构成。

矿床主要由1号和2号两个矿体组成，前者规模大，为主矿体，其储量占整个矿床的99%以上；后者规模小，位于矿床的东南角。1号矿体受陡立的断裂构造破碎系统控制。矿体的形态犹如一系列厚大的透镜体呈左列叠置而成，中部厚两端薄，浅部厚于深部，在三度空间上形似火炬状，一般称之为筒状。矿体走向NW290°～310°，倾向总体向北，局部向南，陡倾斜（75°～90°）。矿体长630m，最大厚度205m，最小0.8m，平均46m，控制延深大于410m，矿体的厚大部分赋存于灯影组，而顶部沿断裂带伸入筇竹寺组中。

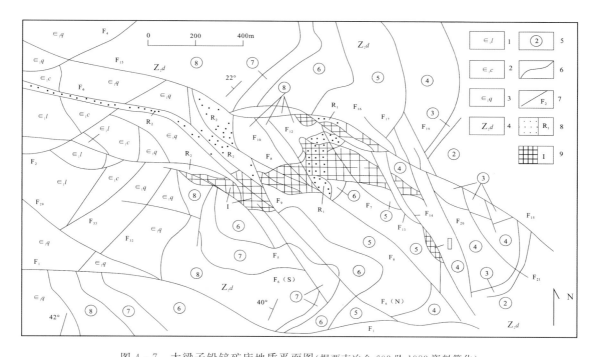

图 4-7 大梁子铅锌矿床地质平面图(据西南冶金 603 队 1983 资料简化)

1.下寒武统龙王庙组;2.下寒武统沧浪铺组;3.下寒武统筇竹寺组;4.上震旦统灯影组及其岩性段编号;5.构造破碎带及编号;6.矿体及编号;7.地质界线;8.断层及编号;9.勘探线及编号

矿石矿物主要为闪锌矿,其次为方铅矿,其他金属矿物有黄铁矿、黄铜矿、白铁矿、(砷、银)黝铜矿等。脉石矿物主要为白云石和石英,此外,还有方解石、重晶石、沥青、石墨、绢云母等。近地表以及深部一些断裂带中及旁侧发育次生氧化矿物,如菱锌矿、异极矿、水锌矿、白铅矿、褐铁矿等。

矿石的有用化学成分以 Zn 为主,Pb 次要,平均品位 Zn 10.47%,Pb 0.75%,Zn∶Pb≈14∶1。Ag、Cd、Ge、Ga、S 等为可综合利用的伴生组分,其平均含量为:Ag 43.1×10^{-6};Cd 0.116%;Ge 0.001 29%;Ga 0.001 06%;S 4.99%。闪锌矿富含 Cd、Ge、Ga;铅、锌、铜的硫化物均较富含 Ag,各种矿物含银量从高到低的顺序为:银黝铜矿—砷黝铜矿—闪锌矿—辉铜矿—方铅矿。Ag 在黝铜矿、方铅矿、辉铜矿等矿物中主要呈类质同象存在,而在闪锌矿中主要以机械混入物赋存于晶体缺陷、晶间、矿物解理、微裂隙中。

矿石结构有粒状结构、固溶体分离结构、交代残余结构、胶状结构、碎裂结构、草莓状结构、填隙结构等;矿石构造有层纹状、角砾状、脉状、网脉状、致密块状、团块状、星散浸染状等构造;此外,氧化带中还发育蜂窝状、土状、钟乳状、皮壳状等次生氧化构造。

矿体围岩蚀变较弱,仅见硅化、炭化、黄铁矿化和碳酸盐化,以硅化和黄铁矿化最广,其次是炭化。

3. 会泽-彝良矿集区(Ⅲ):会泽铅锌矿

该矿床为超大型矿床。该矿床位于会泽县城北东约 45km。矿床由矿山厂和麒麟厂两个矿段组成。矿山厂矿段位于县城北东 58°方位 48km 处,麒麟厂矿段位于矿山厂矿段北东 3.08km 处,紧依牛栏江西岸。

矿区大地构造上位置处于扬子地台西南缘、攀西裂谷(或康滇隆起)主干断裂带——小江深断裂带东侧,小江深断裂带和昭通-曲靖隐伏深断裂带间的北东构造带、南北向构造带及北西向垭都构造带的构造复合部位。因受加里东运动的影响,矿区范围内的下古生界,除下寒武统外,全部缺失,上古生界呈北东向展布,为主要赋矿层位。

矿区范围北起龙王庙,南至车家坪,西起麒麟厂逆断层,东至银厂坡逆断层(牛栏江),面积约 10km²

(图4-8)。矿区出露震旦纪至二叠纪各时代的地层,下石炭统摆佐组(C_1b)在矿区内广泛出露,为赋矿地层,厚达40~60m,与上覆、下伏地层均呈整合接触。矿区构造主要为北东-南西向矿山厂逆断层和麒麟厂逆断层,是矿区重要的控矿构造,分别控制了矿山厂矿段和麒麟厂矿段。岩浆岩方面,在矿区分布有大面积峨眉山玄武岩。矿床上部为氧化矿,下部(指标高1800m以下)为原生矿,中间为混合矿。麒麟厂矿段3号、6号、8号、10号矿体和矿山厂矿段1号矿体是矿床最大的矿体,5个矿体铅锌金属量占整个矿床总储量约90%。铅锌品位高(平均大于30%)是该矿床最明显、最重要的特征,其中3号矿体Pb+Zn平均品位为36.5%,6号矿体为34.6%,8号矿体为25.8%,10号矿体为33.5%,1号矿体为32.6%。此外,矿石中伴生的银、锗、镓、镉等元素均达到可综合利用的品位。

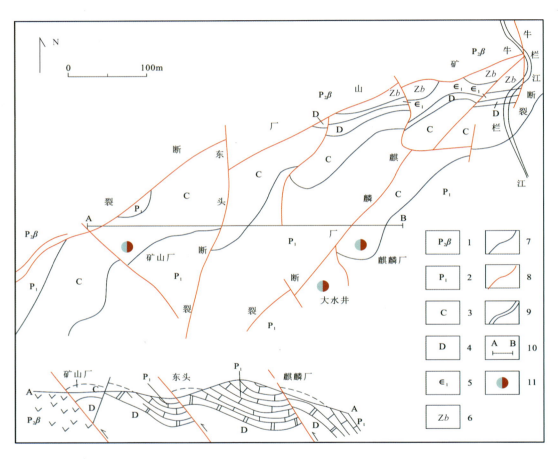

图4-8 会泽铅锌矿区地质简图(据韩润生,2001)
1.上二叠统峨眉山玄武岩组;2.下二叠统;3.石炭系;4.泥盆系;5.下寒武统;6.上震旦统;7.地层界线;8.断裂;
9.河流;10.剖面线及编号;11.铅锌矿床

矿山厂矿段1号、13号矿均产出在逆断层上盘,其间以北西向F_4横断层为界,F_4南西为1号矿群,北东为13号矿群,单矿体呈透镜状,沿走向及倾斜均有分支、复合、尖灭、再现等特征。

麒麟厂矿段已探明规模不等的矿体50多个,矿体在摆佐组粗晶白云岩中沿层产出,其顶底板与围岩界线清楚,受顺层陡倾的断裂带控制,矿体均沿层产于白云岩中,矿体走向长达700m,倾斜延伸大于1000m,厚度0.7~40m,主矿体在纵剖面上呈"阶梯状"向南侧伏,单个矿体形态不规则,多为似筒状、囊状、扁柱状、透镜状、脉状、多脉状、网脉状及"似层状",矿体在平面上形态不规则,同一矿体在不同中段具有不同形态,均为中部厚大,沿走向端部变薄或分支尖灭;矿体在剖面上均为上部薄或分支尖灭,向深部、逐渐变厚,局部出现小的膨胀和收缩。

矿石自然类型有氧化矿石、混合矿石和原生矿石。原生矿石根据矿石的结构和矿物共生组合不同，划分为闪锌矿型矿石、闪锌矿-方铅矿型矿石、方铅矿-黄铁矿型矿石和黄铁矿型矿石。

原生硫化物矿石矿物主要是闪锌矿、方铅矿和黄铁矿，在闪锌矿和方铅矿中包裹有少量的黄铜矿、硫锑铅矿、硫砷铅矿、深红银矿和自然锑等，脉石矿物主要为方解石，其次为白云石，偶见重晶石、石膏、石英和黏土矿物。

矿石结构有粒状结构、包含结构、交代环状结构、固溶体分解结构、揉皱结构、压碎结构、细(网)脉状结构、斑状结构、共结边结构、交代结构、填隙式结构；矿石构造有条带状构造、层状-似层状构造、浸染状构造和脉状构造等。

矿体与围岩接触界线清楚，围岩蚀变简单，与原生矿体接触的围岩除褪色现象外，其他蚀变作用少见。围岩蚀变作用主要为白云岩化和黄铁矿化，偶见方解石化、硅化和黏土化等。

4. 赫章-威宁-水城矿集区(Ⅳ)：天桥铅锌矿

该矿床为一个中型矿床，位于赫章县妈姑镇境内，北东向猫猫厂-耗子硐断裂带与北西向构造带交会处。矿床赋矿层为早石炭世泥晶灰岩和生物屑灰岩，分营盘上和沙子地两个矿段(图4-9)，矿床共有32个矿(化)体，矿体受层间剥离、层间滑动构造控制，在地层和层间滑动面由陡变缓部位矿体增厚变富。营盘上矿段以Ⅱ号矿体规模最大，长200m，宽120m，厚1.50m，含Pb 1.23%，Zn 5.69%；沙子地矿段以1号至5号矿体为主，长50~100m，延深110~170m，厚1.57~8.90m，平均含Pb 1.70%，Zn 10.24%。矿石有氧化矿石和硫化矿石两种，砂子地矿段以氧化矿石为主，营盘上矿段为硫化矿石。矿石构造有土状、脉状、条带状、块状。矿石矿物有方铅矿、闪锌矿、菱锌矿、水锌矿、白铅矿、黄铁矿，脉石矿物有石英、方解石、白云石。

三、成矿作用与成矿模式

如上所述，川滇黔相邻区3种类型碳酸盐岩容矿铅锌矿空间上主要以4个矿集区的形式分布。在同一矿集区内，矿床具有相似的成矿地质特征，不同矿集区的矿床具有不同的成矿地质特征，矿集区内发生的成矿作用应是区域性的成矿事件，而非局部或孤立的事件(Paradis,2007)。

1. 沉积喷流型(Sedex型)

以黑区-雪区为代表的泸定-荥经-汉源矿集区(Ⅰ)为沉积喷流型铅锌矿集区，铅锌矿成矿机制为海底地震诱发深部超压流体库排泄喷流。据前人研究(林方成，2006)，位于铅锌矿层底板呈区域性分布的震裂角砾岩的发育，寓示着强大的海底地震是海底喷流-沉积成矿的开始，同生断裂带的活动和与之相伴的地震活动，触发了深部流体库的震荡破裂，并与同生断裂带沟通，含矿流体向断裂减压空间汇集和向上运移，并喷出海底成矿。在一次强大的地震活动之后，尚有多幕式强度逐渐减弱的余震发生。随着地壳应力的释放和深部流体的排放，流体库枯竭，结束了一次大规模的Sedex型成矿作用。Pb、Zn、Fe、SiO_2、有机质等成矿物质主要来自峨边群等基底变质岩系，成矿硫质来自海水硫酸盐，富含有机质的含矿流体喷溢出海底，由于物理化学条件的急剧改变以及有机质对海水SO_4^{2-}的还原作用，导致了硅质岩和铅锌硫化物的沉淀。

2. 密西西比河谷型(MVT型)

雷波-金阳-巧家-会东矿集区(Ⅱ)和赫章-威宁-水城矿集区(Ⅳ)同为密西西比河谷型铅锌矿(MVT型)矿集区(见上述)，下面就将这两个MVT型矿集区区域成矿作用及模式一并讨论。

雷波-金阳-巧家-会东矿集区(Ⅱ)在构造上位于上扬子地台西缘，该矿集区MVT铅锌成矿年龄，经放射性年龄测定表明为196~200Ma，相对应于早侏罗世(秦建华，2016)。早侏罗世，该矿集区区域成

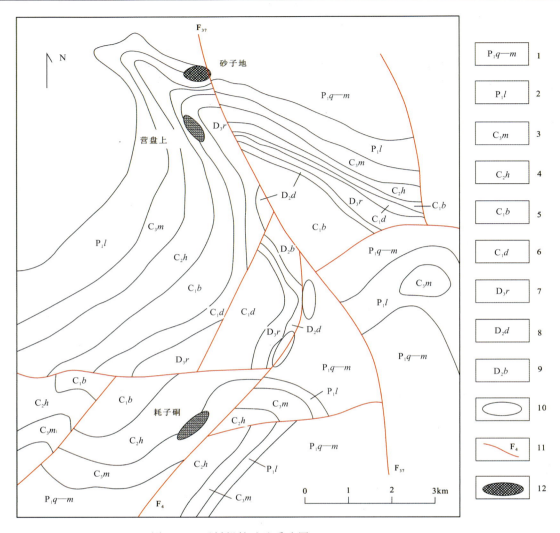

图 4-9 天桥铅锌矿地质略图(据周家喜,2010 修改)
1.栖霞茅口组;2.梁山组;3.马平组;4.黄龙组;5.摆佐组;6.大埔组;7.融县组;8.独山组;9.邦寨组;10.辉绿岩;
11.断层;12.矿体

矿构造环境主要受特提斯甘孜-理塘洋演化影响,甘孜-理塘洋盆此时向西与义敦岛弧发生同碰撞造山作用(潘桂棠,2003),而雷波-金阳-巧家-会东矿集区的成矿构造环境就受甘孜-理塘洋盆同碰撞造山磨拉石前陆冲断影响,主要来源于地层建造水的区域性流体在前陆冲断带中可能通过地形或重力驱动由西向东沿区域性断裂发生了区域性流体流动,并在流动中不断淋滤、萃取了区域内基底岩石,震旦系灯影组白云岩、泥盆纪—二叠纪碳酸盐岩和峨眉山玄武岩中的矿质及碳、氧、硫、锶物质,形成了 Ca^{2+}-Mg^{2+}-Cl^--HCO_3^- 型成矿硫化物卤水,在区域性成矿流体流动的区域断裂旁侧发育的次级(二级、三级断裂)断裂中,成矿卤水在物理化学变化时或因能量的突然释放或因不同性质水溶液的加入,与围岩发生反应,铅锌物质以硫化物形式沉淀形成了 MVT 铅锌矿床(张长青,2005)。

与雷波-金阳-巧家-会东矿集区不同,赫章-威宁-水城矿集区在构造上位于上扬子地台南部,与南盘江盆地相邻,该矿集区 MVT 型铅锌成矿年龄,如前述,为 191.9±6.9Ma,为早侏罗世。该矿集区区域成矿构造环境受特提斯洋在 Song Ma 构造带和南盘江盆地演化影响,早三叠世末,华南板块与印支板块在 Song Ma 构造带发生碰撞,中晚三叠世,南盘江盆地进入前陆盆地早期演化接受复理石沉积,早侏罗世,盆地进入前陆盆地晚期演化接受磨拉石沉积(秦建华,1996;杨宗永,2012)。赫章-威宁-水城矿集区 MVT 型成矿作用与南盘江早侏罗世前陆冲断作用有关。该矿集区 MVT 型铅锌成矿作用在早侏罗世由前陆冲断挤压形成的 $Cl^- - Na^+ - Ca^{2+} - F^- - SO_4^{2-}$ 型含矿卤水由南向北发生类似于雷波-金阳-巧家-会东矿集区的区域性的流体流动并在合适的断裂构造中发生硫化物沉淀,形成 MVT 型铅锌矿床(图 4-10)。

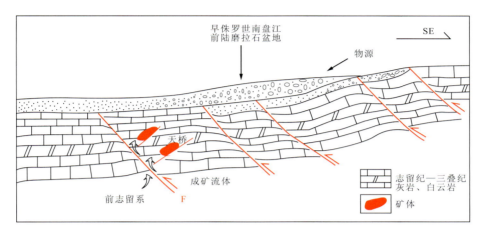

图 4-10 赫章-威宁-水城矿集区 MVT 型铅锌矿区域成矿模式图

前人对世界上 MVT 型铅锌矿与地质历史演化的关系进行了研究后发现(Leach,2001),世界上许多铅锌矿主要形成于全球地质演化中几个特定时期发生的大规模的收缩构造事件中,并主要形成于泥盆纪—二叠纪和白垩纪—第三纪(古近纪和新近纪)两个时期。而正如上所述,雷波-金阳-巧家-会东和赫章-威宁-水城两个 MVT 型矿集区成矿作用也是发生于甘孜-理塘洋和 Song Ma 洋在三叠纪—侏罗纪发生的大规模收缩构造事件中,为造山前陆 MVT 型矿床,但与世界上其他地方不同,川滇黔 MVT 型铅锌成矿作用是发生于早侏罗世(图 4-11)。

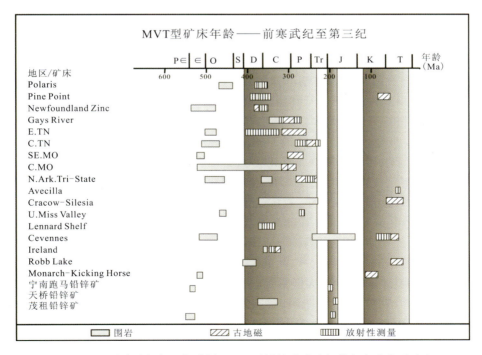

图 4-11 川滇黔相邻区与世界 MVT 型铅锌矿成矿年龄和容矿岩石对比

(据 Leach et al,2001)

3. 与侵入作用有关的碳酸盐岩容矿型（IRCH 型）

目前，有关以会泽铅锌矿为代表的会泽-彝良矿集区铅锌矿成因有许多研究，也存在颇多争议。韩润生等（2001）提出会泽铅锌矿为深源流体贯入-蒸发岩层萃取-构造控制的后生矿床；黄智龙等（2001）从峨眉山地幔柱考虑出发提出会泽为均一化成矿流体贯入的成矿模式。张长青等（2005）认为属于比较典型的密西西比河谷型铅锌矿床。韩润生等（2007）认为毛坪铅锌矿床不同于典型的 MVT 型铅锌矿床，是一以碳酸盐岩为主岩的铅锌多金属硫化物矿床；同时，认为会泽铅锌矿是变形的碳酸盐岩容矿 MVT 型矿床。

通过对矿集区铅锌成矿特征、成矿流体性质、矿床地球化学和成矿物质来源等特征的系统综合研究，结合晚三叠世早期，矿集区所处的成矿地质构造环境等因素，笔者认为会泽-彝良矿集区铅锌矿成矿类型应属于与侵入作用有关的碳酸盐容矿铅锌银矿床类型（IRCH 铅、锌、银矿床）（秦建华，2016）。矿集区区域成矿过程与其成矿构造环境密切相关。晚三叠世早期卡尼期，会泽-彝良矿集区在构造上位于上扬子陆块西南部，区域成矿地质构造环境主要受特提斯洋在 Song Ma 构造带与南盘江盆地演化的影响。据秦建华等（1996）研究，早三叠世末，华南板块与印支板块在 Song Ma 构造带发生碰撞，中晚三叠世，南盘江盆地进入前陆盆地早期演化接受复理石沉积。此时会泽-彝良矿集区的成矿地质构造环境就处于南盘江早期前陆盆地在盆地北侧上扬子台地南缘发生的局部引张构造环境中。矿集区在引张作用地质背景下，在会泽地区发生了岩浆侵入，岩浆水在上升过程中与地层建造水、基底昆阳群的变质水逐步混合，淋滤、萃取来自上地壳和造山带的矿质铅，并与少量来自地幔的铅组成矿质混源铅来源，同时，淋滤、萃取来自地层海水碳酸盐、硫酸盐的碳质和硫质，形成了混合水来源的 $Na^+ - K^+ - Ca^{2+} - Cl^- - F^- - (SO_4^{2-})$ 型成矿卤水，该矿集区可能以会泽地区为岩浆侵入成矿中心，成矿卤水在上升中向上和四周相邻区主要沿断裂等薄弱地带进行流动，并在合适的断裂构造中发生硫化物沉淀形成了以会泽为代表的 IRCH 铅、锌、银矿床（图 4-12）。

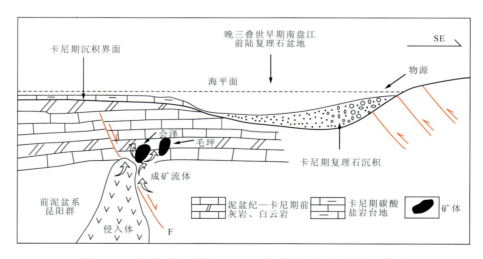

图 4-12　会泽-彝良矿集区 IRCH 铅、锌、银矿床区域成矿模式

需要指出的是，上述我们对川滇黔矿集区 MVT 型铅锌矿和以会泽为代表的 IRCH 铅、锌、银矿床的区域成矿过程的讨论重点是结合矿床形成时的成矿构造环境进行的。而对与矿床形成有关的成矿流体的形成、流动、矿质化学搬运和沉淀等方面的形成机制未做深入讨论。从目前已发表的研究成果来看，今后应进一步加强对川滇黔相邻区 MVT 型铅锌矿和 IRCH 铅、锌、银矿的成矿机制（如硫化物化学搬运模式、沉淀机制等）的研究。

第四节 四川冕宁稀土矿集区

一、概述

该矿集区位于四川省西南部,地跨凉山州的冕宁、西昌和德昌3县,东西宽约20km,南北长约200km,面积约4000km²,地理坐标:E101°45′—102°15′,N26°59′—29°00′。108国道和雅攀高速公路、成昆铁路等经过本区,亦有省道公路和简易运矿公路通往矿区。区内水资源丰富,安宁河发源于区内,纵贯全境。

矿集区地层分区属东部扬子地层区的丽江和康定两个地层分区,以金河断裂一线为界,西侧为丽江分区,有震旦系、下奥陶统、下志留统、中上石炭统、二叠系、三叠系等地层出露;在小金河断裂带一线以东为康定分区,仅见泥盆系、二叠系和侏罗系零星分布;中部金河断裂带和小金河断裂带之间的北北东向狭长地带,除缺失寒武系、奥陶系、侏罗系、白垩系外,自上震旦统至上三叠统均有出露。

该矿集区分布于扬子地台攀西裂谷带北段与盐源丽江逆冲带结合部。攀西裂谷东以甘洛-小江断裂,西以小金河断裂为界,呈南北向延展。根据骆耀南、唐若龙等(1985)研究,攀西裂谷是该地区在早古生代地台盖层及其基底上发展起来的陆内裂谷或陆缘裂谷。裂谷作用孕育于早古生代,发育于晚古生代及中生代。到新生代趋于封闭,区域进入裂谷后阶段。该带内及其附近侵入或喷出大量的富含碱质的超镁质岩、基性岩和中酸性岩,并随之带来大量稀土元素。裂谷带内的富稀土矿化岩体常呈超浅成小型侵入体产出,主要分布于安宁河断裂以西,金河断裂—磨盘山断裂一线,震旦纪古陆与西部海相中生代地层发育区之间的过渡地带。从北向南,富含稀土的小侵入体见有冕宁牦牛坪霓石英碱正长岩、德昌大陆乡霓辉正长岩。稀土矿是裂谷带的特征矿产。以牦牛坪式稀土矿最具规模,形成具工业意义的矿床。与深部构造区相对应的表层为攀西裂谷轴部南北向构造岩浆杂岩带。区域性深断裂发育,它们控制着矿田展布,沿其上盘次级断裂带含矿碱性杂岩体及稀土矿床往往成串珠状展布,矿体和矿脉受更次一级的断裂、节理控制,矿(脉)体则充填于更次一级的断裂、节理中,矿床(点)沿断裂成群成带展布,次级的控矿构造主要有哈哈断裂、郑家梁子构造破碎带、碉楼山构造破碎带、大陆乡构造破碎带、里庄羊房沟构造破碎带等(图4-13)。

矿集区火山岩主要为震旦系苏雄组流纹岩、开建桥组、列古六组火山岩和二叠纪峨眉山玄武岩。侵入岩碱性杂岩体呈岩株、岩枝状产出。岩石包括霓石英碱正长岩、霓辉正长岩、碱性伟晶岩脉、云煌岩、碳酸岩等岩石建造组合。这些碱性杂岩既是稀土矿体的围岩,本身又常构成稀土矿细脉-浸染型稀土矿石,为本区稀土矿的成矿母岩;另外还有大陆乡岩体、磨盘山岩体(群)分布于矿集区南西部,属中酸-弱酸性的钙性-钙碱性钠质花岗岩系列岩石;中条期大陆乡岩体、磨盘山岩体(群)分布于测区南西部。主要有大陆乡石英闪长岩和磨盘山英云闪长岩。属中酸-弱酸性的钙性-钙碱性钠质花岗岩系列岩石;晋宁期的摩挲营花岗岩体沿安宁河断裂展布,呈岩基产出;印支期磨盘山花岗岩分布于西昌的磨盘山至攀枝花一带,呈岩基、岩株和岩枝产出;印支期磨盘山碱性杂岩分布于安宁河断裂西侧的磨盘山,多呈中心式的不完整环状产出,也有呈岩脉、岩枝产出的;燕山期的冕西岩体、张家坪子岩体分布于冕宁西部金河断裂两侧,呈岩基、岩株产出。

二、矿产特征与典型矿床

本矿集区共发现岩浆型牦牛坪式独立的稀土矿产地9处,大型以上2处,小型3处,其他为矿点。除牦牛坪矿区达详查,大陆乡、三岔河、木洛(郑家梁子和碉楼山矿段)达普查外,其余矿点多为预查或矿点踏勘。

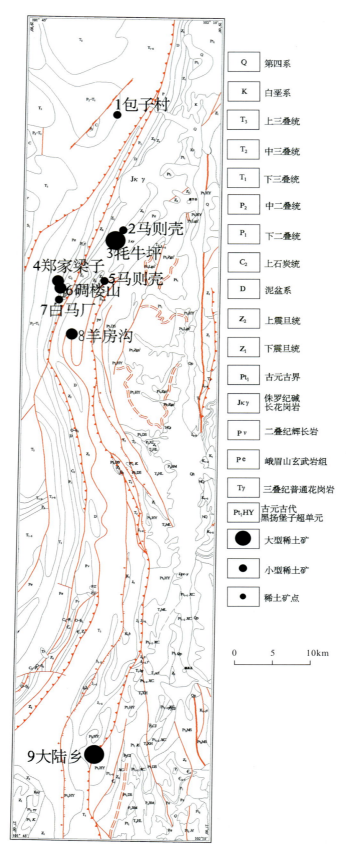

图 4-13 四川冕宁稀土矿矿集区地质矿产图

矿集区内主要为牦牛坪式与喜马拉雅期（可简称为喜山期）碱性杂岩有关的岩浆型稀土矿，是四川省稀土矿资源最主要的稀土矿产类型，也是省内目前唯一的、独立的、具工业意义的稀土矿类型。选取牦牛坪稀土矿床作为典型矿床阐述其特征如下。

牦牛坪稀土矿床位于四川省冕宁县城西南平距约22km处。冕宁县城至矿床南包子村有215省道公路42km，包子村有简易运矿公路10km直达矿区。牦牛坪矿床自北而南包括三岔河、牦牛坪和包子村3个矿段，全长13km，面积30km²。其中牦牛坪矿段，南北长约3.5km，东西宽约1.5km，面积5km²，为矿床的主要矿段（图4-14）。

1. 成矿背景

牦牛坪稀土矿床位于攀西裂谷北段、康滇台隆与盐源-丽江台褶带的过渡部位，矿区及附近由南东至北西依次有南河断裂、哈哈断裂、牦牛坪背斜、马头山断裂、马路塘向斜和司伊诺背斜。这些构造明显地向北北东向撒开，向南南西在牦牛坪矿区以南逐渐收敛，形成一个帚状构造。与深部构造区相对应的表层为攀西裂谷轴部南北向构造岩浆杂岩带，区域性深断裂发育，它们控制着矿田。比如北段冕宁地区的金河断裂控制着该区岩浆岩的分布，南部大磨盘山断裂带控制着岩浆岩分布；而次一级的断裂控制着含矿碱性杂岩体及稀土矿床的分布。

2. 矿床地质

哈哈断裂带是牦牛坪稀土矿床的控矿构造，发育在冕西碱性花岗岩体中，具多期次活动特征。早期形成后，含矿碱性杂岩脉动式贯入，当霓石英碱正长岩岩株侵入后又发生了更进一步的破裂，为主成矿期的矿脉充填提供了充裕的空间，成矿后该断裂继承性复活，致使矿体破碎，沿着该断裂带呈串珠状分布有三岔河、牦牛坪、包子村、马则壳、里庄羊房沟5个矿床（点）。

该断裂带总体呈北北东向纵贯全区，倾向北西，倾角65°～80°，宽150～240m，加上东、西两侧的节理密集带，宽度可达1000m。破裂带内以密集的宽窄不等的同向破裂面及构造透镜体劈理带构成。其间有部分其他方向的次级裂隙将该组破裂面劈理带沟通连接。北北东—北东向破裂面、劈理面有时也追踪其他方向的破裂面。它们为平行脉带的形成提供了空间。

牦牛坪稀土矿区出露中泥盆统下部千枚岩、变质细矿岩等绿片岩相的浅变质碎屑岩夹泥晶质、白云质大理岩等碳酸盐岩，呈残留顶盖单斜层状产出。地层走向北北东，倾向120°左右，倾角中等，厚度大于400m。在沟谷和地形平缓带分布有厚度一般2～79m的第四纪冲洪积、残坡积层并形成稀土砂矿。

矿区大面积出露的是组成该岩基的燕山晚期不同序次侵入的紫红色碱长花岗岩、浅灰色中细粒碱长花岗岩、文象碱长花岗岩，其次是燕山早期喷发的流纹岩。碱长花岗岩为冕西复式岩基的一部分，矿区内出露的岩体有紫红色碱长花岗岩、浅灰色中细粒碱长花岗岩、文象碱长花岗岩，它们以先后顺序侵入，总体西倾，倾角70°左右。各个碱长花岗岩和流纹岩均呈北北东向展布。本系列岩体呈北东向带状展布，流纹岩分布于矿区东部，位于碱长花岗岩基与泥盆纪变质岩之间。矿物成分为微斜长石和石英，副矿物有磁铁矿、榍石、磷灰石、锆石、褐帘石及独居石等一般花岗岩常见的矿物组合。岩石化学和地球化学资料反映该系列岩石为陆壳重熔岩浆演化产物。成（含）矿碱性杂岩由早期的云煌岩、辉绿岩岩脉和主体霓石英碱正长岩株及其演化生成的碱性基性伟晶岩型矿（化）脉（正长霓辉伟晶岩脉、重晶霓辉伟晶岩脉等）、方解石碳酸岩脉、霓石碱性花岗斑岩等构成。

矿带严格受哈哈断裂带控制，由多组不同类型、大小不等、相互贯通、穿插、交织成大脉和平行脉带及网状的含稀土矿（化）脉，以及与其穿插的霓石英碱正长岩、碱长花岗岩，少量流纹岩、云煌岩等围岩共同构成的地质体。

共由88个规模不一的矿体组成的含矿带内部主体为走向北北东—北东的平行细脉带及大矿脉，东、西两侧是以北北东—北东走向矿脉为骨干的多组矿脉相互贯通、交织的细网脉带。已有控制长3400m，宽300～800m。总体倾向北西西—北西向，倾角65°～80°。经钻探控制，沿倾斜延深400m尚未尖灭（图4-15）。

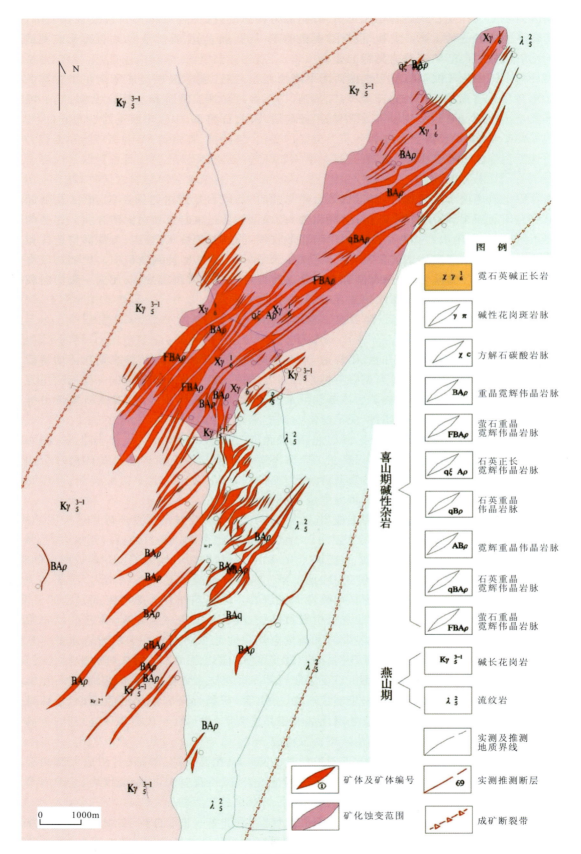

图 4-14　牦牛坪稀土矿区地质图（据四川省地矿局 109 队资料修改）

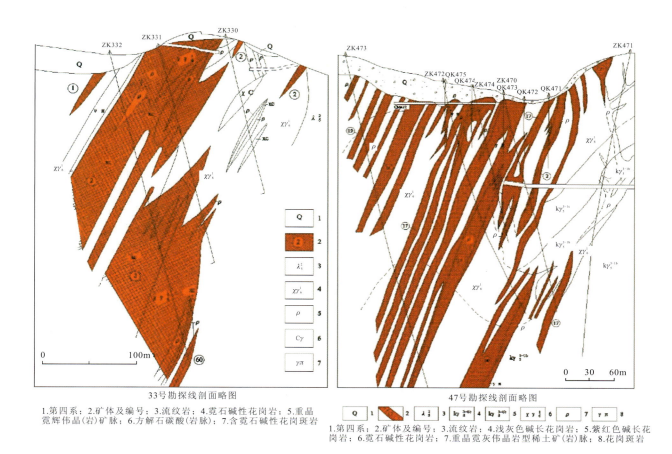

图 4-15 勘探线矿体剖面形态示意图（据四川省地矿局 109 队）

根据矿（化）脉厚度大小及其产状可分为较厚大矿脉（厚度＞30cm）、平行细脉带、网状细脉带 3 类。较厚大矿脉主要分布在哈哈断裂主体带内，平行细脉带亦主要分布在该范围内，网状细脉带主要分布在其东、西两侧。平行细脉带范围内厚大矿脉沿走向和倾向常过渡为平行细脉带，在平行细脉带东、西两侧，厚大矿脉沿走向和倾向常过渡为网状细脉带，并常有其他方向细脉与之沟通连接，因此厚大矿脉处于网状细脉的包围之中，不同矿脉交会处常膨大为不规则的透镜状和囊状。

沿走向，矿化具一定的分带性，矿区北部（伴生）组分铅、钼、银、铌、钍等含量较高，其中铅、钼和铌达到独立矿床边界品位以上；南部上述伴生组分含量较低，远远低于边界品位。这种现象可能与方解石碳酸岩的发育程度有密切关系。北部方解石碳酸岩脉较发育，岩浆期后富含多金属的中低温热液，叠加了铅、钼、银等多金属成矿作用，增加了矿床的经济价值。

按矿物成分及结构构造可分为伟晶状氟碳铈矿-霓辉石-萤石-重晶石大脉、细—粗粒氟碳铈矿-霓辉石-萤石-重晶石细网脉、伟晶状氟碳铈矿-萤石-重晶石-方解石大脉、细—粗粒氟碳铈矿-萤石-重晶石-方解石细网脉、伟晶状氟碳铈矿-霓辉石-微斜长石大脉 5 类。

大脉中伟晶状氟碳铈矿-霓辉石-萤石-重晶石脉分布最广，矿化也最好。矿脉走向长几米至 550m，一般数十米至 270m。倾斜深几米至 330m，一般数十米至 200m 不等。厚 0.3～50m 不等，一般 1m 至 10 余米。产状以走向北北东—北东，倾向 290°～330°，倾角以 65°～80°为主。该类岩脉一般全脉矿化，少量中心部位或边部矿化较弱，品位低于边界品位。

其次为伟晶状氟碳铈矿-萤石-重晶石-方解石大脉，呈半隐伏脉状断续展布。地表长数米至百余米，厚仅几十厘米至十几米，至中浅部连为一体，长 100～710m，厚数米至 90m，倾斜延深大于 150m，倾向290°～330°，倾角70°～80°，矿脉含氟碳铈矿0.5%～5%。

伟晶状氟碳铈矿-霓辉石-微斜长石大脉长数十米至400m，宽0.5～40m，倾斜延伸250m。该脉稀土矿化较弱，氟碳铈矿偶见。

细—粗粒氟碳铈矿-霓辉石-萤石-重晶石细网脉、细—粗粒氟碳铈矿-萤石-重晶石-方解石细网脉主要分布于伟晶状氟碳铈矿-霓辉石-萤石-重晶石大脉、伟晶状氟碳铈矿-萤石-重晶石-方解石大脉的旁侧围岩中，并与大脉相连。两类细网脉的结构构造及矿物成分与相应的大矿脉相似，仅较简单。在矿带内，还有少数过渡型矿脉，其矿物成分和结构构造介于上述各矿脉之间。

三、成矿作用与成矿模式

牦牛坪稀土矿成矿流体为$Na-K-CO_2-SO_4-Cl$型溶液，总盐度为15%～58%（质量），其中液相溶解物的总度为13%～42%（质量），相当于3～6mol/kg；CO_2在流体中的摩尔百分含量为5%～27%。

稀土成矿均一温度差别较大，但主要在200～450℃之间。经上覆地层（约5000m）的静压力(1500Pa)校正，成矿温度为380～600℃。原生流体包裹体的均一压力为25～37MPa。若按30MPa/km的地压梯度估计，约为0.8～1.2km，相当于浅成相，环境是开放的。

成矿时代：区内燕山期流纹岩、碱长花岗岩K-Ar同位素绝对年龄为134～78Ma，侵入的最新层位为上三叠统白果湾组含煤地层，成矿的碱性杂岩沿发育在碱长花岗岩中的哈哈断裂带侵入，显然时代应晚于78Ma。表明成矿碱性杂岩和成矿时代为(40.7±0.7)～12.2Ma属喜马拉雅期，这与前述地质观察相吻合。

牦牛坪稀土矿的成因类型属于岩浆型稀土矿，工业类型主要有3种类型矿石：重晶霓辉伟晶岩型、霓辉碱长花岗岩-霓辉细脉型和方解石碳酸岩型。

牦牛坪矿区岩浆晚期交代作用和岩浆期后中低温热液蚀变作用均十分发育，围岩蚀变种类繁多，相互叠加，与稀土矿化直接相关的主要有早期钠长石化、钠长-霓石-霓辉石化、重晶石化、萤石化和碳酸岩化，尤其是碱性辉石化、萤石化、重晶石化和碳酸岩化与稀土矿化紧密相关。

喜马拉雅期，随着盐源-丽江和康滇前陆逆冲带的就位，区域释压，深大断裂（尤其是转折部位，如南河-磨盘山断裂、金河断裂等）张开，促使上地幔局部熔融，新生成的和原已上升到地壳内的富含稀土元素成矿物质的岩浆，沿其通道上侵，经过多阶段的演化，首先在深部生成隐伏的基性-超基性岩基，少量基性-超基性岩浆上升到浅部生成煌斑岩脉和辉绿岩脉，特别是在深断裂上盘的次级断裂带中继而形成英碱正长岩株。由于构造脉动，它们中又产生了继承性断裂和新的节理。深断裂带进一步多阶段活动，岩浆房内的熔浆进一步分异演化出富含稀土元素的英碱正长岩浆、碱性基性伟晶岩浆、碳酸岩浆和碱性花岗斑岩残浆，以及富含多金属的岩浆热液。它们先后侵入到次级断裂带局部引张的转折部位成岩、成矿。

第五节 四川攀西地区钒钛磁铁矿集区

一、概述

攀西地区钒钛磁铁矿集区北起四川省西昌县民胜乡，南至会理县绿水，西达攀枝花市兰尖火山，东至西昌市—会理县一线，交通极为方便。矿集区呈南北向带状展布，长约200km，宽约10～60km。地理坐标：E101°32′—102°20′，N26°16′—28°07′。总面积约$0.66×10^4 km^2$。

构造上位于西部的箐河北东向弧形逆冲断裂带（金河-程海断裂带）与东部的南北向安宁河断裂的

夹持地段,近南北向攀枝花断裂、绿汁江断裂带(磨盘山断裂带)从矿集区中穿过。

矿集区在大地构造位置上属康滇前陆逆冲带。区内地质构造极其复杂,区内主要构造有金河-箐河深大断裂带、攀枝花深大断裂带和米易-昔格达深大断裂带。总体上由绿汁江、安宁河、小江等南北向断裂带及其间的基底和盖层组成,对岩体和矿床(体、点)的控制作用十分明显。区内地质构造总体可分为两大体系,即基底与盖层。其中,基底具"双层"结构,"双层"指结晶基底与褶皱基底两种不同类型基底。结晶基底构造层时限大致为3100~1700Ma,总体显示由阜平-中条运动定型的北北东向卵形或穹状构造特征;褶皱基底由会理群、盐边群及晋宁期中酸性侵入岩组成,时限为1700~850Ma,显示由晋宁运动定型的近东西向较紧密线型褶皱构造特征;盖层构造以南北向较宽缓褶皱和断裂为主,定型于喜马拉雅期,第四纪以来,仍然有较明显的构造活动。

在构造分区上可进一步分为金沙江沿岸近东西向基底隆褶区、安宁河两侧近南北向基底轴状块断抬升区。金沙江沿岸近东西向基底隆褶区包括盐边至东川一带的块状凸起,是本区最先形成的基底构造区,区内除海相火山-变质型铜、铁矿较发育外,与基性岩有关的接触交代充填型铁矿也常见。安宁河两侧近南北向基底轴状块断抬升区即康滇隆起的"轴部"地带,基底构造以南北向断裂发育为特征,是区内岩浆作用的主要通道。在安宁河和雅砻江之间的狭长地带,则为本区最强烈的构造-岩浆活化带,海西期基性-超基性侵入-火山岩极为发育,形成本区规模宏大的广义暗色岩铁矿成矿区带。

区内地层出露比较齐全,从最古老的太古宙至古元古代的深变质至中深变质岩系、中元古代的浅变质岩系直到未变质的沉积盖层震旦纪及古生代、中生代地层都有较广泛的出露,另有少量新近纪及第四纪的沉积零星出露,总厚在2×10^4m以上。局部缺失志留纪至石炭纪的地层,而广大范围内则缺失除二叠系以外的古生代地层,三叠系为陆相沉积。其中前震旦纪变质岩,总厚约1.5×10^4m,主要沿基底隆起区呈断续块状分布,并经受较复杂的变形、变质和多次的后期岩浆作用改造。后震旦纪地层明显地受到基底构造格架的制约,主要分布于基底隆起区两侧的边缘坳陷带和隆起区内的坳陷区或断陷盆地中。

矿集区位于川滇南北构造岩浆带中段,岩浆活动频繁而强烈。具多时代、多岩类、规模大、分布广的特点。侵入岩主要分布在本区中部安宁河断裂带两侧,构成攀西裂谷岩浆岩带(图4-16),出露面积约占本区总面积的5%。区内岩浆岩以前寒武纪及晚二叠世两大岩浆旋回为主,岩石类型以基性、超基性岩为主,占岩浆岩分布面积的60%以上,尤以基性火山岩分布最广。沿南北向的磨盘山-元谋断裂和攀枝花断裂带发育一系列含铁、钛、钒矿的层状基性-超基性岩体,从北向南依次为太和岩体、白马岩体、新街岩体、红格岩体、攀枝花岩体和力马河岩体。与攀枝花式钒钛磁铁矿成矿相关的层状基性、超基性堆积杂岩体(年龄值265~260Ma)形成于二叠纪中晚期,部分可能延续到早三叠世,出露面积达50×10^4km^{2}以上。晚二叠世岩浆岩以基性、超基性岩浆活动开始,晚期以偏碱性及酸性的岩浆活动为主。岩浆岩的分布除玄武岩具泛流特征外,岩浆活动中心及主要侵入体的分布均主要限于晚二叠世南北向昔格达深大断裂带、北东向攀枝花深大断裂带和金河-箐河深大断裂带。玄武岩的最大厚度超过3000m。岩石组合具双峰式,岩石化学具板内裂谷岩浆岩特征。区域西北部,金河-箐河断裂以北也有大面积的晚二叠世海相玄武岩分布,最大厚度超过5000m,一般厚1800m左右,岩石化学具活动大陆边缘拉斑玄武岩特点。晚二叠世后期,形成以酸性岩为主的侵入岩,但岩浆活动随新特提斯构造的演化而向北迁移超出远景区范围。三叠纪在中轴脊线一带形成太和、白马、攀枝花和红格的正长岩(252~206Ma),以及攀枝花矿区北务本的碱性粗面岩-碱流岩-熔结凝灰岩的组合,其形成与早期形成的含钒钛磁铁矿层状基性-超基性岩的关系尤为密切。

本区基性-超基性岩分别侵位于前震旦系会理群及盐边群浅变质岩系,早期的岩浆岩(围岩为花岗岩、石英闪长岩、正长岩、辉长岩、辉石岩、橄辉岩、橄榄岩、玄武岩等)、古生代地层(围岩为砂页岩、页岩及石灰岩等)、上震旦统灯影组(围岩为白云岩、白云质灰岩夹砂页岩、凝灰质岩),还有的被包裹于后期的岩浆岩中(围岩为花岗岩、正长岩、玄武岩等)。其中,基性-超基性岩侵位于上震旦统灯影组的白云岩、白云质灰岩夹砂页岩、凝灰质岩中常形成含钒钛磁铁矿层状基性-超基性岩体,因此上震旦统灯影组的白云岩、白云质灰岩是找矿的重要标志之一。

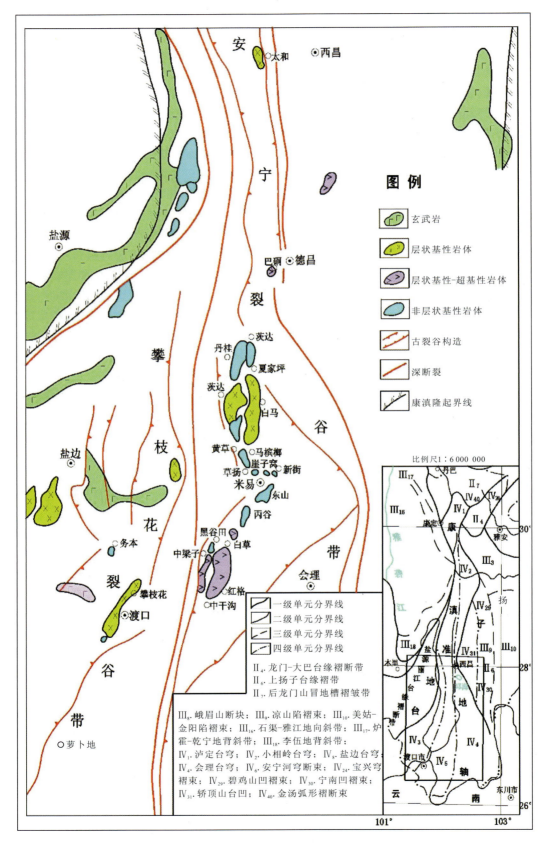

图 4-16 攀西地区构造及基性岩分布图(据四川省地调院)

区内基性-超基性岩体有以下几种类产出类型：①单斜层状杂岩体，一般都沿着围岩的层面顺层贯入或沿着不同时期的接触界面贯入，与围岩的层理及接触界面均呈整合接触。层状岩体与成矿关系密切。②岩盆、岩株、岩墙、岩床、岩脉及同心式带状、乳滴状、豆荚状、纺锤状、囊状、岩瘤状岩体，它们一般都切穿围岩(沉积岩和岩浆岩)层理，与围岩呈不整合关系。③包裹于后期的花岗岩、正长岩、玄武岩等岩浆岩中的岩体呈俘虏体或残留顶盖的形式保存下来。

攀枝花地区变质岩分布广泛，不同变质时期、不同变质类型、不同变质程度的岩石均较为发育，构成本区复杂多样的变质岩组合。区内变质作用类型主要为区域动热变质、区域动力变质、动力变质、接触变质。

二、矿产特征与典型矿床

攀枝花式钒钛磁铁矿主要产于海西期基性-超基性岩中。据统计，区内蕴藏着全国20%的铁、63%的钒和93%的钛。区内的钛资源占世界的35%，位居世界第一，且具有资源种类多、分布集中、埋藏浅、开发条件优越、综合利用价值高、选矿性能好、组合配套能力强等特点。稀有稀土金属(稀有金属铌、钽及稀土金属铈族、钇族矿产)较集中分布在安宁河断裂带的西侧樟木—乱石滩—高草一带，呈南北向展布，在成因上与印支期碱性岩密切相关。含矿脉岩常沿岩体内或其外接触带的节理裂隙贯入。矿床成因类型可分为碱性伟晶岩型、石英脉型和碱性花岗岩热液接触交代(或自交)型3类。其中以碱性伟晶岩型为重要类型，石英脉型次之。以四川攀枝花大型钒钛磁铁矿为典型矿床阐述其特征如下。

典型矿床——攀枝花大型钒钛磁铁矿床位于攀枝花市方位33°直距11km。地理坐标：E101°45′33″，N26°38′10″。矿区距金格线密地站6km(运距)通公路。

攀枝花钒钛磁铁矿床位于基性层状岩体内，矿区以攀枝花断裂带、昔格达断裂带等近南北向的构造为主，其次发育近东西向构造。南北向构造在区内由一系列南北向和近于南北向断裂或断裂带及南北向褶皱组成，同时也发育一系列北北东向、北北西向剪切断裂。这个构造带发生于晋宁期，经历了澄江期、加里东期、海西期、印支期和燕山期等，形成了一个以褶皱及冲断裂为主的南北向先张后压构造带。南北向的构造带具有控岩控矿的作用，对岩浆岩和各种内生、外生、变质矿床起到了定向的作用，并为岩浆的上升提供了通道，同时控制着基性-超基性岩体及与层状基性-超基性岩体相关的钒钛磁铁矿床的分布，从而在区域形成近南北向分布的基性-超基性岩体及钒钛磁铁矿。

区域除了发育近南北向的导矿构造以外，在成矿期后还发育破矿构造。成矿后构造大致可为北东向、北西向、南北向3组，其中部分断层导致岩体(矿体)错断，从而形成破矿构造。矿区近东西向的F_{11}、F_{49}等一系列断裂被F_{35}、F_{49}、F_{38}、F_{41}、F_{42}等一系列近南北向的断裂所破坏错动(图4-17)，从而使矿田构造特征变动较为复杂。由于矿田构造的影响，给深部找矿勘探工作增加了难度。

攀枝花含矿层状辉长岩体出露面积约$30km^2$。走向北东，倾向北西，倾角50°~60°，长19km，宽2km，厚2000~3000m。下部主要含矿带厚70~500m，平均210m。其中矿体累计厚度为20~230m，平均厚度130m。沿倾向延伸850m未见变薄。含矿辉长岩体北东-南西向的展布特征受区域北东-南西向的控岩控矿构造所控制，但由于含矿辉长岩体后期受到南北向反扭性平移断裂破坏，自北东向南西将攀枝花矿床划分为太阳湾、朱家包包、兰家火山、尖包包、倒马坎等赋矿地段，其中朱家包包、兰家火山和尖包包3个赋矿地段矿层厚、矿石质量好(占全部储量的95%)，为目前攀枝花矿区的主采场。

整个辉长岩体中均可见矿化，但具矿床意义的主要有3个层位，即①位于层状辉长岩底部的含矿层；②位于层状辉长岩中下部的含矿层；③位于粗粒暗色辉长岩中的透镜状矿体。3个含矿层中最主要的是下部含矿层，也是主要的开采对象。

位于辉长岩底部的含矿层是攀枝花铁矿的主矿层，位于辉长岩体下部的边缘带之上，呈似层状。矿层与岩体层状构造一致，矿层稳定、规模大、分布连续，可见露头长达15km，矿层倾斜延伸亦较稳定，勘探证实延伸850m矿层厚度、品位均变化不大。矿层最厚可达500m(朱家包包)，累计厚度为230m。矿层含矿率为65%,平均TFe 33.23%、TiO_2 11.63%、V_2O_5 0.30%。矿层以致密块状矿石为主,夹浸染状矿石,夹石很少。

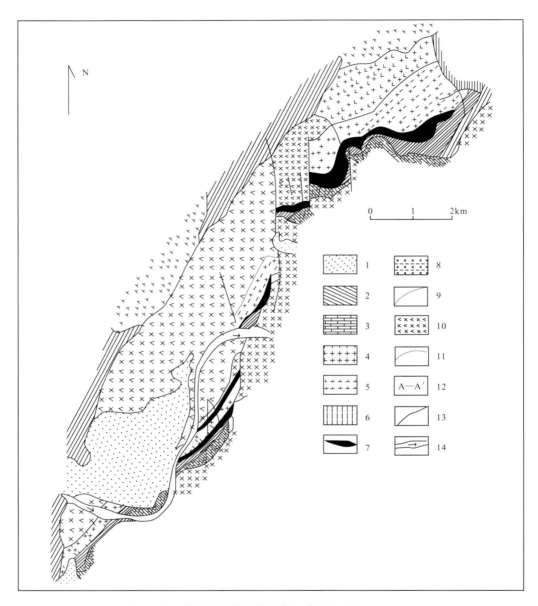

图4-17 攀枝花钒钛磁铁矿床地质略图(据何政伟,2013)
1.新近系和第四系;2.三叠系;3.上震旦统;4.花岗岩和花岗闪长岩;5.正长岩;6.底部边缘带;7.下部含矿带;8.下部辉长岩相;9.上部含矿带;10.上部辉长相带;11.实测及推测界线;12.剖面线;13.断层;14.河流

朱家包包矿段的各矿带发育完整。朱家包包矿段矿体走向北东,倾向北西,倾角一般40°~60°,含矿岩体规模较大,岩体内钒钛磁铁矿规模大,呈似层状,层位稳定。朱家包包矿段矿体厚大,矿石质量较好,以辉长岩型稀-中浸矿为主。

兰家火山矿段北东紧邻朱家包包矿段,被F_{38}断层隔断,南西紧邻尖包包矿段,被F_{41}断层隔断,含矿岩体为浅灰色中细粒辉长岩,岩体倾向北西,倾角40°~60°,地表出露含矿岩体及表外矿长约1700m,宽200~300m。矿石质量较好,以辉长岩型稀浸矿为主。矿体主要穿越Ⅳ、Ⅴ、Ⅵ、Ⅷ、Ⅸ矿带。

尖包包矿段介于勘查区F_{41}与F_{42}断层之间,含矿岩体为浅灰色中细粒辉长岩,岩体的走向和倾向与其他矿段大体相当。该矿段矿体底板为角闪片岩,与朱家包包和兰家火山的大理岩有所差别。该矿段在往深部方向,品位有降低的趋势。

太阳湾矿段位于矿区北东边,紧邻朱家包包矿段,地表主要地层岩性为三叠纪砂岩及少部分含矿岩体。整体见矿效果良好,主要为Ⅳ、Ⅸ矿带,相比朱家包包矿段缺失了Ⅴ、Ⅵ、Ⅷ矿带。

攀枝花铁矿石中有用组分为Ti、V、Ga、Mn、Co、Ni、Cu、Sc、Pt元素。

矿石主要结构构造有致密块状构造、致密浸染状构造、稀疏浸染状构造、条带状构造。

攀枝花含矿岩体的一级韵律层由岩体上部的辉长岩、中部暗色层状辉长岩、下部中粗粒暗色辉长岩夹橄辉岩和橄榄型矿层组成。自上而下辉石、橄榄石含量逐渐增高,斜长石含量逐渐降低。在一级韵律层内,岩性变化具有旋回性的韵律式变化,因此可进一步划分为Ⅰ、Ⅱ、Ⅲ 3个二级韵律层。3个二级韵律层中,第Ⅰ韵律层,即底部含矿层,包括Ⅷ、Ⅶ矿层;第Ⅱ韵律层,即中、下部层状辉长岩,包括Ⅵ、Ⅴ、Ⅳ、Ⅲ矿层;第Ⅲ韵律层,即上部浅色层状辉长岩,包括Ⅰ、Ⅱ矿层。在每个韵律层中自上而下辉石和少量橄榄石含量逐渐增加,岩石基性程度增高,含矿性变好。

三、成矿作用与成矿模式

攀枝花式钒钛磁铁矿成矿作用发生于上扬子陆块镁铁质或超镁铁质岩中,岩体产出受南北向长期活动的深断裂控制。该类型铁矿的含矿体锶初始值为0.7034~0.7054,钕初始值为0.5124~0.5125,$\delta^{34}S$值接近陨石硫,而$\delta^{18}O$值为5.55%~6.55%,说明成矿岩浆是上地幔部分熔融产生。岩浆生成聚集在下地壳或莫霍面附近形成深部岩浆房,并发生结晶分异,分异程度不同的岩浆继续上侵,在地壳上部形成上部岩浆房,然后继续成岩成矿,直至固结。钒钛磁铁矿是每次岩浆侵位固结早期形成(图4-18),成矿温度较高(1000~1250℃),氧逸度较高(10^{-6}~10^{-4}MPa)。岩浆房固结主要为分离结晶作用,它通过底部结晶或侧向增生,由下而上进行,其中钛铁矿、钛磁铁矿、橄榄石、单斜辉石和斜长石在岩浆房底部形成粥状堆积层,并继续生长。由于物质供应的差异,中、上部呈陨铁结构,下部呈嵌晶结构和镶嵌结构。在堆积层中密度较低孔隙流体与上覆岩浆发生对流,使上部基性程度低于中、下部,构成明显的分层结构。由于岩浆多次脉动式贯入和结晶、分异作用,在岩体中形成若干韵律旋回。

铁矿在一个岩浆活动旋回不同作用阶段的成矿几率最高时期往往与岩浆活动旋回的高潮时期和后期碱性增强阶段相一致。如石龙式、新铺子式铁矿床中,铁矿最富集的部位均位于含矿岩系中火山岩最厚大和钠质岩增多或岩石含钠偏高的部位。攀枝花式铁矿床中,富矿体则往往与含基性、超基性岩体被正长岩强烈混染阶段有关。因此,无论是火山岩,还是侵入岩,岩石的富钠性是造成铁矿富集的重要条件,也是找矿的重要岩石化学标志。

岩体的侵位方式受构造活动的性质约束,与岩浆向上升移的能量(强度)和距离有关,并影响到铁矿的富集作用或再造过程。就本区内生或内生再造铁矿而论,与铁矿有关的次火山-浅成侵入体,多呈与地层整合的岩床、岩盘产出。而切层的岩墙、岩株则很少成矿,甚至破坏、吞蚀先成之矿体,这也是重要的成矿规律之一。例如攀枝花式铁矿的主要矿体,大多数富集于流动层理比较发育的、缓倾盆状岩体中;而矿山梁子式铁矿,几乎所有与铁矿有关的基性岩体都沿大板山-官房沟复背斜轴部及西翼侵位,并受纵向断裂和层间裂隙控制,而且铁矿多富集于控矿主干断裂上盘同斜层状岩床的接触带附近或上盘围岩中。由此看来,纵向控岩断裂、层状盆状岩床和上盘有利围岩的有利组合及三者同斜缓倾的产状特征,是铁矿形成富集的有利构造-岩浆组合标志。这种组合形式之所以有利于铁矿的富集,主要是由于它较之陡倾斜的切割型岩体具有较好的封闭条件和较大的接触表面积,使得岩体的热力扩散速率较均匀且较缓慢,并有充裕的时间与围岩起化学反应的缘故。对于脉动性(阵发性)上升的后续岩浆和含矿气液来说,先成的缓倾层状岩体也是最理想的屏蔽层,可促使含矿气液在岩体的下接触界面附近停积成矿或沿岩体边缘冷凝收缩裂隙成矿,从而形成厚大的底缘"镶边"矿体。

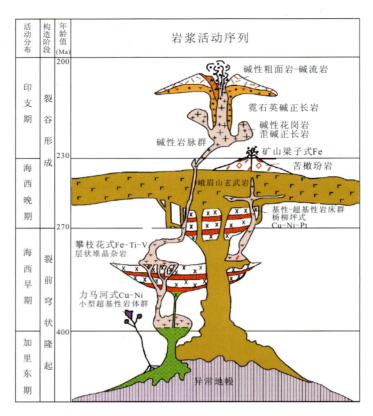

图 4-18 攀西地区攀枝花式钒钛磁铁矿岩浆岩活动序列及成矿演化示意图
(据四川省地质调查院,2011)

第六节 云南鹤庆北衙金多金属矿集区

一、概述

鹤庆北衙金多金属矿集区地处云南鹤庆、剑川、洱源、永胜一带,木里-丽江深大断裂南东盘,近等轴状方圆约70km。地理坐标:E99°55′—100°41′,N25°51′—26°44′。总面积约 $0.52×10^4 km^2$。

矿集区在大地构造位置上属盐源陆缘褶-断带之鹤庆陆缘坳陷,为晚古生代及早中三叠世的前陆坳陷。位于哀牢山-红河断裂以东,大理-宁蒗北东向构造带汇合处,印支期(T_3)被动陆缘逆冲-推覆大型变形构造带中带范围的逆冲-推覆型向斜构造区;成矿构造环境为由喜马拉雅期北西向金沙江-哀牢山走滑-拉分构造带与北东-南西向程海-宾川次级主走滑-拉分构造共同控制的陆内造山-造盆作用及构造岩浆活动继承性叠加改造的造盆区。由于受到喜马拉雅期多期次高钾富碱斑岩构造-岩浆-流体内生成矿和沉积-表生外生成矿作用的叠加、复合,形成多种成矿类型:包括斑岩体内的爆破角砾岩型及岩体内外接触带型,以及围岩中构造破碎带、裂隙带中的构造蚀变岩型;还有第三纪山间盆地河湖沉积和第四纪表生残坡积、岩溶洞穴堆积型等。区内由两条较大的文化-鸣音断裂及后本箐断裂分隔鹤庆褶冲带和北衙松桂复式向斜。主要控矿断裂为南北向断裂,次为东西向断裂。褶皱主要为北衙向斜,为一10km长的北北东向宽缓短轴向斜,椭圆形盆地,翼部出露三叠系北衙组等地层,核部为丽江组和第四系。

北衙地区的主要控岩构造为近南北向的马鞍山断裂和隐伏的东西向断裂。马鞍山断裂控制了红泥塘和万硐山等斑岩体、岩株和隐伏岩体的产出与分布。近东西向隐伏构造控制着红泥塘、笔架山、白沙井等斑岩体产出和分布。长期的构造、岩浆活动,为矿质的聚集和沉淀提供了必要的条件,形成北衙特大型金多金属矿床。

主要褶皱构造为北衙松桂复式向斜,是该区的控制性褶皱,位于东部白衙—松桂之间。轴线在平面上呈波状弯曲,轴向近20°,西翼被断裂切错破坏,保存较少,而东翼总体上保存较好。轴长约58km,宽约15～20km,为一长轴向斜。向斜核部多见喜马拉雅期碱性斑岩侵入,在北部被始新统宝相寺组磨拉石覆盖。核部主要出露上三叠统松桂组碎屑岩,翼部分别出露上三叠统中窝组灰岩—上二叠统峨眉山玄武岩,西翼岩层倾角为23°～25°,东翼岩层倾角为15°～32°两翼较对称,枢纽起伏较大,总体近水平,为等厚开阔褶皱。

区内出露的主要地层有二叠纪玄武岩组（Pe），早三叠世（T_1）碎屑岩及火山沉积岩,中三叠统北衙组（T_2b）含铁灰岩,第三系始新统丽江组（E_1）杂色—紫色含砾、砂黏土（岩）和角砾岩,第四系全新统（Q）。北衙组为主要内生金矿含矿地层,丽江组及其与下伏地层的不整合面有外生型含砂砾黏土岩型金矿产出。

继二叠纪发育大范围的峨眉山玄武岩后,于早三叠世开始发育盆地,后于晚三叠世由于扬子板块向西俯冲（新生代构造运动）,发育系列南北向断裂和褶皱,隆起并开始剥蚀。喜马拉雅期因陆内挤压造山作用的影响,发生了自西向东的逆冲推覆作用。同时发育大量碱性斑岩体侵入到峨眉山玄武岩和三叠纪地层中,沿接触带矽卡岩化、大理岩化、角岩化、褐铁矿化发育,并在局部发育有陆内断陷盆地。

本区为扬子西缘富碱斑岩带的一部分,岩浆活动频繁,岩浆侵入在65～3.65Ma之间都有发生,基性、中性、酸性及碱性岩类均有。哀牢山深断裂的长期活动,使本区构造应力集中、地壳脆弱、地幔上隆,在三大超壳断裂附近,导致火山喷溢和岩浆侵入,自海西期—喜马拉雅期均有岩浆活动。岩石类型有基性、中性、酸性及碱性岩类,可分3个时期,即海西期：以基性辉长岩、二叠纪玄武岩为主,与铜矿化有关；燕山期—喜马拉雅期：主要为中酸性富碱斑岩,岩类有石英正长斑岩、辉石正长斑岩、花岗斑岩及石英闪长岩,并有较多的后期正长斑岩、煌斑岩脉插入,与金、银、铜、铅、锌、铁矿化关系密切；喜马拉雅期：主要为苦橄玄武岩及橄斑玄武岩,分布于洱海断裂附近。在北衙-松桂斑岩带内,计有35个岩体,按岩类划分,有石英正长斑岩17个、正长斑岩12个、花岗斑岩4个、石英二长斑岩1个,一般呈岩墙、岩床、岩株、岩脉产出,并常伴有煌斑岩脉。松桂岩体锆石同位素年龄值为61Ma,属喜马拉雅期。与浅成斑岩体有关的矿产计有金矿床1处,铅锌矿点5处,铜、钼、钨矿点1处。

二、矿产特征与典型矿床

本区海西期海相玄武岩和喜马拉雅期富碱斑岩极为发育；前者普遍具有热液型铜矿化,后者与金、铁、铅、锌、银等多金属矿床具有密切成因关系。此外,区内中部及北部的上三叠统含煤岩系存在着烟煤及优质小型锰矿床,产出有小规模铝土矿。以与富碱斑岩体侵入直接相关的铁、金多金属成矿最为重要,并形成了以北衙铁金矿区为中心的金多金属矿集区。主要容矿岩石为中三叠统北衙组不纯碳酸盐岩,并于北衙组构造裂隙破碎角砾岩中存在热液型锰矿,而其顶部剥蚀面上零星见沉积型铝土矿层。

该区复式向斜南部次级褶皱发育,轴向总体为北北东向,北北东向、北北西向、近南北向3组断裂较为发育。受喜马拉雅期多期次的富碱斑岩及复杂构造作用,而形成了区内南部的以北衙铁金矿区的铁、铜为主,兼有铜、铅、锌、银等多金属矿床为代表,其是以矽卡岩型、岩浆岩型为主,兼有红土型、沉积型和斑岩型的多类型矿床（徐兴旺等,2006；莫宣学等,2008）。成矿受岩体、构造、地层三位一体控制；三叠纪碎屑岩及碳酸盐岩为主要赋矿地层,特别是北衙组碳酸盐岩内；成矿与石英正长斑岩体关系密切,金、铅锌、钨、铁矿体常呈囊状和脉状产于斑岩体与围岩的构造接触带部位及受斑岩体影响的其他构造断裂带中或近邻断裂或层间破碎带中。

典型矿床——鹤庆北衙大型金多金属矿的情况介绍如下。

1. 交通位置

该矿位于鹤庆县178°方向约45km。地理坐标：E100°12′10″，N26°08′45″。矿区面积约22km²，矿区展布南北长5.5km，东西宽4km。

2. 区域地质

矿区大地构造位置为扬子陆块区（Ⅲ）-上扬子陆块（Ⅲ$_1$）-丽江-盐源陆缘褶-断带（Ⅲ$_{1-6}$）鹤庆陆缘坳陷（Ⅲ$_{1-6-1}$）。地层分区为华南地层大区（Ⅱ）-扬子地层区（Ⅱ$_2$）之盐源-丽江-金平地层分区（Ⅱ$_2^1$）。处于印支期（T$_3$）被动陆缘逆冲-推覆大型变形构造带中带范围的逆冲-推覆型向斜构造区；成矿构造环境为由喜马拉雅期北西向金沙江-哀牢山走滑-拉分构造带与北东-南北向程海-宾川次级主走滑-拉分构造共同控制的陆内造山-造盆作用及构造岩浆活动继承性叠加改造的造盆区。属于喜马拉雅期高钾高碱斑岩带中松桂-北衙岩（脉）体集中区。区域地层主要出露中生代三叠纪海陆交互相的碎屑岩、碳酸盐岩，次为晚古生代二叠纪火山碎屑岩。区域构造线方向总体为近南北向，发育有鹤庆-松桂-北衙宽缓复式向斜及马鞍山（松桂-邓川）断层，在鹤庆-松桂-北衙宽缓复式向斜中发育有次级向斜——北衙向斜，北衙金矿主要受次级褶皱的控制。岩浆岩主要为喜马拉雅期的富碱斑岩，矿区属扬子陆块西部边缘富碱斑岩带，带内断续出露大小斑岩体70余处，从北往南分为剑川、大理、永平、姚安和金平斑岩区。在该富碱斑岩带上，除北衙金矿外，尚有众多的矿床（点）分布，如拉巴、甫哥、松桂、马厂箐、姚安、哈播、长安冲等金矿床（点）（李志钧，2010）。由于受到喜马拉雅期多期次高钾富碱斑岩构造-岩浆-流体内生成矿和沉积-表生外生成矿作用的叠加、复合，形成多种成矿类型：包括斑岩体内的爆破角砾岩型及岩体内外接触带型，以及围岩中构造破碎带、裂隙带中的构造蚀变岩型；还有第三纪山间盆地河湖沉积和第四纪表生残坡积、岩溶洞穴堆积型等。

3. 矿区地质及矿体特征

区内出露的主要地层有二叠纪峨眉山玄武岩组（Pe），早三叠世（T$_1$）碎屑岩及火山沉积岩，中三叠统北衙组（T$_2b$）含铁灰岩，始新统丽江组（E$_1l$）杂色—紫色含砾、砂黏土（岩）和角砾岩，第四系全新统（Q）。北衙组主要为内生金矿含矿地层，丽江组及其与下伏地层的不整合面有外生型含砂砾黏土岩型金矿产出。

主要控矿断裂为南北向断裂，次为东西向断裂。褶皱主要为北衙向斜，为一10km长的北北东向宽缓短轴向斜，椭圆形盆地，翼部出露三叠系北衙组等地层，核部为丽江组和第四系。矿床受北衙向斜（鹤庆-松桂-北衙宽缓复式向斜的次级构造）的控制，已发现的矿体均产于向斜两翼。矿区北自锅厂河，南至金沟坝，西自红泥塘，东至笔架山，以北衙向斜轴（北衙盆地中心）为界分为东、西两个矿带，其中东矿带包括桅杆坡、笔架山、锅盖山矿段；西矿带包括万硐山、红泥塘、金沟坝矿段（图4-19）。

本区为扬子西缘富碱斑岩带的一部分，岩浆活动频繁，岩浆侵入从65～3.65Ma都有发生，基性、中性、酸性及碱性岩类均有。海西期以基性辉长岩、二叠纪玄武岩为主，与零星铜矿化有关；喜马拉雅期主要为中酸性富碱斑岩侵入及苦橄玄武岩、橄斑玄武岩、碱性岩的喷溢，与金、银、铜、铅、锌、铁矿化关系密切，北衙矿区万硐山—红泥塘一带还发育有少量次火山角砾岩（爆破角砾岩）。

内生型原生矿体主要有：①隐伏斑岩体内细脉浸染型硫化物铜-金矿体；②爆破角砾岩中铁-金和铅-锌矿体；③斑岩上、下接触带中层状、似层状或透镜状，缓倾斜含金磁铁矿矿体；④斑岩体平行接触带含铜黄铁矿、方铅矿石英脉脉状矿体；⑤远离斑岩接触带灰岩中构造破碎带脉状、透镜状、似层状矿体。

主要矿体有：①红泥塘矿段4号、5号、7号矿体，矿体上陡下缓，产于石英正长斑岩上盘接触带砂卡岩内，走向355°，倾向北西或南东，倾角32°～58°，地表断续延长440m，深部控制长170m，斜深300m，矿体水平厚度 0.7~10.6m，平均 3.24m，金品位 $(0.69~18.81) \times 10^{-6}$，平均 6.34×10^{-6}，品位变化系数 77%，属较均匀。②万硐山矿段 52 号矿体，主矿体产于石英正长斑岩下盘，褐（磁）铁矿体缓倾，呈脉状、透镜状、似层状产出，控制长 1360m，延深 210m，矿体厚 0.45~36.02m，平均 10.75m，金品位 $(0.26~38.40) \times 10^{-6}$，平均 3.14×10^{-6}，单矿体已探明金资源量 19 670kg；③笔架山矿段 22 号矿体，产于斑岩岩脉底部东侧围岩（T_2b^4）中，矿体走向北北东，倾向北西，倾角 35°~68°，控制长 160m，斜深 60m，平均厚 2.68m，平均金品位 7.64×10^{-6}。

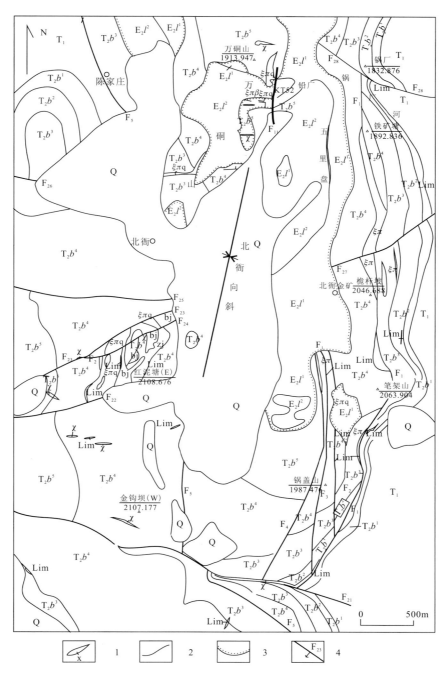

图 4-19　北衙金矿区地质简图（据李志钧，2010）
1. 煌斑岩（脉）；2. 地质界线；3. 不整合地质界线；4. 断层及编号

外生型矿体：主要矿体有万硐山80号矿体，为产于丽江组（E_2l）底部砂砾黏土型含金褐铁矿矿体，总体产于古风化剥蚀面上，呈缓倾似层状面型分布，已控制南北长800m，倾斜宽220m，矿体厚1.00～17.42m，平均6.66m，金品位（0.60～4.18）×10^{-6}，平均1.64×10^{-6}。

矿石类型：①按成因有内生型金-多金属矿石和外生型含金砾砂黏土型矿石；②按自然类型有原生矿石和氧化矿石；③按含金岩石类型，可划分为8种工业类型，即褐（磁）铁矿型金-多金属矿石、磁（赤）铁矿型金-多金属矿石、灰岩型金-多金属矿石、石英正长斑岩型金-铜矿石、矽卡岩型金-磁铁矿矿石、爆破角砾岩型金-铁矿石、煌斑岩型金-铁矿石、含砾砂黏土型金-铁矿石。

原生型金矿石矿物组合有：①磁铁矿-黄铁矿-自然金-石英；②黄铁矿-黄铜矿-自然金-白云石、透辉石-石英；③黄铁矿-黄铜矿-自然金-石英；④褐铁矿-磁（赤）铁矿-自然金-石英、方解石、泥质矿物；⑤自然金-石英-泥质矿物；⑥自然金-角砾岩等。

氧化型金矿石矿物组合有：①赤铁矿-褐铁矿；②胶状氧化矿；③蚀变斑岩氧化矿；④蚀变角砾岩氧化矿等。

矿化蚀变仅与内生型成矿作用密切相关。在正长斑岩类岩体内部的蚀变类型为硅化、钾化、绢云母化、绿泥石化、高岭土化、以黄铁矿化为主的金属硫化物矿化；在岩体接触带富碱的接触交代蚀变为矽卡岩化、菱铁矿化、磁（赤）铁矿化，从正长斑岩到围岩具有明显分带性。

三、成矿作用与成矿模式

1. 成矿作用

诸多研究表明，成矿物质、成矿流体与富碱斑岩一样来自于深部地幔或壳幔混合带。成矿流体早期以岩浆流体为主，晚期可能有大气降水的混合。成矿过程中，富碱斑岩岩浆不仅为含矿流体的上升提供了动力和热能，同时也是成矿物质和成矿流体的主要来源（肖晓牛等，2011）。根据成果，岩体内硫同位素以幔源硫为主，有围岩硫加入；铁矿成矿温度为280～430℃。金多金属矿成矿温度175～233℃，铁矿成矿物质主要来源于深部岩浆分异作用，金多金属矿物质及流体不仅来源于深部地幔，于浅表处混合大气降水，并与早期铁矿一起形成金多金属矿床，主要成矿期与岩体侵位同属喜马拉雅期。原生多金属矿形成后，经氧化剥蚀搬运沉积形成受地层控制的"红土型"金多金属矿床（体）。

2. 成矿模式

北衙金多金属矿为内生、外生复合型金矿床。主要控矿因素为喜马拉雅期高钾富碱斑岩-煌斑岩浅成-超浅成侵入体，内生成岩成矿年龄为60～3.65Ma，主成岩成矿年龄为34～32.5Ma。原生金矿主要有产于侵入岩接触带附近的矽卡岩型金矿和产于侵入岩内接触带及斑岩隐爆角砾岩中的斑岩型金矿，以及产于侵入岩附近外接触带围岩早中三叠世白云质灰岩、含铁灰岩中的热液脉型金矿。其中中三叠统北衙组为主要内生金矿含矿地层，始新统丽江组及其与下伏地层的不整合面有外生型含砂砾黏土岩型金矿产出。其成因机制为：喜马拉雅期断裂控制的浅成-超浅成富碱斑岩侵入到三叠系中，岩浆在中等深度与碳酸盐岩反应，生成矽卡岩，在浅部接触带，强大的岩浆热液压力形成爆破角砾岩，成岩和期后岩浆热液沿着岩体和外接触带的断裂，混合部分其他来源流体在合适部位充填交代形成脉型金矿，其中热液和金矿物质主要来源于岩浆，围岩地层也有部分贡献。古近纪时内生金矿出露地表，经过风化剥蚀和沉积作用，形成丽江组含砂砾黏土岩型金矿。这些金矿在第四纪时经过风化作用，部分氧化和淋滤到下部还原带成矿，多数被冲积形成砂金矿（图4-20）。

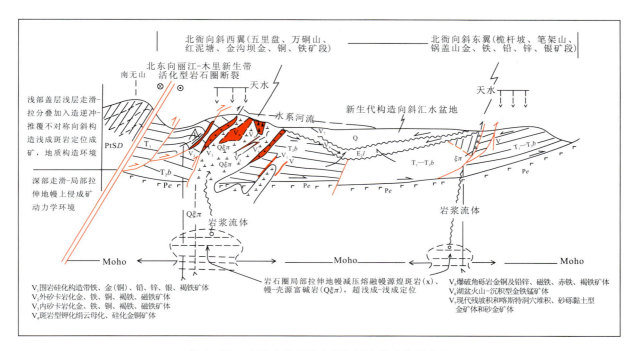

图 4-20 北衙式斑岩型金多金属矿床成矿模式图
(据《云南省铜、铅锌、金、钨、锑、稀土矿资源潜力评价成果报告》,2011)

第七节 川滇前寒武纪铜铁多金属矿集区

一、概述

该矿集区范围位于 E101°15′—103°05′,N23°25′—26°25′之间,呈北窄南宽的南北向长条状,北至麻塘-踩马水-菜子园断裂带,南以红河断裂为界,东起小江断裂,西至元谋-绿汁江断裂,南北长约 400km,东西宽约 100~250km,行政区划包括四川凉山彝族自治州、攀枝花市和云南昆明市、玉溪市、昭通市、曲靖市、楚雄彝族自治州等地区,成矿带范围总面积约 $5 \times 10^4 km^2$。

大地构造上主要分布于上扬子陆块之康滇前陆逆冲带(I_{1-3})北部和盐源-丽江逆冲带北东部(I_{1-5})的过渡地带。成矿区带属Ⅲ-76康滇隆起铁、铜、钒、钛、锡、镍、稀土、金、石棉、盐类成矿带,Ⅲ-76①康滇隆起铁、铜、钒、钛、锡、镍、稀土、金成矿亚带。

区内前寒武纪基底地层广泛出露,自北向南分别有会理群、河口群、东川群、汤丹群、苴林群、昆阳群、大红山群等(图4-21)。基底地层中铁铜矿床广泛分布,以东川式铜矿、拉拉式铁铜矿、大红山式铜铁矿等为代表,共同构成我国西南地区重要的铁铜矿产基地。

矿集区内构造极其发育,断层构造以南北向为主,如小江断裂、元谋-绿汁江断裂、安宁河断裂、普度河断裂,其次北东-南西向断裂,如菜子园断裂、踩马水断裂、麻塘断裂、汤郎断裂等,这些构造共同构成区内的主体格架。区内的岩浆活动也主要沿上述深大断裂展布,表明上述断裂活动的时间至少发生在元古宙。

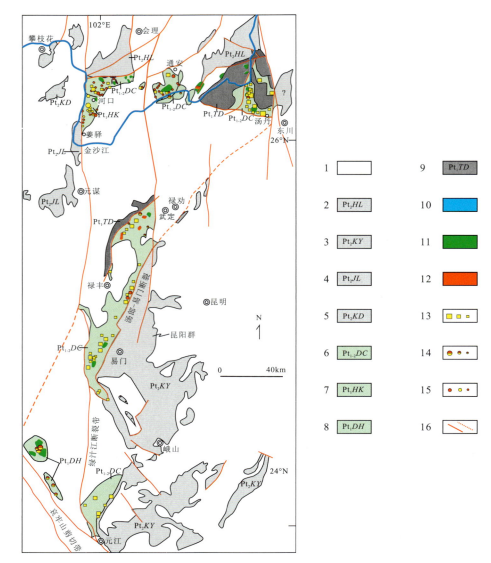

图 4-21 川滇前寒武纪岩浆岩、沉积岩及铁铜矿床分布示意图
1.南华系—第四系;2.晋宁期会理群;3.晋宁期昆阳群;4.晋宁期苴林群;5.晋宁期康定群;6.昆阳期东川群;
7.昆阳期河口群;8.昆阳期大红山群;9.前昆阳期汤丹群;10.超基性岩;11.基性岩;12.酸性岩;13.沉积-改造
型铜矿;14.岩浆热液型铁铜矿床;15.岩浆热液型铁矿床及铜矿床;16.断层及推测断层

二、矿产特征与典型矿床

矿集区内前寒武纪铜铁矿床主要分布在古元古代的东川群、河口群和大红山群内,主要矿床类型有以下 4 类:

(1)东川式铜矿。云南东川-易门地区为超大型东川式铜矿田,探获资源量大(超过 $260 \times 10^4 t$),含矿岩系为中元古界因民组、落雪组,为扬子陆块边缘的东川裂谷带内。含东川的汤丹铜矿、落雪铜矿,易门狮子山铜矿、铜厂铜矿,元江红龙厂铜矿、白龙厂铜矿等。东川式铜矿最主要特征是含矿地层严格为因民组上部、落雪组下部的白云岩,即白云岩型铜矿,该铜矿类型与中部非洲赞比亚、刚果等白云岩型铜(钴)矿床类型非常相似。此外也有学者将东川地区稀矿山、小铁一带岩浆岩与白云岩接触带上的铁铜

矿类型划入东川式铜矿或另称为稀矿山式铁铜矿。

（2）拉拉式铜铁矿。主要分布在古元古界河口群中的变质基性火山岩内，赋矿围岩强烈片理化。主要特征为矿体顺层展布，岩性控制明显，含罗函矿区、红泥坡矿区（最新勘探）。最新研究显示，其主成矿期的成矿时代集中在古元古代晚期。

（3）大红山式铁铜矿。主要为分布在古元古代深变质大红山群及其内部的古元古代岩浆岩内的铁铜矿床。该类型矿床主要受古火山机构和后期高温气液活动控制，其成矿作用目前争议较大，主要原因在于目前尚未获得主成矿期的成矿时代。

（4）迤纳厂式铁铜矿。分布在武定地区，矿体顺层展布，以铁铜矿化为主，条纹条带状构造。含东方红、大宝山等矿段。该类矿床受古元古代晚期与岩浆活动有关的热液蚀变作用控制明显，研究程度较高，成矿时代集中在古元古代晚期。

以东川式铜矿、拉拉式铜铁矿为典型矿床阐述如下。

（一）东川铜矿床

1. 概述

矿区中心地理坐标：E103°03′19″，N26°10′28″。东川铜矿开采历史悠久，可以追溯至清朝年间，位于云南省东北部的东川区（原东川市）的汤丹镇至因民镇，广义的东川铜矿涵盖汤丹矿区和因民-落雪矿区。交通方便。

2. 地质简况

东川铜矿矿区位于康滇隆起中部，东侧为小江深大断裂，北侧为麻塘-踩马水-菜子园断裂系统组成的缝合带，西侧为近南北走向的德干断裂。

区内主要地层为东川群，包括因民组、落雪组、黑山组、青龙山组。因民组下伏4组地层分别为洒海沟组、望厂组、菜园湾组、平顶山组。赋矿地层为因民组顶部白云岩和落雪组白云岩。

区内由于经历多期构造运动，断层、褶皱极其发育，整个东川群位于大型向斜构造，即落因向斜构造，次级小褶皱不计其数。纵向贯穿整个矿区的断裂为近南北走向的落因破碎带。

本区岩浆岩发育，以古元古代末期大规模的基性岩群为主，主要分布在落雪—因民一带，总体变质程度不高，以富Na为主，地球化学显示为陆内裂谷的特点。此外还有澄江期辉绿岩、二叠纪辉绿岩，以小型岩脉、岩株状产出。

本区地层、岩浆岩变质程度总体偏低，多为低绿片岩相，主要为板岩、千枚岩等，少数大理岩化和绢英岩化，因民组下伏的菜园湾组灰岩保持较好的原始结构、构造，仅少量有重结晶现象。

3. 矿体地质

含矿层位于古元古界东川群落雪组顶部白云岩和因民组白云岩中，矿体呈层状、似层状，受层位控制明显（图4-22）。矿化带沿东川群地层走向展布，总体呈宽缓的褶皱构造，即落因向斜展布。

东川铜矿风化淋滤较强，所开采出来的矿石大多都已风化蚀变为孔雀石，呈皮壳状、薄膜状以及小团块状分布于白云岩中。

矿石矿物：黄铜矿、斑铜矿、黄铁矿、辉铜银矿（硫铜银矿）、针镍矿、黝铜矿、辉砷钴矿、方铅矿、闪锌矿、自然铜等；氧化物有孔雀石、蓝铜矿、蓝辉铜矿、赤铜矿等。脉石矿物：白云石、方解石、绢云母、石英、碳质和长石等。

矿石结构：主要为中—细粒不等粒粒状结构，交代残余结构、充填交代结构、残余假象结构、微晶结构。矿石构造：主要为星点状、条纹条带状、浸染状、细脉状构造，"马尾丝"状、薄膜状、团块状、角砾状构造次之。

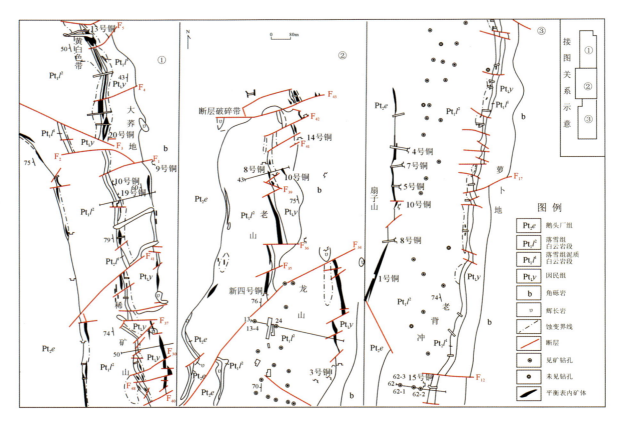

图 4-22 东川铜矿地质图
①大荞地-稀矿山矿段；②老山矿段；③老背冲矿段

矿物共生组合：据矿石光片鉴定，主要矿石矿物呈中—细粒粒状，矿物共生组合主要有：黄铜矿-黄铁矿；辉钴矿-黄铁矿-黄铜矿-石英；辉钼矿-黄铜矿；硫镍钴矿-黄铜矿；针硫镍矿-黄铜矿-长石。

根据含矿岩石可划分为两种矿石类型：氧化矿石，以皮壳状、小团块状、薄膜状为主，分布在白云岩裂隙中；原生矿石，以黄铜矿等硫化物为主，多呈不均匀浸染状、星点状、"马尾丝"状及少量团块状。

围岩蚀变主要有硅化、黄铁矿化、碳酸盐化等。硅化：以白云岩的强烈硅化为主，表现为白云岩 SiO_2 含量增高，硬度增大，其次表现为后期裂隙中的石英脉，石英呈不规则脉状、网脉状、团块状出现，伴随铜质产生局部迁移，铜矿物在石英脉体中或边缘富集。黄铁矿化：黄铁矿呈团块状、浸染状分布在白云岩裂隙中。碳酸盐化：主要指发生在白云岩裂隙中的方解石脉，与硅化相伴。

（二）拉拉铜铁矿床

1. 概述

矿区中心地理坐标：E104°04′04″，N26°13′26″。隶属四川省会理县黎溪区绿水乡辖区，矿区面积 $6.36km^2$。分布于康滇断隆带之东川断拱、会理拉拉一带，东西向古构造与南北向金沙江断裂带交会地带，康滇古元古代裂谷海底火山喷发生成铜矿。拉拉式典型矿床包括落凼、老羊汗滩沟、石龙等矿床，它们属同一含矿层位。

2. 地质简况

矿区地处扬子地块西缘康滇隆起中段，南邻东西向构造带和川滇南北构造带交会部位。拉拉式铜矿分布于河口复式背斜之次级构造红泥坡向斜。该区基底褶皱由古元古代变质岩系组成。褶皱形成于古元古代末期"会理运动"。河口复式背斜轴部在黎溪—河口一带，轴向近东西。背斜核部出露河口岩群下部层位，但大部分已被辉长岩体侵位。河口背斜南翼从河口经大营山至拉拉以南为次级的红泥坡向斜，河口岩群层位由下而上依次出露，岩层产状倾向南南西，倾角多为30°～40°。在拉拉地区F_{13}以西，沿金沙江一带出露有通安组部分层位（图4-23）。

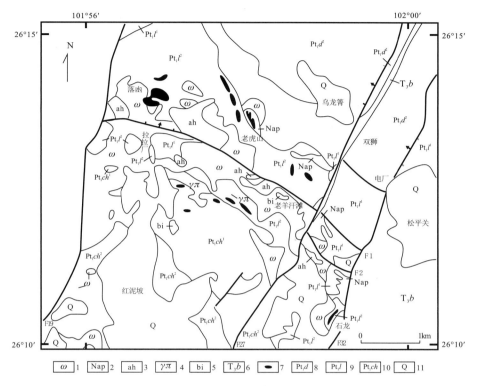

图4-23 四川拉拉地区地质略图

1.辉长岩；2.石英钠长岩；3.角闪钠长岩；4.花斑岩；5.角砾岩；6.三叠系白果湾组；7.矿体；8.古元古界河口群大云山组；9.古元古界河口群落凼组；10.古元古界河口群长冲组；11.第四系

含矿岩系（落凼组）原岩为一套细屑-细碧角斑岩，可分3个大的火山-沉积旋回，火山岩从下到上由基性向酸性连续演化。赤铜矿、磁铜矿富集部位与富钠火山岩（$Na_2O+K_2O \geqslant 8\% \sim 10\%$，$Na_2O>K_2O$）发育部位吻合，富钾（$K_2O>Na_2O$）或富钙（碳酸盐）岩石则多为铜矿的产出部位。矿床矿体集中于古元古界河口群落凼组（火山活动最强烈的）第二段。

落凼组一段：主要分布于大团箐、打铜沟、乌龙箐、老羊汉滩沟和周家箐一带。层位较稳定，但由东向西有变薄的趋势，总厚度646m。岩性主要为钙质云母石英片岩夹薄层大理岩、变砂岩、绢云碳质板岩、钙质白云片岩、石榴角闪黑云片岩、白云石英片岩夹绿泥石绢云片岩等。局部具铜矿化。

落凼组二段：主要分布于落凼、小厂、寨子箐、石龙、石龙东和龙树箐一带。是拉拉地区的主要含矿层位，总厚度545m。岩性为白云石英片岩、二云石英片岩、黑云角闪钠长片岩和层纹-条纹状石英钠长岩，石英钠长岩具变余粗面结构，偶见变余残斑结构；基质中长条状微晶略具定向排列，块状构造，局部见杏仁构造。主要矿物成分为钠长石，次为石英及磁铁矿、磷灰石等。经变质作用有新生白云母及钾长石析出。岩石以富钠为特征，变角斑质凝灰岩是铜矿体的赋存层位。

3. 矿体地质

矿体严格地赋存于落凼组的中、下部，距其底350m范围内；其岩性组合为石英钠长岩与黑云片岩，尤其是接触处和交替频繁的部位。据此，划分了3个黑云片岩带，其发育程度取决于矿体规模和部位。

(1) 落凼矿段铜矿体地表露头较少，多为隐伏—半隐伏状态，共有32个矿体，其中①~⑤号矿体规模较大，占全矿区总储量的97%。其余矿体规模均较小。矿体长度大于1000m的有4个，500~1000m的有2个，100~500m的有18个。矿区内钻孔见矿厚度最大的Ⅺ线ZK2孔表内加表外可达145.60m，平均品位0.82%，其中表内矿厚131.93m，平均品位0.90%。单个矿体平均厚度大于20m的有2个，7~20m的有7个，3~7m的有15个。矿体一般呈似层状、透镜状，以叠瓦形式产出，膨胀现象明显，有分支复合、尖灭再现等现象。矿体产状与围岩产状基本一致，严格受岩性和层位的控制，当围岩受力形成背斜或向斜褶曲时，矿体亦同时褶曲。矿体总体走向近东西或北西西，倾向南或南南西，倾角15°~40°，一般20°~30°。

(2) 老羊汗滩沟矿段位于康滇隆起中段河口背斜南翼和拉拉-红泥坡向斜北翼之间的拉拉-石龙弧形构造带中段。矿区地层总的走向为北西，倾向南西，由于受多期构造的叠加，沿走向和倾向都有一些次级波状小型褶曲。分为落凼东延、F_1南、老虎山和小厂4个矿段，共有矿体31个，其中以F_1南矿段及落凼东延矿段矿体规模较大，呈似层状、透镜状、叠瓦状产出，产状与围岩基本一致并随地层一起褶曲，有分支复合、膨缩等现象。

(3) 石龙矿段位于河口复式背斜南翼之次级构造双狮拜象背斜的倾斜端。区内地层产状平缓，构造简单。矿体呈单斜层状产于河口群落凼组第二段含矿层中。东部为矿体露头，西部多被后期辉长岩吞蚀，北东和南东部分别被F_8、F_{29}断层所切。主要含矿岩石为黑云片岩、石榴黑云片岩、二云片岩及少数石英钠长岩。矿体呈似层状、透镜状相互重叠地平行排列，有断续、分支、复合等现象。

全矿区铜含量变化不大，一般0.67%~1.26%，平均品位约0.9%。金属矿物主要为黄铜矿、黄铁矿、斑铜矿。矿物组合主要为黄铜矿、黄铁矿、磁铁矿、斑铜矿、辉铜矿、辉钴矿、自然铜、孔雀石、钠长石、黑云母、白云母、石英、方解石等。矿石以粒状结构为主，次为交代包含结构，具浸染状、条带状及条纹状构造。围岩蚀变有黑云母化、磷灰石化、阳起石化、萤石化、硅化等。

三、成矿作用与成矿模式

1. 东川式铜矿成矿作用与成矿模式

通过对东川铜矿原生沉积硫化物中的黄铜矿和后期团块状样品进行Re-Os同位测年，结果显示，原生黄铜矿的年龄为1768±65Ma，表明原生硫化物沉积时代为古元古代晚期。团块状黄铜矿的等时线年龄为874±32Ma，与油房沟铜矿成矿时代一致，也与新元古代康滇地区大规模的酸性岩浆事件吻合，可能在这次岩浆事件中活化富集，并提供一些物质来源。

东川铜矿矿体主要分布在因民组顶部白云岩和落雪组白云岩中，矿石矿物以黄铜矿为主，常向阳等(1997)采用Pb-Pb等时线方法测定了落雪组白云岩的年龄为1716±56Ma，因民组中凝灰岩夹层中锆石的U-Pb年龄为1742±13Ma(Zhao et al.，2010)，黑山组顶部凝灰岩中锆石的SHRIMP U-Pb年龄为1503±17Ma($n=18$，MSWD=1.2；据孙志明等，2008)，表明因民组和落雪组的沉积时代为古元古代晚期，东川铜矿原生硫化物时代为1765±56Ma(王生伟等，2012)，说明硫化物的时代与赋矿地层的沉积时代基本一致，因此东川铜矿是典型的热水沉积型铜矿，这也是为什么东川铜矿体主要沿因民组和落雪组白云岩展布的根本原因。

古元古代末期，康滇地区由于地幔柱作用发生了大规模的昆阳陆内裂谷拉张事件，东川群地层为裂谷拉张形成的断陷盆地中的沉积相，因民组底部低成熟度角砾岩反映了其动荡的沉积环境，随着盆地的不断拉张，沉积环境趋于稳定，逐渐过渡为高氧逸度的白云岩沉积，海底喷发出来的低氧逸度含Cu的硫化物热液在氧化环境中随着白云岩一起沉淀下来，形成最初的沉积型铜矿。后期构造运动对矿床的最终成型可能起到了一定的富集作用。

2. 拉拉式铜矿成矿作用与成矿模式

香港大学的陈伟博士对拉拉铜矿区矿石中的辉钼矿进行了 Re-Os 同位素研究，其时代多集中在 1080Ma(Chen et al.,2012)，并认为该矿的主成矿期为中元古代末期。然而，朱志敏等通过对拉拉铜矿的矿石矿物黄铜矿的 Re-Os 同位素测年，发现黄铜矿的 Re-Os 等时线年龄和加权平均年龄在(12~13)亿年(Zhu Z M et al.,2013)，二者相差较大，原因不清。目前对中元古代晚期研究活动的报道较多，如拉拉铜矿西南侧的元谋黄瓜园地区的片麻状花岗岩、安宁河断裂中的片麻状花岗岩、会东菜园子花岗岩、天宝山组流纹岩等，其时代都集中在10亿年左右，与拉拉铜矿的辉钼矿的 Re-Os 同位素年龄高度一致，可能反映了这一期岩浆活动对拉拉铜矿有着非常重要的改造作用。

拉拉式矿床的成矿条件主要有以下几条。

(1)海底偏碱性火山的喷发作用是矿床形成的物质来源和先决条件。

(2)沉积古地理环境：矿床形成于海进层序的初期和中期阶段，是在火山物质与正常成分混生沉积的过渡带中，尤以火山凝灰质与泥质混生沉积的过渡中最为有利；是弱碱性-弱酸性、弱氧化-弱还原环境下的沉积。

(3)层位及岩性：矿体严格地赋存于落凼组的中、下部，距其底350m范围内；其岩性组合为石英钠长岩与黑云片岩，尤其是接触处和交替频繁的部位。据此，划分了3个黑云片岩带，其发育程度取决于矿体规模和部位。

第八节 云南元阳-金平金多金属矿集区

一、概述

该矿集区地处云南绿春-金平-元阳地区，夹于藤条河大断裂和哀牢山深断裂之间。北西长约50km，北东宽约20km，呈向北西收敛的三角形。坐标范围：E102°47′—103°15′，N22°44′—23°02′。总面积约 $0.07 \times 10^4 km^2$。

矿集区在大地构造位置上属金平陆缘坳陷。处于北西向金沙江-哀牢山喜马拉雅期岩石圈主走滑-拉分断裂带南东金平断块中，金平推覆体呈楔形夹于绿春推覆体和哀牢山基底推覆体之间，分别以藤条河大断裂和哀牢山深断裂为界。区域地质历史背景始于元古宙，经古生代—早中生代(T_2)后，最后定型于新生代(E)，属喜马拉雅期高钾富碱斑岩(脉)集中期。区内主要历经：①印支期(T_3)陆缘盖层逆冲-推覆变形带；②经喜马拉雅期陆内走滑-拉分造山-造盆作用和构造-岩浆活动叠加改造成为受逆冲-推覆变形构造控制的高钾高碱斑岩集中产出的造山区地带；③受到喜马拉雅期走滑构造改造。

区域内从元古宙至今地层发育齐全，长期以来经历了多次强烈的岩浆及构造活动。元古宙地层主要为古元古界哀牢山岩群和瑶山岩群、新元古界大河边岩组变质岩，北西向分布于哀牢山变质带。古生代地层为奥陶系—二叠系，中生代地层为三叠系—白垩系，新生代地层为古近系和新近系及第四系。区内断裂以北西向和北东向断裂为主。二叠纪峨眉山玄武岩是主要火山岩，岩浆岩时代从元古宙到新生代都有发育，岩性从超基性-基性到酸性、碱性岩都有，喜马拉雅期大量富碱和酸性、基性的斑岩和脉岩，如石英正长岩、正长岩、正长斑岩、二长花岗岩、二长花岗斑岩、云煌岩等，与金矿关系密切。成岩成矿时代为喜马拉雅期(38Ma)，富碱斑岩类有正长岩、正长斑岩、细晶正长岩等，这些岩石本身不含金，但其边缘破碎裂隙中含金品位达工业要求。

综上所述，金矿产于脆性破碎带中，与富碱斑岩和沿断裂带贯入的基性-超基性、酸性、中酸性、中碱性岩浆岩及脉岩类(喜马拉雅期)关系密切。赋矿围岩地层多样，时代分布范围大，上三叠统歪古村组、高山寨组，中上志留统康廊组，下奥陶统向阳组等，都是成矿有利地层。因此，喜马拉雅期富碱斑岩、北西和北东向控岩控矿断裂及含矿地层等要素是主要控矿因素。

二、矿产特征与典型矿床

区内发育的甘河断裂、三家断裂、金河断裂及大坪-金平断裂构造分别对所控制区块的岩浆活动和成矿作用产生显著影响。原生金矿带处于甘河断裂与三家断裂夹持的三角形断块的中南缘，并跨越于甘河断裂与藤条河大断裂夹持的条形断块内。受甘河断裂的影响，矿体分布于甘河断裂的破碎带内及其两侧的蚀变基性岩内，矿带北西向延伸长几十千米，在马鹿塘附近与哀牢山断裂呈锐角交会，沿途有懂棕河金矿、长安金矿、银厂坡金矿、长安冲金矿、亚拉坡金矿及马鹿塘金矿等，并与白马寨铜镍矿系列和铜厂-长安冲铜钼矿系列相伴产出，与大坪金铜铅银矿带和勐拉铜矿带间隔并列，形成金平断块多金属成矿集中区。区内除发育北西向断裂外，北东向断裂也较发育，两者相互作用和加强，造成岩浆活动和成矿活动呈面型展开，极大地丰富了断块内活动的内涵，形成"遍地是金"的特征。

区内出露的地层主要为早古生代碎屑岩、碳酸盐岩及晚古生代碳酸盐岩夹细碎屑岩、玄武岩。岩浆岩主要有基性-超基性岩和中酸性岩，与之相应形成贯入式和离析式的铜镍矿床，蚀变型、卡林型金矿床及脉型金铜铅银矿床、矽卡岩型和斑岩型铜钼矿床。

区内查明的矿产有金、镍、铜、钼、锌、银矿床，经勘探具工业意义的主要为金、镍、铜、钼矿床。

典型矿床——金平长安大型金矿的情况介绍如下。

1. 交通位置

该矿床位于金平县城280°方向约20km处，属金平县铜厂乡，地理坐标：E103°01′58″，N22°48′40″。

2. 区域地质

大地构造位置处于扬子陆块区(Ⅲ)-上扬子陆块(Ⅲ$_1$)-金平陆缘坳陷(Ⅲ$_{1-10}$)。地层分区为华南地层大区(Ⅱ)-扬子地层区(Ⅱ$_2$)之盐源-丽江-金平地层分区(Ⅱ$_{21}$)。位于哀牢山推覆构造带金平推覆体的中南部。金平推覆体呈楔形夹于绿春推覆体和哀牢山基底推覆体之间，分别以藤条河大断裂和哀牢山深断裂分界，矿床位于北西向推覆构造的滑脱面内的脆性破碎带中，沿带有白马寨铜镍矿、铜厂-长安冲铜钼矿、银厂坡金矿、亚拉坡金矿及马鹿塘金矿点等，并与大坪、懂棕河、勐拉和金竹寨等一大批大型—特大型金、铜、镍、铁、铅锌矿相伴产出，形成金平断块多金属矿集中区。区域地质历史背景始于元古宙，经古生代—早中生代(T_2)后，最后定型于新生代(E)，属喜马拉雅期高钾富碱斑岩(脉)集中期。区域较有影响的北西向断裂由南向北尚有甘河断裂、三家断裂、金河断裂及大坪-金平断裂等。长安矿区主要受甘河断裂控制，二者大体平行。此外，区内北东向断裂也较发育。区域地层从北至南呈由老至新分布，依次为早奥陶世粉砂岩，中晚志留世至早二叠世碎屑岩及浅海相碳酸盐岩。矿区出露辉绿岩、辉长岩、(细晶)正长花岗斑岩、基性-超基性煌斑岩等，多呈脉状、小岩株状产出，大小不一，分布于全区（图4-24）。

3. 矿区地质

控矿围岩主要为下奥陶统向阳组二段第四层(O_1x^{2-4})中厚层长石石英粉砂岩、细砂岩，夹灰色薄层粉砂泥质泥岩透镜体；第三层(O_1x^{2-3})浅灰色、灰黄色中厚层状粉砂岩，细砂岩，顶部灰褐色厚层状底砾岩；第二层(O_1x^{2-2})中厚层含砾石英砂岩、砾岩。中上志留统康廊组($S_{2-3}k$)灰质白云岩、砂屑白云岩、白云质灰岩。

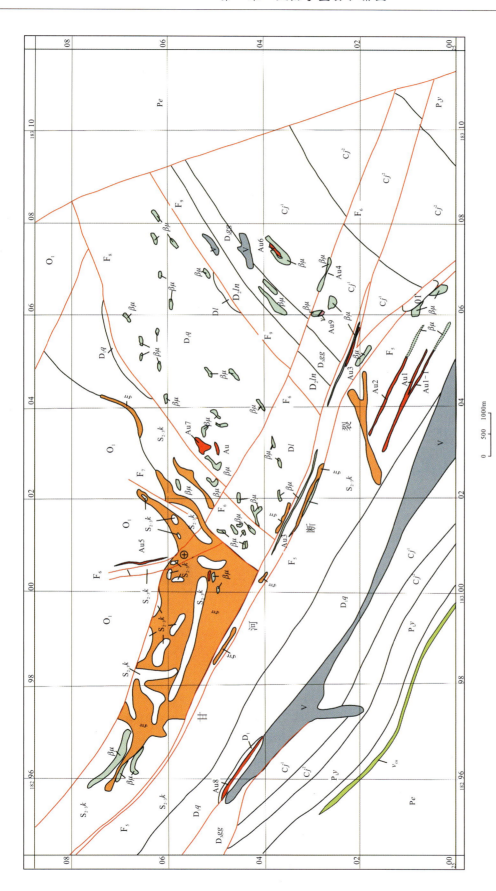

图 4-24 长安金矿区域地质图（据李华，2013）

矿体主要赋存于猛谢倒转背斜的南东转折端的西南翼,受S_{2-3}—O_1界面与F_6断层产生的脆性破碎带及其围岩层间破裂(带)控制。

沿断裂带贯入大量的基性、超基性、酸性、中酸性、中碱性岩浆岩及脉岩类(喜马拉雅期),其中富碱斑岩类有正长岩、正长斑岩、细晶正长岩等,这些岩石本身不含金,但其边缘破碎裂隙中含金品位达工业要求。

成矿构造环境类型包括:喜马拉雅期富碱超浅成-浅成斑岩岩浆-热液内生型成矿构造环境;第四纪全新世地表氧化、淋滤和风化作用外生型成矿构造环境。

4. 矿体特征

长安金矿目前发现的矿体主要受北北西走向的F_6断层控制,F_6总体倾向南,倾角$72°\sim80°$,上缓下陡,为主要的运矿构造和容矿构造。该断层在早奥陶世碎屑岩地层一侧存在宽达100m的脆性破碎带,沿断裂主断面发育1.5m左右厚的断层泥,断层泥内含金品位可达3×10^{-6}。同时,矿区内发育与之平行或近平行的规模不一的次级断裂或节理,其边部常见硫化物-石英脉及星点状浸染矿化。

矿体主要产于富碱斑岩接触构造破碎带和远离岩体围岩中的构造破碎带。主矿体(V5)沿走向呈透镜状膨宽、缩窄变化,复合、分支显著;剖面上陡下缓,呈反"S"形变化,呈现帚状形态;走向$340°$,倾向$40°\sim75°$,倾角$28°\sim60°$,延长1800m。目前矿区共圈定矿体9条,其中最主要的、规模最大的是V5矿体(可进一步细分为V5、V5-1和V5a矿体),主要分布于F_6上盘的奥陶系向阳组砂岩中,主要沿F_6断层分布,长约1800m,上缓下陡呈反"S"形,似透镜状(图4-25)。V3和V9矿体就位于灰岩或白云岩的地层层间破碎带,含矿岩石为断层泥、碎裂白云岩,V1、V2和V4矿体赋存于辉绿岩脉体内纵向裂隙中。矿体与围岩渐变过渡,部分呈突变。

矿石类型分氧化矿石和原生矿石。氧化矿石仅存在于V5主矿体的浅部和地表,其他矿体为原生矿石。

矿石的结构主要为变余细砂结构、变余含粉砂泥质结构、自形—半自形晶结构等。矿石构造主要为块状构造、角砾状构造、浸染状构造等。

矿石矿物主要为黄铁矿、褐铁矿,少量毒砂、黄铜矿、闪锌矿、方铅矿等。脉石矿物主要有石英、长石、白云石、绢云母等,次为方解石、绿泥石等。金主要以微细粒状产于石英及胶结物碎屑内以及黄铁矿裂隙或与其连生。

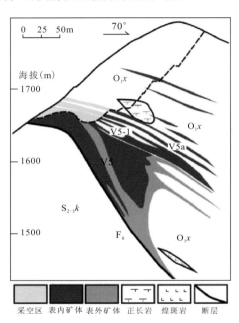

图4-25 长安金矿床0号勘探线剖面图
(据Chen et al.,2010修改)
O_1x.下奥陶统向阳组破碎的粉砂岩、石英细砂岩;$S_{2-3}k$.中志留统康廊组碎裂白云岩

与矿化有关的蚀变发育普遍,主要有硅化、碳酸盐化、绢云母化。靠近F_6断层部位发育不规则网脉状、细脉状石英脉,而硅化较强的粉砂岩则呈隐晶质致密结构,绿泥石化和绿帘石化主要见于煌斑岩脉、辉绿岩脉内及其与地层接触带上,绢云母化分布于矿化蚀变带内;总体上,围岩蚀变的分带性不明显。

三、成矿作用与成矿模式

矿床位于哀牢山推覆构造带,从元古宙至今地层发育完整,长期以来经历了多次强烈的岩浆及构造活动。二叠纪峨眉山玄武岩是主要火山岩,岩浆岩时代从元古宙到新生代都有发育,岩性从超基性-基性到酸性、碱性岩都有,喜马拉雅期大量富碱和酸性、基性的斑岩和脉岩,如石英正长岩、正长岩、正长斑岩、二长花岗岩、二长花岗斑岩、云煌岩等，与金矿关系密切。金矿产于脆性破碎带中，与富碱斑岩和沿断裂带贯入的基性-超基性、酸性、中酸性、中碱性岩浆岩及脉岩类（喜马拉雅期）关系密切。赋矿围岩地层多样，时代分布广，上三叠统歪古村组、高山寨组，中上志留统康廊组，下奥陶统向阳组等，都是成矿的有利地层。因此，喜马拉雅期富碱斑岩、北西向和北东向控岩控矿断裂及含矿地层等是长安式斑岩型金矿的主要控矿因素。

成矿作用及过程可总结为：区内深大断裂控制喜马拉雅期等各期各类岩浆活动，进而控制金矿成矿（图4-26）。含矿的基性、中碱性岩浆沿主断裂上升侵位，在压力作用下贯入到次级断裂、层间裂隙、不整合构造面，经与围岩反应，金得以进一步富集成矿。为岩浆-构造热液成矿后期经过风化剥蚀（红土化）次生富集成因成矿。成矿流体与富碱斑岩关系密切，主要为岩浆流体，晚期成矿流体则有大气降水参与。矿石中As、Sb、Hg等中低温成矿元素含量较高，元素组合显示中-低温热液形成特点，为浅成中低温热液成矿。

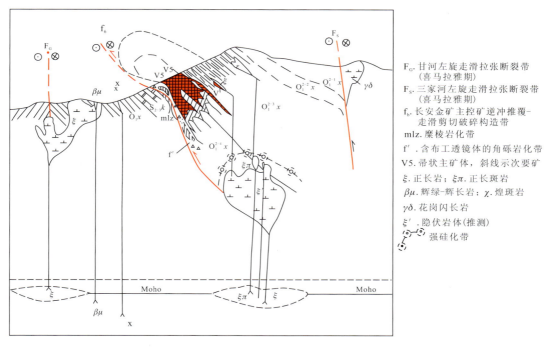

图4-26　长安式斑岩型金矿床成矿模式图
（据《云南省铜、铅锌、金、钨、锑、稀土矿资源潜力评价成果报告》，2011）

第九节　渝南-黔北铝土矿集区

一、概述

该矿集区位于七曜山深断裂东南侧，北起重庆石柱县，南到贵州桐梓县，西抵重庆武隆—南川—贵州省桐梓一线，东至重庆黔江县—贵州务川县一线，呈北东向展布，长约250km，宽约100km。主要拐点坐标：E106°43′—108°54′，N28°03′—30°00′，总面积约2.22×10^4 km^2。

矿集区大地构造位置上属武隆-道真滑脱褶皱带（武隆凹褶束）及凤冈南北向褶皱区四级构造单元

的北部,北西以七曜山深大断裂为界。七曜山断裂带为一基底断裂带,是上扬子台坳渝东南陷褶束与重庆台坳重庆陷褶束的分界线。该带东侧古生代地层广泛分布,西侧为中生代地层分布区,断裂带对古生代地层及岩相控制较明显,构造上,西侧为典型隔挡式褶皱,东为背斜向斜等宽的城垛状褶皱。区内主体构造由一系列北北东-南南西向褶皱构造和压扭性断裂组成,同时发育有北西-南东向的张性断裂。

该区下古生界发育齐全,化石丰富。陷褶束内震旦系为礁型碳酸盐岩建造,寒武系—志留系为碳酸盐岩建造、砂泥质页岩建造,石炭纪—泥盆纪海侵曾波及本区,少数区域残留上泥盆统和上石炭统,二叠系为铝土质铁质建造、内源碳酸盐岩建造和单陆屑含煤建造,下、中三叠统为蒸发式建造,晚三叠世—侏罗纪,该区受雪峰隆起影响,有上三叠统和侏罗系沉积,上白垩统为山间盆地磨拉石建造,不整合于侏罗系及更老地层之上。

主要赋矿地层有上震旦统灯影组,下寒武统清虚洞组,中寒武统高台组、石冷水组、平井组,上寒武统耿家店组、毛田组,中二叠统梁山组。

铝土矿均产于下志留统韩家店组页岩或上石炭统黄龙组灰岩之上,中二叠统梁山组碳质页岩或栖霞组灰岩之下。铝土矿含矿岩系的沉积时代为中二叠世梁山期,岩石地层名为大竹园组(P_2d),连续、稳定分布于区内各向斜、背斜构造两翼。早石炭世与中二叠世铝土矿含矿岩系之间,即遵义市城区与桐梓—绥阳一线之间,有一条很窄的北西西向的长期隆起带,未见任何时代铝土矿含矿岩系沉积物。

区域沉积建造:早古生代为白云质灰岩-白云岩-白云质灰岩-生物碎屑灰岩建造,属半局限-局限-开阔台地相;下中奥陶统湄潭组为砂、黏土岩夹灰岩建造的内陆棚相;中、上奥陶统十字铺组及宝塔组为泥质灰岩-生物屑灰岩建造的开阔台地相;跨奥陶系—志留系的龙马溪组为滞流盆地黑色笔石页岩建造;下志留统新滩组和松坎组的钙质砂岩、黏土岩及泥灰岩建造为潮坪潟湖相;下志留统石牛栏组的生物屑灰岩为开阔台地相;在中志留统韩家店群的砂岩、黏土岩建造为潮坪潟湖相。晚古生代:上石炭统黄龙组的灰岩建造为开阔台地相;中二叠世早期大竹园组的铁铝岩建造为湖沼相;梁山组含煤页岩建造为沼泽相;中二叠世中、晚期栖霞组及茅口组底部为含燧石灰岩,为半局限台地相;晚二叠世早期合山组底部为含煤碎屑岩建造的沼泽相;晚二叠世中晚期燧石灰岩建造为半局限台地相。中生代:下中三叠统的夜郎组—巴东组为灰岩-白云岩-石灰岩碳酸盐岩建造的半局限台地相;上三叠统二桥组—下侏罗统自流井组的砂岩、黏土岩建造为大型内陆河湖相;上白垩统茅台群的砂、砾建造为小型内陆山间盆地相。

区域古构造:南华纪—志留纪期间,由于扬子东南大陆边缘是一个被动大陆边缘,盆地的构造沉降,势必对盆缘(浅水陆架区)造成影响。亦即当湘黔桂深水盆地于南华纪—早古生代期间发生沉降时,位处盆地边缘上的黔中浅水陆架区就会相应地发生上隆,形成盆缘隆起。南华纪盆地区沉降的幅度大,使得盆缘浅水陆架区上隆活动明显,大范围成为陆地。导致南华纪早期只形成厚度不大的河湖相沉积。而晚期黔中一带又缺失南沱组大陆冰川沉积,反映黔中隆起始于南华纪末。早古生代末的加里东运动,黔中地区及黔北地区转变成上扬子古陆的组成部分,并大幅度地发生隆起。加里东运动结束之后,进入漫长的古陆发展时期。在上扬子古陆边缘的黔中、黔北地区形成了内陆盆地的溶蚀丘陵,控制了本区铝土矿带。奥陶纪末到志留纪初,由于都匀运动影响,使务川-正安-道真地区上升为陆,缺失晚奥陶世及早志留世早期沉积。都匀运动表现为大面积的抬升,并形成一些极为宽缓的褶皱和断裂。都匀运动萌芽于早奥陶世末期,定型于中奥陶世末,即本次运动奠定了黔中隆起的雏形。志留纪末到泥盆纪初的广西运动,继承和发展了都匀运动时期的构造面貌,隆起持续上升,遭受剥蚀。广西运动是志留纪末到泥盆纪初(加里东末)相当强烈的一次地壳运动,不仅造成大规模的海陆变迁,而且发生明显的褶皱和断裂。早石炭世早、中期的紫云运动,进一步继承广西运动古构造面貌。紫云运动伴有断块运动,并有某种间歇性上升活动和间歇性海侵扩展的特点,晚石炭世早期(成矿前),在谷地中发生黄龙海侵并形成灰岩沉积。继而,又迅速海退,遭受风化剥蚀,并导致岩溶地貌的形成。

二、矿产特征与典型矿床

矿集区内产有铝、铅锌、铜、煤、汞、重晶石、萤石、菱铁矿、硫铁矿、石膏、熔剂灰岩、建筑用灰岩、含钾页岩和黏土等。以铝土矿为主要矿产。

典型矿床——重庆南川大佛岩铝土矿的情况介绍如下。

矿区位于重庆南川东30km处，东到牧羊沟，西至陡偏山，南至大佛岩、上哨坪，北抵大土。地理坐标：E107°22′00″—107°25′00″，N29°12′00″—29°15′00″，矿区面积14km²。南川大佛岩铝土矿由四川省地质局铝矿队于1959年发现并进行初步评价。进入21世纪后已达详查工作程度，矿床规模为大型，目前由中铝公司开发。

1. 成矿地质背景

矿区位于渝南陷褶束金佛山穹褶束中的区域性北东向褶皱构造长坝向斜南东翼南端。区内地层除缺失泥盆系、石炭系外，志留系和二叠系出露广泛（图4-27）。含矿地层梁山组假整合于中志留统韩家店组砂、页岩侵蚀面上，局部假整合于残存厚小于3m的上石炭世灰岩上，与上覆中二叠世栖霞灰岩整合接触。

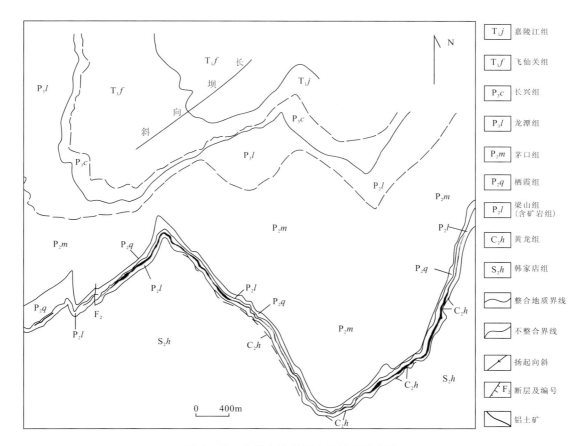

图4-27 南川大佛岩铝土矿区地质略图

区内构造简单，次级褶皱与断裂均不发育，地层呈向南凸出的弧形展布，倾向北西，倾角小于30°。

铝土矿赋矿层位为中二叠统梁山组一段，该套岩石呈假整合超覆于中志留统韩家店组粉砂质页岩或者上石炭统黄龙组灰岩之上，厚2.55~12.1m，分为6个小层。

上覆地层：梁山组二段，黑色碳质页岩。常见有星点状、结核状、线状黄铁矿。厚0.1～3.15m。

——————— 整合 ———————

含矿岩系：梁山组一段

灰色、深灰色致密状黏土岩。局部含少量砾屑。该层不稳定，一般较薄，常相变为铝土岩	厚0.15～1.33m
浅灰色、黄灰色、灰—深灰色致密状铝土岩，局部含少量砾屑	厚0.14～1.87m
浅灰—深灰色、灰褐色似层状、透镜状铝土矿，局部夹小透镜状铝土岩或黏土岩	厚0.13～6.00m
浅灰—深灰色致密状铝土矿。含少量星点状及团块状黄铁矿，局部夹不规则的土状、土豆状铝土矿"团块"	厚0～3.21m
灰色、灰白色、灰黄色致密状高岭石黏土岩。呈层状、似层状，含较多的星点状黄铁矿及其集合体，黄铁矿含量0～20%。性较软，风化后多呈褐色黏土状	厚0～3.01m
灰绿色、黄绿色、黑灰色致密状绿泥石黏土岩、鲕绿泥石或有机质黏土岩。常含较多黑色有机质和植物化石碎片，及少量星点状黄铁矿，局部含砾屑或鲕粒；底部侵蚀面上常见有极不稳定的呈小透镜状、串珠状产出的灰白色、灰绿色、灰黄色页状黏土岩及褐铁矿	厚0.66～4.36m

- - - - - - - - - - - 平行不整合 - - - - - - - - - - -

下伏地层：中志留统韩家店组粉砂质页岩或者上石炭统黄龙组灰岩。

2. 矿体特征

矿体呈似层状产出，平面形态呈不规则状。长2890～5060m，宽2410～4025m，控制标高−20.25～1714m，最大高差1734.25m。平均厚度1.93m，矿体厚度与含矿岩系厚度呈正相关关系，一般含矿岩系厚度在4～8m范围时，矿体厚度较大且稳定。

含矿岩系中，铝土矿与硬质耐火黏土、铁矾土、铁矿等呈过渡关系。铝土矿、硬质耐火黏土、铁矾土矿与上下围岩，特别是与下伏志留系围岩接触界线不甚明显，纵、横向对比困难。组成铝土矿的主要矿物为硬水铝石、软水铝石、高岭石，及少量的伊利石、鳞绿泥石和黄铁矿；组成硬质耐火黏土矿的主要矿物为高岭石、伊利石、硬水铝石，及少量的绿泥石；组成铁矾土矿的主要矿物为高岭石、伊利石、绿泥石，及少量的硬水铝石、菱铁矿。菱铁矿层一般多在含矿岩系上部局部富集形成铁矿小透镜体；鲕、鳞绿泥石多在含矿岩系下部局部富集，形成小铁矿体，呈透镜状、扁豆状产出。

3. 矿石特征

以致密状矿石为主，土豆状、土状矿石次之，并有少量砾屑状、豆（鲕）状铝土矿石。其中土状铝土矿石质量最好，土豆状次之，砾屑状及豆（鲕）状铝土矿石再次之，致密状铝土矿石相对较差。矿石中见有渗流管和渗流凝胶构造，证明本区铝土矿就位以后继续在渗流带中被改造。

矿石矿物主要有硬水铝石、软水铝石（勃姆铝矿）、高岭石、绿泥石、伊利石，含量一般均在80%以上；次要矿物有铝凝胶、三水铝石、黄铁矿、菱铁矿、赤铁矿、针铁矿；微量矿物有锐钛矿、榍石、金红石、硝石、绿帘石、电气石、石英、方解石等，偶见长石。

矿石平均品位：Al_2O_3 61.33%、SiO_2 14.58%、Fe_2O_3 5.59%、TiO_2 2.53%、S 1.23%、烧失量13.93%、A/S 4.21。有平均厚1.30的富矿体存在，获富矿基础储量$2002.76×10^4$t，平均品位：Al_2O_3 69.22%、SiO_2 6.58%、A/S 10.52%。

三、成矿作用与成矿模式

经综合研究，本矿集区铝土矿床成矿模式图见图4-28。

广西运动使黔北-渝南广大地域隆起为陆，为铝土矿沉积提供了重要的区域构造背景。晚泥盆世末至早石炭世中、晚期的紫云运动期间,在该区处于赤道的湿热气候区,年均气温20~26℃,年降水量约1000~3000mm,且雨季和旱季相互交替,在这种气候条件下,为区内岩石红土化风化及三水铝石铝土矿的形成提供了重要的成矿地质背景。

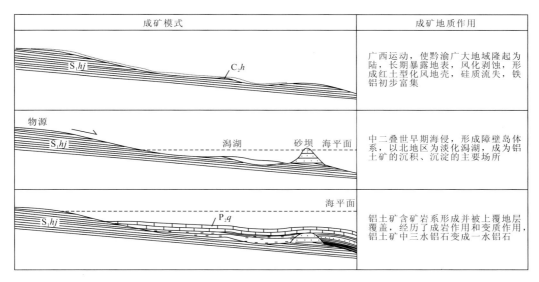

图4-28 铝土矿成矿模式图

中二叠世早期海侵之前,在湿热气候条件下,韩家店组黏土岩、页岩经原地化学风化形成富铝(三水铝石)的红土型风化壳(铝土矿成矿母质),并大致同时达到准平原化。为嗣后铝土矿的形成提供了有利的基底地貌。中二叠世早期的海侵之后,残留在高地的富三水铝石红土型风化壳于马平期被地表径流冲刷、搬运、沉积、堆积在附近的潟湖中。从铝土矿含矿岩系形成并被上覆地层覆盖,一直到喜马拉雅期,主要经历了成岩作用和变质作用,铝土矿中三水铝石变成一水铝石,泥炭、腐泥变成无烟煤。喜山运动以来,地壳不断抬升,部分含矿岩系暴露于地表或近地表,在氧化条件下,一些高硫、高铁铝土矿发生了变化,形成低铁低硫铝土矿,而在地下深处,特别是潜水面以下仍多为高硫型铝土矿。

第十节 云南广南-丘北-砚山铝土矿集区

一、概述

该矿集区位于云南省东南部,以丘北县城为中心,东至广南县城,西抵弥勒县城—蒙自县城一线,北到罗平县城以南,南达广南县城—蒙自县城连线,向南大致以蒙自—砚山—广南一线与滇东南逆冲-推覆构造带分界,主体呈北东向位于弥勒-师宗深大断裂带以南,为由一系列向北凸出的弧形褶皱和断裂组成的文山巨型旋扭构造之北西缘的丘北-广南褶皱带。北东长约160km,宽约80km。主要拐点坐标:E104°27′12″,N24°37′06″;E104°42′03″,N24°19′24″;E105°14′04″,N24°11′29″;E105°00′18″,N23°54′49″;E103°31′18″,N23°39′46″,涵盖范围:E103°30′—105°14′,N23°35′—24°36′,面积约$1.18×10^4 km^2$。

矿集区在大地构造位置上属南盘江-右江前陆盆地之丘北-兴义断陷,靠近特提斯-喜马拉雅与滨太平洋两大全球构造域结合部位的东侧,位于弥勒-师宗断裂带和紫云-六盘水断裂带的夹持地带南侧,上扬子陆块南缘、越北古陆的北缘、右江凹陷西缘,为陆块与凹陷交互地区,具过渡性质,总体形成一个环绕越北古陆作同心环状展布的北东—东西向弧形构造。次一级构造单元主要有文山-富宁断褶束、丘北-广南褶皱束等。区内构造以断裂为主，褶皱次之，褶皱平缓，轴向多为北西西-南东东和北东东-南西西两组。远景区属滇黔桂"金三角"的重要组成部分，是由扬子被动边缘碳酸盐岩台地演化而成的一个中、晚三叠世周缘前陆盆地。

区域地质构造的突出特征为：加里东褶皱基底与晚古生代—早中生代沉积盖层组成的被动大陆陆缘带受金沙江-哀牢山北西向碰撞造山带动力作用形成的印支期（T_3）前陆盆地逆冲-推覆大型变形构造带，其后受到由喜马拉雅期北西向金沙江-哀牢山陆内走滑-拉分构造动力作用诱发的北西—北北西向走滑-拉分构造的叠加改造。前陆盆地逆冲-推覆变形前缘带的近东西向大型逆冲断裂带是主要控矿构造，于近南北向断裂交会部位或牵引褶皱核部、两翼对金矿成矿更为有利。

本区为加里东隆起带。与上层构造相反，物探资料显示为区域性重力低，属基底坳陷性质。基底主要为元古宇，也可能包括下古生界。下寒武统浪木桥组有含磷层位，但品位低，未能构成矿床。后期花岗岩的侵入，形成以锡为主的多金属矿床或以铅锌为主的多金属矿床。下—中奥陶统以砂泥质沉积为主，局部夹碳酸盐岩，在砚山一带亦见铅矿化。中奥陶世以后，由于越北古陆向北扩展，致使本区新元古代—早古生代海槽闭合、褶皱隆起，而缺失上奥陶统及志留系。中三叠统是滇东南锰矿的赋矿层位，锰矿沉积仅限于文山-麻栗坡断裂以西，受控于海底凹陷部位或台沟相区。

铝土矿含矿岩系主要为晚二叠世地层与下伏地层之间沉积间断面上的滨海沼泽相陆源碎屑沉积建造层，地层名称为"吴家坪组"（在滇东则称"宣威组""龙潭组"）。原生沉积型铝土矿赋存于龙潭组与石炭纪或二叠纪沉积间断面上。堆积型铝土矿主要分布在上二叠统含铝土矿岩系及铝土矿床的出露区，以堆积物、残积物的形式分布于地表，其分布范围略大于铝土矿体分布区或与含矿岩系出露区基本一致，也有少部分超越含矿岩系的出露范围。

二、矿产特征与典型矿床

本地区的铝土矿成因类型有两种：即沉积型和堆积型，以堆积型铝土矿为主。沉积型铝土矿的成矿时代为晚二叠世早期吴家坪期，赋矿地层为吴家坪组下段。上二叠统吴家坪组下段是本区沉积型铝土矿唯一含铝岩段，也是堆积型铝土矿主要物质来源，直接影响到堆积型铝土矿床质量。与同期相邻区含铝岩段特征相比，本区含铝岩段由一套含矿碎屑岩、泥质岩与生物碎屑灰岩交替以互层状相间组成，以生物碎屑灰岩和泥岩为主，其间为厚度不等（0.91～4.79m）的鲕状、碎屑状铝土矿层或铝土岩。区内堆积型铝土矿为第四纪堆积物，这套含铝岩层由基底碳酸盐岩和含铝岩系的碳质灰岩、铝土岩、黏土岩及铝土矿层等，经物理、化学风化和次生岩溶坠积作用形成的残坡积物组成，一般厚度5～10m，最大厚度大于31.6m。堆积物中的岩块、铝土矿块呈角砾状，棱角明显，组分比较单一，没有远距离搬运特征。堆积物的分布和厚度变化与基底岩溶面起伏高低和地貌形态关系明显。

典型矿床——云南省麻栗坡县铁厂矿区铝土矿的情况介绍如下。

1. 成矿地质背景

该矿区大地构造隶属于华南陆块（Ⅱ级）的南盘江克拉通盆地和滇东南逆冲-推覆构造带（Ⅲ级）。属越北古陆边缘盆地和构造带，其构造形变形成一个环绕越北古陆作同心环状展布的弧形构造，并有北西西向断裂穿插其间。

铁厂铝土矿区分布于F_1断层（董马-铁厂断裂南东段分支断裂）附近（图4-29），为一中型铝土矿床，由铁厂、团山包和黄家塘3个矿段组成，其时空展布、矿石类型、沉积建造及岩石地层组合既相近又有差异，是相似沉积环境不同时段的产物。其中铁厂、团山包矿段为晚二叠世吴家坪早期形成的局限台地退积式沉积型矿床，伴有后期风化再堆积铝土矿；黄家塘矿段则形成于吴家坪早期滨岸沉积铝土岩韵律建造及局限台地沉积铝土矿层，经后期风化形成堆积型铝土矿。矿区断裂构造共9条，其中以北西向断裂为主。这些断裂对矿区地层和矿体连续性均有不同程度的破坏。

矿区出露地层有石炭系大塘组、威宁组,二叠系马平组、栖霞组、茅口组、吴家坪组,以及三叠系洗马塘组、永宁镇组,除上二叠统含铝岩段为局限海域沉积外,其余均属浅海相碳酸盐岩建造。

总体表现为频繁动荡起伏的沉积环境。

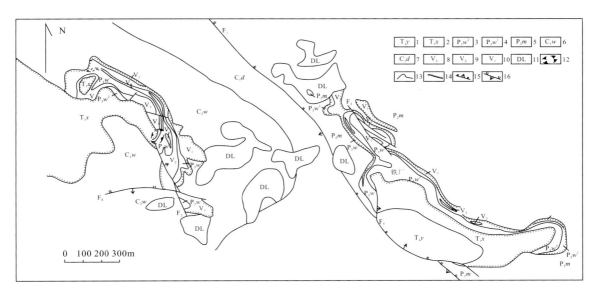

图 4-29 麻栗坡铁厂铝土矿区地质简图

1.永宁镇组;2.西马塘组;3.吴家坪组上段;4.吴家坪组下段;5.茅口组;6.威宁组;7.大塘组;8.第三铝土矿层;9.第二铝土矿层;10.第一铝土矿层;11.堆积型铝土矿;12.岩溶塌陷区;13.实测地质界线;14.实测不整合、假整合界线;15.正断层及其编号;16.逆断层及其编号

2. 矿体特征

矿区铝土矿床包括沉积型和堆积型两大类(图 4-29、图 4-30)。沉积型赋存于上二叠统吴家坪组下段,属碳酸盐岩侵蚀面上一水硬铝石铝土矿床亚类,矿床共有 3 个工业矿层 9 个矿体。单矿体呈似层状、透镜状,主要矿体有 4 个:铁厂 V1 矿体,走向长 930m,平均厚 2.69m,倾斜延深 110~190m;团山包 V1 矿体,走向长 1120m,平均厚 2.59m,倾斜延深 180~230m;团山包 V2-2 矿体,走向长 760m,平均厚 3.54m,倾斜延深 50~200m;团山包 V3 矿体,走向长 550m,平均厚 1.35m,倾斜延深 160m;其余矿体仅局部呈透镜状断续出现。矿石矿物单一,主要为一水硬铝石,脉石矿物主要为方解石、黄铁矿、褐铁矿、赤铁矿、高岭石等。矿石主要化学组分 Al_2O_3 含量 40.84%~73.47%,平均 57.58%,SiO_2 含量 3.92%~20.35%,平均 10.91%,Fe_2O_3 含量 1.64%~30%,平均 11.32%,铝硅比值 3.14~5.90,平均 5.28,伴生有益组分 Ga(平均 0.0067%)可综合利用,有害元素 S 含量较高(0.02%~12.91%),对矿石工业利用影响较大。

堆积型铝土矿主要分布在铁厂和团山包两矿段之间,厚 1~15.5m,总分布面积 226 180m²,平均含矿率 652.81kg/m³,Al_2O_3 含量 45.22%~58.51%,平均 55.83%,铝硅比值 7.06~22.82,属一水硬铝石高铁铝土矿。

3. 矿石特征

沉积型铝土矿层原生带矿石结构包括假鲕状结构、碎屑结构、鲕状结构,氧化带中矿石结构,除部分保留有原生带矿石的一些结构特点外,还有鳞片粒状镶嵌结构、砂状结构等。

沉积型矿石构造,主要有块状、纹层状、条带状、砾状、角砾状等,其中以块状者为主。

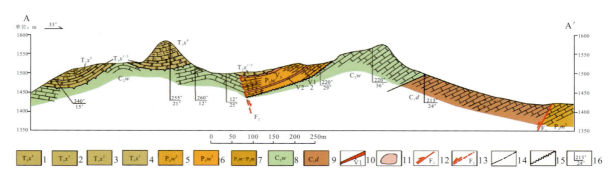

图 4-30 麻栗坡铁厂铝土矿典型矿床地质剖面图

1.洗马塘组薄层状泥质条带灰岩夹泥质条带灰岩;2.洗马塘组厚层状鲕状灰岩、细晶灰岩;3.洗马塘组薄层状细晶灰岩;4.洗马塘组中厚层状细晶灰岩;5.吴家坪组中厚层状生物碎屑灰岩、细晶灰岩;6.吴家坪组铝土矿、铝土岩、铝质黏土岩、碳质页岩;7.下二叠统马坪组、中二叠统栖霞组、茅口组巨厚层灰岩、角砾状灰岩、生物碎屑灰岩;8.威宁组中厚层状细晶灰岩、鲕状灰岩;9.大塘组厚层状细晶灰岩、假鲕状灰岩;10.沉积型铝土矿层及编号;11.堆积铝土矿体;12.实测逆断层及编号;13.实测正断层及编号;14.实测及推测地质界线;15.不整合地质界线;16.地层产状

三、成矿作用与成矿模式

上二叠统吴家坪组下段含铝岩系为一套以碎屑岩、铝土矿与碳酸盐岩、泥岩相间交替组成的岩系,可划分为3个明显的沉积旋回,旋回底部由铝土矿或铝土岩组成,其上为含碳质生物碎屑灰岩与碳质页岩互层,它们是特定环境的产物。

早期(黏土岩形成时期):陆表浅海期上二叠统吴家坪组下段,由铝质黏土岩、铝土岩、钙质砂岩、黄铁矿碳质铝土岩、碳质页岩、碎屑状鲕状铝土矿、生物碎屑灰岩等组合而成,该层颜色多为铁质氧化形成的砖红杂色,局部出现黄铁矿化黏土页岩。普遍具有碎屑结构。碎屑由一水硬铝石集合体和少许黏土矿物构成。

中期(铝土矿沉积期):海陆交潜沼泽期上二叠统吴家坪组下段中部为铝(黏)土矿沉积,铝土矿的分布具明显的局限性,往往出现于古岩溶洼地中,多相变为黏土页岩,优质高品位的铝土矿基本都出现于其中。由于铝土矿分布的局限性,可以认为其形成于湖泊环境中。豆鲕状铝土矿、碎屑状铝土矿出现于水动力较强的滨海环境中,致密状铝土矿、砂岩状铝土矿出现于水体相对较深、水动力环境相对较弱的岩溶洼地中。另外,含铝岩段基本是一套深色的碳质页岩、劣质煤线和碳质灰岩,有的地段(如芹菜塘)还出现厚数十厘米至1m多的煤层。同时,伴随铝土矿层多处见到鳞木、轮木、卢木等大型植物化石。这表明晚二叠世吴家坪早期,本区以海陆交潜温暖潮湿的古气候环境为主,这种环境有利于古钙红土化的进行。

晚期(碳质、黏土页岩形成时期):滨海环境上二叠统吴家坪组下段含矿岩系顶板普遍为生物灰岩,其次为砂岩、灰岩、碳质页岩为相变关系。说明处于水动力环境较强的陆表浅海环境,在部分地段出现中、细粒砂岩,具靠近大陆边缘的沉积特征。

铝土矿的形成过程是一个SiO_2流失的过程。矿区铝土矿、顶部黏土页岩基本分析表明,Al_2O_3与SiO_2成负相关关系,可以认为Al_2O_3与SiO_2在铝土矿、顶部黏土页岩中存在于不同的矿物中,Al_2O_3的相对减少是因为SiO_2的相对增加。在晚二叠世吴家坪早期滨海地带,岩岸均为石炭纪—二叠纪灰岩,多处出现半局限的海湾或台地,经风化作用后积累了大量的红土化风化作用形成的铁铝残留物质,经晚二叠世时期最早的海侵,形成了含铝岩系;随后海水退出,多处出现半局限的海湾或台地,水体将地势较高处的成矿物质搬运到低洼的岩溶凹陷中,成矿物质进一步分选、富集形成原生沉积型铝土矿体。

在高温多雨的气候条件下,原生沉积铝土矿在地表水的作用下,矿石中易溶物质 Ca、Mg、K、Na 等在这个阶段被淋失,绝大部分黄铁矿转变成褐铁矿,最终矿层发生崩解并坠落成碎块夹杂于红色黏泥中,经或未经短距离搬运,在利于聚集的岩溶洼地、谷地和坡地中堆积成为极具开采利用价值的岩溶堆积铝土矿。

第十一节 贵州铜仁-重庆秀山锰矿集区

一、概述

贵州省铜仁-重庆市秀山南华纪大塘坡期锰矿集区位于湘、渝、黔交界处的武陵山腹地,以贵州东北部为主体,包括毗邻的渝东南和湘西地区,南起镇远,北至酉阳,西以石阡为界,东至花垣一带,南北长约 210km,东西宽 123km,面积约 $2.5×10^4 km^2$。地理坐标:E108°15′—109°30′,N27°00′—28°50′。

矿集区大地构造位置上处于上扬子陆块与华南陆块的过渡区,大地构造位置跨越上扬子陆块和江南造山带,其东南为华南造山带,具体位于江南造山带西南段,上扬子陆块的南东缘。

矿集区沉积岩属稳定地台型建造。地层除缺失上志留统,中、下泥盆统,下石炭统,下二叠统,中、上白垩统及第三系外,从新元古界青白口系到第四系均有出露。沉积总厚度达11 518m。纵观地层厚度,碳酸盐岩类厚4448m,占总厚度的38.6%;碎屑岩厚7070m,占总厚度的61.4%。中新元古代地层发育、分布广泛,面积达 $6000km^2$ 以上,特别是新元古界类型多样、出露良好,是我国南方研究前寒武系的重要窗口。

二、矿产特征与典型矿床

锰矿为区内主要矿种,资源十分丰富。其矿床成因类型为产于南华系大塘坡组第一段黑色岩系中的海相沉积型碳酸锰矿。系海洋化学、生物化学作用沉积形成,具有品位稳定、矿层厚、产出层位固定、储藏量大等特点。区内锰矿呈层状产出,严格受地层层位的控制,是区内主要优势矿产资源。

典型矿床——贵州松桃大塘坡锰矿的情况介绍如下。

该矿产于下南华统大塘坡组中。大塘坡式海相沉积型大塘坡锰矿床位于松桃县普觉区寨英、落满乡境内,距县城南西 77km,有公路相通。地理坐标:E108°51′50″,N27°58′55″。

大地构造位置上处于上扬子陆块之南部被动边缘褶冲带北东缘,跨铜仁逆冲带、凤冈滑脱褶皱带两个四级构造单元。大致以松桃—江口一线为界,其北西侧构造线主要呈北北东向及北东向分布,少数呈近南北向,褶曲形态多舒缓开阔,断裂多为与地层走向一致的正断层或逆断层。

区域出露地层为蓟县系梵净山群到下志留统,而中、上志留统,上古生界及中生界三叠系、侏罗系、下白垩统以及新生界则全部缺失。除上白垩统茅台组及第四系为内陆河湖相沉积和残坡积相松散堆积,其余全为海相沉积。本区自雪峰运动结束地槽沉积历史转化为稳定地台沉积之后,直到广西运动之前,其大地构造位置虽处于扬子陆块与江南地块的过渡地带、地壳有频繁振颤或升降运动,但始终处于海洋环境,各系统地层没有明显的沉积间断;广西运动本区为褶皱造山,之后长期遭受剥蚀。石炭纪—二叠纪海侵亦未在本区留下记录。区域矿产有锰、铅锌、汞、金矿等。

矿区包括铁矿坪、万家堰等矿段,面积 $5.7km^2$。矿区出露地层为青白口系、南华系、震旦系及第四系等(图4-31),锰矿主要产于下南华统大塘坡组中。

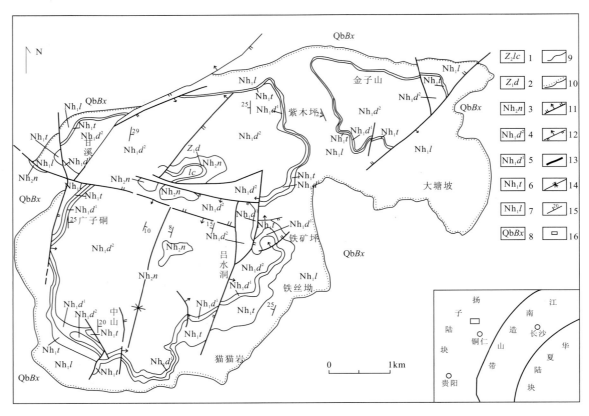

图 4-31 松桃县大塘坡锰矿区地质简图

1.留茶坡组；2.陡山沱组；3.南沱组；4.大塘坡组第二段；5.大塘坡组第一段；6.铁丝坳组；7.两界河组；8.板溪群；
9.地层界线；10.不整合界线；11.正断层；12.逆断层；13.性质不明断层；14.向斜轴；15.地层产状；16.矿区位置

大塘坡组分为3个岩性段，由粉砂质黏土岩层、含碳质粉砂页岩和含锰岩系组成。与下伏两界河组呈整合接触；与上覆南沱组呈不整合或假整合接触。碳酸锰矿产于大塘坡组第一段，即含锰岩系的中下部位。

上覆为大塘坡组第二段深灰色粉砂质页岩。

大塘坡组第一段（含锰岩系），自上而下为：

黑—深灰色含锰砂质碳质页岩，局部夹透镜状粉砂质页岩、凝灰质细砂岩	厚 0.75～5.52m
黑色碳质页岩夹锰质条带	厚 1.21～5.32m
深灰色条带状菱锰矿夹碳质页岩，顶部见厚 0～1.51m 的细粒白云岩和含锰白云岩（上矿层）	厚 0.08～1.63m
黑色碳质页岩，局部含锰质条带	厚 1.13～3.56m
薄—中厚层状凝灰质细砂岩、富含细粒黄铁矿（为上、下矿层分界标志层）	厚 0.01～0.54m
黑色碳质页岩，局部含锰	厚 0.08～2.74m
灰黑色、钢灰色薄层条带状、块状碳质菱锰矿，含沥青玉髓结核块状菱锰矿，后者见于铁矿坪矿段（下矿段）	厚 0.11～5.74m
黑色碳质页岩，局部含锰、砂质	厚 0.53～1.84m
含砾碳质细砂岩，含锰质结核和细粒黄铁矿	厚 0.25～1.56m
黑色碳质页岩，偶夹菱锰矿薄层	厚 0.03～1.48m

下伏为下震旦统两界河组中—厚层细砂岩。

构造上矿区位于梵净山穹隆背斜北东倾没端,铁矿坪向斜东南段。铁矿坪向斜为矿区基本构造形态,向斜轴向 NE10°～20°,轴部位于铁矿坪主峰附近,枢纽轴呈"S"形,南端倾伏于万家堰,北端延至上甘溪—两界河,被北西西向横断层所截,呈向北翘起趋势,呈一椭圆形盆状两翼不对称宽缓向斜。核部地层为下震旦统南沱组,两翼为下震旦统大塘坡组和两界河组。地层产状平缓,倾角 10°～30°。锰矿床分布于铁矿坪向斜东南段,东起铁丝坳,西至二道水;南起青龙嘴,北至两界河范围内。主含矿层层位稳定,北段(铁矿坪矿段)出露长 2100m,宽 1600m,呈北东-南西延伸,略向东凸出,呈弧形展布;南段(万家堰矿段),出露长 3500m,宽 800～1000m,呈向南凸出半圆形展布,工业矿体主要分布于矿段东部及中部。矿段间含矿层被断层切失,形成地表数百米无矿地段。

大塘坡锰矿赋存于含锰岩系下部碳质页岩中,呈层状、似层状、透镜状等缓倾斜产出,层位固定,产状与围岩基本一致(图 4-32)。铁矿坪矿段锰矿体呈枕状,数量多、个体大、夹层少,其矿体厚度和品位大于万家堰矿段。

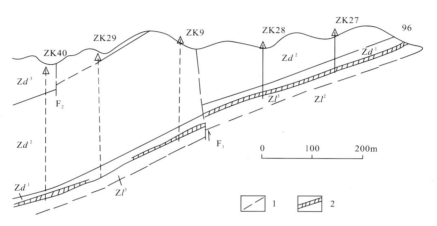

图 4-32 大塘坡锰矿铁矿坪矿段 9 线剖面图

Zd^3.下震旦统大塘坡组第三段;Zd^2.下震旦统大塘坡组第二段;Zd^1.下震旦统大塘坡组第一段;Zl^3.下震旦统两界河组第三段;Zl^2.下震旦统两界河组第二段。1.断层;2.锰矿

矿石有氧化矿石、混合矿石和原生碳酸锰矿石 3 种自然类型。氧化矿石较少,主要为碳酸锰矿石,局部见有混合矿石,不具规模。

铁矿坪矿段中部和浅部锰矿石品位较富,向两端和深部变贫;万家堰矿段中部地表较富,向西、北变贫,深部中央部分富,边缘贫。矿床成因类型属海相沉积锰矿床,工业类型属高磷低铁贫碳酸锰矿。

三、成矿作用与成矿模式

该矿床属典型的海相沉积型矿床。

据区域岩相古地理研究资料,该区南华纪大塘坡早期为浅海陆棚盆地相,水动力条件微弱,能量低,水体较平静。关于大塘坡式锰质的来源,主要有大陆风化来源、海底火山来源、渗流热卤水来源或多来源等观点。一直存在热水成因、生物成因或化学成因以及"外源外生"与"内源外生"的争议。因此,大塘坡式锰矿的成因和形成环境一直未能形成较为统一的认识。矿床成因类型属海相沉积锰矿床,工业类型属高磷低铁贫碳酸锰矿。

笔者采集条纹条带状同生沉积黄铁矿进行硫 Re-Os 同位素示踪研究,表明其具幔源性质(图 4-33),表明大塘坡式锰矿的成矿物质可能主要源于地幔,支持了"内源外生"的观点。

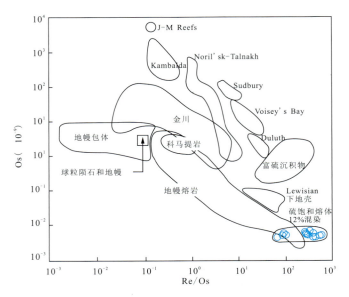

图 4-33　大塘坡式锰矿黄铁矿硫 Re-Os 同位素示踪图

第十二节　贵州黔西南卡林型金矿集区

一、概述

该矿集区位于贵州省西南角，地理坐标：E104°25′00″—107°00′00″，N24°40′00″—25°50′00″，东西长约 250km，南北宽约 111km，总面积估算值达 14 100km²。该矿集区主要包括贞丰-普安（11-1）和册亨-望谟（11-2）两个次级卡林型金矿集区，现分述如下：

贞丰-普安（11-1）次级矿集区位于贵州省西南部，以兴仁县城为中心，大致沿关岭县城、晴隆县城、罗平县城、兴义市、安龙县城、贞丰县城连线范围呈北东向带状展布，主体位于弥勒-师宗断裂带和紫云-六盘水断裂带交会部位南侧。北东长 140 多千米，宽约 110km。主要拐点坐标：E104°24′48″，N25°10′28″；E104°35′55″，N24°51′58″；E105°25′04″，N25°50′53″；E105°42′22″，N25°19′04″；E105°21′05″，N25°08′55″。涵盖范围：E104°25′—105°43′，N24°52′—25°50′，总面积约 0.76×10⁴ km²。

册亨-望谟（11-2）次级矿集区位于贵州省西南部，以望谟县城、册亨县城为中心，大致沿罗甸县城、贞丰县城、安龙县城连线范围以南直至省界呈近等轴状展布，主体位于紫云-六盘水断裂带与贞丰-安龙-兴义-罗平三叠纪相变线以南。东西长约 100km，宽约 90km。主要拐点坐标：E105°50′36″，N25°29′18″；E106°47′57″，N25°10′49″；E106°08′30″，N24°57′37″；E106°00′23″，N24°38′29″；E105°27′32″，N24°51′53″，涵盖范围：E104°25′—105°43′，N24°52′—25°50′，面积约 0.65×10⁴ km²。

矿集区大地构造位置处于特提斯-喜马拉雅与滨太平洋两大全球构造域结合部东侧的扬子陆块与右江造山带两个次级构造单元结合部位，属上扬子陆块南盘江-右江前陆盆地（T）。矿集区所属的右江盆地位于扬子地台南缘，以弥勒-师宗断裂带和紫云-六盘水断裂带为边界，是由扬子被动边缘碳酸盐岩台地演化而成的一个中、晚三叠世周缘前陆盆地。

1. 贞丰-普安(11-1)次级矿集区

地层：泥盆系至中二叠统，其沉积环境主要是错落有序的浅海陆棚台、盆沉积格局，以碳酸盐岩沉积为主，相对深水的台盆沉积多夹细碎屑岩和硅质岩。沿灰家堡、二龙抢宝、包谷地、戈塘和纳省背斜轴部，出露地层主要是中、上二叠统，两翼为三叠系。中二叠统主要是浅海陆棚台地相沉积，以台地碳酸盐岩沉积为主；上二叠统为潮坪相含煤碎屑岩夹薄层碳酸盐岩沉积；三叠系为台地相的碳酸盐岩沉积。与金矿关系密切的主要沉积地层为：①龙潭组(P_3l)细砂岩、黏土质粉砂岩、黏土岩夹生物屑灰岩等，是区内最主要的含金层位，在灰家堡、泥堡、包谷地矿区找到金矿体；②夜郎组(T_1y)粉砂质黏土岩、黏土岩夹泥灰岩及灰岩，是区内断控型金矿体的主要层位。

区域内岩浆岩不甚发育，总的来说是一个岩浆活动微弱的地域。根据其所处大地构造位置，参照板块构造的观点，划分该区出露地表的岩浆岩类型主要有大陆溢流拉斑玄武岩、岩墙状辉绿岩、偏碱性辉绿岩和偏碱性超基性岩4个组合。

贞丰-普安区域内岩浆岩，按成因类型，主要包括峨眉山玄武岩、凝灰质碎屑岩（泥堡地区）、辉绿岩、偏碱性超基性岩（刘平等，2006）。

贞丰-普安勘查区表层构造轮廓主要定型于燕山期。区内除泥堡勘查区构造线呈北东向外，在灰家堡、包谷地、戈塘和纳省勘查区，主体构造线走向为北西—近东西向，在灰家堡、包谷地、戈塘近东西向展布的背斜轴和与之伴生的轴向逆冲断层控制了区内金矿的分布，它们是区内主要的控矿构造。其构造变形特点是断裂发育，褶皱开阔平缓，如灰家堡、包谷地、戈塘、纳省等背斜。

2. 册亨-望谟次级金矿矿集区

该矿集区位于右江盆地相带，其地层层序下部以深水碳酸盐岩组合为主，上部以陆源碎屑浊积岩为主。陆源碎屑浊积岩组合是该区最主要的赋金层序，亦称为"赖子山层序"（王砚耕，1990；韩至钧等，1999）。典型矿床包括黔西南的烂泥沟、板其、丫他，以及桂西的高龙、金牙、明山等矿床。

矿集区岩浆活动十分发育。在空间上，不论是右江盆地内部，还是盆地周缘都有岩浆岩分布；在时间上，伴随着右江盆地的发展和演化，从泥盆纪一直到晚三叠世，甚至盆地关闭后的燕山期均有岩浆活动；在岩性上，从基性-超基性岩到中酸性岩均有出露；在活动方式上，既有侵入岩，也有溢流熔岩和爆发火山碎屑岩。总体上由早到晚，由强度低、范围小向强度大、分布广转变，由单一的基性向中酸性-酸性岩转变。

矿集区断裂构造按其规模、影响深度可划分为超壳深断裂、基底断裂和盖层断裂；按方向主要为北西向、北东向、北东东向及近东西向。

右江陆源碎屑岩盆地的褶皱样式以造山型为主，以紧闭线状复式褶皱发育为特色，台地边缘发育倒转、平卧褶皱；区域性板劈理发育；与褶皱相伴常发育有逆冲断层；岩层具强烈的缩短应变等。碳酸盐岩台地区褶皱构造比较开阔平缓，呈简单的箱状、屉状、拱状褶皱。此外，索书田等（1993）、王砚耕等（1994）还识别出坡坪大型多层次席状逆冲-推覆构造。该构造沿黔西南"大相变线"一带发育，是在相变带基础上发展起来的，由北西向南东运动的逆冲推覆，最大推覆距离约80km。推覆构造形成于燕山期，叠加于造山期构造之上，属板内隆缘的逆冲推覆形式。所谓黔西南"大相变线"实际上是该逆冲推覆构造的锋缘线或滑脱拆离带出露线。

二、矿产特征与典型矿床

（一）贞丰-普安次级金矿集区矿产特征与典型矿床

区内金矿床往往成群成带分布，形成不同成矿带和矿田。金矿床常与汞、砷、锑等矿床处于同一矿带,或金矿带为金-汞-砷-锑成矿带的亚带,表现出明显的"不在其中,不离其踪"空间分布特点。金及锑、汞、砷矿化均主要沿燕山期的背斜或穹隆构造分布,形成延伸方向各异的矿带或矿化带。金矿主要产于晚二叠世—中三叠世碎屑岩-泥岩建造或碳酸盐岩建造中。代表性矿床有水银洞、紫木凼、泥堡、戈塘等一批大型、特大型金矿。

典型矿床——水银洞金矿床的情况介绍如下。

贵州贞丰水银洞金矿床位于贞丰县城北西约20km处,地理坐标范围:E105°30′00″—105°33′38″,N25°31′00″—25°33′28″,矿区面积28km²。隶属贞丰县小屯乡,矿区西端小部分属兴仁县回龙镇。矿床位于灰家堡背斜东段(图4-34),矿体主要赋存于灰家堡背斜轴部500m附近龙潭组中下部碳酸盐岩和中上二叠统不整合界面的构造蚀变体(Sbt)中,为以全隐伏(矿体埋深250~1400m)的层控型为主、断裂型为辅的超大型金矿床(西矿段+中矿段+东矿段+雄黄岩矿段+簸箕田矿段+纳秧矿段),目前控制金矿体150余个,获得金资源量超过260t。

图4-34　灰家堡金矿田地质图(据刘建中等,2006)

1. 地层

矿区地表出露及钻遇地层有:下三叠统永宁镇组、夜郎组,上二叠统大隆组、长兴组、龙潭组及下二叠统茅口组。由老至新分述如下。

茅口组(P_2m):泥晶生物碎屑灰岩,局部含燧石结核。厚度大于400m。

龙潭组(P_3l):深灰色薄至中层细砂岩、黏土质粉砂岩、粉砂质黏土岩、黏土岩夹生物屑灰岩、灰岩、碳质黏土岩及煤线。厚217.8~360.1m。

长兴组(P_3c):深灰色中层生物屑灰岩夹钙质黏土岩。厚40.6~50.4m。

大隆组(P_3d):深灰色中厚层含钙质黏土岩夹生物灰岩。厚7.5~14.2m。

夜郎组(T_1y):上部为灰绿色薄层粉砂质黏土岩、黏土岩夹泥灰岩及灰岩;中部为灰色、深灰色厚层灰岩,鲕粒灰岩夹紫红色薄层泥灰岩;下部为紫红色、灰绿色泥灰岩夹中层灰岩,发育水平及微斜交错层理。厚536.50~573.43m。

永宁镇组(T_1yn):岩性为灰色中厚层灰岩。未封顶,厚度大于100m。

2. 构造

灰家堡背斜轴部及附近 F_{105}、F_{101} 轴向断裂构造是区内金矿主要控矿构造。金矿体主要产出于灰家堡背斜核部向两翼约500m范围内的二叠纪硅化生物碎屑灰岩和中、上二叠统不整合面间因区域构造热液作用形成的构造蚀变体(Sbt)中。叠加的北东向构造主要控制了矿田内汞矿和铊矿的产出,南北向断裂构造为成矿期后构造,对区内金矿分布的连续性和稳定性具有不同程度的破坏作用。

3. 矿体形态、产状及规模

水银洞金矿为赋存于上二叠统龙潭组(P_3l)中的矿体以层控型为主、断裂型为辅的复合型隐伏矿床,主矿体呈似层状、透镜状产于灰家堡背斜核部向两翼近500m范围内的生物碎屑灰岩中,产状与岩层产状一致,走向上具波状起伏向东倾没,空间上具有多个矿体上下重叠、品位高、厚度薄的特点。

层控型矿体:主要为产于龙潭组碳酸盐岩中的 $Ⅲ_c$、$Ⅲ_b$、$Ⅲ_a$、$Ⅱ_f$ 矿体和产于中上二叠统接触带上构造蚀变体 Sbt 中的 $Ⅰ_a$ 矿体,主矿体集中产出于龙潭组中部上下60m范围内。层控型矿体主要呈似层状、透镜状产于灰家堡背斜轴部。

断裂型矿体:由 F_{105} 控制的"楼上矿"和龙潭组中由 F_{162}、F_{163}、F_{164}、F_{165} 等隐伏的盲断层控制的矿体两部分组成。"楼上矿"产出于 F_{105} 破碎带及其上盘牵引背斜核部虚脱空间,倾向南,矿体呈透镜状、似层状,因断层遭受强烈剥蚀,矿体分散零星。由 F_{162}、F_{163}、F_{164}、F_{165} 控制的矿体呈透镜状产于断层破碎带中,倾向东,倾角20°~45°,矿体厚度变化较大。

4. 矿石质量

矿石矿物成分:金属矿物主要以黄铁矿、毒砂、赤铁矿为主,偶见辉锑矿、辰砂、雄黄。非金属矿物主要有石英、白云石、方解石、绢云母,见少量萤石、海绿石、沸石、有机碳、变质沥青。

矿石化学成分:有用组分仅有 Au,其他如 Ag[$(0.28~46)\times10^{-6}$]、Sb、Cu、Zn、Pb 等有益元素含量甚微,不具综合利用价值。

矿石结构构造:矿石结构主要有草莓状结构、胶状结构、自形晶结构、交代结构、碎裂结构;矿石构造有星散浸染状构造、缝合线构造、脉(网脉)状构造、晶洞状构造、角砾状构造、条纹状构造、薄膜状构造等。

载金矿物及金的赋存状态:黄铁矿是金的主要载体,可分为沉积期黄铁矿和热液期黄铁矿,沉积期黄铁矿多呈草莓状或自形立方体和五角十二面体晶,粒度较大;热液期黄铁矿颗粒细小,呈浸染状产出。矿石中 Au 主要富集在环带状黄铁矿中之砷黄铁矿环中。

(二)册亨-望谟次级金矿集区矿产特征与典型矿床

滇黔桂"金三角"卡林型金矿,从矿体的产状分,大致可分为断控型(切层)(典型的如贵州烂泥沟、板其、丫他金矿,广西的金牙、高龙、明山金矿)和层控型(顺层)(典型的如贵州戈塘、紫木函和水银洞金矿,以及广西的隆或、果提、板利金矿)两类。而册亨-望谟矿集区金矿主要以断控型金矿为主。此类矿床广布于右江盆地内部,主要沿孤立碳酸盐岩台地周缘分布。

矿床主要分布在构造穹隆(或短轴背斜)周缘,受同生断层(或称为滑脱带)以及逆冲断层控制;此外,强烈变形的线状褶皱轴向逆冲断层及其派生断层系也控制部分矿体。

赋矿地层以中三叠统边阳组(T_2by)、许满组(T_2xm)、板纳组(T_2bn)、百蓬组(T_2bp)等为主。容矿岩石以浊积岩系中的含钙质细砂岩、粉砂岩及黏土岩为主。

矿化特点及产状:矿化明显受断层破碎带控制,矿体呈高角度陡立状产于断层破碎带中,或赋存于不同方向断裂的交会处,呈大透镜状或脉状产出,在主断裂旁侧的分支断裂亦有小矿体分布。典型的如贵州锦丰(烂泥沟)金矿、丫他金矿和桂西金牙金矿。另外还有一种明显受构造穹隆控制,金矿(化)体产于穹隆翼部的层间滑脱破碎带中,并大致顺层分布,典型的如高龙金矿、板其金矿。

典型矿床——贵州烂泥沟金矿的情况介绍如下。

贵州烂泥沟金矿行政隶属于贵州省黔西南州贞丰县沙坪乡。目前已有公路直达矿山,交通较为便利。贵州烂泥沟金矿位于右江盆地西北部,毗邻扬子陆块西南边缘。矿床出现在由北北东向的赖子山背斜、北西向板昌逆冲断层和册亨东西向构造带组成的小三角形构造变形区北部顶点。该小三角形西部顶点还有板其和丫他两个中型金矿床,南东顶点有百地小型金矿床。

至2005年底,矿床资源储量为126.25t(SinoGold Ltd,2006),达到超大型规模,成为滇黔桂"金三角"目前已知最大的单体金矿床(图4-35)。

1. 地层

该矿床位于赖子山碳酸盐岩台地边缘,但就位于陆源碎屑岩盆地一侧。因此,矿区位于两大相区的交接部位,故沉积相复杂。

虽然矿区出露地层的岩性、岩相、厚度等在横向和纵向上变化均很大,但仍可分为赖子山背斜台地相碳酸盐岩层序和盆地相陆源碎屑岩层序两套岩性。

矿区西部主要出露二叠纪浅水台地相碳酸盐岩,主要有石炭系马平组(C_3mp)、下二叠统栖霞组、茅口组、上二叠统吴家坪组,次为跨越中晚二叠世的台地边缘礁滩相沉积礁灰岩。矿区东侧广泛出露中三叠世安尼期、拉丁期浅水陆棚相和深水盆地相之类复理石建造,主要有中三叠统新苑组、许满组、尼罗组、边阳组。其中边阳组具典型的陆源碎屑浊积岩特征,是区内主要赋金层位,最厚800余米。早三叠世印度期、奥伦期台地边缘斜坡相沉积罗楼组分布于北西部石柱—尼罗一带,与吴家坪组分布范围一致。砾屑灰岩分布于冗半—洛帆一线。

2. 岩浆岩

区内岩浆活动微弱,仅在矿区北北东25~30km处的贞丰白层有燕山期偏碱性超基性岩小岩体出露,岩体侵位时代多认为是燕山期。

3. 构造

矿区褶皱以明显的北西向为主,叠加有北东向褶皱。北西向褶皱常形成大型的复式背向斜,构成矿区的主要构造格局。北东向褶皱规模小,常对北西向褶皱进行改造。矿区北部还存在南北向的褶皱,且被北西和北东向褶皱所改造。

矿区内断层的分组十分明显,总体上可划分为3组,即南北向、北西向、北东向。其中,近南北向的断层为同生断层或与同生断层相伴的断层;北西向断层与北西向褶皱相伴而生,规模大,延伸稳定,主要表现为逆冲挤压性质;北东向断层则表现为切割前两组断层,规模小,延伸短,且常在走向上尖灭于褶皱,主要表现为走滑性质。

构造作用在金矿成矿过程中起着十分明显的控制性作用。大体而言,该矿床与滇黔桂"金三角"其他卡林型金矿类似,台地边缘的同生断层是主要的导矿构造,其旁侧的次级断层是有利的容矿构造。浅部边阳组砂岩夹泥岩提供了有利的岩性组合,是主要的含矿地层。但目前的深部钻探显示T_2xm^{4-3}中的砂岩夹层也赋矿良好。因此成矿对地层层位没有选择性,仅对断层切割的不同能干性的岩性组合进行选择性交代、充填而成矿。

4. 矿体特征

矿体主要赋存于断层破碎带中,其形态和矿化富集规律受断层几何特征和动力学特征控制。以F_2为界,可将矿床分为两个矿段:北西为冗半矿段,南东为磺厂沟矿段。矿体主要赋存于磺厂沟矿段的北

西向断层 F_3（占储量的 81%）及其与北东向断层 F_2 的交叉部位。容矿岩石为许满组至边阳组的含钙质细砂岩和泥岩。现着重介绍冗半矿段矿体特征。

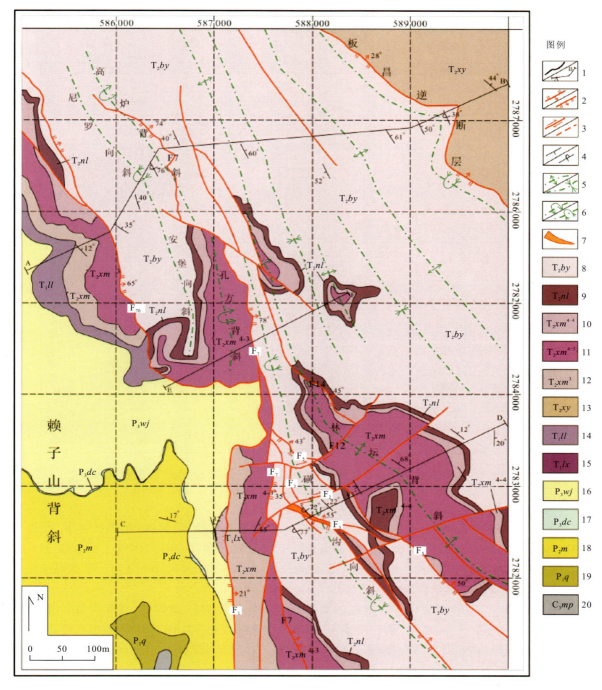

图 4-35 黔西南册亨-望谟次级矿集区烂泥沟金矿区地质图（据 Sinogold Ltd.，2006 综合）

1.地质界线；2.逆断层/正断层；3.走滑断层/推测断层；4.正常/倒转岩层产状；5.背斜/向斜；6.倒转背斜/向斜；7.金矿体；8.中三叠统边阳组砂岩夹泥岩；9.中三叠统尼罗组泥岩夹砂岩；10.中三叠统许满组第四段第四层块状砂岩；11.中三叠统许满组第四段第三层泥岩；12.中三叠统许满组第四段第三层泥灰岩夹泥岩；13.中三叠统新苑组砂岩夹灰岩；14.下三叠统罗楼组薄层灰岩；15.下三叠统灰岩角砾岩楔；16.上二叠统吴家坪组厚层灰岩；17.上二叠统大厂组泥岩夹凝灰岩；18.中二叠统茅口组厚层灰岩；19.下二叠统栖霞组灰岩；20.上石炭统马平组灰岩

在冗半矿段内,分布着大小不等的 10 余个矿体,各自依附着规模不等、产状各异、性质不同的断层破碎带产出。其特点是矿体多,但规模小,品位低,矿体连续性差。不过近年的勘探表明,往深部有变好的趋势。最主要的矿体有 3 个:其一是 503 号矿体,受 F_3 断裂控制;其二是 506 号矿体,受 F_7 断裂控制;三是未命名矿体,受与 F_2 断裂平行的 F_{12} 断裂控制(图 4-36)。

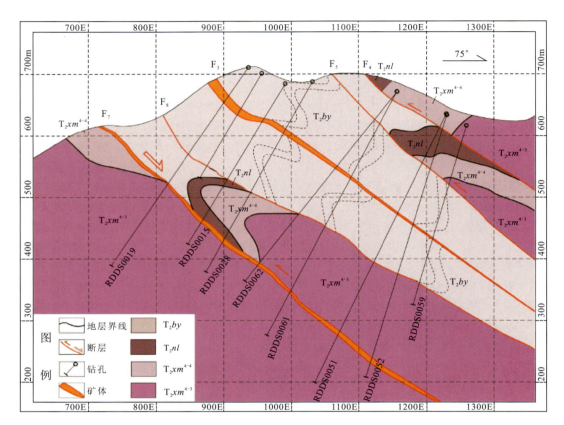

图 4-36　黔西南册亨-望谟次级矿集区烂泥沟金矿区冗半矿段 800N 勘探线剖面图

(据 Sinogold Ltd.,2006 综合)

503 号矿体:分布在 F_2 断裂北西侧的 F_3 断裂中。矿体呈似板状、透镜状,其产状与 F_3 断裂带一致。倾向 50°,倾角在 30°～45°之间;其控制水平长 450m,倾向延伸 350m;矿体单工程真厚度 1.03～29.77m,总体南东厚,往北西方向变薄;矿体样品金品位在(0.11～30.0)×10^{-6} 之间。矿体品位由北西往南东有变高之趋势。矿体平均品位 5.36×10^{-6}。

506 号矿体:分布在 F_2 断裂带北西侧的 F_7 断裂中。矿体呈似板状、透镜状,其产状与 F_7 断裂带一致,倾向 80°,倾角在 40°～55°之间;其控制水平长 500m,倾向延伸 500m;矿体单工程真厚度 1.09～12.65m,总体南东厚,往北西方向变薄;品位在(0.21～33.5)×10^{-6} 之间。

5. 矿石特征

矿区按矿石氧化程度可划分为氧化矿和原生矿两大类。氧化矿主要分布在地表 2～30m 范围内,呈土黄色、浅黄色、灰白色,褐铁矿化普遍,矿石较疏松,无或少见黄铁矿等金属硫化物。原生矿为主要矿石类型,矿石物质组分较复杂,黄铁矿、毒砂等金属硫化物较多,矿石呈深灰色、灰色、黑色,矿石较坚硬。该类型矿石中金以包裹金为主,选冶试验研究认为其工艺类型为含砷贫硫化物难选冶金矿石。矿石结构包括自形、半自形粒状结构,他形粒状结构,自形、半自形针状结构,环带结构等;矿石构造包括浸染状构造、脉状、网脉、条带状构造、角砾状构造等。金主要是以自然金的形式赋存于黄铁矿(含砷黄铁矿）、毒砂、石英和黏土矿物等载体中，少数嵌布于矿物粒间。金粒度以小于 0.0005mm 的次显微金为主，少数为微细粒金，金的形态主要为不规则粒状和浑圆粒状等。

三、成矿作用与成矿模式

1. 水银洞式金矿

在燕山期区域构造作用下，与深部构造岩浆作用有关的富含 CH_4、N_2、CO_2 和 Au^{2+}、Sb^{2+}、Hg^{2+}、As^{2+}、H_2O 的热液沿深大断裂上涌，在 P_2m 与 P_3l 间的不整合界面（区域构造滑脱面）侧向运移，与岩石产生交代形成构造蚀变体（Sbt），局部形成金矿体或矿床。背斜核部附近发育的斜切层面的断裂构造或一系列节理成为成矿流体穿透一些构造封闭层（如碳质页岩）到达另外一些渗透性较好的地层（如碳酸盐岩）（地层上必须有封闭层覆盖）通道，在热液向上运移的过程中，碳酸盐岩的顶底板黏土岩形成良好的封闭层阻止热液扩散而导致含矿热液沿孔隙度大的碳酸盐岩侧向运移并富集而成黔西南独特的层控型矿床——水银洞金矿（刘建中等，2005，2009；夏勇等，2009；图 4-37）。

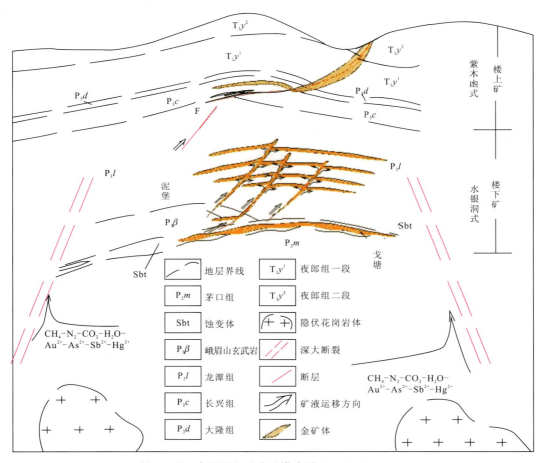

图 4-37 水银洞金矿成矿模式图（据刘建中等，2005）

2. 烂泥沟式金矿

矿床成因模式如图 4-38 所示：①右江盆地裂解-弧后盆地阶段（D_2—T_1）——含矿建造的形成阶段→

②右江盆地前陆盆地阶段（T_2）—含矿流体的初步形成阶段→③右江盆地挤压造山阶段（T_3）—成矿热液的迁移富集阶段→④右江盆地碰撞后造山侧向挤压阶段（J_1）—成矿物质的沉淀阶段。

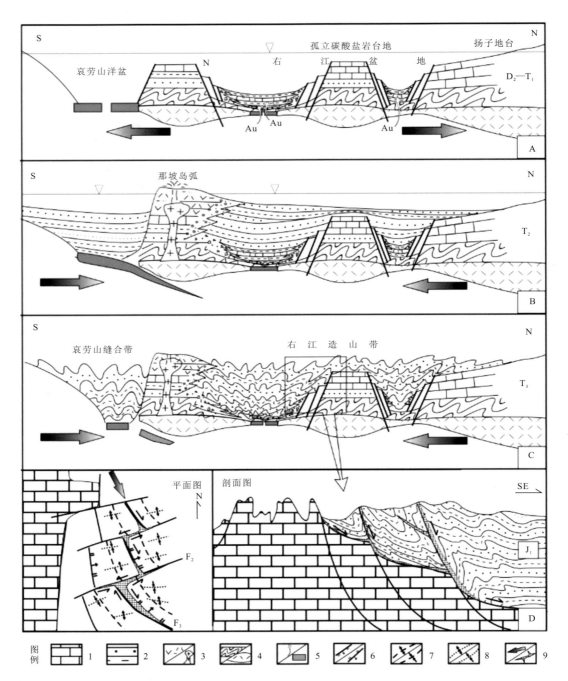

图 4-38　黔西南册亨-望谟次级矿集区烂泥沟金矿成矿模式图（据陈懋弘，2007）

1.灰岩；2.砂泥岩；3.火山岩/侵入岩；4.变质基底/陆壳；5.幔源 Au/洋壳；6.正断层岩/逆断层；7.造山期背斜/向斜；8.叠加背斜/向斜；9.应力方向/矿体

第十三节　云南个旧钨锡铅锌矿集区

一、概述

该矿集区位于云南省东南部，大致以个旧市为中心，东至蒙自县城，西抵建水县城—元阳县城一线，北到开远市，南达元阳县城—蒙自县城连线；向北西以红河-开远-弥勒-师宗深大断裂带与扬子陆块相邻，向南东大致以蒙自—砚山—广南一线与滇东南逆冲-推覆构造带分界，南部紧靠红河断裂，东大致以小江断裂南延部分为界，主体呈三角形围限于弥勒-师宗深大断裂带（西南延伸至开远、红河）、小江断裂（南延部分）、红河断裂之间。南北长约75km，东西平均宽约50km。涵盖范围：E102°47′—103°27′，N23°09′—23°51′，面积约 $0.35×10^4 km^2$。

个旧地区位于华南地块西部边缘，以红河大断裂为界与特提斯域的三江褶皱带相邻。在个旧地区出露的地层为大面积的三叠系及少量的二叠系，除了二叠系飞仙关组与龙潭组、个旧组与法郎组之间为假整合接触外，其余均为整合接触。中三叠统个旧组和法郎组是个旧地区分布最广泛的地层，主要分布在以个旧断裂为界的东区。新近纪黏土层、砂页岩层和砂砾岩层以及第四纪沉积物主要沿红河断裂和个旧断裂分布以及出现在东北部的蒙自盆地。

在个旧地区，西南部的红河深大断裂是三江褶皱带与华南地区的构造分界线，南北向个旧断裂是区域性小江岩石圈断裂的南延部分。南北向的个旧深大断裂将个旧地区分为东、西两个区，锡矿主要产于东区。东区骨干构造主要是南北—北北东向、东西向的复式褶皱和大断裂。北北东向的五子山复式背斜是东矿区的控矿构造，东西向的5条压扭性大断裂（龙树脚断裂、背阴山断裂、老熊洞断裂、仙人洞断裂和白龙断裂）将矿带自北而南分为马拉格、松树脚、老厂、双竹和卡房5个矿田。

在个旧地区除了二叠纪和三叠纪两次基性火山喷溢作用外，在白垩纪还发生了大规模的岩浆侵位事件。主要岩浆岩有辉长岩、斑状花岗岩、等粒花岗岩、碱长花岗岩（神仙水岩体）、碱性花岗岩、碱性岩、玄武岩和煌斑岩。在这些岩浆岩中，斑状花岗岩和等粒花岗岩与成矿具有明显的时空分布关系，其中在马拉格和松树脚矿区显示斑状花岗岩与成矿关系密切，其余矿区成矿与等粒花岗岩有关（云南有色地质局308队，1984；王新光等，1990）。

二、矿产特征与典型矿床

区内矿产资源十分丰富。已知矿种达58种之多，其中有色金属矿产有锡、铜、铅、锌、金、银、钨、钼、镍、钴、铋、锑、汞、铂、铝等，稀有金属矿产有钽、铌、铍、锂、锆等及其他稀土金属，分散元素矿产有锗、镓、铟、镉等，放射性元素矿产有铀、钍等，黑色金属矿产有铁、铬、锰等。区内已找到大中型锡、铜、银、铅、锌等矿床多个，其中个旧矿区是闻名中外的超大型多金属多因复成块状硫化物矿床。目前，个旧锡铜多金属矿区已探明锡、铜、铅、锌、钨、铋、钼、镓、铟、镉、锗、铌、钽、铍、金、银、铁、硫、砷等有色和稀有及贵金属矿产20余种，矿体1300多个（含328个砂矿），已经利用、正在利用和规划利用的大型矿产地14个，其中锡13个，钨1个，中型矿产地10个。

区内主要矿产为锡、铜、铅锌，主要矿床类型为产于中三叠统法郎组白云岩中与燕山期酸性侵入岩有关的个旧式锡铅锌铜多金属矿。已知锡多金属矿床沿个旧断裂东、西两侧分布，目前探明的矿床多分布在东侧，西侧仅分布有陡岩、孟宗、六方寨、普雄等矿点。东侧有老厂、高松、马拉格、松树脚和卡房5个大矿田。该类矿床产于三叠系个旧组，含矿围岩多为个旧组碳酸盐岩，它们与燕山晚期花岗岩有着成因联系，在成矿空间上紧密相依，在成矿时间上继承延续，其中马拉格矿床和松树脚矿床分布在马松岩体的突起部位；老厂矿床、双竹矿床和卡房矿床分布在老卡岩体的突起部位，它们的原生硫化物矿体一般产在花岗岩体的内外接触带或附近的碳酸盐岩-碎屑岩地层中。矿体主要产在产状复杂（常为岩突或凹兜）的岩体与围岩接触带和围岩内顺层断裂中，老厂和卡房的矿体主要产在岩突部位；松树脚和马拉格矿则产在凹兜及上部的顺层断裂中。产在岩突或凹兜的矿体产状同样复杂，而产在顺层断裂的矿体呈层状、似层状。区内的矿化类型复杂，主要有云英岩型、锡石硫化物型、细脉带型和含锡硫化物型，部分原生锡矿风化剥蚀后形成砂锡矿床。矿石矿物主要有锡石、磁黄铁矿、黄铜矿、毒砂、黄锡矿、闪锌矿、方铅矿。

典型矿床——老厂矿田的情况介绍如下。

老厂矿田位于个旧南东，在马拉格、松树脚至卡房矿田之间，面积 40 km^2，是个旧矿区的主要生产矿山，探获储量占全区总储量的 40%，其中锡储量占 55%。这里矿化集中，矿床类型多，是一个以锡、铜、铅为主的多金属矿田，上有砂矿，中有层间氧化物矿床，下有接触带矽卡岩型硫化物矿床、锡石-石英-绢云母花岗岩破碎带型锡矿床、变基性火山岩铜矿床，电气石细脉带矿床穿插其间，主要由湾子街矿段、竹叶山矿段、黄茅山矿段等组成。

（一）地层及主要含矿层

老厂矿田出露地层主要为中三叠统个旧组马拉格段下部（$T_2g_1^2$）和卡房段（$T_2g_1^6—T_2g_1^1$）碳酸盐岩类岩石，厚度在 1550m 左右，基本属浅水台地潮坪环境形成的浅滩、潟湖或萨布哈式沉积岩相，在（$T_2g_1^6 \sim T_2g_1^5$）中常见多层由生物岩所形成的还原性层位及膏盐蒸发岩，易为淡水溶解产生层间溶蚀带。不同的岩性组合，有不同的控矿特征。由灰岩、白云岩及其过渡性岩石频繁交替所组成的互层带，是层间氧化矿的主要赋矿地层。全区探明的锡、铜、铅储量中，卡房段（T_2g_1）占 90%，锡储量主要集中于 $T_2g_1^5$、$T_2g_1^6$，铜储量主要集中于 $T_2g_1^3$ 和 $T_2g_1^1$ 地层中。

（二）含矿构造特征

老厂矿田位于北北东向五子山复式背斜的中段，北界背阴山断裂，南至老熊洞断裂，西邻个旧大断层，形成三面受断层限制的地垒状隆起。

（三）岩浆岩

老厂矿田岩浆活动主要有两期：第一期为中三叠世安尼期基性火山喷发于 $T_2g_1^1$ 灰岩中形成的玄武岩及火山凝灰岩；第二期为燕山期花岗岩，在老厂矿田均隐伏于地下。

（四）矿床地质特征

老厂矿床主要属锡石-硫化物型矿床，锡石-石英型矿床也有一定规模，主要矿床类型有含锡白云岩矿床、细脉带矿床、层间氧化矿床及矽卡岩硫化物矿床。其中以后二者为主。现分述如下。

1. 矽卡岩硫化物矿床

该矿床类型主要为产于接触带的锡石-硫化物型矿床。此类矿床矿种多，范围广，为老厂矿田规模最大的一类矿床，已探明的锡储量占矿田原生矿床锡储量的 59%。它处于其他各类矿床的最下部，埋藏于地表 300m 以下。矽卡岩硫化物矿床包括矽卡岩型钨矿床和矽卡岩硫化物型锡、铜矿床，分别属于矽卡岩和热液硫化物两个矿化期。

在老厂花岗岩接触带上，矽卡岩分布相当广泛，常有硫化矿叠加其上，锡、铜、钨等矿化也很强，各种矿化大致有一定的方向性，如锡矿化明显呈北东向，铜矿化则除呈北东向外，还向北西向伸展，钨矿化强度远不如锡、铜，且似有南北向展布的趋势，此外 3 种矿化与岩体形态、表层断裂构造相对应。

矿床分布和岩体形态有关（图 4-39），多数产于小突起的周围，尤其在北东向小突起之南东侧，矿床一般规模较大，形态简单。矿床形态也受岩体形态控制，可分脉状、柱状、透镜状、似层状与凹兜状等类。

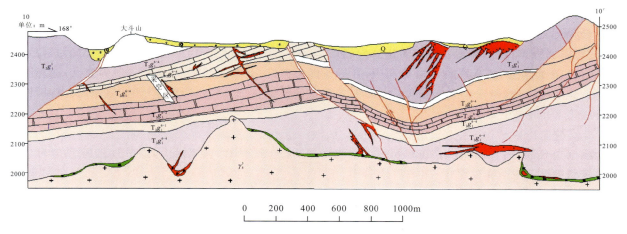

图 4-39　个旧老厂矿区 10 号勘探线剖面图

组成矽卡岩硫化物型锡、铜矿床的主要矿物有磁黄铁矿、毒砂、黄铜矿、黄铁矿、铁闪锌矿、锡石及白钨矿等，脉石矿物为透辉石、钙铝榴石、斜长石、萤石、金云母、石英、绿泥石等。由于硫化物的浸染交代程度的差异，矿石可分为致密块状硫化物矿与硫化物矿浸染的矽卡岩两类。有用矿物在矿体中的分布不均匀，锡铜含量也互为消长，经常伴生有铋、铟、镓。个别矿体有晚期铅矿化叠加。部分矽卡岩硫化物矿场多已氧化，氧化矿石主要由褐铁矿、赤铁矿组成，含有少量绢云母、白云母、方解石、石英等，有用矿物有锡石、孔雀石、铜矾、白铅矿等。

2. 层间氧化矿床

该类矿床为产于外接触带的锡石-硫化物多金属矿床，矿石均已氧化。这类矿床总的特点是：面积大，厚度小，产状形态复杂，有益组分含量变化大，矿化连续性差。它们绝大部分都赋存于 $T_2g_1^6$ 层的大理岩与灰质白云岩互层带中。但矿化主要集中在岩性交替频繁的 $T_2g_1^{6-2}$、$T_2g_1^{6-4}$、$T_2g_1^{6-6}$ 三层中。由于矿化层多，层间氧化矿床常呈多层次叠置产出。这种矿床占矿田原生锡储量的 13.3%。

区内次级挠曲构造是控制矿体的主要构造。在黄茅山背斜与湾子淘背斜交接部位的似穹隆挠曲、黄茅山背斜翼部的裙边式挠曲以及断层旁侧的挠曲往往直接控制了矿体产出。矿体的分布也受断裂构造的控制，沿北东组和东西组断裂，矿化富集成带，北东组的黄泥洞、助头山等断裂带赤、褐铁矿化显著，并局部充填脉状矿体，矿体含锡高，深部见淡色岩脉充填，是北东组矿带的特点。东西组的梅雨冲、湾子街、龙树坡、银洞、战子庙等断裂带中矿化也强烈。部分充填有煌斑岩脉，但后期又有活动，局部破坏了矿体。矿体除含锡外，铅也较富。层间滑动在背斜、向斜、似穹隆挠曲中极为发育，是矿液沉淀的良好空间。层间滑动构造多分布于大理岩与灰质白云岩界面间。灰质白云岩中形成层间片理带，大理岩中形成层间破碎带，层间剥离多分布于挠曲倾没端部，层内裂隙常受一定的层位控制而呈侧幕状分布。

根据层间氧化矿床赋存情况和形态特点，可分为脉状、似层状及条状矿体。

层间氧化矿床矿石主要由赤铁矿、褐铁矿、水针铁矿、锡石，以及臭葱石、孔雀石、白铅矿、铅铁矾等矿物组成，还有氧化残余的毒砂、黄铁矿、黄铜矿等。脉状和层状矿体往往以锡或锡铅为主。条状矿床多富集锡矿，局部铜含量也较高。

3. 细脉带矿床

细脉带矿床是由大量电气石-石英脉、电气石-长石-矽卡岩脉、电气石-矽卡岩-氧化矿脉等群集而成的矿床，无明显的边界。属气成-高温热液成因的石英电气石脉及锡石-硫化物叠加矿化形成的矿床。细脉的规模不等，长由仅数十厘米至200余米，脉幅约数毫米至数十厘米，充填在大理岩或白云岩的裂隙中，受构造和有利层位控制。矿床规模较大，分布在矿田中部，东起黄泥洞断裂，西至坳头山断裂，南北介于梅雨冲和龙叔坡断裂之间。矿化面积约$1.2km^2$。密集的细脉形成两条北东向展布的矿带。北部18号矿带赋存在05号花岗岩突起与4033号花岗岩突起之间，规模较大，形态完整，矿化连续性好，自地表延至接触带，上下延深达300m，分布有多个工业矿块，矿块规模不等。大斗山至咕嘻山一带，部分还风化富集形成残积矿床。

此类矿床以锡矿化为主，伴生有铍、钨、硼、锂、铷、铯、铌、钽及稀土等金属，有用组分含量较低，矿块平均品位含 Sn 0.42%、BeO 0.13%、WO_3 0.11%。矿床分布范围广，规模大，部分埋藏较浅者可以露采。在矿田探明原生锡储量中，本类矿床占24.8%。

细脉是构成细脉带矿床的基本单元，所处构造部位、围岩性质的不同，以及与花岗岩体距离的远近，细脉的幅度、频率、形态类型、矿物组合、伴生有益组分甚至矿脉与矿带的组合形式均有差异。

4. 含锡白云岩

含锡白云岩是由大量的褐铁矿-赤铁矿脉、绢云母脉（局部有长石、绢云母脉）、含锰方解石脉、锰细脉在白云岩中成群交织产出。细脉规模极小，沿走向数厘米至数米，脉幅仅数毫米。此类矿床往往沿断裂带发育，走向延长较远，但宽度窄，矿化弱，仅局部形成低品位的矿体，探明锡储量仅占2.7%。

三、成矿作用与成矿模式

个旧锡铜多金属矿床过去多数人认为属岩浆期后高中温热液矿床，主要受燕山晚期花岗岩控制，岩浆期后热液沿通道在花岗岩接触带形成矽卡岩锡铜矿床，沿断裂向上活动形成层间锡铅氧化矿、含锡电气石网脉矿以及断裂带含矿等。目前认为个旧锡铜多金属矿床至少经历了3个成矿系列的演化，即以块状硫化物铜矿床、铜锡矿床及块状硫化物铜金矿床为特征，产于$T_2g_1^1$基性火山岩中的印支期（240～230Ma）拉张裂谷构造环境中海底基性火山-沉积矿床成矿系列；以块状硫化物锡铅矿床、块状硫化物锡铜矿床及含锡白云岩矿床为特征，产于$T_2g_1^5$、$T_2g_1^6$灰岩，白云岩，玄武质凝灰岩及硅质碳酸盐岩中的印支期（230～220Ma）拉张裂谷构造环境中热水沉积矿床成矿系列；以电气石细脉带矿床、断裂带硫化物矿床、矽卡岩硫化物矿床为特征，产于花岗岩接触带、断裂破碎带、花岗岩边缘相裂隙带中的燕山晚期（115～60Ma）挤压构造环境中花岗岩气液叠加改造矿床成矿系列。

成矿阶段可分为早期（安尼期）基性岩浆喷溢、燕山晚期花岗岩浆侵入及期后气成热液成矿阶段，后一成矿阶段又可分为硅酸盐阶段、氧化物阶段、硫化物阶段和碳酸盐阶段。

成矿模式：在白垩纪早期（约135Ma），由于太平洋板块沿平行于欧亚大陆边缘走滑，引致大陆岩石圈发生大规模伸展，不仅出现一系列伸展盆地、变质核杂岩，还伴随火山活动和花岗岩浆的侵位（Mao et al.，2008）。岩浆的形成与侵位或喷发与地幔底侵密切相关，在大陆边缘以钙碱性岩浆为主，在大陆内部多为偏过铝质和过铝质岩浆。在个旧地区，尽管有白垩纪碱性岩和辉长岩显示其为伸展环境，但主体的花岗岩类都是来自地壳重熔的S型（Chappell and White，1974）或钛铁矿型花岗岩。除此之外，这些岩浆经历了强烈的分异演化作用，具有明显的高硅富碱多挥发组分特点，是一种典型的含锡花岗岩类（Lehmann，1990；陈毓川等，1995）。目前，初步研究表明在个旧地区花岗岩类类似于与柿竹园钨多金属矿有关的千里山岩体（毛景文等，1995，1998），具有多阶段侵位和多阶段成矿的特点。在分异演化的晚期，硅质碱质挥发组分和锡钨钼铋铍多金属元素在岩体隆起部位聚集，并首先发育云英岩型矿化，抑或沿平行于接触带断裂形成层状和似层状矿体,抑或沿垂直于或斜交接触界面的节理发育脉状矿体。与此同时,岩浆与碳酸盐岩和三叠纪玄武岩相互作用,形成矽卡岩(包括钙质矽卡岩和镁质矽卡岩)。尽管在矽卡岩阶段有钨锡铋矿化,但主要矿化出现在退化蚀变作用阶段。由于自组织作用以及大量挥发组分的参与,在矽卡岩阶段和退化蚀变阶段都形成层纹状和曲卷状构造。在岩隆部位含矿流体异常富集,逐渐向外运移,并沿层间断裂和切层断裂开始发生水岩反应和成矿作用,并从接触带向外呈现出成矿元素的分带现象,即:Cu→Cu-Sn→Sn-Cu→Pb-Zn(马拉格式)或 W-Sn-Bi-Mo→Sn-Cu→Cu→Pb-Zn(卡房式)。当以三叠纪玄武岩为围岩时,成矿元素以 Cu 或 Cu-Sn 为主,与之伴生的蚀变组合为金云母-阳起石-透闪石。由于玄武岩明显富铜,可能是矿化过程中铜的主要来源;碳酸盐岩富铅锌,可能是铅锌的主要源区。氟和硼是典型与钨锡矿化有关的主要矿化剂,而且迁移能力强并携带成矿元素向远接触带运移。因此,在远接触带出现细网脉状,包括石英-电气石脉、绿柱石-电气石脉、氟硼镁石-萤石-锂白云母-电气石脉、电气石-长石(钾长石或钠长石)脉及电气石-长石钙矽卡岩脉等,向内为以矿化剂硫为特点的锡石硫化物矿体,在内外接触带为矽卡岩型和云英岩型矿体。

第十四节　云南蒙自薄竹山-白牛厂锡铅锌多金属矿集区

一、概述

该矿集区地处云南蒙自县—文山县之间,围绕薄竹山花岗岩体呈近等轴状展布,东西长约 70km,南北宽约 50km,主要拐点坐标:E103°30′—104°10′,N23°10′—23°37′,总面积约 $0.30×10^4 km^2$。

矿集区大地构造位置为扬子陆块区(Ⅲ)-华南陆块(Ⅲ$_2$)-滇东南逆冲-推覆构造带(Ⅲ$_{2-2}$)。该区围绕着岩体呈现北东向、东西向、北西向的复杂断褶构造,背斜核部多数由下古生界组成。岩体北西向有老寨街背斜,轴向北东,向北东倾伏,为重要的铅锌锡银成矿地区;岩体的北西向以老回龙背斜产出锡钨多金属;在岩体的南西向有轴向北东的鱼乌底背斜也发现铅锌矿点数处及化探锌异常;岩体的南东向有阳文山背斜。断裂主要有北东向、北西向两组。前者多数为走向逆断层,与褶皱略有斜交,往往叠加于背斜之上,使背斜不完整;北西向断裂,往往横向切割背斜,在背斜轴部倾伏处往往与地层走向一致,形成层间断裂,成为多金属矿体的赋存部位。

主要地层为中上寒武统、泥盆系、石炭系、二叠系。铅锌银锡矿的含矿围岩为中寒武统田蓬组白云质灰岩,部分产于龙哈组的白云岩,其他层位仅出现矿点。与成矿有关的薄竹山岩体为中粒斑状黑云母二长花岗岩,主要矿物钾长石 20%～30%,斜长石 33%～40%,石英 25%～30%,黑云母 6%～8%,岩石属铝过饱和系列。同位素测定年龄值为 84.5Ma 左右,相当于燕山晚期。玄武岩分布于大黑山向斜的核部和老回龙向斜的两翼,辉绿岩仅在老寨街和白牛厂等地呈直立岩墙和岩脉沿北东向断裂充填,分布范围小。

二、矿产特征与典型矿床

区内矿产种类较多,除白牛厂大型铅锌多金属矿床外,外围尚有茅山洞锑矿、水结黄铁矿、铝土矿、无烟煤和围绕薄竹山花岗岩体内外接触带分布的铜、锡、铅、锌、钨、铁、砷、银等矿产。已发现铅锌多金属大型矿床 1 处,中型银矿床 1 处,铅锌矿点 5 处。主要矿床类型为白牛厂式与花岗岩有关的侵入岩型钨锡铅锌铜多金属矿、斗南式沉积型锰矿。

典型矿床——白牛厂铅锌多金属矿的情况介绍如下。

(一)交通位置

白牛厂铅锌多金属矿区位于云南省蒙自县东北部老寨乡白牛厂村,距县城南西 255°方向,平距 30km。地理坐标:E103°46′12″,N23°28′48″。

(二)矿区地质

矿区出露地层主要为下寒武统冲庄组、大寨组板岩夹灰岩;中寒武统大丫口组、田蓬组,及龙哈组白云岩夹灰岩、页岩及砂岩;其上为下泥盆统坡松冲组、坡脚组,芭蕉阱组紫红色砂页岩、砾岩。其中,与成矿关系较密切的是田蓬组、龙哈组。

矿区岩浆岩以燕山晚期酸性岩为主,基性岩不发育,二者表现为侵入接触。

基性岩主要分布于穿心洞一带,见于部分钻孔中,呈北东—北北东向的岩脉,侵入于寒武系龙哈组和田蓬组内,长 10~300m,宽几米至 100 余米。倾向北西西,倾角近于直立。时代不明。构成岩脉群的主要岩石为辉绿岩,另见少量辉绿玢岩。

酸性岩主要有岩脉和隐伏花岗岩两种:第一种为呈脉状产出的花岗斑岩,中细粒结构,见于白羊矿段 F_4 断裂带及附近次级断裂中,以隐伏花岗斑岩脉为主,地表出露长数十米至 800 余米,宽数十厘米至数米。隐伏花岗斑岩脉呈放射状产出,侵入于田蓬组中,倾角陡,宽数十厘米至 10 余米。同位素年龄值为 73.8Ma 和 99.9Ma,属燕山晚期。第二种隐伏花岗岩为在阿尾矿段两个钻孔中所见,侵入于寒武系大丫口组和田蓬组内,侵入标高在 1400m 以下。K-Ar 年龄为 97.33Ma,属燕山晚期。可分为中粒黑云母二长花岗岩和中细粒黑云母钾长石花岗岩两个相带,均属钙碱性岩类铝过饱和岩石,为 S 型花岗岩。

矿区位于白牛厂背斜北东端。主体构造为以 F_1、F_2、F_3 和 F_7 为代表的北西西向断裂,它们有向北西撒开、向南东收敛的规律,具左旋平移和多期活动性。北东向断裂分布于白羊矿段外围,南北向断裂不发育(图 4-40)。褶皱构造有牛作底背斜、园宝山向斜、阿尾背斜。次级褶皱与断裂是矿区的主要控矿和容矿构造,直接影响矿化的富集及矿体的形态。

矿区所在薄竹山矿田已发现铅锌多金属大型矿床 1 处,中型银矿床 1 处,铅锌矿点 5 处。

(三)矿床及矿体特征

矿区已控制 70 多个矿体,分布于阿尾、对门山、白牛、穿心洞和咪尾 5 个矿段,其中 V1 矿体规模最大,它横跨咪尾、白牛、对门山和阿尾矿段,又延深于穿心洞矿段,集中了矿床总储量的 98% 以上,构成白牛厂银多金属矿床的主体。现以白羊矿段为主,简述如下。

1. 阿尾矿段

该矿段位于矿区东部,矿化产出形态有两种:一种为似层状、透镜状矿体,沿下泥盆统与中寒武统龙哈组不整合面产出,见于矿段东端,以黑色氧化矿石为主,可见星散状黄铁矿,矿体长 340m,宽约 100m,厚 0.56~9.88m 不等,含 Ag(63~238)×10^{-6},平均 160×10^{-6},铅锌品位较低;另一种为矿化带分布于田蓬组二段白云岩、粉砂岩及龙哈组一段白云岩中,受北西向断裂及裂隙控制,地表断续长 1500m,沿倾向多与岩层斜交成脉状,宽 0~140m,受陡倾斜张性裂隙控制,呈脉幅 0.1~3cm 的脉群或网脉产出,局部富集区可成小矿体。目前只圈出 12 个断续分布的脉状、透镜状、似层状小矿体,品位变化大,规模小,工业意义不大,有待进一步工作。

2. 穿心洞矿段

该矿段位于矿区南部。矿化分布于田蓬组顶部及中上部白云岩、灰岩、粉砂岩中。地表沿北西向断裂(F_6)破碎带矿化,长约 600m,宽 4~14m,产状 208°∠30°~50°,沿倾向矿化转为隐伏斜列式脉状,产状195°~215°∠30°~45°,走向长10~340m,倾向延伸几十米至250m,厚0.61~2.32m。已圈出10个斜列脉状银多金属小矿体,储量少,未达小型规模。

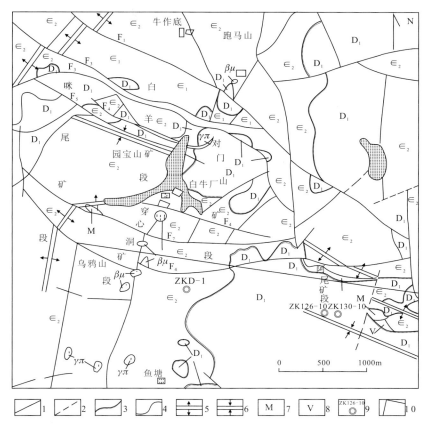

图4-40 白牛厂地区地质矿产图

Q.第四系;D_1.下泥盆统;ϵ_2.中寒武统;$\beta\mu$.辉绿岩;$\gamma\pi$.花岗斑岩;1.断层;2.推断断层;3.不整合界线;4.地质界线;5.背斜轴线;6.向斜轴线;7.矿化体;8.矿体;9.钻孔及编号;10.铜、锡成矿预测区

3. 白羊矿段

该矿段位于矿区的中北部园宝山向斜63线和51线间,北部止于F_3断裂出露线,东接对门山矿段,西邻咪尾矿段,南止于园宝山南背斜轴部。矿段北部铅、锌、锡矿化分布于F_3断裂破碎带及其旁侧围岩中,顶板为冲庄、大寨和大丫口组岩层。地表矿化弱而断续,未能直接圈出工业矿体。距地表50~200m以下,矿化增强,矿体稳定而连续,矿段南部,矿化沿田蓬组顶部、中上部白云岩夹粉砂岩层间褶曲虚脱破碎带和F_3断裂复合部位展布,连续性好,呈似层状产出,局部有分支现象。目前已圈定大小隐伏矿体56个,其中V1为主矿体,占总储量的98%以上,其余为小矿体,分布于主矿体上、下两侧。

矿体呈似层状产出,形态较简单,在白羊矿段内为一基本规则的倾斜层,沿走向、倾向具明显的波状起伏,尚未发现后期断层和脉岩对矿体的破坏(图4-41)。

矿体产状受F_3断裂控制,并与下盘围岩产状基本一致。倾向192°~239°,一般227°左右;倾角15°~30°,一般17°~22°,矿体走向长1220m,倾向延深630m,面积0.42km²,厚0.38~14.49m,平均3.34m。平均品位Ag 175.79×10^{-6}、Sn 0.38%、Pb 2.63%、Zn 3.77%,矿化铅锌银矿中伴生Au、Cu、In等,矿化锌矿中伴生Au、Ge、In等。银和铅锌达大型,锡接近大型。

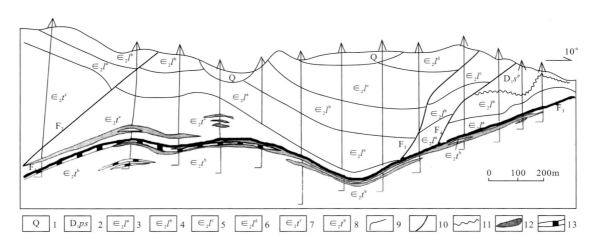

图 4-41 白牛厂矿床 74 线勘探线剖面图

1.第四系;2.下泥盆统坡松组;3.中寒武统龙哈组第一段;4.中寒武统龙哈组第二段;5.中寒武统龙哈组第三段;6.中寒武统龙哈组第四段;7.中寒武统田蓬组第三段;8.中寒武统田蓬组第二段;9.地层界线;10.断层及编号;11.不整合;12.银铅锌矿体;13.铜矿体

矿体由原生硫化物矿石组成,呈浸染-稠密浸染状、块状、条带状构造。金属矿物主要有黄铁矿、白铁矿、磁黄铁矿、闪锌-铁闪锌矿、方铅矿、毒砂、硫锑铅矿、锡石(约占锡总量的 77%);次要的有磁铁矿、黄铜矿、辉锑锡铅矿、车轮矿、硫锡铅锌矿、黄锡矿、硫锑铜矿、自然铅;还有微量的硫锑铋铅矿、辉铋矿、斜辉锑铅矿等。银矿物主要为银黝铜矿、黝锑银矿、深红银矿及辉锑银矿;次要的有脆银矿(斜方辉锑银矿)、硫锑铜银矿、含银硫锑铋铅矿及辉锑铅银矿;还有微量硫铋银矿、含银硫锡铅矿。银主要呈半自形—他形粒状分布在方铅矿(占 53%,其中 90% 呈独立矿物存在)、铁闪锌矿、硫锑铅矿、磁黄铁矿、黄铁矿、锡石等矿物和脉石中。亦有呈乳滴状、发状、叶片状沿矿物解理或裂隙分布。矿石脉石矿物主要有石英、方解石、铁白云石、绢云母、白云母及铁锰质黏土。

V1 矿体除银、铅锌和锡紧密共生外,还有硫,可供综合利用的伴生组分还有铜、金、砷、镓、铟、镉、锗等。

铜主要以银黝铜矿和黄铜矿形式产出。铜在硫精矿中,品位分别为 0.28%、0.38% 和 0.36%。

三、成矿作用与成矿模式

1. 地质构造演化及成矿作用

从古生代至新生代这一漫长的地质时期中,本区经历过加里东、海西、印支和燕山四次大的构造运动。早古生代时,本区位于华南海槽与扬子陆块之间的过渡地带且靠近大陆边缘斜坡一侧,发育了一套地台型的碳酸盐岩夹碎屑岩建造,早奥陶世晚期的加里东运动使本区地壳隆升为陆地并伴以轻微断褶构造,形成北东向宽缓开阔褶皱的雏形。而白牛厂上隆早于外围地区,致使下泥盆统直接超覆于下、中寒武统之上。海西晚期,地台开始活化,在加里东隆起带边缘,逐步发展成断陷槽谷,至晚二叠世早期沿槽谷断裂产生大陆裂谷型的基性岩浆喷发和侵入及北西西向断裂构造的形成。到中生代,地壳活化达到高潮,发生了印支运动,使三叠纪以前的地层连同寒武纪基底一起发生北东向宽缓开阔褶皱和断裂,印支运动以后,全区最后隆起成陆。晚白垩世的燕山运动,在使北东向褶皱和北西向断裂进一步发展的同时,还伴有大规模的酸性岩浆侵入活动,基本形成现在的轮廓。新生代以后,本区继承了缓慢的上升运动,并一直延续到现在。这一系列多期次的构造运动和岩浆活动,为本区以银为主的多金属矿床的形

2. 成矿模式

本区以白牛厂矿床为典型,白牛厂矿区按矿床类型及过渡形式,可分为咪尾、白羊、对门山、阿尾、下厂及羊血地式,成因类型主要为岩浆热液成矿,其中,以岩浆热液成矿为主导的矿床,呈北西或北西西向集中分布在花岗岩接触带附近及隐伏岩体隆起的倾没端,以沉积层控为主导的矿床则位于浅海相古沉积盆地的边缘,由此得到白牛厂矿区成矿分布模式:由南东至北西,依次形成完整的岩浆热液型(下厂及羊血地式,成矿元素组合以锡、钨、银、铅、锌为主)→岩浆热液为主含部分沉积成因[对门山、阿尾式,成矿元素组合以铜、铅、锌、铋和铅、锌、银、锑(汞、砷)为主]→沉积为主含岩浆热液改造[白羊式,成矿元素以铅、锌、银、锡、锑(铜、铋)为主]→完全的沉积成因为主[咪尾式,成矿元素以铅、锌、银(钼)为主]→热卤水期后(茅山洞式,成矿元素为锑、汞、砷、锡、钼组合)。如图4-42所示。

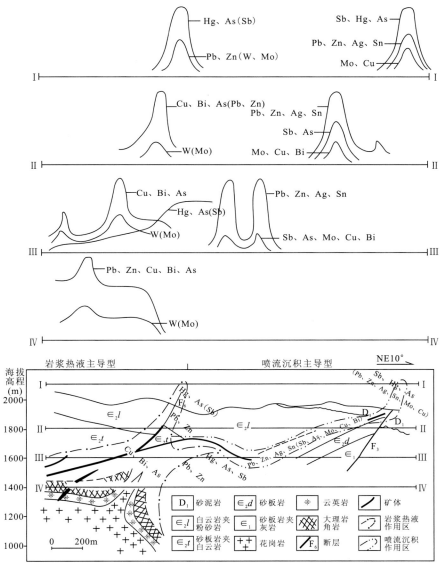

图4-42 白牛厂式侵入岩型铅锌多金属矿典型矿床成矿模式图

(资料来源:《大比例尺成矿预测综合物化探研究报告》,1993,云南地矿局物化探队)

第十五节　云南麻栗坡钨锡铅锌多金属矿集区

一、概述

该矿集区地处云南省文山州马关县、麻栗坡县，围绕老君山花岗岩体呈近等轴状展布，东西长约50km，南北宽约35km，主要拐点坐标：E104°25′—104°50′，N22°50′—23°15′，总面积约1700km²。

麻栗坡矿集区位于华南加里东褶皱带西部边界（Roger，Leloup et al.，2000），富宁-那波被动边缘盆地（潘桂堂，2004），西邻特提斯-喜马拉雅构造域，属越北古陆边缘坳陷带（云南省地矿局，1990）。越北地块主体是核部，是以变形变质杂岩、花岗质片麻岩和燕山期花岗岩组成的"斋江隆起"，以及围绕斋江隆起分布的以碳酸盐岩和碎屑岩互层的早古生代沉积盖层（Tran Van Tri，1973；Phan，1991），主体在越南境内，在中国境内处于马关断裂和麻栗坡断裂围限的三角形区域内。

矿集区以老君山片麻岩穹隆为特征，可分为核部杂岩和沉积盖层，其中核部最高经历了角闪岩相变质作用，发育柔流褶皱等中—深层次的构造变形。古生界组成沉积盖层，除缺失上奥陶统、志留系、上三叠统、侏罗系、白垩系外，其余地层均有出露，出露地层以中下三叠统及寒武系为主。白垩纪花岗岩是区域上重要的成矿岩体并围绕花岗岩，有关的锡、钨、铅、锌、铜、银等高中温热液矿床（点）在区内广泛分布并呈明显的分带特征。

区内南北向、东西向、北东向和北西向各组断裂纵横交错。围绕穹隆形成一系列断裂和褶皱构造，西翼构造走向以北东向为主，如董亮背斜、夹寒箐向斜、南亮断裂；东翼以北西向为主，如南温河断裂；南北翼以南北向为主，如天生桥倾没背斜，小麻栗坡短轴向斜，铜街-曼家寨宽缓褶皱断层带。这一系列的次级褶皱构成了老君山穹隆的总体，控制了区内大多数锡钨铅锌多金属矿产的形成及空间分布。区内断裂构造以北西向的文山-麻栗坡大断裂、马关-都龙断裂为代表，分布于老君山花岗岩体北东侧和南西侧，对成矿区内地质构造的发展演化和矿产分布，具有明显的控制作用，铅、锌、银、锡等矿床（点）的产出，大部分分布在马关断裂与文山-麻栗坡断裂围限的三角形区域内。

二、矿产特征与典型矿床

麻栗坡矿集区内构造复杂，岩浆活动频繁，多期次的围岩蚀变，前后叠加改造，带来了丰富的热液和矿质，形成区内众多的钨、锡多金属矿床（点）。现已发现锡、钨、铅、锌、铜、锑等23种矿产90余处矿床（点），其中超大型矿床2个，大型矿床2个，中型矿床9个。

区内主要金属矿种为钨、锡、铜、铅、锌，主要矿床类型为都龙式与花岗岩有关的侵入岩型锡铅锌铜矿多金属矿和南秧田式层状矽卡岩-岩浆热液型钨矿。其中，南秧田式层状矽卡岩-岩浆热液型钨矿位于南温河片麻岩穹隆核部，包括南秧田大型白钨矿床、高椅槽白钨矿床、洒西白钨矿床等。该类矿床受猛硐岩群层位控制明显，矿体呈层状、似层状产出，主要赋矿岩石为似矽卡岩、石英岩、黑云母石英变粒岩、电气石石英岩等。主要金属矿物为白钨矿，局部伴生锡、钼、铋。

典型矿床——都龙式与花岗岩有关的侵入岩型锡铅锌铜矿多金属矿（都龙锡多金属矿）的情况介绍如下。

1. 交通位置

都龙矿区位于云南省马关县东南部都龙区，距县城17km。地理坐标：E104°32′48″，N22°54′25″。

2. 区域地质

都龙地区矿床(点)产于花岗岩与中寒武统田蓬组外接触带,近岩体处形成矽卡岩型矿床,与锌、锡共生。远离接触带形成热液型铅锌矿床。矿床所处的穹隆构造为由中、下寒武统形成的变质热穹隆和燕山期花岗岩-构造穹隆组成的复合穹隆构造。燕山旋回形成的都龙老君山花岗岩岩基,侵入于变质热穹隆核部的北西侧。岩基的东、南侧与高绿片岩相-低角闪岩相的下寒武统接触,外接触带虽有后期脉岩及岩浆期后热液作用,但接触变质及交代作用不显著。岩基西、北侧,花岗岩侵入于中寒武统田蓬组变质地层中,近接触带围岩的接触变质作用及岩浆期后气成-热液作用较强烈。形成多层由钙硅酸盐矿物组成的矽卡岩夹层。

3. 矿区地质

(1) 地层:矿区内出露的地层为寒武系田蓬组,为经区域变质形成的绿片岩及角闪岩相变质岩。受变质的原岩为类复理石式沉积建造。下部以碎屑岩为主夹钙、泥质岩;中部以泥质岩、碳酸盐岩为主夹少量碎屑岩;上部以碳酸盐岩为主夹泥质岩。田蓬组总厚度为 2528m。按岩石组合分为 5 个岩性段,其中 ϵ_2t^4、ϵ_2t^5 层分布于矿区西部外围。在 ϵ_2t^1 层片麻岩、变粒岩之下,尚有花岗片麻岩出露,见于矿区东部曼家寨大沟东端。矿区内 ϵ_2t^2、ϵ_2t^3 地层大致呈南北向分布,在铜街矿段北部受 F_0 断层切割与 ϵ_2t^1 层片麻岩呈断层接触。

(2) 构造:构造类型为宽缓型褶皱及纵向断裂组成的背斜断裂构造带,为区域复式褶皱的组成单元。铜街-曼家寨背斜为宽缓型褶皱,由中寒武统田蓬组 ϵ_2t^2、ϵ_2t^3 层组成,由于岩相变化,背斜两翼同一层位内岩石组合互不一致,核部下伏的 ϵ_2t^1 层,为片麻岩及变粒岩系。背斜构造大致呈南北向分布,长约 5km,轴向 20°~355°。在平面中具"S"形褶曲,西翼倾角 10°~25°,缓至中等倾斜。矿区北部因花岗岩上隆侵位,褶皱轴北高南低,背斜构造逐渐向南倾伏,背斜的北端为 F_0 断层切割。向南延至辣子寨一带成为向西倾斜的单斜构造。在背斜两翼尚含次级规模的波状褶曲;矿区内主要断裂构造为 F_0、F_1 等断层,与铜街-曼家寨背斜大致并列分布,组成背斜断裂构造带。其间尚有规模较小的南北向、北东向纵断层及北西向横断层分布。

(3) 岩浆活动:老君山花岗岩属白垩纪燕山晚期壳源花岗岩。岩体性质具有复式、中低侵位继承演化的特点。以混合岩为先导,随岩石演化,SiO_2、K、Na 含量增加,Fe、Mg 等组分下降,Sn、W 等亲花岗岩成矿元素逐步富集。岩体的侵位空间由原地至半原地渐次上升,岩体的形态规模逐步减小,显现出从 $\gamma_5^3(a)$ 岩基→$\gamma_5^3(b)$ 岩株→$\gamma_5^3(c)$ 岩脉的变化等特征。

(4) 变质作用:矿区内分布的变质岩为中寒武统田蓬组中、下段,呈层带状分布。上部为区域变质岩,下部为区域混合岩,两者具有渐进的变质关系。变质作用由浅部到深部进行,变质期年代逐渐变新,变质程度加深,岩石类型具有由区域变质岩向区域混合岩演化的时间空间规律。变质相带划分为绿片岩相、角闪岩相、混合岩相。矿区内接触变质作用不发育。局部见少量长英角岩、黑云长英角岩。

4. 矿床及矿体特征

都龙锡多金属矿带位于花岗岩体南西侧,中寒武统田蓬组内,具有铅、锌、铜、锡矿化,呈现按层位金属分带特征。上部以铅锌为主,向下逐渐过渡至锡锌铜矿化。矿区西部外围水硐厂一带,ϵ_2t^4 层大理岩中含扁豆状铅锌矿体,长 10 余米至百余米,厚 0.5~3m,Pb 0.407%~10.74%,Zn 1.28%~8.13%。矿区内 ϵ_2t^2 层片岩、大理岩、矽卡岩带中含锡锌工业矿体,是都龙多金属矿带的主体。在矿区东部下曼家寨一带,尚有石英脉型锡铜多金属矿体分布。

矿床自北向南分为铜街、曼家寨、辣子寨、南当厂 4 个矿段。矿床赋存于 ϵ_2t^2、ϵ_2t^3 层组成的缓倾背斜-断裂构造带内,长超过 1400km,宽 400~600m。矿化带最厚达 200 余米,内有多层规模大小不一、数量不等，产状形态不同的似层状、扁豆状、脉状矿体呈带状分布。矿床北部及背斜西翼，矿体埋深较浅，部分出露于地表；矿床向南、东部延伸，逐渐隐伏于地下深部。背斜鞍部及东翼锡矿体、锡锌共生矿体较发育；背斜西翼以锌矿体为主，部分含锡矿体，在有利的岩性、褶皱断裂复合地段，矿化富集。

其中铜街矿段工作程度已达勘探阶段，其他3个矿段其地质特征与铜街矿段相类似。下面以铜街矿段为例简要叙述其地质特征。

铜街矿段为都龙锡铅锌铜多金属矿带的北段，北起花岗岩接触带，南至113线，勘探范围南北长820m，东西宽约450m，面积0.4km²。矿床位于$\gamma_5^3(a)$期花岗岩旁侧，隐伏的$\gamma_5^3(b)$期花岗岩小型隆起之上，$\gamma_5^3(c)$期的花岗斑岩脉亦较发育。赋存于$\in_2 t^2$变质绿片岩相带的下部组合带，缓倾斜背斜构造鞍部，纵向断裂发育地段中，大致沿变质带展布。本段矿体厚60～180m，北部较薄，南部渐厚。向南延至曼家寨、辣子寨、南当厂矿段。本段共揭露17个工业矿体，埋深较浅。其中1号矿体部分出露地表，向南隐伏于地下。

锡锌矿床由多层大致平行的锡石-硫化物矽卡岩矿体组成。平面上略呈南北向分布，剖面中具有叠瓦状交替出现(图4-43)。矿带下部的10号、13号矿体向南东侧伏。形态为似层状、扁豆状(含脉状)，规模大小不一，在背斜鞍部断裂裂隙发育地段，矿体较富厚，两翼逐渐变为贫薄、尖灭。矿体内的夹层(石)形态变化较为突出。产状与围岩大体一致或呈斜交状，背斜鞍部矿体倾角平缓，为5°～10°，两翼倾角15°～25°。矿体规模为小—中型，其中以1号、10号、13号矿体较大，约占锡多金属总储量的95.8%。矿石类型以锡、锌共生为主，单锡、单锌次之。主矿体的品位变化系数 Sn 95.8%～104.8%，Zn 100.5%～126.61%，属均匀至不均匀。厚度变化系数为55.9%～88.6%，属变化稳定类。

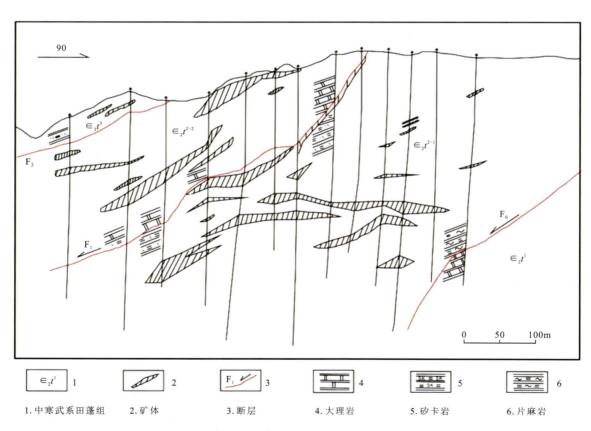

1. 中寒武系田蓬组 2. 矿体 3. 断层 4. 大理岩 5. 矽卡岩 6. 片麻岩

图4-43 都龙锡矿床曼家寨矿段67号勘探线剖面图
(据贾福聚(论文).2007修改)

锡锌矿床主要由1号、10号、13号矿体组成,分布于1178～1364m高程内,空间位置自南向北逐渐增高,较集中地分布于背斜鞍部及邻近两翼。在主矿体旁侧及倾斜延深尚有规模较小的扁豆状矿体分布,形成矿体群。

1号矿体:位于锡锌矿带上、中部,1232～1364m高程内,矿体的北部在F_0断层被切割错失,南端延至曼家寨、辣子寨、南当厂矿段,已控制矿体长650m,宽70～285m。平均厚20.03m,最大厚度66.89m。平均品位Sn 0.49%,Zn 4.35%。矿体规模表内金属量Sn 30 515t,Zn 268 748t,分别约占总储量Sn 68%,Zn 72%。矿体的形态为似层状,沿走向倾斜具有膨缩、分支复合等情形。

10号矿体:分布于锡锌多金属矿带中、下部,1207～1240m高程之间。是1号矿体之下大致平行分布的隐伏矿体。走向长311m,宽185～339m,平均厚11.28m,最大厚度24.09m。平均品位Sn 0.59%,Zn 3.52%。矿体规模表内金属量Sn 9140t,Zn 57 674t。矿体形态为透镜状,外部形态变化较小。

13号矿体:赋存于锡金属矿带下部,1980～1230m高程之间,为10号矿体之下的平行矿体,空间位置略向南东侧伏。已揭露矿体走向长208m,宽82～331m,平均厚11.28m,最大厚度24.09m。平均品位Sn 0.47%,Zn 5.13%。矿体规模表内金属量Sn 2776t,Zn 30 376t。矿体形态为透镜状,较为单一。矿体的北、东部以单锡矿体和表外矿体为主。

都龙锡多金属矿矿石类型为锡石多金属硫化物-矽卡岩型,具有多金属矿化,金属锡呈锡石产出,微细粒状,大致均匀嵌布。锌矿物为铁闪锌矿,呈粗粒状。含铜、银、硫、砷、锗、镓、铟等伴生有益组分。矿石构造以块状、浸染状构造为主。矿石类型绝大部分为硫化矿,混合矿次之,以锡锌共生为主。按照矿物自然组合特征,大致分为锡石-硫化矿型、锡石矽卡岩型、锡石磁铁矿型。三者呈不均匀嵌布。矿石的泥化程度较低。

矿石内常见的主要金属矿物为铁闪锌矿、磁黄铁矿、锡石、磁铁矿;次要矿物为黄铜矿、黄铁矿、毒砂;偶见水锡石、黝锡矿、辉铜矿、铜蓝等。其他尚有含量不等的氧化物,为褐铁矿、碳酸锌、孔雀石、臭葱石等。脉石矿物为透辉石、透闪石、阳起石、绿泥石、绿帘石、斜黝帘石、云母、长石、石英、方解石、萤石、黏土矿物等。

区内与成矿关系较密切的围岩蚀变为矽卡岩化,形成组分复杂的各类矽卡岩。矽卡岩普遍具有锡多金属化,锡石多沿硅酸盐矿物解理分布。岩浆热液阶段的围岩蚀变为绿泥石化、绢云母化、方解石化、萤石化、硅化等,常见其交代早期形成的矽卡岩。岩浆热液阶段的锡多金属硫化物矿化与萤石化、绿泥石化关系较密切。

三、成矿作用与成矿模式

区内的锡锌多金属矿床与燕山期都龙花岗岩密切相关,都龙花岗岩中W、Sn、Pb等成矿元素含量较高,是本区主要的成矿岩体,都龙花岗岩为矿床形成提供了热源和物源,形成了石英云英脉型钨锡矿床、接触交代型锡锌多金属矿床、热液型铅锌银矿床等不同类型的矿床,通过对上述矿床类型典型矿床的地质特征、成矿条件、物质来源的研究,提出了"层、岩、相、构、带"的复合成矿模式(图4-44)。

层:含矿地层主要为中寒武统田蓬组、龙哈组。

岩:即矿床形成与燕山期花岗岩有关,矿体赋存在岩体顶上带、边部的云英岩带及岩体外接触带一定范围内。

相:不同的岩相带控制了矽卡岩的发育程度和矿体规模,从陆源碎屑岩向碳酸盐岩的过渡带是最有利的岩相带,碳酸盐岩、泥质碎屑岩交互沉积,岩性复杂,钙、泥、硅质交替出现,大理岩中常形成厚大的矽卡岩及锡多金属工业矿体。

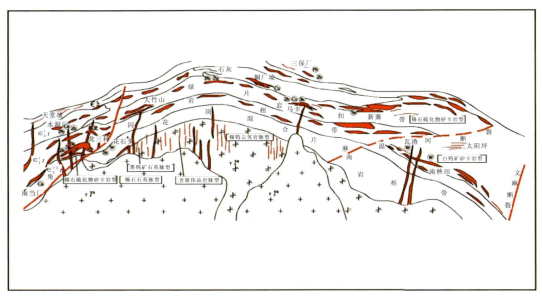

燕山期：改造富集矿体最终定形定位期

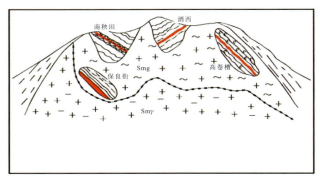

加里东期：岩浆侵位及成穹改造期

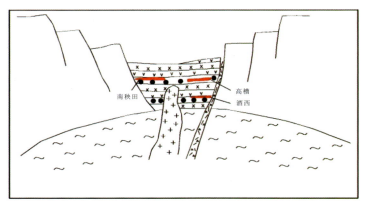

晋宁期：喷流沉积初始成矿期

图 4-44 都龙式-南秧田式侵入岩型钨锡铅锌铜
多金属矿成矿模式图

构:区域性的大断裂是岩浆热液运移的有利通道,也是容矿的重要部位,而次级断裂则直接控制了矿体的产出。

带:围绕都龙花岗岩体出现金属矿物分带是不同类型金属矿床的反映。由岩体内的 Sn、W 带至外接触带的 Sn、W、Zn、Cu 带和远离花岗岩的 Pb、Zn、Ag 带,分别控制了气成高温热液型(石英云英脉型)锡钨矿床,接触交代型锡、钨、铜、锌多金属矿床和中低温热液型的铅、锌、银矿床的分布。

燕山期花岗岩与外围地层中的碳酸盐岩接触,形成接触交代型锡锌多金属矿床。在有深大区域性断裂活动的部位,岩浆热液沿断裂向上运移,在产状变化部位沉淀形成脉状矿体,当断裂与有利岩性(碳酸盐岩)交会,热液与碳酸盐岩发生交代反应,形成矽卡岩型锡锌多金属矿床,深大断裂起到了导矿、容矿的作用,典型矿床如都龙超大型锡锌多金属矿床;当岩浆热液沿主要由碎屑岩组成的韧性剪切带活动时,由于化学活动性差,封闭条件好,在氧化-还原、酸性-碱性界面附近沉淀下来,形成锡石硫化物型矿床,如新寨大型锡矿床。富 W 的热水溶液沿断裂构造侵入,并在热动力影响下,沿断裂构造或岩石的节理、裂隙中结晶沉淀,形成萤石石英脉型白钨矿床,断裂构造起到了导矿、容矿的作用,典型矿床如长田白钨矿床。

远离燕山期花岗岩体,在地层背斜轴部的张性断裂裂隙带、层间滑脱带有似层状热液型铅锌银矿床产出,典型矿床如芭蕉箐铅锌矿床、三保银铅锌矿床等。

第五章　三江地区重要矿集区

第一节　重要矿集区划分

一、重要矿集区划分原则

根据西南三江地区优势矿产的分布特点，结合找矿突破战略行动的目标要求，选择铜、铅、锌、银、金、锡、铁等为主要矿种，以斑岩型-矽卡岩型铜矿、喷流沉积型-沉积改造型银铅锌多金属矿、矽卡岩型-云英岩型锡矿、火山沉积型-矽卡岩型铁矿和构造蚀变岩型金矿等为重要矿床类型，在具有大型—超大型矿床分布的IV级成矿远景区或找矿远景区的范围内，依托设置的国家级整装勘查区、重要的省级整装勘查区和地质矿产调查专项部署开展找矿评价与综合研究的成矿有利地区等进行重要矿集区的划分。

国家级整装勘查区具体包括：云南保山-龙陵地区铅锌矿整装勘查区、云南香格里拉格咱地区铜多金属矿整装勘查区、云南镇康县芦子园-云县高井槽地区铁铅锌铜多金属矿整装勘查区、云南腾冲-梁河地区锡多金属矿整装勘查区和云南鹤庆北衙金多金属矿整装勘查区。

重要的省级整装勘查区有：云南省腾冲地区铁矿整装勘查区、云南省剑川-兰坪地区铅锌多金属矿整装勘查区、云南省镇源老王寨地区金矿整装勘查区和云南省保山-金厂河地区铅锌多金属矿整装勘查区等。

部署开展矿产地质调查与综合研究的成矿有利地区有：四川九龙县江浪穹隆地区、四川木里县唐央穹隆地区、四川巴塘县义敦地区和四川盐源县平川地区等。

二、重要矿集区的分布

按照上述划分依据和原则，西南三江地区重要矿集区分布如图5-1所示。

图5-1中20个矿集区中，铜多金属矿集区6个，铅锌多金属矿集区7个，金多金属矿集区4个，铁锡多金属矿集区3个。

本章选择云南腾冲-盈江地区铁钨锡矿集区(1)、云南保山-龙陵地区铅锌矿集区(2)、云南镇康芦子园-云县高井槽铅锌矿集区(3)、云南思茅大平掌-文玉地区铅锌银铜金矿集区(6)、云南德钦县羊拉地区铜金矿集区(12)、云南香格里拉格咱地区斑岩-矽卡岩铜铅锌矿集区(16)、云南鹤庆县北衙地区金多金属矿集区(20)、四川梭罗沟地区金铜多金属矿集区(17)和四川盐源县平川地区铁矿集区(19)等进行成矿作用分析，深化重要矿产区域成矿规律的认识。

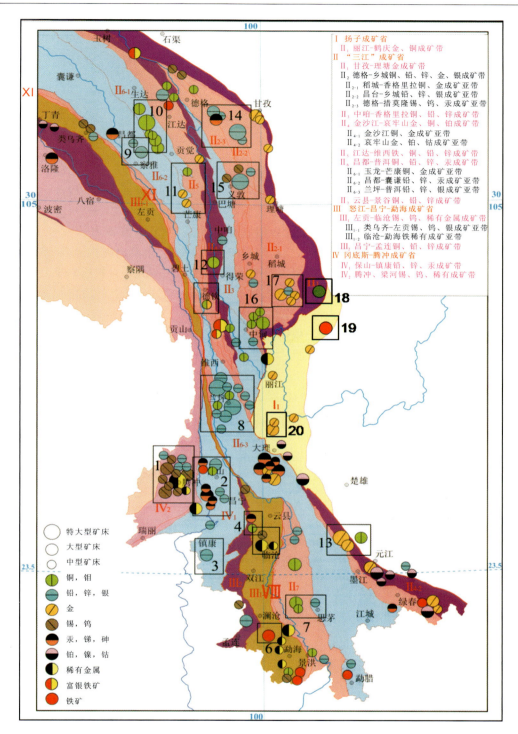

图 5-1 西南三江成矿带矿集区分布图(据尹福光,2013)

1.云南腾冲-盈江地区铁钨锡矿集区;2.云南保山-龙陵地区铅锌矿集区;3.云南镇康芦子园-县高井槽铅锌矿集区;4.云南西孟县-澜沧县老厂地区铅锌矿集区;5.云南澜沧县大勐龙地区锡铁矿集区;6.云南思茅大平掌-文玉地区铅锌银铜金矿集区;7.云南兰坪-白秧坪地区铅锌银铜矿集区;8.西藏昌都地区铅锌银多金属矿集区;9.西藏玉龙地区斑岩-矽卡岩铜金矿集区;10.西藏各贡弄-马牧普地区金银多金属矿集区;11.云南德钦县徐中-鲁春-红坡牛场地区铜多金属矿集区;12.云南德钦县羊拉地区铜金矿集区;13.云南哀牢山地区金铂矿集区;14.四川夏塞-连龙地区银铅锌锡矿集区;15.四川呷村地区银铅锌铜矿集区;16.云南香格里拉格咱地区斑岩-矽卡岩铜铅锌矿集区;17.四川梭罗沟地区金铜多金属矿集区;18.四川九龙县里伍地区铜多金属矿集区;19.四川盐源县平川地区铁矿集区;20.云南鹤庆县北衙地区金多金属矿集区

第二节　云南腾冲-盈江地区铁钨锡矿集区

一、概述

云南腾冲-盈江地区铁钨锡矿集区在成矿带的划分上属于特提斯成矿域（I_1），改则-那曲-腾冲（造山系）成矿省（$II-3$），班戈-腾冲（岩浆弧）锡、钨、铋、锂、铁、铅、锌成矿带（$III-8$）。行政区划隶属于保山市腾冲县和德宏州盈江县、梁河县等。矿集区地理坐标：E97°43′—98°43′，N24°38′—25°46′。

该矿集区位于怒江断裂以西，大地构造位置为冈底斯弧盆系，主要属腾冲岩浆弧带（龙川江燕山期岩浆弧和高黎贡山结晶基底断块）和盈江喜马拉雅期岩浆弧。区域上主要出露古元古界高黎贡山岩群，古生界志留系、泥盆系、石炭系、二叠系、中生界三叠系及新生界，构造发育，岩浆活动强烈。

区内花岗岩以区域断裂为界可划分为东、中、西带3条不同时代、平行分布的花岗岩带，即：东带为棋盘石-腾冲断裂以东的晚侏罗世—早白垩世东河花岗岩带（126～118Ma；杨启军等，2006），西带为古永-中和断裂至苏典-盈江断裂之间的古近纪槟榔江花岗岩带（53Ma；杨启军等，2009），中带为介于棋盘石-腾冲断裂和古永-中和断裂之间的晚白垩世古永花岗岩带（76～68Ma；杨启军等，2009）。

该区花岗岩为锡矿的成矿母岩，主要属 K-F 花岗岩类型。具高 $\delta^{18}O$ 和 $^{87}Sr/^{86}Sr$、$\sum Ce/\sum Y$、δEu 和低 Rb/Ba，以及 Sm/Nb 系统分异很弱的特征，南延与马来西亚锡矿带花岗岩相对应。总体上，花岗岩由东到西酸碱度增高、时代变新（燕山早期—喜马拉雅期）、含锡丰度增高。

二、矿产特征与典型矿床

（一）主要矿产特征

腾冲-盈江铁钨锡矿集区矿产十分丰富，现已发现评价了锡、钨、铁、铜、铅锌、银、金、硅灰石等一大批重要矿产地。其中，以锡、钨、铁矿为主要矿种，尤其是锡矿，具有分布广、储量大的特点，是区内具有重要经济意义的矿产。

1. 锡钨矿

区内锡钨矿分布较广泛，在花岗岩中形成了锡、钨、铌、钽等矿产组合，矿床类型主要为气成高温热液型；在岩体内外接触带上或断层破碎带内，形成了以矽卡岩型、热液型为主要类型的中高温锡、钨、铁、铜、铅、锌等矿产。与花岗岩空间分带相对应，钨锡多金属成矿在空间上也可划分为东、中、西3个矿带。目前在该矿集区内已发现锡钨矿床（点）20 余处，已勘查评价 10 余处，典型矿床有来利山大型锡矿、小龙河大型锡矿、木梁河中型锡矿、大松坡中型锡矿、铁窑山中型钨锡铁多金属矿、大秧田锡钨-稀有金属矿、红沟岩中型锡矿、仙人洞-地瓜山钨锡矿等。

2. 铁矿

区内铁矿主要分布于中东部，在中酸性侵入花岗岩体内外接触带形成矽卡岩型铁矿。矿石矿物以磁铁矿为主，赤铁矿和假象赤铁矿次之，少量铁闪锌矿、磁黄铁矿、黄铁矿、方铅矿等，并含微量锡石。矿集区内此类铁矿常与铜铅锌组成铁、铜、铅、锌、锡等中高温矿产组合。目前在该矿集区内已发现 10 余处铁矿床点，典型矿床有滇滩大型富铁矿、大硐厂铁铅锌矿、干柴岭铁多金属矿、叫鸡冠铁多金属矿等。

(二) 典型矿床

1. 来利山锡矿床

1）地质背景

来利山锡矿位于槟榔江喜马拉雅早期花岗岩带南段，矿区出露地层为上石炭统丝光坪组、上石炭统岩子坡组。岩浆岩出露于矿区北部，为喜马拉雅早期来利山复式岩体，主体岩性为二长花岗岩，岩体内含花岗斑岩、花岗闪长岩，岩体的东南边缘为正长花岗岩。矿区内锡矿体主要产于丝光坪组与正长花岗岩接触带及丝光坪组断裂破碎带，正长花岗岩与成矿关系密切。区内断裂发育，其中：北东向断裂具多期活动特点，为区内主要容矿构造，沿接触带还分布有角砾岩带，控制矿化带展布；北西向断裂规模较小，多为成矿后断裂（图5-2）。

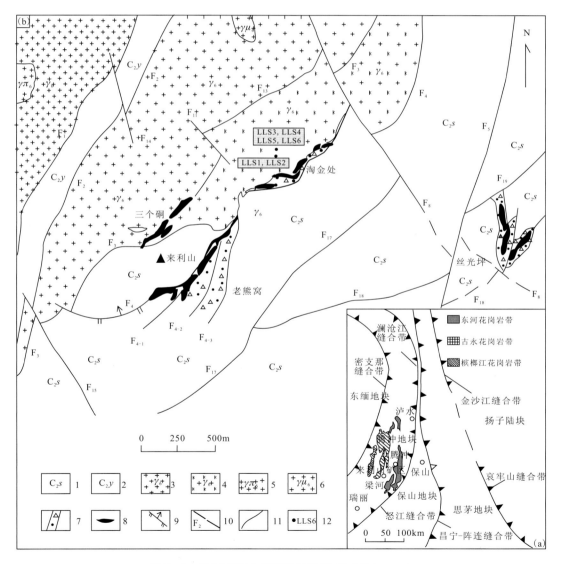

图5-2 梁河来利山锡矿地质简图（据李景略，1984）

1.上石炭统丝光坪组；2.上石炭统岩子坡组；3.喜马拉雅期二长花岗岩；4.喜马拉雅期正长花岗岩；5.喜马拉雅期花岗斑岩；6.喜马拉雅期花岗闪长岩；7.角砾岩带；8.锡矿体；9.逆断层及编号；10.实推测断层及编号；11.地质界线；12.采样点

2) 矿床地质

来利山锡矿由来利山矿段和丝光坪矿段构成,其中来利山矿段包括老熊窝、淘金处及三个硐 3 个矿化带(图 5-2)。老熊窝矿化带沿背斜轴部断裂破碎带分布,长 760m,宽 10～150m,有 3 个主矿体,长 200～264m,宽 3.6～23.85m,含锡 0.63%～1.05%;淘金处矿化带沿断裂破碎带北东段及花岗岩与围岩接触带展布,长 650m,有主矿体 2 个,分别长 100m、160m,宽 4.2m、6.5m,含锡各为 1.29%、0.98%;三个硐矿化带沿另一断裂破碎带及花岗岩与围岩接触带分布,共圈定矿体 4 个,长 40～160m,宽 10m 左右,平均含锡 0.85%～1.58%。

矿石矿物为锡石和木锡石,成分简单。矿石类型主要为黄铁矿云英岩型、锡石-蛋白石型。围岩蚀变有云英岩化、硅化、黄铁矿化、角岩化等。

根据矿物共生组合和锡石形态以及含量的变化,将来利山锡矿热液成矿期分为 4 个成矿阶段(张弘等,2017):云母-黄铁矿-黄玉-粒状锡石阶段(Ⅰ),云母-石英-黄铁矿-柱状锡石阶段(Ⅱ),石英-黄铁矿-放射状锡石阶段(Ⅲ)和萤石-石英-黄铁矿-锡石阶段(Ⅳ),其中第Ⅱ阶段锡石含量最高,为主成矿阶段。

2. 滇滩铁矿床

1) 地质背景

滇滩铁矿区地处冈底斯弧盆系-腾冲岩浆弧带-龙川江燕山期岩浆弧北端,棋盘石-腾冲断裂东侧。矿区赋矿地层为上石炭统空树河组和二叠系大硐厂组。空树河组为浅变质碎屑岩建造,大硐厂组为碳酸盐岩建造。受棋盘石断裂控制,矿区主要褶皱为核桃园-铜厂山向斜,主要断层展布方向以南北向为主。区内酸性侵入岩发育,主要成岩时代为早白垩世,岩性为中细粒黑云母二长花岗岩、细粒斑状二长花岗岩、石英斑岩、角闪石英二长闪长岩等。

滇滩铁矿位于北东向瑞滇相对重力低[(-244～-242)$\times 10^{-5}$m/s^2 等值线向南西的同形扭曲]北西侧靠近梯级带的边缘,剩余重力异常则处于瑞滇负异常的北部近零值线附近,相对重力低反映了花岗岩的分布,矿床位于重力梯度带上。

与滇滩铁矿区对应的磁异常有 M05(扛橡树)、M06(无极山)、M07(大哨塘)。磁异常呈带状沿南北向断裂分布,单个异常强度大(一般数百至数千纳特,高达上万纳特)、范围小、梯度大、正负伴生;经验证异常主要由磁铁矿及含铁矽卡岩引起。

地球化学异常元素组合为 Fe、Mn、W、Sn、Bi、Mo、Th、Cu、Pb、Zn、Ag、Cd、Ca、Mg 等元素组成,Fe 是成矿元素,其余大多为伴生元素,异常与矿床为半套合关系。元素分配总趋势为:由花岗岩接触带的赤铁矿、镜铁矿、磁铁矿→矽卡岩型磁铁矿→矽卡岩→围岩 W、Sn 含量逐步减小,Cu、Pb、Zn 等元素含量逐步增高,符合水平分带和垂直分带规律;认为元素形成了球面分带,即酸性侵入体与碳酸盐岩围岩由外接触附近为铁矿向外(向上)过渡为铁多金属矿,围岩中存在多金属矿。

2) 矿床地质

滇滩铁矿体产于中细粒黑云母二长花岗岩(同位素年龄 84.3～78.7Ma)与二叠系大硐厂组碳酸盐岩接触带,部分矿体产于岩体与石炭纪碎屑岩接触带(大平地矿段)或岩体外接触带的角岩化带中(土瓜山矿段)。目前矿区内已发现大、小矿体 20 余个。根据矿体产出于接触带及其外带围岩的有利部位,大体可归纳为 4 类:①接触带外带受 F_1 断层控制的矿体,为矿区内主要铁矿体,矿体发育在断裂下盘的矽卡岩中,断层上盘是斑点板岩、角岩、轻微变质的砂岩,矿体产状与围岩或断层面的产状基本一致,呈透镜状、似层状,如大松山、柴家小坡、扛橡树 21 号矿体等;②紧靠接触面的外带围岩中的矿体,接触面、围岩和矿体产状一致,呈似层状、层状,如土瓜山、燕洞矿体;③正接触带(包括岩体中的捕虏体)内的矿体,围岩为矽卡岩或白云质大理岩,矿体产出形态受不规则界面的控制,呈脉状、透镜状、囊状等,如马头窝、老矿山矿体;④白云质大理岩和矽卡岩裂隙中的矿体,呈脉状、豆荚状,如 11 号、19 号矿体等。矿石具粒状结构、交代残余结构、胶状结构、海绵陨铁结构等,矿石构造主要有块状构造、浸染状构造、条带状构造、角砾状构造等。

金属矿物主要有磁铁矿、铁闪锌矿、异极矿、赤铁矿、黄铜矿、磁黄铁矿、方铅矿等；氧化物有褐铁矿、针铁矿、孔雀石、铜蓝、水锌矿等。非金属矿物以粒硅镁石、透辉石、石榴石、镁橄榄石、金云母、蛇纹石等硅酸盐矿物为主，少量方解石、白云石。

矿石矿物主要成分为磁铁矿，占92%以上，赤铁矿、褐铁矿及菱铁矿各占铁矿的2%左右，其他共占3%以下。混合矿或氧化矿石中，磁铁矿的比例减少，而赤铁矿、褐铁矿的比率则相应增高。矿石中最高铁品位可达67%，富矿铁品位51%~58%，平均55%；贫矿最低33%，平均35%；低品位矿含铁一般22%~26%，平均24%。

本区在大规模花岗岩岩浆活动及岩浆期后气液活动下，围岩有选择性地不同程度地遭受了接触热力变质、接触交代变质和热液蚀变作用。其中，接触交代作用与铁矿化关系最为密切。矿区内铁成矿作用经历了矽卡岩阶段、硫化物阶段和表生成矿作用阶段，以矽卡岩化-硫化物阶段原生铁成矿作用为主。矿床类型属于典型的与中酸性侵入体有关的接触交代-热液矿床（矽卡岩型磁铁矿床）。

三、成矿作用与成矿模式

（一）控矿因素分析

根据区域地质及矿床、矿（化）点产出特征，矿集区内矿体受构造、岩浆岩、地层等因素控制明显。

1. 构造对成矿的控制

断裂构造控制了不同时期的岩浆活动，也控制了成矿带的分布，如棋盘石-腾冲断裂和龙川江断裂控制了东带以矽卡岩型、热液型为主要类型的中高温锡、钨、铜、铅、锌、银多金属及富铁、硅灰石等矿产；棋盘石-腾冲断裂和古永-中和断裂控制了中带以锡、钨矿产为主的高温矿产组合；古永-中和断裂和苏典-盈江断裂控制了西带热液型高温的锡、钨、稀有金属及中低温铅锌、银、金矿产。一部分规模较大的断裂是矿床形成时矿液运移的通道，而伴生断裂或次级断裂构造则是矿体形成赋存的场所。如棋盘石断裂为滇滩铁矿床和无极寺铅锌矿的导矿构造，矿体则分布于该断裂旁侧次一级断裂破碎带中。

2. 岩浆活动对成矿的控制

区内岩浆岩的成矿专属性明显，各个时期岩浆的侵入为矿床的形成提供了丰富的热液和充足的物质来源。如东带岩浆岩为早白垩世东河岩群的花岗岩，其中的大哨塘二长花岗岩与铁矿关系密切，铜厂山岩体对Fe、Cu、Pb、Zn成矿有利，为成矿提供了丰富的物质来源；中带古永岩群属晚白垩世，其中的小龙河、小团山黑云母花岗岩、碱长花岗岩对形成钨锡矿床有利；西带槟榔江岩群属古近纪，锡成矿于来利山岩体；稀有金属、稀土元素成矿于百花脑岩体。

3. 围岩性质对成矿的控制

矿集区矿产在不同时代地层中呈一定规律性分布。有利成矿的地层层位是：二叠系大硐厂组（有可能是Fe、Sn、Pb、Zn、Ag、Mn的矿源层），上石炭统空树河组三段（有可能是Sn、Pb、Zn的矿源层）、丝光坪组（Sn矿源层），泥盆系关上组二、三段（有可能是Fe、Pb、Zn、Ag的矿源层）；与矿化有关的围岩蚀变有矽卡岩化、大理岩化、硅化、方解石化、磁铁矿化-磁黄铁矿化、褐铁矿化等，其中矽卡岩化、硅化、磁铁矿化-磁黄铁矿化、褐铁矿化等与矿化关系密切。

（二）成矿作用分析

腾冲地块在地史上经历过多期构造运动，燕山运动的影响在本区极为重要，伴随大量的中酸性花岗岩侵入，是矿集区岩浆热液成矿的主要时期；喜马拉雅运动为本区构造-岩浆成矿的重要时期，并对燕山期岩浆热液矿床进行了锡多金属等成矿叠加。

矿集区内燕山期—喜马拉雅期花岗岩的空间分布基本平行于主构造带,而且受区内发育的数条基底断裂控制,总体上具自东往西沿各构造带南北向分布,年龄值呈逐渐变新的特点,即燕山早期东河花岗岩、燕山晚期古永花岗岩、喜马拉雅期槟榔江花岗岩。与成矿关系密切的侵入体多呈似斑状或斑状结构,具被动侵位、快速冷却、结晶分异度差等特点。同时,由于温、压条件的变化,成矿元素也渐趋富集。矿集区内具特殊的花岗岩分带、被动侵位及岩浆演化特征,形成较多含矿花岗岩体,其与围岩接触处多发生角岩化、大理岩化、矽卡岩化,从而形成一系列铁、钨、锡多金属矿床(金灿海等,2013;张玙等,2013;沈战武等,2013)。矿集区成矿模式如图5-3所示。

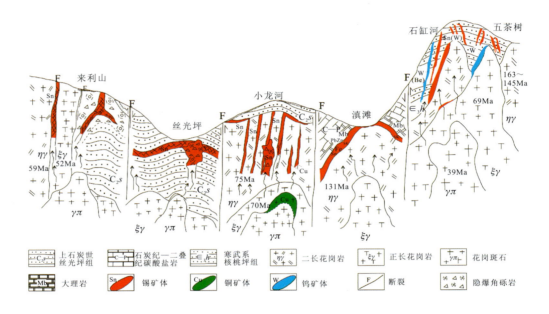

图5-3 云南腾冲锡多金属矿集区成矿模式图(据范文玉,2016)

需要特别关注的是,在中、西岩浆岩带普遍发生了喜马拉雅期的斑岩成矿作用,形成来利山、丝光坪、小龙河等矿床(段)的隐爆角砾岩型锡多金属叠加矿化。其中,在小龙河矿段还产出有晚期含铜石英脉,推测深部可能有隐伏的含铜斑岩体存在;结合相邻的石缸河矿区晚期成矿时代(邱华宁等,1994)进行判断,应该能够代表区内斑岩成矿时代(39Ma)。与冈底斯成矿带勒青拉铅锌矿区晚碰撞期闪长玢岩(38.8Ma)的岩浆期后热液充填形成的铜多金属叠加成矿(张林奎等,2012)进行对比表明,两者都是印度与亚洲大陆持续汇聚的晚碰撞期岩浆岩(40～25Ma)铜多金属成矿作用的产物。因此,该地区属于冈底斯成矿带晚碰撞期斑岩成矿作用的南延,具有进一步的铜多金属找矿前景。

第三节 云南保山-龙陵地区铅锌矿集区

一、概述

云南保山-龙陵铅锌矿集区位于云南省保山市隆阳区、施甸县、昌宁县和龙陵县。地理坐标范围:E99°02′31″—99°23′49″,N24°17′58″—25°12′56″。

保山-龙陵矿集区叠置于保山地块,是"三江"南段重要铅锌多金属成矿区之一,地质构造复杂,铅锌成矿条件优越。在矿集区内已经发现西邑、东山、摆田和勐兴大—中型铅锌矿床;在矿集区的北侧和南侧分别有核桃坪与芦子园铅锌矿床。

矿集区位于保山地块西侧,保山地块西界为近南北向怒江断裂,北东界为北西向的瓦窑河-云县断裂,中东界为近南北向的柯街-大山断裂,南东界为北东向的南汀河断裂,这3条断裂共同组成保山地块的东界。矿集区的构造线大多数与边界断裂一致,呈近南北向、北东向和北西向。沿地块中部横穿全区的北东向勐波罗河断裂将地块分割为南、北两个菱形块体,菱形块体边部或核部构造发育耦合部位是铅锌矿重要的成矿部位。区内褶皱构造较为发育,总体为保山-施甸复背斜,且全区次级褶皱较为发育,多为一系列紧密线状褶皱,与铅锌多金属矿成矿作用关系密切。

矿集区地层出露齐全,震旦系—新近系均有出露。震旦系—中寒武统公养河群为类复理石砂岩、杂砂岩夹板岩、页岩,属较活动的过渡型沉积;奥陶纪至泥盆纪西部有粗碎屑岩和镁质碳酸盐岩发育;泥盆纪向东水体逐渐变深,表明西部接近物源区,东部临近较深水盆地;石炭系上部出现含冰川漂砾的碎屑岩和冷水动物群 *Eurydesma* 等,并有玄武岩、安山玄武岩的喷溢。古生代的多层碳酸盐岩是重要的有色金属容矿建造,中生界超覆不整合在下伏不同时代地层之上,为一套碎屑岩夹中基性、中酸性火山岩,顶部出现红色磨拉石堆积,磨拉石主要分布在东、西两侧。新近统为砂砾岩、含煤碎屑岩,分布局限。晚古生代的生物群发育,且具有亲冈瓦纳特征。

矿集区岩浆活动主要以早古生代、中生代晚期和新生代为主。早古生代主要出露在保山地块南部的花岗岩,年龄范围大致在500~470Ma之间,形成于统一的冈瓦纳大陆时期(董美玲等,2012);中生代晚期呈小岩株零星产出,其同位素年龄约100~70Ma(廖世勇等,2013)。保山卧牛寺等地分布有石炭纪—二叠纪的火山基性岩。区内脉岩类分布广泛,暗色脉岩以基性岩脉为主,少量为煌斑岩,浅色脉岩类有花岗斑岩脉、石英斑岩脉等,脉岩大小不一,脉岩延伸方向往往受局部断裂构造的控制。脉岩多与铅锌等矿产空间关系密切。

二、矿产特征与典型矿床

(一)主要矿产特征

该矿集区的主要矿产特征为①矿产赋存在褶皱与断裂交会部位;②碳酸盐岩建造,尤其是含层纹、生物碎屑灰岩的寒武系、奥陶系—志留系、石炭系和二叠系,在其层间破碎带、蚀变破碎带中一般都有铅锌矿化;③碳酸盐岩与碎屑岩的岩性转换界面是铅锌矿化有利部位;④铁帽发育;⑤重晶石脉发育;⑥重力低异常区和铅锌银镉组合异常指示矿化有利地区;⑦矿床位于重力负异常区。

(二)典型矿床

1. 西邑铅锌矿床

西邑铅锌矿床位于保山市南约35km。矿区内发育北北东向展布的线性构造,赋矿地层为下石炭统香山组泥质灰岩、碳质灰岩。西北部见辉长辉绿岩脉,西侧出露有印支期的癫痫头山岩体,侵位时代约230Ma(聂飞等,2012),及燕山期的柯街岩体和新街岩体。

矿区划分3个矿段,分别为董家寨、赵家寨及鲁图矿段。其中董家寨矿段规模最大,主要矿体分布于下石炭统香山组泥质灰岩、碳质灰岩中(图5-4),严格受断层破碎带控制,呈似层状、脉状、网脉状及透镜状产出,基本与地层产状一致。

矿体倾向北西,倾角在35°~60°之间,矿体厚度在0.6~41.92m之间,平均为10.76m,以铅锌矿化为主,其次有黄铁矿化、碳酸盐化等。矿石矿物有闪锌矿、方铅矿、黄铁矿、黄铜矿和毒砂等;脉石矿物有方解石、重晶石、石英、长石、黏土矿物等。常见的矿石结构有：自形—半自形结构、他形结构、共生边结构、交代溶蚀结构、压碎结构等；矿石构造主要有层状构造、似层状构造、透镜状构造、浸染状构造、块状构造和角砾状构造等。截至2012年累计探获铅锌资源量达$105×10^4$t，具超大型矿床的找矿远景。

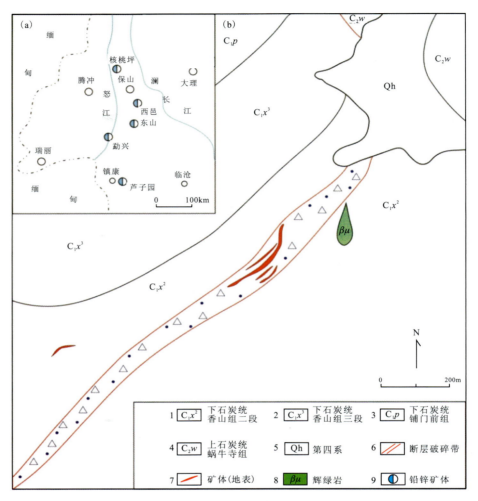

图5-4　西邑铅锌矿床董家寨矿段地质简图

2. 东山铅锌矿床

东山铅锌矿区位于保山市施甸县城东8km，平均海拔约2500m，矿床处于保山地块中部。东山铅锌矿区出露地层主要是中—上泥盆统何元寨组白云质灰岩、泥质灰岩；下泥盆统向阳寺组含砂质白云岩、含砾白云岩、白云质灰岩和泥质粉晶灰岩；中—上二叠统沙子坡组白云岩、铅锌矿化中层—块状层细晶—粉晶白云岩、粉晶—中晶白云岩及含生物碎屑白云岩，本组为矿区主要含矿层位；下二叠统丙麻组砂质、粉砂质泥岩、砂岩和页岩；上三叠统南梳坝组页岩夹含砂质页岩、粉砂质页岩；中—上三叠统河湾街组白云岩（图5-5）。矿区内构造线方向呈南北向展布，总体为一复式的向斜构造，轴向近北北东向。区内的断层可分为3组，分别为南北—北北东向组、北西向组、东西向组。南北—北北东向组为本区的控岩、控矿构造。东山矿区外围东部发育有中酸性岩，西部发育有基性岩（辉长岩），矿区钻孔见花岗岩。

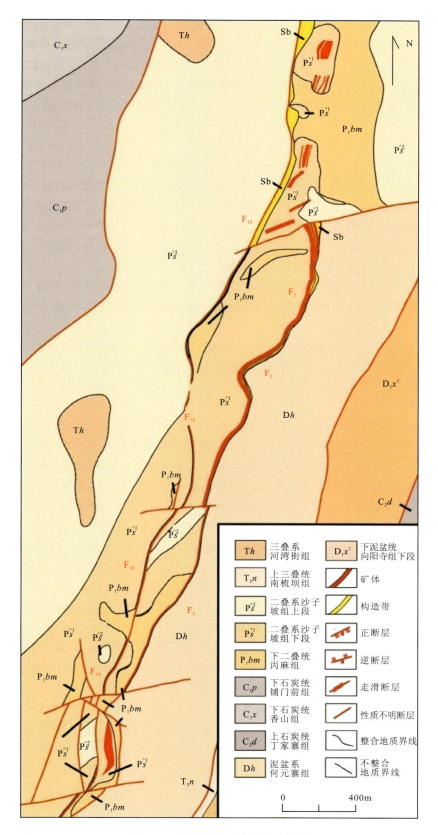

图 5-5 东山铅锌矿床北段地质图

东山铅锌矿分为大丫口、黄草坝、老厂、熊硐、青石崖、新地基6个矿段。工作重点主要在黄草坝矿段V6矿体。V6矿体赋存于断裂带中,呈脉状产出,近南北向展布。矿体经系统地表槽探工程控制,矿体走向长大于1300m,钻孔及两个老硐控制倾向70~200m,矿体近地表倾向西,倾角46°~82°。主要矿石矿物为方铅矿、闪锌矿、黄铁矿等;脉石矿物主要有方解石、重晶石等。矿石主要以脉状、网脉状、稀疏浸染状、团包状、星点状等分布。围岩蚀变主要为重晶石化、方解石化、黄铁矿化和硅化等。截至2012年,东山铅锌矿床累计探获铅锌金属量35.87×10^4t,矿床规模达中型,具大型矿床找矿远景。

3. 勐兴铅锌矿床

勐兴铅锌矿床位于龙陵县城南东方向50km,大地构造位置处于保山地块中南部,保山-龙陵铅锌矿集区南端。矿区出露地层从老到新依次为寒武纪变质砂岩、千枚岩,奥陶纪长石石英砂岩,早志留世千枚岩与细砂岩,中志留世石英砂岩与灰岩,晚志留世千枚岩,泥盆纪灰岩,三叠纪灰岩,侏罗纪灰岩和第四系。其中矿(化)体均产于中志留统上仁和桥组下段层纹灰岩中之生物碎屑灰岩及层纹状灰岩、含碳千枚岩、石英千枚岩内,在岩相变化及与碎屑岩、石英千枚岩、含碳千枚岩层的接触面附近矿体较富厚。

矿区地质构造比较复杂,褶皱、断裂发育,总体构造呈南北向延伸。层间断层与破劈理发育,具扭性特征,其层间破碎带也为矿液通道及储矿场所。当地层产状陡直甚至倒转时,即发现层理呈锐角相交,密集产出的破劈理带常为矿液充填交代场所,其边部呈波状面交代,则整个矿体呈穿层(交角甚小)的细脉产出,即矿区北部出现的层脉型矿群(图5-6)。

距矿区西侧8km出露平河岩体;南部勐连坝边缘(距离约5km)见一花岗岩株,另外区内偶见辉绿岩脉以及沉火山熔岩。矿床呈近南北向展布,南北长10km,东西宽3km,面积约30km²,矿体呈似层状、透镜状、豆荚状顺层产出,产出状态与围岩一致,具尖灭再现、分支复合现象,平面上表现为侧列的雁行式,剖面上呈反叠瓦状产出。矿体45个,平均厚2.28m,矿床铅平均品位5.98%,锌8.73%,铅+锌14.71%,伴生银49.51t,镉2828.86t。截至2012年探明铅锌资源储量达70×10^4t以上。

矿石矿物主要为方铅矿、闪锌矿和黄铁矿,次为黄铜矿、脆硫锑铅矿、硫镉矿和毒砂。脉石矿物主要有方解石、白云石、绢云母、石英和重晶石。矿石结构主要有细粒、球粒、同心环带结构和放射状结构;交代残余结构、港湾结构、定向乳滴结构、假象结构和再生长结构等。矿石构造以层纹状、散点状、浸染状、细脉条带状为主,改造期形成云雾状、斑杂状、致密块状、成层大脉状、角砾状构造。围岩蚀变弱,以重晶石化和方解石化为主,地表可见高岭土化、褐铁矿化等。

三、成矿作用与成矿模式

通过对比矿集区3个典型矿床赋矿地层发现,各矿床的赋矿地层层位与含矿岩系不同。西邑铅锌矿床赋矿地层为下石炭统香山组泥质灰岩和碳质灰岩;东山铅锌矿床矿体产于上二叠统沙子坡组含生物碎屑灰岩中;勐兴铅锌矿床赋矿地层为中志留统上仁和桥组生物瞧灰岩。而矿集区外的北部与南部的核桃坪与芦子园铅锌矿床的赋矿地层分别为上寒武统核桃坪组大理岩化灰岩、寒武系沙河厂组大理岩和大理岩化灰岩。

矿集区3个典型矿床构造控矿十分明显,西邑矿床位于柯街断裂与保山复背斜的交会处,勐兴与东山铅锌矿床位于勐波罗河断裂与单斜构造的交会处,北侧的核桃坪矿床产于澜沧江与保山复背斜的交会处。西邑铅锌矿床矿体的产出严格受北北东向断裂破碎带控制,呈似层状、脉状、网脉状和透镜状产出,产状基本与地层(围岩)一致,但可见到穿层矿体;东山铅锌矿床的矿体产在北北东向的构造破碎带中;勐兴铅锌矿床的矿体产于层间破碎带,与近南北向断裂关系密切。3个典型矿床中控矿构造可能是燕山晚期和喜马拉雅期构造运动形成的,这一时期的构造运动加剧了地壳裂隙作用和伸展作用,使区内断裂处于拉张环境中,并且褶皱作用较强,形成保山和镇康复背斜(季建清等,2000;姜朝松等,2000;杨小峰等,2011)。

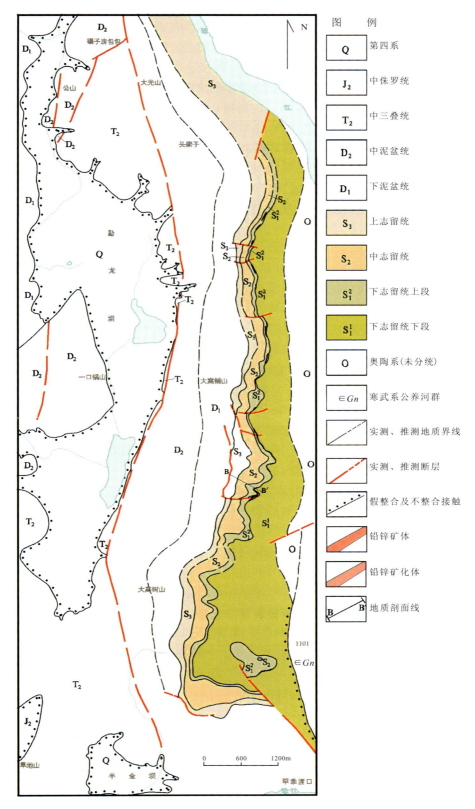

图 5-6 龙陵勐兴铅锌矿地质简图

西邑、东山与勐兴矿床相比较,虽然它们的矿床成因类型总体都可以归属为沉积-改造型铅锌矿,但无论是在含矿建造、成矿时代方面,还是成矿控制、成矿演化等方面,它们均有显著的差异性,应视为两种不同类型的铅锌矿床。勐兴矿区铅锌矿体矿化主要以"层控"和"岩控"为主,虽后期富化改造特征显著,但沉积主成矿时代较早;而西邑和东山矿床虽与层位、岩性有一定关系,但更多的是以"构控"为主导,且根据物探区域重力低异常推测它们的矿区外围附近有隐伏中酸性岩体存在,与铅锌成矿可能有成因关系,成矿时代则明显较新。

保山-龙陵矿集区内岩浆活动较弱,岩浆岩总体不发育,侵入岩仅见零星出露分布,主要岩石类型为少量的辉长岩、辉绿岩脉和钾长花岗岩小岩体(脉)。辉绿岩脉在矿集区的3个典型矿床和矿集区南北两侧的核桃坪、芦子园均有出露,且Pb和Zn含量相对较高,在矿体与这些辉绿岩脉接触部位出现矿体增大的现象(朱余银等,2006)。矿区辉绿岩广泛产出,可能反映矿集区及保山地块内部存在地壳/岩石圈幕式拉张。但矿集区周围岩浆活动极为频繁,西距勐兴矿区仅8km的平河二长花岗岩、花岗岩复式岩体,其周边有一系列同期侵入的小花岗岩株出露,岩体形成均在早古生代(500~460Ma)(董美玲等,2012),并且有学者认为同时期的成矿作用形成了勐兴铅锌矿床,综合考虑平河花岗岩体及其与围岩接触带附近形成的中小型铅锌、钨、锡、铍矿,外围有锑、汞、砷等矿,且具有一定的分带性,推断勐兴铅锌矿床与平河复式岩体这一期的岩浆活动有关。在西邑与东山铅锌矿床近距离没有较大岩体出露,但是在西邑与保山铅锌矿床之间保场一带重力负异常,推断深部可能有隐伏中酸性岩体存在,同时保场一带发育铜铅锌多金属矿化及热液蚀变,结合保山地块北侧、南侧的核桃坪和芦子园的铅锌矿区内均有隐伏中酸性岩体对成矿起到了关键作用,推断隐伏岩体对西邑、东山矿床成矿发挥了重要的作用。

西邑、东山铅锌矿床的主要矿物组合为闪锌矿+方铅矿+黄铁矿±黄铜矿±毒砂,为典型的中高温矿物组合;西邑铅锌矿床中闪锌矿和方铅矿包裹体数量多,起爆温度在250℃以上,说明成矿热液活动强烈且成矿温度较高。西邑铅锌矿床中的闪锌矿以富Fe、Co,贫In为特征,结合方铅矿(Sb、Bi)、黄铁矿和毒砂(Co、Ni)中的微量元素,表明西邑铅锌矿床与岩浆热液型矿床类似。同时考虑到西邑铅锌矿床硫同位素(0值附近)和铅同位素属于岩浆作用的壳幔混合型,说明西邑铅锌矿床的形成可能与岩浆活动有关,进一步证明了与保场一带的隐伏岩体可能有关。

本矿集区的典型矿床目前没有成矿年龄报道,但在同一地块内的核桃坪、金厂河与芦子园矿区已测得精确的成矿年龄,分别为 116.1±3.9Ma(陶琰等,2010)、120~117Ma(黄华等,2014)和141.9±2.6Ma(朱飞霖等,2011),证实保山地块内燕山晚期发生成矿作用;核桃坪与芦子园地表均有矽卡岩出露,金厂河矽卡岩型矿床表现为由深至浅 Fe→Cu→PbZn 垂直分带(黄华等,2014),另据区域重力负异常推测深部存在隐伏中酸性岩体(符德贵等,2004),其时代可能为燕山期。

同在保山地块中的保场隐伏岩体也很有可能是在燕山期同一岩浆活动时形成的,结合上文所述的西邑、东山铅锌矿床控矿构造与核桃坪、芦子园铅锌矿床的控矿构造均是在燕山期晚期—喜马拉雅期形成,所以西邑、东山铅锌矿床很可能与核桃坪、金厂河、芦子园等多金属矿床同时形成。

综上所述,除了勐兴铅锌矿床成矿时代可能为早古生代外,西邑、东山、芦子园和核桃坪均为燕山期中特提斯洋向西俯冲和关闭的产物。西邑、东山、芦子园和核桃坪产于碳酸盐岩建造中,碳酸盐岩建造具备初始矿源层特征;随着保山地块两侧的印支期弧-陆碰撞至燕山期—喜马拉雅期的陆内汇聚作用,使保山地块地层发生褶皱和构造断裂作用,为含矿热液运移及富集提供条件。在燕山期,中特提斯洋关闭,虽然是汇聚作用,但是在此阶段出现剪切拉张作用(西邑、东山、芦子园和核桃坪均有与矿体空间关系密切的辉绿岩脉出露为直接地质证据),同期的岩体(隐伏中酸性岩体),不仅提供驱动含矿热液热源,而且提供部分成矿物源。总之碳酸盐岩、构造(断裂和褶皱)、中酸性隐伏岩体、辉绿岩和岩浆热液矿床构成了矿集区以及保山地块内部燕山期成矿作用中密切相关的地质体组合(图5-7)。

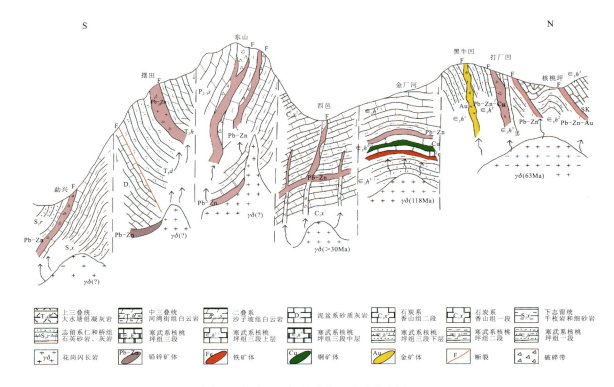

图 5-7 云南保山-龙陵地区铅锌矿集区成矿模式图(据范文玉,2016)

第四节 云南镇康芦子园-云县高井槽铅锌矿集区

一、概述

云南镇康芦子园-云县高井槽铅锌矿集区位于镇康县、永德县、耿马县等交界处,范围拐点坐标:①E98°42′14″,N23°50′31″;② E99°12′18″,N24°06′05″;③ E99°21′35″,N23°57′11″;④ E99°32′33″,N23°49′56″;⑤E98°51′49″,N23°29′10″;⑥E98°54′27″,N23°37′21″;⑦E98°49′29″,N23°47′28″。

矿集区主要矿种为铅锌矿、铁矿、钨锡钼矿、金锑矿等。矿集区主要矿床类型包括芦子园式矽卡岩-热液型铅锌矿床、小河边式矽卡岩-热液型磁铁矿床、木厂式云英岩型锡矿床、小干沟式构造蚀变岩型金矿床等。

区内古生代—新生代的大多数地层都有出露,其中赋矿地层为寒武系的核桃坪组、沙河厂组、保山组等。沙河厂组为一套滨、浅海相泥质、细碎屑夹碳酸盐岩沉积,是矿集区重要的矿源层。核桃坪组和保山组以碎屑岩为主,夹碳酸盐岩薄层或透镜体。

区内侵入岩主要有木厂花岗岩、明信坝石英闪长玢岩,次为辉绿(玢)岩脉。

木厂岩体:位于区内木厂一带,为一不规则的岩株。大致呈NE40°方向延伸,长约4km,宽0.6~1.5km,面积约4.5km²。主要岩性为碱性长石花岗岩,少量霓石碱性长石花岗岩,并与碱闪石英正长岩相伴生。同位素年龄值253~217Ma,属印支期。化学成分主要表现为MgO、CaO含量较低,Na_2O+K_2O含量较高,Na_2O+K_2O/Al_2O_3比值较高。是一个与区内上三叠统牛喝塘组第二段流纹岩同期、同源、近地表侵入的过铝过碱质的次火山A型花岗岩。

明信坝岩体：位于明信坝一带，呈北东-南西向棒槌样展布，长约2.5km，宽0.8km左右。主要岩石为石英闪长玢岩，主要斑晶为长石、石英和角闪石。目前，该岩体研究不足。但据最新物探测量反映，该岩体数据特征与芦子园矿区深部相似，推测该岩体为区内岩体重要的地表出露点。

辉绿（玢）岩：分布较广，呈脉状产出，长一般280~310m，宽10~40m，少数脉岩长30~50m，规模较小。

北东向构造为区内主要容矿构造；北西向和近东西向小构造形成较晚，主要为破矿构造。与成矿有关的北东向构造主要包括镇康复背斜和南汀河断裂、芦子园-忙丙断裂。

二、矿产特征与典型矿床

（一）主要矿产特征

区内金属矿产主要有铅、锌、铁、铜、银、金、锑等。已知矿床（点）有芦子园大型铅锌矿，小干沟金矿，放羊山铅锌矿，罗家寨银铅锌多金属矿，乌木兰锡矿及小河边铁矿，枇杷水、草坝寨、水头山、翁孔铅锌矿点等。

区内矿产分布受晚寒武世地层控制明显，以易于破碎、化学性质活泼、有利于含矿热液充填交代的碳酸盐岩围岩，常形成网脉状、脉状、浸染状矿（脉）体，若有泥质岩作为盖层则易形成厚大的透镜状、似层状矿体等为特征。具一定规模和远景的矿产均赋存于特定时代的地层中，据统计晚寒武世地层中有矿产地10处，占总数的40%，其中具大型铅锌矿床1处（芦子园）、小型铅锌矿床多处（放羊山、罗家寨等），是一套含矿性较好的地层，特别是沙河厂组二、三段对铅锌多金属成矿更为有利。

区内控矿构造主体为芦子园复式背斜，由于多期（次）的构造运动及蚀变作用、热液活动等，沿芦子园复式背斜轴部之纵张断裂带形成走向长大于20km的北东向忙丙-忙喜构造蚀变矿化带，形成了叠加-改造和热液脉型铅锌多金属矿床。

以寒武系为核部的镇康复背斜深部有隐伏中酸性岩体存在，镇康木厂有印支期碱性花岗岩体出露并伴有锡多金属矿化，在侵入岩热液影响下并提供物源，在有利的围岩和金属初始富集或矿源层形成远程的矽卡岩及其磁铁矿、铅锌矿化。（隐伏）岩体上部形成钨、锡高温型矿床，如乌木兰锡矿等。

由上述成矿与控矿地质条件形成了区内特殊的成矿富集规律，即勘查区矿床（化）点、区域化探异常、水系重砂异常分布明显地受芦子园复式背斜构造控矿。由于多期（次）的构造运动及蚀变作用、热液活动等，沿背斜轴部之纵张断裂带形成的芦子园-忙丙构造蚀变矿化带经后期构造叠加，局部形成利于矿液集聚的良好构造空间——横跨褶曲和鼻状构造。根据物化探及已有矿（床）点测量资料统计，芦子园背斜由南部转折端—轴部—两翼成矿具高、中低温系列。沿背斜轴主要出现中温矿物组合，代表性矿（床）点为芦子园铅锌铁多矿床，放羊山铅锌矿点，小河边铁矿，矿种以铅、锌、铜、银为主，南部倾伏部位则出现高中温矿物组合，代表性矿（床）点有小干沟金矿、乌木兰锡矿等，成矿元素以锡、金为主，次为铅、锌、银等。向两翼出现中低温矿物组合的异常，以铜、铅、锌为主。由于受隐伏岩体的影响，沿背斜轴走向成矿温度亦具有梯度变化，南西端以中低温矿物组合为主（芦子园本部铅锌矿），往北成矿温度逐渐增高（小河边铁矿、天生桥铁矿）。

（二）典型矿床

1. 芦子园铅锌多金属矿床

1）成矿地质背景

该矿床位于云南省镇康县城南65km，距凤尾镇政府所在地15km。

主要赋矿地层为上寒武统沙河厂组第二段、第三段碳酸盐岩与细碎屑岩互层的地层。岩浆岩不发育，仅在矿区的西侧见有辉绿岩脉零星出露，且规模较小。矿区主要构造线呈北东向展布，包括北东向的镇康复式背斜轴部及次级尖山背斜。区内断裂发育,分为北东向组和北西向组。由于断裂的发育,造成褶皱形态破碎而不完整。

根据区域重力、航磁资料,在镇康芦子园一带有明显的重力低和航磁负异常分布,遥感资料也显示芦子园地区存在20~30km的中小型岩浆及构造环。已知矿床具高、中、低温分带特点,推测在镇康复背斜核部存在隐伏花岗岩体,前期勘查钻孔及坑道中均发现蔷薇辉石化和硅化,进一步证实该区有隐伏岩体存在。隐伏花岗岩体与本区铅锌铁多金属矿的形成有密切成生关系。

矿区处于重力高、低之间的梯级带上,梯度为$2\times10^{-5}\mathrm{m/s^2 \cdot km}$。1:25万剩余重力异常从南到北呈现出强度均为$-5\times10^{-5}\mathrm{m/s^2}$的两个北东向椭圆形负异常,矿区位于此两个负异常的"鞍部",强度约$-3\times10^{-5}\mathrm{m/s^2}$。

矿区处于负磁场背景之上的南部高值、北部低值的异常转折部位,高、低值异常形态均为北东走向的椭圆状,高值异常长9.9km,宽2.7km,幅值为49nT,低值异常长7.4km,宽3.0km,幅值为-45nT。ΔT化极异常与ΔT异常比较,矿区处于负背景上南、北两个低值异常夹持的北东向椭圆状相对高值异常中部,幅值为16~25nT。ΔT化极垂向一阶导数异常,矿区处于负背景之上由近东西向转为南北向的条带状正异常转折部位,强度为50~60nT/km。

地面磁测圈定了多个异常,其中北段小河边一带异常走向北东,长900m,宽300~500m,极大值为3959nT,异常中心部位形态复杂,形成大于1500nT的3个异常中心。异常主要位于矽卡岩出露区或与围岩的接触带上,并有较好的Cu、Pb、Zn、Au元素异常叠加。矿体上的物探异常特征表现为低阻高激化体,有正磁和化探异常对应。

芦子园铅锌多金属矿与区域地球化学Cu、Pb、Zn、Ag、Fe、Au、W综合异常之间存在极好的关联和对应性,矿床位于综合异常中心。综合异常地球化学特征表现为"高、大、全",异常元素组合从高温元素W、Sn、Bi到中温元素Cu、Zn、Ag、Cd,再到低温元素Au、As、Sb、Hg、Ba、Sr均有异常出现,矿化剂元素F、B也均存在异常。其中,芦子园异常是找铅锌矿最好的异常。异常中以Bi、Ag、Pb、Zn、W异常面积最大,达$100\mathrm{km^2}$以上。从异常强度特征来看,所有元素均高出云南地壳平均值数倍至数十倍。铅锌矿上元素组合为Pb、Zn、Ag、Mo、Au、Co、Ba组合,铜矿床的元素组合为Cu、Co、Ag、W、Sb、Bi、F、As、Fe、Mn组合,锡矿床元素组合为Sn、Cu、Bi、As、B组合。

2) 矿床地质

矿床包括Ⅰ、Ⅱ、Ⅲ三个矿带,矿带间距约100m,其间有断层隔开:Ⅰ、Ⅱ矿带间有F_3断层分开,Ⅱ、Ⅲ矿带之间有F_2断层分隔(图5-8)。

以Ⅱ-v_1矿体为例。矿体控制走向长1647m,控制最大倾向延深达860m,总体倾向298°~343°,倾角38°~82°。分布标高1206~2065m(向下为铁铜矿体,全铁平均品位21.88%,厚36.00m;铜平均品位0.50%,厚9.18m)。矿体真厚度0.60~30.55m,平均5.02m,厚度变化系数80%,属厚度较稳定型矿体。单工程平均品位Pb 0.30%,Zn 2.56%。主元素锌品位变化系数57.50%,属有用组分分布均匀型矿体,矿石中普遍伴生铜、银、铁,可综合回收利用。

矿区按含矿岩石不同,矿石自然类型可划分为大理岩型铅锌矿石、绿泥石英片岩型铅锌矿石、矽卡岩型铅锌矿石和辉绿岩型铅锌矿石。大理岩型铅锌矿石和矽卡岩型铅锌矿石为矿区主要矿石类型。按有用元素的不同分为铅锌矿石、铜铅锌矿石等。

矿区已查明金属矿物有14种,非金属矿物有16种。矿物共生组合有闪锌矿-方铅矿-黄铁矿-方解石-白云石-石英-绿泥石组合、闪锌矿-黄铜矿-方解石-白云石-石英-绿泥石组合、方铅矿-黄铜矿-铁白云石-方解石-石英组合、闪锌矿-方铅矿-磁铁矿-方解石-透辉石-阳起石-绿泥石组合、闪锌矿-方铅矿-黄铁矿-磁铁矿-滑石-绿泥石-方解石-石英-钾长石组合及菱锌矿-异极矿-白铅矿-褐铁矿-方解石-绿泥石-石英组合。矿石结构有半自形—他形粒状结构、放射状结构、胶状结构。其中半自形—他形粒状结构为硫化矿的主要结构类型。区内铅锌矿石构造主要有条带状构造,浸染状构造,角砾状构造,块状构造,多孔状、皮壳状及土状构造。局部地段有钾化。矿床类型为矽卡岩-热液交代型铅锌矿。

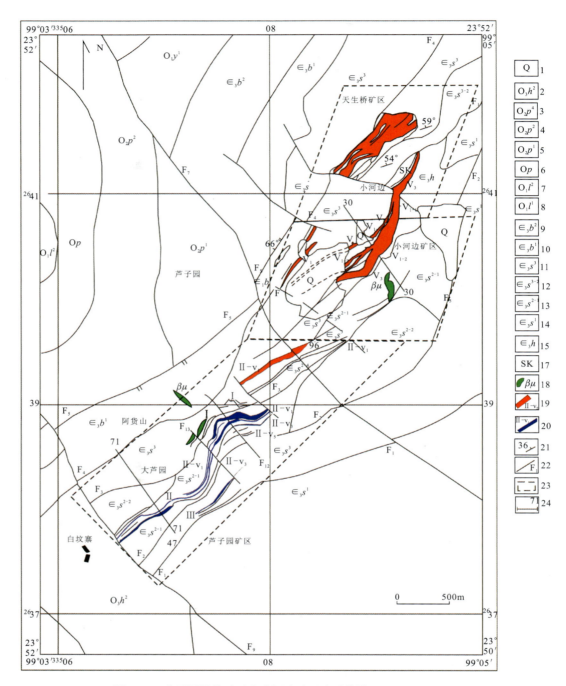

图 5-8 芦子园铅锌矿区和小河边矿区地质简图(据蒋成兴等,2013)

1.第四系;2.奥陶系火烧桥组第二段粉砂岩、泥岩;3.奥陶系蒲缥组第四段粉砂岩;4.奥陶系蒲缥组第二段粉砂岩;5.奥陶系蒲缥组第一段石英粉砂岩、细砂岩;6.奥陶系蒲缥组未分;7.奥陶系老尖山组二段变质石英砂岩、绢云粉砂岩夹细晶灰岩;8.奥陶系老尖山组第一段含粉砂质黏板岩及粉砂质黏板岩;9.寒武系保山组第二段粉砂质黏板岩夹灰岩透镜体;10.寒武系保山组第一段黏板岩、灰岩;11.寒武系沙河厂组第三段黏板岩夹泥质结晶灰岩、变质砂岩;12.寒武系沙河厂组第二段 2 层黏板岩夹大理岩化灰岩;13.寒武系沙河厂组二段一层大理岩、石英片岩、结晶灰岩;14.寒武系沙河厂组第一段泥质条带灰岩、角砾状灰岩夹泥质粉砂岩;15.寒武系核桃坪组层状粉砂质黏板岩、含粉砂质黏板岩;16.灰岩/板岩;17.矽卡岩;18.辉绿岩;19.铁矿体及编号;20.铅锌矿体及编号;21.地层产状;22.断层及编号;23.矿段界线;24.勘探线及编号

2. 小河边铁矿

小河边铁矿床位于芦子园铅锌矿床北东侧，同样隶属于镇康县凤尾镇芦子园村（图5-8）。

矿区主要赋矿地层为上寒武统沙河厂组第二段、第三段碳酸盐岩与细碎屑岩互层的地层，以及部分保山组。区内岩浆岩不发育，仅在矿带的东、西两侧见有辉绿岩脉零星出露。区内断裂发育，主要控矿断裂为北东向展布，北西向断裂对矿体起到了切割破坏作用。围岩蚀变以绿泥石化、硅化、矽卡岩化、黄铁矿化、大理岩化为主。

经稀疏地表工程揭露和坑、钻工程验证，共圈定主要铁矿体3条：V1、V2、V3。矿体沿北东向断裂展布，呈脉状、似层状产出。矿体走向北东，倾向北西，赋矿岩石为阳起石矽卡岩，局部为辉绿岩（ZK28-1 V3）。

V1矿体：呈似层状产出，矿体总体走向NE49°，倾向北西，南段局部倾向南东，倾角47°~50°，于28线出现弧形弯曲，南段矿体走向68°，北段矿体走向30°。有3个工程控制（2个钻孔，1个探槽），工程间距198~401m，工程控制矿体走向长599m，控制矿体倾斜延深42~55m。矿体厚度13.44~27.74m，平均19.64m，厚度变化系数26.14%，属厚度变化稳定型。单样品位TFe最高52.64%，最低21.08%，一般为25%~45%；单工程平均品位TFe最高39.75%，最低30.18%，矿体平均品位34.98%。

三、成矿作用与成矿模式

1. 岩石地层对成矿的意义

晚寒武世稳定型浅海碎屑岩和碳酸盐岩的主要成矿元素含量明显高于背景丰度，如沙河厂组二段岩石光谱分析$Pb(108~144)\times10^{-6}$，$Zn(178~189)\times10^{-6}$，$Cu(133~176)\times10^{-6}$，$Ag(0.1~0.14)\times10^{-6}$，$Sn(10~45)\times10^{-6}$，$W(30~1000)\times10^{-6}$，$Mn\ 2\%~5\%$，有可能成为本区芦子园、小河边等铅锌多金属矿床赋矿层位成矿元素初始富集形成的矿源层，或者是受到后期构造岩浆活动的影响，造成赋矿层位成矿元素含量的普遍增高。

2. 构造对矿床的控制

芦子园复式背斜由于多期（次）的构造运动，背斜轴部纵张断裂带形成长大于20km的北东向忙丙-忙喜构造蚀变矿化带，形成了芦子园铅锌多金属矿床、小河边铁矿床等。而与之平行的次级断裂及层间破碎带则控制了矿体的产出形态、产状及规模。

3. 岩浆-热液活动对成矿的意义

矿区内有较多辉绿岩脉产出，同时矿集区东部发现有明信坝浅成岩体、木厂侵入岩体出露。多年来，经遥感解译及多种物探测量推断都有隐伏中酸性岩体存在，但一直没有进展。近期EH4物探主干剖面测量显示，明信坝石英闪长玢岩的数据特征与小河边矿区深部十分相似，其间稳定性好并连续变化，进一步肯定了深部岩体对矿集区成矿作用的意义。在岩体侵入及热液的作用下，发生了矽卡岩化、云英岩化等围岩蚀变，原始成矿物质发生了迁移富集，与岩浆热液一起在有利的成矿部位形成了磁铁矿、铅锌矿床，或钨、钼、锡矿床，如乌木兰锡矿、芦子园铅锌矿等。

4. 成矿物质来源分析

芦子园铅锌矿硫、铅同位素组成具有变化范围窄，相对均一的特点，$\delta^{34}S=(9.23~10.17)\times10^{-3}$，$^{206}Pb/^{204}Pb=18.224~18.338$，$^{207}Pb/^{204}Pb=15.715~15.849$，$^{208}Pb/^{204}Pb=38.381~38.874$。其中，硫同位素值较高，可能来源于上寒武统等围岩地层，而铅同位素值变化范围较窄，指示来源单一，应

与侵入岩体有关,反映出芦子园铅锌矿是岩浆岩侵入接触交代成矿作用的产物。

5. 成矿温度压力及密度

流体包裹体测温显示,铅锌矿化经历中低温(160~280℃)和中高温(280~420℃)两个矿化阶段。根据均一温度和盐度进一步推算芦子园铅锌矿床的成矿流体密度为 0.834~0.957g/cm³,均一压力为 $(7.24～72.05)×10^5$Pa。

6. 成矿时代

相关研究显示,与硫化物矿石密切共生的热液石英及石英钾长石脉中的钾长石等 Rb-Sr 同位素定年分析,其等时线年龄为 141.9±2.6Ma,初始锶同位素组成为 $^{87}Sr/^{86}Sr(T=141.9Ma)=0.714497$,显示矿集区存在燕山期岩浆侵入成矿作用,是主要成矿时期之一。

7. 成矿模式

综上所述,芦子园矿集区成矿作用具有地层岩性控制矿种、褶皱控制矿床、断裂控制矿体、隐伏岩体(枝)控制矿床空间分布的特点。根据区内典型矿床控制因素,结合区域重、磁反演成果,初步建立芦子园铅锌矿集区以岩浆侵入为主线的成矿模式(图5-9)。认为印支期(?)碱长花岗岩控制了锡多金属矿床的形成(陈吉琛,1984;顾影渠等,1988),燕山期中酸性隐伏岩体侵位是形成铅锌多金属矿床的主控因素(夏庆霖等,2005;朱飞霖等,2011;蒋成兴,2011,2013),而喜马拉雅期花岗(斑)岩则与金(锑)成矿作用密切相关(董文伟等,2013)。

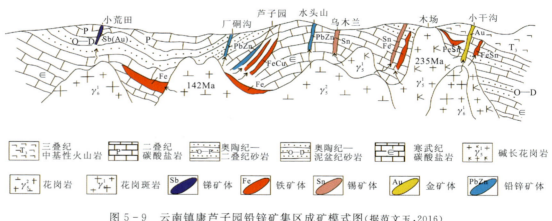

图5-9 云南镇康芦子园铅锌矿集区成矿模式图(据范文玉,2016)

第五节 云南思茅大平掌-文玉地区铅锌银铜金矿集区

一、概述

该矿集区处在云南南澜沧江地区,位于云南省西南部,地理坐标:E100°00′00″—101°00′00″,N21°30′00″—24°20′00″。区内已发现大型矿床1处(大平掌)、中小型矿床20余处。

矿集区主体位于思茅中生代坳陷盆地西部之澜沧江沿岸,呈狭长带状分布。大地构造位置属云县-景洪晚古生代末—早中生代火山弧带,成矿作用与火山弧带火山活动关系密切,受火山机构控制明显。

区内出露地层由老到新为古生界至第三系。元古宇澜沧岩群为一套复理石碎屑岩及中基性岛弧火山岩建造,岩石普遍变质,变质程度达绿片岩相;上泥盆统—二叠系(海西期)为一套复理石砂板岩夹中基性岛弧型火山岩、硅质岩、碳酸盐岩及含煤碎屑岩建造;中—上三叠统为一套碎屑岩夹中基性、酸性火山岩建造;侏罗系—白垩系为海陆交互相至陆相红色碎屑岩建造;新生界第三系为陆相红色碎屑岩建造。其中,与三叠纪火山岩有关的铜矿或铜多金属矿有云县官房、景东文玉、景谷民乐铜矿床及多个富银铅锌铜矿点。与石炭纪—二叠纪火山活动有关的铜、金及铅锌矿化普遍,主要工业矿床有喷流沉积型的大平掌铜矿(杨岳清等,2008)。除火山岩外,尚有具岛弧环境产出特征的基性及超基性侵入体(张海等,2013),如景谷半坡环状超基性岩及景洪—大勐龙一带二叠纪的基性-超基性侵入体等,这些岩体(辉长岩或辉长辉绿岩)局部具铜镍矿化,富含铜镍硫化物,如南林山岩体,地表土壤化探异常的镍异常局部可高达1%,蚀变辉长辉绿岩中磁黄铁矿、镍黄铁矿可见,帕冷岩体中野外调查发现含较多的磁黄铁矿和黄铜矿,这些岩体的岩性特征和成矿时代与扬子地台西缘峨眉山地幔柱范围内金宝山铂钯矿、金平县白马寨铜镍矿有很好的可对比性。

酒房断裂为隐伏—半隐伏的区域性大断裂,具明显的压扭性特征,是思茅中生代断陷盆地与澜沧江复杂火山岩带的边界。该断裂对两侧的沉积建造控制也十分明显,许多矿床(如大平掌、民乐铜矿床)均与其有成因联系。

本区岩浆活动十分强烈而分布广泛,无论在时间上还是空间上均受控于板块俯冲带,与火山岩同处于同一俯冲带内或构造带内。侵入岩以海西期—印支期早期酸性侵入最为强烈,形成了沿澜沧江西侧展布的临沧-勐海花岗岩基,由二长花岗岩及少量花岗闪长岩或斜长花岗岩组成;其次在澜沧江深断裂东侧有零星海西期、印支期、燕山期及喜马拉雅期的中酸性小岩株、岩体;基性侵入岩出露零星,规模小,为岩脉、岩墙、岩株等,孟连一带以蛇绿岩-镁质超基性岩为主;澜沧江东侧的景谷半坡、景洪南林山等岩体,为铁质超基性-基性岩类。

二、矿产特征与典型矿床

(一)主要矿产特征

本区矿体位于澜沧江复杂火山岩带中段,与火山岩浆活动有关的矿床,为本区主要的矿床类型,也是本区成矿条件最好、最有找矿前景的矿床类型。具体有:与海西期海相细碧角斑岩系有关的块状硫化物矿床(大平掌铜矿),与印支期基性火山岩有关的火山热液矿床(文玉及官房铜矿、民乐铜矿),与印支期岩浆侵入活动有关的热液矿床(芒海铜多金属矿),与燕山期—喜马拉雅期岩浆浅成侵入体有关的热液矿床(澜沧雅口铜多金属矿);与二叠纪基性-超基性侵入体有关的金平白马寨式铜镍硫化物矿床类型在区内也获得了重要的找矿信息。

(二)典型矿床特征

1. 思茅大平掌复合型铜多金属矿床

该矿床位于兰坪-思茅陆块南部西缘,南澜沧江晚古生代末—早中生代岛弧火山岩带。与成矿作用关系密切的地层主要是上泥盆统—下石炭统大凹子组细碧岩-角斑岩-石英角斑岩等组成的细碧角斑岩建造。矿区构造总体为一北西走向的背斜构造,由于受断裂、岩体破坏,形态不完整。

矿区位于澜沧江东边重力高的区域,场值为$-152\times10^{-5}\text{m}/\text{s}^2$圈闭的等值线中,梯度比较缓,对应的剩余重力图在零值线附近,东、西两侧为正异常,中间夹马鞍形的负异常,强度为$-1\times10^{-5}\text{m}/\text{s}^2$范围内。

在航磁ΔT等值线平面图上矿区位于近南北向长椭圆状正异常的边缘,强度为42nT,该异常规则完整、分布范围大,根据异常变化特征,圈定了4个由中基性火山引起的航磁异常(滇C1-1979-18、滇C1-1979-19、滇C1-1979-20、滇C1-1979-21)，4个异常均在化极图上异常位移并增强，强度达62nT，矿区位于东、西、北3个异常的交会处。

激电中梯在矿体上方出现明显异常，视充电率为高异常，$Ms>10\%$，最高35%，视电阻率较低（$\rho s=50\sim100\Omega m$）。矿区视充电率背景较低，在5%上下波动，干扰因素小，异常清晰，钻探验证全部见矿，而异常以外的钻孔未见矿。本区铜多金属矿多为隐伏矿，并随着埋藏深度的增加或矿层变薄，充电率降低。块状矿体比浸染状矿体 Ms 高。铜多金属矿对应"高极化低阻"特征，视充电率异常强度大，异常明显，与矿体对应性强，干扰因素小。电阻率呈低阻。

对矿区1号、10号、16号、57号勘探线进行了瞬变电磁法剖面试验工作，获得了4条剖面的瞬变电磁响应曲线及相应的TEM电阻率断面等值线图。瞬变电磁响应曲线（dB/dt）对应矿化体反映为高异常带。由于激电效应的影响，在矿体露头部位瞬变电磁响应晚期具有明显的负异常，反映了深部的电性特征；ρs 断面反映了铜多属矿体的低阻特征，与激电中梯的高极化性、电性参数的低阻高极化特征相呼应，从剖面的形态特征可以推断矿体的空间形态、分布范围和埋深，有效地划分地层界线和构造。瞬变电磁在矿体上表现为明显低阻和高瞬变电磁响应异常。

通过1:5万水系沉积物测量，在矿区及外围共圈出异常9个，全部异常都以Cu、Au为主，伴有Pb、Zn异常，其中大平掌（HS7）异常，为Cu、Pb、Zn、Au元素组合异常，异常呈不规则状，南北长2~4km，东西宽4~5km，面积约6km²。各元素极大值分别为：Cu 2000×10^{-6}，Pb 1000×10^{-6}，Zn 3000×10^{-6}，Au 997×10^{-9}，各元素异常规模大，强度高，具明显的浓集中心和Ⅲ级浓度分带，浓集中心基本吻合，组合异常显示为多金属矿致异常特征，异常部分与大平掌铜多金属矿相吻合。

矿床主要由 V_1、V_2 矿体组成，V_1 矿体受次火山岩侵入和构造的影响，呈北西向断续分布，长400~665m，宽70~400m，厚2.00~6.26m，单工程平均Cu品位0.45%~5.52%、平均2.90%，伴（共）生铅1.68%、Zn 7.55%、Au 2.18×10^{-6}、Ag 125.45×10^{-6}。V_2 矿体长2600m，中部宽700m，两端宽约100m，平均厚13.43m。单工程Cu平均品位0.31%~2.26%，矿体Cu平均品位0.95%，伴生组分总体含量低。

上部致密块状硫化物矿体成矿时代为晚泥盆世—早石炭世，因受后期构造破坏，呈囊状分布。李子树断裂（F_4）、白沙井断裂（F_2）沿矿区两侧分布。酒房断裂、李子树断裂与成矿作用关系密切（图5-10）。矿石具微—细粒、溶蚀、乳滴、交代、包含、鲕粒和草莓结构；块状、角砾状、条纹条带状构造。矿石金属矿物有闪锌矿、黄铜矿、黄铁矿、方铅矿及银黝铜矿等，以富闪锌矿和黄铜矿为特征；脉石矿物有石英、方解石、绢云母、绿泥石及重晶石。矿石低硅、高铁、高铅锌。

下部细脉浸染状矿体形成时代为中—晚三叠世。块状矿体呈透镜状产于次火山角砾岩筒，矿石具中—粗晶粒、交代、共结边、包含和固溶体分离结构；浸染状、细脉浸染状构造。矿石金属矿物有黄铁矿、黄铜矿、闪锌矿、方铅矿等，以贫闪锌矿和方铅矿为特征；脉石矿物有石英、长石、绢云母、方解石及绿泥石。矿石高硅、低铁、低铅锌。

围岩蚀变强烈，主要有硅化、黄铁矿化、绿泥石化、绢云母化、重晶石化、碳酸盐化等。矿区构造总体为一北西走向的背斜构造，区内岩浆岩有火山岩及酸性侵入岩。矿区化探异常和激电中梯异常明显。矿体有两种类型，上部为块状硫化矿石，下部为浸染状铜矿石。

关于矿床的成因有两种观点：一种认为矿床是典型的火山成因块状硫化物矿床，是海底喷流-喷气活动的产物。另一种认为是因造山带构造岩浆作用叠合在一起的复合型矿床，块状矿体是晚古生代陆缘盆地阶段火山喷流沉积形成的矿床，成矿时代为晚泥盆世—早石炭世（$D_3—C_1$）；细脉浸染状矿体是造山阶段碰撞作用形成的次火山热液型矿床，成矿时代为中—晚三叠世（$T_2—T_3$）。

"西南三江成矿带南段重要矿产靶区优选及潜力调查"项目在大平掌矿区赋矿火山岩的底部发现未变质的砂砾岩与花岗闪长岩沉积接触，并于赋矿层顶部灰岩中采集到的牙形刺化石 *Pachycladina* sp. A，沉积时代为早三叠世（T_1^2）奥伦尼克期，这与云南省地矿局第五地质大队在矿区石英角斑岩中获得的Rb-Sr等时线年龄236Ma相一致。由此认为大平掌可能是南澜沧江火山弧印支期火山成因的块状硫化物矿床。

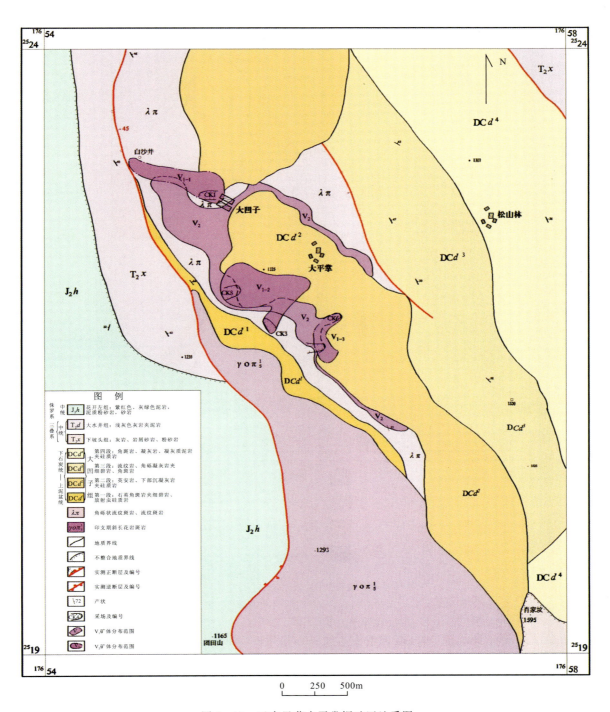

图 5-10 云南思茅大平掌铜矿区地质图

2. 文玉铜多金属矿床

该矿床位于景东县城 223°方向 65km，属景东县大朝山东镇长发村地域。构造位置上处于棉花地-张导山复式向斜的东翼，受忙亚断裂和拿鱼河断裂的控制。矿体赋存于晚三叠世中基性火山熔岩中，矿化受岩性、北东向构造破碎带及蚀变作用等联合控制。主要分为桦皮树、平掌-黄草坝以及塔罗山矿段（图 5-11）。

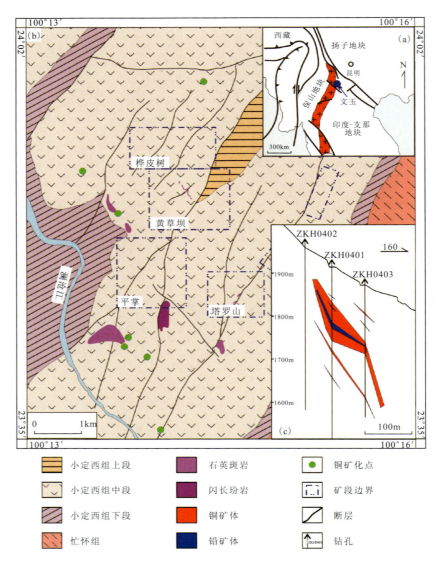

图 5-11 西南三江大地构造简图(a)、文玉铜多金属矿床地质简图(b)
和文玉铜多金属矿床桦皮树矿段 04 勘探线剖面简图（据 Yang et al.,2015）

桦皮树矿段圈出 HV1E、HV1W 两个铜矿体，HV1W、HV2W 和 HV1E 三个铅矿体。矿体位于 F_3 与 F_5 断层间，均赋存于小定西组安山岩层位，以发育热液角砾岩型矿石为特征；矿体受控于北东向断层蚀变带，矿体形态呈似层状、脉状，倾向南东，倾角 55°~80°。

平掌-黄草坝矿段位于 F_7 断层带上，圈出 PV1 铜矿体和 PV1 铅矿体，均赋存于小定西组安山岩层位，以发育热液角砾岩型矿石为特征；矿体受控于北东向断层蚀变带，矿体形态呈似层状、脉状，倾向北西，倾角 46°~75°。

塔罗山矿段位于 F_{10} 压扭性断层带上，圈出 TV1 铜矿体和 TV1 铅矿，均赋存于小定西组安山岩层位，以发育热液角砾岩型矿石为特征；矿体受控于北东向断层蚀变带，矿体形态呈似层状、脉状，倾向南东，倾角 59°~78°。

矿石结构有他形粒状结构、自形—半自形粒状结构、交代结构、包裹结构等。矿石构造为浸染状构造、脉状构造、角砾状构造。矿石金属矿物主要为黄铜矿和黄铁矿，其次为方铅矿、闪锌矿、斑铜矿，以及少量辉铜矿、孔雀石等。脉石矿物主要为石英、长石、绢云母、绿泥石和方解石等。

目前对此矿床成因有两种不同观点：

（1）与基性火山活动有关的"中—低温热液型铜矿床"，形成于三叠纪活动陆缘弧，与小定西组火山岩的喷发密切相关。在火山活动早期，随火山熔岩涌出含大量气体的暗紫红色安山岩、玄武质安山岩，含铜气液沿通道上升，在气孔内铜矿物相对集中形成低品位矿体。由于火山气液的作用，使玄武质安山岩发生碳酸盐化、硅化和绿泥石化、绿帘石化等蚀变，促使铜矿物的进一步富集，形成工业铜矿体。

（2）矿床的形成或与后期隐伏斑岩体的侵位密切相关。主要证据为热液脉型矿石、热液角砾岩型矿石、矿浆型矿石等的出现，显示成矿明显晚于矿床围岩小定西组的形成；绿泥石化、硅化以及碳酸盐化等符合斑岩型矿床围岩蚀变特征；黄铜矿、斑铜矿、黄铁矿、方铅矿等岩浆热液矿物组合的出现，显示成矿与岩浆热液密切相关。

三、成矿作用与成矿模式

（1）区域内铜多金属矿主要受三叠纪火山岩建造控制，矿床（点）分布沿近南北向火山-岩浆岩带呈条带状展布，与北东向构造复合部位常有利于铜、铅锌矿的富集。

（2）近火山口相是最有利的成矿部位，尤其是热液活动强烈的次火山顶部，更是块状硫化物矿床赋存的重要场所。

（3）北东向构造形成于陆内碰撞造山阶段的伸展构造背景，其"堑垒式"断裂系统发育，对燕山期斑岩-岩浆热液成矿具有重要的控制作用。

（4）区内主要矿床类型为斑岩型、火山喷流沉积型、岩浆热液型；成矿时代以印支期和燕山期为主。

综上所述，以大平掌海相火山岩型矿床和文玉斑岩-岩浆热液型矿床为代表，该矿集区发生了与北部义敦岛弧带相似的成矿过程，尤其是印支期和燕山期的斑岩成矿作用值得予以高度关注。

以矿集区北段的文玉铜矿区为例，对斑岩成矿模式进行初步总结（图 5-12），以期进一步明确该矿集区铜多金属矿床的主攻目标和找矿方向。

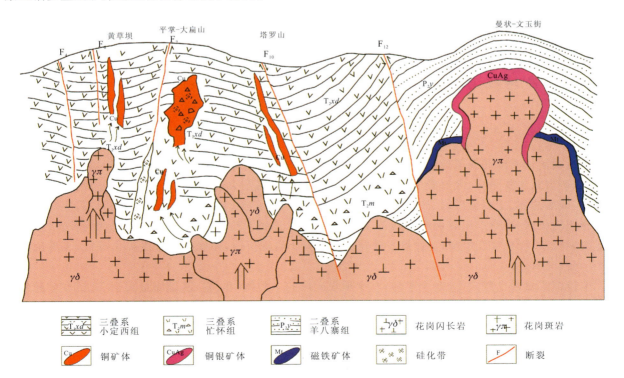

图 5-12 文玉铜矿区成矿模式图（据范文玉，2016）

第六节　云南德钦羊拉地区铜金矿集区

一、概述

该矿集区位于川滇交界的金沙江两岸,行政区划属云南德钦县和四川巴塘、得荣间的本近农、羊拉、贡荣一带。地处中咱陆块—金沙江结合带—江达火山弧交接地段,属金沙江结合带铜、铁、金成矿带。区内已发现大型矿床1处,中小型矿床11处。

羊拉矿集区位于"三江"造山带中段的中咱陆块与昌都-兰坪陆块之间的金沙江构造带内,该带主要由蛇绿混杂岩带和其西侧的陆缘火山弧带组成,反映了金沙江洋向西俯冲消亡的历史过程和相关的成矿作用过程。

金沙江带保存的地层系统一部分是扬子陆块被动大陆边缘沉积,从晚泥盆世到二叠纪,以早石炭世最盛的陆源细碎屑浊积岩和碳酸盐浊积岩为主,夹多层玄武岩和放射虫硅质岩。金沙江蛇绿岩主要形成于早石炭世(辉长岩的单斜辉石$^{40}Ar/^{39}Ar$年龄$339.2\pm13.9Ma$;据钟大赉,1990),其后构造侵位到边缘或洋内弧沉积物中组成蛇绿混杂岩带。另一部分洋盆西侧则发育一套二叠纪—三叠纪火山弧、裂谷型二元火山岩系等。晚三叠世晚期碰撞是造山带发育时期,形成一套陆内红色沉积以及走滑拉分的局限盆地沉积。从洋盆形成、汇聚消亡,到碰撞造山带形成以及陆内变形的各种地质时期,在金沙江带均有发育程度不等的成矿作用发生,形成了规模不等、强弱不一的矿化,其中最有价值的是铜(铅、锌)金矿化。

印支期—燕山期加仁-贝吾花岗岩带沿金沙江断裂西侧呈近北北东向展布,长约35km,宽1~9km不等,由加仁、里农、格亚顶、江边、尼吕、贝吾、苏鲁西、茂顶、曲隆9个岩体组成,面积约$269km^2$。主要岩石类型有黑云母花岗闪长岩、斜长花岗岩、石英闪长岩、黑云二长花岗岩、花岗斑岩,具从中性—酸性分异演化趋势。加仁、里农、里农西、江边、尼吕、贝吾岩株的周边,茂顶岩体北侧,岩体侵位带来了富含Cu、Pb、Zn等矿化元素的热液,在近岩体的围岩,发生交代、充填作用,于构造有利地段、部位等沉淀富集成矿,形成矽卡岩型、热液型和喷流沉积改造型铜(铅锌)矿,已知矿床、点、异常区大部分围绕其分布(图5-13)。

二、矿产特征与典型矿床

(一)主要矿产特征

羊拉铜矿位于南北向羊拉断裂与金沙江断裂之间的金沙江结合带内的羊拉-贡卡二叠纪洋内弧残体中,含矿岩系主要是中、晚二叠世的一套洋内弧环境的中基性火山-沉积建造,主要包括硅质板岩、变硅质岩、碳酸盐岩、变石英砂岩、矽卡岩、玄武安山岩、安山岩7类。岩浆岩以花岗岩类为主,主要岩石类型为花岗闪长岩,次有二长花岗岩和石英二长岩,仅有少量属钾长花岗岩、斜长花岗岩和闪长岩,形成于印支晚期(227.08~208.25Ma);仅见1处花岗斑岩呈小岩株侵位,并发现一些爆破角砾岩,属燕山晚期($122.3\pm1.5Ma$)。

羊拉铜矿目前已圈定10余个矿体,其中里农矿段的主矿体(Ⅱ、Ⅲ)基础储量大于70×10^4t,Ⅱ号矿体呈大透镜状、似层状与火山-沉积岩呈整合接触,矿体中夹有矽卡岩和蚀变火山岩;Ⅲ号矿体位于Ⅱ号矿体下部硅质绢云板岩内,主要由脉状和浸染状矿石组成;Ⅱ号矿体与Ⅲ号矿体在空间上的位置构成了"上层下脉"的喷流-沉积体系。

羊拉矿区经历了多次构造-岩浆作用,受到了后期成矿热液活动的叠加改造,是一个以铜为主的多金属矿区。除上述VHMS块状硫化物矿体外,尚存在有矽卡岩型矿体、斑岩型矿化和热液脉状矿体。

矽卡岩型矿体主要分布在路农、加仁一带印支期中酸性花岗闪长岩、闪长岩体内外接触带中，铜矿体产状变化较大，规模也不大，除伴生 Au 外，常见 Co、Ag、Pb、Zn 等伴生元素。燕山晚期—喜马拉雅期的斑岩型铜多金属矿化出现在：里农二长花岗斑岩株伴随铜、钼、铅、锌矿化，路农正长斑岩体为全岩型铜矿化，尼吕钠长斑岩体也具有弱的铜矿化。热液脉状矿体受北东向或北东东向构造破碎带及密集节理带控制，矿体呈脉状和细（网）脉状产于里农矿区花岗闪长岩体内及其火山-沉积岩系围岩中，主要发生铜、钼、铅、锌矿化作用。

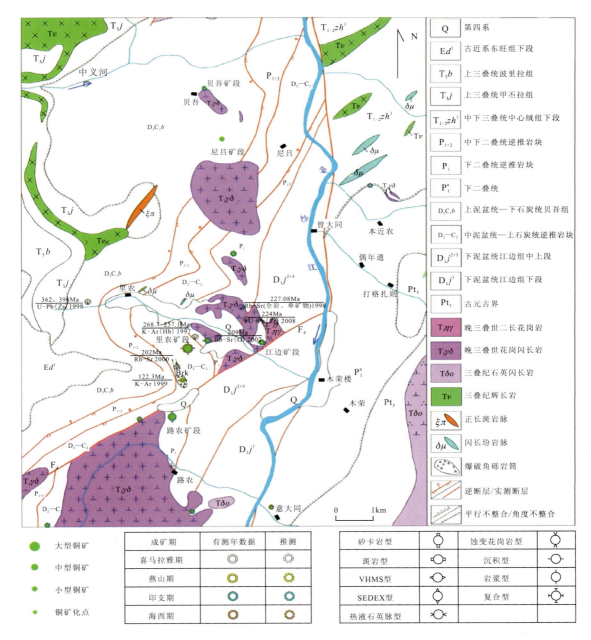

图 5-13 云南省德钦县羊拉铜金矿集区地质图

此外，在金沙江东岸的得荣县徐龙乡一带，发现形成于印支期的辉绿玢岩型浪中铁（金）矿点。铁（金）矿体产于辉绿玢岩与三叠系茨岗组外接触带中，具有硅质铁矿浆充填之特点，发育气孔构造、角砾状构造以及流动似层状构造。

(二) 典型矿床

1. 羊拉含铜黄铁矿型铜矿床

1) 矿区地质

羊拉铜矿含矿岩系是指中—晚二叠世的一套代表洋内弧环境的中基性火山沉积岩含矿建造。主要岩性为条纹-条带状砂质绢云板岩、变硅质岩以及中厚层状灰岩,上部夹玄武岩、安山岩、角闪安山岩,顶部有薄层变石英砂岩或变硅质岩。李定谋等(1997)测得角闪安山岩的角闪石年龄为268.7~257.1Ma (K-Ar法)。

羊拉矿区花岗岩形成于挤压碰撞的岛弧环境,主要是路农、里农和加仁岩体,以及一些与变形变质作用相关的花岗质侵入体,构成一南北向岩浆活动带。主要岩石类型为花岗闪长岩,次有二长花岗岩和石英二长岩,仅有少量属钾长花岗岩、斜长花岗岩和闪长岩。1998年路远发和战明国等采用Rb-Sr法获得里农岩体227.08Ma,加仁岩体208.25Ma;2011年杨喜安等获得路农花岗闪长岩体的U-Pb加权平均年龄为234.1±1.2Ma,里农花岗闪长岩体U-Pb加权平均年龄为235.6±1.2Ma,均形成于印支晚期(图5-14)。

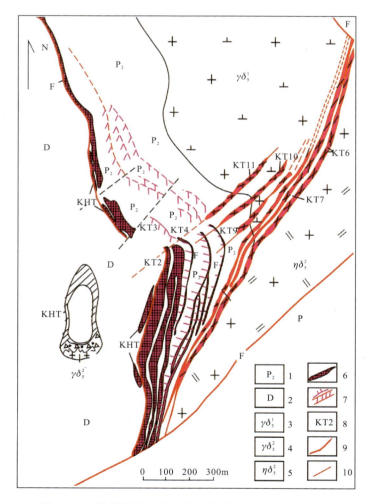

图5-14 羊拉铜多金属矿床地质略图(据李定谋等,2002)

1.含矿岩系;2.大理岩;3.花岗闪长岩;4.花岗斑岩;5.二长花岗岩;
6.层状矿体;7.脉状矿体;8.矿体编号;9.区域断裂;10.局部断裂

羊拉铜矿区矿体表现中等强度磁异常和激电异常,由于矿体与矽卡岩关系密切,磁、电异常有时位于矿体倾斜上方。物探异常以里农矿段最发育。贝吾花岗闪长岩体北西侧圈定一个强度 500nT 子异常,尼吕在 $\gamma\delta_5^1$ 岩体北东侧圈定一个 -700nT 较大的负异常。

围岩含碳质层,则出现强度较高的激电异常,与含磁铁矿地质体形成磁异常等,是区分矿异常的干扰因素。

1:20 万区域化探为 Cu、Pb、Zn、Ag、Au、Sb 等元素组合异常,形成 5 个综合异常,近南北向展布,由北而南有绒得贡多元素异常,甲功(羊拉乡)Au、Sb、Hg 异常,羊拉多元素异常,格亚顶 Cu、Pb、Zn 异常和曲隆多元素异常。羊拉铜矿、格亚顶铅锌矿位于异常内,绒得贡、曲隆异常内也新发现铜多金属矿。

羊拉矿区及其南延的加仁岩体,圈定羊拉 Cu 多元素异常,包括里农、路农矿段,北端有尼吕和贝吾 Cu、Zn、Ag、Sn 异常,南部有通吉格 Cu、Pb、Zn、Ag、Mo 异常,位于加仁岩体内($\gamma\delta_5^1$)。加仁岩体南端曲隆一带 Cu、Pb、Zn、Ag、Au 等元素异常十分发育,集中了 4 处综合异常,分布在花岗闪长岩及其与晚二叠世砂板岩、火山岩接触带。曲隆往南以 Au 异常为主,伴生 As、Hg 元素,依次为吾牙普牙、东水、龙龙保、关用等异常,Au 异常多为Ⅲ级浓度分带,主要分布于早二叠世灰岩、砂板岩和火山岩地层内已发现金矿化。

2) 矿体地质

矿体呈大透镜状、似层状与火山沉积岩呈整合接触。除地表氧化矿体外,原生矿体延伸稳定,向西倾斜,矿体倾角在 20°～25°之间。矿体中的夹石主要为矽卡岩、蚀变火山岩和大理岩。

矿物组合较为复杂,矿石矿物主要为黄铜矿、辉铜矿、黝铜矿、斑铜矿、黄铁矿、磁黄铁矿、白铁矿、磁铁矿、闪锌矿、方铅矿、辉钼矿、锡石、白钨矿、辉铋矿、辉锑矿、毒砂、钛铁矿等,相应氧化产物常见的主要有孔雀石、铜蓝、蓝铜矿、沥青铜矿、褐铁矿、臭葱石等。脉石矿物主要有石榴石、透辉石、透闪石、阳起石、绿泥石、绿帘石、角闪石、石英、方解石、长石、铁白云石、菱铁矿等。

矿石组构包括胶状,条纹条带状,细、网脉状,块状及浸染状,热液隐爆角砾状等构造。围岩蚀变主要有绢云母化、硅化、矽卡岩化、绿泥石化、碳酸盐化、钾化、蒙脱石化、角岩化等,与喷流沉积成矿有关的蚀变组合主要为硅化、绿泥石化、层状矽卡岩化和蒙脱石化。

3) 成因类型

矿床成矿过程可以简述为:深部来源的成矿流体,从渗透率很高的地段喷出就地堆积于热水塘盆地之相对较高位置保存下来;在成岩阶段,赋存于各类沉积物中的原始铜物质经过进一步聚集作用,富集成铜工业矿床;矿床形成后经历了多次构造岩浆作用,受到了后期成矿热液活动的叠加改造。

2. 羊拉矽卡岩型矿床

该类型矿床矿体主要分布在路农、加仁一带印支期中酸性花岗闪长岩、闪长岩体内外接触带,铜矿体具有不规则矿化的特点,矿体产状变化较大,规模也不大。除伴生 Au 外,常见 Co 元素,组成铜、金矿床;Ag、Pb、Zn 为次要的伴生元素。

路农矿床位于矿集区中南部的加仁花岗闪长岩体东北端。矿床主要由两个矿体(KT1、KT2)组成,赋存于构造混杂岩带中的火山-沉积岩系块体与加仁岩体东北部内外接触带中。

KT1 产于加仁岩体之内接触带,矿体顶板为花岗闪长岩及砂质板岩,底板主要为砂质绢云板岩、变质石英砂岩及少量长英质砂岩。含矿岩石主要为由透辉石、透闪石、石榴石、硅灰石等矿物组成的矽卡岩及矽卡岩化碎屑岩。矿体形态为透镜状和不规则状,走向近南北,总体西倾,倾角 45°～75°,长约 640m,厚 3.6～30.97m 不等,铜平均品位为 0.67%,局部伴生金可达 3.80×10^{-6}。

KT2 产于加仁岩体之外接触带，矿体顶板为变质石英砂岩、砂质绢云板岩，底板为大理岩。含矿岩石主要有矽卡岩、矽卡岩化大理岩。矿体呈似层状，产状与 KT1 相似，但产状较为稳定。矿体长约 680m，厚 1.44～15.16m。铜平均品位 1.8%，亦伴有金矿化。

矿石矿物主要由黄铜矿、磁铁矿、黄铁矿、磁黄铁矿及少量方铅矿、闪锌矿等组成，相应的氧化产物为褐铁矿、蓝铜矿、孔雀石等。脉石矿物主要为透辉石、石榴石、透闪石、硅灰石、斜长石、石英、方解石等。

矿石结构主要为粒状变晶结构、骸晶结构、交代残余结构等，矿石构造主要为块状构造、浸染状构造和团粒状构造等。

伴随的热液蚀变类型主要有硅化、角岩化、矽卡岩化、绿泥石化、绿帘石化、绢云母化、碳酸盐化，其中以矽卡岩化、绿帘石化、绿泥石化和硅化与铜、金矿化关系密切。

3. 羊拉斑岩型矿床

金沙江带斑岩型铜矿一直未有重大发现，目前对羊拉地区北北东向构造岩浆带的研究，发现存在燕山期的斑岩型铜多金属矿化。如里农二长花岗斑岩株伴随铜、铅、锌矿化，路农正长斑岩体为全岩型铜矿化，尼吕钠长斑岩体也具有弱的铜矿化。可见斑岩型铜矿应是羊拉地区乃至整个金沙江带铜找矿工作中值得充分重视的又一主攻矿床类型。以里农二长花岗斑岩株的铜成矿特征为例，阐述该类型矿床在本区的表现特征。

1）斑岩体的产出特征

里农斑岩体出露于里农矿区泥盆纪大理岩块体内，为一椭圆状小岩株。岩性为石英（黑云母）二长花岗斑岩，斑晶主要为石英、斜长石、钾长石，另外还含少量黑云母斑晶；基质为隐晶—微晶结构的长英质矿物，与斑晶成分相同。

在斑岩外接触带发育一角砾岩体，总体表现为角砾岩筒，是成矿的主要载体。空间上环绕岩体呈半月状分布，主要发育于斑岩之北东接触带，角砾岩体一般宽度约 4～10m，最宽可达 20m 以上。角砾岩中的角砾主要为石英二长花岗斑岩，其次为围岩角砾；角砾岩之胶结物比较复杂，尤其是矿化的角砾岩主要为热液矿物（如石英、方解石、绿泥石、绢云母、黄铁矿以及其他金属矿化物等）胶结。

2）斑岩的成矿地球化学特征

成矿斑岩是典型的酸性岩浆岩，属高钾钙碱性系列，形成于同碰撞造山期，与区内构造岩浆的演化规律相吻合。斑岩体形成于燕山期，成矿元素 Cu、Mo、Pb、Zn、As 含量较高，平均为 Cu 133.5×10^{-6}，Mo 0.05×10^{-2}，Pb 74×10^{-6}，Zn 275.5×10^{-6}、As 125.5×10^{-6}，是区内所有花岗闪长岩体中这些成矿元素平均含量的几倍到几十倍，反映出该斑岩具有良好的成矿地球化学背景。

3）矿化特征

与斑岩有关的矿化发育在斑岩内及其相关岩石中，主要为铜铅锌银多金属矿化。根据矿化特征，从斑岩体向外可以划分为 3 个带，分别为蚀变斑岩带、隐爆角砾岩矿化带及接触带附近的脉状矿化带。

4）成因浅析

燕山期成矿斑岩的岩浆结晶分异作用聚集了大量的挥发分及流体，在屏蔽作用下，强大的上冲机械能导致岩体顶部及上覆围岩碎裂和隐爆，形成了隐爆角砾岩筒和外围裂隙网络，最终为成矿流体提供了迁移通道和沉淀空间。随着温压下降，物化条件改变，含矿流体沿隐爆角砾岩中的裂隙和孔隙以及接触带附近的断裂裂隙充填交代而富集成矿。

"西南三江成矿带南段重要矿产靶区优选及潜力调查"项目在羊拉矿山 3275 采矿坑道发现侵入矽卡岩铜矿体的含铜石英二长斑岩，其锆石 U-Pb 年龄为 149Ma（图 5-15）。表明在燕山期早期阶段就存在斑岩成矿的叠加作用，这一结果与香格里拉格咱地区发育的子尼岩浆热液型铜矿床的成矿时代相一致。

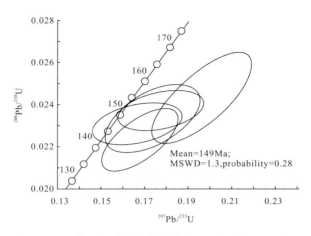

图 5-15　羊拉铜矿床含铜斑岩 SHRIMP 锆石谐和图

4. 羊拉热液脉型矿床

该类型铜矿化根据成矿期次和伴生元素组合可分为两个亚类：①印支期岩浆期后热液型铜矿化，多伴有钼、锡、钨矿化，典型矿化体为里农矿区中的 KT6-11 号矿体；②燕山期—喜马拉雅期破碎带热液充填交代型铜矿化，主要与造山期后陆内变形作用有关，伴有铅、锌、金、银矿化，加仁、宗亚、汝得共等矿床（点）可能属该类型。

1) 印支期岩浆期后热液型铜矿床

这一类型的铜矿化主要分布于印支期岩体内部及其外围围岩中，呈大脉和细网脉状产出，可形成单个矿化体，亦可表现叠加于早期形成的矿床或矿体中，如里农主矿体的钼、锡、钨矿化，即为这一期成矿作用的结果。以里农矿区 KT6、KT7、KT8 等矿体主要矿化特征加以说明。

矿体产于里农花岗闪长岩或二长花岗岩内及其外围接触带附近的矿体接近，但放射性铅略为偏低，说明其均一化程度相对较高，同时高的源区特征值亦反映铅主要来源于上地壳。在铅构造模式图上，落于太平洋岛西岸弧铅的范围内，说明成矿时处于岛弧环境，这与该类型的特征完全吻合。

根据矿区内 KT8 矿体中含黄铜矿、辉钼矿石英脉中的石英包裹体 Rb-Sr 等时线的测定，其年龄为 $209\pm 7\mathrm{Ma}$，与加仁岩体（208Ma）的成岩年龄相近，表明该类型矿床为岩浆期后热液的产物。

2) 燕山期—喜马拉雅期破碎带热液充填交代型铜矿床

矿体主要受北东向破碎带及密集节理带控制，矿体呈脉状和细（网）脉状产于花岗闪长岩体内及二叠纪火山沉积岩系中。

矿体走向北东，倾向北西，倾角 $32°\sim 75°$。矿石矿物主要为黄铜矿、黄铁矿、辉钼矿、锡石等，氧化产物为孔雀石、褐铁矿、铜蓝、蓝铜矿等，脉石矿物主要有石英、长石、方解石、角闪石等。矿石类型多为脉状、细网脉、碎裂状及浸染状矿石。围岩蚀变主要有硅化、角岩化、矽卡岩化、绢云母化、钾化等。铜含量变化范围为 $0.30\%\sim 11.90\%$，伴生成矿元素主要为钼，次为锡、钨。

三、成矿作用与成矿模式

初步认为该矿集区铜多金属矿床为泥盆纪—石炭纪海底火山喷流成矿元素预富集，或形成喷流沉积矿床；印支期中酸性岩体侵入叠加围绕岩体产出内外接触带矽卡岩型铜矿；燕山期—喜马拉雅期经多期次的斑岩-热液叠加成矿作用，形成斑岩型、隐爆角砾岩型和热液脉型矿床。矿床成因类型为喷流沉积预富集（或形成矿床）的矽卡岩型、斑岩型、热液脉型复合铜矿床（图 5-16）。

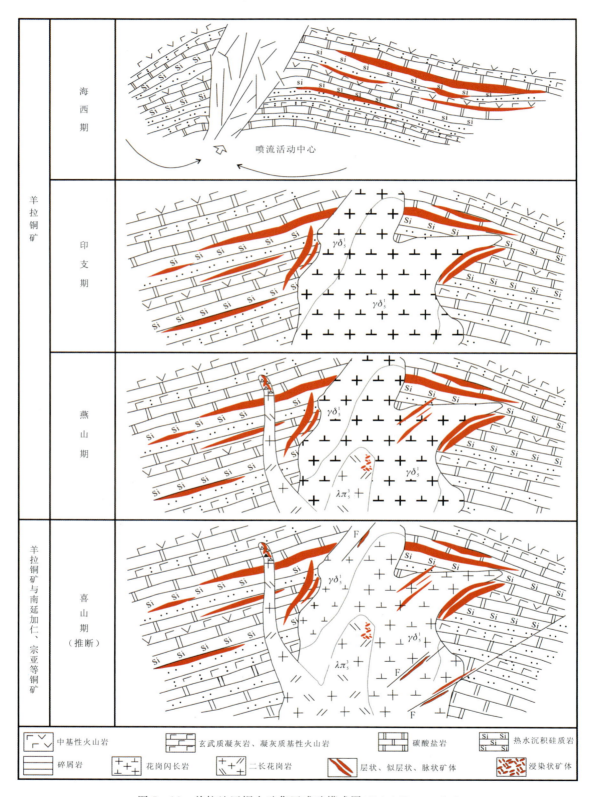

图 5-16 羊拉地区铜金矿集区成矿模式图(据李文昌,2012修改)

第七节　云南香格里拉格咱地区斑岩-矽卡岩铜铅锌矿集区

一、概述

云南香格里拉格咱地区斑岩-矽卡岩铜铅锌矿集区大地构造属印支期义敦岛弧带南端的格咱岛弧，是我国重要的斑岩型铜多金属矿、斑岩-矽卡岩型铜多金属矿产基地之一。矿集区位于滇西北迪庆藏族自治州东部，隶属香格里拉县格咱乡、洛吉乡所辖，东起四川和云南省省界，西至胜利乡—新联乡—八道班—翁上(格咱河断裂)—阿热，南起小中甸、东炉房，北至小雪山道班。东西宽40～55km，南北长近100km，面积约5000km^2。

格咱矿集区出露地层主体为三叠系雪鸡坪组($T_{1+2}x$)、尼汝组(T_2n)、曲嘎寺组(T_3q)、图姆沟组(T_3t)、喇嘛垭组(T_3lm)等地层(图5-17)。

区内岩浆活动强烈，其中火山活动以晚三叠世为主，基性火山岩主要发育于曲嘎寺组，中酸性火山岩主要发育于图姆沟组；侵入岩具有超浅成-浅成喷溢和侵入的特点，主要有印支期中酸性岩(主要分布于中部格咱火山盆地)、燕山期酸性岩(主要分布于北部)及喜马拉雅期富碱斑岩(主要分布于南部)。

印支期壳幔型浅-超浅成中酸性侵入岩，是区内最重要的成矿岩体，围岩为图姆沟组火山岩夹砂板岩，形成雪鸡坪式、普朗式斑岩型铜矿；浅成岩体围岩为曲嘎寺组碳酸盐岩夹砂板岩，形成红山式矽卡岩型铜多金属矿床。

燕山期壳型酸性侵入岩见于休瓦促、热林等地，岩性有二长花岗岩(斑)岩、花岗闪长(斑)岩。岩体热液蚀变强烈，发育硅化、云英岩化、黄铁矿化等，形成矽卡岩型钨钼或蚀变花岗岩型铜钼矿床。红山矿区深部隐伏燕山期侵入体，钼矿化强烈，形成隐伏的钼矿床。

喜马拉雅期壳幔混合型浅-超浅成碱性侵入岩分布于甭哥、松诺东一带，主要岩性为(黑云)正长岩，次为黑云辉石二长岩、正长斑岩等。岩体热液蚀变强烈，发育绢云母化、硅化、黄铁矿化、云英岩化、黄铜矿化、锑矿化、金矿化等，岩石含Au丰度高，产有甭哥金矿。属滇西与喜马拉雅期富碱斑岩有关的铜钼铅锌金银成矿带的一部分。

二、矿产特征与典型矿床

(一)主要矿产特征

该区属德格-义敦-香格里拉(岛弧)铅、锌、银、金、铜、锡、钨、钼成矿亚带(Ⅲ-2-2)，内生矿产以有色金属为主，贵金属等次之，分布有铜、铅、锌、银、钼、金、铁等多金属矿床(点)共50个。铜、铅锌银、铁金、钼矿化与中酸性浅成斑岩及其接触蚀变带、断裂破碎带关系密切，形成斑岩型、矽卡岩型、热液脉型多金属矿化。主要矿床类型有斑岩型、矽卡岩型、岩浆热液型和构造蚀变岩(石英脉)型等，优势矿种为铜、铅、锌、银、钼、金。

根据区内主要矿产的成矿时代、成矿作用，成矿作用大致可分为3期：

(1)首先是与印支期浅成-超浅成中酸性侵入岩有关的斑岩型、矽卡岩-斑岩型铜矿及少量热液型多金属矿，如普朗特大型斑岩型铜矿、红山中型矽卡岩-斑岩型铜矿(多期叠加成矿)、雪鸡坪大型斑岩型铜矿、浪都中型矽卡岩型铜铁矿、烂泥塘中型斑岩型铜矿、春都小型斑岩型铜矿、高赤坪中型矽卡岩型铜矿、卓玛中型热液型铜多金属矿、松诺中—大型斑岩型铜矿(正在评价中)。

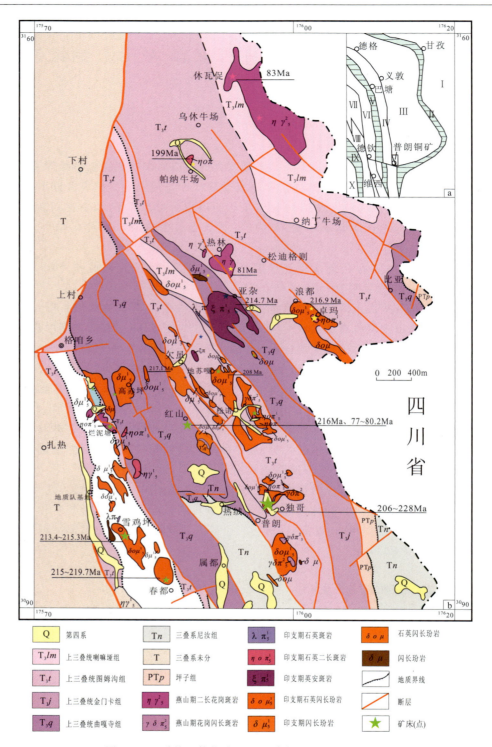

图 5-17 香格里拉格咱地区地质略图(据李文昌,2010)

1—8 三叠系:1.哈工组粉砂岩、板岩和砂岩;2.喇嘛垭组安山岩、英安岩夹碎屑岩;3.图姆沟组碎屑岩夹玄武岩、火山碎屑岩;4.曲嘎寺组碎屑岩、灰岩;5.北衙组灰岩、白云质灰岩夹碎屑岩;6.尼汝组上部灰岩,下部碎屑岩夹玄武岩;7.雪鸡坪组砂板岩、安山岩及安山质凝灰岩;8.青天堡组泥岩、灰岩,底部为砾岩。9—11 二叠系;9.聂耳堂刀组碎屑岩夹灰岩、玄武岩;10.峨眉山组玄武岩、火山碎屑岩、灰岩;11.中村组玄武岩夹泥灰岩、板岩。12.古近纪正长斑岩、闪长玢岩。13.白垩纪二长花岗斑岩。14—17 三叠纪;14.石英斑岩;15.石英二长斑岩;16.石英闪长玢岩、英安斑岩;17.超基性岩、堆晶岩。18.复理石;19.玄武岩;20.硅质岩;21.灰岩;22.地质界线、断层;23.岛弧杂岩带;24.构造单元界线;25.(推测)蛇绿混杂岩带边界;26.矿床及矿种;27.放射虫;28.同位素样点

(2）其次与燕山晚期二长花岗岩有关的岩浆-热液型（石英脉型）钨钼矿，如休瓦促中型石英脉型钨钼矿、沙都格勒小型石英脉型钨钼矿、热林小型斑岩型铜钼多金属矿。

(3）再次与喜马拉雅期富碱斑岩有关的金多金属矿，如甬哥小型斑岩型金矿（葛良胜等，2002；黄玉蓬等，2011）。

3期成矿作用中以印支期、燕山期成矿作用最为强烈，形成了资源潜力巨大的斑岩-矽卡岩型铜矿田，是铜多金属矿找矿评价的重要地区，且矿集区内成矿作用具有长期性、继承性的特点，后期成矿往往叠加于早期成矿作用之上，使成矿物质得以不断富集。

（二）典型矿床

1. 普朗斑岩型铜矿床

该矿床是格咱地区印支期斑岩型铜矿的典型代表，其目前已探获资源量约 500×10^4 t，矿床规模达超大型。矿区位于普朗向斜东翼，出露地层主要为上三叠统图姆沟组（T_3t）；次级褶皱和断层发育；矿区岩浆岩分布广泛，以侵入岩为主；主要出露印支期浅成-超浅成的中酸性斑（玢）岩复式岩体（图5-18），可划分为3个侵入阶段：早期为石英闪长玢岩，中期为石英二长斑岩，晚期为花岗闪长斑岩。

矿区共圈定 $M_S \geqslant 10$ ms 的22个激电异常，异常形态各异，或成群或成带，或孤立状，总趋势是由南向北围绕矿化斑岩体及3个蚀变带（钾化硅化带—绢英岩化带—青磐岩化带、角岩化带）呈环带状展布，从外向内可分为3个带。外带（角岩化）异常多呈圆盘状、分散独立存在。主要由角岩化砂板岩中的局部硫化物（黄铁矿、黄铜矿等）矿化引起。中带（青磐岩化、部分绢英岩化）异常总体规模较小，异常往往位于绢英岩化与青磐岩化接触带附近，或矿化石英二长斑岩与矿化石英闪长玢岩接触部位，无疑与地质体中的局部硫化物矿化有关。内带（钾化硅化带、绢英岩化带）异常以规模大、峰值区高且多、形态完整为特点，是普朗铜矿区主体异常区，多由矿致异常或铜矿（化）体异常引起。

在矿区中部圈出3个磁异常，其中两个磁异常与激电异常分布重叠，一个磁异常与KT1露头分布重叠。表明高精度磁测（ΔT）能发现磁性较弱的铜（铁）矿（化）体。

矿区化探异常以Cu为主，伴生Mo、W、Au等异常，赋矿岩石以Cu、Mo及部分Pb、Zn微量元素高度富集为特征。化探异常显示普朗铜矿赋矿地质体宏观上是一个产于较大的复式中酸性岩体中的浅成-超浅成陡倾斜斑岩小侵入体内。它们具有简单的地球化学元素Cu、Mo、W、Au组合，元素异常具同心浓集，有明显的水平分带，由内向外 W、Mo（W、Bi）→Cu、Au→Ag、Pb、Zn。这一特点反映了从岩体到围岩地球化学元素具有高—中—低温组合异常特征，其对铜多金属矿系列找矿具有指示意义。

矿区Cu异常规模大，呈不规则长椭圆状，南北长5km，平均含量 354×10^{-6}，最高 2355×10^{-6}，面积 10.5 km²；Cu异常3个浓度带明显，即内带（$>400\times10^{-6}$）呈不规则等轴状，范围与已知KT1—KT7矿体分布位置基本吻合，中带[($200\sim400)\times10^{-6}$]基本反映矿化范围，外带[($100\sim200)\times10^{-6}$]基本与矿区角岩化蚀变带范围相近；在Cu内带附近出现Mo、W异常；Au异常出现在KT1号矿体南部及KT3—KT6号矿体附近，呈北东条带状展布，平均含量 Au 19.3×10^{-9}，最高 76×10^{-9}，面积 6.75 km²；并在矿区北东侧外围伴生Pb、Zn、Ag异常，以Pb异常规模最大，其面积达8km²，平均含量 487.42×10^{-6}，最高 3022×10^{-6}。R型聚类分析表明，其在一定的距离水平尺度上分为两组。Cu与Mo、W、Au关系密切，且以0.55为相关系数，Cu、Mo元素组合为一组，以0.42为相关系数，Cu、Mo、W元素组合为一组；而Pb、Zn、Ag关系密切且以0.53为相关系数时，Pb、Zn、Ag元素组合为一组。

普朗斑岩型铜矿床主要产于印支期复式岩体的石英二长斑岩中，铜矿体空间上呈北西向展布，平面上为一不规则的卵形，剖面上呈一向上凸起的穹隆，矿体中心矿化连续，向四周有分支现象。中心部位铜品位高，向四周铜品位逐渐降低。

赋矿岩石主要为石英二长斑岩，其次为石英闪长玢岩、花岗闪长斑岩。矿石结构主要以他形结构、交代溶蚀结构为主，包含结构、半自形结构、交代残余结构次之；矿石构造以细脉浸染状构造为主，其次为浸染状构造、脉状构造和角砾状构造,斑杂状构造仅局部见到。普朗铜矿石英二长斑岩体即为矿(化)体,矿体厚度17.00～700.3m,铜品位为0.20%～3.74%,平均为0.44%,品位变化系数为68.69%。目前矿区共圈定出17条铜矿体,其中首采区KHT1中圈出15条铜矿体。外围圈出2条铜矿体,3条铅锌矿(化)体。

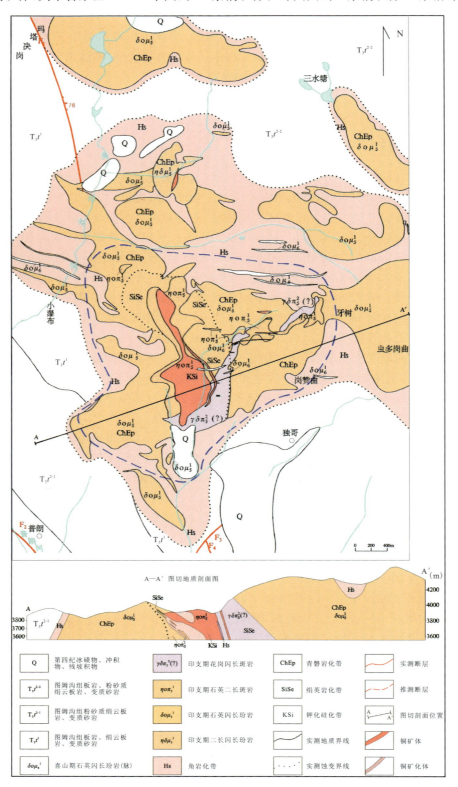

图 5-18 普朗铜矿区地质图

岩石蚀变强烈,具典型的"斑岩型"蚀变分带:由斑岩体核部向外依次分布强硅化带→钾化硅化带→绢英岩化带,并依次产出筒状→条带状→大脉状矿体。具对称的蚀变分带:中心部位为强硅化带,向两侧依次为钾化硅化带、绢英岩化带。金属矿物组合为黄铜矿、黄铁矿、辉钼矿-黄铜矿、黄铁矿、磁黄铁矿-黄铁矿。岩体中构造裂隙发育,裂隙越密集地段矿化越强。

2. 红山-红山牛场铜矿床

红山-红山牛场铜矿床位于香格里拉县城北东约40km,目前被认为是矿集区内较为典型的矽卡岩型铜矿床。矿区出露地层主要为上三叠统曲嘎寺组二段、三段和图姆沟组二段。曲嘎寺组二段是铜矿床的主要赋存层位,其主要岩性为砂泥质板岩、变质砂岩,大理岩和结晶灰岩呈层状、透镜状夹于砂泥质板岩、变质砂岩中。区内次级断裂发育,多数与北西向区域构造线一致,以正断层为主,逆断层次之。岩浆岩发育,主要有中酸性浅成斑(玢)岩、(石英)二长斑岩、花岗斑岩等(图5-19)。

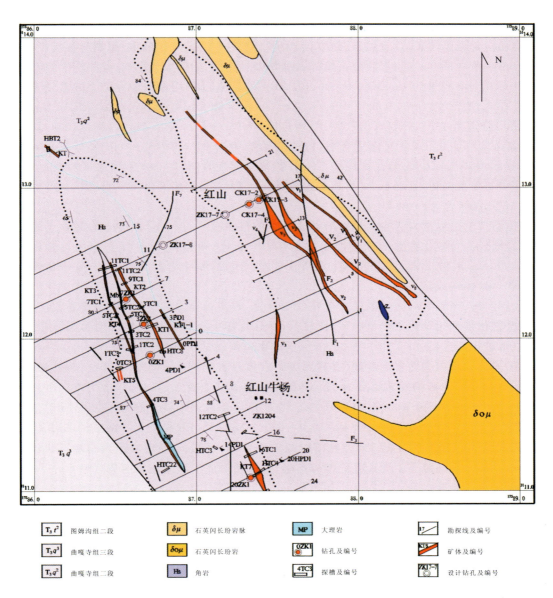

图5-19 红山-红山牛场铜矿区地质图

矿区共圈定12个激电异常,主要集中分布在测区东部和西部两片区域,中部极化场相对平静,异常总体趋势呈带状南北向展布延伸。测区东部异常呈密集带状分布,异常强度较大,异常分支合并,分布在矽卡岩蚀变区及其附近,受断裂控制,深部隐伏石英二长斑岩-花岗斑岩岩枝,其外接触带矽卡岩全层铜矿化,大多异常与已知矿体吻合,个别异常与超基性岩体、地层对应。测区西部异常较宽缓,异常峰值较测区东部稍低,分布与角岩区吻合,在角岩中见沿裂隙发育的脉状、网脉状铜矿化;通过对两个相对高值异常检查,其中一个异常位于出露地表的矿(化)体上,异常峰值远高于角岩背景值,为矿异常。

矿区位于一强航磁($\Delta T>100\text{nT}$)异常由正向负过渡区域。1:1万高精度磁测 ΔT 异常亦分布在测区东部和西部两片区域,异常由南向北有规律地延伸,正负磁异常伴生。测区西部片区可连续追踪的3个条带状磁异常,呈正负伴生的磁异常相间排列在角岩带上,北部收拢,南部撒开,形如扫帚状,推测系由角岩裂隙充填脉状磁性矿物引起的磁异常。测区东部片区磁异常呈条带状由南向北有规律地展布,异常规模最大的长约2000m,宽约150m,异常峰值最高达5000nT,多数异常与已知矿体对应吻合,被认为是由片区内矽卡岩型铜矿体上部所引起,因而表现出非常明显的强磁异常特征。

综上所述,矿区激电异常和磁测 ΔT 异常分布态势基本相同,总体反映了矿区东部矽卡岩型铜矿体(含磁铁矿层和富含磁黄铁矿)具有强磁、高极化、顺层产出且有一定规模的电、磁场异常特征;矿区西部电、磁异常分布在角岩带上,与角岩裂隙充填的网脉状中等磁性、中等极化的矿(化)体相对应。

矿区1:5万土壤测量的Cu、Mo、W、Au、Pb、Zn、Ag元素分析均显示强异常。异常呈东西向长椭圆状,东西长5km,南北宽4km,其中以Pb、Zn、Ag、Cu规模最大,其次是W、Mo、Au。Pb、Zn、Ag、Cu异常面积(km^2)分别为16.5、16、11.5、7.25;平均含量(10^{-6})分别为863、1349、15.1、1626,均出现3个浓度带。异常浓集中心突出,各元素重合好,以同心浓集为特征。从内往外,依次为Mo、W、Au、Cu、Ag、Zn、Pb,显示由高温向中低温变化特征。R型聚类分析表明,其在0.4距离水平尺度上分为两组。Cu与Pb、Zn、Ag关系密切,且以0.73为相关系数时,Cu、Pb、Zn元素组合为一组;以0.43为相关系数时,W、Mo、Au元素组合为一组。

矿(化)体均产于由以板岩为主向以碳酸盐岩为主的过渡层中,层控含铜矽卡岩赋存于多层大理岩透镜体的板岩部位。与矿化有关的围岩蚀变主要有矽卡岩化、角岩化,在矿床范围内可圈出一个长约1500m和宽约800m的矽卡岩、角岩带,由10个矽卡岩群组成,每个岩群分别由2~6个透镜状或扁豆状矽卡岩铜矿(化)体组成。

燕山期石英二长斑岩具有完整的斑岩矿化蚀变分带,表现为全岩矿化,矿化主要为钼矿,其次为铜矿化。在青磐岩化带铜钼矿化主要呈脉状、团块状;在硅化带中铜钼矿化主要表现为细脉状,多沿石英脉分布,其中钼矿化较强,品位0.05%~0.10%,铜矿化较弱,品位约为0.20%。

红山地区的印支期中酸性岩与普朗-雪鸡坪成矿岩体有着相似的地球化学特征(黄肖潇等,2012),石英二长斑岩Rb-Sr单矿物模式年龄为214Ma(《云南省区域地质志》,1990),由于侵入围岩主要为碳酸盐岩,因此印支期形成了矽卡岩型铜矿床矿区。在矿区深部发育有花岗斑岩Cu-Mo矿化与含矿石英脉(李文昌和曾普胜,2007),花岗斑岩锆石LA-ICP-MS U-Pb年龄为81.1±0.5Ma(王新松等,2011),后期含矿石英脉中辉钼矿的Re-Os等时线年龄为77±2Ma。而形成于燕山晚期的红山花岗斑岩地球化学特征指示其来源于中下地壳的部分熔融,并伴随形成了燕山晚期的斑岩型Cu-Mo矿床,叠加于印支期成矿作用之上。

三、成矿作用与成矿模式

格咱岛弧经历了印支晚期的洋壳俯冲造山、燕山早期的陆内碰撞造山、燕山晚期后的造山地壳加厚及板内伸展、喜马拉雅期的陆内汇聚及剪切走滑伸展4个阶段,发育了岛弧期(印支晚期俯冲造山)、后岛弧期(燕山晚期碰撞造山)及陆内汇聚期(喜马拉雅期陆内造山)3期岩浆活动,据此将格咱矿集区分为印支期斑岩铜多金属成矿系统,燕山期斑岩钼、铜多金属成矿系统和喜马拉雅期富碱斑岩金、钼、铜多金属成矿系统(李文昌等,2013)。

1. 印支期斑岩铜多金属成矿系统

印支晚期是甘孜-理塘洋壳向西俯冲造山,同时形成了火山弧 I 型花岗岩带,以发育石英二长斑岩、石英闪长玢岩、英安岩为特征,属于壳幔混合源,是幔源岩浆与壳源岩浆发生大规模混合形成的;甘孜-理塘洋盆在早三叠世开始向西俯冲,两次俯冲残留了属都蛇绿混杂岩带,并形成了东、西两个斑岩带,最强烈俯冲作用发生在晚三叠世,继大量的英安质火山喷发后,先后发育了大规模的石英闪长玢岩等次火山岩和石英二长斑岩等侵入岩,形成复式岩体,伴随大规模的铜矿化作用发生,据围岩岩性的差异,形成东、西斑岩带不同类型的铜矿床类型,其中西斑岩成矿带典型代表为红山矽卡岩型铜矿床,东斑岩成矿带典型矿床为普朗斑岩型铜矿床。

2. 燕山期斑岩钼、铜多金属成矿系统

义敦-中甸岛弧构造带自燕山期早期开始进入陆内碰撞造山阶段,发育了大量的 S 型花岗岩,岩浆物源以壳源为主。燕山早期具有斑岩及至少与斑岩有关的热液脉状成矿作用——锑矿化,预示了本区斑岩的一种新的成矿作用和找矿方向与前景(李文昌等,2010)。燕山晚期斑岩-矽卡岩型钼、铜多金属矿床在时间和空间演化上处于后碰撞造山阶段,主要发育花岗闪长岩、二长花岗岩,为下地壳拆沉、减薄,诱发增厚的陆壳物质部分熔融,造成大规模岩浆沿深大断裂等构造薄弱部位上涌,形成酸性岩浆,并伴随广泛的铜钼多金属矿化,形成大型甚至超大型矿床,以红山斑岩型铜钼矿床、铜厂沟矽卡岩-斑岩型钼铜矿床等为代表;同时,燕山晚期发生的成矿作用还对印支期形成的矿床造成了后期叠加,使矿化更加富集。

3. 喜马拉雅期富碱斑岩金、钼、铜多金属成矿系统

喜马拉雅期的格咱岛弧主要表现为陆内汇聚-剪切走滑伸展、断裂构造的再次活动和次级构造的发育,伴随正长斑岩、二长斑岩的侵入,具有显著的高钾富碱的岩石地球化学特征,岩浆起源于富集地幔,具壳幔混合特征,以幔源为主;这一时期在西南"三江"南段成矿作用主要集中于 $35\sim25\mathrm{Ma}$;其中富碱斑岩提供了成矿物质,形成的典型矿床为甭哥金矿床。

另外,"西南三江成矿带南段重要矿产靶区优选及潜力调查"项目认为,矿集区还存在燕山期早期陆内碰撞造山阶段岩浆成矿系统,控制了以松嘎(子尼)铜矿为代表的热液型矿床产出;据矿石中磁黄铁矿大量聚集以及与黄铜矿、黄铁矿、磁铁矿等共生的特点,推断矿床的形成可能与隐伏岩体的接触交代-热液充填作用密切相关。

针对松嘎(子尼)矿床铜矿石的黄铁矿进行 Re-Os 测年,得到 $169\pm16\mathrm{Ma}$ 的成矿年龄(图 5-20),这一结果与野外地质观察的判断相符合,说明该矿床属于燕山早期成矿的岩浆热液型铜矿床。

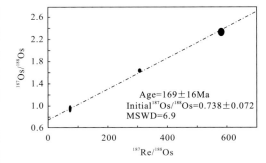

图 5-20 子尼铜矿床黄铁矿 Re-Os 等时线图解

需要指出的是,格咱岛弧发生的印支期、燕山期、喜马拉雅期的多期成矿作用,使得该矿集区显示出成矿系统相互叠加、复合特征,形成了以普朗、红山、浪都和子尼等一批斑岩型、矽卡岩型、岩浆热液型以及其复合型矿床。

格咱铜多金属矿整装勘查区成矿模式如图 5-21 所示。

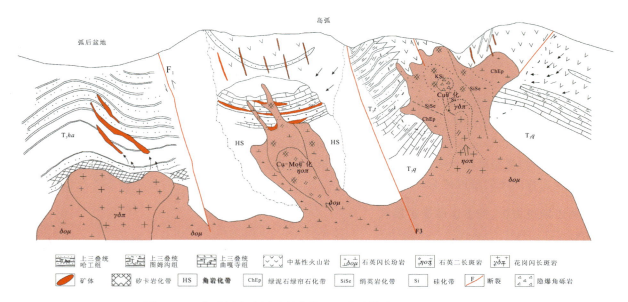

图 5-21 格咱铜多金属矿整装勘查区成矿模式图(据范文玉,2016)

第八节 云南省鹤庆县北衙地区金多金属矿集区

一、概述

鹤庆北衙金多金属矿集区地处云南鹤庆、剑川、洱源、永胜一带,木里-丽江深大断裂南东盘,近等轴状方圆约70km。坐标范围:E99°55′—100°41′,N25°51′—26°44′。

矿集区在大地构造位置上属扬子陆块区的丽江-盐源陆缘褶-断带内的鹤庆陆缘坳陷,为晚古生代及早中三叠世的前陆坳陷。位于哀牢山-红河断裂以东,与大理-宁蒗北东向构造带汇合处的印支期(T_3)逆冲-推覆型向斜构造区;成矿构造环境为由喜马拉雅期北西向金沙江-哀牢山走滑-拉分构造带与北东-南西向程海-宾川次级主走滑-拉分构造共同控制的陆内造山-造盆作用及构造岩浆活动继承性叠加改造的造盆区。

矿集区地层分区为扬子地层区之盐源-丽江-金平地层分区(II_2^1)。区内出露的主要地层有二叠纪峨眉山玄武岩组(Pe),早三叠世(T_1)碎屑岩及火山沉积岩,中三叠统北衙组(T_2b)含铁灰岩,古近系始新统丽江组(El)杂色—紫色含砾、砂黏土(岩)和角砾岩,第四系全新统(Q)。北衙组为主要内生金矿含矿地层,丽江组及其与下伏地层的不整合面有外生型含砂砾黏土岩型金矿产出。

区内由两条较大的文化-鸣音断裂及后本菁断裂分隔鹤庆褶冲带和北衙松桂复式向斜。主要控矿断裂为南北向断裂,次为东西向断裂。褶皱主要为北衙向斜,为—10km长的北北东向宽缓短轴向斜,椭圆形盆地,翼部出露三叠系北衙组等地层,核部为丽江组和第四系。

本区为扬子西缘富碱斑岩带的一部分,岩浆活动频繁,岩浆侵入在65~3.65Ma期间都有发生。主要为中酸性富碱斑岩,岩类有石英正长斑岩、辉石正长斑岩、花岗斑岩及石英闪长岩,并有较多的后期正长斑岩、煌斑岩脉插入。与金、银、铜、铅、锌、铁矿化关系密切。

由于受到喜马拉雅期多期次高钾富碱斑岩构造-岩浆-流体内生成矿和沉积-表生外生成矿作用的叠加、复合,形成多种成矿类型:包括斑岩体内的爆破角砾岩型及岩体内外接触带型,以及围岩中构造破碎带、裂隙带中的构造蚀变岩型；还有第三纪山间盆地河湖沉积和第四纪表生残坡积、岩溶洞穴堆积型等。

北衙地区的主要控岩构造为近南北向的马鞍山断裂和隐伏的东西向断裂。马鞍山断裂控制了红泥塘、万硐山等斑岩体、岩株和隐伏岩体的产出和分布。近东西向隐伏构造控制着红泥塘、笔架山、白沙井等斑岩体产出和分布。构造-岩浆活动为矿质的聚集和沉淀提供必要条件，形成北衙特大型金多金属矿床。

二、矿产特征与典型矿床

(一) 主要矿产特征

受多期喜马拉雅期富碱斑岩及复杂构造的作用而形成了区内以北衙铁金矿区的铁、金为主，兼有以铜、铅、锌、银等多金属矿床，其是以矽卡岩型、岩浆岩型为主，兼有红土型、沉积型和斑岩型的多类型矿床(徐兴旺等，2006)。成矿受岩体、构造、地层三位一体的控制，三叠纪碎屑岩及碳酸盐岩为主要赋矿地层，特别是北衙组碳酸盐岩内；成矿与石英正长斑岩体关系密切，金、铅锌、钼、铁矿体常呈囊状和脉状产于斑岩体与围岩的构造接触带部位及受斑岩体影响的其他构造断裂带中或近邻断裂或层间破碎带中。

(二) 典型矿床——鹤庆北衙大型金多金属矿

1. 交通位置

该矿床位于鹤庆县 178°方向约 45km 处。地理坐标：E100°12′10″，N26°08′45″。矿区面积约 22km²，矿区展布南北长 5.5km，东西宽 4km。

2. 矿区地质

区内出露的主要地层有二叠系玄武岩组(Pe)，早三叠世(T_1)碎屑岩及火山沉积岩，中三叠统北衙组(T_2b)含铁灰岩，古近系始新统丽江组(El)杂色—紫色含砾、砂黏土(岩)和角砾岩，第四系全新统(Q)。北衙组为主要内生金矿含矿地层，丽江组及其与下伏地层的不整合面有外生型含砂砾黏土岩型金矿产出。

北衙地区的主要控岩构造为近南北向的马鞍山断裂和隐伏的东西向断裂。马鞍山断裂控制了红泥塘、万硐山等(隐伏)斑岩体(株)的产出和分布。近东西向隐伏构造控制着红泥塘、笔架山、白沙井等斑岩体的产出和分布。杨建民等(2001)测定五里盘正长斑岩、红泥塘石英正长斑岩 K-Ar 同位素年龄分别为 38.36Ma、37.50Ma；张玉泉等(1997)测定北衙正长斑岩(钾长石)K-Ar 同位素年龄为 27.3Ma；刘红英等(2003)测定马头湾石英正长斑岩(锆石)SHRIMP Ⅱ 年龄为 34.1±4.0Ma；应汉龙(2004)测定万硐山地表石英正长斑岩(白云母)Ar-Ar 坪年龄 32.50±0.09Ma。

主要控矿断裂为南北向断裂，次为东西向断裂。褶皱主要为北衙向斜，为一 10km 长的北北东向宽缓短轴向斜，椭圆形盆地，翼部出露三叠系北衙组等地层，核部为丽江组和第四系。

本区为扬子西缘富碱斑岩带的一部分，岩浆活动频繁，岩浆侵入在 65~3.65Ma 期间都有发生，基性、中性、酸性及碱性岩类均有。喜马拉雅期主要为中酸性富碱斑岩侵入，与金、银、铜、铅、锌、铁矿化关系密切，北衙矿区万硐山—红泥塘一带还发育有少量次火山角砾岩(爆破角砾岩)。

矿床受北衙向斜的控制，已发现的矿体均产于向斜两翼。矿区北自锅厂河，南至金沟坝，西自红泥塘，东至笔架山，以北衙向斜轴(北衙盆地中心)为界分为东、西两个矿带，其中，东矿带包括桅杆坡、笔架山、锅盖山矿段；西矿带包括万硐山、红泥塘、金沟坝矿段(图 5-22)。

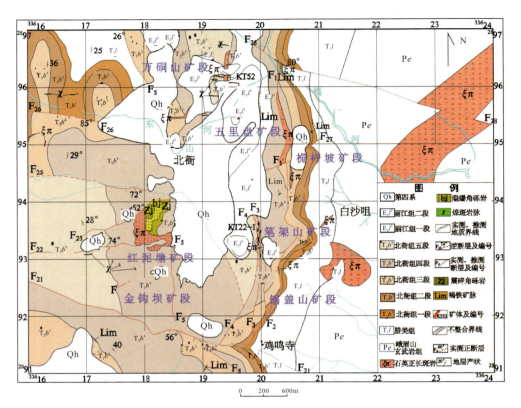

图 5-22　鹤庆北衙金矿床地质简图

北衙金矿区则处于两个剩余重力负异常的中部略偏南西,北部为炉坪剩余重力负异常,剩余重力负异常强度达$-9\times10^{-5}\mathrm{m/s^2}$以上;东南部为赖石坡剩余重力负异常,剩余重力负异常强度达-7×10^{-5} $\mathrm{m/s^2}$以上。在两个剩余重力负异常的南西为湾福村剩余重力正异常,异常强度达$7\times10^{-5}\mathrm{m/s^2}$以上,北东为结风水剩余重力正异常,异常强度达$6\times10^{-5}\mathrm{m/s^2}$以上。航磁异常位于一近南北向的负异常的南西部,负异常有两个峰值,即南西部强度达$-126\mathrm{nT}$,北东部强度达$-102\mathrm{nT}$,在负异常的东、南、西三面为正异常,正异常强度大、范围大,图示范围内最大为 250nT。在化极平面图上矿区则处于正异常的边部,正异常向东凸形成次一级峰值。垂向一阶导数图上,北衙矿区导数异常形态则与化极异常相似(主异常强度达 25.5nT/km,次强度达 10.5nT/km)。

北衙金矿区所在地区 1∶2 万地面磁测圈定 C21—C26 共 6 个磁异常,其中 C24—C26 与北衙测区重叠,特征相似,推断与含金磁铁矿体有关的矿致异常 3 个(C24、C23、C26)。C24 位于测区北部,与万硐山矿段对应,为南正、北负,正负伴生的似等轴状异常,宽约 840m,正极值达 1425nT,负极值达$-1207\mathrm{nT}$。

北衙 Au 地球化学异常元素组合较复杂,为 Au、Ag、Cu、Pb、Zn、As、Sb、Bi、TFe_2O_3 等元素(或氧化物)组合异常,为一组与中酸性-碱性岩浆热液、岩浆期后热液有关的多金属元素(或氧化物)组合,元素(或氧化物)分带情况为 Bi、Pb、Zn、Ag-Au、As、Sb-Cu、TFe_2O_3,除 Cu、TFe_2O_3 元素(或氧化物)主异常外,其余 Au、Ag、Pb、Zn、As、Sb 各元素异常相互套合较好,极值点较统一;各元素(或氧化物)异常强度均较高、规模巨大、浓集中心明显、浓度分带清晰、均具Ⅲ级浓度分带;异常呈不规则状,产于多组断裂构造复合部位,异常走向有多方向形式,其分布与构造、岩浆岩的分布基本一致。异常区产有已知金矿床 1 个,铅锌矿床(点)1 个。

土壤地球化学测量 Au 异常中心依然相对应,强度高,浓集中心明显;Cu、Pb 异常范围缩小,走向有北东、东西和南北向;异常总体沿石英正长斑岩、黑云正长斑岩、正长斑岩、煌斑岩等组成的斑岩带(可能有隐伏断裂)分布。

3. 主要矿体特征

北衙金矿床共归纳出 6 种矿体产出特征:①产于岩体外接触带的穿层矿体,受岩体边缘围岩中的剪切断裂控制,矿体形态与接触带产状有关,岩体转折下凹部位矿体厚大,如万硐山矿段 KT53、KT54 矿体;②产于岩体接触带上的囊状、脉状矿体,矿体产状与接触带基本一致,岩体下凹部位矿体有增厚趋势,如红泥塘矿段 KT7 矿体、万硐山矿段 KT50 矿体;③产于陡倾斜张扭性断层裂隙中的脉状矿体,如笔架山矿段的 KT21、KT22 矿体;④产于层间破碎和层间剥离空间的似层状矿体,一般离岩体不远,深部可能与岩体或主含矿构造相通,如红泥塘矿段 KT5 矿体、桅杆坡矿段的似层状褐铁矿脉和笔架山矿段的似层状矿体;⑤产于斑岩体内的细脉浸染状矿体,一般与剪切裂隙有关,岩体硅化强,沿裂隙充填黄铁矿、黄铜矿、方铅矿及辉钼矿化石英脉,主要见于万硐山矿段 64 线以北的 KT51 矿体;⑥风化剥蚀再堆积红土型金矿,呈面型分布于第三系和第四系半固结—未固结砂土及砾石层中,如万硐山矿段 KT4、KT80 矿体。

北衙金矿床共圈定了 55 个原生矿体和 2 个主要红土型金矿体,其中原生金矿体主要有万硐山矿段 KT52、红泥塘矿段 KT7 和笔架山矿段 KT22;红土型金矿体主要为万硐山矿段 KT80。

(1)红泥塘矿段 4 号、5 号、7 号矿体,矿体上陡下缓,产于石英正长斑岩上盘接触带矽卡岩内,走向 355°,倾向北西或南西,倾角 32°～58°,地表断续延长 440m,深部控制长 170m、斜深 300m,矿体水平厚度 0.7～10.6m,平均 3.24m,金品位($0.69 \sim 18.81) \times 10^{-6}$,平均 6.34×10^{-6},品位变化系数 77%,属较均匀。

(2)万硐山矿段 52 号矿体,主矿体产于石英正长斑岩下盘,褐(磁)铁矿矿体缓倾,呈脉状、透镜状、似层状产出,控制长度 1360m,延深 210m,矿体厚 0.45～36.02m,平均 10.75m,金品位$(0.26 \sim 38.40) \times 10^{-6}$,平均 3.14×10^{-6}。

(3)笔架山矿段 22 号矿体,产于斑岩岩脉底部东侧围岩(T_2b^4)中,矿体走向北北东,倾向北西,倾角 35°～68°,控制长度 160m,斜深 60m,平均厚 2.68m,平均金品位 7.64×10^{-6}。

外生型矿体:主要矿体有万硐山 80 号矿体,产于丽江组(E_2l)底部砂砾黏土型含金褐铁矿矿体,总体产于古风化剥蚀面上,呈缓倾似层状面型分布,已控制南北长 800m,倾斜宽 220m,矿体厚 1.00～17.42m,平均 6.66m,金品位$(0.60 \sim 4.18) \times 10^{-6}$,平均 1.64×10^{-6}。

矿石类型:①按成因有内生型金-多金属矿石和外生型含金砾砂黏土型矿石;②按自然类型有原生矿石和氧化矿石;③按含金岩石类型,可划分为 8 种工业类型:褐(磁)铁矿型金-多金属矿石、磁(赤)铁矿型金-多金属矿石、灰岩型金-多金属矿石、石英正长斑岩型金-铜矿石、矽卡岩型金-磁铁矿石、爆破角砾岩型金-铁矿石、煌斑岩型金-铁矿石、含砾砂黏土型金-铁矿石。

原生型金矿石矿物组合有:①磁铁矿-黄铁矿-自然金-石英;②黄铁矿-黄铜矿-自然金-白云石、透辉石-石英;③黄铁矿-黄铜矿-自然金-石英;④褐铁矿-磁(赤)铁矿-自然金-石英、方解石、泥质矿物;⑤自然金-石英-泥质矿物;⑥自然金-角砾岩等。

氧化型金矿石矿物组合有:①赤铁矿-褐铁矿;②胶状氧化矿;③蚀变斑岩氧化矿;④蚀变角砾岩氧化矿等。

矿化蚀变仅与内生型成矿作用密切相关。在正长斑岩类岩体内部的蚀变类型为硅化、钾化、绢云母化、绿泥石化、高岭土化,及以黄铁矿化为主的金属硫化物矿化;在正长斑岩体接触带的蚀变为矽卡岩化、菱铁矿化、磁(赤)铁矿化,从斑岩到围岩具有明显的分带性。

三、成矿作用与成矿模式

1. 地层与成矿之间的关系

区内主要铁金赋矿地层为中三叠统北衙组不纯的碳酸盐岩和下三叠统青天堡组碎屑岩层，具体位置为岩体接触边界的构造破碎带、与岩体侵入有关的（环形）构造破碎带及北衙组碳酸盐岩与青天堡组碎屑岩之间的岩性界面处。

从岩性组成来看，不纯的碳酸盐岩或砂屑、粒屑白云岩，因其高渗透率、高孔隙率、大反应面积、高反应速度而具有活泼的化学性质，构造裂隙、层间破碎带发育，对矿质运移及沉淀极为有利。成矿热液与斑岩接触带附近交代碳酸盐岩形成接触交代-矽卡岩型铁金矿体，并形成交代蚀变岩；在远离岩体的构造破碎空间形成脉状、似层状铁金矿体；两种类型矿体常见流动构造，多见铁金矿体包裹围岩捕虏体（徐兴旺等，2006）。

2. 构造与成矿之间的关系

区内成矿控矿构造严格受区域上的哀牢山-红河断裂、程海断裂及小金河断裂、箐河断裂等深大断裂控制，且在工作区内以发育文化-鸣音断裂、后本箐断裂和鹤庆褶冲带、北衙松桂复式向斜为代表的南北向构造为主；滇西北地球物理场研究显示，本区也是众多深部构造交会的地方，成矿富碱斑岩体成群分布，与之伴生的成矿热液活动强烈。由此，区内形成了以北衙铁金矿区为典型代表的金多金属矿集区。

北衙矿区与成矿相关的构造有松桂-北衙复式向斜、马鞍山断裂及其次级断裂。松桂-北衙复式向斜核部及两翼有铺台山岩体等碱性岩体侵入，在矿区北衙向斜两翼有红泥塘、万硐山碱性岩体侵入，并有断层及层间破碎带、节理、裂隙发育（特别是岩体接触带），是含矿热液的通道及成矿场所，含矿热液沿接触带、破碎带上升的过程中，产生热变质及交代蚀变，形成大理岩化及矽卡岩等。马鞍山断裂位于大丽线旁杨家院、焦石硐一带，北北东走向，总体西倾，倾角大于50°，出露规模大于16km，斜切松桂-北衙复式向斜西翼；其派生的次级断裂自北向南控制着铺台山（松桂）、狮子山、万硐山、红泥塘、焦石硐、老马涧等碱性岩体（脉）及铁金矿体，且与之相伴产出的岩脉带宽数十米至数百米。

3. 岩浆岩与成矿之间的关系

区内岩浆岩以喜马拉雅期浅成斑岩为主，是西南三江富碱斑岩带的组成部分；区内斑岩体（脉）主要沿马鞍山北北东向断裂和隐伏的近东西向基底断裂分布，包括（石英）正长斑岩、黑云母石英斑岩、云煌斑岩、次火山角砾岩等。以北衙万硐山斑岩为代表，是区内分布数量最多的与成矿作用密切相关的岩浆岩。

大量研究表明，北衙地区金多金属矿床与新生代富碱斑岩之间在时空分布和成因上有着密切的关系，不同矿床类型系列组合整体统一受控于喜马拉雅期岩浆-热液-成矿事件，具有相当广阔的找矿前景（葛良胜等，2002；侯增谦等，2004；郭远生等，2005；吴开兴等，2005；毕献武等，2005；徐受民等，2006；徐兴旺等，2006，2007；薛传东等，2008）。特别是薛传东、侯增谦等提出北衙金多金属矿田成岩成矿作用是对印度-欧亚大陆碰撞的一种响应，发生了强烈的壳幔交互作用，构成了长达5Ma的构造-岩浆成岩成矿过程和超大型的北衙铁金矿床（曾普胜等，2006）。

万硐山矿段至少存在3个期次岩浆活动（图5-23），并分别发生了不同的成矿作用。其中：第一期岩浆活动形成石英钠长斑岩，其岩浆分异作用在岩体外接触带充填形成磁（赤）铁矿；第二期岩浆侵入形成石英正长斑岩，以发育强烈的硅化、黄铁矿化为特征，控制了以金为主的成矿作用，叠加在早期的铁矿之上，形成铁金矿体；第三期岩浆活动形成推测的隐伏（斑）岩体，与之有关的成矿作用发育以钼为主的网脉状矿（化）体，在空间上对前两期（阶段）形成的斑岩和铁金矿体产生叠加。此外，在金月亮等矿段受隐伏（斑）岩体的制约，发育气液隐爆作用，形成含金（银）矿化的隐爆角砾岩筒，指示深部具有进一步的找矿潜力。

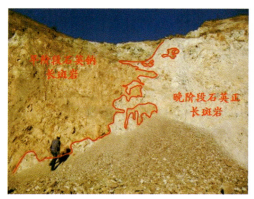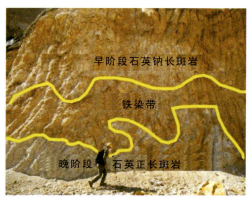

图 5-23　万硐山矿段两阶段斑岩侵入接触关系（据范文玉，2016）

4. 成因矿床学研究

区内金成矿过程与富碱斑岩的活动关系密切，该类富碱斑岩侵入时代集中于 34～31Ma（锆石 SHRIMP U-Pb；肖晓牛等，2009），金成矿时间与之相当或稍晚（薛传东等，2008）；这也与区域上大规模走滑拉分成矿事件的时间 35±5Ma 是一致的，也与金沙江-红河成矿带斑岩铜钼矿的成矿集中期（36～33Ma；王登红等，2004）吻合。

刘显凡等（2006）研究指出富硅成矿流体实质上是地幔流体作用在地壳中成矿作用的延续；肖晓牛等（2009）认为高温高盐度成矿流体可能是由中酸性岩浆深部结晶分异和/或浅成条件下欲岩浆结晶的最后阶段从浅部岩浆中直接出溶形成的；此外，通过流体包裹体微量稀土及 S、Pb 同位素分析，提出成矿流体主要来自富碱斑岩岩浆深部分异过程，并在上升过程中可能受地壳物质混染，而成矿物质具有同样的深部来源（葛良胜等，2002；肖晓牛等，2011）。区内存在的中高温高盐度和中低温低盐度流体，证实了本区浅部高硫化作用浅成成矿过程，也表明本区存在着多类型成矿作用和复杂成矿物质、流体演化过程（肖晓牛等，2009）。

关于与金共伴生的磁-赤铁矿为最早期成矿，不同类型铁矿地球化学特征较多金属硫化物显著的差异性和微量元素分配形式、低 3 个数量级的 Co/Ni 比值，揭示了磁铁矿幔源、深源的特征；莫宣学等（2008）据磁铁矿的 $\delta^{18}O$ 低值 2.7‰～5.1‰，与我国多数矽卡岩铁矿床磁铁矿的氧同位素组成一致（1.5‰～8.8‰），指出磁铁矿为岩浆岩成因；此观点与徐兴旺等（2006）"岩浆岩成因的铁金矿床"的观点一致。徐兴旺等（2006）根据磁（赤）铁矿石及其伴生的结构提出"铁质熔浆"和"富铁质流体"的成因观点。

综上所述，成矿物质、成矿流体与富碱斑岩一样来自于深部地幔或壳幔混合带。成矿流体早期以岩浆流体为主，晚期可能有大气降水的混合。成矿过程中，富碱斑岩岩浆不仅为含矿流体的上升提供了动力和热能，同时也是成矿物质和成矿流体的主要来源（肖晓牛等，2011）。据范文玉（2016）资料显示，岩体内硫同位素以幔源硫为主，有围岩硫加入；铁矿成矿温度为 280～430℃。金多金属矿成矿温度为 175～233℃，铁矿成矿物质主要来源于深部岩浆分异作用，金多金属矿物质及流体不仅来源于深部地幔，于浅表处混合大气降水，而且与早期铁矿一起形成金多金属矿床，主要成矿期与岩体侵位同属喜马拉雅期。原生多金属矿形成后，经氧化剥蚀搬运沉积形成受地层控制的"红土型"金多金属矿床（体）。

5. 成矿模式

北衙金多金属矿为内生、外生复合型金矿床。主要控矿因素为喜马拉雅期高钾富碱斑岩-煌斑岩浅成-超浅成侵入体,内生岩成矿时代年龄为 60~3.65Ma,主成岩成矿年龄为 34~32.5Ma。原生金矿主要产于侵入岩附近外接触带围岩中,其中北衙组为主要内生金矿含矿地层;丽江组及其与下伏地层的不整合面是外生型金矿产出的主要地层,形成以含砂砾黏土岩型金矿为主要类型的古砂金矿床。

其成因机制为:喜马拉雅期断裂控制的浅成-超浅成富碱斑岩侵入到三叠纪碳酸盐岩地层中,在岩体接触带缓倾部位生成矽卡岩;在岩体接触带陡倾部位以热(矿)液充填方式成矿;在断裂构造等成矿结构面的薄弱部位,岩浆热(气)液压力释放发生爆破作用,形成隐爆角砾岩及热(矿)液充填成矿。古近纪晚期内生金矿出露地表,经过风化剥蚀和沉积作用,形成丽江组含砂砾黏土岩型金矿。这些金矿第四纪时经过风化作用,部分氧化和淋滤到下部还原带成矿,多数被冲积形成砂金矿。"西南三江成矿带南段重要矿产靶区优选及潜力调查"项目提出的北衙金矿集区成矿模式如图 5-24 所示。

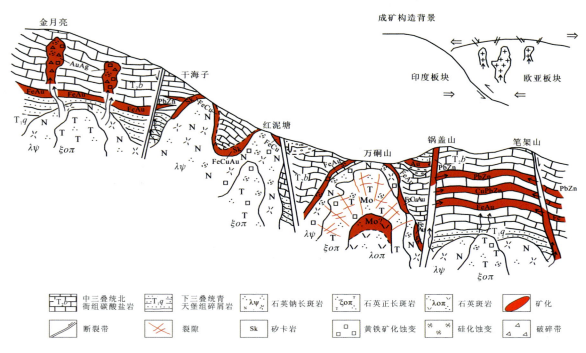

图 5-24　鹤庆北衙金矿集区成矿模式图(据范文玉,2016)

第九节　四川梭罗沟地区金铜多金属矿集区

一、概述

该矿集区隶属于四川省木里藏族自治县行政区管辖,在梭罗沟—争西牧场一带。大地构造位置处于扬子地台西缘,与松潘-甘孜造山带和义敦岛弧带的相邻区,地处甘孜-理塘构造带南端与木里-锦屏山弧形逆冲-推覆构造带的结合部位。区内构造发育,中酸性岩浆活动强烈,受其制约发生多期次成矿作用,形成一系列金铜多金属等重要矿产地。

梭罗沟矿集区自晚古生代以来，经历了裂谷拉张、洋壳俯冲、陆-弧碰撞和陆内汇聚等一系列构造演化事件。晚古生代末期—晚三叠世初期为岛弧活动期，伴随裂谷的扩张与闭合，有大量基性及中酸性火山岩浆喷溢，其后又有广泛的中酸性岩浆侵入；晚三叠世初期开始的盆地俯冲消减、闭合碰撞，形成甘孜-理塘蛇绿构造混杂岩带。侏罗纪—白垩纪进入碰撞后陆内汇聚阶段，形成燕山期岩浆活动及大规模的金属成矿作用。新生代时期由于新特提斯洋闭合和印度板块碰撞，矿集区进入了陆陆碰撞后造山隆升演化阶段，奠定现今的地质构造格局。

矿集区地层区划隶属华南地层大区巴颜喀拉地层分区的木里地层小区。具有以中生界、古生界为主的海相碳酸盐岩、复理石或类复理石建造、蛇绿混杂岩等多类型建造特征(图5-25)。尤以上三叠统的分布占绝对优势，是甘孜-理塘金成矿带最重要的含矿层位之一，其中赋存有梭罗沟、阿加隆洼和嘎拉等大中型金矿床。

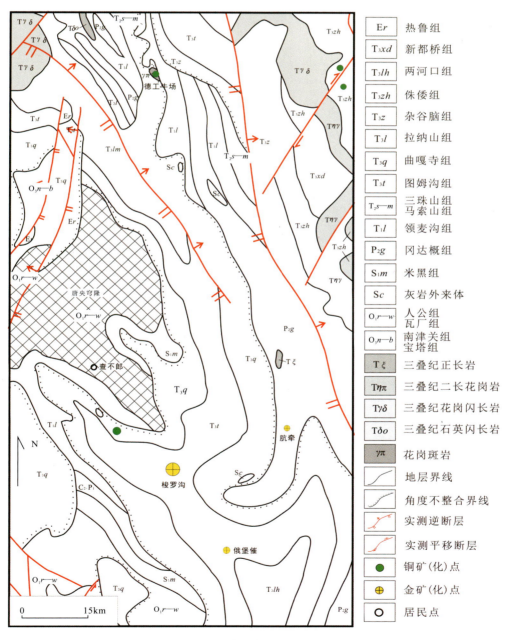

图5-25 梭罗沟矿集区地质图

区内构造极其发育,主要表现为断裂构造和穹隆构造,断裂构造主要有北西向甘孜-理塘断裂带,北东向东朗断裂带,以及近东西向的木里-锦屏山弧形逆冲推覆断裂带;穹隆构造区内主要以唐央穹隆为主。北西向、北东向、东西向3组断裂构造围绕唐央穹隆呈"三角形"分布,控制着区内的地层分区、岩浆活动、矿产分布,形成寻找金铜矿种潜力巨大的"金三角"。

矿集区属三江造山带重要组成部分,构造演化复杂,自中生代以来,伴随着一系列持续的造山演化,岩浆活动强烈,岩体分布较广。尤其是中生代晚期,三江地区进入陆内碰撞造山机制,在金沙江带与龙门山-锦屏山带之间,广泛分布有以燕山期为主的中-酸性陆壳重熔型花岗岩。这一时期的岩浆作用,控制着川西北地区的金矿以及锡多金属和稀有金属矿的分布。

在矿集区北部德工牛场一带出现有花岗闪长斑岩体,在岩体内铜矿化特征明显,局部形成工业矿体。在梭罗沟金矿区内未见岩体出露,与周边矿区的对比分析认为,梭罗沟金矿的成矿作用应发生在燕山期,可能为早白垩世。

二、矿产特征与典型矿床

(一)主要矿产特征

本矿集区内矿产以金、铜为主。目前区内发现金矿床点3处,铜矿床点4处。其中,梭罗沟金矿已具超大型规模,外围有望取得较好的突破;德工牛场铜矿(点)具有典型的斑岩型矿床蚀变分带特征,为寻找斑岩型铜多金属矿床打开了新的工作思路。

1. 金矿

目前区内金矿床已知有超大型1处(梭罗沟金矿),矿点2处(俄堡催、肮牵)。但相邻区域金矿分布密集,甘孜-理塘是川西著名的金成矿带,有阿加隆洼等大中型金矿床多处。在梭罗沟南西侧分布有与恰斯穹隆有关的洱泽中型铁金矿以及红土坡铁金矿,菜园子铜金矿,神仙水、丹滴等金点。梭罗沟大型金矿床,位于唐央穹隆的南东侧,相邻瓦厂穹隆(北西侧),矿体主要受近东西向的左行压扭性质构造控制,未见韧性剪切变质变形特征,矿石呈隐爆碎裂结构,含矿热液呈脉状、网脉状充填,分析认为梭罗沟金矿床可能受构造-岩浆-热液系统的控制。矿集区内特殊的构造环境,有利的成矿地质背景,为区内寻找梭罗沟式金矿床提供了有利的条件。

2. 铜矿

研究区已发现的铜矿床类型有与中酸性侵入岩有关的斑岩型铜矿、接触交代型铜矿、与火山岩有关的火山气液充填型铜矿、与构造-热液活动有关的热液型铜矿以及与基性-超基性侵入岩有关的岩浆熔离型铜(镍)矿。研究区的铜矿床具有多类型、多成因、多阶段成矿的复合型特征。

斑岩型铜矿:在德工牛场地区发现斑岩型铜矿点,矿(化)体与花岗闪长斑岩有关,含矿斑岩自上而下依次出现了青磐岩化、绢英岩化、钾化,其中钾化表现形式为黑云母呈粒状镶嵌在石英颗粒中,铜矿体主要富集在钾化带内,呈脉状、浸染状产出,具有良好的找矿潜力。

接触交代带型铜矿:主要分布在研究区北东角,矿体主要分布在三叠纪中-酸性侵入岩的外接触带上,目前发现有稻城八赫牛场、日霍等铜矿点。在该地区古生代以来台地相碳酸盐岩发育,也可能存在隐伏中酸性岩体,寻找矽卡岩型铜金多金属矿具有较好的远景。

热液充填型铜矿:此类矿床点多,分布面广。主要分布在研究区的西南角,构造上属于荣彩牛场断裂与峨眉断裂之间,矿(化)体赋存于蚀变灰岩透镜体内,呈脉状沿裂隙贯入成矿,矿质来源于基性火山岩,由火山岩气液富集形成,属火山(气)热液型充填型矿床。

3. 铅锌银矿

矿集区内目前没有已发现的铅锌矿床(点),对比外围成矿地质条件,区内具有寻找铅锌银矿的找矿潜力。在争西牧场一带存在明显的铅锌异常,有望实现铅锌矿的找矿突破。

(二)典型矿床——梭罗沟金矿

1. 成矿地质环境

梭罗沟金矿位于甘孜-理塘断裂带与木里-锦屏山逆冲推覆构造带的结合部位,地处唐央穹隆南东侧近东西向的逆冲推覆褶皱带中。出露地层为上三叠统曲嘎寺组(T_3q),上部是一套以砂板岩为主的碎屑岩,下部以灰岩和火山岩组合为主。矿体产于下部蚀变基性火山岩的破碎带中,上部砂板岩组合则构成矿体及矿化带的顶板遮盖层(图5-26)。

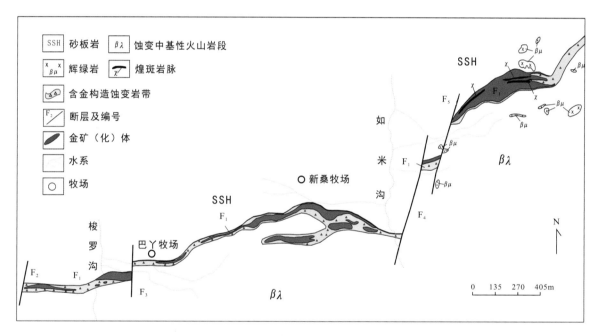

图5-26 梭罗沟金矿地质简图

矿区未发现岩体出露,仅在15号矿体采矿断面上可见煌斑岩脉(26Ma)穿切矿体(张文林等,2015)。王永华等(1998)研究表明,在恰斯和瓦厂穹隆地段推测存在隐伏岩体,金矿主要集中分布在隐伏岩体的北侧,推测其成矿作用可能与中—新生代的构造-岩浆活动有关。

矿区内构造格架总体表现为由近东西向的主干断裂(F_1)和近南北向、北西向、北东向(F_2、F_3、F_4、F_5)等断裂组成。其中F_1是矿区内控矿、导矿、容矿的主干断裂,具"左行压扭"性质,在断裂带内发育一系列近东西向展布的构造透镜体,含(金)矿热液沿构造透镜体边缘以及构造透镜体内部的裂隙充填形成矿体。F_2、F_3、F_4、F_5切割和破坏矿区的地层及矿体,为矿区成矿后的"破矿"构造,在F_5东侧还发育有晚期煌斑岩顺矿体侵位。

据1∶5万水系沉积物测量,圈定Au异常9处,具3级分带,浓集中心明显,峰值高达100×10^{-9}。R聚类分析得出Au与As、Sb、W相关性良好,分属同一聚类,W代表一种高温环境,体现中酸性岩浆活动的特征,As、Sb代表中低温环境,与断裂构造作用关系密切,从元素组合特征可以推断金的成矿应与"构造-岩浆"系统相关。

2. 矿床地质

矿体特征：矿区已圈定金矿体12个。矿体集中分布于F_1控制的构造蚀变带内，形态呈脉状、透镜状，一般长30～930m，厚6.39～65.50m。矿体平面展布呈中间宽，向东、西两端变窄的长条脉状；剖面形态多呈上宽下窄的漏斗状（向北陡倾，倾角约70°），有向下变薄的趋势，局部地段有分支现象。矿体金平均品位$(3.96～5.09)×10^{-6}$，已提交金资源量约50t。

矿石类型：梭罗沟金矿以蚀变岩型金矿石为主，按自然分类有矿化蚀变凝灰岩、矿化蚀变玄武岩、矿化蚀变岩屑长英砂岩及矿化蚀变粉砂质板岩。以前两种为主，约占矿区矿石总量的90%以上。按工业利用可分为氧化矿石和原生矿石两种工业类型，氧化矿石主要分布在矿体0～30m的深度范围内，约占矿区矿石总量的1/4，其余3/4为原生矿石。

矿石特征：氧化矿的主要矿物为褐铁矿16%～54%，绢云母19%～37%，白云石（方解石）8%～35%，石英5%～39%，蓝铜矿少量，其围岩蚀变主要为次生褐铁矿化。氧化矿石多为胶状结构，矿石体重平均为$2.0×10^3$ kg/cm³。原生矿石主要矿物为黄铁矿、毒砂，次为铜矿物，自然金极为少见，粒径小于0.1mm。主要脉石矿物为绢云母、白云石（方解石）和石英，次为钠长石、次闪石、绿泥石等。黄铁矿、毒砂在矿石中含量为2%～18%。黄铁矿呈他形粒状，立方体，五角十二面体，粒径一般0.05～0.2mm。他形粒状黄铁矿在矿石中多呈团块状或莓状集合体及细脉状产出。立方体，五角十二面体黄铁矿多呈星点状或细脉状产出，黄铁矿单矿物分析含Au约$100×10^{-6}$。

毒砂呈自形的菱形，延长状菱形，粒径一般在0.05～0.3mm之间。毒砂多呈星点状产出，常见有穿插黄铁矿的特征。毒砂单矿物分析含Au约$200×10^{-6}$。

矿石结构：矿石主要结构为自形—半自形粒状结构、碎裂结构、充填结构及交代结构等。矿石构造主要为(隐爆)角砾构造、网脉状、星点状、浸染状构造等。

围岩蚀变：矿区内沿断裂破碎带构造热液活动频繁，蚀变种类较多，与金矿化有密切关系的蚀变主要有硅化、黄铁矿化、毒砂化、褐铁矿化、碳酸盐化等。蚀变没有明显界线，浅表以碳酸盐化为主，硅化次之，黄铁矿化、毒砂化较弱，随着深度的增加，黄铁矿化、毒砂化、硅化逐渐变强，总体由地表至深部，存在碳酸盐（方解石）化逐渐减弱，硅化增强的趋势，硅化、毒砂化、黄铁矿化强的地方金品位高，含矿性较好。

赋存状态：通过电子探针和电镜扫描分析，未见自然金独立矿物。对黄铁矿和毒砂矿物进行激光离子探针分析发现不同晶形黄铁矿均含金，含量在$(0～92.66)×10^{-6}$之间。黄铁矿是矿床中最重要的载金矿物，含量变化于0.2%～0.5%之间，最高达20%。毒砂亦为重要的载金矿物，分布范围仅次于黄铁矿，含金量0.2%～3%，最高达15%。原生矿石中90%以上的金是赋存于黄铁矿和毒砂中，因此黄铁矿、毒砂应该是梭罗沟金矿的主要载金矿物。

三、成矿作用与成矿模式

1. 控矿因素

梭罗沟金铜多金属矿集区是甘孜-理塘成矿带的重要组成部分，同时兼有木里-锦屏山逆冲推覆构造带系列穹隆的成矿作用特点。梭罗沟金矿赋矿地层主要为上三叠统曲嘎寺组（T_3q），矿体主要受近东西向构造控制，分布在变砂岩与基性火山岩层间构造破碎带中，矿区内未发现岩体出露。在矿石特征方面，主要含矿岩石为强硅化的角砾岩（或隐爆角砾岩），并未发生变质变形。角砾状矿石呈碎裂结构，应为在碎裂岩的基础上，由于成矿流体（气液）的"隐爆"作用，二次"破碎"形成含矿隐爆角砾岩，巨量的含矿热液充填成矿，这些巨量的成矿流体应来自于深部，与隐伏岩体密切相关。深部的隐伏岩体作用不但为矿化的形成提供热源，而且其岩浆期后热液进一步活化萃取成矿物质组分形成含矿热液，并驱使矿液在近东西向的压扭性断裂构造扩容条件下充填富集成矿。

2. 成矿机理

梭罗沟金矿属岩浆热液型矿床,受盐源/木里-锦屏山大型弧形推覆构造控制,发育的近东西向压扭性构造破碎带成为赋矿空间;伴随着燕山期中酸性岩浆的活动,改造深部含金建造(或初始矿源层),形成富含金的岩浆期后成矿热液,进一步运移至压扭性断裂扩容空间沉淀富集,构成梭罗沟金矿的主要成矿阶段。随着区域地块的抬升,矿体暴露于地表,发生了氧化、淋滤和生物作用;这一时期,本区构造活动仍较强烈,表现为矿体和近矿围岩中大量裂隙的形成,这些裂隙加强了地表水和氧气及生物对矿体的作用,导致了原生矿物分解,部分金被迁移,并得到进一步聚集形成氧化矿。

3. 成因类型

载金矿物黄铁矿的硫同位素 $\delta^{34}S$ 值分布在 $-1.18‰ \sim 7.79‰$ 之间,极差 8.97‰,平均 5.80‰,集中于 $+6‰$ 附近,$\delta^{34}S$ 直方图呈正态分布,显示其硫的组成和来源相对单一,投点介于典型的热卤水侧与火成岩、变质岩之间,且更接近于火成岩的一般范围,表明它可能包含了与岩浆活动有关的硫源,成矿物质可能主要来源于深部的隐伏岩体。结合梭罗沟金矿的成矿地质环境及矿床特征,认为该矿床成因类型属于中低温热液充填交代型矿床,工业类型为与岩浆期后热液作用有关的构造破碎蚀变岩型金矿(刘书生等,2015)。

前述矿区中 Au 与 As、Sb、W 相关性好,W 元素指示一种高温环境,表明与岩浆活动关系密切。矿区内未发现糜棱岩化作用,因此排除含矿热液来自韧性剪切作用。综合分析,认为梭罗沟金矿含矿流体主要来自于深部岩浆作用,属构造-岩浆-热液成矿系统,与甘孜-理塘构造带金多金属成矿作用特征相似,成矿模式见图 5-27。结合矿集区北部嘎拉、雄陇西、阿加隆洼金矿的成矿时代(140~82Ma),矿区东、西两侧里伍铜矿(181~135Ma)和耳泽金矿(136~118Ma)的成矿时代(郇伟静等,2011;马国桃等,2009,2012;郑明华等,1995)进行推断,梭罗沟地区金矿床的主成矿期可能为燕山早期。

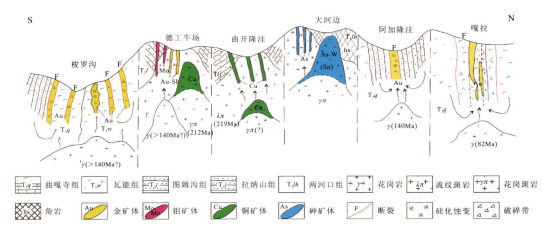

图 5-27 四川甘孜-理塘构造带金多金属成矿模式图(据范文玉,2016)

第十节 四川盐源县平川地区铁矿集区

一、概述

该矿集区位于四川省凉山彝族自治州盐源县平川镇下辖的金河—树河一带,其大地构造位置主要位于扬子准地台西缘盐源-丽江台缘坳陷的金河拱褶断束。地理坐标范围:E101°35′00″—102°10′00″,

N27°15′00″—27°50′00″。区内自北而南已依次发现了大型铁矿床1处(大杉树),中型铁矿床3处(矿山梁子、烂纸厂、牛场),小型铁矿床(点)数十处。此外区内已发现了南天湾、水关箐、巴折等铜(镍)矿床(点)。

矿集区位于扬子地台西缘盐源-丽江台缘坳陷,总体呈南北-北东向展布,北起盐源巴折乡,南至盐源白林山,东西宽约20km,长约100km,是攀西地区重要的铁成矿带。官房沟背斜与金河-箐河深大断裂带组成成矿带的主体构造,控制了成矿带内铁多金属矿的主要成岩、成矿作用(图5-28)。

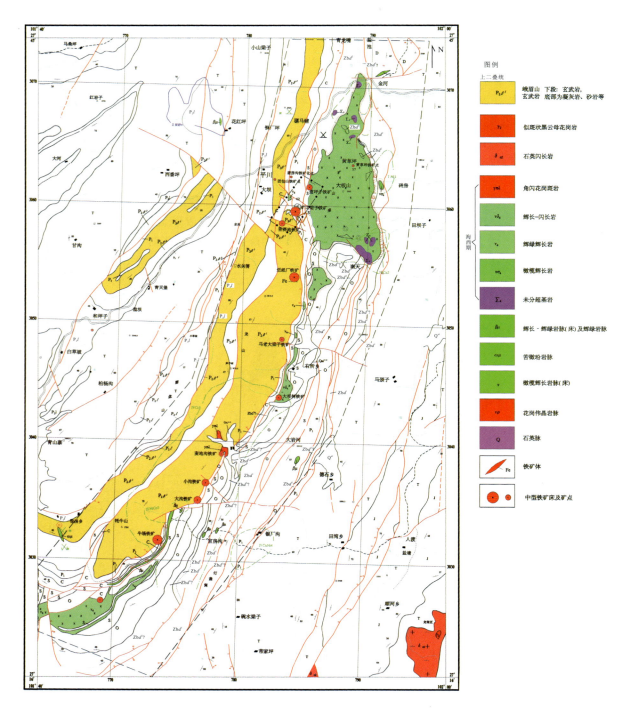

图5-28 四川盐源平川地区区域地质矿产略图

1. 地层

矿集区位于金河-箐河（程海）断裂带西侧，出露震旦系—三叠系，发育紧密褶皱组成的官房沟复式背斜，背斜西翼以晚二叠世海相基性火山岩为主，控制了铁矿的区域分布。

峨眉山玄武岩沿金河-箐河深断裂西侧发育，成片分布于西部，厚度巨大，岩性单一，与火山沉积铁矿（如苦荞地铁矿、烂纸厂铁矿等）和热液铜矿化（如冷水箐铜矿、平川铜矿等）关系密切。依其岩性及喷发特点可分为3个岩性段，与下伏平川组、上覆宣威组均呈假整合接触。

上段岩性和厚度总体较为稳定，岩性以致密状玄武岩为主；顶部普遍发育古风化壳，厚度变化大，在0.2～95m之间，玄武岩有不同程度的泥化，局部有红土化。

中段岩性和厚度都较稳定，以杏仁状玄武岩为主，底部有时也可见一层玄武质角砾岩。

下段为区内火山-沉积型铁矿主要赋存层位。在烂纸厂出露较全，以致密块状玄武岩为主，夹气孔状、杏仁状玄武岩，玄武质火山角砾岩，集块岩，在铁质凝灰岩中有火山沉积型铁矿产出。在苦荞地至磨房沟一带，有紫红色玄武质火山角砾岩和铁质凝灰岩分布，下段变薄，显示古火山隆起特征。

2. 岩浆岩

区域内岩浆岩发育，除上述晚二叠世玄武岩外，还出露包括呈（复合）岩床产出的矿山梁子岩套和规模较小的脉岩等，呈串珠状展布于区内矿山梁子断裂与金河-箐河深大断裂之间。

1) 矿山梁子岩套

矿山梁子岩套由二叠纪—三叠纪同源岩浆演化形成的基性-超基性侵入岩组成，呈岩床或复合岩床产于金河-箐河断层西盘，自北向南有矿山梁子复合岩床、核桃乡岩床、烂纸厂岩床、牦牛山复合岩床、大杉树复合岩床和小槽岩床等，总面积47.3km²。岩石单元可分为黄草坪辉长岩（νh）、大坪子苏长辉长岩（ονd）和南天沟二辉橄榄岩（σn）三个岩簇。

矿山梁子复合岩床为区域内出露范围最大的岩体，由黄草坪辉长岩、大坪子辉长岩和南天沟二辉橄榄岩组成，倾向北西西，倾角45°～63°，岩体与围岩地层主要呈侵入接触，局部呈断层接触。围岩蚀变较弱，主要为小范围褪色蚀变。

牦牛山复合岩床由黄草坪辉长岩和大坪子苏长辉长岩组成，倾向北西，倾角52°～58°，与围岩除局部呈断层接触外，多系侵入接触。围岩蚀变仅具褪色蚀变现象，岩体内接触带具有淬冷结构带。

大杉树复合岩床由黄草坪辉长岩和大坪子苏长辉长岩组成，倾向北西—北西西，倾角45°～70°，与上盘围岩呈断层接触，蚀变强烈，与下盘呈侵入接触，蚀变较弱，岩床内的黄草坪辉长岩有岩浆分异型（贫）磁铁矿产出。

大坪子复合岩床主要为二叠纪辉长岩、辉绿辉长岩。岩体为北东向岩床，东北端向西北倾斜，西南段呈盆状，分布面积5.5km²。以中细粒辉长岩为主，无数暗色辉长岩、淡色辉长岩及辉石橄榄岩呈条带状异离体分布于其中，边部为辉长辉绿岩、辉绿玢岩、辉绿玢粗玄岩。

2) 脉岩

区域脉岩为规模较小的浅成侵入岩，主要有苦橄玢岩（苦橄岩）、辉绿岩（橄榄辉绿岩、辉绿玢岩）、花岗斑岩及金云煌斑岩4种，出露在矿山梁子-道坪子、烂纸厂、牛场等地。主要侵入在石炭系—二叠系内。

3. 构造

区域构造复杂，以南北向为主，断裂、褶皱较发育。金河-箐河断裂呈南北向纵贯全区，是康滇隆起和盐源-丽江台缘坳褶带的分界断裂，总体具有逆冲断层性质，控制了自古生代以来的区域沉积作用、岩浆活动、变质作用和成矿作用。官房沟背斜为区域控矿褶皱构造，大矿山梁子向斜为矿山梁子铁矿的控矿构造。

二、矿产特征与典型矿床

(一) 主要矿产特征

区内主要矿产集中分布在矿山梁子至牛场一线，形成以铁矿为主的成矿带。区内与地层有关的沉积矿产有锰矿、磷块岩和火山沉积型铁矿，分别产在震旦系灯影组、寒武系竹林坪组和峨眉山玄武岩中。有价值的沉积矿产主要为火山沉积铁矿。

区内主要铁矿都集中在西番沟断裂带上，在小沟、甘沟处少数地方见有铁矿赋存在矿山梁子断裂带上。受海西期—印支期基性-超基性岩浆岩控制：低品位易选磁铁矿主要赋存在基性岩床中，火山沉积铁矿赋存于峨眉山玄武岩火山沉积岩夹层中，热液充填(交代)型铁矿受破火山口等控制(姚祖德和燕永清，1991；陈庚户等，2010；曾令高等，2010；王维华等，2012)。

(二) 典型矿床——矿山梁子铁矿

1. 地质构造特征

矿山梁子式火山岩铁矿产于海西期康滇裂谷环境。大地构造上位于康滇前陆逆冲带南段，康滇基底断隆带西侧的盐源-丽江逆冲带东部。区域上盐源-丽江逆冲带东界金河-程海断裂带是康滇裂谷边缘的重要构造带，控制基性火山-次火山岩呈带状分布，该带延长数十千米。

盐源矿山梁子矿区包含矿山梁子、道坪子、苦荞地3个矿段。区内出露古生代志留纪、石炭纪、二叠纪碎屑岩和碳酸盐岩。赋矿地层主要为二叠系平川组、栖霞组、茅口组，上二叠统峨眉山玄武岩组下段，铁矿产于海西期次火山-浅成相基性岩与古生代碳酸盐岩接触带。

海西期基性-超基性侵入-喷发岩发育。主要有大板山辉绿辉长岩、苦橄玢岩、南天湾超基性岩和矿山梁子基性火山岩，它们均属同源而不同岩浆活动阶段的产物。其中前者属正常—铝过饱和系列钙碱性-弱碱性岩石，后者主要由火山碎屑岩、熔岩、次火山岩组成，与广义的峨眉山玄武岩相当。

矿区位于官房沟复背斜西翼，背斜东翼发育不全，被叠瓦状断层切割成一系列构造块体。官房沟复背斜西翼大面积出露海西期基性火山岩，磁铁矿成矿与海西期-印支期基性火山岩-次火山岩等有关。断裂主要有北北东向及北北西向两组，在断裂交会处形成若干矿段；褶皱构造总体上为一轴向北东东的短轴向斜(矿山梁子向斜)，其上叠加破火山口构造。

2. 矿体特征

铁矿主要产于矿山梁子向斜轴部沉积-火山杂岩层间破碎带、剥离构造及弧形构造中，受构造和一定"层位"控制(图5-29)。

铁矿体呈似层状、透镜状、蝌蚪状产出。主矿体(Ⅰ号矿体)在矿区北部产于下二叠统栖霞组中上部(浅部)及栖霞组、茅台组之间(深部)，部分产于茅口组，南段则赋存在平川组顶部与辉绿岩-苦橄岩接触部位。矿体长达1130m，宽35～250m，厚0.18～68.82m，平均20.75～31.43m。储量占矿区总量的83.5%。其余矿体主要赋存在辉绿岩-苦橄岩、上二叠统峨眉山玄岩组下段或其与辉绿岩-苦橄岩接触部位(Ⅲ号矿体)，唯Ⅳ号矿体产于辉绿辉长岩(枝)外接触带栖霞组灰岩层间破碎带中。单矿长80～280m，宽80～226m，平均厚2.13～21.21m。

矿体围岩主要为碳酸盐岩、辉绿岩-苦橄岩、凝灰角砾岩及铁质粉砂岩。矿体边部及尖灭部位有较多的围岩捕虏体及包块。近矿围岩具碳酸盐化、黄铁矿化、绿泥石化、阳起石化、透闪石化、磁铁矿化、硅化、蛇纹石化及滑石化。蚀变带宽度0.1～10m，无明显分带。

矿石自然类型主要为磁铁矿型。矿石矿物有磁铁矿，少量菱铁矿，偶见微量赤铁矿、水针铁矿；脉石矿物有白云石、方解石，偶见绿泥石、次闪石、滑石、榍石、石英、绢云母等；其他还含有害杂质的黄铁矿、磁黄铁矿、磷灰石等。铁矿石品位（％）：TFe 50.43％，S 1.53％，P 0.19％，多属高硫碱性富矿。

矿石结构以粒状结构为主，次有胶状、交代残余及似文象与压碎溶蚀等结构；矿石构造主要为浸染状、块状、角砾状和条带状构造。

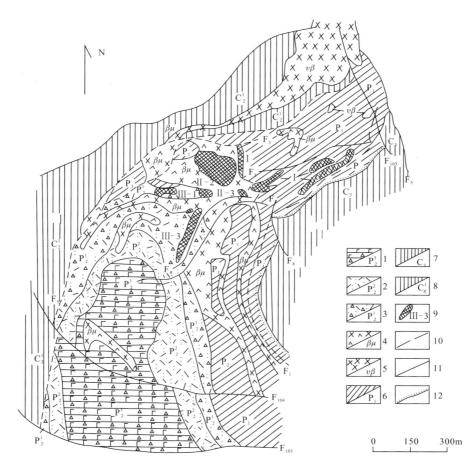

图 5-29 矿山梁子磁铁矿地质图（据四川地矿局攀西地质队，1982）
1.斑状玄武岩、玄武质角砾熔岩；2.铁质层凝灰岩；3.凝灰角砾岩夹凝灰岩、灰岩透镜体；4.辉绿岩（辉绿玢岩）、苦橄岩（苦橄玢岩）；5.辉绿辉长岩；6.硅质结核（条带）灰岩、粉砂质泥岩；7.硅质层；8.含碳砂质泥岩；9.铁矿体及编号；10.火山塌陷张扭性断裂、弧形断裂；11.火山活动前期或后期断裂；12.实测及推测不整合界线

三、成矿作用与成矿模式

通过典型矿床研究，以玄武质火山岩型、次火山（玢岩）岩型和接触交代型铁矿为主要铁矿床类型，选择烂纸厂铁矿、矿山梁子铁矿、道坪子铁矿等为典型矿床，对四川省盐源县平川地区铁矿集区成矿作用进行初步总结，构建区域成矿模式（图 5-30）。

与矿山梁子式火山岩型铁矿时空关系密切的基性-超基性火成岩及成矿物质（矿浆），为壳下源分异产物。火成岩浆及成矿物质于晚二叠世在区域东西向构造动力驱使下，分不同期次沿金河-箐河深大断裂自地壳下深源运移至地壳浅部及地表，定位于北北东向基底构造及火山构造中，形成海西期玄武质火山岩型（烂纸厂）铁矿、辉绿辉长岩接触交代型（道坪子）铁矿。

印支期构造运动在造成海西期铁矿褶皱的同时，发育基性-超基性岩浆的浅成侵位与玢岩成矿作用，形成与辉绿（玢）岩有关的岩浆分异型（大杉树）铁矿、隐爆角砾岩型（苦荞地）铁矿。两期构造岩浆活动的复合地段普遍发生铁矿叠加成矿作用，形成玄武质火山岩型、岩浆分异型和隐爆角砾岩型的铁矿床类型组合（矿山梁子）。

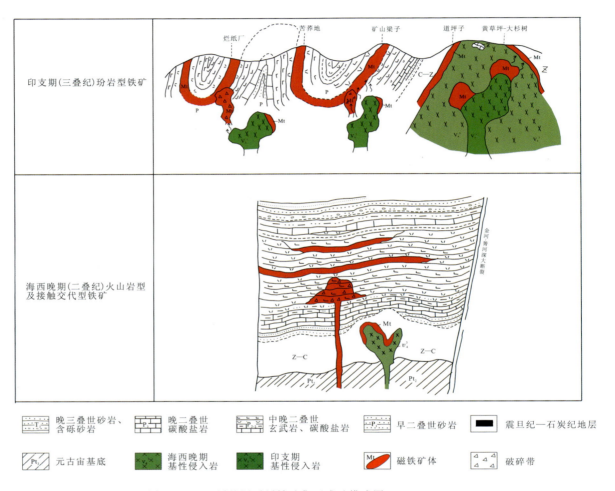

图5-30 四川盐源平川铁矿集区成矿模式图（据范文玉，2016）

第六章 冈底斯-喜马拉雅重要矿集区

冈底斯-喜马拉雅成矿带位于青藏高原中南部,东西长约 1260km,南北宽约 400km,与缅甸、印度、不丹、尼泊尔等国接壤,包括多个自然保护区,总面积 $48\times10^4km^2$,约占西藏自治区总面积的 1/3。

该成矿带成矿地质条件优越,近 10 余年来,矿产勘查工作取得了突出的进展及新发现,确定了驱龙铜矿、甲玛铜多金属矿、邦浦铜钼矿、厅宫铜矿、亚贵拉铅锌矿、查个勒铅锌矿、扎西康铅锌矿、雄村铜多金属矿等大型或特大型矿床 20 多个,以及一大批中小型铜多金属矿床。据 2015 年不完全统计,已累计探获铜资源量超过 3220×10^4t,铅锌矿 1500×10^4t,钼矿 242×10^4t,铬铁矿 850×10^4t,伴生金与银分别超过 400t 和 27 800t,极大地改变了我国铜等大宗矿产的资源勘查/开发格局。

根据目前已有的工作程度和资源评价进展,西藏系列大中型矿产地在冈底斯-喜马拉雅成矿带构筑了隆格尔、查个勒、朱诺、斯弄多-纳如松多、雄村、普桑果、厅宫-冲江、勒青拉-哈海岗、拉屋-尤卡朗、蒙亚啊-龙马拉、亚贵拉-沙让、驱龙-甲玛、弄如日-德明顶、努日、罗布莎、邦布-查拉普、扎西康 17 个重要矿集区(表 6-1,图 6-1)。

表 6-1 冈底斯-喜马拉雅成矿带重要矿集区特征表

矿集区	特征与资源潜力
1.隆格尔铁铜多金属矿集区	发育大型矿床 2 处,中小型矿床 6 处,铁资源潜力大于 1×10^8t,铅锌资源潜力大于 50×10^4t,铜资源潜力大于 5×10^4t
2.查个勒铅锌矿集区	发育大型矿床 2 处,中小型矿床 7 处,铅锌资源潜力大于 200×10^4t,铁资源潜力大于 1×10^8t
3.朱诺铜多金属矿集区	发育超大型矿床 1 处,中小型矿床 12 处,铜资源潜力大于 400×10^4t
4.斯弄多-纳如松多铅锌矿集区	发育大型矿床 3 处,中小型矿床 6 处,铅锌资源潜力大于 500×10^4t
5.雄村铜金矿集区	发育超大型矿床 1 处,中型矿床 4 处,铜资源潜力大于 500×10^4t
6.普桑果铜多金属矿集区	发育大型矿床 1 处,中小型矿床 2 处,铜资源潜力大于 100×10^4t
7.厅宫-冲江铜多金属矿集区	发育大型矿床 3 处,中小型斑岩铜矿床 5 处,铜资源潜力大于 500×10^4t
8.勒青拉-哈海岗铜多金属矿集区	发育具大型潜力矿床 3 处,中小型矿床 8 处,铜资源潜力在 50×10^4t 以上,铅锌资源潜力在 200×10^4t 以上
9.拉屋-尤卡朗铜多金属矿集区	发育大型矿床 2 处,中型与小型铅锌矿床 6 处,铅锌资源潜力在 300×10^4t 以上
10.蒙亚啊-龙马拉铅锌矿集区	发育超大型矿床 1 处,大型矿床 4 处,中型与小型铅锌矿床 6 处,铅锌资源潜力在 1000×10^4t 以上
11.亚贵拉-沙让铅锌钼矿集区	
12.驱龙-甲玛铜多金属矿集区	发育超大型矿床 3 处、大型—中型矿床 6 处,铜资源潜力大于 2000×10^4t
13.弄如日-德明顶铜金矿集区	发育中小型矿床 3 处
14.努日铜钨矿集区	发育大型矿床 1 处,小型矿床 6 处,铜资源潜力大于 150×10^4t
15.罗布莎铬铁矿集区	发育大型矿床 1 处,小型矿床 6 处
16.邦布-查拉普金矿集区	发育中型矿床 2 处,小型矿床 4 处,金资源潜力大于 30t
17.扎西康铅锌矿集区	发育大型矿床 1 处,中小型矿床 6 处,铅锌资源潜力在 400×10^4t 以上

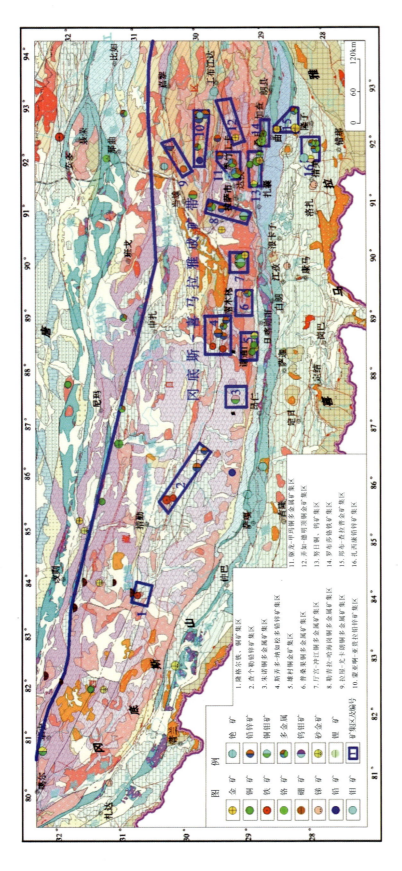

图 6-1 西藏冈底斯-喜马拉雅成矿带大中型矿产地与矿集区分布图

第一节 驱龙-甲玛铜多金属矿集区

驱龙-甲玛铜多金属矿集区,位于南冈底斯铜钼铁铅锌次级成矿带中部,面积约 $900km^2$,矿集区内主要发育中生代弧火山和弧间盆地的碎屑岩-碳酸盐岩-火山岩建造,新生代花岗质侵入岩浆活动强烈。矿集区内发育大型—超大型矿床2处(驱龙铜矿床和甲玛铜多金属矿床),另有拉抗俄、巴嘎雪、新仓、知不拉等斑岩-矽卡岩型铜多金属矿中小型矿床(点)分布。

一、区域地质特征

矿集区出露地层主要是中生代火山沉积岩系,包括上三叠统麦隆岗组(T_3m)、中下侏罗统叶巴组($J_{1-2}y$)、上侏罗统却桑温泉组(J_3q)和多底沟组(J_3d),下白垩统组林布宗组(K_1l)、楚木龙组(K_1c)以及塔龙拉组(K_1t)等。区内岩浆岩很发育,分布广泛,既有出露面积巨大的深成侵入体,又有巨厚的火山喷发沉积岩层。主要分布在雅江断裂以北,是冈底斯火山-岩浆弧的重要组成部分之一。主要出露于拉萨-察隅地层分区和隆格尔-南木林地层分区的地层中,是冈底斯陆缘火山-岩浆弧的重要组成部分之一,火山岩在时空分布上,表现出明显的阶段性和带状展布特点;冈底斯岩浆岩带东段侵入岩较为发育,岩性上有基性—中性—酸性;在时间上有海西期—印支期、燕山期—喜马拉雅期,尤以燕山期、喜马拉雅期最发育;在空间上,侵入岩在各构造单元内均有分布,只是各构造单元的成岩环境不同造成了侵入岩特征各有差异。

二、典型矿床

矿集区内主要矿床类型有斑岩铜矿、斑岩-矽卡岩型铜铅锌多金属矿,典型矿床为甲玛铜铅锌多金属矿和驱龙铜矿。

(一)甲玛铜铅锌多金属矿

1. 矿区地质特征

该矿区主要地层包括查切果组($J_{1-2}ch$)(系一套陆棚相细碎屑岩夹弧火山岩和少量灰岩的沉积)、叶巴组($J_{2-3}y$)(浅海相钙碱性火山岩组台夹变质砂板岩与片岩)、却桑温泉组(J_3q)(河流滨岸相的粗碎屑岩)、多底沟组(J_3d)(台缘生物礁相碳酸盐岩沉积)、林布宗组(K_1l)(潮坪相细碎屑岩)、楚木龙组(K_1ch)(滨岸相砂岩夹板岩、砾岩等沉积)、塔克拉组(K_1t)(滨岸相细粒的碎屑岩夹灰岩沉积)、设兴组(K_2sh)(滨岸相岩屑砂岩、板岩夹少量灰岩)。矿床范围内中新世中期岩浆岩活动发育,集中于中新世兰哥期(17~14Ma)(唐菊兴等,2010;秦志鹏等 2011a,b),主要有花岗斑岩、花岗细晶岩、二长花岗斑岩、花岗闪长斑岩、石英闪长玢岩和煌斑岩。

矿床位于渐新世旁多逆冲推覆系的南东段,受中新世甲玛-卡军果逆冲推覆构造运动(唐菊兴等,2008)和中新世墨竹工卡-错那裂谷的制约。中新世甲玛-卡军果逆冲推覆系(Jiama - kajunguo thrust (JKT))总体走向近东西,由北面墨竹曲一带开始,沿江日啊-金布拱铲式断裂带向南叠缩推覆而成(图6-2),重要的逆冲断层包括:①江日啊-金布拱前锋逆冲断层;②热木逆冲断层;③塔龙尾逆冲推覆断层;④铜山逆冲岩席。

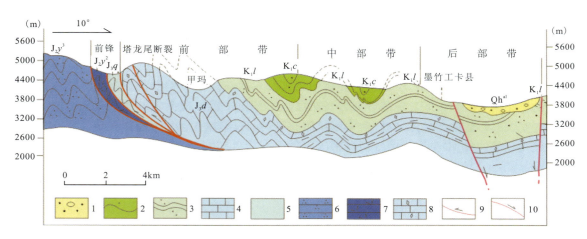

图 6-2 甲玛-卡军果推覆构造体系(唐菊兴等,2008)

1.冲积物;2.楚木龙组砂岩;3.林布宗组板岩、粉砂岩;4.多底沟组结晶灰岩;5.却桑温泉组砾岩夹页岩;
6.叶巴组三段石英片岩;7.叶巴组二段凝灰岩;8.矽卡岩;9.逆冲断层;10.正断层

2. 矿床特征

(1) 矿体组合分布及产状。矿床由产于上覆林布宗组角岩中的铜钼矿体、产于中部层间构造带与斑岩接触带矽卡岩中的铜多金属矿体、产于深部隐伏斑岩中的钼(铜)矿体与产于外围构造破碎带中的独立金矿体构成的"四位一体"矿体组合。

(2) 矿石类型及矿物组合。按含矿岩石成分可分为矽卡岩矿石、斑岩矿石、角岩矿石。主要金属矿物有黄铜矿、斑铜矿、辉钼矿、辉铜矿、黝铜矿、方铅矿、闪锌矿、自然金等,脉石矿物以矽卡岩矿物(包含石榴石、辉石、硅灰石等)和石英为主,含少量硬石膏、方解石、萤石等。

(3) 矿石结构构造。矽卡岩矿石以稠密浸染状、团块状、脉状构造产出为主,角岩与斑岩矿石中主要的构造为浸染-细脉状,矿石结构均以交代作用和固溶体分离作用形成为主。

(4) 矿物、元素分带。矽卡岩矿体中金属矿物由岩体接触带至外围,具有辉钼矿+黄铜矿/斑铜矿→黄铜矿/斑铜矿±辉钼矿→方铅矿+闪锌矿±黄铜矿/斑铜矿±辉钼矿→自然金+黄铁矿±磁黄铁矿±黄铜矿的分布规律;对应的成矿元素分带为 $Mo+Cu±Au±Ag→Cu±Mo±Au±Ag→Pb+Zn+Cu±Au±Ag±Mo→Au±Ag±Cu$。角岩矿体中成矿元素在垂向上具有清晰的上铜下钼分带特征。矽卡岩矿物组合及成分由岩体接触带至外围,分带为钙铁榴石+透辉石+硅灰石±钙铝榴石→钙铁榴石+钙铝榴石+硅灰石+透辉石→钙铝榴石+硅灰石+钙铁辉石±钙铁榴石。

(5) 蚀变类型及分带。岩体周围岩石中发育大规模的角岩化、大理岩化热蚀变,岩株/岩枝及岩体上部以黑云母化、硅化为主,岩体上方角岩中具有中心泥化带向外围过渡为绢英岩化带至外围青磐岩化带的圈层分布特征。

(6) 矿化阶段。成矿过程分为岩浆期、气水-热液矿化期与风化期,其中气水-热液矿化期又划分为早期矽卡岩-硅酸盐阶段、晚期退化蚀变阶段、石英-铜硫化物阶段、石英-铜钼硫化物阶段、石英-铜铅锌硫化物阶段以及石英-金成矿阶段。

3. 矿床成因

矿床形成于 Langhian 期,成矿年龄 15.5~14.5Ma,矿床成因是与岩浆成矿作用有关的"多位一体"斑岩-矽卡岩型矿床。

（二）驱龙铜矿

1. 矿区地质特征

驱龙斑岩铜矿床位于墨竹工卡县西南约 20km 处，大部分属墨竹工卡县甲玛乡管辖，西部属达孜县章多乡管辖。

矿区主要出露叶巴组（$J_{1-2}y$），主要为一套英安质-流纹质火山岩、火山碎屑沉积岩及碳酸盐岩等，由于矿区中部岩浆岩侵位，叶巴组厚度资料不详。岩石特征自下而上为：火山角砾岩—火山碎屑岩—火山熔岩—火山凝灰岩—火山碎屑沉积岩、碳酸盐岩等。

矿区侵入岩类型较多，主要有石英闪长岩、花岗闪长岩、黑云母二长花岗岩、花岗闪长斑岩、二长花岗斑岩，以及辉绿玢岩、闪长玢岩、石英斑岩、安山玢岩、花岗岩等呈小岩株、岩枝、岩脉，构成一个复杂的火山岩浆系统。根据岩石分布特征、岩石类型、侵入顺序及矿化情况等将矿区侵入岩划分为北区和南区。根据岩石类型、结构构造、相对侵入顺序及与矿化的关系等将北区划分为 2 个填图单位：石英闪长岩（$K_2\lambda\delta$）和花岗闪长岩（$K_2\gamma\delta$）；南区岩浆岩可分为晚白垩世和古新世两个时代，晚白垩世仅划分为花岗闪长斑岩（$K_2\gamma\delta\pi$），古新世划分为 4 个岩石填图单位：花岗闪长岩（$N_1\gamma\delta$）、黑云二长花岗岩（$N_1\beta\eta\gamma$）、花岗闪长斑岩（$N_1\gamma\delta\pi$）和二长花岗斑岩（$N_1\eta\gamma\pi$），矿区矿体主要分布于后两者中。

2. 矿床特征

驱龙铜（多金属）矿的矿体总体上为隐伏—半隐伏矿体。地表除在 ZK701 与 ZK003 钻孔附近地段见矿化体出露外，其他地表未见矿化体出露。矿体在深部形态上为一不规则柱状体。

矿体在平面上呈近东西走向，长 1800m，南北宽 1000km，呈似椭圆形状。矿体在 8 勘探线 ZK801 孔见矿厚度最大，为 527.84m，大多数钻孔控制标高在 4600～4700m 之间。矿体在北部已控制边界，边界线呈北西西-南东东走向，平面上呈波浪形起伏状。中部为矿体的核心部位。东部 16 线～24 线间矿体逐渐贫化变薄，楔形尖灭，向南东方向尖灭。西部 3 线～11 线之间，矿体宽度逐渐变小，至 15 线变小为 200m。在 11 线～15 线之间，矿体呈尖灭状态。矿体在正南、南东、南西方向，厚度大，大多为工业矿体，11 线、7 线尚未控制矿体北部边部，矿体向南也有外延展之势。在垂直方向，矿体呈不规则柱状体向深部延展，倾角近于直立，南部向南陡倾，北部向北陡倾，并被叶巴组覆盖。

矿体顶部呈凹形状。中部 0 线～16 线北段为凹谷，矿体顶部标高为 5014～5092m，ZK1617 孔矿体顶部标高最低，为 4972m。西部 4 线北段到 17 线，矿体顶部标高在 5120～5387m 之间，最高点为 ZK1101 孔，标高为 5350m，为全区矿体赋存最高地段。东部 16 线南段到 24 线，矿体顶部标高为 5112～5318m。

驱龙铜矿所控制的矿体只有一个主矿体，分布于全岩矿化的斑岩体内及其围岩中。与矿化有关的岩体，为中新世斑状黑云母花岗闪长岩、二长花岗斑岩、花岗闪长斑岩、闪长玢岩等。矿体由上述多个小（斑）岩株（枝）构成，它们在浅部和深部连接在一起，构成一个形态不规则的柱状矿体，由细粒浸染状、细脉-网脉状金属硫化物矿石组成。

主要有用元素为 Cu、Mo、Ag 等，主成矿元素 Cu 在走向和垂向上均遵循富—贫—富和贫—富—贫的品位变化规律，总体上矿化较均匀，统计平均品位为 0.44%，品位变化系数为 63.4%，反映在垂向上品位总体变化不大。矿（化）体分布在斑岩体及围岩花岗岩中，赋矿岩石以花岗岩、花岗斑岩为主，矿体厚度较稳定，其变化系数为 42.30%。

矿石物质成分比较复杂，金属矿物以黄铁矿、黄铜矿为主，辉钼矿次之，少量磁黄铁矿、斑铜矿、方铅矿、闪锌矿等，与世界典型斑岩铜矿的金属硫化物矿物组合基本一致；非金属矿物主要为石英、长石、绢云母、硬石膏，少量绿泥石、方解石、绿帘石、石膏等。矿石的矿物共生组合地表为孔雀石-蓝铜矿-高岭石-褐铁矿-铜蓝；原生矿石主要为黄铜矿-黄铁矿-石英组合和辉钼矿-石英组合。

矿石结构按照成因分为结晶结构、交代结构、固溶体分离结构和表生结构四大类,其中结晶结构和交代结构是矿石的主要结构类型。

矿石构造以细脉浸染状构造为主,其次是脉状构造和浸染状构造。此外,还有团块状构造、块状构造及胶状构造等。

按氧化程度,矿石自然类型大致可分为氧化矿石(氧化率＞30%)、混合矿石(氧化率10%～30%)、硫化矿石(氧化率＜10%)。

氧化矿石:本矿床氧化矿主要发育于地表及近地表。矿石矿物以孔雀石为主,次为蓝铜矿,呈网脉状、薄膜状、皮壳状、浸染状分布于岩石或充填于岩石裂隙中。混合矿石:分布于氧化矿石之下,矿石矿物以黄铜矿为主,次为孔雀石及少量蓝铜矿、斑铜矿、辉钼矿。硫化矿石:为铜矿主要矿石类型,矿石矿物主要有黄铜矿、黄铁矿,次为辉钼矿、斑铜矿、方铅矿、闪锌矿等。矿石类型按结构构造可分为细脉浸染型、团块团斑型等,其中团斑型仅见于矿化体中,细脉浸染型矿石分布广,占90%以上。共伴生组分:经过对矿石的化学分析,矿石的主要成矿元素为铜,共生成矿元素为钼,伴生有益组分为银和金。矿石的工业类型为斑岩型铜矿。

矿区蚀变面积宏大,长约8km,宽达3～4km,面积达24～32km^2。蚀变类型较多,几乎包括了斑岩铜矿所有的蚀变类型。蚀变类型早期有钾硅酸盐交代岩(黑云母化和钾长石化)、青磐岩化和矽卡岩化,前者产于斑岩矿体中,后者产于围岩中。中期有硬石膏化和石英-绢云母化,主要产于斑岩体内部和内外接触带附近。晚期有碳酸盐化、石膏化和泥化等。硅化、绢云母化与斑岩型矿化密切相关。

3. 矿床成因

对侵入体类型、矿石组构、蚀变特征及其分带、稳定同位素及同位素定年等研究表明,驱龙铜矿床成因为产于黑云母二长花岗岩及二长花岗斑岩中的细脉浸染状斑岩型矿床,矿床成矿作用与中新世斑岩体侵位及其岩浆期后成矿流体演化密切相关。

三、区域成矿作用与成矿潜力

该矿集区区域成矿作用表现为斑岩-矽卡岩型铜多金属成矿作用。在16～15Ma之间含矿斑岩侵入于富含碳酸盐岩的侏罗纪地层中(多底沟组和叶巴组),岩石为石英二长花岗斑岩。在斑岩体内外接触带形成斑岩型铜矿床。矿化元素以铜为主,含少量的钼,伴生少量的银、金等有益组分。在距离斑岩矿床一定的距离(1～3km)内形成矽卡岩型铜多金属矿床,矿化以铜、铅为主,伴生少量的锌、钼、银、金等有益组分。

该区铜矿资源潜力巨大,据预测铜资源潜力大于2000×10^{4}t。

第二节 雄村铜金矿集区

雄村铜金矿集区位于西藏自治区谢通门县荣玛乡境内,地理坐标:E88°23′45″—88°26′30″,N29°21′30″—29°24′00″,面积约为120km^2。

一、区域地质特征

该矿集区位于西藏特提斯-喜马拉雅构造域南部,属冈底斯-念青唐古拉陆壳地体基础上发育的冈底斯南缘晚燕山期—早喜马拉雅期陆缘岩浆弧东段南缘,岩浆弧与昂仁-日喀则中—新生代弧前盆地转换部位。矿集区及其外围主要出露的地层单元总共有3套,即全新世的洪积-冲积-崩积物;侏罗纪复理石建造；早侏罗世的火山-沉积岩。

矿集区内岩浆岩分布广泛，主要沿北西向分布，构成一条狭长岩浆杂岩带。依据前人及本次年代学研究结果，区内最早一次岩浆活动为早—中侏罗世角闪石英闪长玢岩至石英闪长斑岩。角闪石英闪长玢岩斑晶由5%~15%的角闪石、40%左右的斜长石以及少量的石英组成（低于3%）。基质为石英、斜长石、角闪石、黑云母以及副矿物。石英闪长斑岩与角闪石英闪长玢岩的明显区别是含5%~15%的溶蚀状石英斑晶，斑晶粒径为0.5~1cm，溶蚀石英斑晶呈近圆状、港湾状。岩体蚀变强烈，并含有大量的石英-硫化物脉，依据蚀变与矿化围绕石英斑岩呈环带状分布，因此石英闪长斑岩应为成矿斑岩体。早—中侏罗世岩浆岩被安山岩脉以及闪长岩脉穿插，年代学研究表明安山岩脉形成于中侏罗世（郎兴海，2012），闪长岩脉形成于中侏罗世晚期。安山岩/闪长岩脉宽度在10cm至10m之间，与矿区内脆性断层有关。安山岩/闪长岩脉及早—中侏罗世岩浆岩被始新世谢通门大岩基穿插。矿集区内出露面积最广泛的岩浆岩为矿区东侧的始新世黑云母花岗闪长岩，该岩体新鲜无蚀变，由石英、钾长石、斜长石、黑云母、少量角闪石及副矿物组成，花岗等粒结构，并含有铁镁质包体。谢通门大岩基于早—中侏罗世火山-岩浆岩接触带上发育有宽泛的角岩化以及矽卡岩化蚀变带，蚀变带最宽处达数十米。在Ⅰ号矿体底部出露有黑云母花岗闪长岩脉。矿区内出露最晚的一期岩浆岩为云煌岩脉，该岩脉穿插矿区内所有岩体，宽度在1m左右，新鲜无蚀变，黑云母Ar-Ar年龄约为48Ma，代表岩体形成年龄上限。

二、典型矿床

（一）雄村铜金矿

1. 矿区地质特征

区内出露的地层有早中侏罗世安山质凝灰岩、早中侏罗世粉砂岩夹基性凝灰岩、全新世冲积物-崩积物。下中侏罗统雄村组安山质凝灰岩是矿区主要的含矿围岩，原岩蚀变强烈，锆石U-Pb年龄为176±5Ma（唐菊兴，2010）。区内发育有多期次岩浆活动，其中规模最大的一期岩浆活动为早中侏罗世的角闪石英闪长玢岩至石英闪长斑岩，岩浆岩带呈北西走向侵入到安山质凝灰岩中。角闪石英闪长玢岩呈斑状结构，斑晶由斜长石及少量角闪石组成，少见或不含石英斑晶，基质由斜长石、石英、黑云母、角闪石及副矿物组成，蚀变较弱，且基本或很少矿化，主要分布在Ⅰ号矿体底板（锆石U-Pb年龄172.4±2Ma），与Ⅰ号矿体呈断层接触，在Ⅱ号矿体和Ⅲ号矿体中分布较广（锆石U-Pb年龄173.5±1.0Ma）。石英闪长斑岩含5%~15%的溶蚀状石英斑晶（锆石U-Pb年龄171.7±1.2Ma）（Tafti et al.，2009），矿化与蚀变围绕该斑岩体呈环带状分布，表明该岩体是矿区内主要成矿斑岩体。含粗粒石英斑晶的石英闪长斑岩分布在Ⅱ号矿体南侧及Ⅲ号矿体中，该期斑岩与成矿期石英闪长斑岩矿物组成相似，但含10%~20%的粗粒方形至浑圆状石英斑晶，斑晶含量（体积）大于40%。主要由石英、碱性长石和少量角闪石组成（锆石U-Pb年龄174.4±1.6Ma）（郎兴海，2012），含有少量或微量的硫化物。上述岩浆岩被闪长岩脉、安山岩脉穿插。大部分安山岩脉宽度小于2m，极少数可达10m，无矿化，或含弱黄铁矿化。黑云母花岗闪长岩（锆石U-Pb年龄47.9±0.2Ma）（Tafti et al.，2009）位于矿区北东侧，岩体主要呈中粒等粒花岗结构，块状构造。岩石组分主要由浅肉红色钾长石、白色斜长石、石英、黑云母及少量角闪石组成，矿区内最晚一期岩浆活动为煌斑岩脉，这种脉体穿插矿区内所有岩体（图6-3）。

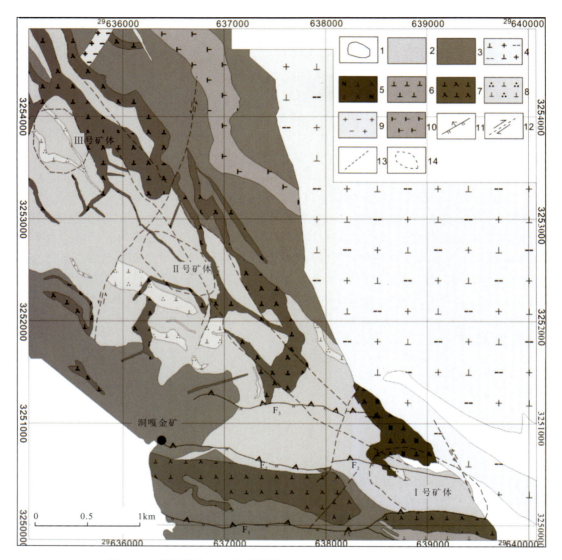

图6-3 雄村铜金矿床地质简图(据Oliver,2006;唐菊兴等,2006修改)
1.全新世冲积物-崩积物;2.下中侏罗统雄村组火山凝灰岩;3.下中侏罗统雄村组火山-沉积岩;4.始新世黑云母花岗闪长岩;5.始新世斜长闪长玢岩;6.晚侏罗世石英闪长玢岩;7.早中侏罗世角闪石英闪长玢岩;8.中侏罗世具眼球状石英斑晶的石英斑状岩;9.始新世长英质侵入体;10.晚侏罗世石英闪长玢岩;11.逆冲断层;12.平移断层;13.产状或性质不明断层;14.矿体边界

2. 矿床特征

Ⅰ号矿体平面呈北西走向的透镜体状,长约1.2km,宽度约0.65km,剖面上呈厚板状(图6-4)。Contact以及TSF-1断层为成矿期后断层,夹持于其间的安山质凝灰岩以及成矿斑岩体全岩矿化。矿体形态与含矿斑岩体的形态一致,矿体在南北向剖面图上呈厚板状,倾向北东,倾角在30°~55°之间。矿体产状沿东西方向有一定的差异,向东,矿体产状逐渐变缓,整体倾向北东,而向西,矿体产状逐渐变陡,倾向北东。矿体海拔高程介于3725~4255m之间,最大埋深为ZK5050钻孔,最大见矿厚度为404.7m。单孔矿体厚度为2~352m,平均厚度159.71m,一般见矿厚度在100~300m之间,厚度变化系数53.9%,属厚度稳定型矿体。单孔矿体Cu品位介于0.15%~1.79%之间,平均品位Cu 0.46%,大部分单孔矿体Cu品位介于0.3%~0.5%,品位变化系数为31.13%,Au平均品位0.62×10^{-6}。

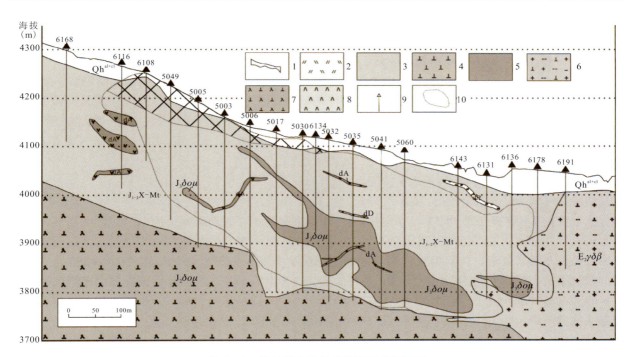

图 6-4 雄村铜矿Ⅰ号矿体勘探线剖面图

1. 覆盖层；2. 伟晶岩脉；3. 安山岩脉；4. 闪长岩脉；5. 含眼球状石英斑晶的闪长玢岩；6. 黑云母花岗闪长岩；
7. 角闪石石英闪长玢岩；8. 凝灰岩；9. 钻孔及编号；10. 矿体界线

Ⅰ号矿体的主要蚀变类型有5类，分别为①早期钾硅酸盐化，矿物组合为钾长石、黑云母、红柱石，少量或微量磁铁矿、黄铜矿，这类蚀变主要分布在矿化斑岩体内，且被后期热液蚀变强烈交代。②黑云母-绢云母蚀变，矿物组合为黑云母、绢云母、红柱石、黄铜矿、黄铁矿、磁黄铁矿，这类蚀变分布在早期钾硅酸盐蚀变外围，构成早期钾硅酸盐化与黄铁绢英岩化的过渡蚀变。黑云母、红柱石、钾长石普遍被绢云母、石英交代。③黄铁绢英岩化，矿物组合为黄铁矿、绢云母、石英、磁黄铁矿、黄铜矿，这类蚀变分布在最外围，含大量的黄铁矿硫化物脉，并交代早期蚀变，其铜铁比最低。④青磐岩化，矿物组合为绿泥石、绿帘石、方解石，这类蚀变主要沿裂隙充填，与矿化或成矿斑岩无关。而与斑岩有关的弥散状青磐岩化很难辨别，只在极少数钻孔中有发现。⑤钠质-钾质蚀变，矿物组合为钠长石＋绿帘石＋绿泥石＋阳起石，这类蚀变形成于成矿之前，只分布在矿体底板的角闪石英闪长玢岩体内。

Ⅱ号矿体矿化基本分布在角闪石英闪长玢岩以及石英闪长斑岩中，矿区北东侧见有少量的似层状安山质凝灰岩。平面上矿体呈北西走向的透镜体状，沿走向方向矿体长度约为1km，深部延伸大于0.7km。矿化连续，倾向北东，倾角在26°~70°之间。矿体一般位于海拔高程4211~5050m之间，见矿深度最深的孔为ZK7238，最大见矿深度728.9m（海拔高程4211.58m）。矿体在北侧以及深部并未圈闭，深部矿化仍然良好。单孔矿体厚度介于116.5~650.3m之间，平均厚度为387.26m，见矿厚度主要集中分布在200~500m之间，矿体厚度变化系数为30.83%，属厚度稳定型矿体。单孔矿体Cu品位为0.18%~0.53%，集中分布在0.2%~0.45%之间，Cu平均品位为0.31%，Au平均品位0.18×10^{-6}。

Ⅱ号矿体蚀变与Ⅰ号矿体蚀变和矿化的特征不同，总体表现在以下几个方面：①Ⅱ号矿体早期钾硅酸盐分布范围较广，且蚀变带中磁铁矿的含量明显比Ⅰ号矿体多，并含有少量的硬石膏矿物；②Ⅱ号矿体黑云母-绢云母蚀变分布范围较小，只局部钻孔中见有这类过渡蚀变类型，同时热液黑云母颜色较深；③Ⅱ号矿体普遍发育钙质-钠质-钾质蚀变，这类蚀变以钠长石-绿泥石-阳起石-绿帘石组合为主，交代早期蚀变，通常强钙质-钠质-钾质蚀变带矿化极其微弱，并发育有特征的绿帘石-黄铜矿脉，这种特征的脉体可能是由于黑云母-硫化物脉中的黑云母被绿帘石交代而形成的；④Ⅱ号矿体中各蚀变带中未发现有红柱石化,而红柱石在Ⅰ号矿体矿体中普遍存在;⑤Ⅱ号矿体与Ⅰ号矿体金属硫化物矿物类似,均以黄铁矿为主。原生含铜矿物为黄铜矿,未见到原生斑铜矿,近地表含有极少量的次生斑铜矿。同时Ⅱ号矿体 Cu/Fe 原子比与 Cu/Au 原子比明显较Ⅰ号矿体高,Ⅱ号矿体中 Cu/Fe 原子比为 0.087,Cu/Au 原子比为 6605($n=7973$);Ⅰ号矿体 Cu/Fe 原子比为 0.074,Cu/Au 原子比为 3210($n=22\,542$)。上述蚀变与矿化对比特征表明:Ⅱ号矿体与Ⅰ号矿体形成的氧化还原环境可能不一致,Ⅱ号矿体形成于更加氧化的环境,而Ⅰ号矿体则形成于相对还原的环境。

(二)洞嘎金矿

1. 矿区地质特征

该矿区位于冈底斯念青唐古拉地块南部的燕山晚期—喜马拉雅期陆缘火山-岩浆弧上,南部为雅鲁藏布板块结合带。区域广泛出露燕山晚期—喜马拉雅期中酸性侵入岩,长 400 余千米、东西向延伸的岩浆岩带和曲水复式岩基。该期岩浆活动与区域上南部雅鲁藏布特提斯洋壳向北的大规模俯冲作用有关。其间零星出露白垩纪、第三纪的火山-沉积岩系。在岩浆岩带的南缘局部地区尚有小面积的侏罗纪沉积岩分布。区域断裂十分发育,主体呈东西向,其次为北东向或近南北向。其中近南北向构造多为新构造活动的产物。

矿区内主要出露一套白垩纪火山岩和火山碎屑岩系,岩性为安山岩、中酸性熔结凝灰岩、中基性火山角砾岩、中酸性和碱性凝灰岩、粗面岩、粉砂质页岩、含凝灰质砂砾岩、火山集块岩等。岩石多具明显的热液蚀变特征,以绿泥石化、绿帘石化、钠长石化、碳酸盐化、角岩化等为主。矿区内断裂活动强烈,主要为北北西—北西向(F_1),倾向北东,倾角 60°~75°,在不同地段矿区内矿化体受控于不同的构造空间,并形成了构造蚀变带型、隐爆角砾岩型和石英脉型 3 种矿化类型。构造蚀变带型主要赋存于未分白垩系第一岩性段的构造破碎蚀变带中,呈脉状、透镜状产出,具有分支复合、局部膨大、尖灭再现的特点。蚀变带走向北西-南东,倾向北东,倾角一般大于 65°。带中节理和裂隙发育,常充填角砾岩,胶结物与角砾成分一致。带内矿化极不均匀,石英细脉发育地段矿化明显增强,金含量增高。矿区已圈出 4 条蚀变带型矿体,近平行等间距产出,受北西-南东向断裂控制明显。金含量为$(1.10\sim6.59)\times10^{-6}$。隐爆角砾岩型矿体主要赋存于未分白垩系第一岩性段中的含金隐爆角砾岩筒中。

2. 矿床特征

矿区共圈出 4 个含金隐爆角砾岩筒,地表呈褐黄色、褐红色,具有三角面。在三角面上或附近,硅化、黄铁矿化十分发育,岩石角砾特征明显,黄钾铁矾发育,局部有明矾石化,裂隙中充填石英小细脉,岩层破碎、裂隙发育,岩层略具下塌现象。围绕矿区低洼处呈等距椭圆状或弧状分布。矿化体上部尚有中酸性凝灰岩等顶盖覆盖。

矿石按矿化类型不同也可以分为蚀变岩型、角砾岩型和石英脉型。矿石中基本矿物组成相同,主要金属矿物有黄铁矿、黄铜矿、闪锌矿、磁黄铁矿、自然金,少量黝铜矿。黄铜矿、黝铜矿、闪锌矿均为他形粒状,星散状分布,局部见有黄铜矿交代黝铜矿现象;黄铁矿以自形—半自形粒状为主,局部被黄铜矿、黝铜矿呈尖角状交代。氧化矿物有孔雀石、褐铁矿等。前者呈纤状集合体,多为黄铜矿和黝铜矿的氧化产物,并有被褐铁矿交代的现象;后者一般均为细小的粒状集合体,局部交代黄铁矿等,呈星散状或脉状分布。非金属矿物有石英、绿泥石等。矿石结构以自形—半自形和他形粒状为主,还有交代残留、固溶体分离结构。矿石构造主要有块状、脉状、浸染状构造。黄铁矿可以明显地分为 2 期:早期细粒,自形,与磁黄铁矿共生,浸染状分布;晚期中粗粒半自形—他形,具鸟眼结构,与黄铜矿、闪锌矿组成共结边,交代早期生成的黄铁矿、磁黄铁矿,沿裂隙充填。与其他矿物生成不同的共生组合,如黄铁矿-磁黄铁矿、黄铁矿-黄铜矿-闪锌矿等。

洞嘎金矿床围岩蚀变主要有褐铁矿化、硅化、黄铁矿化、绿泥石化、绢云母化、碳酸盐化等,蚀变分带不太明显，与金矿有关的蚀变组合主要为硅化+黄铁矿化+绿泥石化。在蚀变带内可见尖灭再现的石英脉，石英表面风化后呈蜂窝状。

野外及镜下观察表明，洞嘎金矿床矿化形式多样，矿石类型也较复杂。根据矿石矿物组合及矿脉间的相互关系，洞嘎金矿床成矿可分2期：①岩浆热液成矿期，可分为早期少硫化物阶段，主要形成围岩中广泛分布的弱矿化体，矿物组合为自然金-黄铁矿-黄铜矿-方铅矿-石英；晚期硫化物-石英阶段，主要形成构造破碎带中不规则石英脉穿插的脉型和构造破碎蚀变岩型以及角砾岩型主矿体，矿物组合主要有自然金-银金矿-黄铁矿-黄铜矿-方铅矿-闪锌矿-黝铜矿-石英。②表生成矿期，主要形成表生氧化物并发生金的次生富集。

三、区域成矿作用与成矿潜力

矿集区内最老一期火山活动为早侏罗世时期形成的安山质凝灰岩，其锆石U-Pb年龄分布在186.9~176Ma之间，但火山岩明显被早中侏罗世角闪石英闪长玢岩穿插的现象表明安山质凝灰岩形成时限不会晚于181.8Ma。安山质凝灰岩是Ⅰ号矿体的主要赋矿围岩，但同时凝灰岩普遍遭受弥散状热液蚀变，因此Ⅰ号矿体与成矿斑岩体没有明显的侵入接触界面，同时Ⅱ号矿体近地表角闪石英闪长玢岩在热液蚀变影响后，其矿物组构也与安山质凝灰岩类似。矿区内最早的岩浆活动形成于侏罗纪，包括角闪石英闪长玢岩、石英闪长斑岩、长英质岩体，以及安山岩脉、闪长岩脉。角闪石英闪长玢岩是矿区早中侏罗世规模最大的一期岩浆活动，目前获得的锆石年龄集中分布在181.8~172.3Ma之间，角闪石英闪长玢岩是Ⅱ号以及Ⅲ号矿体的主要含矿岩石，并构成Ⅰ号矿体底板。石英闪长斑岩是矿区范围内最为重要的一期岩浆活动，其规模远远小于角闪石英闪长玢岩，年龄介于173.0~171.0Ma之间。Ⅰ号矿体的矿化与蚀变围绕石英闪长斑岩呈环带分布的特征直接表明热液和矿物质直接来源于该岩体。但同时在Ⅱ号矿体南侧出露的石英闪长斑岩并不含矿，因此推测石英闪长斑岩存在多期侵入的特征。矿区内普遍发育安山岩脉、闪长岩脉以及煌斑岩脉。郎兴海(2012)测试安山岩脉锆石U-Pb年龄为162.8±2.6Ma，Tafti(2011)获得的闪长岩脉锆石U-Pb年龄为149.1±1.2Ma，这个年龄也是本区域内侏罗纪岩体中形成最晚一期岩脉的时代。

Re-Os同位素分析结果显示，雄村铜金矿Ⅰ号矿体辉钼矿Re-Os模式年龄为163.4~160.1Ma；Ⅱ号矿体与Ⅲ号矿体12件辉钼矿Re-Os模式年龄基本一致，集中分布在176.8~169.5Ma之间，构成标准的正态分布模式，Ⅰ号矿体辉钼矿Re-Os模式年龄小于Ⅱ号、Ⅲ号矿体辉钼矿Re-Os模式年龄，时间跨度约10Ma(黄勇，2012)。

H-O同位素测试结果表明，Ⅰ号矿体3件石英斑晶的δD_{H_2O}介于-98.0‰~-83.1‰，$\delta^{13}O_{H_2O}$范围为9.8‰~10.2‰，4件早期石英硫化物脉的δD_{H_2O}介于-99.7‰~-81.3‰，$\delta^{18}O_{H_2O}$范围为5.07‰~6.17‰，说明早期石英硫化物与石英斑晶中水的H、O同位素组成类似，$\delta^{18}O_{H_2O}$以岩浆水为主，而张性石英硫化物脉中水的H、O同位素明显偏离岩浆水，向雨水线演化。Ⅱ号矿体早期石英硫化物脉及张性石英硫化物脉H、O同位素组成与Ⅰ号矿体类似，早期石英硫化物脉$\delta^{18}D_{H_2O}$介于-95.0‰~-81.9‰，$\delta^{18}O_{H_2O}$范围为4.67‰~5.57‰，张性石英硫化物脉$\delta^{18}D_{H_2O}$介于-81.0‰~-66.1‰，$\delta^{18}O_{H_2O}$范围为-1.00‰~-0.60‰。雄村矿区金属硫化物组合较为简单，4类金属矿物-黄铜矿、黄铁矿、磁黄铁矿、闪锌矿$\delta^{34}S_{CDT}$变化于-3.5‰~2.7‰之间，多数集中分布在0附近。其中磁黄铁矿集中在-3.1‰~-1.5‰之间，黄铜矿在-1.7‰~-1.1‰之间，而黄铁矿分布在-2.92‰~2.7‰之间，闪锌矿分布在-3.5‰~-0.8‰之间。结合前人开展的矿区成矿岩体的$\delta^{34}S_{CDT}$测试结果显示，金属矿物S同位素与成矿斑岩体S同位素组成一致，说明金属硫同位素组成均一，并达到同位素分馏平衡。金属硫化物S同位素呈塔式分布，说明硫同位素来源比较单一，主要来源于岩浆岩体，具有深源硫组成特征。

放射性铅同位素组成特征通常是研究成矿物质来源最为直接和有效的手段。本书结合前人的研究成果(丁枫,2006;黄勇等,2011;Tafti,2011;郎兴海,2012),共统计出5类各期次金属硫化物(黄铜矿、黄铁矿、闪锌矿、方铅矿、磁黄铁矿)的Pb同位素组成以及早—中侏罗世成矿斑岩体中斜长石Pb同位素组成特征,同时对比研究了Ⅰ号矿体西侧3km处的洞嘎金矿中黄铁矿的Pb同位素组成(黄勇,2013)。Pb同位素组成特征显示雄村矿区成矿期金属来源于幔源物质,但仍然可能存在极少量壳源物质的混染。Pb同位素组成明显不同于同一成矿带中新世斑岩铜矿的Pb同位素组成,中新世斑岩铜矿无论是金属硫化物或者是成矿斑岩体均明显富含放射成因铅。

相对于全岩Sr-Nd同位素,锆石Hf同位素可以更好地反映岩浆源区特征(Griffin et al.,2002)。黄勇(2013)对雄村矿集区内各期次火山-岩浆岩开展锆石原位Hf同位素分析,结果表明矿集区内火山-岩浆岩均具有相对均一的亏损Hf同位素组成特征。结果显示雄村矿区早—中侏罗世花岗质岩浆岩具有高度亏损的Hf同位素组成,以及相对均一的Nd同位素组成特征,展示出单一亏损地幔源区特征。

中—晚侏罗世开始的印度板块向北第一次俯冲形成了雄村岛弧型斑岩铜矿的成矿背景。中酸性的岛弧型斑岩体(玢岩体)携带大量气液的石英闪长玢岩岩浆上升侵位,尽管岩体不大,但其富含的气液,以及中侏罗世以来长期火山活动带来的流体活动,对成矿十分有利。

晚侏罗世岛弧型角闪石英闪长玢岩侵位,形成热源和流体源及由此形成的循环系统和成矿系统,近东西—北西西向的断裂带为含矿斑岩的侵位及流体系统的圈闭创造了极好的构造条件,致使流体仅局限于构造带中循环,形成夹持于与F_1断层和F_2断层之间的矿体中。

通过区域地、物、化资料综合分析,发现在雄村矿区的Ⅱ号、Ⅲ号、Ⅳ号矿化体、洞嘎普普钦木-哑打、则莫多拉Ⅰ号、Ⅱ号矿体一带均有相似的矿化和蚀变,具有良好的潜在矿化。如在雄村矿区的Ⅱ号矿化体内施工的ZK5057孔已经揭露出数十米的铜金矿体;洞嘎普ZK1101孔(由犀华矿业公司施工)也发现了数十米的铜金矿体。根据以上对矿集区的地质普查成果和成矿规律的分析,其远景铜金属资源量可达$500×10^4$t以上,金、银及其他伴生元素也有较为可观的资源量,估计金的资源量可达到500t。

第三节 努日铜钨矿集区

努日铜钨矿集区位于西藏山南地区乃东县境内,距泽当镇仅15km,矿集区地理坐标:E91°47′00″—91°52′21″,N29°14′00″—29°21′00″,面积约110.79km²。行政区划归拉萨市乃东县管辖。

区内目前达到大型的矿床为努日、冲木达、克鲁、程巴矽卡岩矿床,帕南钨钼矿床和明则斑岩型钼矿床。中小型矿床有车门矽卡岩型铜钼矿床、朗达铜矿床、拖浪拉铜钼矿床。

一、区域地质特征

区域内出露的主要地层,从东南往西北自下而上依次为下白垩统麻木下组(K_1m)、比马组(K_1b)及上白垩统—古近系旦师庭组(K_2Ed)、古近系罗布莎群(EL)丁拉组(Ed)火山岩。矿田南缘在雅江缝合带以南出露上三叠统姐德秀组(T_3j);古近系罗布莎群(EL)丁拉组(Ed)火山岩出现在矿田的南北边缘(图6-5)。第四系主要分布于雅鲁藏布江及其支流下游地带,在斜坡的下部及高山顶上也有少量分布。

雅鲁藏布江结合带呈近东西向横贯全区,区内发育复式褶曲以及走向近东西的逆冲断层。区内以雅鲁藏布江结合带为界,可明显地分出南、北两个不同样式的褶皱构造区,自北而南有达孜-普龙岗复式褶皱隆起带、蛮拉-拖浪拉复式褶皱坳陷带、昌果复式背斜褶皱带、雅鲁藏布江复合深大断裂带等。

区域岩浆活动强烈,岩浆岩分布广泛,既有大规模的侵入体,又有巨厚的火山岩层,总体呈东西带状展布,是冈底斯岩浆弧的重要组成部分。花岗岩以Ⅰ型为主,后期出现了由Ⅰ型向S型花岗岩过渡的中酸性、酸性岩脉、岩枝。火山岩以岛弧钙碱性和拉斑玄武岩系列为特征,后期出现由基性玄武岩和酸性(碱酸性)流纹岩组成的双峰火山岩系列。

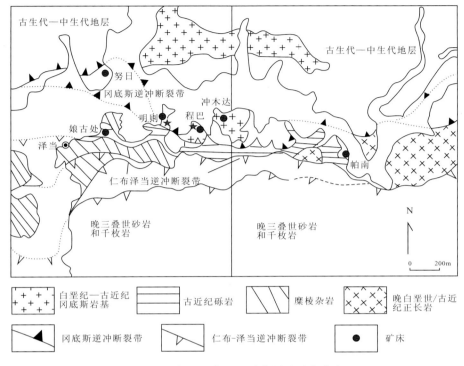

图 6-5 努日矿集区地质简图及矿产分布

二、典型矿床

(一) 努日铜钼钨矿

1. 矿区地质特征

该矿区位于乃东县结巴乡多诺村劣布一带,行政区划隶属于山南地区乃东县,面积约 8.98km^2。矿区距山南地区政府所在地泽当镇仅 15km,现有柏油公路与主干公路相接,交通便利。

矿区出露地层单一,为下白垩统比马组(K_1b)及第四纪风成砂堆积。下白垩统比马组(K_1b)出露面积约 6.5km^2,占 70% 以上,除矿区西侧外广泛分布,为矿区内主要含矿层位。为一套海相火山岩、砂泥岩至碳酸盐岩建造,根据沉积旋回递变规律,区域上比马组可划分为 5 个岩性段,其中 K_1b^4 为矿区主要含矿层位。K_1b^4 出露面积约 6.5km^2,分布于矿区的北部、中部与南部,地层走向总体 NNE15°~20°,北矿段局部北西向;倾向总体北西,局部北东向,倾角较缓,一般小于 45°。下部为灰色厚层块状大理岩和泥质灰岩;中部为暗褐色含铜钨石榴石矽卡岩、条带状含铜石榴石层状矽卡岩与含铜长英质角岩互层;上部为浅棕褐色石榴石矽卡岩与英安质凝灰岩互层,夹变质粉砂岩、泥质灰岩等。与上覆第五段地层呈整合接触。该岩性段为努日层状矽卡岩型铜多金属矿的主要赋矿层位,矿体主要呈层状、似层状顺层产于透辉石石榴石层状矽卡岩中,呈单斜状。同时也是区域内冲木达铜矿和陈坝铜矿的主要赋矿地层。

矿区出露侵入岩主要是中酸性岩体,以石英闪长玢岩、花岗闪长(斑)岩体、黑云母花岗岩为主,安山岩偶见煌斑岩出露。石英闪长玢岩是矿区最早的一期岩浆活动,主要分布在南矿段风成砂覆盖区,总体呈东西向带状展布,分布面积不大,在矿区北侧可见闪长岩零星露头,呈脉状。对该岩体进行的锆石测年表明,其形成时代为晚白垩世。花岗闪长岩($N_1\gamma\delta$)分布于矿区南部,野外观察花岗闪长岩脉顺层贯入薄层灰岩中,可见强烈的铜钼矿化矽卡岩,岩体中可见团斑状和细脉状黄铜矿、辉钼矿化。该岩体为矿区最晚一期岩浆活动事件,是印度板块-欧亚板块碰撞后伸展阶段岩浆活动的产物。矿区内火山岩主要有安山岩和玄武安山岩,两类火山岩主要出露在矿区南侧,安山岩出露面积较大。

2. 矿床特征

努日铜多金属矿床为一铜、钨、钼共生的矿床,三者在空间上既有单矿种独立矿体,又有多矿种共生矿体。矿区钨、铜、钼矿化与特定层位的矽卡岩和花岗闪长岩密切相关。矿体主要产于下白垩统比马组第四段(K_1b^4),总体上处在碳酸盐岩与碎屑岩之间的层间剥离断层带中,矿体呈似层状、脉状、透镜状产出,矿体走向为近东西向,倾向主要是北西向、北西西向。靠近岩体一侧,矿体富集,远离岩体则矿体尖灭。矿体顶板围岩为砂岩、石榴石矽卡岩,局部为大理岩化灰岩、角岩化砂岩,底板为粉砂岩、大理岩化灰岩。南矿段矿体规模总体较北矿段大,但钼矿体和部分铜矿体有明显的后期叠加富集改造作用,西矿段已知矿体的深部延伸有待进一步开展深部工程验证。矿体的层状—似层状特征明显,矿体厚度从几米至数十米不等,矿体总体倾向呈北西西向,倾角在 20°～40°之间。矿体长 1350～2000m,厚度 1.47～25.75m,倾斜延伸 50～900m。

努日层矽卡岩型铜钨钼矿围岩蚀变类型主要为石榴石、透辉石、透闪石、绿帘石等各类矽卡岩化和成矿期末的硅化、碳酸盐化、绢云母化。区内蚀变主要为层状"矽卡岩化"蚀变,在一些后期穿插的石英脉中可见有少量的绢云母化蚀变,与比马组密切接触的石英闪长(玢)岩发生了少量的绿泥石化、碳酸盐化、硅化蚀变,此外可见大理岩化和角岩化。

层矽卡岩是矿区内主要的含矿岩石,主要矿物为石榴石、透辉石、绿帘石、石英,及少量的透闪石、硅灰石、符山石等。按照层矽卡岩中石榴石、透辉石、绿帘石 3 种主要矿物所占的比例,可以进一步将层矽卡岩分为石榴石层矽卡岩、透辉石石榴石层矽卡岩、绿帘石石榴石层矽卡岩、绿帘石透辉石矽卡岩,其中矿化主要以前三种层矽卡岩为主。由于层状矽卡岩空间分布不受侵入岩体接触带控制,而是受地层层位和层间剥离断层带控制,侵入岩体对其有一定的影响,因此石榴石的颜色在努日矿区呈深褐色;在邻区的明则矿区陈坝矿段呈草绿色,表明远离热水环流中心石榴石的颜色由深变浅,形成温度由高变低。其中,深褐色石榴石往往呈厚层块状,草绿色石榴石往往呈层纹-条带状伴生条带状方解石、萤石和粉红色硬石膏、灰白色硅灰石。

(1)矿石成分 金属矿物主要为黄铁矿、黄铜矿、白钨矿、自然铜、硅孔雀石、赤铜矿、蓝铜矿、辉钼矿、黝铜矿,氧化带见有褐铁矿、孔雀石。非金属矿物主要为石英、石榴石、绿帘石、方解石、透辉石、长石、透闪石、方解石、硬石膏、萤石等(图 6-6)。

赤铜矿呈浸染状、细脉状充填于岩石的空隙中,在硅孔雀石(石英脉)的空隙中也有。

石榴石较多,中至细粒,粒径变化在 0.5～1.5mm 之间,自形或不规则粒状组成紧密镶嵌的粒状集合体,呈块状无序分布,常局部较集中且粗细混杂,常含细粒不规则状碳酸盐、透辉石及方解石包裹体。

绿帘石 中细粒不规则柱状或粒状,以偏细粒不规则粒状为主,分布较局限,组成不规则交互交错结合的粒状集合体,粒间主要被碳酸盐、石英、褐铁矿等无序穿插充填。

石英 粗至细粒,部分以偏细粒不规则粒状为主且无序散布,部分组成不规则镶嵌的粒状集合体。充填穿插于石榴石、碳酸盐、绿帘石和透辉石粒间,一般较洁净,常含少许细粒气液状包体。

透辉石 少量,细粒不规则状无序散布穿插于石榴石及石英粒间,少许也包裹于碳酸盐中,常局部较集中,解理较发育。

碳酸盐 粒度粗细不一,以细粒不规则粒状为主,无序散布,常与辉石共生,或局部交代辉石,局部形成粗大的不规则集合体充填于石英及石榴石粒间。

方解石 粒度粗细不一,以细粒不规则粒状为主,无序散布,局部形成粗大的不规则集合体充填于石英及石榴石粒间。

长石 细粒,呈半自形板粒状,无序不规则穿插于石英粒间。

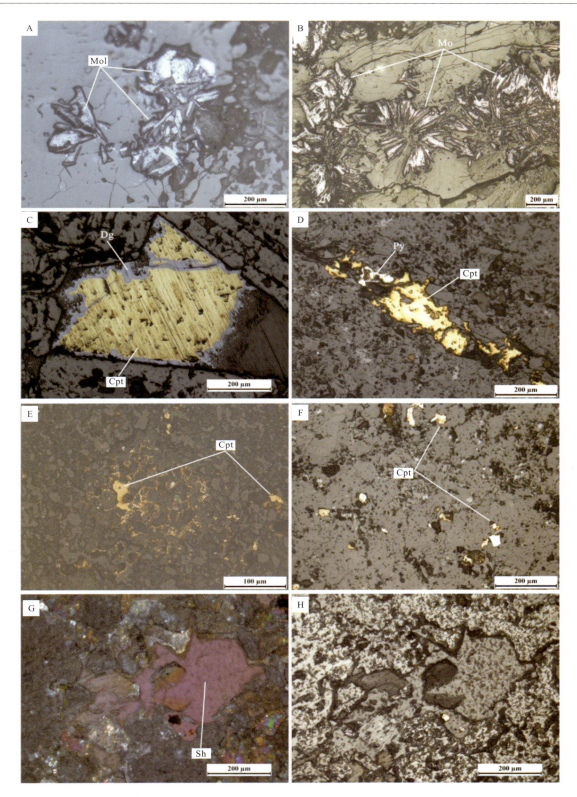

图 6-6 努日矿区矿相显微照片

A. 石英辉钼矿脉中不规则辉钼矿集合体；B. 石英辉钼矿脉中放射状辉钼矿集合体；C. 蓝辉铜矿沿黄铜矿周边交代；D. 黄铜矿＋黄铁矿共生脉体晚期沿裂隙贯入；E. 矽卡岩中粒间充填黄铜矿呈网状；F. 稠密浸染状黄铜矿化向稀疏星点状黄铜矿化过渡；G. 具强烈的蔷薇红内反射色的半自形白钨矿与星点状黄铜矿共生（＋）；H. 正极高凸起与黄铜矿颗粒共生（－）

Py. 黄铁矿；Cpt. 赤铁矿；Sh. 白钨矿；Dg. 蓝辉铜矿；Mol. 辉钼矿

（2）矿石结构。镜下矿石结构主要包括放射状结构、鳞片状结构、他形—自形粒状结构、交代残余结构、包含结构、出溶结构。

放射状结构 矽卡岩中硅灰石、阳起石、透闪石等矿物呈放射状集合体，形成典型的放射状结构。

鳞片状结构 镜下矽卡岩中辉钼矿往往呈细小鳞片状，有时光片切割角度所致可见束状结合体。

他形—自形粒状结构 黄铜矿、黄铁矿、辉钼矿、斑铜矿、辉铜矿、白钨矿、磁铁矿等矿物镜下可见其自形晶、半自形晶分散于矽卡岩中，石榴石、绿帘石、阳起石等脉石矿物主要以自形晶—半自形晶产出。

交代残余结构 辉钼矿、黄铁矿、黄铜矿、白钨矿等交代早期形成的金属硫化物。

包含结构 细粒白钨矿被石英、石榴石、萤石等矿物包裹，白钨矿镜下可见鲜红色内反射，指示其包含铁锰质，黄铜矿中包含辉铜矿等现象。

出溶结构 黄铜矿中可见网纹状辉铜矿出溶。

（3）矿石构造。主要包括块状构造、浸染状构造、脉状构造、网状构造、星点状构造。

块状构造 黄铜矿、辉钼矿、白钨矿呈稠密集合体富集于块状矽卡岩中，其中黄铜矿、辉钼矿呈团斑状、细脉状分布于花岗闪长岩中。

浸染状构造 黄铜矿、辉钼矿、白钨矿、黄铁矿呈自形—半自形散布于矽卡岩中，角岩化粉砂岩中可见浸染状黄铁矿化。

脉状构造 黄铜矿、辉钼矿、白钨矿往往呈细脉状与石英共生于矽卡岩和粉砂岩中，其中黄铜矿石英脉在中酸性岩体中出露较多，尤以花岗闪长岩为甚。

网状构造 多期含金属硫化物石英脉呈相互穿插于矽卡岩、角岩化粉砂岩及花岗闪长岩中，含白钨矿石英脉主要穿插于矽卡岩中。

星点状构造 黄铜矿、辉钼矿、黄铁矿呈稀疏星点状散布于矽卡岩、粉砂岩及部分中酸性侵入岩中。

（4）矿化期次与阶段。努日铜钼钨矿床的矿化期次可分为 3 期，即矽卡岩期、石英硫化物期、表生期。其中矽卡岩期可分为矽卡岩阶段、氧化物阶段；石英硫化物期可分为石英硫化物阶段和石英方解石阶段；表生期主要为形成氧化物及各类含水盐类阶段。

（二）程巴铜钼矿

该矿区位于距山南地区泽当镇 15km 处，地理坐标：E91°51′50″—91°52′51″，N29°14′28″—29°15′15″。有简易乡村公路相通，距拉萨市 211km，交通较便利。

1. 矿区地质特征

该矿区的大地构造位置属于拉萨地体南部冈底斯火山-岩浆带的最南缘（周丽敏等，2011），矿区出露的地层有上三叠统姐德秀组（$T_3 j$）砂质板岩、长石石英砂岩；下白垩统比马组第四段（$K_1 b^4$）灰白色细晶大理岩、石榴石矽卡岩化大理岩夹薄层状石榴石矽卡岩、长英质角岩、铜矿体；下白垩统比马组第五段（$K_1 b^5$）下部为红柱石绢云母板岩、变质粉砂岩夹灰岩透镜体，上部为变质安山岩及叶蜡石化红柱石绢云母角岩；古新统罗布莎群（$E_1 L$）砾岩夹砂岩、泥质岩及第四纪（Q）洪冲积物。岩浆岩主要有古新世石英闪长岩（$E_1 \delta o$）、始新世二长花岗岩（$E_2 \eta \gamma$）、渐新世正长花岗岩（$E_3 \zeta \gamma$）（图 6-7）。

2. 矿床特征

矿区共圈定了 2 个铜矿体，3 个钼矿体，单个矿体长 200～800m，厚 1.3～200.51m，沿倾向延伸 200～1250m，呈似层状、大透镜状、囊状、枝杈脉状、脉状或不规则状产出，走向 290°，倾向南南西，倾角 30°，向南西侧伏。矿体在 0—0′剖面线，断层产状由陡变缓处明显增厚，总体往南西侧伏，具上铜下钼的垂向分带特征和斑岩型矿床的蚀变分带特征，钼矿主矿体在含矿岩体顶部和尾部均具有分支现象。

矿石类型主要为硫化矿石，占 95% 左右，氧化矿石占 5% 左右。氧化带深度一般距地表数米到 10 余米，具强褐铁矿化和孔雀石化，孔雀石多呈皮壳状和细脉状。主要金属矿物有黄铜矿、辉钼矿，次生氧化物为孔雀石、硅孔雀石、赤铜矿。呈自形—半自形晶粒状结构、他形晶粒状结构、交代结构等。矿石构造以浸染状构造、细脉状构造、条带状构造为主,次为团块状构造、角砾状构造。程巴钼矿床平均品位为 Cu 0.98%、Mo 0.0866%、Pb 0.004%、Zn 0.004%、S 0.19%、As 0.0031%、P 0.042%、CaO 1.26%、MgO 0.41%、SiO_2 71.59%、Re 0.000 048%、Sn 0.0027%、Ag $0.47×10^{-6}$、Au $0.001×10^{-6}$;其中 Mo 矿体品位在走向上变化不大,倾向上由上部到深部略有降低;矿石中除主元素 Mo 外,伴生有益组分 Cu、Re 可综合回收利用,有害杂质 As、P、Pb 含量甚微。

矿床蚀变类型包括钾化-硬石膏化、绢英岩化、青磐岩化、泥化、千枚岩化。蚀变具明显的分带性,由岩体向外表现出内带为钾化-硬石膏化、中带为绢英岩化(局部硬石膏化)、外带为青磐岩化的特征。渐新世正长花岗岩($E_3\zeta\gamma$)为赋矿岩体。该矿体呈小岩株状产出,向南西侧伏,具全岩矿化特征。岩石矿物成分主要为钾长石、石英、斜长石,裂隙发育,铜矿物呈浸染状、细脉-浸染状均匀嵌布于岩石矿物颗粒之间,特别是围绕暗色矿物周边分布。

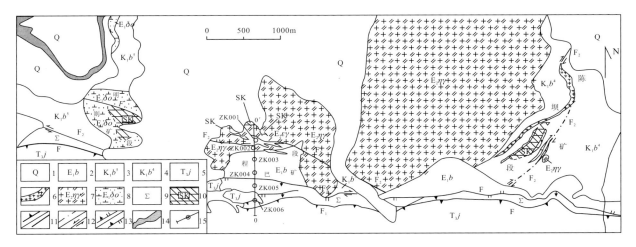

图 6-7 程巴铜钼矿床矿区地质简图

1.第四纪冲洪积物;2.古近系罗布莎群;3.下白垩统比马组五段;4.下白垩统比马组四段;5.上三叠统姐德秀组;6.渐新世正长花岗岩(含铜矿体);7.始新世二长花岗岩;8.古新世石英闪长岩;9.超基性岩(蛇绿岩套);10.矽卡岩带型;11.逆冲(推覆)断层及性质不明断层;12.推测(隐伏)断层及走滑(斜滑)断层;13.正断层、逆断层;14.河流;15.剖面及钻孔

三、区域成矿作用与成矿潜力

努日铜钼钨矿集区位于冈底斯-念青唐古拉板片次级构造单元冈底斯火山-岩浆弧的东段南缘,属冈底斯铜多金属成矿带的重要组成部分,它的形成与冈底斯陆缘火山-岩浆弧的演化有着密切的成生关系。矿集区已做过较多的同位素测年工作。努日钨铜钼矿床辉钼矿 Re-Os 等时线年龄为 24.77~23.46Ma(张松等,2012),北矿段黑云母花岗岩锆石的 U-Pb 年龄为 50.46±0.56Ma;南矿段黑云母二长花岗岩锆石 U-Pb 年龄为 90±1.2Ma,明则斑岩型铜矿二长岩锆石 SHRIMP U-Pb 年龄为 30.4±0.6Ma(孙祥等,2013)、黑云母二长花岗岩中黑云母的 $^{40}Ar-^{39}Ar$ 坪年龄为 28.2Ma(范新等,2011)、辉钼矿 Re-Os 等时线年龄为 30.26±0.69Ma(闫学义等,2010);程巴斑岩钼矿床黑云母 Ar-Ar 年龄为 28.07±0.56Ma(闫学义等,2010);双布结热(车门)铜矿床矿化岩体锆石 U-Pb 年龄为 92.1±1Ma(赵珍等,2012)、92.1±0.6Ma(梁华英等,2010),上述同位素年代学研究成果揭示了努日铜钼钨矿集区的成矿年龄为 92.1~23.46Ma。其中黑云母(二长)花岗岩年龄在 92.1~50.46Ma 之间,代表了以矽卡岩型矿床的形成为主的时代,辉钼矿 Re-Os 等时线年龄介于 30.26~23.46Ma 之间,代表了努日铜钼钨矿集区以斑岩型铜钼矿为主的成矿时代,另外,区域地球化学特征也显示 Cu、Au 和 W、Mo 并没有很好

的套合趋势,努日铜钼钨矿集区为矽卡岩型的铜多金属矿与斑岩型铜钼矿,至少存在两期的叠加成矿。努日矿区深部已发现存在斑岩型矿体,而其他矿床尽管为斑岩型矿床,但矿区内仍可见规模不大的、残留的矽卡岩矿化露头,在空间上二者并未独立开采,可能存在一个统一的斑岩-矽卡岩成矿系统(陈雷等,2012)。

近年来随着勘查程度的深入,矿集区内取得了重大的找矿突破,基本查明努日大型矽卡岩型铜钨钼矿床、明则中大型斑岩钼铜矿床等,矿集区内铜、钼、钨等矿种找矿潜力巨大。

目前矿集区的预查和普查工作主要集中在努日、明则、程巴3个矽卡岩-斑岩型铜-钼矿区,区内如车门铜矿、克鲁、冲木达等铜金矿也具有较大的找矿潜力。西藏自治区矿产资源潜力评价在努日矿集区中共圈定了努日(A类)、明则(A类)、冲木达(B类)、车门(B类)、帕南(B类)作为预测资源量靶区,结果表明,其铜金属资源总量可达 371×10^4 t,其资源潜力大于 300×10^4 t;其中A类预测区预测资源量为 241.3×10^4 t,B类预测区预测资源量为 130×10^4 t。

第四节　弄如日-得明顶铜金矿集区

该矿集区位于冈底斯构造岩浆带东段中部。矿集区地处西藏自治区墨竹工卡县城以东方向约50km处,沿川藏公路(318国道)到达墨竹工卡县日多乡。

矿集区内矿床主要有弄如日金锑矿和得明顶铜钼矿。

一、区域地质特征

区域地层主要包括中侏罗统的叶巴组、上侏罗统的多底沟组、上侏罗统—下白垩统的林布宗组、下白垩统的塔克拉组和楚木龙组以及古近系的林子宗群等,地层总体走向为近东西向。晚中生代地层如林布宗组、塔克拉组和楚木龙组为一套灰色岩系。中侏罗统的叶巴组是一套岛弧环境下的火山-沉积岩系。总体来看,区域内地层年龄上表现出北老南新的趋势;地层组成上表现为从火山系沉积岩到沉积岩+火山岩,再到火山岩的交替出现趋势。

区内主要构造线为东西向展布,在东西向断裂上叠加了近南北向断裂,区域研究表明两组构造结合部位控矿控岩能力较强。

区内自晚三叠世以来岩浆活动就相对频繁,古近系林子宗群和中侏罗统叶巴组陆缘弧火山岩中侵入了大量的以花岗岩类为主的岩浆岩,其中在白垩纪—渐新世活动最为剧烈,形成了达数百平方千米的中酸性岩基,包含了碰撞造山花岗岩、弧花岗岩和造山期后花岗岩等不同的构造-成因类型。其他岩浆岩包括:在冈底斯山主脊和其南北侧还发育有闪长岩、石英闪长岩和英云闪长岩,矿区所处的日多-米拉山地区能够见到珍珠岩和细晶岩,同时,区内还有超基性岩岩片产出的报道。

二、典型矿床

(一)弄如日金矿

1. 矿区地质特征

矿区出露有上侏罗统—下白垩统林布宗组(J_3K_1l)和第四纪松散堆积两套地层,其组成相对简单,两套地层总面积共计约占矿区的90%。林布宗组(J_3K_1l)出露面积约为2.50km²,占矿区总面积的69.2%。林布宗组为区域低温动热变质产物,属于灰色碎屑岩类,主要由碳质板岩、石墨片岩、碳质粉砂质板岩、变质石英砂岩、绢云母千枚岩、石英粉砂岩等组成,主体变质程度达到板岩-千枚岩级,石墨片岩出露于色底沟北坡上部近山脊部位,层厚4m左右,石墨含量能够达到60%,位于石英角岩之下。

矿区花岗岩较为发育,属酸性岩类,计有大小20个侵入体,较集中分布在南矿段中部,此外在北矿段亦有小块分布,出露面积$0.268km^2$,约占矿区总面积的7.57%。花岗岩类型简单,主要有钾长花岗岩、花岗斑岩和二长花岗斑岩,细晶岩脉在矿区也有较少分布。

恩玛日-错弄朗东西向向斜和近南北向构造的叠加形成了矿区的主要构造格局。褶皱变形不发育,断裂与节理、劈理相对较为发育,总体为倾向北西西—北北西的单斜构造,局部有一些波状弯曲和小尺度褶皱。

2. 矿床特征

弄如日金矿体均产于矿化带中,受断裂破碎带控制,与控矿断裂产状基本一致。在矿区已发现并圈出大小金矿体9个。所有金矿体均在不同地段地表有露头显示,主要矿体产出于海拔高程4812~5002m。矿体在走向和倾向上出现不同程度的分支、膨缩、复合等现象。弄如日金矿存在3种不同的矿石类型,分别为破碎蚀变角岩型矿石、破碎蚀变斑岩型矿石和蚀变角砾岩型矿石。金属矿物除金外,主要为黄铁矿、毒砂、辉锑矿和雄黄等。破碎蚀变角砾岩型矿石的颜色为黑灰色,发育破碎和节理裂隙,角岩主要是由于燕山期岩浆岩侵位造成了南矿段部分底层的角岩化,随后受成矿流体改造和后期构造叠加形成,矿石为变斑状结构,变斑晶主要为红柱石矿物,基质主要为粒状变晶结构和鳞片状的石英、绢云母和碳质。在北矿段因受构造活动控制,且侵入岩体的烘烤作用较弱,主要发育蚀变角砾岩型矿石。破碎蚀变斑岩型矿石的颜色呈灰白色,发育破碎和节理,矿石呈块状和似角砾岩块状构造,斑状结构,斑晶包括斜长石和钾长石,还含有少量角闪石和黑云母,长石斑晶通常因为蚀变被绢云母、碳酸盐矿物和微晶石英交代并呈假象,金含量一般为$(0.5\sim0.9)\times10^{-6}$,叠加硫化物-石英网脉后,则提高至$(1\sim3)\times10^{-6}$。

矿石结构有自形—半自形晶粒状结构、交代或交代残余结构、碎裂结构、环带结构、包含结构等。矿石矿物包括金、自然银和辉锑矿,还可见大量黄铁矿、毒砂、少量闪锌矿、黄铜矿、脆砷铁矿和金红石等,脉石矿物包括石英、长石、云母、磷灰石和独居石等。其中金均产于黏土矿物粒间或黏土矿物与石英粒间,与黏土矿物紧密伴生。电子探针分析表明其金成色很高,为992~996。

根据矿物共生组合、矿化特征、成矿温度、结构构造特征,弄如日金矿床成矿分为成矿早期、热液成矿期和表生氧化期。黄铁绢英岩化阶段:该阶段形成了矿区广泛分布的面型蚀变,与矿区早期岩浆的侵位及岩浆热液和流体作用关系密切,涵盖了成矿前绝大多数构造岩浆活动的产物;石英-黄铁矿阶段:该阶段的蚀变主要受到二长花岗斑岩岩浆的热液和流体影响,常围绕长英角岩和侵入岩边界分布,发育的主要硫化物有黄铁矿、闪锌矿、黄铜矿、辉铜矿。氧化物主要有石英、金红石。氧化物中石英是主要的脉石矿物,在成矿各阶段均有发育,在该阶段主要是以石英-黄铁矿脉的形式存在;金红石在矿石中较为常见,其含量比闪锌矿稍高。此外,在本次研究中还发现了自然金属矿物铜锌矿。铜锌矿多产于石英裂隙中,或产于石英和黏土矿物粒间,常成群出现,与自然金产状相似。热液成矿期:该成矿期是弄如日金矿床主要形成时期,其产物在各个矿段均有分布,可分为4个成矿阶段,即砷硫化物-石英阶段、辉锑矿-雄黄阶段、热液黏土化阶段、碳酸盐化阶段。表生成矿期:当矿体接近或者出露地表,就会发生表生氧化作用,主要形成锑华、褐铁矿和黄钾铁矾等表生氧化产物。其中,锑华为辉锑矿出露地表氧化形成,常附着于辉锑矿的表面,土黄色;褐铁矿为原生及次生黄铁矿氧化之产物;黄钾铁矾主要为表生产物,该阶段可见黏土矿脉贯穿于石英等矿物中,而在黏土矿脉的中间还穿插有黄钾铁矾脉,说明黄钾铁矾的形成略晚于黏土矿化阶段。

3. 矿床成因

弄如日金矿床的形成与岩浆岩的侵入活动密切相关,通过成矿流体特征和成矿物质来源研究,都明确指向矿区内二长花岗斑岩为矿源岩,金矿化不仅呈浸染状发育在二长花岗斑岩内部,同时,在斑岩体与上侏罗统—下白垩统林布宗组接触带和构造裂隙中也发育有较好的金矿化。通过二长花岗斑岩的锆石 SHRIMP U-Pb 测年工作,得到该岩石年龄为 18.8 ± 0.3 Ma,侵位时代为中新世,这与区域上大量出现的中新世斑岩型矿床形成时代较为接近,岩石地球化学数据暗示该岩浆可能起源于加厚的新生下地壳,岩浆源区直接或间接经历了板片流体的交代,表现出埃达克质岩石特征。同时,金矿化主要受到近南北向断裂构造破碎带的控制,这些构造早期为张性活动,在断层内出现大量的角砾,该现象在北矿段表现尤为明显,通过对断层内绢云母 $^{40}Ar/^{39}Ar$ 年龄分析得知,这些早期构造活动主要发生在 25Ma 左右,通过断层内绢云母 $^{40}Ar/^{39}Ar$ 年龄测试得知该期构造活动主要发生在 20Ma 左右。通过野外观察发现,大部分控矿断裂内的断层泥并没有固结,说明这些构造至今仍在运动。综合成矿岩浆侵位年龄和成矿构造的活动时间,限定西藏弄如日金矿床形成时间为 20~19Ma 之间。

(二)得明顶铜钼矿

1. 矿区地质特征

矿区地层比较单一,主要为中上侏罗统叶巴组,岩性主要为灰—灰绿色片理化厚层状中酸性熔岩、英安岩、英安质凝灰岩、灰绿色块状杏仁状安山岩、变质流纹岩等,偶夹有灰黑色千枚状泥质板岩、片理化凝灰质板岩。区内构造主线呈近东西向,断裂构造多表现为活动于叶巴组中的层内断裂,性质为逆断层。矿区范围内出露的侵入岩主要为浅成-超浅成的斑岩体,另有少量脉岩侵入。

矿区共有 5 个斑岩体,岩性为石英斑岩及斑状黑云母二长花岗岩。Ⅰ号斑岩体位于矿区西部,Ⅱ号、Ⅲ号和Ⅳ号斑岩体位于矿区东北部,Ⅴ号斑岩体位于矿区中南部,其中Ⅰ号和Ⅴ号斑岩体可能在深部连为一体;受区域构造主线控制,岩体主要呈北东向或北西向展布。斑岩体呈岩株状、岩枝状产出,在地表出露的面积以Ⅰ号斑岩体最大(约 1.5km^2),Ⅳ号斑岩体最小(约 0.01km^2),其他在 0.1~0.5km^2 之间;岩石具斑状或似斑状结构,斑晶主要为石英及少量长石,含量在 15%~20% 之间;斑岩体的围岩主要为叶巴组英安质凝灰岩,界线基本清楚。矿区的脉岩比较少见,仅在Ⅱ号斑岩体北面见到有少量辉绿岩脉、Ⅰ号斑岩体内见到少量辉绿岩脉,规模都较小。

2. 矿床特征

矿区地表共发现了 3 个矿(化)体。其中 Cu1 产于Ⅰ号斑岩体中,呈椭圆形,长约 500m,宽约 300m;地表见孔雀石化及少量蓝铜矿化,经探槽工程揭露 Cu 平均品位为 0.3%,赋矿围岩为石英斑岩,主要发育黄铁绢英岩化;Cu2 产于斑状黑云母二长花岗岩中,是矿区地表见矿情况最好的矿体,呈近东西向展布,长约 650m,宽约 280m,地表以 Mo 为主,具较强的孔雀石和辉钼矿化,经岩石剖面测量 Cu 平均品位 0.2%,Mo 品位变化于 0.015%~1.03% 之间,平均 0.29%,矿化与强黄铁绢英岩化和强青磐岩化有关;Cu3 矿体位于Ⅴ号斑岩体西南侧的凝灰岩中,主要沿断层分布,长约 300m,宽数十米,地表可见孔雀石化。

矿区蚀变具有中心式面状分布特征,蚀变类型主要为黄铁绢英岩化、泥化、青磐岩化等,由矿体向外可划分出泥化+黄铁绢英岩化→黄铁绢英岩化+青磐岩化→青磐岩化。黄铁绢英岩化广泛分布于各斑岩体内部,且各斑岩体的蚀变强度不一,以Ⅰ号和Ⅱ号斑岩体蚀变程度最高,地表呈现"火烧皮"现象,以强烈的黄铁矿化、硅化为特征;青磐岩化主要分布于各斑岩体与围岩的接触带附近以及叶巴组中,以绿泥石化、绿帘石化、弱高岭土化、弱黄铁矿化为特征;泥化主要分布于斑岩体内部,表现为强烈的高岭土化。矿化主要与泥化和黄铁绢英岩化关系密切。

矿区地表主要为氧化-半氧化矿石,广泛分布于 Cu1、Cu2 矿体地表及浅部。矿石矿物以孔雀石、蓝铜矿、黄铁矿、辉钼矿为主,另有少量黄铜矿、金红石、磁铁矿等。其中孔雀石和蓝铜矿主要呈网脉状、薄膜状、皮壳状、浸染状分布于岩石裂隙、岩石表面及石英脉中;辉钼矿多以鳞片状集合体、脉状分布于石英脉或岩石裂隙面上,部分呈星散状独立或与黄铁矿共生产出;黄铜矿主要以浸染状分布于岩石内部,含量较少,粒度也较小(多小于0.1mm),多呈他形粒状;矿石结构具典型斑岩铜矿的结晶结构、交代结构特征。其中,结晶结构包括自形结构、半自形结构和他形结构,呈现自形结构的主要为辉钼矿和黄铁矿,其他矿物多呈半自形—他形结构;交代结构很发育,常见黄铜矿、金红石、斑铜矿、黄铁矿等金属矿物交代脉石矿物形成交代充填结构,闪锌矿交代黄铁矿、脉石矿物交代辉钼矿形成交代溶蚀结构。

三、区域成矿作用与成矿潜力

在青藏高原后碰撞伸展阶段,尤其是在渐新世—中新世期间,区内开始发育大量近南北向构造,在25Ma,主要发育了一系列含角砾的张性断层,这些断层的形成早于矿化,为后期成矿作用提供了空间;在20~19Ma,含矿的二长花岗斑岩随着近南北向断裂活动同时侵位,在围岩接触部位形成了一定规模的黄铁绢云岩化,岩浆结晶分异过程出溶的岩浆流体成为了早期成矿流体的主要来源。同时期发育的南北向正断层和早期形成的张性断裂成为成矿早期岩浆流体排泄的通道,随后,由含有大气降水和地热水的区域流体在这些构造通道中与成矿早期岩浆流体发生混合,两端元流体混合作用和降温减压所引发的流体沸腾作用导致了成矿物质的大量沉淀,并在有利的构造空间内形成了沿近南北向平行展布的矿体。19Ma至今,随着青藏高原后碰撞伸展作用进行,一方面由于南北向断裂系统的持续发育,在早期近南北向构造的基础上继续活动,出现后期切穿斑岩体的断裂,同时,早先形成的矿体在晚期构造活动的作用下受到叠加改造,发生破碎挤压,形成了破碎蚀变金矿体;另一方面由于地表剥蚀,使得浅成侵位的二长花岗斑岩逐渐出露地表。

区内地层、岩浆岩及变质岩带的空间分布受区域性南北向深大断裂控制,次级南北向断裂构造则控制着矿、点、物、化、遥等异常的空间分布特征。从已有矿床和新发现矿(化)点及圈定的各类物化遥异常的产出部位、异常走势及富集趋势分析,在不同方向的构造叠加部位成矿潜力较大,是主要的找矿方向。

第五节 蒙亚啊-龙马拉铅锌矿集区

该矿集区行政区划属西藏自治区那曲地区嘉黎县,地理上位于念青唐古拉山脉南侧拉萨河上游,为高山区,海拔高程4800~5570m,总体地势南高北低。

一、区域地质特征

矿集区属于冈底斯-念青唐古拉地层区拉萨-波密地层分区,出露地层由上到下包括始新统—古新统林子宗群($E_{1-2}L$)火山岩的帕那组(E_2p)、下二叠统洛巴堆组(P_1l)凝灰岩和灰岩夹碎屑岩、下二叠统—上石炭统来姑组(C_2P_1l)含陆内双峰式火山岩的碎屑岩夹碳酸盐岩地层、下石炭统诺错组(C_1n)绢云母板岩和前奥陶系松多岩群的岔萨岗岩组($AnOc.$)、马布库岩组($AnOm.$)、雷龙库岩组($AnOl.$)绿片岩-角闪岩相的变质岩系,矿集区周边还有上白垩统竞柱山组(K_2j)、设兴组(K_2s)、下白垩统塔克那组(K_1t)、中上侏罗统拉贡塘组($J_{2-3}l$)、下侏罗统—上三叠统甲拉浦组(T_3J_1j)、上三叠统麦隆岗组(T_3m)、上二叠统列龙沟组(P_2l)、下二叠统乌鲁龙组(P_1w)和石炭系旁多群(CPn)。

矿集区广泛分布的岩浆岩多呈带状分布的岩基产出,燕山期岩浆岩以中酸性岩为主,喜马拉雅期岩浆岩以酸性岩为主。岩石类型主要为黑云母花岗岩、钾长花岗岩、二长花岗岩,并有一系列斑岩体产出,岩性主要为二长花岗斑岩和花岗闪长斑岩,少数为石英二长斑岩和花岗斑岩,侵入地层的最新层位为上白垩统—古近系,侵入的时代为燕山晚期—喜马拉雅期。其中南部出露的火山岩是冈底斯陆缘火山-岩浆弧的一部分,时代包括印支期、燕山期和喜马拉雅期。

受青藏高原南北挤压作用控制，区内断裂和褶皱构造发育，区域构造线总体上以近东西向为主，以发育线性复式褶皱和压扭性逆断裂为主要特征，同时发育有紧密倒转褶皱和推覆构造，次级的北东向、北西向和近南北向断裂也非常发育。较大的挤压性质的断裂构造有嘉黎、米拉-错高、米拉山、松多等断裂。

二、典型矿床

（一）蒙亚啊矽卡岩型铅锌矿床

蒙亚啊矽卡岩型铅锌矿主体位于西藏嘉黎县绒多乡境内，部分地区属墨竹工卡县门巴乡管辖。矿区距嘉黎县西南方向平距约120km，向西经龙马拉过玉弄松多、扎弄松多约40km到齐姐沟口。

1. 矿区地质特征

矿区出露地层由下至上包括上石炭统—下二叠统来姑组（C_2P_1l）细碎屑岩夹灰岩、中二叠统洛巴堆组（P_2l）灰岩和凝灰岩、上二叠统列龙沟组（P_3l）砂岩夹灰岩。矿区位于近东西向复式褶皱南翼，矿区内整体为单斜构造，矿区内地层总体走向为北东-南西向，其中来姑组主要分布于矿区北部，洛巴堆组灰岩（P_2l^{LS}）分布于矿区中部，洛巴堆组凝灰岩（P_2l^{TF}）分布于矿区中南部，列龙沟组分布于矿区南部（图6-8）。

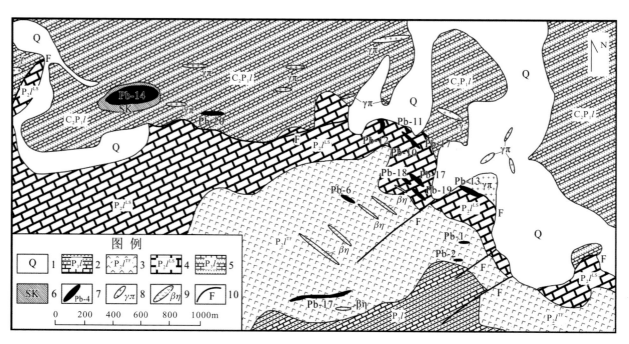

图6-8 蒙亚啊铅锌矿地质图

1.第四系；2.列龙沟组砂岩夹灰岩；3.洛巴堆组凝灰岩；4.洛巴堆组灰岩；5.拉嘎组细碎屑岩夹灰岩；6.矽卡岩；7.矿体及编号；8.花岗斑岩；9.辉绿岩脉；10.断层

矿区出露岩浆岩主要为石英斑岩和辉绿岩。辉绿岩多呈脉状分布于来姑组中，花岗斑岩多呈脉状、岩枝状分布于矿区中部以北的地段。矿区内的岩浆岩体规模都小，呈岩脉和岩枝状，矿区南、北两侧则出现粗粒状结构的花岗岩和似斑状花岗岩体，岩体规模也相应更大。

矿区构造以断裂构造最为发育，以近东西向为主，南西-北东向、北西-南东向、南北向次之。其中，矿化与近东西向断裂（尤其是顺层断裂）关系最为密切（如Pb-13、Pb-14、Pb-4、Pb-1、Pb-2、Pb-10、Pb-11、Pb-18等矿体），与南北向断裂也有一定的关系（如Pb-12矿体）。

在拉嘎组与下二叠统洛巴堆组界线处和矿区东南部见横贯矿区的近东西向正断层。前者断层总体呈东西走向，局部拐折，在东部则向南东方向拐折，倾向南及南西，倾角为33°～70°，断层下盘为石炭纪板岩、砂岩、凝灰岩等，上盘为早二叠世灰岩。该断层为矿区导矿构造，也是主要容矿构造之一。地层中多见东西向顺层断层，其中局部地段也见有矿化。

近南北向断裂构造发育在矿区中部及西部，长度较大，倾角变化大，其中矿化较好的有Pb-12矿体地段。

南西-北东向断裂构造主要见于矿区东南部，规模较大，在也娘沟内由一组较小脆性断裂带组成，未见明显的主断面，但宏观错断明显，是一组成矿后构造。

矿区西段齐姐一带发育宽缓褶皱，它也控制了该地段大矿体形态和产状，Pb-14矿体顶底板的局部波状起伏即与成矿前和成矿期小型褶曲有关，矿区东南部二叠系—石炭系界线附近二叠系一侧褶皱也较发育。

热液变质作用发生于中酸性岩的接触带及地层中较大的断裂内，在岩体与灰岩等碳酸盐岩的接触带发生接触交代变质作用，与成矿作用关系极为密切。

2. 矿床特征

蒙亚啊矿床金属资源以铅锌为主，伴生有益组分主要为Cu、Ag。其中铅资源量(333+334)为35.32×10^4t，平均品位Pb=4.88%；锌资源量(333+334)为56.82×10^4t，平均品位Zn=5.72%。银资源量(333+334)为399.86t，平均品位$Ag=8.97\times10^{-6}$。在矿区范围内目前共有20个大小不等的矿(化)及矿化转石分布区，初具规模的矿体按照大小依次为Pb-14、Pb-13、Pb-12、Pb-10、Pb-18、Pb-4、Pb-9，其中Pb-14矿体占总资源量的80%。

Pb-14矿体位于齐姐上游南支流开阔山谷中，产出地段地面高程5100～5220m，是目前矿山开发的主要对象。该矿体规模大、埋藏浅、品位相对较稳定，可分为东、中、西3段。在矿体中段，第四系直接覆盖于矿层上；在矿体西段，矿体于石英钠长斑岩围岩附近尖灭。矿体呈似层状，控制的主矿体东西长470m，最宽300m，总体呈近东西走向，向南东倾伏，倾角在5°～30°之间，局部有水平产出或向北东倾伏，同时局部也见有倾角较大(约40°)的现象，顶底板界面有明显的波状起伏。

矿区普遍发育绿泥石化和绢云母化，矿体及其边部角岩化、青磐岩化、矽卡岩化、绿帘石化、黄铁矿化、黏土化普遍。

已发现的氧化矿仅存在于矿体的中段，地表剥土工程和露头上所见矿层为硫化矿和混合矿，局部见氧化矿层，且氧化矿层仅在第四纪坡积层下有少量分布，厚度在1.5m以内，氧化矿层下见厚度小于2m的混合矿层，其下为硫化矿，钻孔中所见矿层为硫化矿。

矿化现象在垂向上表现出一定的分带性，该特征在Pb-14号矿体中表现得尤为明显，矿体分带由上而下依次为方铅矿-闪锌矿化、方铅矿-闪锌矿-黄铜矿化、磁黄铁矿-黄铁矿化；矿石类型也由矽卡岩化大理岩型渐变为完全的矽卡岩型。

矿石构造类型以中等浸染状矿石为主，团块状、稀疏和稠密浸染状矿石次之，致密块状矿石仅在个别层位见到，多见条带状构造矿石。矿石结构有自形晶粒状结构、他形粒状结构、固溶体结构、穿插结构、充填交代结构、乳滴状结构、溶蚀交代结构等。

矿石矿物为方铅矿、闪锌矿、黄铜矿和铜蓝、孔雀石，脉石矿物为绿帘石、石英、方解石、黄铁矿、磁黄铁矿、褐铁矿等，矿石中见有闪锌矿与方铅矿含量负相关现象，尤其在矿体的西段表现得非常明显。

矿石银的含量与铅成正相关关系，而铜的变化无明显规律。有用组分S、Cd、Sn的含量已经超过或接近相关参数，可以综合利用。

(二)龙马拉铅锌矿床

龙马拉铅锌矿床位于蒙亚啊铅锌矿床西约30km。

1. 矿区地质特征

矿区出露地层主要为上二叠统列龙沟组杂砂岩夹粉砂岩、灰岩、砾岩，下二叠统洛巴堆组灰岩、矽卡岩化大理岩，下二叠统乌鲁龙组白云岩，石炭系旁多群板岩、砂岩、石英晶屑岩。而侵入岩体露头尚未发现。矿区内矿体主要呈层状产于灰岩地层中。

2. 矿床特征

矿区内发育有多个层状矿体，其中1号、2号矿体为铁矿体；4号为铅锌矿体，其产状较为陡立，为矿床的主矿体。

层状矿体内矿石主要呈块状构造、似条带状构造和团斑状构造。矿体与围岩无明显界线，为渐变过渡关系。块状矿石和条带状矿石主要分布于层状矿体内侧，而由矿体向围岩方向块状矿石逐渐过渡为团斑状矿石，其内部矿石矿物的含量也逐渐减少。

矿石内的矿石矿物主要为磁铁矿、黄铜矿、闪锌矿和方铅矿。在垂直剖面上，矿石矿物成分存在明显的分带现象，深部矿石主要以磁铁矿和黄铜矿为主，而浅部矿石中磁铁矿和黄铜矿所占比例逐渐减少，方铅矿和闪锌矿含量则逐渐增加。

赋矿围岩受到强烈的矽卡岩化和大理岩化，矽卡岩矿物主要为石榴石、透辉石、绿帘石、白云母、石英和方解石等。按矿物生成顺序大致可分为早期干矽卡岩阶段、晚期湿矽卡岩阶段和碳酸盐脉阶段。干矽卡岩阶段主要以石榴石、透辉石、白云母和磁铁矿为主；而湿矽卡岩阶段则主要以绿帘石、石英为主，并伴随有大量黄铜矿、闪锌矿和方铅矿矿化；晚期碳酸盐化则主要以脉状或团斑状方解石为特征，并强烈交代早期矿石矿物和脉石矿物。

三、区域成矿作用与成矿潜力

蒙亚啊-龙马拉矿集区的成矿活动与印度-亚洲大陆后碰撞伸展作用密切相关。王立强等(2011)对蒙亚啊矿床包裹体测温结果显示，石英中气液水包裹体均一温度变化范围较大，介于183～290℃之间，峰值主要集中在210～250℃之间，平均温度值为230℃。其中，主成矿期(石英-硫化物期)石英包裹体均一温度变化范围为195～290℃，平均温度值为235℃，峰值集中分布在220～260℃之间；成矿晚期(石英-硫化物期的碳酸盐阶段)石英包裹体均一温度介于183～245℃之间，平均值为209℃，峰值集中分布于200～220℃之间。石英包裹体岩相学研究表明，石英中包裹体主要为气、液两相包裹体；包裹体均一温度研究表明，成矿早期温度较高，平均温度值为235.4℃，峰值集中分布在220～260℃之间；成矿晚期温度有所降低，平均值为208.7℃，峰值分布于180℃和200～220℃之间；包裹体盐度(NaCl)变化于2.07%～9.60%之间，表明成矿流体总体具有低盐度特征。成矿流体盐度与温度总体上具正相关关系，显示出成矿过程中有低温低盐度热液的不断加入。蒙亚啊Pb-14矿H-O、C-O同位素的分析研究显示，成矿过程中成矿流体与围岩可能有过强烈的同位素交换，导致目前矿体中的H-O和C-O同位素均显示出岩浆热液与沉积岩的混合效应。蒙亚啊矿石S和Pb同位素的分析显示，S具有深源硫特征，Pb则更多地显示出上地壳来源特征。这显示成矿活动与壳幔物质交换作用有密切的关系。

付强等(2012)对龙马拉矿床矿石的Pb、S同位素的分析研究显示，金属硫化物的S同位素组成均一，$\delta^{34}S$为1.6‰～3.6‰，显示出岩浆硫的特征。矿石矿物$^{206}Pb/^{204}Pb$、$^{207}Pb/^{204}Pb$、$^{208}Pb/^{204}Pb$范围分别为18.6488～18.6572，15.7112～15.7166，39.1599～39.1763。Pb同位素组成变化范围较小，显示Pb同位素来源于同一岩浆源区。在Pb构造模式图上靠近上地壳演化线。龙马拉矿床的S、Pb同位素数据暗示，成矿物质主要来自上地壳，可能存在地幔源区物质的混入。

张遵遵等(2013)对蒙亚啊矿床矿石和围岩系统的稀土元素分析显示，矿石金属硫化物与来姑组岩石具有相近的稀土元素配分模式，均具有轻稀土富集、重稀土亏损，为明显的右倾型，同时具有明显的

Eu 负异常和 Ce 平坦型等特征，表明本矿床成矿物质来源与来姑组具有一定的亲缘关系，来姑组岩石可能为该矿床的形成提供了一定的成矿物质。

上述研究成果显示，区内蒙亚啊和龙马拉矿床的成矿物质与岩浆活动及与之相关的壳幔混源活动关系密切。岩浆热液对成矿流体有较为显著的贡献，并可能提供了成矿所需的硫。

张遵遵等（2012）对蒙亚啊矿区花岗斑岩稀土元素的分析显示，该斑岩可能为加厚上地壳部分熔融的产物。同时，程顺波等（2008）对该斑岩的锆石 LA-ICP-MS U-Pb 分析结果显示其侵位时代为 $13.9±0.27$Ma。

综合矿床成因和已知矿床矿体的产出形式，蒙亚啊-龙马拉铅锌矿集区 4500m 以浅的部位应具有 $300×10^4$t 铅锌的潜力，4000m 以浅应有 $(500～600)×10^4$t 铅锌的潜力，资源规模应为目前已知的 2 倍以上，同时伴生有大量的银和少量的铜。后续的找矿工作应该围绕断裂构造展开，包括近南北向和近东西向的断裂，而北东-南西向的构造发育时代较成矿晚，其对矿体的错动也能够较好地用于指导寻找非尖灭矿体延伸部分。对于不整合面上的矿化，可能规模并不会太大。同时，由于成矿活动与岩浆活动的密切关系，下一步的找矿工作应从寻找岩浆岩或与岩浆岩活动关系密切的热蚀变、热液蚀变等间接证据出发，探寻盲矿体。

第六节 亚贵拉-沙让铅锌钼矿集区

该矿集区位于工布江达县金达镇北约 35km 处，地处冈底斯东段北麓，地理坐标：E92°39′30″—92°46′47″，N30°10′00″—30°14′30″。面积约 98km²，行政区划隶属工布江达县管辖，318 国道从矿区南 35km 处的金达镇通过，矿区内有简易公路通往金达镇。矿集区内发育超大型矿床 1 处（亚贵拉铅锌银矿床），大型—中型矿床 3 处（沙让钼矿、洞中松多铅锌银矿床、洞中拉铅锌银矿）。

一、区域地质特征

该矿集区主要出露前奥陶系松多岩群（AnOS）变质岩系，诺错组（C_1n）板岩夹火山岩，来姑组（C_2P_1l）含砾砂质板岩、碎屑岩，洛巴堆组（P_2l）碳酸盐岩，帕那组（$E_{1-2}p$）火山岩以及第四系。矿集区侵入岩发育，主要为燕山晚期中酸性侵入岩，集中分布于中部及北部，主要岩性为黑云母花岗岩、斑状中粒花岗岩、二长花岗岩、中粒黑云母二长花岗岩、花岗闪长岩、石英闪长岩等，局部见有灰绿玢岩及花岗斑岩、石英斑岩，岩体在空间上伴随区域性断裂呈带状分布，与同时期的基性、中酸性和酸性火山岩紧密伴生。区内构造以断裂为主，总体表现为近东西向、北西向、北东向 3 组，其中近东西向的深大断裂为区内重要的导矿构造，其控制着区内铜、铅、锌、钼等多金属矿床（点）的分布，其成岩成矿同位素年龄值为 133.6～75.0Ma。

二、典型矿床特征

（一）沙让钼矿

矿区位于西藏林芝工布江达县城南西方向，位于国道 318 线北侧，距金达镇 40km，地理坐标：E92°40′00″—92°42′00″，N30°10′30″—30°12′00″，面积 8.91km²，行政区划属西藏自治区工布江达县金达镇管辖。

1. 矿区地质特征

沙让钼矿是西藏第一个达到详查程度的独立钼矿床(秦克章等,2008;唐菊兴等,2009;赵俊兴等,2011)。矿区出露地层有前奥陶系松多岩群(AnOS)石英岩、硅质岩、变石英砂岩夹绢云石英片岩,矿区出露的岩浆岩为中酸性侵入岩,始新世正常花岗斑岩体为矿床的含矿斑岩体(图6-9)。

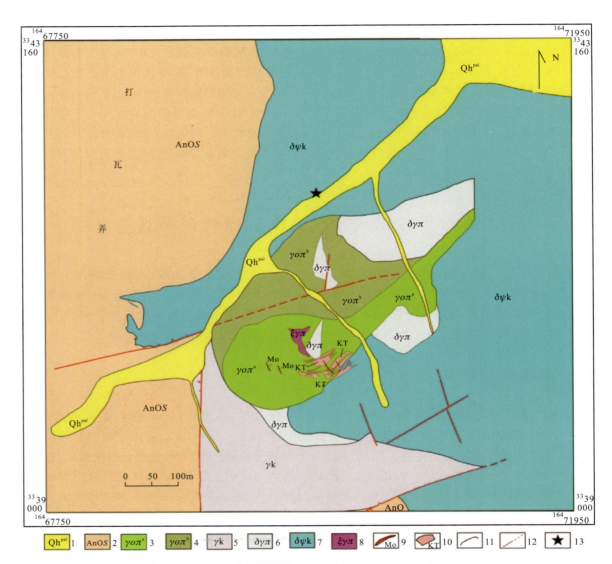

图6-9 沙让矿区地质简图(据四川冶金地勘局六〇六地质队修编,)

1.第四纪冲洪积物;2.前奥陶系松多岩群;3.中细粒斜长花岗斑岩;4.中粗粒斜长花岗斑岩;5.花岗岩;6.花岗闪长岩;
7.角闪闪长岩;8.钾长花岗斑岩;9.辉钼矿脉;10.辉钼矿体;11.地质界线;12.实测、推测断层;13.取样位置

2. 矿床特征

矿区目前划分出2种类型23个钼矿体,石英脉型钼矿体(Ⅰ号矿体)主要分布于矿区的钼矿化花岗斑岩中,沿岩石的裂隙、节理间形成石英脉型钼矿(化)体。斑岩型钼矿体(Ⅱ号矿体)主要产于钼矿化花岗斑岩、二长花岗斑岩体中,呈似层状、层状大致平行于岩体侵入接触面展布。Ⅱ号主矿体主要分布于东西长1.0km、南北宽0.4km的范围内,共划分23层工业钼矿体,单工程中单矿体厚1.50～39.77m,

一般在 2.0~8.0m 之间。倾角都小于 20°。主要的矿石矿物有辉钼矿、黄铁矿、钛铁矿、黄铜矿，伴生矿物有方铅矿、闪锌矿、白钨矿、磁铁矿等，呈细脉-浸染状构造、网脉状构造、脉状构造、浸染状、星点状产出，金属矿物生成顺序大致为黄铁矿—钛铁矿—辉钼矿。整个始新世花岗斑岩体几乎达到了全岩矿化的程度，局部富集形成矿体；矿化明显受花岗斑岩体控制，矿体与围岩界线呈渐变关系；蚀变呈面状分布，分带明显，为接触式分带，从接触带向花岗斑岩体为石英-绢云母化带→石英-泥化带→石英-弱钾化带；从接触带向围岩为硅化-绢云母化带→黄铁矿-绢云母化带→青磐岩化带。辉钼矿化与硅化、绢云母化关系最为密切。矿体呈透镜状、似层状、不规则状、脉状产出，大致平行于岩体侵入接触面展布，矿体平面形态以"U"形弧盆状为特点，剖面上以平行脉状、层状、透镜状为主。其中脉状辉钼矿体走向北东—南东，倾向南西，矿体产于斜长花岗斑岩体内；透镜状、似层状、不规则状钼矿体分布于盆东部及弧盆底部，平均厚度 116.8m，延深 4.5~150m，走向北东，倾向南东，向南西侧伏。矿体在平面上呈不规则状，剖面上表现为由一系列局部膨大、厚薄不一但延伸较为稳定的矿脉和透镜体，可见多层矿体呈被覆状产出，产于斜长花岗斑岩体内及其与围岩的接触带附近，总体为半隐伏—隐伏状矿体。根据 2008 年的详查，沙让钼矿区内（332+333）钼矿石总资源量 5783.08×10^4 t，金属资源量 3.5×10^4 t，平均品位 0.061%，达到大型矿床规模。

（二）亚贵拉铅锌矿

该矿区位于工布江达县金达镇北约 35km 处的亚贵拉—扎哇一带。地理坐标：E92°40′41″—92°46′17″，N30°12′21″—30°13′58″，面积 27km²。

1. 矿区地质特征

矿区内出露地层有上石炭统—下二叠统来姑组细碎屑岩夹碳酸盐岩沉积建造，矿区岩浆活动强烈，燕山晚期酸性侵入岩及脉岩发育。主要岩石类型有灰白色黑云母花岗岩、花岗斑岩及石英斑岩等，黑云母花岗岩主要分布于矿区北西部，呈不规则岩株状分布。

2. 矿床特征

矿区发现铅锌矿体 6 个、钼矿体 1 个，铅锌银（钼）矿化带 2 条，Ⅰ号矿化带位于矿区中南部，呈近东西向带状展布，长 5600m，宽 60~80m；Ⅱ号矿化带位于矿区中部，北东向带状展布，长 6700m。铅锌矿体呈层状或似层状，赋存于变石英砂岩（凝灰质）与大理岩岩性转换部位，并受大理岩控制；钼矿体呈厚层状赋存于近东西向展布的石英斑岩及其外接触带的硅化碎裂石英砂岩中，钼矿化呈细脉浸染状分布于石英斑岩脉及其上盘的硅化石英砂岩中，细脉宽 0.1~3cm 不等，矿体大部呈隐伏矿体产出。

矿体围岩蚀变一般较弱，主要发生在近矿围岩中，远离矿体基本没有矿化蚀变发生。矿体顶、底板围岩蚀变不对称，一般顶板围岩蚀变强于底板围岩。围岩蚀变类型远离矿体方向依次有矽卡岩化、硅化、绿帘石化、绿泥石化、碳酸盐化等，大致具一定的分带性。金属矿物主要有方铅矿、闪锌矿，其次有磁黄铁矿、黄铁矿、黄铜矿、白铁矿和毒砂等，根据地表槽探工程揭露观察情况，海拔标高较高处的矿体矿化程度及围岩蚀变明显比低处矿化弱，说明本区矿体剥蚀程度浅。钼矿体围岩蚀变较强，远离矿体方向依次有硅化、绢云母化、绿泥石化等。2008 年普查，获得（333+334$_1$）资源量：铅锌 271.09×10^4 t，银 2968t，铜 4.48×10^4 t，矿床平均品位 Pb 5.21%，Zn 2.66%，Ag 103.29×10^{-6}。其中，（333）资源量：铅锌 33.67×10^4 t，银 418.63t。银、铅锌资源量均已达大型矿床的规模。

三、区域成矿作用与成矿潜力

亚贵拉-沙让矿集区处于隆格尔-工布江达弧背断隆带东段（高一鸣等，2009，2011），其大地构造位置独特，铅锌银多金属成矿地质条件优越，属于雅鲁藏布江铜多金属成矿区北中部一条重要的铅锌银多金属成矿带。已有的年代学研究表明,沙让钼矿床的辉钼矿模式年龄分布在 52.69～51.57Ma 的范围内,所获 Re-Os 等时线年龄为 51±1.0Ma(唐菊兴等,2009)。角闪石闪长岩锆石 U-Pb 年龄范围在 52.7～45.39Ma,角闪石 $^{40}Ar-^{39}Ar$ 坪年龄为 53.25±0.6Ma(高一鸣等,2010),亚贵拉铅锌矿床一种观点认为含矿石英斑岩锆石 SHRIMP 年龄在 130.6～126.7Ma 之间(高一鸣等,2009),另外一种观点认为含矿石英斑岩的锆石 U-Pb 年龄为 68.6～65.8Ma(李奋其等,2010),辉钼矿 Re-Os 模式年龄在 65.97～64.27Ma 范围内,等时线年龄为 65.0±1.9Ma(高一鸣等,2011)。同位素年龄表明,与矽卡岩矿化有密切关系的石英斑岩体的成岩年龄证明其至少存在两次岩浆侵位事件,晚期石英斑岩其同位素年龄 68.6～65.8Ma 略早于矿区辉钼矿化时限 65.97～64.27Ma,基本代表了亚贵拉矿区成岩与成矿的耦合性。而沙让矿区的成岩年龄为始新世含矿斜长花岗斑岩的锆石 U-Pb 年龄 53±1Ma,成矿时代为始新世,辉钼矿 Re-Os 模式年龄 52.69～51.57Ma,辉钼矿 Re-Os 等时线年龄 51.0±1.0Ma、52.25±0.31Ma。成岩年龄与成矿年龄几乎一致,其误差值在允许范围内。矿区角闪石闪长岩锆石 U-Pb 年龄范围 52.7～45.39Ma 代表了矿区最晚的岩浆活动事件,而角闪石 $^{40}Ar-^{39}Ar$ 坪年龄为 53.25±0.6Ma,代表了该区花岗斑岩岩浆冷却年龄(高一鸣等,2010)。由此可见,以上数据与亚贵拉-沙让矿集区斑岩-矽卡岩铅锌铜钼多金属矿的成岩成矿同位素年龄高度吻合,这些数据表明念青唐古拉成矿带存在与古新世—始新世早期连续的岩浆活动相对应的钼多金属成矿作用。亚贵拉矿区、沙让矿区辉钼矿为念青唐古拉成矿带上发现的主碰撞期矿床,矿区内可见铅锌矿体穿插含辉钼矿的石英斑岩以及几乎全岩矿化的斜长花岗斑岩,经过初步研究,两个矿床在成矿机理上是一个与石英斑岩侵位有关的、早期以矽卡岩化铅-锌为主的、晚期以斑岩型钼矿化为主的斑岩-矽卡岩成矿系统。区内铅锌资源潜力在 $1000×10^4 t$ 以上,银资源潜力大于 5000t,钼资源潜力大于 $50×10^4 t$,具有良好的找矿前景和巨大的资源潜力。

第七节 勒青拉-哈海岗铅锌钨矿集区

勒青拉-哈海岗矿集区位于冈底斯东部,念青唐古拉山脉南侧拉萨河上游,面积可达数百平方千米。该矿集区产出许多著名铅锌、铜钼矿床,如轮郎铅锌(银)、新嘎果铅锌矿、哈海岗铜钼矿、列廷冈-勒青拉铁铜铅锌等矿床。该矿集区内的矿床以矽卡岩型矿为主,少量斑岩型矿床。金属矿物主要以铅锌为主,铁铜为辅,少量钨钼矿床。矿床类型主要为矽卡岩型、斑岩型、热液型等。矿床类型主要为以勒青拉为代表的矽卡岩型铅锌铁矿和以哈海岗为代表的斑岩型铜钼矿。

一、区域地质特征

该区构造位置上处于冈底斯-念青唐古拉岩浆弧东侧。区域地层主要包括中新元古代古老结晶基底、早古生代前奥陶纪变质岩系,石炭纪—二叠纪细碎屑复理石夹碳酸盐岩和中基性火山岩,早中三叠世局限海相盆地及海陆交互相砂岩,白垩纪浅海相-潮汐相-陆相碳酸盐岩-碎屑岩沉积建造和新生代中酸性火山岩-火山碎屑岩建造。区域构造以线性复式褶皱和压扭性逆冲推覆构造为主要特征,沿冈底斯岩基北缘发育了一条规模较大的旁多逆冲推覆系(图6-10)。区域构造复杂,以断裂构造和褶皱构造为主,近东西向、北西-南东向、北东-南西向、近南北向构造发育。区域内各种矿床的产出受构造控制特征明显,褶皱、逆冲推覆断裂、活动断裂和韧性剪切带是本区的主要控矿构造。

区内岩浆活动强烈,具有期次多、分布面积大、与区域构造演化存在密切关系的特点。区域火山喷发主要发生在中二叠世、早白垩世、古近纪和第四纪。区域岩浆侵入主要发生于早侏罗世、早白垩世、始新世和中新世4个阶段。古近纪早期形成了著名的林子宗火山岩系和冈底斯花岗岩基。

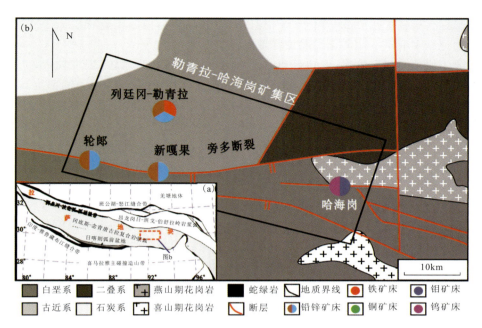

图 6-10 矿集区大地构造位置图(a)和勒青拉-哈海岗铅锌钨矿集区地质简图(b)

二、典型矿床——勒青拉铅锌矿

勒青拉矽卡岩型铅锌铁铜钼矿床位于隆格尔-工布江达弧背断隆带及米拉-门巴陆裂谷带内,地处拉萨市林周县与堆龙德庆县交界处,在林周县春堆乡境内属于矿床的南部矿区,习惯称之为勒青拉矿区,主要发育矽卡岩型铅锌和铁矿体;而堆龙德庆县庆乡门堆村境内属于矿床的北部矿区,称之为列廷冈矿区,主要发育矽卡岩型铁铜钼矿体。矿床以铅锌为主,其中锌的矿石量远大于铅,铁、铜、钼矿体规模相对较小。勒青拉铅锌多金属矿勘查结果显示(333+334)铅资源量 14.50×10^4 t,平均品位 2.03%;(333+334)锌资源量 40.81×10^4 t,平均品位 5.71%。合计矿床资源量(333+334)铅锌 55.31×10^4 t,平均品位铅锌 7.74%。另外估算了伴生铜资源量 3219.76t;金资源量 2.22t;银资源量 394.40t;镉资源量 1635.85t。

1. 矿区地质特征

勒青拉矿区内出露的地层主要为中二叠统洛巴堆组、上二叠统蒙拉组和上三叠统—下侏罗统甲拉浦组、古近系始新统年波组和第四系。中二叠统洛巴堆组(P_2l)岩性以安山质凝灰岩、安山质玄武岩和含安山质角砾凝灰岩为主,夹两层碳酸盐岩和一层凝灰质砂岩。上二叠统蒙拉组(P_3m)岩性上部为一套灰—暗灰绿色厚层状长石石英砂岩、砾岩、凝灰质砂岩,下部为灰岩、硅质条带灰岩、泥灰岩、薄层砂板岩。上三叠统—下侏罗统甲拉浦组(T_3J_1j)岩性为灰—灰黑色中厚层砂岩、碳质板岩、粉砂岩和泥岩等。古近系始新统年波组(E_2n)为一套紫红—紫灰色流纹质熔结凝灰岩夹火山角砾岩、凝灰质砾岩,局部夹长石岩屑砂岩,底部为砾岩。第四系(Q)为陆相沉积。

矿区褶皱断裂构造较发育。褶皱多表现为较宽缓的背斜,主要包括勒青拉复式向斜、帮舍扎日南复式背斜,背斜两翼产状宽缓,地层在走向和倾向上波状起伏。帮舍扎日复式背斜的次级背斜构造与矿体空间分布关系密切。矿区主要发育与区域构造相同的一组近东西走向正断层,断层面倾向北或南,倾角 $58°\sim78°$,有大致等间距分布的特征,主要位于帮舍扎日南复式背斜轴部转折部位,形成"垒式"断层组合,控制了其中脉状矿体的分布。断层破碎带内主要为碎裂岩和断层泥。矿化蚀变有铅锌矿化、硅化、方解石化、矽卡岩化、褐铁矿化、绿泥石化和绿帘石化等;断层明显控制了脉状矿体的产出,且早期矿化在后期断层活动过程中有进一步矿化的叠加富集现象。

侵入岩主要为侵位于洛巴堆组、蒙拉组和甲拉浦组中的居布札日岩体,规模较大,呈近圆形大面积分布,岩性主体为花岗闪长岩,另有花岗闪长斑岩、斑状花岗岩和花岗岩等,在不同部位,岩石岩性、矿物组成、粒度均有渐变过渡的现象,呈现涌动侵入关系,显示多次连续侵位的复式岩体特征。此外,还见有花岗斑岩、闪长玢岩和辉绿玢岩小岩株及岩脉。勒青拉矿区二叠系洛巴堆组和古近系年波组中均有大量火山岩。

2. 矿床特征

铁矿体主要发育于岩体西北侧和南侧接触带及附近的蒙拉组中,围绕岩体呈条带状半环状分布,多呈似层状和长透镜状产出于沿灰岩层发育的石榴石矽卡岩带中,受地层和接触带控制明显,矿体产状与地层产状一致;少数呈细脉状沿断裂分布,受中等或较小断裂控制;另在南侧距离岩体较远的洛巴堆组中见数条小的铁矿体顺层产出。此外,在岩体西北侧接触带控制的个别铁矿体中,还发育有铜钼矿体,呈似层状与铁矿体共生。这些铅锌、铁、铜钼矿体具有典型的矽卡岩矿体特征,形态、产状和规模变化大,但品位高。

勒青拉铅锌多金属矿受褶皱滑脱空间(层间破碎带及构造滑动面)和断裂控制,矿体产出形态主要呈层状和脉状。勒青拉层状矿体主要有3层,其中以Ⅰ号、Ⅵ号铅锌矿体为代表的两层产于蒙拉组二段,另一层为产于洛巴堆组三段(4)层的层状富铁矿体。Ⅰ号铅锌矿体沿蒙拉组二段层间破碎带顺层产出,与脉状矿体交叉分布。该矿体自25线以东残留分布,即Ⅴ号矿体。Ⅵ号铅锌矿体自接触带向西至6线附近顺层间滑脱空间产于蒙拉组二段偏上部层位中,其连续性好,延伸稳定,长度超过1600m,是矿区控制长度最长的矿体。该矿体分带明显,在接触带部位,为富铁矿体,沿蒙拉组二段上部层位向西渐变为锌矿体,至3线附近,渐变为铅锌矿体,在0线附近表现为与脉状矿体交叉分布。层状富铁矿体主要分布在矿区的东南部,受洛巴堆组三段(4)层控制,自接触带向西顺层间滑脱空间延伸,总体走向近东西。

矿床矿石金属矿物主要有方铅矿、闪锌矿、黄铜矿、斑铜矿、毒砂、辉钼矿、磁铁矿、磁黄铁矿、黄铁矿、孔雀石和褐铁矿等,非金属矿物主要有石英、方解石、透辉石、透闪石、阳起石、石榴石、硅灰石、黑云母、绿帘石、黝帘石、绿泥石、钾长石、绢云母、蔷薇辉石、金云母、萤石和电气石等。

矿石结构种类较多,包括自形—半自形粒状结构、他形粒状结构;骸晶结构、镶边结构、网状结构、自形粒状代晶结构、乳滴状结构等。局部地段闪锌矿和方铅矿破碎具斑状压碎结构。矿石构造较简单,主要表现为角砾状、脉状、网脉状、条带状、细脉浸染状和块状构造。其中以细脉浸染状、块状构造为主;条带状构造主要在充填于层间破碎带中的矿体中,角砾状构造则常见于充填构造破碎带的矿体中。

三、区域成矿作用与成矿潜力

冈底斯成矿带自侏罗纪到中新世都有强烈的成矿作用,该成矿作用与大规模的岩浆作用和构造活动密不可分。该带矽卡岩型矿床常在临近岩体的接触带上发育有铜、钼、铁等高温矿体及高温的矽卡岩矿物组合,而离岩体较远的接触带上发育有以Pb、Zn为主的较低温矿物组合及蚀变组合。

冈底斯构造带发育多条火山岛弧-深成岩浆带,在印-亚大陆碰撞过程中普遍发育矽卡岩型、斑岩型铅锌铁铜矿床,伴生钨钼成矿,形成了著名的冈底斯北缘铅锌多金属成矿带。因此从构造-岩浆背景表明该带具有很大的成矿潜力。工程勘查结果表明,勒青拉-哈海岗矿集区铅锌资源潜力应有$(200\sim300)\times10^4$t,钨钼资源潜力应该有$(30\sim40)\times10^4$t,总的资源规模应为目前已知的2倍以上,同时伴生有大量的银、铁、镉资源及少量的铜、金。

第八节 查个勒铅锌矿集区

查个勒铅锌矿集区位于日喀则市昂仁县北西方向，平距约 140km 处，地理坐标：E86°08′00″—86°21′00″，N30°05′05″—30°21′00″，面积约 615km²。

一、区域地质特征

该矿集区位于念青唐古拉铅锌成矿带中段南缘，南邻洛巴堆-米拉山断裂带深大断裂带。区内出露的地层为下二叠统拉嘎组（P_1l）、昂杰组（P_1a）和中二叠统下拉组（P_2x）碎屑岩夹碳酸盐岩，古新统典中组（E_1d）、始新统年波组（E_2n）和帕那组（E_2p）陆相火山岩夹火山碎屑岩以及第四系。矿集区侵入岩较为发育，主要为浅成或超浅成的微—细粒二长花岗斑岩，侵位于二叠纪碎屑岩夹碳酸盐岩建造中，受近东西向、北东向或北西向及近南北向断裂构造的控制，呈岩株状产出、近东西向带状分布，其成岩成矿时代为白垩纪末—古新世的 72.2～61.4Ma。

区内构造线总体呈近东西向展布，次为北东向、北西向和近南北向，以发育线性褶皱和压扭性断裂为主要特征。断裂生成序列以近东西向断裂最早，北东向和北西向断裂次之，近南北向最晚；从矿区地质特征分析，近东西向断裂与北东向和近南北向断裂的交会部位严格控制了含矿岩体的侵位和展布，并为矿集区铅锌多金属矿的成矿物质运移和富集提供了有利的条件。

二、典型矿床

该矿集区以斑岩-矽卡岩型铜钼铅锌银矿床为主，次为浅成低温热液脉型铅锌银矿床。以发育大型的查个勒铅锌多金属矿、中型的查孜铅锌银矿、中型的龙根铅锌矿、虾弄铅锌矿和北纳铅锌矿等斑岩-矽卡岩型与浅成低温热液脉型矿床为代表。

（一）查个勒铅锌矿

该矿位于日喀则市昂仁县北西方向，平距约 143km 处；行政区划隶属昂仁县如莎乡管辖。矿区西距 209 省道（22 道班—措勤）平距约 60km，交通不便。

1. 矿区地质特征

矿区地层较为简单，除沟谷分布有第四纪冲洪积与冰碛物外，主要为中二叠统下拉组二段（P_2x^2）变粗碎屑岩和三段（P_2x^3）变细碎屑岩夹碳酸盐岩，在矿区西南侧分布有林子宗群帕那组（E_2p）流纹质及英安质熔结凝灰岩、凝灰岩夹英安岩。区内岩浆活动较为强烈，且明显受构造控制，呈串珠状分布于矿区北部、北东部以及南部，主要为酸性浅成侵入岩及少量的火山岩（图 6-11）。花岗斑岩是矿区内出露的主要岩石类型，呈岩株或岩脉产出，矿区花岗斑岩与矿体的形成关系密切。

2. 矿床特征

矿区目前共圈定不同规模的铅锌矿体或铜铅锌矿体 13 条，铜钼矿（化）体 1 处。铅锌矿（化）体（Ⅷ号矿体）主要赋存于中二叠统下拉组三段（P_2x^3）石榴石矽卡岩化灰岩及其构造破碎带之中，少量（Ⅳ号、Ⅴ号、Ⅵ号矿体）分布于侵入岩体与围岩的内接触带之中，呈脉状产出，近东西向、北西向、北东向和近南北向展布；单个的矿体厚 1.0～30.0m，地表延长 50～800m；主要矿石矿物有方铅矿、闪锌矿、黄铜矿等。

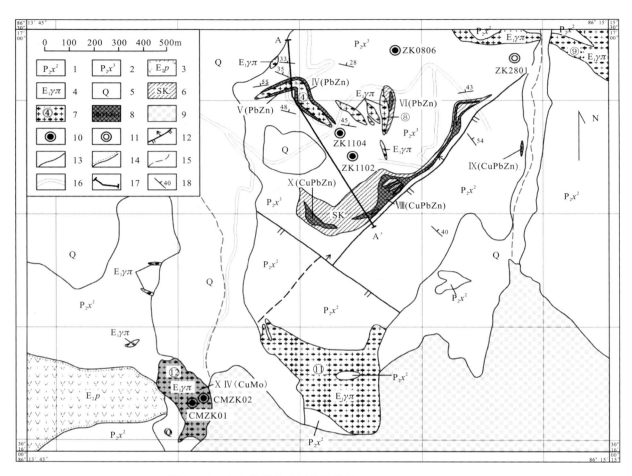

图 6-11 查个勒铅锌矿区地质简图(据陈富琦等修改,2010)

1.中二叠统下拉组二段;2.中二叠统下拉组三段;3.始新统帕那组;4.古新世花岗斑岩;5.第四系;6.矽卡岩化分布区;7.花岗斑岩体及编号;8.矿体编号及矿种;9.冰川覆盖区;10.见矿钻孔及编号;11.未见矿钻孔及编号;12.逆冲推覆断层;13.地质界线;14.角度不整合界线;15.水系;16.公路;17.构造地质剖面;18.地层产状

在 CZK2801 钻孔中,于孔深 139.70～156.55m 识别出一套呈透镜状分布的糜棱岩化构造角砾岩和糜棱岩,属于由北向南的逆冲推覆构造所形成的北东向构造破碎带;于孔深 101.3～105.25m,识别出一套呈棱角状分布的构造角砾岩,属于逆冲推覆断层上盘发育的反向正断层。在钻孔岩芯和勘探线剖面上,其铅锌矿化与选择性顺层交代的石榴石矽卡岩密切相关,且二者呈正相关关系,矿体顶部和底部矽卡岩化铅锌矿品位较低(2%～8%),而中部矽卡岩化铅锌矿品位较高(10%～15%),呈团块状、细脉状和斑点状分布,矿化不均匀,Pb+Zn 品位 0.12%～12.11%;铜钼矿(化)体产于矿区南部的Ⅻ号花岗斑岩之中,主要矿石矿物有辉钼矿、黄铜矿和孔雀石等,呈细脉或微脉浸染状产出,矿化不均匀,在花岗斑岩的石英脉和构造破碎带及其两侧相对较富,Mo 品位 0.013%～0.041%。属典型的斑岩+矽卡岩型铜钼铅锌矿床。

Ⅳ号铅锌矿体:产于花岗斑岩与围岩的接触部位,赋矿岩石主要为外接触带角岩,矿体受花岗斑岩体产状的控制,沿岩体脉状产出,地表呈似"7"字形。矿体长 420m,斜深约 60m,厚 0.17～3.90m,平均厚 1.65m,平均品位 Pb 6.49%,Zn 6.55%。

Ⅴ号铅锌矿体:产于花岗斑岩脉的南侧及南西侧,矿体特征与Ⅳ号铅锌矿体极为相似,受花岗斑岩体产状的控制,矿体沿走向延伸 250m,斜深 60m,厚度 1.65～3.50m,平均厚度 2.26m,平均品位 Pb 5.78%,Zn 5.03%。

Ⅷ号铅锌矿体:分布于矿区中部—北东部,总体呈北东-南西向展布,矿体严格受F_2断裂控制,赋矿岩石为角岩,是区内规模最大的一条矿体。矿体严格受控于F_2断层,主要产于F_2断层上盘,部分锌或铜锌矿石产于构造破碎带中,矿体呈脉状产出,沿断层波状起伏,曲折延伸,产状变化较大。矿体沿走向延伸880m,平均厚11.42m,平均品位Pb 1.54%,Zn 2.61%。

Ⅹ号铅锌矿体:分布于矿区中部,矿体呈脉状产出,平均厚度15.94m,平均品位Pb 2.75%,Zn 3.28%。

查个勒铅锌矿区2014年的详查,累计探获(331+332+333)级铅锌资源量$97.34×10^4$t,伴生银11.01t;矿床平均品位Pb 2.08%,Zn 3.29%,Ag $6.07×10^{-6}$。其中(331)级铅锌资源量$63.44×10^4$t,(332)级铅锌资源量$23.80×10^4$t,(333)级铅锌资源量$10.10×10^4$t(陈富琦等,2010)。其中,2014年新增(331+332+333)级铅锌资源量$14.05×10^4$t(在2013年勘探成果的基础上),新增的伴生银资源量1.83t。

(二)龙根铅锌矿

龙根铅锌矿位于查个勒铅锌多金属矿床的北西侧,平距约4.5km。矿区出露地层较为简单,除沟谷分布有第四纪冲洪积与冰碛物外,主要为中二叠统下拉组二段(P_2x^2)变粗碎屑岩和三段(P_2x^3)变细碎屑岩夹碳酸盐岩,在矿区北东侧分布有林子宗群年波组(E_2n)流纹质及英安质熔结凝灰岩、凝灰岩夹流纹岩和英安岩。区内岩浆活动较为强烈,且明显受近东西向及北西向构造控制,呈串珠状分布于矿区中南部和北东部,主要为酸性浅成侵入岩及火山岩。花岗斑岩是矿区内出露的主要岩石类型,呈岩株或岩脉产出。

矿区目前已圈出不同规模的铅锌矿(化)体共5条,单个的矿(化)体厚0.8~11.8m,地表延长60~260m,呈脉状或囊状产出,近东西向展布;主要矿石矿物有方铅矿、闪锌矿、黄铜矿等,次生氧化矿物有孔雀石、蓝铜、铅矾等。矿区内花岗斑岩与矿(化)体的形成关系密切,其中铅锌矿化或铜铅锌矿化产于花岗斑岩与中二叠统下拉组三段(P_2x^3)矽卡岩化灰岩的外接触带中,呈团块状、斑点状、细脉状和浸染状产出,具细粒结构和中—粗粒结构,Pb+Zn品位0.36%~12.83%;在槽探剖面上,其铅锌矿化与选择性顺层交代的石榴石和透辉石矽卡岩密切相关,且二者呈正相关关系,矿体顶部和底部矽卡岩化铅锌矿品位较低(2%~8%),而中部矽卡岩化铅锌矿品位较高(10%~15%)。属典型的矽卡岩型铅锌矿床。

三、区域成矿作用与成矿潜力

矿集区地处冈底斯成矿带中段,隶属隆格尔-许如错铜铁铅锌多金属找矿远景区内。查个勒矿集区斑岩型铜钼矿床与其外围的矽卡岩型铅锌多金属矿和浅成低温热液型铅锌银矿床在成岩成矿年龄上高度吻合,均在72.2~61.4Ma之间,与印-亚板块俯冲晚期和主碰撞作用的时代一致,二者均受板块碰撞地球动力学背景和深源浅成中酸性岩浆成矿作用的控制,属于统一的斑岩-矽卡岩浅成低温热液成矿系统。在形成斑岩铜钼矿床的同时,自岩浆活动中心向外迁移的含矿流体,在岩体外接触带或层间滑脱带与钙质围岩发生交代形成矽卡岩型铜多金属矿床(点),在远离岩体的构造空间形成浅成低温热液脉型铅锌矿床(点)。

查个勒矿床3件锆石U-Pb同位素样品均具有一致的年龄谱,^{206}Pb/^{238}U加权平均年龄分别为64.6±1.2Ma、63.4±1.3Ma和62.9±1.0Ma,代表了查个勒花岗斑岩岩浆结晶的时代,说明查个勒矿区含矿岩浆侵位时代为64.6~62.9Ma;查个勒辉钼矿Re-Os模式年龄为65.42~61.20Ma,加权平均年龄为62.3±1.4Ma,此年龄可以作为该矿床的成矿时代。此外,黄瀚霄等(2012)和高顺宝等(2012)对查个勒花岗斑岩获得的LA-ICP-MS锆石U-Pb年龄分别为63.18±0.77Ma和63.28~62.1Ma,此数据与本书的年龄吻合。另据王保弟等(2012)对查个勒矿床含矿岩体获得的LA-ICP-MS锆石U-Pb年龄分别为72.2~70.1Ma和65.2~64.4Ma,辉钼矿Re-Os模式年龄为72.8~70.9Ma,加权平均年龄为71.5±1.3Ma;此年龄略早于本书所获得的成岩、成矿年龄,但基本一致。

龙根矿床一件含矿斑岩的锆石矿物颗粒的标型内部结构研究表明,样品的锆石均具有宽窄不一的韵律环带结构,Th/U比值皆大于0.3,具有明显的岩浆结晶锆石特征,说明其锆石是在岩浆系统中结晶形成。样品具有两组明显的年龄谱,老的一组^{206}Pb/^{238}U加权平均年龄为70.5±2.0Ma,这组年龄的锆石大多具有残留核,对应于印-亚板块的俯冲消减晚期时代(Mao et al.,2014),可能记录了印-亚板块俯冲大陆边缘弧后伸展过程中的岩浆-流体成矿事件;另外一组^{206}Pb/^{238}U加权平均年龄为61.4±1.2Ma,对应于印-亚板块的主碰撞时代(侯增谦等,2006),代表了印-亚板块碰撞聚合中的岩浆-流体成矿作用时代。

龙根矿床与查个勒矿床的铅锌矿化或铜铅锌矿化均赋存于晚白垩世—古新世花岗斑岩与中二叠统下拉组矽卡岩化灰岩的外接触带中,只是龙根矿床的含矿斑岩为中—细粒结构,反映斑岩侵位相对较深,而查个勒矿床的含矿岩体为微—细粒结构,揭示岩体侵位较浅,二者具有相同的成矿地质背景和成矿条件。同时上述同位素年代学数据揭示了查个勒铅锌矿集区的成岩成矿年龄主要集中在白垩纪末——古新世的72.2~61.4Ma,其中含矿斑岩LA-ICP-MS锆石U-Pb年龄明显可分为两组,^{206}Pb/^{238}U加权平均年龄分别为72.2~70.1Ma和65.2~61.4Ma,前者记录了早期的构造岩浆事件,后者代表了岩浆的结晶年龄;而辉钼矿Re-Os等时线年龄为71.5±1.3Ma和62.3±1.4Ma,分别代表了查个勒矿集区早期成矿年龄和主成矿期年龄。由此认为查个勒矿集区的查个勒斑岩型辉钼矿化和矽卡岩型铅锌矿化与查个勒矿区北西侧相距约4.5km处的龙根铜钼铅锌成矿作用的时间基本一致,它们应属同一构造-岩浆事件的产物,属于统一的构造-岩浆成矿系统。

念青唐古拉成矿带东段主要有亚贵拉、洞中拉、洞中松多、蒙亚啊、龙马拉、勒青拉、新嘎果等大型—超大型铅锌矿床,表明在印-亚大陆主碰撞时期还伴有65.2~61.4Ma主成矿期的铜钼铅锌成矿作用。西藏自治区矿产资源潜力评价在查个勒矿集区预测2000m以浅的铜资源量11.50×10^{4}t,银资源量157.37t,铅资源量56.80×10^{4}t,锌资源量97.71×10^{4}t。

第九节 隆格尔铁铜多金属矿集区

该矿集区位于日喀则市仲巴县北西方向,平距约190km处,地理坐标:E83°30′00″—84°15′00″,N30°50′00″—31°20′00″,面积约615km^2。行政区划隶属日喀则市仲巴县管辖。矿集区南距G219国道(仲巴—霍尔)平距约120km,有仲隆公路可通;从仲巴县有G219国道可达拉萨市,交通较为便利。

一、区域地质特征

该矿集区主要出露上石炭统—下二叠统拉嘎组(C_2P_1l)、下二叠统昂杰组(P_1a)、中二叠统下拉组(P_2x)碎屑岩与碳酸盐岩建造,下白垩统则弄群(K_1Z)复理石建造与火山岩建造,古新统典中组(E_1d)陆相火山岩建造及第四系等。区内中生代及新生代中酸性侵入岩活动强烈,主要为浅成或超浅成的花岗闪长岩、二长花岗岩、石英斑岩和花岗斑岩等,侵位于石炭纪—二叠纪碎屑岩与碳酸盐岩建造中,受东西向、北东向及北西向断裂构造控制,呈岩株状产出、近东西向带状分布,其成岩成矿时代为晚侏罗世—始新世的149.0~53.9Ma。

区内构造线总体呈近东西向展布,次为北东向、北西向,以发育线性褶皱和压扭性断裂为主要特征。断裂生成序列以近东西向断裂最早,北东向和北西向断裂次之;从矿区地质特征分析,近东西向断裂与北东向和近南北向断裂的交会部位严格控制了含矿岩体的侵位及展布,并为矿集区铁铜铅锌多金属矿的成矿物质运移和富集提供了有利条件,是寻找矽卡岩-斑岩型铜多金属矿床与热液脉型铅锌矿床的有利区块。

二、典型矿床

该矿集区以矽卡岩-斑岩型铁铜多金属矿床为主,次为热液脉型铅锌矿床。以发育具大型潜力的隆格尔铁矿床和邦布勒铁铜铅锌矿床以及尺阿弄勒铜矿点、俄欠铁铜矿点、尺阿弄铁矿点等一系列矽卡岩-斑岩型铁铜多金属矿与热液脉型铅锌矿床(点)为代表。

(一)隆格尔铁矿

隆格尔铁矿位于日喀则市仲巴县城北北东方向,平距约190km处;矿区中心地理坐标:E83°53′29″,N31°09′03″,行政区划隶属仲巴县隆格尔乡管辖。矿区南距G219国道有仲巴至隆格尔公路可通,从仲巴县有G219国道可达拉萨市,交通较为便利。

1. 矿区地质特征

矿区主要出露中二叠统下拉组(P_2x)碳酸盐岩夹碎屑岩建造;区内岩浆活动强烈,主要为晚燕山期中酸性-酸性浅成侵入岩(图6-12)。与成矿有关的二长花岗岩、花岗闪长岩及石英斑岩,呈岩株状产出;其中二长花岗岩LA-ICP-MS锆石U-Pb年龄为115.5~112.9Ma(杨竹森等,2010;段志明和曹华文,2015),石英斑岩LA-ICP-MS锆石U-Pb年龄为112.6±1.3Ma(段志明和曹华文,2015),花岗闪长岩LA-ICP-MS锆石U-Pb年龄为97.2±1.1Ma(杨竹森等,2010),成岩成矿时代为早白垩世—晚白垩世。

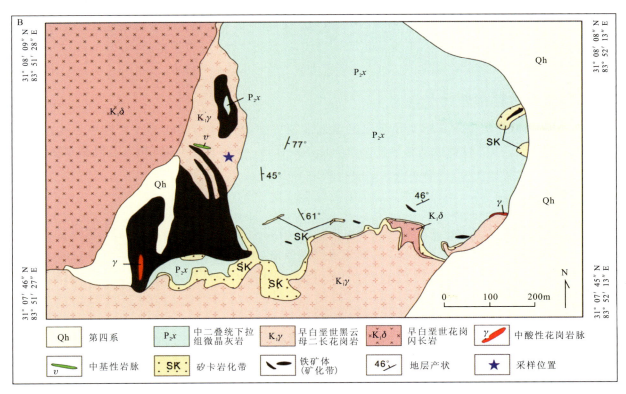

图6-12 隆格尔铁矿区地质简图(据黄亮亮和曹华文等,2015)

2. 矿床特征

隆格尔铁矿体赋存于早白垩世二长花岗岩与中二叠统下拉组碳酸盐岩的侵入接触带,呈层状、似层状、不规则透镜体状及脉状产出。围岩蚀变主要为矽卡岩化(石榴石、透辉石及透闪石化等)、绿帘绿泥石化、碳酸盐化以及弱绢云母化等。

隆格尔铁矿区2008年的普查，共圈定了11个铁矿体，编号分别为V1、V2、V3、…、V11矿体。其中V1、V2矿体分布于矿区中南部，规模较大，矿体连续性较好，是矿区的主矿体，目前控制程度较高；其他矿体规模较小，目前工作程度较低。主要矿石矿物为磁铁矿（含量约80%），次为赤铁矿、褐铁矿、硅铁矿，偶见孔雀石等；脉石矿物主要为透辉石、阳起石、石榴石、方解石、绿帘石、绿泥石、金云母等。

V1矿体分布于矿区南部，赋存于二长花岗岩与中二叠统下拉组矽卡岩化灰岩的接触带中，矿体产状与接触带产状基本一致，矿床成因属典型的矽卡岩型铁矿床；矿体呈近南北向不规则透镜体状产出，工程控制长280m，东西向出露宽度最大达240m，延深大于200m，产状270°∠60°～70°；矿体在纵向上中部厚大，两端尖灭，品位南端变低。矿体单工程厚度66.47～157.83m，平均厚度119.86m；单工程品位TFe 44.00%～63.90%，平均品位TFe 60.66%；矿体形态复杂程度属简单型。矿体赋存标高4760～5154m，最大埋藏深度275m。

V2号矿体分布于矿区中北部，距V1矿体最近距离约50m，矿体赋存于二长花岗岩与下拉组矽卡岩化灰岩的接触带中，呈层状、似层状产出，近南北向展布，产状270°∠65°～70°；地表探槽控制长度200m，最大宽度处可达50m，钻探控制延深大于200m。矿体在走向上中部较厚，向南、北两端变薄以至尖灭。矿体单工程厚度24.34～46.15m，平均厚度34.67m；单工程品位TFe 62.17%～63.75%，平均品位TFe 62.67%；矿体形态复杂程度属简单型。工程控制矿体赋存标高4710～5001m，最大埋藏深度291m。

2006—2008年，西藏隆格尔矿业有限公司、西藏华威工贸有限公司先后对隆格尔铁矿开展了预查和普查工作，圈定了11个磁铁矿体，并于2008年提交了（333+334）级铁矿石量4039.82×10⁴t；2010年，西藏隆格尔矿业公司对隆格尔铁矿开展了详查评价工作，控制V1和V2矿体（332+333）级铁矿石量3739.62×10⁴t，平均品位TFe 56.37%，达到中型矿床规模（西藏隆格尔矿业有限公司，2010）。其中（332）级铁矿石量3097.89×10⁴t，平均品位TFe 55.53%，（332）级占总资源量的82.38%；（333）级铁矿石量641.73×10⁴t，平均品位TFe 60.56%。该矿床具大型矿床的找矿潜力。

（二）邦布勒铁铜铅锌矿

邦布勒铁铜铅锌矿位于日喀则市仲巴县城北北西方向，平距约160km处；矿区中心地理坐标：E83°44′10″，N31°01′10″，行政区划隶属仲巴县隆格尔乡管辖。矿区南距G219国道有隆格尔至仲巴公路可通，从仲巴县有G219国道可达拉萨市，交通较为便利。

1. 矿区地质特征

矿区主要出露上石炭统—下二叠统拉嘎组（C_2P_1l）、中二叠统下拉组（P_2x）碎屑岩与碳酸盐岩建造，古新统典中组（E_1d）陆相火山岩建造。区内岩浆活动强烈，主要为酸性浅成侵入岩及少量的火山岩。与成矿有关的石英斑岩，呈岩株状产出，LA-ICP-MS锆石U-Pb年龄为76.29±0.80Ma，成岩成矿为晚白垩世（高顺宝等，2015）。

2. 矿床特征

铁铜铅锌矿化体和铁帽矿化体主要产于石英斑岩与下拉组石榴石矽卡岩化灰岩的接触带、拉嘎组碎屑岩与下拉组灰岩接触界面，以及拉嘎组层间界面上；围岩蚀变主要为矽卡岩化、绿泥石化、硅化、褐铁矿化、黏土化等。邦布勒矿区目前共圈定了铁铜铅锌矿（化）体10个、铁帽矿化体10个。

矿（化）体呈不规则脉状或顺层间界面产出，近东西向及近南北向展布；单个的铁铜多金属矿（化）体长约150～500m，宽约5～120m；主要矿石矿物为磁铁矿、方铅矿、闪锌矿、黄铜矿、斑铜矿、孔雀石、蓝铜矿等，脉石矿物有石榴石、透辉石、阳起石、硅灰石、绿泥石、方解石、石英等。单工程品位变化于TFe 3.5%～56.5%，Cu 0.24%～5.67%，Pb 1.22%～8.37%，Zn 0.89%～7.91%，Ag（7.84～30.64）×

10^{-6}之间。矿床成因属典型的矽卡岩-斑岩型铁铜铅锌银矿床。

KT6(PbZnCuFe)矿体：分布于矿区北部，赋存于下拉组灰岩与拉嘎组砂岩的接触界面上，呈顺层脉状产出，近东西向展布，倾向南—西南，倾角在$12°\sim55°$之间；地表工程控制矿体长约300m，宽$1\sim25$m，平均宽约4.6m。主要矿石矿物为磁铁矿，其次为方铅矿、闪锌矿、孔雀石、蓝铜矿、黄铜矿、赤铁矿等；脉石矿物主要为石英、阳起石、石榴石、透辉石、方解石等。单工程矿体平均品位Pb $1.22\%\sim2.35\%$，Zn $0.89\%\sim2.77\%$，Cu $0.24\%\sim1.21\%$，Ag 7.84×10^{-6}。

KT8(PbZnCuFe)矿体：分布于矿区中部，是矿区内矿化最富的矿体之一，矿体赋存于石英斑岩与下拉组矽卡岩化灰岩的外接触带中，呈似层状、透镜状产出，近南北向展布，倾向西南或东南，倾角$40°\sim80°$。地表工程控制矿体长约260m，宽$10\sim80$m，平均宽35.4m。主要矿石矿物为方铅矿、闪锌矿、磁铁矿、黄铜矿、蓝铜矿、孔雀石、斑铜矿等，脉石矿物有石榴石、透辉石、绿帘石、石英、方解石等。单工程矿体平均品位Pb $2.18\%\sim8.37\%$，Zn $3.15\%\sim7.91\%$，Cu $0.28\%\sim5.67\%$，Ag 30.64×10^{-6}。

KT9(PbZnFeCu)矿体：分布于KT8矿体以东约200m处，矿体赋存于石英斑岩和下拉组矽卡岩化灰岩的外接触带中，呈透镜状产出，近南北走向展布，倾向北东，倾角约54°。地表工程控制长约260m，宽$2\sim65$m，平均宽30m。主要矿石矿物为方铅矿、闪锌矿、磁铁矿、孔雀石等，脉石矿物为石榴石、绿泥石、绿帘石、白云母、石英、方解石等。单工程矿体平均品位Pb 2.39%，Zn 3.13%，Cu 0.41%，Ag 8.14×10^{-6}。

KT10(PbZn)矿体：分布于矿区的东南角，是矿区内规模最大的铅锌矿体之一，矿体赋存于石英斑岩与下拉组矽卡岩化灰岩的外接触带以及下拉组灰岩与拉嘎组砂岩接触界面上，呈透镜体状产出，近东西向展布，倾向南或南南西，倾角约10°；地表填图控制矿体长约500m，宽度$5\sim120$m，平均宽60m。主要矿石矿物为方铅矿、闪锌矿等，脉石矿物主要为石硅灰石、石榴石、透辉石、绿泥石、方解石等。单工程矿体平均品位Pb 6.95%，Zn 6.14%，Ag 13.04×10^{-6}。

2015年邦布勒地区铜多金属矿调查评价，基本证实邦布勒铁铜铅锌矿床具上铁下铜铅锌的特征，具大型以上矿床的找矿前景；在无深部工程控制的前提下，初步估算邦布勒矿床的潜在资源量Cu 0.65×10^4t，Pb+Zn 90.47×10^4t，伴生Ag 178.23t[中国地质大学（武汉）地质调查研究院，2015]。

三、区域成矿作用与成矿潜力

隆格尔矿集区地处冈底斯成矿带西段，隶属隆格尔-许如错铁铜铅锌多金属找矿远景区内。区内矽卡岩-斑岩型铁铜多金属矿与晚白垩世（90Ma±）二长花岗斑岩与下拉组灰岩的接触交代作用有关，被认为是具有双峰岩系成矿特征，形成于碰撞后伸展环境（曲晓明等，2006）。"十一五"国家科技支撑计划项目"西藏冈底斯铜、金多金属资源评价新技术研究"，在隆格尔铁矿区中，获二长花岗岩LA-ICP-MS锆石U-Pb加权平均年龄为115.5 ± 2.1Ma(MSWD=1.6)，花岗闪长岩LA-ICP-MS锆石U-Pb加权平均年龄为97.2 ± 1.1Ma(MSWD=0.20)，成岩成矿时代为早白垩世—晚白垩世（杨竹森等，2010）。

西藏冈底斯成矿带铜多金属矿成矿规律综合调查，在隆格尔铁矿区揭示的与成矿有关的黑云母二长花岗岩LA-ICP-MS锆石U-Pb年龄为112.9 ± 1.5Ma(MSWD=1.6)，石英斑岩LA-ICP-MS锆石U-Pb年龄为112.6 ± 1.3Ma(MSWD=1.3)，成岩成矿时代为早白垩世（段志明和曹华文，2015）。西藏仲巴县邦布勒地区铜多金属矿调查评价，在邦布勒铁铜铅锌矿区揭示的与成矿有关的石英斑岩LA-ICP-MS锆石U-Pb年龄为76.29 ± 0.80Ma(MSWD=0.65)，成岩成矿时代为晚白垩世（高顺宝等，2015）。

2006年以来，西藏隆格尔矿业公司、中国地质大学（武汉）等分别对隆格尔铁矿和邦布勒铁铜铅锌矿开展了普查和详查评价工作，累计探获和初步估算的（333以上+334）级资源量：富铁3739.62×10^4t，铜0.65×10^4t，铅锌90.47×10^4t，伴生银178.23t。其中邦布勒铁铜铅锌矿初步估算的（333+334）级潜在资源量：铜0.65×10^4t，铅锌90.47×10^4t，伴生银178.23t[中国地质大学（武汉）地质调查研究院，2014]；隆格尔铁矿探获富铁3739.62×10^4t（西藏隆格尔矿业公司，2010）。西藏自治区矿产资源潜力评价在隆格尔地区圈定了南勒（B类）预测区，预测2000m以浅的铁资源量为26758.4×10^4t，显示出良好的找矿前景和巨大的资源潜力。

第十节　扎西康铅锌多金属矿集区

该矿集区位于青藏高原北喜马拉雅成矿带东段,行政区划属西藏自治区山南地区隆子县、错那县、措美县,隶属西藏山南扎西康整装勘查区。地理坐标:E91°47′56″—92°07′34″,N28°21′00″—29°27′48″,面积约225km²。矿集区内有202省道通过,至西部措美县只有简易公路相连,向北行300km经泽当镇可达拉萨市,交通条件尚可。

矿集区内金属矿床(点)星罗棋布,矿床类型多样,主要为西北侧以马扎拉金锑矿床、姜仓金锑矿床为代表的金锑成矿带;中部以扎西康铅锌多金属矿床为代表的铅锌多金属成矿带以及南部错那洞淡色花岗岩体内接触带发育的锡、稀有金属矿化点等。目前区内达到大型的矿床为扎西康-桑日则铅锌多金属矿,中型矿床主要有泽当铅锌多金属矿、柯月铅锌多金属矿、吉松铅锌多金属矿、马扎拉金锑矿、姜仓金锑矿等。

一、区域地质特征

该区地层以侏罗系为主,其次为三叠系和白垩系,由老到新包括上三叠统涅如组(T_3n),为一套浅灰色变质岩屑石英砂岩夹粉砂质板岩,板岩局部见薄层泥晶灰岩;下侏罗统日当组(J_1r)为一套灰黑色含碳质板岩、深灰色粉砂质绢云板岩、粉砂岩夹少量浅灰色薄层状泥灰岩,局部见岩屑石英砂岩;中—下侏罗统陆热组($J_{1-2}l$)为深灰色中层状泥晶灰岩夹粉砂岩、粉砂质板岩,灰岩与板岩常呈互层状产出;中侏罗统遮拉组(J_2z)上部为一套致密块状、杏仁状玄武岩、块状英安岩,底部为玄武岩、英安岩与变质粉砂岩、板岩成互层状;上侏罗统维美组(J_3w)顶部为一套变质细粒石英砂岩、粉砂质板岩夹粉砂岩,底部为砾岩及含砾石英砂岩;上侏罗统—下白垩统桑秀组(J_3K_1s)以岩屑石英砂岩、粉砂质绢云板岩为主;下白垩统甲不拉组(K_1j)为长石石英砂岩、石英砂岩夹薄层状粉砂岩;下白垩统拉康组(K_1l)以粉砂质绢云板岩、粉晶灰岩为主,二者主要呈互层状产出。

该区构造变形强烈,主要发育一系列轴向近东西向的褶皱和断裂构造,如东部的将主拉复式向斜及西北部的甲不拉向斜;断裂构造主要表现为近南北向具走滑性质的正断层和近东西向逆冲断裂构造,如乌山口近南北向断裂、古堆-隆子北西西向断裂、甲坞东西向断裂、曲折木-觉拉东西向断裂、吉松北北西向断裂构造,但近东西向断裂构造早于近南北向。其中次级的近南北向、北东向断裂构造为铅矿多金属矿的主要控矿断裂构造,近东西向断裂构造为金锑矿的主要控矿断裂构造。

该区岩浆岩主要为南部出露的错那洞淡色花岗岩,受东西向构造控制,呈岩株状产出,出露面积约185km²。该岩体具明显的分带性,从中央相、过渡相到边缘相,岩性分别为粗中粒白云母斜长花岗岩、中粒二云母斜长花岗岩、细粒黑云母斜长花岗岩,其矿物组合以斜长石为主,其次为白云母、黑云母、电气石、石榴石等,局部可见结晶粗大的绿柱石等。前人研究成果表明该岩体为一套过铝质花岗岩。此外在区内还出露诸多辉绿玢岩脉,这些岩脉以近东西向展布为主。

二、典型矿床

(一)扎西康铅锌锑多金属矿床

扎西康铅锌锑多金属矿床是藏南地区首个铅、锌、锑、银共生的大型矿床,现已控制Pb+Zn+Sb资源量约$150×10^4$t。

1. 矿区地质特征

矿区出露地层主要为下侏罗统日当组(J_1r)(图6-13),由下到上可分为5个岩性段:第一岩性段为黄褐色粗粒变石英砂岩;第二岩性段为灰黑色板岩;第三岩性段为灰绿色变石英砂岩;第四岩性段灰黑色碳质板岩夹褐黄色变钙质砂岩及少量不连续分布的灰岩和凝灰岩;第五岩性段为灰绿色变石英砂岩与灰黑色板岩互层,并夹少量的薄层状灰岩。其中第四岩性段为矿区的主要赋矿层位。

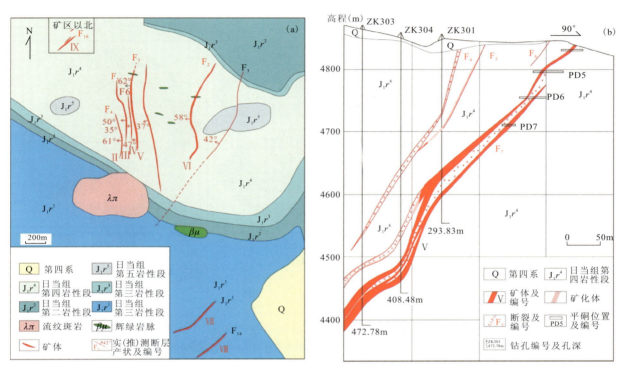

图6-13 扎西康矿区地质图(a)和扎西康3号勘探线Ⅴ号矿体剖面图(b)

2. 矿床特征

扎西康铅锌锑多金属矿床由多条独立的矿脉组成,均受控于南北—北北东向的断裂,目前识别出至少9条矿体。矿区中的许多矿(化)体或由于金属品位低于工业品位值,或者矿体规模相对较小不具开采潜力,亦或氧化程度较高而未得到较好的保存,因此并未开采或者做勘探工作。但是,断裂F_6、F_7和F_2分别控制的Ⅳ号、Ⅴ号和Ⅵ号矿体却能提供支持扎西康成为大型矿床的金属储量。其中,Ⅴ号矿体规模最大,工程控制程度最高,矿体沿近南北走向延伸1200m,倾向西,倾角变化在50°~65°之间,沿倾向控制深度约800m,在剖面上矿体产状由陡变缓处矿体明显变厚,具膨大收缩、分支复合现象(图6-13),矿体平均品位Sb为0.98%,Pb为1.85%,Zn为3.11%,占矿区总资源量的80%以上。根据对Ⅳ号、Ⅴ号矿体控制的地表工程及坑道、钻孔的系统观察、对比研究发现,矿体矿石组分在空间上具有明显的分带性,由上至下主要表现为上部以辉锑矿、硫锑铅矿、辉锑铅矿为主;中部以锑铅的硫盐矿物及方铅矿为主,含少量闪锌矿;下部以方铅矿和闪锌矿为主;再往深部除方铅矿和闪锌矿外,还能见到大量黄铁矿及少量黄铜矿。成矿元素在垂向上的分带规律性为:上部以Sb元素为主,中部以Sb-Pb-Zn元素组合为主,下部以Pb-Zn元素组合为主,在深部以Pb-Zn-Cu元素组合为主,由上向下Sb元素逐渐减少,Zn元素含量增高,并逐渐有Cu元素的出现,矿体表现出浅部为低温元素组合,中部以中温元素组合为主,深部出现中—高温元素组合的分带模式。

扎西康矿石矿物主要为方铅矿、闪锌矿、辉锑矿、铅锑硫盐矿物,少量的黄铜矿等,脉石矿物主要以铁锰碳酸盐矿物、黄铁矿、毒砂、石英及方解石,少量的白云石、金红石、辰砂,微量绢云母等。铅锑硫盐矿物主要包括脆硫锑铅矿、硫锑铅矿、硫锑铅银矿、黝锑银矿、银黝铜矿和辉锑铅矿等。扎西康矿石类型多样,大致可以分为两种类型:一种为粗晶结构、半自形—他形结构,呈粗脉状、块状或者角砾状构造(图6-14a2,a3,a4,b1),表现为受后期构造挤压应力而发生破碎的特点;另一类为粗晶—细晶,半自形—自形结构,呈皮壳状、脉状、似层状、条带状、网脉状和晶洞状(图6-14b3,c,d,e,f),表现为后期开放空间充填的结果,矿脉的完整性表明后期并未受到构造应力的破坏。在地表还可以见到指状、钟乳状石英(图6-14g2,g3)及泡沫状硅化(图6-14g1)。

图6-14 扎西康铅锌多金属矿各阶段典型矿物、结构及构造宏观特征图

a 为 A 期脉状粗晶方铅矿:a1.第一期粗晶方铅矿和闪锌矿共生,a2.碳质板岩中块状粗晶方铅矿脉,a3.手标本尺度粗晶方铅矿石,伴随一定的氧化,a4.角砾状粗晶方铅矿发育挤压拉伸线理;b 为 A、B 期闪锌矿接触关系:b1.角砾状闪锌矿-铁菱锰矿,被铁菱锰矿胶结,b2.皮壳状闪锌矿+铁菱锰矿,b3.闪锌矿向外具倒梳妆构造;c 为 B 期复杂皮壳状闪锌矿+铁菱锰矿,被后期石英+硫盐+闪锌矿脉穿切;d 为 B 期硫化物成矿阶段细粒方铅矿+闪锌矿+铁菱锰矿-毒砂穿切铁菱锰矿+闪锌矿+黄铁矿,两者均被石英+硫盐+闪锌矿脉穿切;e 为多期硫化物脉相互穿切的块状硫化物矿石,其穿切顺序:铁菱锰矿+闪锌矿+黄铁矿+毒砂→菱铁矿+毒砂+黄铁矿+闪锌矿脉→石英+硫盐+闪锌矿脉→纯黄铁矿脉→毒砂+石英+黄铁矿+闪锌矿细脉;f 为黄铁矿+方解石+白云石亚阶段:f1.矿体外围的板岩围岩中方解石+黄铁矿脉体,f2.方解石脉中的米黄色白云石;g 为石英-泉华阶段:g1.扎西康西侧约4km公路旁侧沟谷中的钙华,g2.石英+辉锑矿角砾之上生长着自形的石英晶簇,g3.无矿化的热泉石英;h 为方解石-黄铁矿亚阶段中绢云母团斑及闪锌矿细颗粒;i1.后期无矿化石英脉;i2.表生氧化期孔雀石、蓝铜矿、褐铁矿等氧化、风化矿物

根据矿物共生组合、矿化特征、矿石组构特征等,将扎西康铅锌多金属矿床划分为3个成矿期,7个成矿阶段及13个亚阶段成矿过程,各阶段矿物共生组合特征见表6-2。

表6-2 扎西康铅锌多金属矿床成矿阶段划分及矿物组成

成矿期	成矿阶段	亚阶段序号	成矿亚阶段	矿物组合
A.铅锌硫化物期	Ⅰ.方铅矿-闪锌矿阶段	1	角砾状、脉状粗晶闪锌矿-方铅矿-菱锰矿	方铅矿、闪锌矿、菱锰矿、黄铁矿
B.富锑矿化期	Ⅱ.铁菱锰矿-闪锌矿-方铅矿-黄铁矿阶段	2	皮壳状闪锌矿-铁菱锰矿-黄铁矿	闪锌矿、铁菱锰矿、黄铁矿、黄铜矿、毒砂
		3	铁菱锰矿-黄铁矿-闪锌矿-毒砂	闪锌矿、铁菱锰矿、黄铁矿、毒砂、黄铜矿、金红石
		4	方铅矿-闪锌矿-黄铁矿	方铅矿、闪锌矿、黄铁矿、毒砂、菱锰矿、黄铜矿
		5	菱铁矿-毒砂-黄铁矿-闪锌矿	菱铁矿、毒砂、黄铁矿、闪锌矿、黄铜矿
	Ⅲ.石英-硫盐-毒砂阶段	6	石英-硫盐-闪锌矿	石英、脆硫锑铅矿、闪锌矿、硫锑铅矿、硫锑铅银矿、黝锑银矿、黄铁矿、黄铜矿
		7	纯黄铁矿脉	黄铁矿
		8	毒砂-石英-黄铁矿-闪锌矿	毒砂、石英、黄铁矿、闪锌矿、黄铜矿
	Ⅳ.方解石-黄铁矿阶段	9	方解石-黄铁矿	方解石、黄铁矿、白云石、闪锌矿、石英、绢云母
	Ⅴ.石英-辉锑矿阶段	10	石英-辉锑矿-闪锌矿	石英、辉锑矿、闪锌矿、辉锑铅矿、银黝铜矿、黝锑银矿
		11	石英-辰砂-石膏	石英、辰砂、石膏
	Ⅵ.石英阶段	12	石英-泉华	石英、钙华、玉髓
C.表生期	Ⅶ.氧化物阶段	13	表生风化矿物	褐铁矿、菱锌矿、铅矾、孔雀石、蓝铜矿、锑华、蓝矾

3. 矿床成因

周清等(未刊资料)获得扎西康铅锌多金属矿床块状铅锌矿体中黄铁矿两组Re-Os同位素年龄,早期为45.4Ma,晚期为20.48Ma,这些成矿年龄属于青藏高原主碰撞汇聚挤压成矿阶段,表明特提斯喜马拉雅在主碰撞期曾发生一期金锑(铅锌)成矿事件;另外,梁维等(2015)获得扎西康铅锌多金属矿床富锑成矿期绢云母Ar-Ar年龄12.28±0.45Ma。

扎西康硫同位素属于富集正$\delta^{34}S_{V\text{-}CDT}$特征,分布在4‰~13.5‰之间,平均值10.2‰,明显高于藏南其他金锑矿床的硫同位素值,表明了不同于其他金锑矿床的硫同位素成因。从阶段上来看,早期残存的硫化物总体显示出更高正硫同位素特征,介于8.9‰~13.2‰之间,平均值为11.6‰,与藏南沉积岩中的黄铁矿$\delta^{34}S_{V\text{-}CDT}$相当(9.9‰~11.5‰),高于富锑矿化期的4‰~12.1‰,平均值为9.4‰。不同硫化物同位素分布也不相同,早期铅锌硫化物中的闪锌矿$\delta^{34}S_{V\text{-}CDT}$介于11‰~13.5‰,黄铁矿11‰~13‰,方铅矿约10‰,$\delta^{34}S_{闪锌矿}>\delta^{34}S_{黄铁矿}>\delta^{34}S_{方铅矿}$,达到了同位素平衡;富锑矿化期中的闪锌矿介于9‰~12‰,黄铁矿8.5‰~11‰,方铅矿约9‰,辉锑矿4.5‰~9.6‰,硫盐介于5‰~9.5‰之间(图6-15)。总体上$\delta^{34}S_{闪锌矿}>\delta^{34}S_{黄铁矿}>\delta^{34}S_{方铅矿}>\delta^{34}S_{铅锑硫盐}>\delta^{34}S_{辉锑矿}$,基本达到了硫同位素平衡。富锑矿化期的硫同位素从早阶段到晚阶段逐渐降低,可能代表了硫同位素混合作用。铅锌硫化物期金属矿物硫同位素继承了地层中的富集正$\delta^{34}S$的特征;富锑矿化期为介于铅锌硫化物与区域锑金矿化之间,暗示该期$\delta^{34}S$可能为早期铅锌矿与低$\delta^{34}S$的富锑流体混合作用的结果。

根据初步研究成果,提出如下成矿模式:在矿区深部形成了与隐伏岩体相关的高温铜、金矿床;在顶部形成了与热液相关的低温锑(-银)矿床;而在两者中间的过渡带则形成了岩浆-热液混合来源的中-低温铅、锌(-银)矿床(图6-16),具体成矿过程如下:

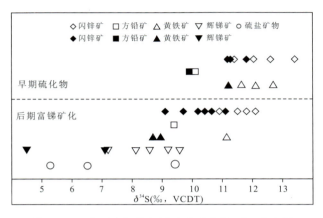

图6-15 扎西康铅锌银锑矿床硫化物 $\delta^{34}S$ 分布图
(数据来源梁维,2014;Yang et al.,2009)

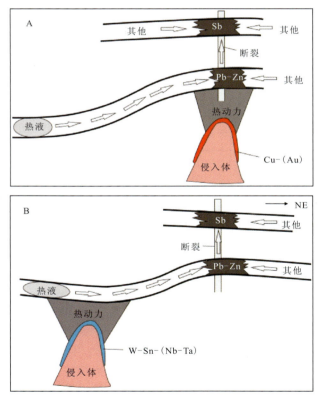

图6-16 扎西康铅锌多金属矿床成矿模式图

①地壳熔融流体沿着一些次级断裂及层间破碎带向上侵位形成岩浆房,并同时在岩浆与围岩接触带附近及断裂内率先沉淀出Cu-Au成矿元素,形成深部高温的铜、金矿床。②之后受岩浆作用的影响,局部地区热流值剧增,地温异常梯度增大,驱动了区内构造带中含矿(Pb-Zn-Sb-Ag)热泉的对流循环,可能同时萃取了晚三叠世—早侏罗世沉积的灰黑色碳硅泥岩系中的成矿物质;而沉淀出Cu-Au

元素后的岩浆继续向上输送 Pb-Zn 成矿元素,与热泉中或从地层中萃取出来的 Pb-Zn-Sb-Ag 元素进行了混合,随着岩浆-热液温度的下降(至中温),在中深部位 Pb-Zn-(Ag)元素从含矿流体中沉淀下来,形成了岩浆-热液混源的中温铅锌矿床。③到晚期,含矿热液温度进一步降低(至低温),此时岩浆对成矿的作用已经大为减弱,主要由上述热液(或热泉)成因的 Sb-(Ag)成矿物质沿着南北向高角度断裂带被输送至(浅)地表充填交代形成低温的锑、银矿床。

(二)马扎拉金锑矿床

马扎拉金锑矿区位于扎西康铅锌多金属矿床北西方向约 20km,距措美县城约 40km,地理坐标:E91°47′15″—91°50′15″,N28°27′00″—28°28′45″,面积 12.45km²,行政区划属西藏自治区山南地区措美县管辖。矿区南东方向行约 15km 可与 S202 省道相接,经日当镇向北可达泽当和 318 国道并通往拉萨,交通条件一般。

1. 矿区地质特征

马扎拉矿区除第四系外,主体出露一套侏罗纪—白垩纪地层,包括中侏罗统陆热组(J_2l)和遮拉组(J_2z)、上侏罗统维美组(J_3w)、上侏罗统—下白垩统桑秀组(J_3K_1s),其中陆热组岩性主要为中厚层状泥晶灰岩夹泥质条带及泥质灰岩、薄层状泥质灰岩夹灰黑色泥质粉砂岩;遮拉组岩性主要为灰黑色粉砂岩夹菱铁质结核、细砂岩、中薄层状灰岩、生物碎屑灰岩、中基性火山岩等;维美组岩性主要为砾岩、含砾砂岩、厚层状石英砂岩、长石石英砂岩,局部夹厘米级灰黑色粉砂岩;桑秀组主要发育一套含柱状节理的流纹岩,夹灰黑色粉砂岩。矿区构造极为发育,包括近东西向、北西向和近南北向 3 组,构成了矿区网格状构造格局。发育时限较早的一系列近东西向的北倾逆冲断裂为矿区的主构造,同时,一系列近东西向的逆冲断裂构造使得矿区出露的各地层单元与其区域所属单元相比减薄剧烈,成为一系列叠瓦式构造中的岩片,这些岩片又形成一系列轴面北倾的复式褶皱,并造成了矿区许多部位地层的倒转。

2. 矿床特征

马扎拉矿区矿体主要受构造破碎带和密集劈理带控制,根据以往地质勘探成果,从北往南可分为Ⅰ号、Ⅲ号、Ⅳ号、Ⅴ号、Ⅷ号 5 个矿群,矿脉数量众多,单矿脉规模较小,以Ⅷ号矿群矿体的规模相对较大。矿体呈脉状、透镜状和似层状,沿走向或倾向分支复合、尖灭再现,具成带分布、分段集中的规律性,严格受东西向、北西向和近南北向断裂构造控制。围岩蚀变以硅化、黄铁矿化、毒砂化、绢云母化为主,其次为绿泥石化、碳酸盐化以及高岭石化等,前者与金矿化关系密切。矿石类型主要为石英(方解石)脉型和蚀变碎裂岩型矿石。矿石构造主要为团块状构造、脉状-网脉状构造、浸染状构造、细脉浸染状构造等;矿石结构主要有自形粒状结晶结构、半自形—他形粒状结晶结构、溶蚀交代结构、填隙结构、包含结构、聚片双晶结构等。矿石中金属矿物主要有黄铁矿、辉锑矿、自然金及毒砂等,含少量方铅矿、闪锌矿、白铁矿;非金属矿物主要为石英、方解石、绢云母、白云母、绿泥石等。

张刚阳(2012)获得查拉普金矿床中伊利石 Ar-Ar 年龄 18.7Ma,以及沙拉岗锑矿床成矿时代不会早于切穿矿体的岩体年龄 23.6±0.8Ma(张刚阳等,2011),表明在后碰撞阶段,特提斯喜马拉雅存在金锑铅锌多金属成矿事件,且成矿时间可以持续到 12Ma。

三、区域成矿作用与成矿潜力

该矿集区在大地构造上位于特提斯-喜马拉雅构造域中段的北喜马拉雅大陆边缘褶冲带内,其构造演化与特提斯洋的演化和印度大陆与亚洲大陆的碰撞作用密切相关。晚古生代以来,区内经历了复杂的地质构造演化历史,二叠纪时期开始发育有基性火山活动,中生代时期表现为较稳定的大陆边缘环境,印度大陆与欧亚大陆沿雅鲁藏布江结合带发生碰撞,青藏高原隆升过程中的藏南拆离系的发育是影响区内最为广泛和强烈的构造热事件。

在矿集区西北方向马扎拉-姜仓金锑矿找矿远景区，自 2014 年起西藏雪域矿业开发有限公司委托中国地质调查局成都地质调查中心在马扎拉矿区开展勘查工作，取得了重大的进展和成果，新发现 5 条金锑矿化体，特别是Ⅱ-1 号金矿体沿走向工程控制约 250m，沿倾向方向控制约 80m，矿体厚 1～18m，金品位变化较大（1～8）$\times 10^{-6}$，矿石类型主要以构造蚀变岩型为主，打破了该地区长期以来以石英脉型为主攻方向的找矿模式。此外，在该远景区还发现有姜仓、拉定、泽日、塔嘎等金锑矿床（点），总体上该区内勘查和研究程度较低，但显示出巨大的金锑找矿潜力。在矿集区中东部扎西康铅锌多金属矿找矿远景区，目前远景区内开展普查-详查工作主要集中在扎西康-桑日则、则当、柯月等，现已探明铅锌资源量接近 300×10^4 t，李光明等（2008）在承担"973"项目"印度与亚洲大陆主碰撞带成矿作用"时，利用 MRAS 资源评价系统，采用面金属量法对扎西康矿集区的铅锌资源潜力进行了预测，预测扎西康矿集区 1000m 以浅铅锌资源潜力为 1419.2×10^4 t，显示出扎西康整矿集区的铅锌资源具有巨大的资源潜力。

第十一节　邦布-查拉普金矿集区

该矿集区范围北至西藏加查县洛林乡，南至隆子县雪萨乡境内，地理坐标：E92°20′30″—92°30′00″，N28°39′30″—29°02′00″，面积约 2400km²。邦布矿区位于加查县西南，距加查县 25km，距拉萨市 400km，行政区划隶属加查县洛林乡及拉绥乡管辖。由洛林乡至矿区 8km 为山间小道，相对高差较大，交通较为困难。查拉普矿区至隆子县交通较好，距离 25km，距离拉萨 300km。矿集区已知矿床、矿点有罗布莎大型铬铁矿，加查、朗县铬铁矿，邛多江、达龙砂金矿及砂金矿矿点 3 处、砂金矿化点 2 处、溪流重砂黄金高值点 11 处，另有沙纳布铅矿化点以及多处石墨和水晶矿化点。其中砂金矿有"就地取材"近源富集的特点。邦布岩金矿的发现，即是以金（砂金、金元素异常）找金（原生金）指导思想的最为直接找矿成功的典型代表。

一、区域地质特征

本矿集区所处的地层单元属于康马-隆子分区，范围大致在定日-岗巴-洛扎断裂以北，雅鲁藏布江结合带之南；西起普兰，东至隆子以东的雅鲁藏布江区东段地区（潘桂棠等，2004）。区域出露的地层有前寒武系亚堆扎拉岩群，古生界曲德贡岩群，中生界三叠系、侏罗系、白垩系和第四系。前寒武系与古生界相对较少，主要出露在拉轨岗日变质核杂岩带内的穹隆核部及周边，构成喜马拉雅的基底。中生界广为分布，由上三叠统涅如组、中下侏罗统日当组、中上侏罗统遮拉组、上侏罗统维美组、上侏罗统—下白垩统的桑秀组，以及下白垩统甲丕拉组、多久组，上白垩统宗卓组组成。新生界仅出露古新统—始新统的海相沉积，毗邻雅鲁藏布江结合带零星分布（西藏自治区地质矿产局，2004）。矿集区岩浆岩为侵入岩，以脉岩形式产出，岩性包括变辉长辉绿岩脉、变闪长玢岩脉、变石英闪长玢岩脉、变细晶岩脉等，沿东西向断层侵入。研究区断裂构造主要有近东西向和近南北向两组。近东西向主断裂主要有拉孜-邛多江断裂、绒布断裂和洛扎断裂。南北向断裂主要为勒金康桑、洞嘎等构造活动带。近南北向张性断裂（地堑、裂谷和正断层）不仅明显切割了近东西向构造，同时也为喜马拉雅期中酸性岩浆、热水和含矿流体上涌提供了有利通道，是区内锑矿、金锑矿和铅锌多金属矿主要的控矿及容矿构造（郑有业等，2003；聂凤军等，2005；杨竹森等，2006；张刚阳等，2015）。

二、典型矿床

(一)西藏加查县邦布金矿

1. 矿区地质特征

矿区出露地层有三叠系郎杰学群宋热组二段灰黑色碳质绢云千枚岩夹中—薄层变细粒长石石英杂砂岩,三段的灰—灰黑色碳质绢云千枚岩、碳质绢云石英千枚岩夹变长石石英细砂岩、变长石石英粉砂岩。构造上位于曲松-错古-折木朗壳型脆-韧性剪切带中段偏北侧。矿区变形作用强烈,岩浆岩不发育,仅有花岗闪长岩脉、基性岩脉、石英脉沿折木朗-错古脆-韧性断裂带及其次级断裂分布。

2. 矿床特征

矿区矿体赋存于宋热组第三岩性段中浅变质的含黄铁矿碳质绢云千枚岩、碳质绢云石英千枚岩夹变细粒长石石英砂岩、变长石石英粉砂岩中。金矿化分布范围南北长约1800m,东西宽约800m。各矿体地表出露标高最低4361m,最高4744m,高差383m。矿体均受到不同程度的剥蚀。矿体产状、规模、形态、矿化强度及围岩蚀变等均受断裂构造发育的强度、规模及形态的控制。矿(化)体与围岩界线较清楚。

Ⅰ号矿化体:位于矿区北部,呈NE352°方向展布,受北东向F_7断裂构造破碎带控制。矿体受到不同程度的剥蚀。矿体地表呈近南北向顺F_7断裂构造展布。往下矿体呈反"S"状展布,受后期断裂挤压揉皱现象明显。单工程厚度0.85~4.20m,平均厚度2.48m,矿体厚度总体以28线为中心呈中间厚、两边薄。矿体纵向上矿体厚度随深度加深而增加。单工程品位$(1.45 \sim 13.33) \times 10^{-6}$,平均品位$4.47 \times 10^{-6}$,品位变化较均匀。矿体品位在走向上呈南高北低的趋势。

Ⅲ号矿化体:主要由石英脉组成,其次为构造蚀变千枚岩;矿体呈似层状、大脉状;控制矿体长度584m,沿倾斜方向控制斜深179~364m,单工程厚度1.86~6.58m,平均厚度3.71m,单工程矿体品位$(1.56 \sim 21.67) \times 10^{-6}$,平均品位$7.86 \times 10^{-6}$。

Ⅸ号矿化体:赋存于F_6断裂构造破碎带中,长约431m,矿体呈脉状,整体较连续。矿体单工程厚度1.35~4.90m,平均厚度2.73m,其中钻孔ⅨZK0401,控制矿体厚度达11.02m。厚度变化系数28%,厚度变化稳定。单工程品位$(1.12 \sim 7.16) \times 10^{-6}$,平均品位$3.13 \times 10^{-6}$。矿体走向上品位和厚度变化不明显。总体矿体品位呈0线高、两侧渐低。0线因受后期构造作用二次富集。

Ⅹ号矿化体:位于矿区南部,呈似层状,其北段为单层石英脉,在南段与F_{18}相交。南段为构造蚀变岩,两端均未控制。矿体长度178m。矿体产状变化较大,矿体单工程厚度0.90~1.70m,平均厚度1.25m,单工程品位$(3.26 \sim 16.80) \times 10^{-6}$,平均品位$8.31 \times 10^{-6}$。矿体南段构造蚀变厚度较小,但品位北段明显增高。

Ⅶ号矿化体:位于矿区中部偏南,产于北东向次级断裂破碎带中,为褐铁矿化破碎石英脉,似层状,矿体表层古采遗迹明显。矿体呈NE33°方向展布,地表控制矿体长度218m,单工程矿体厚度1.90~4.21m,平均厚度3.29m,单工程金品位$(1.20 \sim 4.06) \times 10^{-6}$,平均品位$3.21 \times 10^{-6}$,品位变化均匀。

3. 矿床成因

邦布金矿属于造山带石英脉型金矿床,其形成机制如下:在青藏高原造山运动的主碰撞过程中,雅江结合带是经过强烈变形、变质的超岩石圈断裂,其两侧均发育大型剪切带,剪切带周围大量发育次级断裂。在地壳拉张和强烈韧性剪切条件下,莫霍面上升,地幔物质部分熔融并上涌,发生强烈排气作用,同时对下地壳进行热烘烤,地幔排气形成的深源地幔流体和下地壳脱水形成的富CO_2流体混合,沿韧性剪切带上升,在地壳浅部由于压力势差向剪切带的次级脆性构造流动,并在其中形成含金硫化物石英脉(孙晓明等,2010)。

矿床经 2012 年详查,累计探获(332+333)级金金属量 17.99t,其中(332)级金金属量 15.58t,(333)级金金属量 2.41t。达中型矿床规模。

邦布金矿含矿石英脉内的蚀变白云母 $^{40}Ar-^{39}Ar$ 坪年龄为 $49.5\pm0.5Ma$(孙清钟等,2013),指示金成矿作用始于近东西向的折木朗-错古脆-韧性断裂带的南北向伸展阶段;而近南北向的含金石英大脉的形成可能与中新世时期青藏高原侧向向东的伸展有关。

(二)西藏加查县查拉普金矿

1. 区域地质特征

矿区沉积了一套晚三叠世富含碳质的碎屑岩系。另有前震旦纪、古生代变质核杂岩。构造主要表现为核杂岩以及近东西向断裂和褶皱。基性岩脉及喜马拉雅期花岗岩发育。矿化主要在盖层中发育,构成核杂岩成矿系统。时代较早的地层为前震旦纪的亚堆扎拉岩群(AnZYd)和古生代的曲德贡岩群(PzQd),二者构成也拉香波变质核杂岩。亚堆扎拉岩群(AnZYd)由黑云片麻岩夹变粒岩、大理岩构成;曲德贡岩群(PzQd)岩性主要为二云片岩,夹变粒岩。以上二者原岩属泥质岩夹泥灰岩、白云质灰岩。

涅如组(T_3n),展布于邛多江-卡拉断裂之南,走向北西,倾向北东,倾角60°～70°。总体呈南翼向北倒转的复背斜。西部与曲德贡岩群呈剥离断层接触。岩性为含碳质板岩、粉砂质板岩、变质粉砂岩。为一套黑色岩系(普查区内地层属于此组一段),属被动陆缘泥砂质建造。黑色岩系中 Au 的丰度值较高,平均值为 1.008×10^{-9},极大值 3.6×10^{-9},离散性好。与 Au 密切相关的 As、Sb、Hg、Bi、Ag、Cu、Zn、Cd、Sn、Mo 等元素高度富集。一些学者认为该黑色岩系是金的主要"矿源层"之一。区域内褶皱、断裂发育,构造线总体走向呈北西西向。岩浆岩主要为邛多江超单元,次为散布的规模较小的中基性岩脉。

2. 矿床特征

矿体主要赋存于涅如组碳质板岩和砂质板岩中的构造蚀变破碎带及其两侧,主要为近东西向,个别为近北东向。目前矿区地表共圈定 10 条矿带,14 条金矿体。矿体形态、产状、厚度和延伸情况受容矿构造控制,在平面上呈舒缓波状,剖面上呈近似平行分布的脉状、似板状,产状主要为中等—高角度北倾,个别矿体受褶皱构造影响南倾。岩脉与地层接触部位的矿体(矿化)往往产于接触断裂带的下盘,有些蚀变闪长玢岩、蚀变辉绿岩脉直接构成低品位矿化,但富矿体往往出现在断裂产状变化处、构造交会处等。当构造和地层的产状变化大时,矿体厚度变大,矿化相对较好;产状稳定时,矿脉厚度较小而薄,矿体品位相对较低。

成矿和蚀变主要集中在断裂破碎带内,以充填和交代作用为主。矿体的厚度变化于 1.5～24.0m 之间,长度变化于 150～1500m 之间。低品位矿石主要为构造蚀变岩型和碎裂岩型,单矿体平均品位在 $(2.54\sim4.72)\times10^{-6}$ 之间,矿体与围岩渐变过渡,需要依据化学分析方法圈定矿体,一般规模大,延伸较好。高品位矿石主要为含自然金的石英脉型矿石,单矿体平均品位为 13.3×10^{-6},矿体与围岩界线清楚,但是规模较小。

矿石类型主要为蚀变岩型、构造角砾岩型,少量为石英脉型。蚀变岩型矿石,主要为含浸染状黄铁矿和毒砂的砂质板岩或碳质板岩,或断裂构造旁侧遭受蚀变作用的辉绿岩等岩脉。矿物组合主要为粒状石英、绢云母、伊利石、黄铁矿和毒砂等,或者绿泥石、石英、黄铁矿等,但是没有卡林型金矿代表性的雌黄和雄黄等矿物出现。构造角砾岩型矿石分布于构造破碎带,由板岩角砾和石英胶结物组成,矿物组合主要为石英、黄铁矿和毒砂,少量的绢云母和伊利石等。石英脉型矿石主要由石英脉组成,含有少量黄铁矿、毒砂及微量的方铅矿、黄铜矿、辉锑矿等硫化物。矿石结构主要为草莓结构、胶状结构、包含结构、交代结构等。矿石构造主要有角砾状、浸染状、细脉状、网脉状、晶簇晶洞等构造。

查拉普矿区具有多期次多阶段的矿化过程,可以划分为沉积成岩-变质期、热液成矿期和表生氧化期。热液成矿期划分为毒砂-黄铁矿、石英-黄铁矿-毒砂、石英-自然金-硫化物3个阶段。

3. 矿床成因

查拉普金矿形成于印度与欧亚大陆碰撞造山后的伸展-走滑阶段。区域性的伸展导致中下地壳基底发生热变质和减压部分熔融,从而形成富金属的成矿流体、淡色花岗岩、近东西向拆离断层和近南北向的高角度正断层。成矿流体在压力差和温度热差作用下由深部向地表迁移,并与地表水汇聚混合,在构造破碎带充填和交代成矿。

张刚阳等2015年通过对构造角砾岩型金矿石中伊利石的研究(未发表资料),测得其$^{40}Ar-^{39}Ar$加权年龄18.7Ma,该年龄近似的代表了成矿热液的活动时间。

查拉普矿区14条矿体共求得金资源量10.32t,其中,(332)级金资源量1.48t,(333)级金资源量1.28t,(334-1)级金资源量7.51t《查拉普详查阶段报告,2008》。

查拉普金矿的矿体主要产于近东西向的断裂破碎带,蚀变以硅化为主,其次为绿泥石蚀变和绢云母蚀变,金属矿物主要有毒砂、黄铁矿,以及少量的自然金。金矿化主要以不可见金形式赋存于毒砂和黄铁矿中,少量以自然金形式存在。综合分析认为,该区域成矿地质条件较为优越,水系沉积物地球化学异常明显,寻找金矿的潜力较大。

三、区域成矿作用与成矿潜力

邦布-查拉普金矿集区位于藏南金锑成矿带内,该带也称为北喜马拉雅成矿带。大地构造位置属于特提斯-喜马拉雅东段,夹持于印度河-雅鲁藏布江缝合带(IYS)与藏南拆离系主拆离面(STDS)之间,是全球巨型特提斯-喜马拉雅成矿域的重要组成部分(Yigit et al.,2008;Dill et al.,2009;张洪瑞等,2010;张刚阳,2015)。

邦布-查拉普金矿集区存在着多期成矿,分别对应着不同的动力学背景。第一期成矿事件发生于晚侏罗世—早白垩世(147.2 ± 3.2Ma),与区域性的强烈拉张环境有关。伴随同沉积裂谷带的发育以及海底火山岩浆活动及基性脉岩侵入,区域上碳-硅-泥黑色岩系中形成了Pb、Zn、Au等成矿元素的预富集。第二期成矿事件发生于49.52~42.0Ma(杨竹森等,2011;孙清钟等,2013),形成了区域性挤压-剪切背景下,与韧性剪切相关的金矿,矿体受控于近东西向韧性剪切带及其次级断裂,发育有以含自然金-石英脉为典型特征的矿体,以邦布金矿为代表。第三期成矿事件发生于23.6~12.28Ma(张刚阳等,2011;梁维等,2015),形成了伸展-走滑背景下,与张性-张扭性断裂构造有关的金矿、金锑矿、锑矿和铅锌锑多金属矿。矿体主要受控于近南北向的高角度正断层和近东西向的层间破碎带,发育有蚀变岩型金矿体、热液脉状锑多金属矿体,以查拉普金矿、沙拉岗锑矿、车穷卓布锑矿等为代表(张刚阳等,2015)。

成矿物质主要来源于晚三叠世—早白垩世的喷(浊)流沉积作用,包括Au、Ag、Pb、Zn、Cu、Ga、In等成矿元素。矿集区内异常元素组合以Au、Ag、As、Sb为主,主要沿也拉香波变质核杂岩穹隆展布,局部受断层控制。

金矿集区内矿床类型以造山型金矿、类卡林型金矿为主,砂金矿点较多,砂金是找岩金的直接找矿标志。目前矿集区主要依据化探异常和砂金点寻找一些地表矿化露头,加之金的肉眼不可见,又增加了找矿的难度。但正因如此,矿集区找矿工作仍任重道远。

第七章　班公湖-怒江重要矿集区

本书所指班公湖-怒江成矿带大致位于 E79°30′—96°，N31°—34°范围内，为西藏自治区中、北部的阿里、双湖和那曲地区，主要涉及 33 个 1:25 万图幅，面积约 $40\times10^4 \mathrm{km}^2$，在地质构造上由北向南主要包括北羌塘-三江造山系、龙木错-双湖-澜沧江结合带、南羌塘弧盆系、班公湖-怒江结合带和北冈底斯岩浆弧等几个构造单元。

截至 2015 年，该成矿带共发现各类矿床(矿点、矿化点)931 个，其中，2010—2015 年中国地质调查局通过地质调查新发现矿床、矿点、矿化点共 338 个。这些矿床(矿点、矿化点)主要分布于班公湖-怒江结合带南、北两侧的南羌塘成矿亚带和昂龙岗日-班戈成矿亚带中。据初步统计，班公湖-怒江成矿带中已发现大型矿床 18 个(其中 5 个为藏北盐湖)，中型矿床 11 个。在班公湖-怒江成矿带中主要有 4 种成矿类型：岩浆型铬铁矿、镍矿，斑岩型铜(金)矿，矽卡岩型铁(铜)矿，热液-蚀变岩型金矿。

根据成矿特征，班公湖-怒江成矿带可划分出 17 个成矿远景区(表 7-1，图 7-1)。下面重点对多龙等 4 个矿集区成矿特征进行阐述。

表 7-1　班公湖-怒江Ⅲ级成矿带中Ⅳ级亚带、成矿远景区和矿集区划分表

Ⅳ级	Ⅴ级(成矿远景区)	重点矿集区
Ⅳ$_1$ 类乌齐-左贡成矿亚带	V$_1$ 亚拉-色扎金、锑、铅、锌、铜找矿远景区	
Ⅳ$_2$ 唐古拉成矿亚带	V$_2$ 木乃铜、银找矿远景区	
	V$_3$ 当曲铁找矿远景区	
	V$_4$ 美多锑、金找矿远景区	
Ⅳ$_3$ 南羌塘成矿亚带	V$_5$ 弗野-材玛铁、铜、金、银成矿远景区	扎普-弗野铜铁多金属矿集区
	V$_6$ 多不扎-青草山铜、金成矿远景区	多龙铜金矿集区
Ⅳ$_4$ 班公湖-怒江结合带成矿亚带	V$_7$ 达查金成矿远景区	
	V$_8$ 商旭金成矿远景区	商旭金矿集区
	V$_9$ 东巧铬、金成矿远景区	
	V$_{14}$ 东恰错-江错铜、铅、锌、铬成矿远景区	
	V$_{10}$ 丁青铬、镍、钴找矿远景区	
Ⅳ$_5$ 昂龙岗日-班戈成矿亚带	V$_{11}$ 尕尔穷-嘎拉勒铜、金成矿远景区	尕尔穷-嘎拉勒铜金多金属矿集区
	V$_{12}$ 雄梅铜、铅、锌、铁成矿远景区	
	V$_{13}$ 班戈-青龙铅、锌、铁成矿远景区	
	V$_{15}$ 哈尔麦铅、锌找矿远景区	
	V$_{16}$ 色布塔铜、铁成矿远景区	
	V$_{17}$ 尼玛县吉瓦拔龙铅、锌找矿远景区*	

* 该远景区位于中冈底斯"念青唐古拉铅锌成矿亚带"。

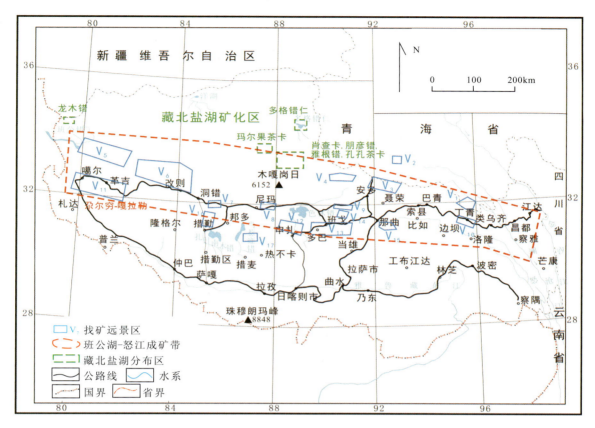

图 7-1 班公湖-怒江成矿带成矿远景区位置图

第一节 多龙铜金矿集区

该矿集区位于西藏自治区阿里地区改则县和革吉县境内。地理坐标：E82°45′—83°48′，N32°10′—33°20′。面积约 13 000km²。构造上，该矿集区位于班公湖-怒江成矿带西段，是班公湖-怒江特提斯向北消减而形成的燕山期岩浆弧环境，属于扎普-多不杂岩浆岩带的东段。

一、矿产特征与典型矿床

(一) 矿产特征

据不完全统计，矿集区已发现的矿床(矿点、矿化点)139 处，其中大型、超大型矿床 4 处，中型矿床 2 处，已知矿种主要为铜矿、金矿。矿床类型主要为斑岩型、浅成低温热液型。

斑岩型矿床是区内最主要的矿床类型，主要矿种为铜金矿，已发现的矿床主要有多不杂、波龙、拿若、那廷等斑岩铜金矿床，并发现了铁格隆、尕尔勤等斑岩型矿化点，斑岩型矿床主要沿北东向逆冲断层展布，北东向逆冲断层均为这些斑岩型矿床的控岩-控矿断层。区内发育的斑岩型矿床的成矿岩石均为多期次脉动侵位的花岗闪长斑岩，矿体均产于花岗闪长斑岩体及其与侏罗纪砂岩的接触带内，成岩年龄均集中于约 118Ma。

热液型矿床主要为铜金矿、铜矿、金矿，已发现的有那顿、色那铜金矿点，拿若南、赛角铜矿点。另外在铁格隆、尕尔勤等地附近有热液型金矿化。唐菊兴等(2014)对西藏多龙铜金矿集区铁格龙南(荣那)铜(金银)矿床地质特征、矿床类型进行了初步研究,认为该矿床是斑岩-浅成低温热液成矿系统的产物,是典型的高硫型浅成低温热液矿床。推断浅部或外围发育独立的高硫型浅成低温热液型金矿,深部存在斑岩型铜(金银)矿体。

(二)典型矿床

多龙矿集区斑岩型铜金矿以多不杂矿床为代表。多不杂矿床是西藏自治区地质五队自2000年起在多不杂矿区勘探砂金过程中发现了多不杂铜-金矿化点,通过逐步深入的地质勘探工作,最终确定多不杂矿床为斑岩型铜金矿床。截至2011年,多不杂斑岩铜矿达到普查工作程度,2012年引入商业勘查。多不杂矿床主要特征如下。

1. 矿区地质特征

矿区出露下白垩统美日切错组火山岩玄武安山岩(图7-2和图7-3a,c,d)辉绿岩(图7-3b)、超浅成花岗闪长斑岩(图7-3e,f,g)、侏罗纪碎屑岩类(图7-3h)。

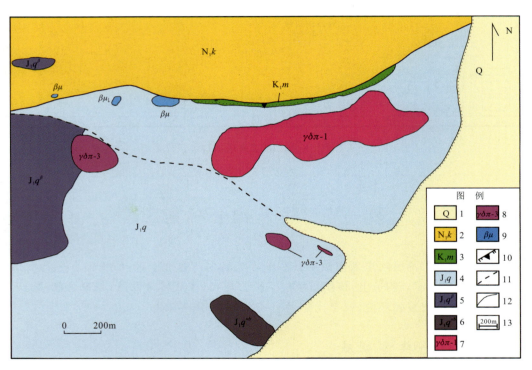

图7-2 多不杂斑岩铜金矿床地质简图
1.第四系;2.康托组;3.美日切错组;4~6.曲色组;7、8.花岗闪长斑岩;9.辉绿岩;10.正断层;11.推测断层;
12.断层;13.剖面及长度

侏罗系曲色组(J_1q)岩性主要为浅变质泥质砂岩-粉砂岩夹薄层泥质岩(图7-3h),上部发育玄武安山岩和火山角砾岩,为多不杂矿床分布最广的地层。玄武安山岩主要分布于多不杂矿床西侧,岩石具杏仁构造,基质具玻晶交织结构(图7-3a);杏仁体(30%~40%,1~4mm)呈定向排列,主要由碳酸盐和少量石英填充;基质中斜长石微晶(15%~20%)呈交织状、半平行排列,充填玻璃质(40%~45%)和磁铁矿(5%~10%)等。火山角砾岩主要分布于多不杂矿床南部,具火山角砾结构(图7-3c),角砾主要由岩屑和晶屑组成,岩屑主要为玄武安山岩,晶屑少见,主要为角闪石、辉石碎屑;胶结物主要为绿帘石化火山灰。玄武安山岩和火山角砾岩均发育青磐岩化,泥质砂岩-粉砂岩多有绢英岩化。

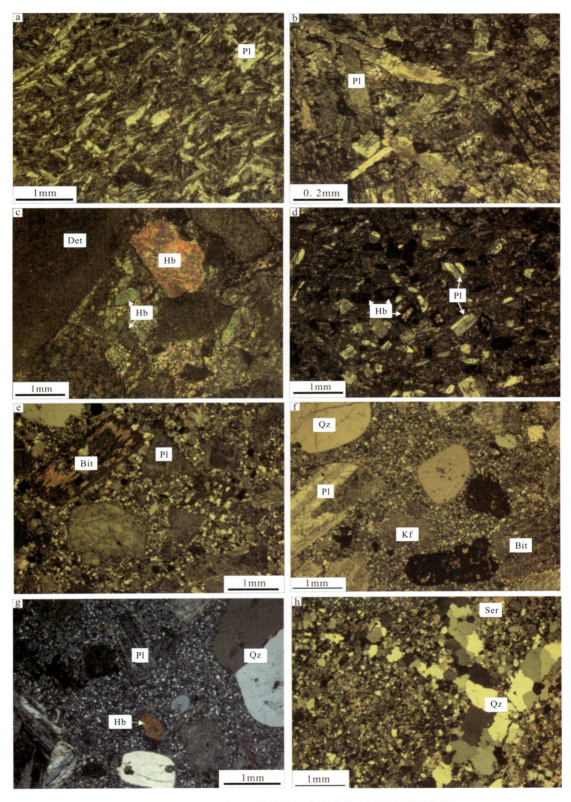

图 7-3 多不杂矿床内的各期火山岩和岩浆岩及围岩镜下特征

a. 玄武安山岩；b. 辉绿岩；c. 火山角砾岩；d. 英安岩；e. 第一期花岗闪长斑岩；f. 第二期花岗闪长斑岩；g. 第三期花岗闪长斑岩；h. 变砂岩。Pl. 斜长石；Hb. 角闪岩；Bit. 黑云母；Qz. 石英；Kf. 钾长石；Ser. 绢云母；Det. 岩屑

白垩系美日切组（K_1m）为一套岩性以紫红色英安岩主的火山岩地层，安山岩零星分布于多不杂矿床中部，具斑状结构，基质呈玻晶交织结构（图7-4d），块状构造；斑晶主要为斜长石（15%~20%）和角闪石（10%±），呈半定向-定向排列，角闪石多已暗化；基质以斜长石微晶为主，大致定向排列，微粒状铁质矿物和极少量石英填隙发育。英安岩中锆石SHRIMP年龄为111.1±1.4Ma（李光明等，2011）。英安岩未见蚀变，其形成应晚于成矿期。

多不杂矿床内发育3组主要断层，依次为北东向断层、北西向断层和近东西向断层。北东向断层控制了矿床内早期花岗闪长斑岩的侵位，使其呈条带状呈北东方向展布；北西向断层在地表表现为负地形，有多个石英闪长斑岩岩株平行于北西向断层呈串珠状发育；近东西向断层为成矿后南倾逆断层，地表上有构造泉发育，被多个钻孔在深部揭露。

多龙矿集区侏罗纪—白垩纪岩浆活动较强烈。多不杂矿床内存在着多期岩浆活动，早期主要为基性岩浆活动，形成辉绿岩；晚期主要为中酸性岩浆活动，形成3期花岗闪长斑岩。辉绿岩在矿床西北部少量分布，岩石具有辉绿结构（图7-4b），块状构造。主要矿物成分有斜长石（1~2mm，50%~60%）、碳酸盐（30%~40）和磁铁矿（3%~5%），斜长石呈不规则排列形成格架，方解石、磁铁矿等填充其间。辉绿岩有中等—强绢云母化、绿泥石化、绿帘石化和碳酸盐化。区域内广泛分布辉绿岩脉，其Ar-Ar法同位素年龄为141.36Ma，可能与多不杂矿床内辉绿岩成岩年龄一致。

多不杂矿床内中酸性斑岩侵入体主要分布于矿床中部，岩性均为花岗闪长斑岩，斑晶主要矿物成分均为斜长石、角闪石、石英、黑云母。根据斑晶的含量、粒径及主要矿物成分的含量，大致将多不杂矿床内的花岗闪长斑岩划分为3期。

早期的花岗闪长斑岩为多不杂矿床的成矿斑岩，以岩株状呈北东向侵位，地表露头呈长轴状。岩石具有斑状结构（图7-4e），块状构造，斑晶主要有斜长石（2~5mm，25%~35%）、石英（2~3mm，3%~5%）、角闪石（3~8mm，3%~5%）、黑云母（1~5mm，3%~5%）和少量钾长石，基质主要为细粒长英质矿物。角闪石斑晶多黑云母化、绿泥石化，伴有金属矿物析出，多保留其假象；岩浆黑云母部分绿泥石化；斜长石多弱—中等绢云母化，部分斜长石钾长石化；基质中斜长石多钾长石化。第一期花岗闪长斑岩中有较多石英-硫化物脉穿插，多不杂矿床的矿体主要赋存于第一期花岗闪长斑岩体及其外接触带中。第二期花岗闪长斑岩（图7-4f）与第一期花岗闪长斑岩矿物成分相似，斑晶的含量略有减少，斑晶中石英含量增加到5%~10%，斑晶粒径均有减小。第二期花岗闪长斑岩也发育弱钾长石化、弱黑云母化，并叠加绿泥石化、绢云母化，伴生较弱黄铜矿、黄铁矿矿化。

最晚期的花岗闪长斑岩（图7-4g）斑晶含量约20%，主要矿物成分为斜长石（8%~10%），石英（5%~8%）、角闪石（2%~3%）、黑云母（1%~2%）和少量钾长石，基质为细粒长英质矿物，岩石总体蚀变较弱，局部有弱绢云母化，未见矿化。

早期的花岗闪长斑岩具有类似O型埃达克岩的特征，其锆石SHRIMP年龄为121~120Ma（李金祥等，2008；佘宏全等，2009），可能直接起源于俯冲洋壳的部分熔融（李金祥等，2008）。随后的两期花岗闪长斑岩也集中于120Ma左右侵位，具有相似的岩石化学组成。

2. 矿床特征

矿体特征：矿体形态受花岗闪长斑岩体顶部形态的控制，在空间上铜矿体呈大板状体。在平面上矿体呈北东东-南西西向展布的长椭圆状，在剖面上矿体呈倾向南的椭圆状。铜矿体赋存于斑岩体顶部内外接触带的微细网状、网脉状裂隙系统中。

矿石类型：多不杂矿床存在混合矿体和原生矿体两种，其中混合矿主要分布在地表50m深度以内，下部为原生矿体。混合矿矿体的主要矿石矿物有黄铜矿、斑铜矿、辉铜矿、铜蓝、孔雀石等，多呈浸染状和石英-硫化物脉发育（图7-6g），部分聚集成团块。原生硫化矿矿体主要硫化物为黄铜矿和黄铁矿，均以浸染状矿化和石英-硫化物脉产出（图7-6h），且矿体中的黄铜矿含量明显高于黄铁矿。

矿石矿物主要为黄铜矿、黄铁矿，其次有辉钼矿、蓝铜矿、辉铜矿、斑铜矿、黝铜矿、磁铁矿、自然金、闪锌矿、赤铁矿、磁黄铁矿、菱铁矿、孔雀石等。

脉石矿物主要为石英、钾长石、斜长石、高岭石、多水高岭石、绢云母、黑云母、绿帘石、绿泥石、电气石、方解石、硬石膏等。

矿石结构以他形晶粒状结构、半自形粒状结构、交代溶蚀结构最发育。矿石构造主要为稀疏—稠密浸染状构造、细脉—网脉状构造。

蚀变：根据矿床内蚀变矿物组合和脉的不同，将多不杂矿床由内向外划分为钾化带、绢英岩化带和青磐岩化带(图7-4)。钾化带主要分布于矿床的中部，可分为钾长石化和黑云母化，均伴生强硅化。钾长石化主要表现为次生的钾长石交代原生的斜长石和少量原生钾长石，使得岩石呈肉红色(图7-5a，b)；黑云母化主要表现为次生黑云母交代角闪石，多混杂少量绿泥石(图7-5e)。因后期绢英岩化叠加在钾化蚀变之上，黑云母化多叠加绿泥石化，较难识别。钾化带内常有较多石英-磁铁矿脉和石英-黄铜矿(钾长石化晕)发育，并伴生较多浸染状黄铜矿化和少量黄铁矿化。钾化主要在前两期花岗斑岩中分布，其中第一期花岗斑岩内钾化较强，并构成多不杂矿床的蚀变中心。青磐岩化带分布于多不杂斑岩铜矿的最外侧，主要蚀变矿物组合为绿帘石、绿泥石、方解石，并见有少量黄铁矿化(图7-5c,d)，发生绿帘石化的岩石为矿床西侧的玄武安山岩和南侧的部分火山角砾岩。青磐岩化带在矿床中呈团块状发育，未能形成连续环带。

绢英岩化带环绕钾化带发育，主要蚀变矿物组合为绢云母、石英、绿泥石、黄铁矿(褐铁矿)等(图7-5f)，主要表现为岩石发生弱至中等硅化，有较多石英-黄铜矿-黄铁矿(褐铁矿)脉在岩石中穿插，沿脉的边缘常见绿泥石化和铁染(褐铁矿薄膜)。靠近钾化蚀变中心，曲色组变砂岩发生强硅化、绢云母化，并有较多的石英-黄铜矿-黄铁矿脉发育，岩石"褪色"明显，局部形成角砾化变砂岩，胶结物主要为宽大的石英脉。远离钾化蚀变中心，绢英岩化逐步减弱，其原岩变砂岩逐步由灰白色过渡为浅灰绿色，石英-褐铁矿网脉变为少量硅化条带沿岩石变余层理发育，黄铜矿矿化逐步减少，在绢英岩化带外缘极少见黄铜矿矿化。

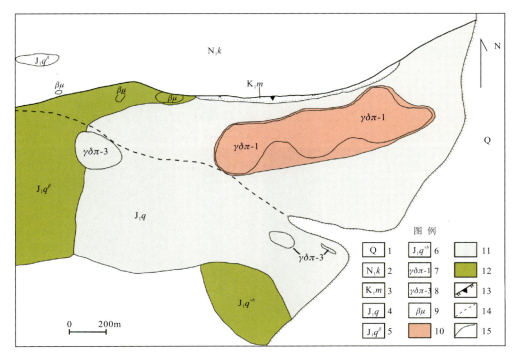

图7-4 多不杂矿床蚀变分带图

1.第四纪沉积物；2.中新统康托组；3.下白垩统美日切组；4.下侏罗统曲色组变石英砂岩；5.下侏罗统曲色组玄武安山岩；6.下侏罗统曲色组火山角砾岩；7.第一期花岗闪长斑岩；8.第三期花岗闪长斑岩；9.辉绿岩；10.钾化带；11.绢英岩化带；12.青磐岩化带；13.逆断层；14.推测断层；15.地质界线

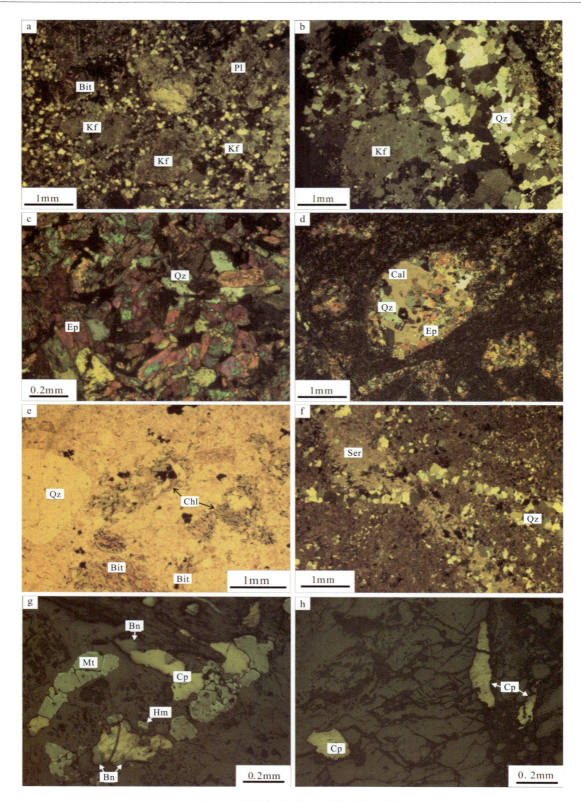

图 7-5 多不杂矿床的蚀变和矿化照片

a. 第一期花岗斑岩中斜长石斑晶钾长石化；b. 石英脉边部斜长石钾长石化；c. 斜长石绿帘石化；d. 杏仁体中充填石英、绿帘石、方解石；e. 角闪石黑云母化、绿泥石化；f. 绢英岩化；g. 混合矿石中的赤铁矿化磁铁矿、黄铜矿、斑铜矿；h. 原生矿石中的黄铜矿。Pl. 斜长石；Bit. 黑云母；Qz. 石英；Cal. 方解石；Ep. 绿帘石；Ser. 绢云母；Chl. 绿泥石；Bn. 斑铜矿；Cp. 黄铜矿；Mt. 磷铁矿；Hm. 赤铁矿

3. 成矿时代和成矿物质来源

多不杂矿床岩芯 Cu、Au 品位分析数据显示,矿床内的铜和金品位成正相关关系,金的矿化可能与黄铜矿产出密切相关。取于原生矿体中的辉钼矿 Re-Os 等时线年龄为 119~118Ma(佘宏全等,2009;祝向平等,2011),代表了多不杂矿床的成矿年龄。流体包裹体研究结果显示,形成多不杂斑岩铜金矿床的成矿流体具有高温、高盐、高氧逸度的特征,成矿温度集中于 400~450℃(李光明等,2007)。全岩 Sr-Nd-Pb 和锆石 Hf 同位素特征均显示,多龙成矿斑岩来自于地幔源区和羌塘地块基底岩系的部分熔融。

多不杂矿区的 H、O 同位素研究表明,多不杂富金斑岩铜矿床成矿热液主要以岩浆水为主,没有大气水的加入,支持正岩浆成因模式。多不杂矿区的各种类型岩石样品的 $\delta^{30}Si$ 值变化于 -0.5‰~0.3‰ 之间,分布在热液石英范围之内,接近于次生加大石英。$\delta^{18}O$ 值变化于 7.6‰~11.7‰ 之间,该值分布在火成石英范围之内,表明 SiO_2 来源于岩浆或岩浆所形成的热液。硫化物(黄铜矿、黄铁矿)的 S 同位素范围为 -0.5‰~2‰,显示成矿物质来源于岩浆。成矿流体总的 $\delta^{34}S$ 值大约在 0 值附近,也表明成矿流体是来源于深部岩浆(李金祥,2008)。

Pb 同位素组成变化不大,$^{206}Pb/^{204}Pb$ 的比值为 18.514~18.631,$^{207}Pb/^{204}Pb$ 的比值为 15.534~15.601,$^{208}Pb/^{204}Pb$ 的比值为 38.5545~38.7708。在 Zartman 等(1981)的 Pb 构造模式图上,其铅同位素组成位于下地壳铅和造山带铅之间,说明 Pb 物质来源为地幔铅与下地壳铅混合的结果(辛洪波等,2009)。

从多不杂矿区的 H、O、Si、S、Pb 等同位素特征来看,多不杂矿区的成矿物质主要来源于深部的岩浆。多龙矿集区内的波龙、拿若、地堡那木岗等铜矿的成矿背景、矿床特征、成矿时间等均与多不杂铜矿一致,依据早白垩世时期,多龙矿集区主要处于俯冲-碰撞环境分析,多龙矿集区的成矿物质来源多为地幔源区。

二、成矿作用与成矿潜力

(一)区域成矿地质条件

1. 与成矿作用相关的地层

矿集区内出露地层以中生界为主,主要有上三叠统日干配错组(T_3r)、侏罗系曲色组(J_1q)和色哇组(J_2s)、下白垩统美日切错组(K_1m),局部覆盖新近系康托组(N_1k)(图7-2,图7-4)。上三叠统日干配错组(T_3r)主要为一套浅海环境下的碳酸盐岩夹少量碎屑岩。侏罗系为一套次深海盆地沉积的复陆屑碎屑岩建造,下侏罗统曲色组(J_1q)为灰至浅灰色薄至中层状细粒石英砂岩、粉砂岩、深灰色至灰黑色页(泥)岩以不等厚互层或韵律互层,上部夹灰绿色玄武岩。中侏罗统色哇组(J_2s)为深灰色、灰色薄层状粉砂岩与深灰色泥岩不等厚互层或韵律互层夹灰绿色玄武岩及浅绿灰色薄层状硅质岩。本区下白垩统美日切错组(K_1m)主要为一套以安山岩、英安岩为主的陆相火山岩,不整合覆盖在侏罗纪地层之上。美日切错组火山岩的锆石 SHRIMP 年龄为 111.1±1.4Ma(李光明等,2011)。新近系中新统康托组(N_1k)主要为小型山间盆地河湖沉积的红色泥岩、泥质粉砂岩、砾岩。

2. 与成矿作用相关的地质构造

多龙矿集区的花岗斑岩岩体和矿床主要受断层控制。区内的断层主要有近东西向、北西向和北东向3组。早期近东西向逆断层纵贯多龙矿集区北部,倾向 10°~20°,倾角 50°~60°。北东向断层为区域断层,倾向 290°~300°,倾角较陡,可能具有逆冲和右行走滑性质,控制了多不杂矿床成矿的花岗闪长斑岩的侵位。北西向断层地表表现为负地形,性质不明,控制了成矿后花岗闪长斑岩的侵位。近东西向逆断层倾向 180°,断层面浅部倾角较陡,深部变缓,倾角 50°~70°,错断了多不杂矿床内成矿的花岗斑岩体,对多不杂矿体起破坏作用,为成矿后断裂。早期近东西向北倾逆断层穿过多个中酸性侵入体。成矿岩体侵位年龄集中于125~121Ma,表明多龙矿集区的近东西向北倾逆断层、北东向和北西向逆断层均形成于125Ma之后。东西向南倾逆断层切断多不杂成矿斑岩及矿体,并切割下白垩统美日切错组(K_1m)英安岩,表明东西向南倾逆断层形成于110Ma之后。

3. 与成矿作用相关的岩浆活动

区内侵入岩与成矿有关的岩浆活动为花岗斑岩,主要是花岗闪长斑岩类、闪长玢岩、辉石闪长玢岩、石英闪长玢岩等。岩体数量多,规模小,均为小型岩株及岩瘤,侵位于曲色组、色哇组类复理石等地层中,围岩接触变质明显。岩体和接触带内多具铜、金矿化。岩石为浅灰—深灰色,斑状结构,局部为聚斑结构,块状构造。斑晶多为斜长石、石英、黑云母等,基质为细粒结构,由斜长石、钾长石、石英等组成。岩石中含副矿物磷灰石、榍石等。岩石普遍发生钾长石化、黏土化、绿泥石化等。据岩石地球化学研究,多龙一带花岗质斑岩体具有以下主要特征:

(1)花岗质斑岩体主体为高钾钙碱性系列,个别具有钙碱性系列和钾玄岩系列成分特征。斑岩体的时代为120Ma左右,成岩时间跨度约6Ma,而成矿时代仅比成岩时间晚1~4Ma,且成矿时间跨度约3Ma。

(2)多龙矿集区内系列矿床的成矿斑岩也具有富集轻稀土和大离子亲石元素,亏损重稀土和Nb、Ta、Ti等高场强元素,弱Eu负异常,具有岛弧岩浆岩的特征。与成矿相关的斑岩体$(^{87}Sr/^{86}Sr)_i$为0.7047~0.7085(平均值为0.7066),$\varepsilon_{Nd}(t)$值为-8.00~4.30(主体为-4.00~0.00)。多龙成矿斑岩的钕模式年龄$T_{(Nd)DM}$为0.43~2.15Ga,但大部分为0.90~1.20Ga。多龙含矿斑岩的$\varepsilon_{Hf}(t)$值较高,主体为2.0~11.5。研究表明多龙地区与成矿相关的斑岩体中幔源成分贡献较大(幔源成分贡献大于扎普-多不杂岩浆弧中晚侏罗世岩体和其他地段的早白垩世岩体),提供了Cu、Au成矿物质来源。

(二)区域成矿模式

Li等(2014c)认为多龙一带的花岗斑岩体和火山岩形成于陆缘弧环境,原始岩浆来源于交代上地幔重熔,有羌塘地壳基底物质重熔加入。晚三叠世班公湖-怒江特提斯洋盆开始扩张,到早侏罗世形成深海洋盆。中侏罗世班公湖-怒江洋开始向北俯冲,在南羌塘地块南缘形成岛弧岩浆活动,一直持续到早白垩世。扎普-多不杂岩浆弧为中晚侏罗世和早白垩世两阶段岩浆弧,岩浆弧时空分布特征显示长距离、低角度平坦俯冲的特征。其中早白垩世的峰期岩浆活动和成矿作用与俯冲板片的断离有关(图7-6)。

伴随班公湖-怒江洋持续向北俯冲,南羌塘地块持续增生,在南羌塘地块南缘形成增生楔。中—晚侏罗世岛弧花岗岩类侵入多玛地块石炭纪、二叠纪地层中,形成矽卡岩型、热液型矿化,但成矿作用可能不明显,尚未发现本期岩浆活动形成的大型矿床[图7-6(a)]。

至早白垩世,班公湖-怒江洋向北俯冲具有A型俯冲性质,俯冲板片包括洋壳玄武岩、洋底沉积物和海山、洋岛等。南羌塘地块与北冈底斯地块开始局部拼合,因构造应力变化在南羌塘地块增生边缘诱发了系列走滑断裂,同时俯冲洋壳含水矿物脱水上涌也造成了下地壳部分熔融,形成了中酸性岩浆。中酸性岩浆上侵,在地壳深部形成岩浆房,成矿流体和成矿元素不断在岩浆房内聚集,伴随岩浆侵位上涌,最终在地壳浅部形成斑岩系统矿床[图7-6(b)]。伴随班公湖-怒江中洋壳向羌塘陆块下的持续俯冲,在羌塘陆块南缘形成了一系列近东西向的压性断裂构造及北东-南西向、北西-南东向的张性断裂,为岩浆提供了上升通道和容矿空间。富含铜金的中酸性岩浆上升至中间岩浆房后,发生了岩浆分异,形成闪长质和花岗质岩浆,闪长质先期侵入导致第一期岩浆活动,形成闪长岩;花岗质岩浆稍晚侵入至近地表后,发生二次沸腾,产生大量富铜金的高温(600~950℃)、高氧化性、高盐度的岩浆流体,在岩体顶部围岩中产生大量裂隙,形成网状破裂系统,富含铜金的流体进入网状破裂系统后发生沉淀成矿,同时发生钾硅化、绢云母化、绿泥石化等蚀变。成矿热液进入远离中酸性岩体的构造破碎带中形成热液型铜金矿等(陈华安等,2013)。成矿深度1~5km,成矿流体为残余岩浆流体,大气降水在成矿过程中的作用不明显(陈红旗等,2015)。

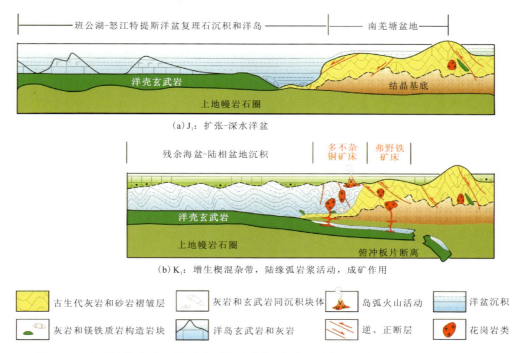

图7-6 南羌塘扎普-多不杂岩浆弧构造演化、岩浆活动与区域成矿(据Geng et al.,2016)

(三)成矿潜力及找矿方向

多龙矿集区内已确定波龙、多不杂、荣那、拿若为大型矿床,地堡那木岗、尕尔勤、铁格龙等矿床(点)均位于北东向走滑断层与北西向断层的交会部位,出露有花岗闪长斑岩体,大多具有绢英岩化、青磐岩化蚀变,具有铜、金组合异常、正负相伴的弱磁异常和寻找到中大型斑岩型铜金矿的潜力。

多不杂和波龙斑岩型铜金矿床经地质勘探确定为大型—特大型矿床,但其矿体深部、外围仍未控制,仍具有很大的扩大铜金资源量和寻找隐伏矿床的前景。多龙矿集区的北东向和近东西向断层均为逆冲断层,逆冲方向可能是由北向南的,北侧的古生代地层逆冲推覆到侏罗纪地层之上,并且侏罗纪地层和其中的斑岩体或矿体逆冲推覆到新生代红层之上。但是逆冲方向尚未查明,矿区内钻探结果显示可能逆冲方向向北。逆冲距离可达70~150km(Kapp et al.,2003a,2003b,2005;解超明等,2010),完全可能破坏、覆盖部分成矿斑岩体和矿体。此外,已在内生矿床(点)附近均发现了砂金矿床,显示出多龙矿集区具有很大的寻找砂金矿的资源潜力。

另外,随着地质矿产调查工作的深入进行,在多不杂-青草山北侧和西侧仍具有发现铁铜铅锌多金属矿床的潜力,并与西部的弗野、材玛一起构成一条多金属成矿亚带。本区南部的班公湖-怒江成矿带中的原生金矿、矽卡岩型多金属矿和北冈底斯带中的热液型多金属矿,都是今后找矿工作中的重要方向。

在多龙北部的先遣乡一带,已发现多处较有潜力的矽卡岩型铁、铜、多金属矿点。在多龙西部的龙荣一带,新发现铜多金属矿化带1条,铜矿化体1个。新发现的含矿斑岩体为花岗闪长斑岩、矿化矽卡岩带和蚀变带。锌、铅、铜等金属品位达到工业品位。

在多龙矿区以南,近年来的区域地质、矿产调查在班公湖-怒江结合带和北冈底斯带中新发现大量矿(化)点,是多不杂-青草山找矿远景区向南拓展的重要地区。与成矿作用相关的地层主要包括木嘎岗日群(JM)、去申拉组(K_1q)和北冈底斯带中日松组(Jr)等。成矿类型以热液型铜矿和铅锌多金属矿为主,也有少量砂岩铜矿。

需要指出的是,多龙矿集区及其邻区目前最主要的成矿类型为斑岩铜矿,但随着地质找矿工作的推进,浅成低温热液型金矿、矽卡岩型和热液型矿床将会有更大的找矿进展。

第二节 尕尔穷-嘎拉勒铜金多金属矿集区

该矿集区，又称尕尔穷-嘎拉勒（铜金）成矿远景区或窝肉-尕尔穷找成矿远景区，位于西藏阿里地区噶尔、革吉和日土县。构造上，位于冈底斯北部近东西向展布的昂龙岗日-班戈岩浆弧（该岩浆弧从西到东大体可分为狮泉河-昂龙岗日-盐湖岩浆弧和班戈-青龙乡岩浆弧），从北向南，矿集区跨越昂龙岗日岩浆弧、狮泉河蛇绿混杂岩带和冈底斯措勤-申扎岩浆弧带。矿集区东西长约250km，南北宽约100km。

一、矿产特征

本区新发现的矿床、矿点和矿化点共25处，其中大型矿床2处，中型矿床1处，小型矿床2处。本区尕尔穷和嘎拉勒为已查明的大型金铜矿床，在革吉县叉茶卡一带又发现了斑岩型铜矿床。2013—2014年，在尕尔穷矿床外围再次发现了嘎木让铜铁矿点、打隆铜矿化点、董布隆磁铁矿化点、宁温布磁铁矿化点等。本区西部还发现了狮泉河鲁玛矽卡岩型磁铁矿点、日土县曲龙铁铜多金属矿、噶尔县狮泉河铬铁矿点、噶尔县亚尼多布多金属矿点等。

二、矿床类型与典型矿床

矿集区内主要矿床类型是斑岩-矽卡岩型铜金矿，典型矿床为尕尔穷铜金矿和嘎拉勒金铜矿，其矿区地质特征见表7-2。

表7-2 尕尔穷铜金矿、嘎拉勒金铜矿矿区地质特征简表（据张志等，2011，修改）

矿区	尕尔穷铜金矿	嘎拉勒金铜矿
地层	白垩系多爱组，主要由大理岩、灰岩、安山质火山碎屑岩及角岩组成	白垩系则弄群上部朗久组，主要由流纹质-英安质火山碎屑岩、角闪石英粗安岩组成；下白垩统捷嘎组，主要由泥晶灰岩、生物介壳灰岩、白云质大理岩组成
构造	矿区构造主要表现为北东-南西及近南北方向的两组构造。矿区中有近南北向、近东西向及北东-南西向3条断裂。矿区内褶皱构造较少发育	矿区构造发育，可见呈东西向、北东-南西向等4条断裂，以东西向断裂构造为主。褶皱主要为背斜，轴面向南倾斜，枢纽近东西向
岩浆岩	矿区岩浆岩以中酸性侵入岩为主，早期为闪长玢岩、石英闪长（玢）岩、花岗闪长岩、花岗闪长斑岩；晚期为花岗斑岩及细晶岩	矿区岩浆岩从早到晚依次可见灰黑色中细粒石英闪长（玢）岩、灰白色中细粒花岗闪长岩及晚期灰白色花岗斑岩
赋矿矿石类型	矽卡岩型矿石、构造角砾岩型矿石、斑岩型矿石	矽卡岩型矿石、构造角砾岩型矿石、斑岩型矿石
围岩蚀变	矽卡岩化、绢云母化、硅化、钾化、绿帘石化、绿泥石化、碳酸盐化和泥化等	矽卡岩化、大理岩化、硅化、绿泥石化、绿帘石化、角岩化、绢云母化、高岭土化等
主要金属矿物	黄铜矿、斑铜矿、蓝铜矿、辉铜矿、辉钼矿、黄铁矿、磁黄铁矿、磁铁矿、赤铁矿、金矿物、银矿物	磁铁矿、黄铜矿、斑铜矿、辉铜矿、蓝辉铜矿、铜蓝、褐铁矿、钛铁矿、赤铁矿、金矿物、银矿物等
主要非金属矿物	石榴石、透辉石、斜长石、石英、方解石、黑云母、绢云母、绿泥石、绿帘石等	石榴石、透辉石、橄榄石、绿帘石、绿泥石、方解石、石英、黑云母、阳起石等
规模	铜 2.59×10^4 t，金 4.31t	金 20.99t，铜 13.25×10^4 t
矿床类型	斑岩-矽卡岩型	斑岩-矽卡岩型

三、区域成矿地质条件与找矿方向

本区与成矿作用相关的地层条件,即岩浆弧的基底成分十分复杂。出露地表地层可见狮泉河蛇绿岩(Jsh)、则弄群(K_1Z)、乌木垄铅波岩组(K_1w)、郎山组(K_1l)、多尼组(K_1d)等。岩浆弧基底可能包括未知的更老地层。虽然从岩浆弧的基底成分看出本区具有增生弧的特征,类似于多龙斑岩铜矿区,但是岩体的围岩中具有混杂带特征,缺乏弧前盆地中厚层的复理石细碎屑岩类,不利于成矿岩浆-流体系统和矿体的保存。

本区岩浆活动十分强烈。侏罗纪的狮泉河蛇绿岩及其相关的玄武岩活动,这些早期形成的包含基性、超基性岩浆岩的地层和蛇绿混杂带不但提供了成矿物质来源,还提供有利的容矿、储矿空间。在白垩纪以大量花岗岩侵入为主。经笔者研究,花岗岩岩浆弧的时代主要有两期:早期以早白垩世花岗岩浆活动为主,时代为120~115Ma,局部出现时代为135Ma的岩体;晚期为晚白垩世花岗岩体,主要出露于狮泉河以北至日松乡一带,花岗岩体的时代为80~77Ma。早白垩世花岗岩体出露广泛,晚白垩世岩体出露局限。

据研究,本区与成矿相关的花岗岩体主要为晚白垩世石英闪长(玢)岩类,从尕尔穷和嘎拉勒矿区向西,狮泉河—革吉一带原定的早白垩世"七一桥浆混体",经最新年龄测试,均为晚白垩世花岗岩体。该花岗岩体与西北部的日松花岗岩体一起组成一条宽10~20km、长超过150km的晚白垩世花岗岩带,具有增生弧特征。该花岗岩带,穿越措勤-申扎岩浆弧、狮泉河-纳木错蛇绿岩带和班公湖-怒江蛇绿岩带等构造单元,是本区最有潜力的成矿地段。

据岩石地球化学研究,花岗岩带形成于陆缘岩浆弧环境,Sr和Nd同位素特征显示花岗岩源区为地幔或下地壳。这一带的早白垩世和晚白垩世花岗岩类均为壳幔同熔型,原始岩浆中幔源成分所占比例较大,属于I型花岗岩。推测花岗岩体中幔源成分对Cu、Au等成矿元素的来源有较大贡献。例如在叉茶卡和聂尔错之间新发现的亚卓斑岩型铜矿点。矿点位于吓拉错断裂及阿翁错断裂交会部位。出露地层包括去申拉组(K_1q)及聂耳错岩群(T_3JN),狮泉河蛇绿混杂带(T_3Js)等。围岩地层中富含镁铁、超镁铁岩和基性火山岩,推测为矿床的形成提供了金属元素。铜矿品位0.39%~3.63%,平均品位1.72%。

根据区域地质和地球物理特征,重力和航磁高值及低值过渡带均为花岗岩体和蛇绿混杂岩带过渡地段,或者花岗岩体侵入到蛇绿混杂岩带的地段。这些地区有利于铜金矿床的形成。从航磁和重力异常图上来看,狮泉河—尕尔穷—革吉—亚卓一带和昂龙岗日—盐湖—物玛乡一带为有潜力的成矿地段。

第三节 扎普-弗野铜铁多金属矿集区

一、矿产特征

该矿集区处于南羌塘西段,大致呈北西西走向,东西长约200km。2010—2015年,中国地质调查局在扎普-弗野地区系统部署了1:5万区域地质调查、1:5万矿产远景调查和矿产评价项目,取得了显著的进展,共发现矿床(矿点、矿化点)约94处,其中藏北多格错仁、龙木错、玛尔果茶卡、鄂雅错为4个大型盐湖矿床,材玛铁矿和祥龙多金属矿为中型矿床,吉龙多金属矿、弗野铁矿为小型矿床,由此,使该区成为一个新的多金属矿集区。

二、区域成矿地质条件与成矿潜力

(一)与成矿作用相关的主要地层

野外地质矿产调查表明,本区霍尔巴错群(擦蒙组、展金组、曲地组)、吞龙共巴组、龙格组和日干配错群与铁、铅锌等金属矿产关系密切,是本带成矿花岗岩体的围岩,提供容矿空间,同时也是重要的成岩成矿物质来源。

在日土一带的霍尔巴错群(Horpatso series)中有几套地层含铁较高,可能与本区大量出现的磁铁矿床有关,作为岩浆弧基底岩系的一部分,可能提供了成矿物质来源。诺林(Norin)命名的 Horpatso series 创名地点位于日土县北霍尔巴错。诺林认为其岩性可与克什米尔地区的集块板岩对比(Norin,1946),同属于冈瓦纳相,时代归属为石炭纪—二叠纪。目前该群由下往上划分为擦蒙组、展金组、曲地组。本区可能提供成矿物质来源的地层简述如下。

展金组(C_2P_1z)。展金组以浅褐黄—灰白色长石石英砂岩为主,与灰色粉砂质板岩构成韵律性层序,夹有少量中薄层状灰色含砾砂质板岩。砂岩中常含有泥砾,发育平行层理、斜层理,局部见有交错层理,沿层面常见虫迹,往上为一套以砂岩、板岩为主的细碎屑沉积,粉砂质板岩中常发育有透镜状层理,常见含菱铁矿晶体,其间夹有多层角闪安山岩。这套地层具有滨海潮坪、三角洲平原沉积特征。展金组局部地段为千枚岩、板岩,夹含砾板岩和菱铁矿结核,风化面形成褐铁矿铁帽(图 7-7)。因此,展金组虽然并非矿床的直接围岩,但可能为燕山期磁铁矿的形成提供了物源。

图 7-7 乌奖—吉普一带展金组岩石特征

a.含砾板岩和千枚岩中含丰富的菱铁矿;b.吉普三队花岗岩体侵入到展金组中,形成强烈的褐铁矿化蚀变带,形成红柱石角岩

曲地组(P_1q)。以灰黄—灰白色中细粒石英屑砂岩与深色粉砂质板岩、板岩为特征,夹深灰色含砾砂岩、含砾板岩,偶夹有玄武岩。由于受构造影响强烈,普遍具浅变质特征。这套地层有几层含粉砂菱铁绢云绿泥板岩、中细粒菱铁质长石石英砂岩等,总体铁质成分也较高。据江西地质调查院(2010,弗野地区 1:5 万区调项目资料)介绍,在曲地组上段发现一套厚约 100m 的含矿层,含矿层内含 2~7 层似层状赤铁矿层,赤铁矿目估品位 20%~30%。能够为成矿作用直接提供物质来源。

吞龙共巴组(P_2t)。为细碎屑岩与灰岩或泥灰岩的不等厚互层组合,厚度大于 720m。笔者项目组在南羌塘与龙木错-双湖构造带的龙格组与吞龙共巴组中发现较多化石,时代为中二叠世。吞龙共巴组上与龙格组灰岩呈过渡关系,底与曲地组杂砾岩连续沉积,主要分布日土多玛地区,常作为主要岩体围岩出露,为成矿作用直接提供物质来源。

龙格组(P_2l)。岩性由块状结晶灰岩、生物礁灰岩、含砂灰岩、白云岩及部分鲕状灰岩组成。产丰富的蜓、珊瑚及腕足类、双壳类、菊石及腹足类等化石。龙格组主要分布于西部日土-改则以北地区,厚度大于4510m。下与吞龙共巴组呈过渡关系,主要分布于日土多玛地区,常作为主要岩体围岩出露,为成矿作用直接提供物质来源(图7-8)。

图7-8 弗野岩体围岩龙格组(P_2l)灰岩及其蚀变带

日干配错群(T_3R)。主要为一套中厚层状灰岩夹砂岩、页岩组成。局部下部为砂板岩、玄武安山岩、凝灰岩。化石丰富,产腕足、珊瑚、牙形石、牙形刺等化石,与下伏地层平行不整合或角度不整合接触,为成矿作用直接提供物质来源(图7-9a),并遭受改造(图7-9b)。日干配错群是本区矽卡岩型、热液型矿点的重要围岩,但是岩性很复杂,最近的区域地质调查发现这套地层下部有大量的钙质砾岩、角砾状灰岩。

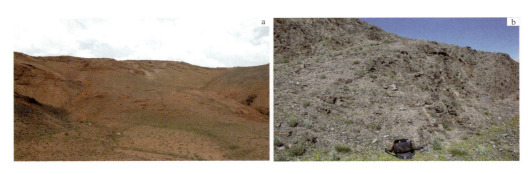

图7-9 日干配错群(T_3R)岩性特征
a.材玛岩体日干配错群围岩;b.拉热拉新岩体围岩日干配错群的褶皱变形特征

(二)与成矿作用相关的岩浆作用

扎普—弗野一带的花岗岩类主要为花岗闪长岩、花岗岩、石英闪长岩类,少量石英二长岩等。花岗岩类侵入的围岩为擦蒙组(C_2c)、展金组(C_2P_1z)、曲地组(P_1q)、吞龙共巴组(P_2t)、龙格组(P_2l)和日干配错群(T_3R)等。据同位素年代学研究,扎普—弗野一带的花岗岩类的时代包括中—晚侏罗世(169~158Ma)与早白垩世(123~112Ma)两期。这两期花岗岩体虽然都与成矿作用关系明显,但它们的成岩、成矿物质来源和成矿特征存在明显的差异。

(1)中晚侏罗世花岗岩类。在扎普—弗野一带,中晚侏罗世花岗岩体包括拉热拉新、材玛、炯增等岩体。主要属于高分异度的 I 型花岗岩类。岩性主要为花岗岩和花岗闪长岩(除了镁铁质岩脉和闪长质捕房体)。全岩 Sr-Nd 和锆石 Hf 同位素研究表明不同比例的硅铝质羌塘地壳和具有洋岛玄武岩 OIB 性质的玄武岩为该期花岗岩的岩浆来源。该期花岗岩体有形成铁、铅锌矿和铜金矿的潜力。

(2)早白垩世花岗岩类。早白垩世花岗岩体包括弗野铁矿成矿岩体、吉普岩体、石龙岩体等,属于正常的钙碱性和钾玄岩系列 I 型花岗岩类、高分异度的 I 型花岗岩类。岩性为石英闪长岩、花岗闪长岩和花岗岩等。全岩 Sr-Nd 和锆石 Hf 同位素研究表明本期花岗岩主要来源于下地壳,主要为羌塘硅铝质地壳重熔的产物。由于成岩、成矿物质来源较单一,该期花岗岩仅有一些形成铁、铅锌矿的潜力。据野外和岩石薄片观察,弗野岩体石英闪长(斑)岩中含有较高的磁铁矿、赤褐铁矿、赤铁矿、黄铁矿、磷灰石、钛铁矿等副矿物。在斑岩体局部地段可见磁铁矿富集,形成小型磁铁矿团块(约 1cm)。说明早白垩世岩体本身也为铁矿的形成提供了物质来源。

(三)与成矿作用相关的地质构造

1. 成矿构造环境

对于扎普—弗野一带花岗岩类的成因和大地构造环境已有很多研究,并已有较多论文发表。1∶25 万区域地质调查首先发现南羌塘南缘的扎普—弗野—多不杂一带分布一条近东西向的花岗岩带,并解释为班公湖-怒江特提斯洋向北俯冲、消减所形成的岩浆弧(潘桂棠等,2004;刘庆宏等,2004;张璋等,2011;Li et al.,2014a)。

花岗岩类岩石地球化学和年代学研究表明,成矿作用发生在中—晚侏罗世和早白垩世两期,形成于班公湖-怒江特提斯向北俯冲的岩浆弧演化阶段。所以,本区是俯冲阶段形成的成矿岩浆弧。从地层学和构造演化研究发现,本区中—晚侏罗世和早白垩世花岗岩体侵入于石炭纪、二叠纪稳定沉积、裂陷环境形成的碎屑岩和碳酸盐岩建造中。地表出露的岩浆弧的围岩和基底为稳定的晚古生代多玛地块,但全岩 Sr-Nd 同位素和锆石 Hf 同位素研究表明,前寒武纪结晶基底也是花岗岩类原始岩浆的来源,并作为花岗岩浆的源区。

对于构造背景判别,通常使用的是微量元素图解。笔者选用较为常用的 Rb-(Yb+Nb)图解和 Ta-Yb 图解进行分析。Rb-(Yb+Nb)构造背景图解显示岩浆弧主体位于同碰撞花岗岩和火山弧花岗岩的过渡区域(图 7-10a)。其中材玛岩体表现出一部分火山弧花岗岩和部分同碰撞花岗岩混合的特征(图 7-10b)。拉热拉新岩体则以同碰撞花岗岩过渡区为主体(图 7-10b)。弗野岩体表现出明显的火山弧花岗岩和过渡区花岗岩的混合(图 7-10c)。吉普三队岩体以火山弧花岗岩过渡区为主体(图 7-10c)。

近年来对于该岩浆弧的成因又有了进一步的解释。Li 等(2014a)对扎普—弗野—利群山一带花岗岩类的年代学、岩石地球化学和锆石 Hf 同位素研究后认为,本带花岗岩类为 I 型,形成于陆缘弧环境。Li 等(2014b)通过对本带拉热拉新、材玛晚侏罗世花岗岩的常量元素、微量元素和锆石 Hf 同位素的研究,认为这 2 个岩体形成于俯冲带之上的重熔、同化、存储、均一化(MASH)过程和深部的岩浆混合。原始岩浆来源于镁铁质下地壳重熔,并有不等量的幔源成分的贡献。

2. 控岩和控矿构造

区内构造线方向与一级构造单元边界断裂,即班公湖-康托-兹格塘错断裂带方向一致,呈近东西向展布。该断裂带在区内表现为一系列韧-脆性、脆性断层和褶冲带平行排列。断裂带围岩为二叠纪灰岩或侏罗纪砂板岩、灰岩及硅质岩,岩石以脆性破碎为主,伴有片理化、糜棱岩化、透镜体化等塑性变形和逆冲推覆褶皱变形。沿断裂带有花岗斑岩脉、辉长辉绿岩脉、石英闪长玢岩侵入及古近纪火山岩喷发,断裂带切割了古近纪、新近纪地层,表现出多期活动的特点。本区主要成矿类型为矽卡岩型和热液充填型矿铁、铜、银等多金属矿,花岗(斑)岩体与围岩的接触带是最重要的控矿构造。形成较晚的局部断裂、破碎带也是重要的赋矿构造。

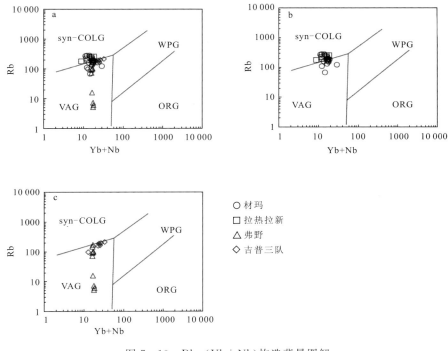

图 7-10 Rb-(Yb+Nb)构造背景图解

VAG. 火山弧花岗岩;ORG. 洋脊花岗岩;WPG. 板内花岗岩;syn-COLG. 同碰撞花岗岩

区域性大断裂控制花岗岩体分布。本区花岗岩体主要分布于班公湖-怒江蛇绿混杂带北部的吉普—拉热拉新—材玛和弗野一带,总体为近东西走向的花岗岩带,并向东到多龙地区,呈断续展布的局部出露、半隐伏的花岗岩带。本区北部鲁玛江东错南侧和利群山花岗岩带,也是总体呈东西走向的花岗岩带。据笔者项目组野外观察,南羌塘南部发育走向近东西、倾向北的逆冲断层。较晚的正断层、破碎带、断裂带为次级断层,走向为北东向、北西向、南北向。晚期的次级断层和破碎带具有多期次活动的特点(江西地质调查院,2005,《1:25万羌多幅区调报告》)。近东西向的区域断层、可能存在的近东西向隐伏断层控制花岗岩体分布,而后期次级构造和岩体与围岩接触带、层间破碎带为成矿物质迁移富集提供了良好的运、储空间。

褶皱转折端、断裂带和岩体围岩接触带控制矿体分布。本区褶皱变形较为强烈,发育印支、燕山和喜马拉雅等多期褶皱,形成了一系列的(背)向斜、复式(背)向斜、倒转(背)向斜等褶皱构造,在褶皱的核部、转折端等构造薄弱部位往往有利于成矿物质的富集,是矿体富集的有利地段。如弗野中酸性侵入体分布于弗野复背斜的核部,背斜核部基本控制了岩体接触带和矿体的分布。热液型铅锌矿主要沿断裂带和岩体-围岩接触带分布,如巴工铅锌矿。

综上所述,扎普-弗野矿集区中与成矿作用相关的地层、岩浆岩和构造条件决定本区具有形成矽卡岩型和热液型铁、铜、铅锌多金属矿的较大潜力。

第四节 商旭金矿集区

商旭金矿集区位于尼玛县北东部80km,构造上属于班公湖-怒江蛇绿混杂带,位于班公湖-怒江结合带南、北两条东西向边界断裂带(南界为日土-改则-尼玛-丁青断裂,北界为班公湖-康托-兹格塘错-安多-丁青雪拉山断裂)之间。本区出露地层简单,为广泛分布的木嘎岗日群(JM)中下部和第四系覆盖。木嘎岗日群在本区出露深色板岩夹中粗粒砂岩、钙质板岩等。砂板岩发育紧闭褶皱和轴面劈理。岩石变形强烈，普遍发育面理置换。

一、矿床类型和典型矿床

该区产出的矿床主要是以商旭金矿为代表的构造蚀变（破碎带）型金矿。商旭金矿床特征如下：

据"西藏尼玛县商旭-达查地区金矿调查评价"项目2011年的阶段性成果，矿区发育北北西向、近东西向、北北东向3组断层。区内金矿（化）体的规模、形态受北东向断层控制，所以北东向断层是区内的主要控矿构造。赋矿岩石为石英脉及旁侧蚀变岩、断层破碎带中的蚀变岩石。商旭-达查地区金矿主要标志为近东西向的构造破碎带、硅化、黄（褐）铁矿化、绢云化及碳酸盐化。

矿区内石英脉、方解石石英脉、铁方解石石英脉发育，多赋存于断层破碎带中，少部分分布于其旁侧，根据石英脉矿物组合特征，以及受后期不同构造作用的影响程度，将矿区石英脉分为4期：

（1）早期纯净石英脉，该期石英脉在矿区零星可见，规模较小，不成带，多呈不规则团块状或细条带状产出，脉厚度多在1～5cm之间，多以裂隙充填的形式产出在岩屑砂板岩及碳质板岩的地层中，发育一组与S_1产状一致的裂隙。其组成95%以上为石英，具中粗粒结构，破碎后断面参差不齐。

（2）第二期石英脉主要为含（铁）方解石石英脉，该期石英脉在矿区分布广泛，规模稍大，可呈带状，多呈细条带状产出，脉体厚度多在10～35cm之间，其产出明显受褶皱的裂隙控制和S_1裂隙控制，其构造影响上主要受区内左行走滑断层影响产生一组破劈理。根据地表工程的分析结果，其含金量多在$(0.01～0.03)\times10^{-6}$之间，局部稍高。矿物组合上可见大量铁方解石，多充填在石英脉早期形成的破劈理中，局部可见褐铁矿化。

（3）第三期含硫化物石英脉在矿区分布范围小，规模大，呈带状、脉状产出，脉体厚度多在1～3.9m之间。其产出明显受逆断层控制，以逆断层裂隙充填。其受逆断层继承性活动影响产生一组剪节理。该期石英脉的规模相对较大，存在尖灭再现的情况。根据地表工程控制的分析结果，其含金量多在10×10^{-6}以上，总体矿化情况较好。脉体中见微量黄铁矿（呈褐色细—中粗粒不规则状）、方铅矿（呈铅灰色细粒星点状集合体）、闪锌矿（浅棕色微细粒星点状）。

（4）晚期石英脉为纯净石英脉，该期石英脉在全区零星可见，规模较小，多呈脉状产出，脉厚度多在2～6cm之间，多以裂隙充填的形式产出在地层的各类裂隙中，未受构造影响。石英脉体相当完整，矿物组合的95%以上为石英。

产于近东西向、北西向、北东向次级构造的含硫化物石英脉和铁方解石石英脉是本区的主要含矿地质体。

据路彦明等（2002，2003），商旭金矿（点）为贫硫化物型，矿体产于木嘎岗日群顺层断裂中，有层控矿床地质特征。商旭金矿（点）为贫硫化物型，与Au相伴的Cu、Pb、Zn等金属矿化极弱，Au与Ag、Cu、Pb、Zn等元素的相关性不明显。矿化脉体的Co/Ni=0.25、Cu/Zn＝0.53、Ag/Zn＝0.0087、Pb/Ni＝0.42。可以看出，成矿流体属变质热液；Co/Ni值还反映了成矿可能有深源物质的加入。石英包裹体均一温度为249～288℃，成矿压力为$(831.7～833.7)\times10^5$Pa，成矿深度约为3km。为中温热液型金矿。商旭金矿床矿石微量元素特征、流体包裹体研究表明，成矿物质部分来源于深部，成矿流体有天水的加入。考虑到金矿的赋矿围岩木嘎岗日群为浅变质岩系，并且在班公湖-怒江蛇绿混杂带中存在古老变质基底的可能性不大，推测金矿的流体来源并非来自变质流体。因此商旭金矿也应为岩浆热液型石英脉-蚀变岩型金矿。成矿物质来自围岩和深源的镁铁、超镁铁岩类，成矿热液为岩浆水和天水的混合。

根据矿体产出特征将商旭金矿自东而西划分为3个矿段，矿段呈东西向展布，在地貌上被南北向的负地形和平缓的谷地分割。目前通过少量的探矿工程圈出金矿体6条，通过地表工作圈出矿化体4条，均为石英脉型＋破碎蚀变岩型。其中，Ⅰ号矿段金矿体1条、矿化体1条；Ⅱ号矿段金矿体2条、矿化体3条；Ⅲ号矿段金矿体3条。各矿体规模大小不等，现有工程控制矿体厚度1.29～4.41m。矿体中矿石品位变化较大,最大品位 203×10^{-6},矿体平均品位$(4.7\sim17.78)\times10^{-6}$。矿体均严格受脆性断裂控制,呈近东西向或北西西向展布,在形态上呈似层状或脉状,局部见膨缩、分支现象。根据区内各金矿(化)体的分布位置、控矿因素,矿石矿物组合类型分析认为,矿(化)体应均属于同一成因类型、同一成矿物源、同一成矿时段的产物。

二、找矿潜力

据商旭矿区1:1万土壤测量结果,基本无异常显示,Au异常与其他元素异常相关性差,Au为独立异常。在矿区圈出两个近东西向异常带:南异常带东西长约5km,南北宽约800m,分带明显,异常高值点多,为矿致异常;北异常带较分散,连续性也较差,分带较明显。两个异常带都明显受东西向断层控制,有进一步找矿的潜力。

第八章　西南地区重要地质作用与成矿

第一节　前寒武纪重要地质作用与成矿

一、上扬子地区

(一) 上扬子陆块哥伦比亚(Columbia)超级大陆聚合-裂解与成矿作用(2.0~1.0Ga)

1. 古元古代末—中元古代早期的裂解事件

古元古代末—中元古代早期以汤丹群、河口群、大红山群的形成为代表,该时期主要表现为与哥伦比亚超大陆的裂解相关的拉张盆地(或拉张裂谷),在扬子陆块西缘形成东西向的拉张盆地。

2. 中元古代早期—中元古代中期的拉张事件

中元古代早期—中元古代中期,以东川群及通安组为代表,形成于东西向哥伦比亚超大陆的裂解相关的拉张盆地(或拉张裂谷)中。

3. 中元古代晚期的汇聚事件

中元古代晚期的沉积和岩浆作用也主要集中于康滇地区,以会理群、昆阳群为代表,区域分布也基本上延续了早期分布的规律,大致上也可以分为两个带:北带的登相营群和会理群主要分布于四川会理、会东等区域;南带的昆阳群主要分布于滇中的峨山—玉溪一带。已经获得的年龄数据表明,会理群(在登相营一带被称为登相营群)、昆阳群形成于中元古代晚期。该时期,随着大量的中—新元古代的岩浆岩(1000~850Ma)的出现,揭示了Rodinia超大陆汇聚事件的存在。

4. 主要成矿作用及重要矿床

在这一时期,由于地壳较薄,加之可能存在古地幔柱活动形成的西昌-滇中南北向裂陷盆地,同时伴随着强烈的岩浆火山作用,幔-壳物质交换频繁,矿种以铜铁金为主,成矿作用以岩浆-火山-变质为特点,形成了区内独具特色的与海相火山喷溢作用有关的沉积-变质改造型铜铁矿床,如大红山、拉拉、迤纳厂等,其他还有与岩浆火山作用关系密切的如:黄金坪式岩浆热液型-构造蚀变岩型金矿、小石房式火山沉积变质型铅锌矿、与晋宁期-澄江期花岗岩体有关的锡铁矿、与晋宁期岩浆岩有关的岩浆热液型-接触交代型菜园子磁铁矿等。在上扬子陆块周缘零星出露的基底地层中亦表现出这一特点,如产于新元古代摩天岭花岗岩体接触带内外的多金属矿,南秧田式层状矽卡岩-岩浆热液型钨锡铅锌铜多金属矿,产于基性岩、变质岩中的石英岩型和云英岩型钨(锡)矿床、标水岩小型钨(锡)矿、彭州式火山沉积变质型铜矿,产于中新元古代浅变质岩系中的构造热液脉型锑矿,及蚀变岩型金多金属矿、棉花地式岩浆型钒钛磁铁矿、李子垭式接触交代型磁铁矿等。

(二)上扬子陆块罗迪尼亚大陆聚合-裂解与成矿作用(1.0Ga~850Ma)

1. 新元古代早期(青白口期)的汇聚事件

新元古代岩浆岩活动主要分布于上扬子陆块的周缘地区。被普通认为形成于中元古代(张洪刚等,1983;辜学达等,1997;四川省地质调查院,2002)的黄水河群、盐井群、盐边群、峨边群等可能形成于新元古代早期(耿元生等,2008;任光明等,2013),它们与苏雄组中的流纹岩形成的时代(803±12Ma)大致相当。黄水河群干河坝玄武岩锆石 SHRIMP U-Pb 年龄为 799±8Ma,捕获的锆石加权平均年龄为 875±12Ma(任光明等,2013)。盐井群石门坎组中变凝灰岩锆石 SHRIMP U-Pb 年龄为 809±9Ma(耿元生等,2008),近年来"盐边群"中的玄武质岩石以及一些岩体的同位素测年主体集中于 840~810Ma 之间(李献华等,2002;沈渭洲等,2003;朱维光等,2004;杜利林等,2005;Sun W H et al.,2008;Zhang C H et al.,2008),部分年龄在(936±7)~(866±8)Ma 之间。这些岩浆岩的年龄数据表明,它们可能是同一幕岩浆作用的产物(任光明等,2013),但由于这些岩浆岩形成的环境和大地构造背景存在明显的争议,因此,这些岩浆岩的年龄是否能代表它们所在的各自地质单元的形成时代也有争议。

2. 南华纪与罗迪尼亚超大陆的解体相关的地质事件

扬子陆块经历过格林威尔造山之后,在 1.0Ga 左右时形成了罗迪尼亚超大陆。现有研究表明,扬子陆块西缘大多缺失了 1.0~0.86Ga 的岩浆岩事件和沉积记录,仅在扬子陆块北缘的西乡群有 945~931Ma 捕获锆石的记录及 946~904Ma(该年龄值得商榷)火山岩的报道(Ling W L et al.,2002;凌文黎等,2006),表明该时期的扬子陆块主体可能处于以隆升剥蚀为主的构造环境。

大量的岩浆岩事件出现在 0.85~0.74Ga 之间(Li Z X et al.,2003;Ling W L et al.,2003;刘玉平等,2006;Wang Jian et al.,2003;郑永飞等,2004;Li W X et al.,2005;朱维光等,2004;尹崇玉等,2003),以中酸性火成岩为主;而基性-超基性岩分布范围相对较少,主要以岩墙、岩席和岩脉的形式侵位于中新元古代变质基底岩系之中,近年来,在扬子陆块、华南陆块与印度陆块三大构造单元之间的"越北古陆"也有新元古代岩浆岩的报道(刘玉平等,2006),在其西侧的瑶山群和哀牢山群中也有该时期的岩浆岩(李宝龙等,2012),表明该时期的岩浆岩具有广泛的影响,在整个扬子陆块和华南陆块均大量存在。大部分人的观点认为该时期的岩浆岩与罗迪尼亚超大陆的汇聚或裂解有关,但具体的成因认识存在明显的分歧。

目前对这些岩浆岩成因的认识主要有两种观点:一种是地幔柱的观点(Li Z H et al.,1999;Li X H et al.,2002;李献华等,2008),另一种是岛弧的观点(颜丹平等,2002;Zhou M F et al.,2002a,2002b,2006;杨崇辉等,2008;马铁球等,2009),也有观点认为扬子陆块周缘的新元古代经历了早期弧-陆碰撞、晚期伸展垮塌和大陆裂谷再造 3 个构造演化阶段(周金诚等,2003;Wang X L et al.,2004,2008;Zhou J C et al.,2009)。

3. 主要成矿作用及重要矿床

进入中、新元古代—早古生代,随着上扬子古陆块的初步形成,地质作用已开始进入了漫长的稳定盖层发展演化阶段,物质交换主要以壳内为主,但与早期幔源物质方面可能存在较直接的继承性关系,随之而来的沉积成矿作用得以加强,形成了与沉积关系较为密切的铁、锰及古砂岩型铜矿床,如:烂泥坪式古砂砾岩型铜矿、东川式沉积变质改造型铜矿、满银沟式-包子铺式风化沉积型铁矿、沉积变质改造型凤山营铁矿-鲁奎山磁铁矿、高燕式沉积型锰矿、大塘坡式海相沉积型锰矿、大白岩式沉积变质型锰矿。在新元古代晚期尤其是震旦纪—寒武纪过渡期的一些相对封闭的局限盆地或台盆转换部位,可能由于陆缘、台缘、盆缘同生深大断裂与基底地层中多金属元素的沟通运移作用,使得在碳酸盐岩建造沉积的同时,亦形成了铅锌银汞金等多金属元素高丰度层,为产于上扬子北东缘震旦纪—早古生代碳酸盐岩建造中铅锌汞矿床、产于上扬子西缘震旦系灯影组—早寒武世碳酸盐岩建造中铅锌矿床的最终富集提供了初始基础。

中元古代—新元古代青白口纪是扬子陆块十分重要的大规模铜成矿期,主要是分布在康滇裂谷中段东缘的昆阳群下亚群的因民组、落雪组内东川地区的汤丹、因民、落雪、新塘等和易门地区的铜石、狮山、三家厂凤山等一批大中型铜矿床。邱华宁等(2002)在东川式落雪铜矿的两个石英样品中,获得810~770Ma 的 $^{40}Ar-^{39}Ar$ 等时线年龄,可能反映铜矿床在晋宁-澄江期的成矿年龄或富集改造年龄。

二、三江地区

1. 成矿构造环境及演化

前寒武纪时期,"西南三江"地区隶属原特提斯洋发展阶段,以元古宙海相火山喷发活动作用为特征,形成了一套火山岩建造,主要产于滇西地区澜沧江带与哀牢山—苍山一带,如澜沧群、大勐龙群、苍山群、哀牢山群等,变质程度普遍达绿片岩相—角闪岩相,主要为变质基性火山岩,有时可见少量变质酸性火山岩,产于复理石-类复理石变质沉积岩系中。

前寒武纪时期,三江构造域由一个原特提斯洋和散布于其中的泛华夏陆块群组成,主体存在着4个分支(潘桂棠等,1997;李兴振等,1999);解离自欧亚大陆(Eurasian continent)的古亚洲洋,以及解离自冈瓦纳大陆(Gondwana continent)的秦岭-祁连-昆仑洋、古金沙江洋和古澜沧江洋。至早古生代末期,南中国洋与古金沙江洋拼合,形成大陆造山带;秦岭-祁连-昆仑洋闭合,形成与俯冲消减作用相关联的造山系统(张国伟,1988)。分散的陆块,如华北、扬子、柴达木、塔里木和昌都-思茅地块,最终拼合形成统一的泛华夏陆块,嵌布于残存的古亚洲洋和松潘-甘孜洋中(潘桂棠等,1997;李兴振等,1999)。

2. 重要矿产及分布

原特提斯成矿事件主要发育与两大陆块群的大陆边缘系统,与陆缘裂离有关。成矿作用主要发育于保山地块的被动边缘和中咱地块(自扬子微大陆裂离而成)边缘上,主要形成火山成因块状硫化物(VMS)矿床和喷气沉积型铅锌矿床。前者主要与早古生代海相火山岩有关,或者赋存于早古生代海相碳酸盐岩中。成矿年龄集中于655~426Ma。代表性矿床包括保山地块边缘裂谷带内鲁子圈铅锌矿和勐兴铅锌矿,中咱地块内部的纳交系铅锌矿(叶庆同等,1992);发育于思茅地块西侧之云县-景谷岩浆带,如大平掌铜矿床,与俯冲上地块裂谷作用相关;条带状含铁建造(BIF)型成矿系统,发育于云县-景谷岩浆带,如惠民铁矿床。总体上,该成矿期的矿床以铜、铅、锌矿化为主,中小型规模,分布有一定局限性(Hou et al.,2007)。

3. 重要地质作用与成矿

西南三江地区与元古宙火山岩有关的成矿事件主要发生于临沧双江陆缘弧带,成矿受中元古界澜沧群惠民岩组变质中基性火山岩建造控制,目前发现赋存有铁矿地40余处,代表性矿床有惠民铁矿、勐海西定铁矿。区内铁矿赋矿的澜沧岩群变质地体下部为硅质、泥质建造,中部以火山-沉积建造为主,上部为泥砂质类复理石建造;中部变质中、基性火山岩-沉积岩石组合系硅铁建造,这种富含铁质的基性火山岩,携带大量尘点状磁铁矿随火山物质一起进入火山盆地,为铁矿层形成提供了物质来源。另外,在火山活动间歇期,由火山活动带来的 Fe、Si、S、P、CO_2 等以喷气、热泉的形式进入海盆,为沉积菱铁矿、磁铁矿矿层提供了丰富的物质基础。矿床多数矿层都在基性喷发旋回的喷发间歇期形成。在火山活动中后期即基性喷发旋回后期,火山活动达到高峰,大量基性熔岩喷溢,铁矿熔浆也随之溢出,在基性熔岩前缘形成了厚大铁矿体。因此,惠民铁矿属于典型的海相火山喷发-沉积型铁矿。成矿时代为中元古代,成矿年龄约为1600~1000Ma。

第二节 古生代重要地质作用与成矿

一、上扬子地区

1. 南华纪—志留纪,第一沉积盖层的形成

这一时期在上扬子东缘的裂谷盆地系由华南裂谷盆地、扬子东南大陆边缘盆地和华夏西北大陆边缘盆地三部分组成,形成不同级别的复杂的堑垒构造系。单个构造呈北东—北北东走向,在平面上呈东西向左行雁列。

寒武纪—早奥陶世为被动大陆边缘演化阶段,扬子克拉通上发育碳酸盐岩大陆块,扬子陆块东缘和东南缘形成陆块镶边及大规模的台缘斜坡滑塌堆积,向东为深海盆地。华夏的西缘也具大陆边缘性质,但为碎屑岩堆积。

志留纪末经加里东运动裂谷封闭,形成辽阔的南华加里东褶皱区,与扬子陆块连为一体,进入了统一的华南陆块发展阶段。

2. 晚二叠世扬子陆块的分裂

晚二叠世早期,由于地裂运动,使统一的扬子陆块发生分裂,西部地区继续坳陷且更加强烈。除沉积物增多加厚外,还有广泛的基性火山喷发。三叠纪时完全进入地槽发展的鼎盛时期,有俯冲、消减,岩浆侵入、火山喷发,沉积物迅速堆积,呈现出极为活动的环境。

东部扬子陆块地裂虽有一定影响,但裂而无谷,只表现为二叠纪玄武岩在大陆上大量地喷溢。早、中三叠世康滇隆起上海水已经退出为陆地,但在东侧的川滇坳陷仍是海洋环境,沉积了地台相碳酸盐岩和碎屑岩。

3. 主要成矿作用及重要矿床

在古生代,为扬子陆块形成和发展阶段,内部相对稳定,边缘强烈拉张,玄武岩喷发及基性-超基性岩侵位。澄江期扬子陆块基本形成,西缘有大规模花岗岩浆侵入,黔东南地区拉张裂陷,在边缘海盆地及其边部形成含锰、铁沉积;加里东期主要为陆表海,晚震旦世—早寒武世浅海相碳酸盐岩建造赋存铅锌矿、磷矿、金矿,滇东南地区早中寒武世碳酸盐岩建造赋存铜铅锌钨锡银多金属矿,加里东期构造改造作用亦使得黔东南地区产于中新元古代浅变质岩系中之构造热液脉型锑及蚀变岩型金多金属矿富集成矿;海西期早期岩浆活动比较微弱,晚期主要为玄武岩喷溢及超基性-基性岩浆侵位,形成钒钛磁铁矿、铜镍铂钯矿、铅锌矿等,由于海西期地幔柱上隆,在其萌发期引起地壳减薄拉张下陷形成的六盘水裂陷槽沉积了巨厚的泥盆系、石炭系,可能沿裂陷槽边界深大断裂富铅锌矿质的热液热水沟通循环,使得在碳酸盐岩建造沉积的同时,可能形成了铅锌银等多金属元素高丰度层,为后来产于晚古生代碳酸盐岩建造中的会泽式铅锌矿最终富集提供了初始基础,在泥盆纪碳酸盐岩建造沉积成岩的同时亦可能形成了铅锌矿床。海西晚期峨眉地幔柱活动达到顶峰,为区内又一大重要的地质成矿事件,形成了攀枝花式岩浆熔离型钒钛磁铁矿、火山岩型铜矿、铅锌矿等。晚二叠世早期华南为热带雨林,植物繁茂,是重要的成煤时期。中二叠统梁山组和上三叠统宣威组中的铝土矿与其所处于的滨海沼泽相有关。

新元古代—早古生代,扬子古大陆西缘的川滇裂谷带东侧的边缘活动带是著名的铅锌矿成矿带,北从四川荥经、汉源,南经甘洛、会理、会东进入云南巧家、会泽等地,长达480km,分布铅锌矿床(点)382处,其中特大型矿床1处,大型矿床4处,中型矿床18处,小型矿床27处。矿床赋存于震旦系灯影组二段含藻层白云岩,在地层中还经常有膏盐层相伴产出。按矿体产状分为层状和脉状2类,其中以脉状矿床规模较大,如大梁子、天宝山、团宝山矿床均属此类。刘文周等(2002)认为以大梁子矿床为代表的这类矿床属MVT型(密西西比河谷型)。

二、三江地区

(一)成矿构造环境及演化

西南三江地区早古生代仍然属于原特提斯洋发展阶段,在奥陶纪晚期到志留纪早期,面积达到最大,在此期间发育多个稳定地块,如中咱地块、保山地块。中咱地块早古生代属于扬子大陆西部被动边缘的一部分,随着从扬子陆块裂离,逐步在中、晚寒武世形成稳定地块,终止于二叠纪末。在早古生代,地块上主体为碳酸盐岩—碎屑岩—碳酸盐岩的沉积序列,显示滨岸-陆棚的稳定地台型沉积环境。但是,下古生界较上古生界显得更为活动,以发育基性和中酸性火山岩为特征。保山陆块古生代属于冈瓦纳大陆群,整体上似乎表现为与邻接某一大陆联而不合的状态。在寒武纪—志留纪阶段,保山地块以稳定型浅海碎屑岩夹碳酸盐岩为主。早中寒武世时在陆块边缘海形成了一套复理石浊积岩,不含火山岩。晚寒武世—早奥陶世转化为浅海陆棚沉积,晚奥陶世主要为海退层序,到志留纪为外陆棚到台地边缘斜坡的沉积环境。

三江地区古生代主要是古特提斯洋构造演化,是在早古生代原特提斯大陆边缘系统上发育起来的多岛洋大洋体系。早古生代末期,原特提斯洋(龙木错-双湖-昌宁-孟连洋)基本闭合后,可能发生过大洋的顺次俯冲作用。早—中泥盆世,承接于可能的原特提斯残留洋,昌宁-孟连洋开始扩张,金沙江-墨江洋与甘孜-理塘洋开启,昌都-思茅地块、中咱地块与华南板块几乎同时从印度-冈瓦纳大陆北缘漂移出来,即古特提斯洋开始形成。

晚古生代是泛华夏古陆解体、古特提斯阶段发育的重要时期(李兴振等,1999;Metcalfe,2002)。昌宁-孟连缝合带是一条重要的古特提斯大洋最终消亡的巨型结合带,构筑了冈瓦纳大陆与劳亚-泛华夏大陆的分界线(Ueno K et al.,2003;Sone M & Metcalfe I,2008),晚古生代早期其仍处于持续发展的大洋盆地状态中,并逐渐向东侧消减,最终于中三叠世消亡(Sone M & Metcalfe I,2008)。金沙江洋与澜沧江洋系昌宁-孟连洋东向俯冲形成的弧后小洋盆(钟大赉,1998;王立全等,2011)。金沙江-哀牢山洋于早石炭世打开(365~354Ma;王立全等,2011),将昌都-兰坪-思茅陆块从扬子地台中分离出来(黄汲清与陈炳蔚等,1987;陈炳蔚等,1991),二叠纪开始西向俯冲,在昌都-兰坪-思茅地块东侧形成陆缘火山-岩浆弧(莫宣学等,1993),晚三叠世洋盆最终消亡。澜沧江洋于早二叠世由于昌宁-孟连洋的东向俯冲作用而开启,将临沧地体从思茅地块中分离而出(Sone M & Metcalfe I,2008)。甘孜-理塘弧后洋盆于二叠纪从扬子地台西缘裂出,将中咱地块与扬子地台分离开来,三叠纪洋壳开始西向俯冲,逐渐形成了中咱地块东侧德格-乡城火山弧,并最终于晚侏罗世闭合(潘桂棠等,1997;侯增谦等,2001)。

潘桂棠等(2003)认为一系列共存的多条弧链(前锋弧、岛弧、火山弧等)和相间分布的弧后、弧间、边缘海盆地及微陆块,在古生代时期构成复杂的"多岛弧盆"构造系统。以弧后盆地消减及其洋壳俯冲为动力,通过弧-弧碰撞、弧-陆碰撞、陆-陆碰撞等多岛造山过程,在中生代类似"东南亚"式造山过程。

从全球来看,南北统一的联合古陆于上石炭世从欧洲开始形成,至晚三叠世古特提斯洋主体闭合(除甘孜-理塘洋外),统一的联合古陆(Pangea)最终形成(Sengör,1979;刘增乾等,1993)。

古特提斯洋呈现一个主支(北段龙木错-双湖洋和南段昌宁-孟连洋)与两个分支(金沙江-哀牢山洋和甘孜-理塘洋)。洋盆开启于早—中泥盆世(400~380Ma)。洋板片俯冲于早二叠世—中三叠世(300~230Ma),并且呈现出双向俯冲的格局,即龙木错-双湖-昌宁-孟连洋东向俯冲,而金沙江-哀牢山洋和甘孜-理塘洋西向俯冲。至中三叠世,大多数洋盆均已关闭(除甘孜-理塘洋盆于晚三叠世末关闭外),逐次发生板块增生拼贴作用。

龙木错-双湖洋于早志留世—晚泥盆世可能一直存在着洋盆,完成了原特提斯向古特提斯的过渡。晚泥盆世—早石炭世(367~348Ma)洋壳短期南向俯冲于西羌塘地块之下,导致了西羌塘地块弧岩浆岩带的形成。晚石炭世—早三叠世(306~248Ma)洋壳东向俯冲于东羌塘地块之下,导致了东羌塘地块弧岩浆岩带形成。中三叠世早期(~245Ma)洋盆消减完毕,继而发生陆陆碰撞造山作用,形成了早三叠世—晚三叠世(246~202Ma)碰撞型岩浆岩(包括同碰撞S型花岗岩和后碰撞双峰式火山岩),以及早三叠世—晚三叠世高压变质带(变质岩剥蚀时代244~214Ma)。晚三叠世望湖岭组(流纹岩夹层年龄214Ma)角度不整合于蛇绿混杂带之上。昌宁-孟连洋早泥盆世—中泥盆世早期为原特提斯向古特提斯的转换过渡时期,该时期可能发生局部的陆陆碰撞或者存在着原特提斯残余洋。中泥盆世(~390Ma),古特提斯大洋可能在原有的残余洋背景上开始扩张,并逐渐发展为分隔南部亲冈瓦纳陆块和北部亲扬子陆块之间的大洋。晚石炭世或者早二叠世,洋壳东向俯冲于兰坪-思茅地块之下,导致了早二叠世(298~292Ma)具有岛弧性质的半坡和南林山基性-超基性岩体和早二叠世(294~274Ma)高压变质带的形成。中三叠世早期(~240Ma)洋盆消减完毕,发生陆陆碰撞造山作用,形成了晚三叠世(239~203Ma)碰撞型岩浆岩(包括同碰撞S型临沧花岗岩基和后碰撞双峰式火山岩)。中三叠统上兰组呈角度不整合覆于二叠系之上。

金沙江-哀牢山洋包括北段的金沙江洋和南段的哀牢山洋。金沙江洋开启于中泥盆世(~400Ma)。早二叠世—早三叠世洋壳西向消减于昌都地块之下(261~248Ma),导致江达-维西火山岩浆弧的形成。中三叠世早期(~245Ma)洋盆消减完毕,发生陆陆碰撞造山作用,形成早三叠世—晚三叠世(249~214Ma)碰撞型岩浆岩(包括同碰撞S型花岗岩和后碰撞双峰式火山岩)。昌都地块东缘晚三叠世石钟山组不整合覆于地层之上。

哀牢山洋开启于中泥盆世(~390Ma)。早二叠世—晚二叠世(287~265Ma)洋壳西向消减于兰坪-思茅地块之下,导致了雅轩桥火山岩浆弧的形成。晚二叠世晚期(~260Ma)洋盆消减完毕,发生陆陆碰撞造山作用,形成了晚二叠世—晚三叠世(260~239Ma)碰撞型岩浆岩(包括同碰撞S型花岗岩和后碰撞双峰式火山岩)。兰坪-思茅地块东缘晚三叠世一碗水组不整合覆于早中三叠世火山岩地层之上。金沙江洋与哀牢山洋开启、俯冲和关闭的时间基本上是同步的,因此,两者应为古特提斯时期统一的洋盆。

甘孜-理塘缝合带位于三江地区北东端。洋盆开启于中泥盆世(~390Ma)。中晚三叠世(230~206Ma)西向俯冲于中咱-香格里拉地块之下,导致了德格-乡城火山岩浆弧的形成。推测洋盆于晚三叠世末期关闭,进入陆陆碰撞造山作用阶段。甘孜-理塘洋相对于龙木错-双湖-昌宁-孟连洋和金沙江-哀牢山洋,洋盆开启的时间基本一致,然而其俯冲和闭合的时间都相对较晚。

综上所述,古特提斯洋在早—中泥盆世(390~370Ma)开启,北部龙木错-双湖洋、金沙江洋和甘孜-理塘洋,南部昌宁-孟连洋、哀牢山洋,几乎同时打开。晚石炭世(~305Ma),古特提斯洋(龙木错-双湖-昌宁-孟连洋、金沙江洋)消减伊始,同时中特提斯洋(怒江洋)开启。晚二叠世(~265Ma),古特提斯洋(龙木错-双湖-昌宁-孟连洋、金沙江-哀牢山洋)依然消减,同时中特提斯洋(怒江洋)伊始俯冲。中三叠世(~235Ma),古特提斯洋(龙木错-双湖-昌宁-孟连洋、金沙江-哀牢山洋)闭合,甘孜-理塘洋与中特提斯洋开始俯冲。晚三叠世末期(~200Ma),甘孜-理塘洋闭合,中特提斯洋(怒江洋)板片持续俯冲。

(二)重要矿产及分布

基于上述弧盆系和盆地/微陆块的详细解剖,再造了"三江"古特提斯多岛弧盆系统演化过程(图8-1)。古特提斯期成矿作用贯穿于其岩石圈构造演化始终,主要集中于晚古生代和晚三叠世,在260~230Ma经历了古特提斯大洋俯冲-大洋闭合,成矿类型由以上叠式VMS型、俯冲斑岩型矿床为主过渡以与板内过铝质岩浆有关的锡、钨矿、陆内裂谷VMS型为主。如德钦矽卡岩铜多金属成矿带[如羊拉铜矿床(~235Ma);鲁春铜矿床(~245Ma)],系金沙江缝合带后碰撞岩浆活动的产物;临沧锡成矿带[如松山、布朗山及勐宋锡矿床(~220Ma)],与临沧岩基晚期高分异岩浆活动有关,系昌宁-孟连缝合带后碰撞伸展作用的产物,从而形成两个成矿高峰(Hou et al.,2007)。

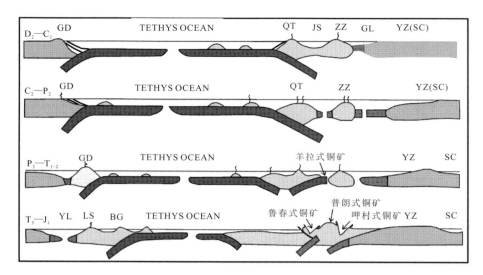

图 8-1 三江特提斯构造域多岛弧构造系统及成矿作用示意图(据潘桂棠等,2003)
GD. 冈底斯;LS. 拉萨;YL. 雅鲁藏布;BG. 班戈-嘉黎带;TETHYS OCEAN. 特提斯洋;QT. 羌塘;
JS. 金沙江;ZZ. 中咱;GL. 甘孜-理塘;YZ(SC). 扬子(四川)

三江特提斯主要成矿系统包括：①VMS 型铜、铅、锌、银多金属成矿系统,发育于古缝合带与相应的火山-岩浆弧内,如昌宁-孟连缝合带、金沙江缝合带、江达-维西火山-岩浆弧和德格-乡城火山-岩浆弧等,主要与洋中脊玄武岩(如铜厂街铜矿床和羊拉铅、锌矿床)、洋岛火山岩(如老厂铅、锌、银矿床)和弧间裂谷作用相关(如嘎村、嘎衣穷银多金属矿床及鲁春铜、铅、锌矿床);②斑岩型铜、钼、金成矿系统,主要发育于德格-乡城火山-岩浆弧内,与甘孜-理塘洋壳西向俯冲作用导致的岛弧岩浆活动相关,如普朗和雪鸡坪铜、钼、金矿床;③锡多金属成矿系统,发育于临沧-景谷复合弧的边部,与后造山地壳重熔作用形成的花岗岩基(临沧花岗岩基)侵位作用相关,如松山和布朗山锡矿床;④矽卡岩型铜多金属成矿系统,如发育于金沙江缝合带内的羊拉晚期铜多金属矿化,与金沙江缝合带闭合后的伸展作用相关;⑤岩浆熔离型铜、镍成矿系统,发育于保山地块内部,如大雪山铜、镍矿床。

(三)重要地质作用与成矿

1. 早古生代地质作用与成矿

西南三江地区早古生代成矿作用主要发育于昌都-普洱地块东、西两侧的中咱地块和保山地块的被动边缘上,以铅、锌为主,主要形成喷气沉积型铅锌矿床。矿床赋存于早古生代海相碳酸盐岩中,代表性矿床包括中咱地块的纳交系铅锌矿、保山地块上的勐兴铅锌矿。巴塘中咱地块纳交系铅锌矿床产于古生代碳酸盐岩台地中,铅锌矿石的模式年龄为 552 ± 73Ma,与矿床赋矿围岩寒武纪地层年龄 $615\sim520$Ma 相当,因此,寒武纪地层可当作同生沉积矿源层,成矿作用与热水沉积作用密切相关。在云南,产于保山地块的勐兴铅锌矿赋矿地层主要为志留系一套碳酸盐岩组合,矿床主要形成于沉积阶段,与围岩同时形成。矿体主要产于早古生代早期碎屑岩过渡为碳酸盐岩建造的泥灰岩所夹的生物碎屑(礁)灰岩内。铅锌矿石铅同位素年龄为 440 ± 10Ma,与赋矿围岩早志留世地层一致,矿床属于早古生代滨浅海相碳酸盐岩沉积成因形成的沉积-改造型铅锌矿床。

2. 晚古生代地质作用

由上述得知古特提斯构造演化是在原特提斯大陆边缘系统上发育起来的多岛洋大洋体,是一个由多陆块、多洋盆和多岛弧相间排布而成的大洋体系,具有复杂的大陆边缘。钟大赉等(1998)强调其具有多岛洋格局,称之为多岛洋大洋体系;潘桂棠等(2003)强调其大陆边缘系统,称之为多岛弧盆构造体系。钟大赉等(1998)强调介于亲冈瓦纳的陆块群与亲扬子的陆块群之间的昌宁-孟连(澜沧江)为主洋盆,而金沙江-哀牢山、甘孜-理塘、南昆仑-阿尼玛卿为支洋盆。潘桂棠等(2003)通过系统解剖"三江"地区的5条蛇绿混杂岩带和4套弧盆系统,并与东南亚弧盆构造系进行对比,提出"三江"古生代蛇绿混杂岩带所代表的盆地原型多数为弧后洋盆、弧间盆地或边缘海盆地。在古特提斯阶段,一系列共存的多条弧链(前锋弧、岛弧、火山弧等)和相间分布的弧后、弧间、边缘海盆地及微陆块构成复杂的大陆边缘构造系统。以弧后盆地消减及其洋壳俯冲为动力,通过弧-弧碰撞、弧-陆碰撞等多岛造山过程,在中生代实现类似"东南亚"式造山过程。

金沙江弧盆系以昌都-思茅陆块西侧的羌塘-吉塘-崇山-澜沧残余弧作为前锋弧,于泥盆纪初在早古生代"软基底"解体的基础上,大体经历了裂陷(谷)盆地阶段(D)、洋盆形成阶段(C_1—P_1^1)、洋壳俯冲消减阶段(P_1^2—P_2)、弧-陆碰撞阶段(T_1—T_2)和上叠裂谷盆地阶段(T_3^1);他念他翁弧盆系以昌都-思茅陆块西侧的羌塘-吉塘-崇山-澜沧残余弧作为前锋弧,在其东北侧澜沧江弧后扩张,大体经历了裂陷(谷)盆地阶段(D)、洋盆形成阶段(C_1—P_1^1)、洋壳俯冲消减、岩浆弧、陆源弧形成阶段(P_2—T_2)、弧-陆碰撞阶段(T_3^1)、上叠裂谷盆地阶段(T_3^2)。义敦弧盆系是弧后盆地扩张形成的甘孜-理塘洋盆向西俯冲的产物,经历了俯冲造山作用时期(238~210Ma);外火山-岩浆弧形成阶段(凡卡尼早中期)、岛弧(弧间)裂谷盆地发育阶段(凡卡尼中晚期)、内火山-岩浆弧的形成阶段(凡卡尼末期—诺利早期)和弧后扩张盆地发育阶段(凡诺利中晚期)(侯增谦等,1995,2003a)。昌都-思茅盆地夹持于金沙江结合带和北澜沧江断裂带之间,是在元古宇—下古生界基底之上,于晚古生代、中生代发育形成的复合弧后前陆盆地。

由上述可知,西南三江地区晚古生代时期,石炭纪—早二叠世开启的古洋盆相继闭合和俯冲造山,形成了多岛弧-盆系统,既产出有与二叠纪洋脊玄武岩系有关的铜厂街铜矿(具塞浦路斯型矿床特征),又产出有与偏碱性中基性火山岩系有关的老厂铅锌银多金属矿床,显示火山成因块状硫化物矿床特征。

3. 晚古生代成矿期

晚古生代成矿事件以海底热水喷气-沉积成矿作用为主体,主要形成不同类型的VMS型矿床,主要发育于3个重要成矿环境。其一为昌宁-孟连洋盆环境,既产出有与二叠纪洋脊玄武岩系有关的铜厂街铜矿,具塞浦路斯型矿床特征,又产出有与偏碱性中基性火山岩系有关的老厂铅锌银多金属矿床,显示火山成因块状硫化物矿床特征(杨开辉和侯增谦,1992;Yang & Mo,1993)。其二为昌宁-孟连洋盆向东俯冲产生的石炭纪—二叠纪火山弧(他念他翁弧)环境,在石炭纪海相石英角斑岩系(306Ma)发育大平掌式VMS型矿床(钟宏等,2004;杨岳清等,2008);在晚二叠世海相中酸性火山岩系产出三达山式块状硫化物铜矿(杨岳清等,2006)。其三为金沙江洋盆向西俯冲产生的洋内弧环境,产出与二叠纪弧火山岩系有关的块状硫化物矿床,以羊拉铜矿为代表(陈开旭,2006)。总体上,该成矿期以铜、铅、锌矿化为主,铁矿化次之。矿床类型以火山成因块状硫化物矿床为主要类型。矿床总体规模较大,富有前景。

昌宁-勐连裂谷洋盆在不同的演化阶段成矿类型也不尽相同。早期,裂谷发展阶段的火山活动,形成碱性程度较高的裂谷玄武岩,发育热水流体成矿作用,形成以老厂为代表的VMS型矿床;晚期,洋盆阶段火山活动,火山岩碱性程度降低,形成洋脊型玄武岩,发育火山-沉积成矿作用,形成以铜厂街为代表的CVHMS型矿床。裂谷盆地的火山活动虽然总体受裂谷-洋盆控制,但矿床明显受火山机构和断裂构造控制。早期,热水流体成矿作用,矿化金属元素主要为Ag-Pb-Zn,伴生S、Cu。单个矿体显示上部"黑矿"、下部"黄矿"的特征,即上部为块状银铅锌矿体、下部为含铜黄铁矿体。铜矿体下部出现细脉浸染状构造,深部存在隐伏斑岩体;晚期火山-沉积成矿作用,矿化金属元素主要为Cu-Zn组合。

澜沧江洋盆向东俯冲产生的石炭纪—二叠纪火山弧环境,主要产有与石炭纪—二叠纪海相中酸性火山岩系有关的块状硫化物铜矿床和与海相基性火山岩有关的火山-沉积型铁矿床,前者以三达山铜矿为代表,后者以曼养铁矿为代表。云县-景洪裂谷盆地成矿作用虽然总体受裂谷带控制,但矿床和矿田则主要沿断裂带火山机构和火山洼地分布,裂谷的不同地段矿床类型及化学结构也不尽相同。如南段火山-沉积成矿作用形成的三达山 VHMS 型矿床矿化金属元素以 Cu 为主,裂谷盆地基性火山岩则主要形成火山沉积型的曼养铁矿。

4. 晚三叠世成矿期

晚三叠世成矿事件主要发育于岩浆弧环境,部分发育在岩浆弧之上的上叠盆地环境,主要形成不同类型的 VMS 型矿床和斑岩型铜矿。在义敦岛弧带,因甘孜-理塘洋盆板片的撕裂和差异性俯冲,产生岛弧分段性。北段因洋壳板片陡深俯冲产生昌台张性弧,以发育弧间裂谷盆地为特征;南段因洋壳板片平缓俯冲产生中甸压性弧,以发育大量中酸性斑岩系统为特征(侯增谦等,2003c)。在昌台张性弧之弧间裂谷盆地,发育 VMS 型锌、铅、铜矿床,如呷村特大型矿床(侯增谦等,2001a;Hou et al.,2001)。其中,与 VMS 型矿化相伴的双峰火山岩系年龄集中于 220~218Ma(侯增谦等,2003a),硫化物矿石 Re-Os 年龄介于 218~217Ma 之间(Hou et al.,2003c)。在中甸压性弧之斑岩岩浆系统,发育斑岩型和矽卡岩型矿床,以普朗大型斑岩铜矿和红山矽卡岩铜多金属矿床为代表。其中,普朗含铜斑岩的成岩年龄变化于 216~213Ma 之间(曾普胜,2006),矿床辉钼矿 Re-Os 年龄为 213±3.8Ma(曾普胜,2004)。

在江达-维西陆缘弧南段,晚三叠世伸展作用形成火山-裂陷伸展盆地叠置于二叠纪陆缘弧地体上(王立全等,1999)。盆地内部产出与晚三叠世双峰岩石组合有关的块状硫化物矿床。在深水海相酸性火山岩系(Rb-Sr 年龄 230Ma;王立全等,1999),产出鲁春式铜多金属矿床,浅水中酸性火山岩系环境产出楚格扎式铁银多金属矿床,火山裂陷盆地萎缩消亡阶段的热水沉积成矿作用,形成大型重晶石和石膏矿床(王立全等,1999;Hou et al.,2003d)。

在江达-维西陆缘弧北段上叠盆地,既产出有与晚三叠世中酸性火山岩系有关的块状硫化物矿床,如赵卡隆和丁青弄铁银多金属矿床,形成于浅水火山环境,又产出有与晚三叠世玄武岩系及伸展盆地有关的海底热水沉积矿床,如生达盆地足那银铅锌矿床(Hou et al.,2003d)。

综上所述,西南三江地区晚古生代成矿作用主要与多岛弧盆系统有关,裂谷/盆地的热水喷流沉积作用、弧火山作用,形成以铜、铅、锌矿化为主,铁矿化次之,矿床类型以火山成因块状硫化物矿床为主,热液型矿床次之,矿床总体规模较大。

第三节 中生代重要地质作用与成矿

一、上扬子地区

印支运动使西部地槽关闭,地层强烈褶皱,岩浆大量侵入,形成广布的花岗岩和极复杂的构造变形,岩石轻度变质。之后,年轻的褶皱带上除了古新世一些山间洼地沉积了古近纪红层之外,以后不再有沉积而受削刨,仅在河谷、山坡有第四系堆积。

东部地区受印支运动的影响,使扬子陆块进入陆内改造。在西昌、会东、会理、武定、大姚、楚雄等地,因断陷形成大小不等、星棋罗布的内陆湖盆,侏罗纪至古新世之间沉积了巨厚的红色地层。

(1)中生代印支期陆块边缘俯冲碰撞及裂解阶段(260~205Ma),区内以形成卡林型金矿为特征,在川西高原马尔康地区岩浆活动频繁和强烈形成变质碎屑岩型金铁锰矿。在扬子陆块区由于太平洋板块向中国大陆俯冲,华夏块体向扬子块体进一步推移,使区内微细浸染型金矿受构造改造得以富集。

(2)中生代燕山期陆块褶皱隆升阶段(205~80Ma),太平洋板块向中国大陆俯冲,使全区褶皱隆升,构造线由东西向转为北东—北北东向。对铅锌矿初始矿胚层进行改造富集,同时形成脉状铅锌矿。在滇东南地区燕山期岩浆活动改造富集定位了铜铅锌钨锡银多金属矿。在中生代红层盆地中形成沉积型

(砂岩型)铜铁矿。

二、三江地区

(一)成矿构造环境及演化

中生代在三江地区主要表现为中特提斯洋和新特提斯洋演化,中特提斯洋呈现一个主支(怒江-碧土洋)与一个陆内裂谷盆地(潞西-三台山裂谷盆地)。

怒江-碧土洋系班公湖-怒江洋之东段,南西为拉萨地块,北东为西羌塘地块。班公湖-怒江洋盆开启于早二叠世,西羌塘地块晚石炭世—早二叠世(302～284Ma)板内伸展成因的基性岩墙,可能与怒江初始洋盆打开的时代一致。晚二叠世—早白垩世西向俯冲于冈底斯地块之下,中三叠世—中侏罗世可能东向俯冲于西羌塘地块之下,早白垩世洋盆消失(～130Ma),继而进入陆陆碰撞造山作用阶段(Zhu et al.,2012)。洋板片西向俯冲作用在拉萨地块北东部表现为一套早侏罗世—早白垩世(198～130Ma)具有岛弧性质的花岗岩。洋盆闭合作用表现为一套早白垩世(132～109Ma)碰撞型花岗岩。

潞西-三台山缝合带介于保山地块和腾冲地块之间。该带开启于早二叠世晚期—中二叠世,但并未产生成型的洋盆,缝合带内基性-超基性岩系大陆裂谷成因,未表现出洋壳特征(储雪银等,2007)。至中三叠世裂谷带闭合,腾冲与保山地块拼为一体,地壳加厚继而减压熔融形成腾冲地块东部中晚三叠世(232～206Ma)S型花岗岩。因此,潞西-三台山缝合带可能不是怒江缝合带的南延,腾冲地块不属于拉萨地块的南东延续,而与保山地块共同属于滇缅泰马(Sibumasu)北部地区。

晚石炭世末期(～305Ma),中特提斯洋(怒江洋)开启;晚二叠世(～265Ma),中特提斯洋(怒江洋)持续扩张;晚三叠世末期(～200Ma),中特提斯洋(怒江洋)板片持续俯冲;早白垩世(～120Ma),中特提斯洋(怒江洋)闭合。中特提斯怒江洋于晚石炭世末期开启,西羌塘地块与腾冲-保山地块从冈瓦纳大陆北缘漂移出来,中三叠世西向与东向俯冲,于早白垩世关闭,拉萨地块与西羌塘拼合;介于腾冲与保山地块之间的潞西缝合带,为早二叠世陆内伸展裂谷盆地。古特提斯洋俯冲伊始时间与中特提斯洋开启时间相同,而古特提斯洋闭合时间与中特提斯俯冲伊始以及新特提斯洋的开启时间也能很好吻合,反映板块扩张为大洋俯冲消减的驱动机制。

怒江洋于晚石炭世末期开启,西羌塘地块与腾冲-保山地块从冈瓦纳大陆北缘漂移出来,西羌塘地块源于印度大陆边缘,而腾冲-保山地块源于澳大利亚大陆边缘,中三叠世西向与东向俯冲,于早白垩世关闭,拉萨地块与西羌塘拼合。

中生代,特别是晚三叠世,是全球第二次联合古陆解体的时期,新特提斯阶段由此拉开帷幕。三江地区新特提斯洋包括两个分支洋:介于羌塘地块和冈底斯-腾冲地块之间的班公湖-怒江洋(北支)以及介于冈底斯-腾冲地块和特提斯-喜马拉雅地块之间的印度河-雅鲁藏布江洋(南支)。班公湖-怒江洋开裂于侏罗纪,并逐渐发育了完善的蛇绿岩套。印度河-雅鲁藏布江洋张开于白垩纪,其北向俯冲导致了冈底斯火山-岩浆弧的形成。由于印度河-雅鲁藏布江洋的扩张,导致了北侧班公湖-怒江洋的过早(晚侏罗世—早白垩世)闭合,三江地区特提斯多岛弧盆演化史最终结束,而转入陆内构造演化阶段。

新特提斯洋,即印度河-雅鲁藏布江洋。洋盆开启于中三叠世(～230Ma)。中侏罗世—古新世向北俯冲,导致了早白垩世(128～120Ma)俯冲型(SSZ)蛇绿岩与晚白垩世(95～80Ma)冈底斯岩基(Zhu et al.,2011,2012)的形成。始新世初期洋壳消减完毕,印度大陆与欧亚大陆碰撞拼贴。Najman et al.(2010)综合分析认为,新特提斯洋闭合于55Ma左右。

印度河-雅鲁藏布江洋未发育于三江地区,然而其北东向俯冲却明显地影响了三江地区的岩浆活动。传统认为,腾冲地区晚白垩世(76～66Ma)岩浆活动为新特提斯洋俯冲作用的产物(Xu et al.,2012)。最近,保山地块西缘揭示出了晚白垩世—古新世(85～60Ma)的S型花岗岩(董美玲等,2013;廖世勇等,2013),同时在义敦弧也揭示出了强烈的晚白垩世(～80Ma)S型花岗岩类活动(李文昌等,

2012；Peng et al.，2014）。

早白垩世（～120Ma），新特提斯洋（印度河-雅鲁藏布江洋）板片俯冲伊始，晚白垩世（～80Ma），新特提斯洋（印度河-雅鲁藏布江洋）板片持续俯冲。

印度河-雅鲁藏布江洋于中三叠世开启，拉萨地块从澳大利亚大陆西北缘漂移出来，早白垩世北向俯冲，于古近纪关闭，印度大陆与欧亚大陆拼合。

（二）重要矿产及分布

扬子西缘和义敦岛弧内部存在晚燕山期伸展背景下的成岩成矿作用，但地壳伸展的动力学背景存在争议。华南西南部的构造伸展主要集中于早燕山期，晚燕山期以板块俯冲作用为主；扬子西缘伸展的时空范围与华南西南部的有所不同，从而最近一部分学者认为其与古特斯构造域演化的关系更为密切，同时也受到古太平洋构造域演化的控制。而义敦岛弧内部存在晚燕山期伸展被认为可以与特提斯洋闭合后的伸展有关，但是具体过程仍不清晰。伸展背景下产生多种岩浆类型与成矿作用，岩浆起源-演化以及元素富集过程仍需深入探索。

由于中特提斯洋与古特提斯洋、新特提斯洋空间及时间有诸多重复性，因此由中特提斯洋开启-俯冲-闭合形成的成矿类型还存在争议。目前来看，与其俯冲有关的成矿类型有甘孜-理塘缝合带中的类卡林型金矿床，如嘎啦；中咱地块发育与中特提斯洋俯冲有关的岩浆热液型铅、锌、银多金属矿产；江达-维西岩浆岩带的矽卡岩型银多金属矿产；思茅地块的矽卡岩型铅、锌矿床，如邦挖河；保山地块中的岩浆热液型铅锌、锡、钨、金矿床；潞西裂谷带中的类卡林型金矿床，如上芒岗；腾冲地块中的矽卡岩-岩浆热液型铁、铅、锌矿床。与中特提斯洋碰撞有关的为保山地块中的岩浆-热液型铜、镍矿床，如大雪山。

新特提斯构造演化在中国西南地区主要表现为两个新特提斯洋盆的开启闭合与大洋岩石圈的俯冲消减以及叠加于古特提斯构造带的中生代陆内构造-岩浆活动。两个新特提斯洋盆分别发育在拉萨地体（地块）的北缘和南缘，前者以班公湖-怒江洋盆为代表，其打开扩张导致拉萨地体与羌塘地体隔海相望；后者以雅鲁藏布江洋盆为代表，其向北俯冲消减形成了冈底斯安第斯型火山-岩浆弧。叠加于古特提斯构造带的中生代陆内构造-岩浆活动主要集中发育于三江构造带，后者在晚三叠世末期伴随着古特提斯洋盆的相继闭合和弧-陆碰撞，使一系列分离的弧地体和残留陆块完成聚敛与拼贴过程。

班公湖-怒江洋盆经历了异常复杂的发育历史，其构造演化目前尚有许多不同认识。基于最新的地调成果和前人研究，可以大致恢复其构造演化历史：①三叠纪班公湖-怒江洋盆初始拉张，在冈瓦纳大陆北缘分解出羌塘陆块和拉萨（冈底斯）陆块；②中侏罗世班公湖-怒江洋盆扩张成熟，以蛇绿岩组合为标志的成熟洋壳和以洋岛玄武岩为标志的大洋火山活动大量发育，侏罗纪—白垩纪班公湖-怒江洋盆俯冲，早期向南和晚期向北的俯冲导致了缝合带两侧火山-岩浆弧的发育。白垩纪—古近纪大洋碰撞闭合，伴随着班公湖-怒江缝合带的形成，两侧接受海陆交互三角洲相沉积。

伴随着班公湖-怒江洋的俯冲消减和火山-岩浆弧的发育，以幕式侵入为特色的中酸性岩体呈岩株或小岩基沿班公湖-怒江缝合带两侧东西向带状分布。这些弧岩浆岩以石英闪长岩、花岗闪长岩、二长花岗岩、似斑状花岗岩和花岗斑岩为主体，同位素年龄在140～70Ma之间。晚期的斑岩岩浆系统形成了一系列斑岩型铜、钼和铜、金矿化。其中，多不杂大型富金斑岩铜矿产于缝合带北侧的岩浆弧内，而尕尔穷矿床则产于缝合带南侧的岩浆弧中。成岩成矿年龄资料表明，多不杂矿区两个含矿斑岩——花岗闪长斑岩的 SHRIMP 年龄分别为 121.6 ± 1.9 Ma 和 121.1 ± 1.8 Ma，辉钼矿 Re-Os 等时线年龄为 118 ± 2 Ma（MSWD=0.3）；尕尔穷矿区含矿岩体的锆石 SHRIMP 年龄为 112.0Ma，3 个辉钼矿样品分别给出了 88.4Ma、93.2Ma 和 87.6Ma 的 Re-Os 模式年龄。这些年龄资料表明，斑岩成矿作用发生于白垩纪，形成于班公湖-怒江洋俯冲消减形成的火山-岩浆弧环境。

雅鲁藏布江洋的形成演化历史，前人已做了大量的研究，认识趋于统一。通常认为，该洋盆发育在特提斯喜马拉雅北缘-冈瓦纳大陆的被动大陆边缘，大致开启于侏罗纪，俯冲消减于白垩纪，大致在白垩纪末期完成闭合过程。雅鲁藏布江洋向北俯冲消减，自南而北依次形成雅鲁藏布江缝合带、日喀则弧前盆地和冈底斯弧花岗岩基。

俯冲过程中的洋壳岩石圈残片逆冲剥蚀，导致罗布莎铬铁矿床沿着雅鲁藏布江缝合带发育和产出。这些铬铁矿床类似于世界范围的铬铁矿，向西可能一直延伸至西亚地区，在特提斯构造域西段大量发育。

俯冲产生的火山-岩浆弧在冈底斯强烈发育，岩浆活动主要集中于 120～70Ma。由于印度-亚洲大陆碰撞和冈底斯隆升，弧花岗岩侵入体大面积剥露，形成著名的冈底斯弧花岗岩基。这些弧花岗岩体主要侵位于石炭纪—二叠纪碎屑岩-碳酸盐岩建造内，主要岩性包括辉石苏长岩、角闪黑云花岗闪长岩、含斑黑云二长花岗岩和斑状黑云母花岗岩。在冈底斯西段，岩体与围岩接触带发育规模巨大的矽卡岩型铁矿，如著名的尼雄铁矿，铁矿石资源量 $14\,346.38\times10^4$ t。据 K-Ar 全岩测年资料，尼雄矿区与铁矿有关的中细粒角闪黑云花岗闪长岩和细粒斑状黑云母花岗岩的结晶年龄分别为 114Ma 和 106Ma，证实铁矿形成于晚白垩世，发育于碰撞之前的岩浆弧环境。最近的研究表明，距尼雄不远的谢通门县的恰功矽卡岩型铁矿，其与矿化有关的二长花岗斑岩的锆石 LA-ICP-MS 微区 U-Pb 年龄为 68.8 ± 2.2Ma，可能是这一碰撞前成矿作用的持续。

伴随着两个新特提斯洋盆的消减闭合和俯冲造山，晚三叠世义敦岛弧带发生强烈的陆内构造-岩浆活动。岩浆活动时限为 135～73Ma，高峰期在 87Ma，集中发育于义敦岛弧的弧后位置，以花岗岩大量侵位为特征，侵入于晚三叠世喇嘛碰组砂板岩系内部。这些花岗岩以富碱、贫水和富含 HFSE(Zr,Hf,Nb,Ta)为特征，源于深源环境，显示 A 型花岗岩特征(侯增谦等，2003c)。在花岗岩与砂板岩系接触带，常常普遍发生角岩化；在花岗岩与碳酸盐岩建造接触带，常常形成接触交代矽卡岩。伴随热液交代作用，在一些岩体的内外接触带发育广泛的锡多金属矿化，形成诸如高贡-措莫隆锡多金属矿化带；在远离花岗岩体更远的围岩破碎带，发育热液脉型银多金属矿化，如著名的夏塞银矿和沙西银矿。

新特提斯成矿类型主要包括：①矽卡岩型/云英岩型锡多金属成矿类型，主要发育于冈底斯-腾冲火山-岩浆弧及保山地块北部，与造山后地壳重熔作用形成的花岗质岩浆活动相关，如大松坡-小龙河硫铁矿床。②矽卡岩型/岩浆热液型铅、锌、铜、银、汞多金属成矿类型，主要发育于保山地块内部，与后造山地壳伸展作用而导致的中酸性/中基性岩浆活动相关，如核桃坪和鲁子园铅、锌矿床、杨梅田铜矿床、小干沟金矿床及水银厂汞矿床。③岩浆热液型/斑岩型/矽卡岩型钨、钼、银、铅、锌多金属成矿类型，主要发育于德格-乡城火山-岩浆弧与江达-维西火山-岩浆弧，与加厚地壳重熔作用形成的花岗质岩浆活动相关，如休瓦促钨、钼矿床，夏塞银多金属矿床及丁钦弄银多金属矿床。一直以来，燕山期都被认为是三江特提斯增生造山作用向陆陆碰撞造山作用的转换时期。最近的研究表明，燕山期本身也具有复杂的成矿多样性，除部分矿床形成于晚印支期后造山伸背景外(传统的构造转换时期)，不少晚燕山期矿床表现出与地壳挤压加厚作用导致的岩浆活动相关，如形成于 80～70Ma 的腾冲火山-岩浆弧内部分锡多金属矿床和德格-乡城火山-岩浆弧内的钨、钼、银多金属矿床等。④造山型金成矿类型，甘孜-理塘缝合带剪切带型金成矿类型，如阿加隆洼金矿床、雄龙西金矿床等。

(三)重要地质作用与成矿

三叠纪，出现陆缘岛弧与盆地相间的构造格局，北部马尔康至乡城，玉树-中甸广大地区继承了晚古生代以来活动型盆地环境。在东部形成复理石盆地，西部形成岛弧火山-沉积盆地。晚三叠世早期，在义敦岛弧带广泛发育典型的双峰式火山岩建造，在滇西北地区还发育有"同碰撞弧花岗斑岩-闪长玢岩"，发生了大规模的海底火山喷流和斑岩成矿作用。

侏罗纪，受印支运动对中国古地理环境发展的影响，海水退至西藏和滇西一带，仍属特提斯型海域。"三江"西北部类乌齐-洛隆地区，尚有次稳定型海相盆地发育，并形成复理石建造；石渠-新龙-木里等地亦发现有相同的沉积地层，且与下伏的晚三叠世火山岩呈不整合接触关系，表明特提斯型海相沉积已经波及到了川西甘孜地区。在印支旋回板块碰撞造山运动向燕山-喜马拉雅旋回陆内造山运动演化的过渡时期，松潘-甘孜造山带此时已进入到相对稳定发展的后碰撞阶段，在岩浆活动末期相对稳定和封闭的环境中发生了大规模的中酸性岩浆侵入活动,奠定了岩浆期后伟晶岩型稀有金属成矿作用。

白垩纪,除昌都-兰坪-思茅盆地和班公湖-怒江结合带南侧之外,三江其他地区很少接受沉积。晚白垩世,受班公湖-怒江洋消减和碰撞造山作用的控制,在腾冲地区形成于弧后逆冲环境的花岗岩与钨锡成矿关系明显;在保山地区陆内变形的山岭带,形成造山期后的"A2"型花岗岩可能对该区铅锌多金属矿床定位起到关键作用。受龙门山-大雪山-锦屏山大型推覆构造-岩浆作用的制约,在松潘-甘孜和义敦-中甸地区形成后碰撞花岗(斑)岩,主导了区内燕山期的铜多金属成矿作用。

(四) 印支晚期多岛弧-盆系成矿

晚三叠世为"三江"造山带最重要的成矿期之一。矿床主要形成于多岛弧-盆系发育的闭合期,除部分弧-盆系继续发育,多数弧-盆系进入后碰撞伸展阶段。因此,晚三叠世的成矿环境至少有3类:岛-盆环境、上叠火山-裂陷盆地环境以及地块内部的裂谷盆地环境。

1. 义敦岛弧造山带成矿

义敦岛弧造山带伴随着印支期俯冲造山作用而发生,矿床产于岛弧造山带的既有产于昌台张性弧之弧间裂谷盆地中的火山成因块状硫化物矿床,又有产于火山-岩浆弧和弧后扩张盆地,分别形成了两条重要的具有不同矿床类型和金属组合的成矿带。与弧火山岩有关的铜多金属成矿作用沿火山岩浆弧发育,北起赠科,南抵香格里拉,分南、北两个成矿亚带。北亚带为昌台弧内,以与海底火山喷流作用有关的块状硫化物矿床(VMS型)为主;南亚带矿床集中产于香格里拉弧内,以斑岩型和矽卡岩型矿床为主。

在块状硫化物矿床亚带,目前已发现呷村超大型矿床、嘎依穷中型矿床和一系列小型矿床与矿点,它们产于昌台弧的晚三叠世弧间裂谷带内。在弧间裂谷带中,最典型的断陷盆地为昌台和赠科盆地,其内发育典型的双峰岩石组合和局限盆地相沉积,所有的块状硫化物矿床都产于断陷盆地的局限或凹陷盆地中。呷村矿床硫化物的 Re-Os 年龄为 217Ma,嘎依穷矿床蚀变围岩的 K-Ar 年龄为 221~210Ma,两个矿床的矿化时间基本一致。

在斑岩型多金属矿床亚带,目前已发现两个大型及以上斑岩型矿床,一个大型矽卡岩型矿床和一系列中小型矿床。带内火山岩为钙碱性玄武安山岩-安山岩-英安岩系,侵入岩主要为与火山岩同源的一系列超浅成斑岩和玢岩,岩石组合为闪长玢岩-石英闪长玢岩-二长斑岩-石英二长斑岩-花岗斑岩。斑(玢)岩多呈小岩株、岩瘤、岩墙成群、成带产出,构成侵入于火山-沉积岩系中的东、西两个带。东带成岩年龄 216~214Ma,成矿年龄 216~213Ma,形成雪鸡坪大型斑岩铜矿和春都斑岩铜矿;西带成岩年龄 235Ma,成矿年龄 224.6Ma,形成普朗超大型斑岩铜矿和红山大型矽卡岩铜矿。矿床所处部位是斑(玢)岩群相对集中及几组构造交错发育部位。

与火山岩有关的浅成低温金、银、汞成矿带主要发育于昌台弧的弧后盆地中,成矿作用与晚三叠世弧后扩张双峰式火山活动有关,含矿岩系为高钾流纹质火山岩系,其 Rb-Sr 等时线年龄为 213Ma,代表性矿床有孔马寺大型汞矿和农都柯中型银金矿。成矿过程包括火山岩中成矿元素的预富集和岩浆热液改造富集两个阶段。

2. 金沙江弧盆系成矿

在江达-维西陆缘弧,晚三叠世后碰撞伸展作用形成火山-裂陷盆地,叠置于二叠纪陆缘弧地体上。以 VMS 型矿床为代表的成矿事件主要发育在陆缘弧上叠火山-裂陷盆地内,形成一条重要的多金属矿带。

在陆缘弧南段的火山-裂陷盆地内,充填的火山-沉积岩序列至少由 10 个火山-沉积旋回构成。下部旋回以玄武岩系为主,厚层玄武岩与薄层砂岩及硅质岩互层产出;中部旋回由下部玄武岩、中部钙质粉砂岩及灰岩和上部巨厚流纹岩构成;上部旋回则由下部硅质岩及浊积岩和上部流纹岩系构成;火山活动显示典型的"双峰式"特征。顶部为一套滨浅海的具有磨拉石性质的碎屑岩建造,间夹中-酸性火山岩和火山碎屑岩。岩相特征反映了伸展裂谷盆地张裂-断陷-萎缩的发育历程和盆地水体由浅变深再变浅的古沉积环境演变过程。在双峰式火山岩和次深海凝灰质浊积岩及砂泥质复理石建造内，赋存 VMS 型块状硫化物矿床。含矿流纹岩 Rb-Sr 年龄为 238.9~224Ma，区域流纹岩 Rb-Sr 年龄为 235±7Ma。VMS 型矿床以鲁春式铜多金属矿床为代表，浅水中酸性火山岩系环境产出楚格扎式铁银多金属矿床，火山裂陷盆地萎缩消亡阶段的热水沉积成矿作用，形成大型重晶石和石膏矿床。

江达-维西陆缘弧北段上叠盆地内的沉积组合序列，与南段大体一致。既产出有与晚三叠世中酸性火山岩系有关的块状硫化物矿床，如赵卡隆和丁青弄铁银多金属矿床，形成于浅水火山环境，又产出有与晚三叠世玄武岩系及伸展盆地有关的海底热水沉积矿床，如生达盆地足那银铅锌矿床。

3. 兰坪裂谷盆地成矿

晚三叠世陆内裂谷演化阶段是兰坪盆地的重要成矿期之一。裂谷-裂陷盆地和成矿作用受晚三叠世大规模出现的岩石圈拆沉作用制约。于此阶段，下地壳的大幅拆沉和热地幔物质大量上涌，大型盆地伸展，形成中轴断裂等一系列同生断裂和裂陷盆地，产出热水喷流-沉积型多金属矿床，如产于上三叠统三合洞组中的黑山、灰山、燕子洞一带的大中型铜银铅锌矿床以及下区五银矿床、东至岩大型锶矿床。

总之，伴随着"三江"特提斯多岛弧-盆系由幼年期、成熟期至闭合期，发育了 3 个不同幕次的成矿事件，分别出现在稳定陆块内部边缘、多岛弧盆系及后碰撞伸展裂陷盆地内，空间上构成几个重要的成矿带和矿集区，形成了一个以贱金属为主的成矿谱系。主要成矿类型包括 VMS 型、斑岩型、喷流-沉积型等矿床，成矿金属组合包括 Pb-Zn、Pb-Zn-Cu-Ag、Cu、Sr-Ba 组合，并随多岛弧盆系演化由简单变复杂。

（五）燕山期后碰撞造山成矿

1. 燕山早期岩浆成矿

三叠纪雅江残余盆地构成"三江"地区松潘-甘孜褶皱带的主体，东、西两侧分别由炉霍-道孚蛇绿混杂岩带和甘孜-理塘蛇绿混杂岩带所围限。三叠纪末期，随着甘孜-理塘洋盆的关闭与弧-陆碰撞造山作用，导致全区进入褶皱造山阶段，发育晚三叠世—侏罗纪碰撞→后碰撞造山环境下的花岗岩（时代为 238~179Ma 和 137~97Ma）。成矿作用以稀有金属矿产富集为特色。

稀有金属矿床主要分布于成矿带中部、东部，已查明有甲基卡伟晶岩型锂铍矿床（特大型）、石渠扎乌龙伟晶岩型锂铍矿床（大型）、道孚县容须卡伟晶岩型锂铍矿床（中型）、九龙县打枪沟伟晶岩型锂铍矿床（中型）、雅江县木绒伟晶岩型锂铍矿床（小型）等稀有金属矿床，其中以甲基卡伟晶岩型锂铍矿床最为著名，是我国最大的伟晶岩型锂多金属矿床。

甲基卡伟晶岩型锂铍矿床产于穹隆状短轴背斜中，晚三叠世—侏罗纪的含锂二云母花岗岩株沿甲基卡短轴背斜侵入，侵位地层为三叠系西康群一套以巨厚碎屑岩为主的复理石，围绕花岗岩内外接触带派生出一系列花岗伟晶岩脉。矿脉多呈脉状、不规则脉状或透镜状产出，矿物除锂辉石外，尚有绿柱石、铌钽铁矿和锡石等，锂辉石主要赋存在细、中粒石英钠长石锂辉石交代带中。王登红等获得矿脉的 Ar-Ar 坪年龄分别为 195.7±0.1Ma 和 198.9±0.4Ma，等时线年龄分别为 195.4±2.2Ma 和 199.4±2.3Ma，结合李建康等可尔因稀有金属矿床伟晶岩脉的 Ar-Ar 坪年龄分别为 176.25±0.14Ma 和 152.43±0.60Ma，成矿作用主要发生于早—中侏罗世，形成于后碰撞（岩浆岩亚相）地壳加厚环境。

2. 燕山中期岩浆成矿

延续松潘-甘孜褶皱带陆内后碰撞阶段的构造-岩浆-成矿作用，成矿带内发育以九龙里伍铜矿、耳泽和梭罗沟金矿为代表的铜、金成矿作用。

里伍铜矿床产于江浪等变质核杂岩中，受穹隆内发育的环状滑脱构造系统控制。矿体赋存在含石榴石绿泥石二云片岩中,主要由浸染状、条带状含黄铜矿闪锌矿磁黄铁矿石和块状硫化物矿石组成。矿石矿物主要有磁黄铁矿、黄铜矿、闪锌矿,含有少量的方铅矿、黄铁矿、辉钼矿等,脉石矿物以石英、白云母、黑云母、绢云母、绿泥石为主,其次为石榴石、角闪石、电气石、长石等。马国桃等获得与金属矿物共生黑云母的Ar-Ar坪年龄为135.52±0.82Ma,宋鸿林等获得矿区与成矿有关黑云母的K-Ar年龄为142.2Ma,结合矿区北东侵入江浪穹隆北东翼似花斑状黑云母花岗岩(131±5Ma),认为成矿作用早期具有变质热液作用特征、晚期(早白垩世)受岩浆热液和滑脱构造共同作用富集矿床,属复合成因类型矿床。

此外,在腾冲地区成矿作用主要与侵位于晚古生代地层中的晚侏罗世—早白垩世(主体年龄为143~100Ma)碰撞环境(同碰撞岩浆岩亚相)的花岗岩类侵入体直接相关,岩石类型主要为花岗闪长岩、黑云母花岗岩、黑云母钾长花岗岩等。矿床类型属于岩浆演化中—晚期热液交代作用成因,矿体主要受接触带矽卡岩与断裂破碎带双重构造控制,主要呈似层状、透镜状、脉状、网脉状产在接触带矽卡岩和围岩层间破碎带或断裂破碎带中。矿化作用以成矿母岩为中心,由内向外依次产出有矽卡岩型矿体、细脉和网脉状的锡石-硫化物型矿体。围岩蚀变强烈、分带明显,在内接触带中发育硅化、绢云母化、绿泥石化和黄铁矿化,外接触带则发育矽卡岩化、大理岩化、角岩化。与围岩蚀变分带对应的矿化分带相应为Sn,W→Sn,Fe→Sn,Cu→Sn,Pb,Zn,Ag,与之相应的成矿阶段主要有矽卡岩化阶段→锡石-磁铁矿阶段→锡石-硫化物阶段→硫化物-碳酸盐阶段。该类型矿床(点)主要分布于腾冲以东的含矿花岗岩带中,沿棋盘石—东河—明光—腾冲一带展布。已发现滇滩中型铁(钨、锡)矿床、大硐厂中型铅、锌(锡)矿床,夹谷山中型铅、锌(锡)矿床,灰窑小型铜、铅、锌矿床等。

3. 燕山晚期后碰撞造山成矿

燕山晚期是"三江"地区成矿"大爆发"的又一重要时期,主要分布在义敦造山带、保山地块和腾冲地区。

在川西义敦地区,燕山晚期后碰撞造山期花岗岩类岩体侵入时间主要为白垩纪,侵入岩以中细粒黑云母花岗闪长岩、斑状二长花岗岩、二长花岗岩、黑云母正长花岗岩、二长花岗斑岩、花岗岩为主,形成以岩浆热液+地下水热液混合液热液矿床。

以夏塞特大型银、铅、锌多金属矿为典型代表,构造位置产于勉戈-青达柔弧后盆地内的高贡-措莫隆白垩纪(133~73Ma)侵入岩浆岩带中,形成于后碰撞造山过程(后碰撞岩浆岩亚相)构造环境。赋矿岩性为晚三叠世浅变质石英杂砂岩和板岩,局部有少量碳酸盐岩和硅质板岩夹层,控矿构造主要为北北西向、近南北向逆冲断层和北东向走滑断裂。后碰撞造山期形成矿区南部绒依措似斑状二长花岗岩(主体)-细粒钾长花岗岩侵位于上三叠统图姆沟组中,获得Rb-Sr等时线年龄为93Ma。岩浆期后热液与地下水混合流体在沿北北西向、近南北向断裂运移过程中萃取成矿元素,形成含矿溶液,以充填为主,交代为辅的方式在断裂及层间破碎带中堆积形成大脉状、网脉状、透镜状、囊状矿体,并相应发育与成矿作用密切相关的线型硅化、绢云母化、绿泥石化和碳酸盐化蚀变,显示出浅成、中低温热液成矿作用的特征,获得石英-硫化物脉中的石英Ar-Ar法坪年龄为75Ma。

在类乌齐—夏雅一带,成矿作用主要与电气石花岗斑岩、黑云母花岗岩、花岗闪长斑岩、闪长玢岩等侵入体密切相关,岩体侵位在前泥盆纪变质岩系和晚三叠世碎屑岩中,形成以赛北弄锡矿床、夏雅锡矿点为代表的云英岩-石英脉型钨-锡矿床。其中,电英岩-石英脉型锡、钨矿化的近矿围岩蚀变主要为电气石化、电英岩化、硅化和碳酸盐化,云英岩-石英脉型锡、钨矿化的近矿围岩蚀变主要为云英岩化、角岩化、电气石化、黄玉化、萤石化、硅化与碳酸盐化。申屠保涌等获得岩体K-Ar法年龄99.1~74.9Ma,矿床类型属于(后碰撞岩浆岩亚相)岩浆期后热液充填-交代成因的云英岩-石英脉型矿床。

在腾冲地区的云英岩-石英脉型锡、钨、钼、铅、锌多金属矿床,成矿作用主要与侵位于晚古生代地层中的晚白垩世(主体年龄为84~78Ma)后碰撞环境(后碰撞岩浆岩亚相)的花岗岩类侵入体直接相关,岩石类型主要有黑云母花岗岩、黑云母钾长花岗岩、黑云母钠长花岗岩、二长花岗岩等,并以富碱质、稀有碱性元素、挥发分等为显著特征。矿床类型属于岩浆热液交代-充填作用成因的云英岩-石英脉型矿床,且岩浆演化具多阶段性和成熟度高的特点。主要分布于狼牙山-小龙河含矿花岗岩带中，大致于梁河以东、腾冲以西一带展布。已发现小龙河大型锡（铍、锂、铷）矿床，铁窑山中型钨、锡（钼、铅、锌）矿床，老平山中型钨、锡（钼、铅、锌）矿床等。

在保山地区以矽卡岩型为最重要的矿床类型，主要分布于保山-镇康成矿带北段中部，已发现核桃坪、金厂河、西邑等大型铜、铁、铅、锌多金属矿床。该类型矿床赋存在晚寒武世碳酸盐岩中，矿区地表未见大规模的岩浆岩出露，区域重力及航磁揭示深部存在隐伏花岗岩类岩体。矿体产在灰岩、泥质灰岩、大理岩夹钙质板岩、钙质泥岩、安山质凝灰岩破碎带内的矽卡岩中，以脉状、透镜状、似层状为主，成群、带状密集产出，主矿体垂向由下往上具有矽卡岩型铁矿→矽卡岩型铜、铁矿→矽卡岩型铅锌矿→矽卡岩化＋蚀变岩型铅、锌、金矿的明显垂直分带现象，矿床类型属于岩浆热液交代成因的矽卡岩型矿床。采用 Rb-Sr 同位素定年分析，获得等时线年龄 116.1±3.9Ma、矿石硫化物锶同位素组成初值 0.71185。保山地块内部志本山花岗岩、柯街花岗岩锆石 U-Pb 年龄分析获得成岩年龄分别为 126.7±1.6Ma 和 93±13Ma。同位素年龄测定的结果揭示成矿作用与地块内燕山晚期岩浆活动时期一致，并与中特提斯班公湖-怒江洋的闭合时代大致相当。志本山、柯街花岗岩锆石的 $\varepsilon_{Hf}(t)$ 值变化范围分别为 $-8\sim-3$ 和 $-4\sim-0.7$，亏损地幔模式年龄值分别在 1.5Ga 和 1.3Ga 左右，指示岩浆来源于中元古代地壳物质的深熔作用，与俯冲作用无关。

三、冈底斯-喜马拉雅地区

1. 成矿构造环境及演化

冈底斯在中生代时期班公湖-怒江洋盆向南的俯冲和雅鲁藏布江洋向北俯冲的双向俯冲作用下，发育典型的多岛弧-盆系统，形成一系列的弧后盆地和火山-岩浆岛弧带。双向俯冲消减作用以及冈底斯弧盆系统内平行于班公湖-怒江和雅鲁藏布江结合带的，或分支复合的弧后裂谷盆地反向俯冲、弧弧碰撞的动力学过程，对冈底斯构造带的构造-岩浆-成矿作用具有决定性的影响和制约作用。研究表明，冈底斯构造带在中生代多岛-弧盆系统演化过程发生了 4 次以弧火山作用为代表的造弧作用（潘桂棠等，2006，2008）。

早—晚三叠世时，羌塘-三江多岛弧造山带增生到扬子大陆边缘构成亚洲大陆板块的一部分。冈底斯带在该时期主体继承了晚古生代构造格局，但大部分区域隆升，中三叠统查曲浦组火山岩具陆缘弧特征，在藏南喜马拉雅地区三叠系涅如组中发育较多与伸展环境有关的辉绿岩脉，雅鲁藏布结合带有该时期的放射虫硅质岩的发育，玉门晚三叠世蛇绿岩的发现以及雅鲁藏布江结合带内三叠系—侏罗系中混有大量二叠纪灰岩外来岩块，暗示雅鲁藏布洋盆开始形成。那曲盆地中三叠世放射虫硅质岩、玄武岩及深水浊积岩系与海底滑塌碳酸盐岩重力流沉积的发育，可能代表班公湖-怒江洋向南俯冲系统相关的弧前盆地沉积组合。

早—中侏罗世时，冈底斯带东段南侧发育具有双峰式火山活动特征的叶巴火山弧（耿全如等，2007），暗示雅鲁藏布弧后洋盆东段发生向北的低角度俯冲，而北冈底斯拉贡塘弧火山岩浆活动则可能是受班公湖-怒江特提斯洋向南低角度俯冲制约的张性弧构造背景下的产物。另外，可能受班公湖-怒江特提斯洋向南俯冲的影响，嘉黎-波密弧间裂谷盆地扩张成洋，伯舒拉岭岛弧成型。

晚侏罗世时，冈底斯带呈现出复杂的多岛弧盆系格局。其南缘桑日增生弧与北部同时代的则弄火山岩浆弧、班戈火山岩浆弧形成。弧间的纳木错-嘉黎弧间裂谷盆地进一步扩张成有限小洋盆。这些弧、盆的形成揭示了班公湖-怒江特提斯洋向南与雅鲁藏布新特提斯洋向北的双向俯冲。这种动力学背景与东南亚马来半岛-沙捞越-加里曼丹西部及苏门答腊中北部发育的二叠纪火山岩浆弧系统具有相似性。苏门答腊的火山岩浆弧与朝向亚洲的俯冲系统有关，而加里曼丹的火山岩浆弧则与朝向印度洋的俯冲系统有关（Simandjuntak & Barber，1996）。这种双向俯冲的地球动力学系统在多岛弧盆系构造区内可能是一种普遍现象，并延续到弧后洋盆俯冲、萎缩消亡、弧-弧或弧-陆碰撞的全过程。

北喜马拉雅带侏罗纪时期在不同侏罗纪地层中发育多套火山岩组合，火山岩具有裂谷特征，显示该地区处于被动大陆边缘环境下伸展构造背景。

早白垩世时，冈底斯带存在同样的双向俯冲系统，表现在班公湖-怒江特提斯洋后退或俯冲导致东恰错增生弧的形成和纳木错-嘉黎弧间裂谷双向俯冲消亡。同时沿隆格尔-念青唐古拉复合古岛弧带东部出现了与地壳增厚事件有关的淡色花岗岩的侵位。在南冈底斯弧前区开始了日喀则群深水浊积岩、海底扇及陆棚碳酸盐岩沉积。

晚白垩世时，班公湖-怒江洋最终消亡，亚洲大陆与冈底斯陆块发生强烈的弧-陆碰撞，在弧后前陆区发育狭窄但巨厚的磨拉石沉积。雅鲁藏布弧后洋盆则进一步向北俯冲，南冈底斯火山岩浆弧增生在隆格尔-念青唐古拉复合古岛弧带南侧，并叠置于叶巴火山弧和桑日火山弧之上。地壳开始发生了强烈的横向增生造弧作用。相应地，在南冈底斯弧后位置发育设兴组海陆交互相沉积，在弧前位置则连续沉积发育日喀则群上部砂泥质建造。

白垩纪末—始新世时期沿雅鲁藏布江带发生了大规模的大陆碰撞事件，表现为南冈底斯陆缘造山作用，在南冈底斯引起大规模的碰撞型火山活动和深成岩浆侵入活动，形成了目前青藏高原中规模最为宏大的弧火山-深成岩浆侵入岩带，冈底斯强烈隆升为高大山系，高度可达4000m以上（丁林等，2013）。念青唐古拉带与冈底斯带一系列近东西向的大型韧性剪切带、班公湖-怒江带系列伸展盆地形成，特提斯残余海的彻底消亡以及横断山走滑转换造山带的再生。

2. 重要地质作用与成矿

冈底斯-喜马拉雅成矿带中生代多岛弧-盆系统演化阶段的成矿作用发生在各火山-岩浆弧带和弧后盆地中。晚白垩世矽卡岩-斑岩型铁铜多金属成矿系统发育于念青唐古拉中—西段的尼雄-隆格尔地区，包括尼雄和隆格尔铁矿、邦布勒铜铅锌矿、尺阿弄勒铜矿、俄欠铁铜矿等一系列矽卡岩-斑岩型铁铜多金属矿床（点）。曲晓明等（2005）对尼雄铁矿含矿基性岩脉和含矿花岗岩体进行了SHRIMP锆石U-Pb定年，分别获得87.4Ma和90.1Ma的成岩成矿年龄；并认为尼雄铁矿的形成主要与晚白垩世（90.1Ma）具I型花岗岩特征的弧花岗岩有关。隆格尔铁矿与成矿有关的二长花岗岩及花岗闪长岩LA-ICP-MS锆石U-Pb加权平均年龄分别为115.5 ± 2.1Ma（MSWD=1.6）和97.2 ± 1.1Ma（MSWD=0.20），成岩成矿时代为早白垩世—晚白垩世（杨竹森等，2010）。邦布勒铜铅锌矿与成矿有关的石英斑岩LA-ICP-MS锆石U-Pb加权平均年龄为76.29 ± 0.80Ma（MSWD=0.65），成岩成矿为晚白垩世（高顺宝等，2015）；并认为邦布勒铅锌矿形成于晚白垩世末的碰撞后伸展环境。

研究表明，雄村斑岩铜金矿Ⅰ号矿体以及北西侧的Ⅱ号矿体、Ⅲ号矿体均形成于中侏罗世早期，同时位于Ⅰ号矿体西侧2km的洞嘎金矿可能受控于雄村斑岩铜矿热液体系。虽然在冈底斯带南缘关于侏罗纪期间的成矿事件目前在公开刊物上报道只有雄村斑岩铜金矿区（Tafti et al.，2009；唐菊兴等，2009；郎兴海等，2010），但同时Tafti（2011）在位于雄村东20km处的汤白远景区获得另外一期侏罗纪成矿事件的证据。汤白远景区出露有晚侏罗世安山质火山岩（锆石U-Pb年龄为151.9Ma），以及早侏罗世石英闪长斑岩（锆石U-Pb年龄为182.3Ma），地质特征与雄村斑岩铜矿类似。地表见有孔雀石化，并可观察到石英脉，石英-磁铁矿脉中含有少量浸染状分布的黄铁矿、黄铜矿化。同时斑岩体中长石Pb同位素与方铅矿Pb同位素组成特征与区域晚侏罗世Pb同位素组成一致。

在班戈-崩错岛弧带南缘形成具层控特征的"密西西比河谷型（MVT型）"铅锌矿床，以昂张铅锌矿床为代表；早中侏罗世在叶巴火山弧内产出受雅鲁藏布江带向北俯冲作用形成的斑岩铜矿床，以雄村斑岩铜矿床为代表。据唐菊兴等（2010）研究，该矿床形成于大洋内弧环境。白垩纪在永珠-纳木错-九子拉-嘉黎结合带和南冈底斯带，与弧间盆地和弧后洋盆的俯冲与弧-弧碰撞作用有关的深成岩浆侵入活动还形成一系列与岛弧型火山和岩浆侵入活动有关的复合型火山-热液型以及矽卡岩型铜铅锌或富铁矿床。如在念青唐古拉复合火山岩浆弧内的当雄县拉屋矽卡岩型铜锌矿床、昂张矽卡岩型铅锌矿床、措勤县尼雄铁矿等。

雅鲁藏布江结合带则形成了构造极其复杂的玉门蛇绿混杂岩、三叠纪郎杰学群弧前盆地楔形增生体、罗布莎蛇绿混杂岩和朗县白垩纪弧前盆地构造混杂楔形增生体。此时，北喜马拉雅发育以罗布莎为典型的晚白垩世岩浆型铬铁矿。

四、班公湖-怒江地区

中生代是班公湖-怒江成矿带最为重要的成矿时期，形成了多不杂、波龙、拿若、那廷斑岩铜金矿床等矿床，是青藏高原上继玉龙、冈底斯之后第三条斑岩铜矿带。

1. 成矿构造环境及演化

班公湖-怒江特提斯洋开启的时代尚存争议，但有证据表明该洋盆在中侏罗世—早白垩世先后发生向北和向南的俯冲、消减，并且导致扎普-多不杂岩浆弧、昂龙岗日-班戈岩浆弧的形成。

班公湖-怒江成矿带特提斯演化总体可分为早古生代—泥盆纪、石炭纪—二叠纪和中生代3个演化阶段。早古生代—泥盆纪本区沉积环境以陆棚碎屑岩和碳酸盐岩台地为主，代表冈瓦纳大陆北缘和特提斯南侧的被动大陆边缘。特提斯北部形成"秦祁昆"早古生代弧盆系统。石炭纪—二叠纪本区进入特提斯南、北缘弧盆系统演化阶段，龙木错-双湖带北部、金沙江带南部和冈底斯带分别在石炭纪、二叠纪形成岩浆弧。中生代是特提斯南缘的弧盆演化阶段，在班公湖-怒江结合带南、北两侧形成弧盆系统，晚白垩世特提斯闭合，进入陆内阶段。班公湖-怒江成矿带中生代成矿，包括以下几个期次。

（1）北羌塘弧后前陆盆地阶段，与侏罗纪海相沉积作用有关的菱铁矿和砂岩铜矿成矿事件（J_2）。成矿作用发生在侏罗纪沉积盆地中，但古生代岩浆岩和白垩纪花岗岩体提供了成矿物质来源和热液、动力来源。

（2）与班公湖-怒江结合带北侧南羌塘俯冲岩浆弧有关的矽卡岩型铁矿、铜多金属成矿事件（J_{2-3}）。

（3）与班公湖-怒江洋壳双向俯冲岩浆弧事件有关的斑岩型铜矿成矿事件（120～110Ma）。

（4）与班公湖-怒江结合带、狮泉河-纳木错特提斯洋壳相关的岩浆型铬、铂矿床（J）。

（5）与班公湖-怒江结合带，狮泉河-纳木错蛇绿混杂带镁铁、超镁铁岩和木嘎岗日群砂板岩有关的蚀变岩型、石英脉型金矿（K_2）。

（6）与班公湖-怒江结合带特提斯闭合、汇聚阶段岩浆事件有关的矽卡岩型、斑岩型铁铜多金属矿成矿事件（90～70Ma）。

在班公湖-怒江带特提斯中生代演化过程中，最重要的是与白垩纪相关的成矿事件。构造演化与主要事件见图8-2。

2. 早白垩世岩浆弧成矿作用

班公湖-怒江特提斯扩张洋盆仅存在于早侏罗世，洋壳在中侏罗世开始向北俯冲到南羌塘地块之下，并在局部形成岩浆弧。班公湖-怒江结合带中沙木罗组（J_3K_1s）为红色碎屑岩和灰岩沉积，并不整合覆盖在侏罗纪蛇绿岩之上。南羌塘早白垩世陆相火山岩不整合覆盖在侏罗纪海相碎屑岩之上。北冈底斯带早白垩世为岩浆弧、弧后和弧前沉积，也存在与下伏侏罗系的不整合。因此推测晚侏罗世—早白垩世班公湖-怒江特提斯小洋盆已萎缩、闭合成为残留海盆，早白垩世存在南、北双向俯冲（A型），并形成岩浆弧。

在班公湖-怒江结合带南、北两侧，早白垩世的陆缘弧演化阶段的成矿作用显著，形成南羌塘材玛-多龙成矿亚带。目前已发现的多龙矿集区、材玛-弗野矿化集中区，均以早白垩世（～120Ma）岩浆活动作为主要成矿期。在班公湖-怒江成矿带中段的雄梅、舍索成矿远景区中，已发现的重要矿点可能也形成于早白垩世。

笔者认为班公湖-怒江特提斯洋壳、洋底沉积物和洋岛、海山等形成异常厚且密度相对较小的俯冲板片,在早白垩世发生向北的平坦俯冲和板片断离。

班公湖-怒江结合带特提斯洋壳在早白垩世同时发生向南的俯冲消减,形成去伸拉组、多尼组岛弧型火山岩和大规模的花岗岩侵入,如班戈花岗岩带和昂龙岗日花岗岩带等。在昂龙岗日-班戈花岗岩带中,早白垩世成矿期已发现雄梅斑岩铜矿和舍所矽卡岩型铜矿等(曲晓明等,2012)。

班公湖-怒江成矿带俯冲增生阶段的早白垩世成矿期,于特提斯中西段仅在高加索带少量出现。

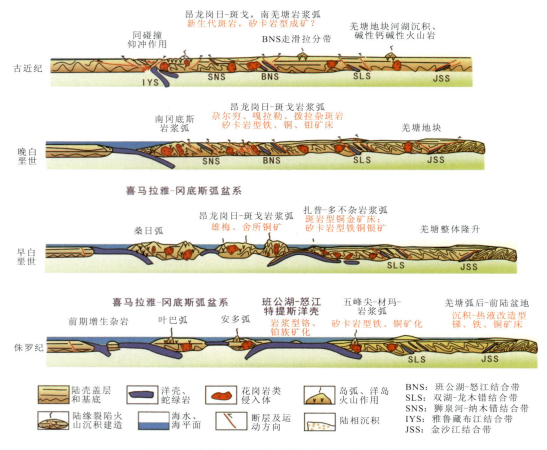

图 8-2 班公湖-怒江成矿带构造-成矿作用示意图

3. 晚白垩世岩浆活动与成矿

晚白垩世,随着班公湖-怒江特提斯残余海盆的消退,本区进入大陆地壳加厚和陆壳重熔型岩浆活动演化阶段。本阶段成矿作用主要分布在班公湖-怒江结合带南侧的北冈底斯昂龙岗日-班戈岩浆岩带中。昂龙岗日-班戈岩浆岩带中岩浆活动时代为早白垩世—始新世,包括钙碱性花岗岩类侵入和火山岩喷发。最新的地质年代学研究表明,本带成矿时代可能以晚白垩世为主(90～85Ma),形成矽卡岩型、斑岩型和热液型矿床。在尕尔穷-嘎拉勒矿化集中区,主要的矽卡岩-斑岩型铜金矿床成矿时代均为晚白垩世。

与早白垩世较大型的中粗粒花岗岩侵入体相比,晚白垩世为较小的花岗岩、花岗斑岩体,成矿效果更好。晚白垩世岩体侵入的围岩、岩浆弧基底成分更加复杂,包括几类:①花岗岩侵入 $J_{2-3}l$ 中;②侵入BNS蛇绿混杂带;③侵入永珠-纳木错蛇绿混杂带及北冈底斯古生代地层中;④侵入早白垩世花岗岩体中。晚白垩世花岗(斑)岩体侵入蛇绿混杂带和老地层等复杂基底的区域成矿作用显著,如尕尔穷、嘎拉勒大型矽卡岩型金铜矿床等。这类区域为地质调查和找矿工作的重点,具有较好的发现矽卡岩型铁、铜、铅锌、银矿和斑岩铜矿的潜力。

在特提斯中西段,闭合造山早期的晚白垩世成矿作用出现在巴尔干-喀尔巴阡山成矿区,与我国北冈底斯带的成矿地质背景类似,是一个重要的成矿期。

第四节 新生代重要地质作用与成矿

一、上扬子地区

喜马拉雅运动使上扬子陆块西部急剧地、大幅度地隆升,形成今日高原景观,东部结束了扬子陆块上残留的内陆湖盆沉积历史,并使盖层褶皱、断裂或发生推覆,滇中西部还发生花岗斑岩和碱性岩浆侵入,呈现出该区现在的地质构造格局和形态。在扬子西缘丽江—楚雄一带随同三江新生代构造岩浆岩带的活动,形成了喜马拉雅期斑岩型铜金铅锌矿,在第四系中有砂砾岩型矿产。

二、三江地区

(一)成矿构造环境及演化

进入新生代(65Ma)以来,印度-欧亚大陆的碰撞作用使三江地区进入全面陆内挤压汇聚环境(早碰撞期,65~41Ma;侯增谦等,2006a)。强烈的挤压与周围刚性块体的阻挡,使该区地层发生峰期变质,地壳加厚与陆壳深熔、壳幔作用与幔源岩浆活动,并形成了大规模逆冲推覆为主的"薄皮板块构造"。由于边界条件的限制,三江及青藏高原内部的地壳缩短尚不能抵消强大的挤压应力。强烈的挤压碰撞作用过后,一部分物质和块体向东南方向挤出,随之产生了一系列大型走滑断裂系(即晚碰撞期,40~26Ma),如红河-哀牢山剪切带约27Ma发生近600km的左行走滑运动。大规模走滑运动后,三江地区地壳开始逐渐伸展,出现了一系列新生代断陷盆地、走滑拉分盆地和拉伸盆地(即后碰撞期,<25Ma),并伴有基性到中酸性的火山作用和酸性及碱性岩的侵入。

印度与亚洲大陆在65Ma开始对接与碰撞,使三江地区成为调节和吸纳碰撞应变的构造转换域,形成了以薄皮构造为特征的逆冲推覆构造系统、深切大陆岩石圈的大规模走滑断裂系统和强烈流变的剪切构造系统,伴随着前陆盆地含矿(Zn-Pb-Cu)卤水流体的长距离迁移汇聚、幔源含稀土碳酸岩-碱性岩-煌斑岩浆和含铜高钾长英质岩浆侵位及岩浆-热液系统发育,含Au富CO_2剪切变质流体分泌和水/岩反应,控制了大陆碰撞转换成矿类型的形成与发育。

印度-亚洲陆陆碰撞造山作用对三江特提斯构造格架进行了强烈的改造,作为陆陆碰撞侧向物质调整带,三江地区具有独特的构造变形-岩浆活动样式。前人创立了陆陆正向碰撞带的3期构造变形样式,即早碰撞挤压期(65~41Ma)、晚碰撞转换期(40~26Ma)和后碰撞伸展期(25~0Ma)。

1. 早期碰撞阶段(60~41Ma)——挤压褶皱期

印度与亚洲大陆早碰撞的时限过去通常被限定在55~50Ma,但初始碰撞至少推定至65Ma,主要约束证据来自板块运动学、古地磁学、地层古生物学和区域岩石学。例如,50Ma前后,印度板块与亚洲板块间的相对速度从15~25cm/a迅速减小到13~18cm/a,这个板块汇聚速率突然减小的时间被视为印度与亚洲大陆碰撞的初始时间。然而,印度洋沉积岩古地磁分析表明,在55Ma左右,印度板块向北运动速度从18~19cm/a快速衰减到4.5cm/a,表明大陆初始碰撞可能早于55Ma。印度西北地区的沉积相在52Ma前后出现从海相到陆相的巨变,使人们广泛地认为52Ma代表印-亚大陆碰撞的时间。然而,沿巴基斯坦分布的亚洲大陆南缘增生楔和海沟地层(66~55Ma)逆冲到印度大陆的被动边缘上,证实新特提斯大洋岩石圈的消失和印-亚大陆的碰撞至少应发生在55Ma之前。最近,来自区域岩石学和同位素精细年龄的独立证据,将印-亚大陆的初始碰撞时间限定于65Ma(莫宣学等,2003)。同时,青藏高原的岩相古地理证据也进一步把大陆初始碰撞时间约束在65Ma(王成善等,2003)。早碰撞结束的时间虽没有明确的限定,但在青藏高原东部地区,地层古生物证据指示,早碰撞结束时间约在50~41Ma。因此,印度与亚洲大陆从初始对接、经过强烈碰撞、再到碰撞衰减,跨越了近15Ma。这里,将早碰撞期时限介定于65~41Ma之间。

印度-欧亚陆陆碰撞承接新特提洋的俯冲而发生,三江地区遭受强烈的挤压作用而发生逆冲与褶皱。微地块地壳在原有特提斯造山作用的基础上进一步增厚。挤压褶皱期的典型特征是形成了一个盆地褶皱-逆冲断裂系统,即兰坪-思茅盆地褶断系。此外,腾冲地区古近纪持续活动的弧岩浆岩(61~53Ma)与西藏地区的冈底斯岩浆带系一个统一的整体,均与新特斯洋盆闭合后的洋板片的回撤作用相关。

2. 晚碰撞成矿阶段(40~26Ma)——碰撞转换期

晚碰撞造山作用发生于印度与亚洲大陆的持续汇聚和南北向挤压背景之下(40~26Ma),以大陆内部地体(陆块)间的大规模相对运动及其产生的大规模走滑断裂系统和逆冲-推覆构造为特征,主体发育于青藏高原的东缘,其性质和功能类似于经典板块构造的转换断层,调节和吸收了印-亚大陆碰撞产生的构造应变。造成由幔源为主的岩浆活动和大规模走滑-剪切-逆冲-推覆构造及其诱发的流体活动所产生的成矿作用及其形成的成矿类型。晚碰撞期成矿作用强烈发育,主要集中于高原东缘的构造转换带,与大规模逆冲推覆和走滑断裂系统及其相伴产出的富碱侵入岩(斑岩)与碳酸岩-正长岩杂岩密切相关,成矿高峰期集中于35±5Ma。

青藏高原碰撞造山带的晚碰撞造山作用,发生于印度大陆与亚洲大陆的持续汇聚和南北挤压背景之下,以大陆内部地体(陆块)的相对运动,即陆内俯冲和逆冲-推覆-走滑活动为特征。其造山作用和地壳变形在青藏高原的不同构造部位具有不同的表现形式和发育特征。在三江古特提斯构造带上表现为一个受控于新生代走滑断裂系统的构造转换带,通常被解释为吸收印-亚大陆碰撞应变的构造调节带。这一构造调节是在总体挤压背景下从晚始新世开始实现的,因其具有类似转换断层的性质和特征,俞如龙(1996)将高原东部的碰撞造山作用称为陆内转换造山作用。在三江地区调节机制是通过两种构造系统来实现的:大规模走滑断裂系统和褶皱-逆冲断裂系统。

新生代大规模走滑断裂系统:在三江地区依次发育嘉黎-高黎贡断裂,鲜水河断裂和小江断裂。嘉黎-高黎贡断裂围绕东构造结发育,控制了高原东缘新生代花岗岩的发育与分布。在整体挤压背景下的走滑转换应变场中,大规模走滑断裂系统也控制了一系列走滑拉分盆地的发育。如沿贡觉-芒康断裂发育贡觉右行走滑拉分盆地,西侧囊谦一带发育左行走滑拉分盆地,沿乔后断裂发育乔后、巍山左行走滑拉分盆地,西侧形成兰坪等右行走滑拉分盆地。这些盆地多呈北北西向展布,显示箕状盆地特征,多数沉积厚达2400~4000m的第三纪河湖相红色碎屑岩系,包括巨厚的陆相含盐建造和磨拉石建造。部分盆地伴有40~30Ma的钾质岩浆岩浅成侵入。这些盆地因晚碰撞期侧向挤压、冲断、推覆而闭合。

新生代褶皱-逆冲断裂系统:因印-亚大陆晚碰撞作用以及扬子陆块的向西推挤,发生强烈的对冲推覆作用,形成逆冲推覆构造带,并使地块地壳缩短至少达50~60km。在兰坪盆地,逆冲推覆大致可分为两个阶段:早期阶段(约40Ma)在褶皱的基础上,于盆地两侧向盆地内部发生对冲,使中生代地层(三叠系—侏罗系)作为推覆体逆冲并覆盖于盆地古新世和渐新世碎屑岩系之上,形成推覆构造群和构造穹隆(如金顶矿区)。晚期阶段主要由于盆地西侧较强的侧向挤压,造成盆地西部的逆冲断裂持续向东逆冲,将中生代地层叠瓦状推覆到早阶段的构造之上,在白秧坪地区显示根带、中带和锋带的分带性特征。

3. 后碰撞成矿阶段(25Ma~)

"后碰撞"作为大陆碰撞造山作用的特定过程,以其重要的构造演化标示性特征和强烈的爆发性金属成矿作用受到地质学家们的高度重视。当今青藏高原自25Ma进入后碰撞阶段,其构造-岩浆活动主体发育于南北向挤压的动力背景之下。在三江地区表现为逐渐由以走滑为主的运动形式转换为以伸展旋扭为主的形式,三江地区表现为一系列北东向断裂(如瑞丽、畹町和南汀等)的左行张扭性活动,物质呈现出顺时针旋扭运动特征。青藏高原及其周边地区现代GPS数据表明,三江地区物质的顺时针旋扭运动仍然在持续中。该时期的岩浆活动主要表现为现代火山岩,分布于腾冲、普洱-通关及马关-屏边地区。腾冲地区玄武岩-安山岩类分布较集中、面积较大,并已被广泛研究,这类火山岩的地球化学性质显示出似岛弧性质,被认为是现代印度洋中脊俯冲作用的结果。在后碰撞阶段,三江地区受到印度大洋与东太平洋的北东向俯冲以及太平洋板块北西向俯冲的影响,区域伸展盆地发育,似弧岩浆岩以及似洋岛玄武岩等多种类型现代火山岩形成,分布于腾冲、普洱-通关及马关-屏边地区。

(二)重要矿产及其分布

1. 早期碰撞阶段重要矿产及分布

挤压褶皱期的成矿作用伴随于早碰撞汇聚过程的始终,主要集中于冈底斯带之上,在三江地区挤压褶皱期成矿类型主要包括:①矽卡岩型/云英岩型锡多金属-稀土成矿类型,主要发育于冈底斯-腾冲火山-岩浆弧及保山地块北东边缘,与碰撞挤压作用过程中地壳活化导致的花岗岩侵位活动相关,如来利山和薅坝地锡、钨矿床及百花脑稀土矿床;②盆地热卤水型/岩浆热液型铜多金属成矿类型,主要发育于兰坪-思茅地块西侧和南部,与地壳活化导致的中酸性岩体侵位活动相关或与隐伏岩浆活动相关(如金满铜矿床和连城铜、钼矿床)。

与壳源花岗岩有关的锡-稀有金属成矿作用主要集中发育于滇西腾冲地区,形成了我国著名的早碰撞期的锡、稀有稀土矿化集中区。区内以发育特殊的块状硫化物型锡矿床——来利山锡矿,而不同于以往人们通常认知的主要锡矿床类型——云英岩型、矽卡岩型以及交代型等锡矿床。此外,伴随着早碰撞花岗岩的起源演化,稀有金属高度浓集形成了以百花脑矿床为代表的多元素稀有金属矿床而独具特色。

2. 晚碰撞成矿阶段重要矿产及分布

在晚碰撞转换阶段,主要成矿类型包括:①盆地热卤水型铅、锌、铜、银、金、锑多金属成矿类型,主要发育于昌都-兰坪-思茅地块,与构造-热驱动造成的盆地热卤水的活动相关,如金顶、赵发涌和拉诺玛铅、锌矿床、区吾银矿床,扎村金矿床及笔架山锑矿床;②造山型金成矿类型,主要发育于哀牢山缝合带,与哀牢山断裂大规模走滑作用导致的壳幔相互作用相关,如镇沅、墨江金厂及长安金矿等;③钾质斑岩型铜、钼、金成矿类型,主要沿金沙江-哀牢山缝合带发育。先存富集岩石圈地幔的拆沉作用,诱发软流圈上涌,由此带来的热量诱发了富集岩石圈地幔和下地壳的部分熔融,导致了钾质斑岩和相关斑岩型矿床的形成,如北段的玉龙铜、钼矿床,马拉松多铜、钼矿床,中段的北衙金、铁、铜矿床,马厂箐铜、钼、金矿床和南段哈播铜、金矿床,铜厂铜、金矿床。

3. 后碰撞成矿阶段重要矿产及分布

西南三江在后碰撞期间成矿类型主要包括:①热泉型金成矿类型,发育于腾冲地块和思茅地块西侧临沧地区,包括两河金矿床、勐满金矿床等;②盆地热卤水型稀有金属成矿类型,发育于思茅地块西侧临沧地区,如大寨、中寨锗矿床等;③红土型钴、镍(金)成矿类型,发育于哀牢山缝合带与临沧地区等,如墨江金、镍矿床,勐满红土型金矿床等。

（三）重要地质作用与成矿

1. 早期碰撞阶段地质作用与成矿

大陆碰撞过程造成挤压褶皱，不仅导致岩石圈缩短和地壳隆升，而且引起壳源和壳/幔混源岩浆活动；流体不仅从挤压碰撞带向外排失，而且可形成流体向前陆盆地迁移与汇聚；碰撞带的应力场不总是强烈挤压的，晚期还会出现松弛和伸展。因此，在早碰撞期形成的几个重要构造单元，不仅可以成矿，而且可以成大矿。

2. 晚碰撞成矿阶段地质作用与成矿

晚碰撞转换成矿作用主要发育于高原东缘的陆内转换造山环境，受大规模走滑-推覆-剪切作用控制。这些成矿作用显示出 4 个重要特征：①通常发育于峰期年龄为 35 ± 5 Ma 不连续的钾质火成岩省内部，与幔源或壳/幔混源岩浆活动密切相关；②成矿物质（金属、流体、气体）的最终源区不同程度地与深部物质，特别是幔源岩浆关系密切；③不论是与铜、金和铅、锌、铜、银矿化有关的富碱斑岩，还是与稀土有关的碱性岩-碳酸岩和剪切带金矿有关的煌斑岩，其形成均与深部软流圈活动有着千丝万缕的联系；④成矿作用主要发育于 40~21Ma 时段，其中，斑岩型铜钼金矿化、稀土矿化和热卤水铅、锌、银、铜矿化和部分剪切带型金矿化，多集中发生在 35 ± 5 Ma。这些特征暗示，高原东缘陆内转换造山环境的岩浆-热液-成矿作用受控于统一的深部作用过程，可能与软流圈上涌密切相关。

由于印度大陆与扬子地块斜向汇聚和相向俯冲，高原东部至少在 26Ma 前处于压扭状态，并诱发大规模走滑断裂、强烈逆冲和剪切作用。曾经遭受古洋壳板片流体强烈交代的壳幔过渡带，在软流圈构造-热侵蚀以及小股熔融体的注入作用下，发生部分熔融。过渡带下部金云母橄榄岩熔融产生正长岩岩浆，而下地壳角闪榴辉岩熔融，产生含矿的似埃达克质岩浆。这些斑岩岩浆沿走滑断裂及其与基底断裂交会通道浅成侵位，并在局部拉张和应力释放环境下分凝出成矿的岩浆流体，发育成斑岩岩浆-热液成矿类型。偏酸性的二长花岗斑岩岩浆可能分凝富 Cu 流体，形成斑岩铜矿，偏中性的二长斑岩岩浆分凝富 Au（和 Pb-Zn）流体，形成斑岩金矿。富碱岩浆在兰坪-思茅大型盆地内的浅成侵位，不仅作为重要的热源与区域压扭应力共同作用，驱动了区域规模的热水流体对流循环和侧向迁移，而且作为重要的储库可能为成矿热液系统提供了部分金属物质和少量成矿流体。同时，因羌塘陆块向东发生陆内俯冲，而使兰坪-思茅大型盆地演变成前陆盆地，其结果也会引起大量俯冲带流体向前陆盆地汇聚，为盆地内部热卤水成矿提供了重要条件。软流圈上涌，还导致含有地壳深循环物质的富集地幔发生熔融，产生富 CO_2 的硅酸盐熔体，后者发生不混溶产生正长岩-碳酸岩，并派生出富含稀土的成矿流体，从而发育碳酸岩岩浆-热液稀土成矿类型。红河断裂和鲜水河断裂的左行走滑与强烈剪切，不仅导致了大量煌斑岩脉沿走滑断裂带分布，而且导致了剪切带型金矿带的形成。

大陆碰撞与持续俯冲必然产生岩石圈的大量缩短和巨大应变，势必通过类似转换断层功能的构造转换带来进行调节。这个构造转换调节带主要发育于大陆正向碰撞带的侧翼，如青藏高原东缘，以发生大规模走滑断裂系统（剪切、逃逸）、逆冲推覆构造系统（内部变形）和块体旋转为特征。

在构造转换调节带，幔源岩浆活动形成的富碱钾质火成岩省（带）是其重要产物。这些富碱钾质岩浆活动拥有统一的地球动力学背景，起源于大陆之下岩石圈富集地幔或壳幔过渡带。深部软流圈物质的大规模上涌为源区熔融提供了必要的热能，而深切岩石圈的走滑断裂诱发其源区减压熔融。在深部地壳，这些岩浆可能沿走滑断裂系统深部的韧性剪切带上升，呈岩墙式上升侵位；在浅部地壳，岩浆系统受走滑断裂导流，并发育成大型岩浆房。长英质岩浆房在局部拉张和应力释放环境下分凝出成矿的岩浆流体，发育成斑岩岩浆-热液成矿类型。二长花岗斑岩成分的岩浆可能分凝富 Cu 流体，形成斑岩铜矿；正长斑岩质岩浆可能分凝富 Au 流体，形成斑岩金矿。富碱的硅酸盐熔体在岩浆房发生不混溶作用，并派生出富含稀土的成矿流体，形成与碳酸岩-碱性岩杂岩有关的稀土矿床。

3. 后碰撞成矿阶段地质作用与成矿

在大陆岩石圈持续俯冲的晚期阶段,往往发生以俯冲板片断离、岩石圈拆沉和地幔减薄为特征的深部过程,导致了后碰撞伸展环境的形成发育。

在西南三江地区主要为横切碰撞带的正断层系统与早期形成的逆冲断裂带的交会部位,不仅严格地控制斑岩岩浆-热液系统的发育部位和斑岩型铜矿及钼矿的定位空间,而且通常成为区域流体的排泄位置和汇聚空间,控制了锑、汞、银多金属矿床的形成和分布。这些区域流体常常沿逆冲推覆构造系统的深部滑脱带长距离迁移汇聚,沿途通过水/岩反应从围岩中"清扫"一些地球化学活跃的金属(锑、汞、砷、金、银等),在前锋带部位因横切正断层的交叉汇聚,而发生大量排泄和金属淀积,形成锑矿床、汞、锑矿床乃至铅、锌、铜、银矿床等。垂直碰撞带的正断层及其裂谷-断裂系的发育引起中上地壳发生减压熔融,形成部分熔融层,即岩浆房,驱动现代热水流体发生对流循环,流体与花岗岩发生水/岩反应形成热泉型铯、金矿。在平行于碰撞带的山间槽盆区域流体和/或地下水淋滤壳源花岗岩的铀,并沉积于古河道相砂岩建造内,可以形成砂岩型铀矿。

三、冈底斯-喜马拉雅地区

1. 成矿构造环境及演化

新生代在冈底斯-喜马拉雅地区发生的重要地质作用就是大陆碰撞和高原隆升。沿雅鲁藏布江缝合带发生的印度次大陆与欧亚大陆碰撞的起始时间及其碰撞过程,不同的研究者提出过不同的认识与看法。潘桂棠和侯增谦等(2004,2006)认为,冈底斯-喜马拉雅成矿带在中生代末期和新生代印度岩石圈板块与亚洲大陆岩石圈板块之间的碰撞,其碰撞过程包括了初始碰撞、主碰撞和后碰撞3个阶段。初始碰撞阶段:弧-弧、弧-陆之间的首次接触,在初始碰撞以后,沉积环境可以没有发生质的改变,仍可残留有陆表海或残留海盆继续接受沉积。主碰撞阶段:弧-弧、弧-陆、陆-陆之间的全面汇聚碰撞。后碰撞阶段:盆山转换、喜马拉雅被动大陆边缘转换为前陆盆地、弧后盆地转化为弧后前陆、前陆逆推带形成以及相关的沉积、岩浆和变质事件群。后碰撞阶段以雅鲁藏布江带开始出现磨拉石、喜马拉雅带淡色花岗岩大量发育及前陆逆冲带等各种强烈陆内变形为标志。丁林等(2013)根据藏南江孜地区前陆盆地的识别,认为碰撞的时间可能为56Ma左右,同时认为在主碰撞期的冈底斯带还发育有平等于造山链的伸展作用。近年来开展的1:5万区域地质调查工作在冈底斯带南缘的桑日县、扎囊县等地,均发现有垂直于冈底斯岩浆岩带的韧性剪切带,这些韧性剪切带被古近纪(52~48Ma)的花岗质侵入岩所穿切,暗示着这一初始碰撞事件可能还具有斜向碰撞的特征。

因此,可以认为,印度次大陆和欧亚大陆之间的初始碰撞是运动着的弧-陆之间的首次碰撞,随之而来的陆-陆连续碰撞具有一个漫长的时间过程,是地球系统中层圈相互作用的体现。就作用对象而言,由于碰撞前的接触部位不同,印度和欧亚大陆之间的初始碰撞可以发生在弧-陆、陆-陆之间;从接触方式上来看,两大陆的初始接触可能是点接触,也可能是线/面接触;从发展过程来看,可分为初始碰撞、主碰撞和后碰撞3个阶段。每一个阶段都有对应的沉积、岩浆和构造事件响应。综上所述,印度大陆与欧亚大陆之间的碰撞作用可能始于白垩纪末期(65Ma前后),这一碰撞的物质记录以南冈底斯林子宗群与下伏白垩系间不整合、火山岩-花岗岩带碰撞型花岗岩开始大量侵位、林子宗群早期弧火山岩的发育和日喀则弧前盆地的消亡以及雅鲁藏布江弧后洋盆转化为藏南残留海盆地等为标志。钟大赉等(1996)认为,印度大陆与欧亚大陆沿雅鲁藏布江缝合带发生的碰撞作用过程具有从东往西逐渐迁移的趋势,碰撞作用首先发生于雅鲁藏布江缝合带东段的南迦巴瓦地区,随后碰撞作用沿雅鲁藏布江缝合带逐渐向西迁移,冈底斯构造-岩浆岩带的碰撞型岩浆活动时代从东到西逐渐变新的趋势就是这一地质过程的具体表现。王成善等(1998)进一步认为,印度大陆与亚洲大陆沿雅鲁藏布江缝合带由东向西碰撞过程的穿时性可达10Ma左右。

印度大陆于晚白垩世至始新世中期与欧亚大陆碰撞后，引起高原岩石圈的不同圈层间发生强烈的物质和能量交换，青藏高原进入到一个新的构造体制演化阶段，即陆内挤压-伸展作用阶段（晚碰撞阶段—后碰撞阶段）。

在冈底斯带，由于印度板块向北的持续挤压，下地壳显著生长加厚，同时在上地壳引起强烈变形，冈底斯带南缘形成谢通门-南木林、帕古-热堆、曲水、林芝等一系列的近东西向的区域性大型脆韧性剪切带，这些区域性大型脆韧性剪切带最初的形成时代可能较早，但强烈活动的时代却存在一定的差异，如东部林芝—米林一带的大型韧性剪切带的活动时代为38～28Ma，西部谢通门—南木林一带的大型韧性剪切带的活动时代为24～21Ma，许志琴等（2015，2016）认为这些不同时代韧性剪切带的形成是由于差异性隆升造成的。同时还发育有冈底斯南缘的大型反向逆冲断层（GCT），表现为喜马拉雅复理石岩系向北逆冲到雅鲁藏布江蛇绿岩甚至冈底斯花岗岩之上，断裂的活动时代介于29～16Ma之间。

中新世以来（23～8Ma），由于大陆碰撞，造山带加厚，下地壳的减薄，高原壳幔物质和能量再度发生大规模的调整与交换，在这一深部地质作用过程的影响下，青藏高原南部的上部地壳发生大规模的侧向伸展作用，但在冈底斯和喜马拉雅两个不同地区的伸展作用却有不同的表现。

在冈底斯地区，伸展作用除形成一系列近南北向的裂谷外，还伴生一套与伸展作用有关的、以壳幔混合源为源区的火山活动和深成岩浆侵入活动。其中火山岩主要发育在乌郁盆地和麻江盆地中，由粗面岩和粗安岩等组成，具钾质-超钾质火山岩特征，岩石以高度富集K与大离子亲石元素Rb、Th、U等，亏损Nb、Ta、Ti、P等高场强元素为特征，属加厚地壳的下部局部熔融的产物（赵志丹，2002），K-Ar同位素年龄为10.3Ma和18.5Ma（《1∶20万谢通门幅、南木林幅区调报告》）；与有大量幔源物质注入的加厚地壳下部岩石局部重熔形成的钾质-超钾质火山岩同源，在南冈底斯还发育有一系列深源高侵位的斑岩体。含矿斑岩的岩石类型有石英二长斑岩、黑云母二长花岗斑岩、二长花岗斑岩、黑云母花岗闪长斑岩和似斑状二长花岗岩等，但总体上含矿斑岩的岩性主要有两种，即以厅宫铜矿为代表的二长花岗斑岩（包括厅宫、冲江、白容、拉抗俄等矿区）和以驱龙铜矿为代表的石英二长花岗斑岩（包括驱龙、达布等矿区），二者都可以形成大型斑岩铜矿床。在岩石化学和岩石地球化学特征方面，斑岩体的SiO_2多变化于64.0%～67.39%之间，Al_2O_3变化于13.15%～15.10%之间，属于典型的中酸性花岗质岩石。碱质Na_2O在0.81%～2.27%之间的正常范围内变化，K_2O明显富集，变化于4.88%～6.89%之间，为高钾花岗质岩石。微量元素则表现为高度富集大离子不相容亲石元素如Rb、Ba、Th和Sr等，而高场强元素如Nb和Ta则明显亏损等特点。稀土总量变化于$(68.09～104.53)\times10^{-6}$之间，轻、重稀土元素分馏明显，$(La/Yb)_N$变化于16.12～29.46之间，缺少明显的负Eu异常，稀土曲线为平滑的右倾型，不仅与三江地区的玉龙斑岩铜矿十分相似，也与南美安第斯山地区智利西部的斑岩铜矿带的斑岩相一致。目前不同的研究者对冈底斯成矿带的含矿斑岩所获得的同位素定年数据均显示，冈底斯斑岩铜矿床的成岩、成矿年龄较为接近，如驱龙铜矿和厅宫铜矿单颗粒锆石的离子探针（SHRIMP）同位素年龄分别为17.58±0.74Ma和17.0±0.8Ma，代表了含矿斑岩岩石中锆石的结晶年龄，亦可代表斑岩岩石的成岩年龄；驱龙、厅宫、冲江、拉抗俄铜矿床中全岩或单矿物Ar-Ar法和K-Ar法同位素年龄介于16.8～12.00Ma之间，代表了斑岩体矿化蚀变发生的年龄；辉钼矿Re-Os法同位素年龄介于16.22～15.75Ma之间，可代表斑岩铜矿的成矿年龄。

在藏南喜马拉雅地区，伸展作用在构造上主要表现为岩石圈一系列东西向不同层次拆离断层的发育，形成藏南拆离系（STDS），并形成近东西向排列、受深层拆离断层围限的拉轨岗日、也拉香波、康马、然巴、错那洞等变质核杂岩体或变质热穹隆。由于地壳减压或拆离断层带间的摩擦生热，引起中、上地壳物质的局部熔融，在变质核杂岩或变质热穹隆中发育大量由于深熔作用形成的S型淡色花岗岩侵位（主要岩性有白云母花岗岩、二云母花岗岩和白云母二长花岗岩等）。这些淡色花岗岩同位素年龄主要介于23～8Ma之间，其时代与冈底斯地区由加厚地壳下部局部熔融形成的钾质-超钾质火山岩和斑岩的年龄基本一致。

2. 重要地质作用与成矿

研究表明，冈底斯-喜马拉雅成矿带中铜钼铁铅锌矿床和金矿床系列的形成与新生代建造-岩浆重要地质作用密切相关。

对桑日火山弧中的克鲁铜矿、冲木达铜矿和郎达铜矿等矿床开展的研究工作发现，该类矽卡岩型铜金矿床均产于雅鲁藏布江陆-陆碰撞带北侧的碰撞型中酸性侵入体（同位素年龄主要介于55～45Ma之间）外接触带桑日群的矽卡岩中（原岩主要为中厚层含泥质层纹状碳酸盐岩和钙碱性火山岩），矿化以铜金为主，具有矽卡岩层位稳定、铜金品位较富的特点，矿区外围还发育有独立的金矿化体，笔者在冲木达矽卡岩矿床中获41.4Ma的辉钼矿Re-Os同位素年龄。另外笔者等还获得郎达铜矿区的黑云二长花岗岩中黑云母的Ar-Ar年龄为47.6Ma，在雄村铜金矿床区对水白云母进行Ar-Ar法同位素定年，也获得了38.68 ± 0.67Ma坪年龄；在林周县勒青拉铅锌矿区对与成矿有关的二长花岗岩进行研究，获45Ma的成岩、成矿年龄，在谢通门县恰功铁矿区获得黑云母花岗岩56Ma的成矿年龄。杨竹森等（2011，2012）对谢通门县纳如松多铅锌矿床和加多捕勒铁铜矿床进行了研究，确定成矿岩体的形成时代介于63～56Ma之间，认为该矿床的形成与52Ma左右时期的中部地壳部分熔融的岩浆作用有关，外接触带的矽卡岩和林子宗群的火山机构控制了铅锌矿体的产出。唐菊兴等（2016）通过对谢通门县斯弄多铅锌矿床的研究，认为该矿床属与林子宗群火山岩有关的浅成低温热液型铅锌银矿床。唐菊兴（2009）对沙让斑岩钼矿床的研究，获得辉钼矿Re-Os同位素年龄为51.0 ± 1.0Ma，高一鸣（2011）对亚贵拉铅锌矿区采集辉钼矿进行Re-Os同位素定年，获得65.0 ± 1.9Ma的模式年龄，Wang et al.（2015）在蒙亚啊、龙马拉铅锌矿区也分别获得了63.6 ± 4.2Ma和53.3 ± 3.7Ma的模式年龄。费光春等（2010）在洞中拉矿区获得绢云母Ar-Ar等时线年龄为42.2 ± 1.7Ma。朱弟成等（2004）在林周盆地发现的一套与碰撞期斑岩有关的金矿化的斑岩中获得锆石（SHRIMP）60～58.7Ma的成岩年龄。在藏南喜马拉雅地区，由于强烈的碰撞造山形成一系列的大型逆冲断裂带，在断裂带中形成一系列的造山型金矿床，如邦浦金矿、马扎拉金矿、查曲浦金矿等，杨竹森等（2008）在邦浦金矿区通过绢云母的定年，获得56Ma的成矿年龄，这些精确同位素定年数据的取得，已揭示出冈底斯成矿带中存在有碰撞期的成矿记录，证实在冈底斯成矿带于碰撞期曾经发生过大规模的成矿作用。

冈底斯地区碰撞后的陆内挤压及伸展阶段发生了大规模斑岩和矽卡岩成矿作用。侯增谦等（2002，2003，2006）通过对冈底斯斑岩铜矿床含矿斑岩常量元素和微量元素地球化学特征的研究，提出西藏冈底斯成矿带的系列大型斑岩铜矿床的含矿斑岩具有埃达克岩属性特征的亲合性，形成于青藏高原冈底斯成矿带碰撞后的伸展构造环境。目前的研究勘查与进展表明，在冈底斯成矿带的谢通门县洞嘎至工布江达县吹败子长约450km的范围内，集中了驱龙、甲玛、厅宫、冲江和达布、拉抗俄等大中型斑岩铜钼矿床，以及甲玛、知不拉、新嘎果、邦浦等系列大中型矽卡岩型铜多金属矿床。斑岩铜矿床和矽卡岩型铜多金属矿床的成矿年龄主要介于16.2～13.5Ma之间，与冈底斯成矿带碰撞后伸展阶段的时代相一致。它们在成矿时代上具有大致类似的矿床地质特征，相同的成矿机理和一致的成岩、成矿年龄；在空间上两种类型矿床密切共生，具有"贯通式"的时间和空间关系，在成矿机理上受控于统一的地球动力学背景和深源浅成的中酸性岩浆成矿过程，因此二者应属于统一的斑岩-矽卡岩成矿系统，是在碰撞后高原深部岩石圈拆沉、软流圈物质上涌、中上地壳伸展的构造背景下，由加厚地壳下部或上地幔局部熔融的花岗质岩浆沿近南北或近东西向的断裂通道上侵，在上地壳浅部形成斑岩矿床，而在斑岩体外接触带或层间滑脱带自斑岩岩浆活动中心向外迁移的含矿气液与钙质围岩地层发生交代形成矽卡岩型矿床。

在喜马拉雅成矿带，成矿作用主要集中于22～12Ma之间，属于印度板块向欧亚板块碰撞后的伸展阶段，北喜马拉雅经历了早期下地壳流动与上地壳缩短（>18Ma）和晚期地壳伸展与裂陷（<18Ma）两个阶段。形成了藏南拆离系、高喜马拉雅变质带、南北向裂谷，以及变质核杂岩隆升（18～14Ma）和淡色花岗岩（17～10Ma）侵位，是该区域地热系统受驱动，萃取地层及岩脉中的矿质，在南北向正断层系统、剥离断层系统、层间断层系统中就位成矿。在藏南拆离系（STDS）内，由于大型拆离断层带、淡色花岗岩

的活动，在错那洞等变质核杂岩或变质热穹隆外围，各类流体活动强烈，在有利构造条件部位，形成一系列的大型铅锌多金属矿床，如隆子县扎西康矿集区扎西康、柯月、则当铅锌多金属矿床等，这些矿床构成的扎西康矿集区被认为是藏南喜马拉雅地区最具找矿潜力的铅锌多金属矿和金矿的资源富集区。梁维等(2014)通过绢云母Ar-Ar定年，获得12.28Ma的成矿年龄。孙祥等(2013)在扎西康矿区通过对黄铁矿的Re-Os同位素定年，认为矿区经历了多期成矿作用，成矿时代为19.25±1.11Ma。林彬等(2016)获得柯月铅锌多金属矿床21.3Ma的绢云母Ar-Ar定年成果，认为该矿床为中低温热液脉型矿床，属于后碰撞造山成矿作用的产物。近年来，在扎西康矿集区又取得了重要的找矿新发现，在错那洞穹隆边部的矽卡岩化大理岩带和伟晶岩中圈出了锡钨矿和以铍为主的稀有金属工业矿体，初步证实扎西康矿集区除铅锌矿与金锑矿外，在错那洞一带还具有形成锡钨矿和铍稀有金属矿床的前景。

青藏高原的快速隆升与最终形成，是晚新生代特别是第四纪以来影响全球生态和环境的重大地质事件，同时，成矿活动仍十分活跃，主要表现在以下几个方面：首先，青藏高原在形成过程中，发生过多次夷平，在高原面上形成多级区域性夷平面，剥蚀与近源堆积在冈底斯成矿带北部和唐古拉地区的众多河谷或阶地中，生成了现代和古砂金矿床，如申扎县崩纳藏布砂金矿和班戈县卡足砂金矿、安多县砂金矿等。另外，青藏高原自中新世以来，特别是第四纪的大规模热泉活动，生成了一系列与第四纪或中新世热泉活动有关的地热和金、锑、铯等矿产。藏南和冈底斯地区，地热及其出露点——热泉分布广泛，部分含成矿物质丰富的热泉在其泉华中形成的热泉型金矿、锑矿和铯矿矿床早有报道，错美县古堆铯矿、那曲县谷露铯矿和羊八井地热田等就是其中的典型代表。

第五节　斑岩铜(钼金)成矿与走滑断裂关系

西南地区斑岩矿床，主要为斑岩铜(钼、金)矿。对西南地区斑岩矿床的勘查，继20世纪60年代发现西藏玉龙斑岩铜矿以来，近年来又相继勘查发现了西藏驱龙铜矿、多不杂铜矿和云南普朗铜矿等大型、特大型斑岩矿床，从而使西南地区成为我国重要的斑岩矿床勘查开发基地。

一、西南地区斑岩矿床主要成矿地质特征

1. 斑岩矿床时空分布和成矿带划分

西南地区斑岩矿床在成岩成矿时代上，主要集中在5个时期，即晚三叠世、早白垩世、始新世、渐新世和中新世。空间上，主要分布在西藏南部冈底斯地区、西藏北部班公湖-怒江地区和东部玉龙地区，云南西北部中甸地区、大理-红河地区和四川西南部盐源地区、西部香城、稻城和德格地区。根据成岩成矿时代和构造环境的不同，斑岩矿床在成矿区带上可划分为5个斑岩成矿带(图8-3)，即义敦-中甸印支期斑岩成矿带、玉龙-马拉松多古近纪斑岩成矿带、丽江-金平古近纪斑岩成矿带、冈底斯古近纪—新近纪斑岩成矿带和班公湖-怒江燕山期斑岩成矿带(秦建华等，2010a，2010b)。

2. 义敦-中甸印支期斑岩成矿带

在义敦-中甸印支期斑岩成矿带，已勘查发现有中甸普朗特大型斑岩铜钼矿、雪鸡坪中型铜矿、春都和卓玛，以及乡城热香、竹鸡顶、稻城伊公若、红卓和德格昌达沟等斑岩铜矿床。该成矿带斑岩矿床形成于俯冲造山岛弧环境，可以普朗特大型斑岩铜矿为代表。普朗斑岩铜矿位于云南中甸地区，矿区由南、北两个矿段组成，成矿作用发生于普朗复式中酸性斑(玢)岩体内，包含5个矿化小岩株，总面积8.9km^2，含矿岩石主要是石英二长斑岩，其次为石英闪长玢岩、花岗闪长斑岩，已圈定7个工业矿体，其

中 KT1 是主矿体,含铜矿物主要是黄铜矿,次为孔雀石,另有微量的铜蓝和斑铜矿等,含矿岩体蚀变作用强烈、蚀变分带明显,由中心向外发育强硅化带、钾化(钾长石黑云母)硅化带、石英绢云母化带、青磐岩化带(局部发育伊利石-碳酸盐化带),工业矿体主要产于钾化硅化带和石英绢云母化带中,成矿年龄 213±3.8Ma,为晚三叠世诺利期(范玉华等,2006;李文昌等,2007)。

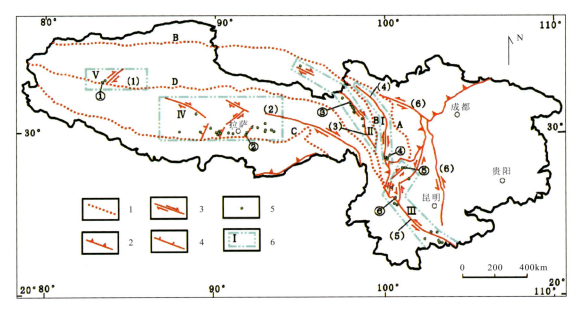

图 8-3 西南地区斑岩成矿带分布图

1.缝合带:A.甘孜-理塘缝合带,B.金沙江缝合带,C.雅鲁藏布江缝合带,D.班公湖-怒江缝合带;2.逆冲断层;3.走滑断层:(1)多不杂断裂,(2)嘉黎断裂,(3)车所乡断裂,(4)格咱河断裂,(5)哀牢山-红河断裂,(6)鲜水河-小江左旋走滑断裂;4.正断层;5.斑岩矿床(点):①多不杂铜矿,②驱龙铜矿,③玉龙铜矿,④普朗铜矿,⑤西范坪铜矿,⑥马厂箐铜矿;6.斑岩成矿带:Ⅰ.义敦-中甸印支期斑岩成矿带,Ⅱ.玉龙-马拉松多古近纪斑岩成矿带,Ⅲ.丽江-金平古近纪斑岩成矿带,Ⅳ.冈底斯古近纪—新近纪斑岩成矿带,Ⅴ.班公湖-怒江燕山期斑岩成矿带

3. 玉龙-马拉松多古近纪斑岩成矿带

在玉龙-马拉松多古近纪斑岩成矿带,已勘查发现玉龙 1 个特大型斑岩铜钼矿、2 个大型(多霞松多和马拉松多)和 3 个中小型(扎那尕和莽总等)铜矿床。该成矿带斑岩矿床,形成于古近纪扬子陆块岩石圈地幔沿着金沙江缝合带持续发生的向西斜向陆内俯冲构造环境(秦建华等,2010),斑岩体内的蚀变发育有钾化带、钾硅化带、绢云岩化带、青磐岩化带和黏土化带,矿化主要与钾硅化带、绢云岩化带有关(徐正余等,1991)。可以玉龙特大型斑岩铜钼矿为代表。玉龙斑岩铜矿由产于玉龙斑岩体中的矿体和产于玉龙斑岩体周围的矽卡岩带中的矿体和外围围岩中的矿体组成(徐正余等,1991),二长花岗斑岩是主要的成矿斑岩。含矿岩体的成岩成矿期的主要年代在 40~35Ma(芮宗瑶等,2004)。据陈建平等(2009)研究,产于玉龙斑岩体中的矿体为Ⅰ号矿体,可细分为 3 个矿层,Ⅰ-3 矿层分布于斑岩体上部的硅化黏土化带内,为Ⅰ号矿体主要赋矿层,Ⅰ-2 矿层分布于斑岩体中部的绢云英化带内,位于Ⅰ-3 矿层下部和Ⅰ-1 矿层上部;Ⅰ-1 矿层分布于斑岩体中下部的钾硅化带内。Ⅰ号矿体的矿石类型从浅部至深部依次为:脉状矿石(Ⅰ-3 矿层)→细脉浸染状矿石(Ⅰ-2 矿层)→浸染状矿石(Ⅰ-1 矿层)。矿石矿物主要为黄铜矿、辉钼矿、黄铁矿等,次为辉铜矿、赤铜矿,由于近地表氧化淋滤作用,局部可见孔雀石、蓝铜矿等表生铜矿物。

4. 丽江-金平古近纪斑岩成矿带

在丽江-金平古近纪斑岩成矿带，已发现了盐源西范坪、模范村斑岩铜矿，北衙金矿，马厂箐和小龙潭斑岩铜矿，金平长安冲、金平铜厂斑岩铜钼金矿和红河斑岩型铜矿等中大型矿床，尚未发现特大型斑岩矿床，成矿构造环境为大陆转换板块边界环境。该成矿带斑岩矿床可以马厂箐斑岩矿床为代表。马厂箐铜钼斑岩矿床，位于云南祥云、弥渡、大理3县接壤部位，矿区主要岩体是马厂箐复式杂岩体。该岩体由大小260多个小岩体组成，出露面积约1.36km^2，由各种类型的斑岩组成，其中，以大面积出露的斑状花岗岩为主（郭晓东等，2009）。马厂箐赋铜斑岩体主要由早期角闪正长岩及晚期花岗斑岩组成，早期角闪正长岩岩体年龄为35.6±0.3Ma，晚期花岗斑岩岩体年龄为35.0±0.2Ma（（梁华英等，2004）。主要金属矿物有辉钼矿、黄铜矿、斑铜矿、辉铜矿、砷黝铜矿、黄铁矿、磁黄铁矿、磁铁矿和白钨矿、闪锌矿、辉锑矿、方铅矿等，矿物分带（由内向外）：辉钼矿-黄铜矿、黄铁矿-黄铁矿、黄铜矿-方铅矿（赵准，1995）。岩体蚀变强烈并具有较好的蚀变分带性，自中心向外可划分出3个蚀变带：强硅化核（中心）→石英钾长石化带（中部）→石英绢云母化带（边部），铜钼矿体主要产于中部的石英钾长石化带和边部的石英绢云母化带（郭晓东等，2009）。

5. 冈底斯古近纪—新近纪斑岩成矿带

在冈底斯古近纪—新近纪斑岩成矿带，已发现1处超大型斑岩铜矿（驱龙），4处大型斑岩铜矿（朱若、厅宫、冲江、白容）和多个斑岩铜矿（化）点（拉坑俄、吹败子、吉如），另外，还发现2处中小型斑岩钼矿床（沙让、明则）。斑岩矿床成岩成矿时代有两个时期，主要为中新世（如驱龙、厅宫），其次是古近纪（如沙让、明则）。古近纪斑岩矿床成矿构造环境是印度板块和亚洲板块斜向陆内汇聚同碰撞构造环境，新近纪成矿构造环境是印度板块和亚洲板块后碰撞构造环境（秦建华等，2010）。该成矿带中新世斑岩矿床可以驱龙斑岩铜矿为代表。据杨志明等（2008）研究，中新世花岗闪长岩是驱龙矿床最主要的含矿岩石，容纳了驱龙矿床约70%的铜钼矿体，中新世二长花岗斑岩与成矿关系密切，是矿区的成矿母岩，蚀变作用包括早期钾硅酸盐化蚀变（钾长石-黑云母化）、青磐岩化蚀变（绿帘石-绿泥石化）以及随后发生的长石分解蚀变（石英-绢云母-绿泥石-黏土化），晚期长石分解蚀变强烈叠加于早期钾硅酸盐化蚀变之上，铜钼矿化与钾硅酸盐化蚀变和长石分解蚀变关系密切，含铜矿物主要为黄铜矿，偶见斑铜矿，含钼矿物主要为辉钼矿。驱龙铜矿含矿斑岩体成岩年龄经锆石离子探针分析为17.58±0.74Ma，岩体蚀变年龄经钾长石K-Ar同位素测定为15.77±0.45Ma（李光明等，2004）。

6. 班公湖-怒江燕山期斑岩成矿带

在班公湖-怒江燕山期斑岩成矿带，目前已发现多不杂斑岩铜矿和波龙斑岩铜金矿两个大型—特大型斑岩矿床，斑岩成岩成矿时代为早白垩世，成矿构造环境是早白垩世拉萨地体向北俯冲与羌塘地体发生初始碰撞后形成的同碰撞构造环境。该成矿带斑岩矿床可以多不杂斑岩铜矿为代表。多不杂斑岩铜矿位于班公湖-怒江结合带北缘，含矿斑岩主要为石英闪长玢岩和花岗闪长斑岩，呈岩株产出，岩体成岩年龄为127.8±2.6Ma（曲晓明，辛洪波，2006），在含矿岩体内及其围岩中蚀变强烈，分带明显，由含矿斑岩中心向外可划分出钾硅化带、泥化带、伊利石-水白云母-褐铁矿化带-角岩带或青磐岩化带，含矿斑岩为全岩矿化，少量矿化产于围岩中，矿化主要产于钾硅化带、硅化泥化带及青磐岩化带或角岩化带，矿石中金属矿物主要为黄铜矿、磁铁矿，次为黄铁矿、赤铁矿、金红石，少量辉铜矿、斑铜矿和自然金等（李光明等，2007）。

二、斑岩矿床与走滑断裂

已有研究表明，在斑岩矿床的构造岩浆活动中走滑剪切应力最有利于岩浆的集聚和上升（Brown，

1994)。Cornejo等(1997)和Richards(2001)认为,斑岩成矿中心与主要的横推断层带间,特别是与这些构造相切的线性构造的交切部位在许多情况下存在着明显的空间关系。从对我国西南地区发育的5个斑岩成矿带中斑岩矿床与区域性深大走滑断裂存在着的空间关系研究来看,对此认识是支持的。

在义敦-中甸印支期斑岩成矿带,以普朗为代表的印支期斑岩铜矿集区空间上位于呈南北走向的格扎河岩石圈右旋走滑断裂的西南侧。该断裂为岩石圈断裂,在四川与德格-乡城断裂相连,南北长约750km,与义敦岛弧平行,主要活动于中晚三叠世(《云南省区域地质志》,1990;《四川省区域地质志》,1991)(图8-3)。

在玉龙-马拉松多古近纪斑岩成矿带,含矿斑岩体在空间分布上与车所乡右旋走滑断裂紧密相关(Hou et al.,2003;潘桂棠等,2003),成矿带斑岩矿床受北北西向大规模走滑断裂带控制(侯增谦,杨志明,2009)。

在丽江-金平古近纪斑岩成矿带,斑岩矿床位于哀牢山-红河左行走滑挤压构造带的两侧。据王登红等研究(2006),沿红河左行走滑断裂带分布的富碱岩体基本是同时形成的(约35Ma)。斑岩矿床的形成应与哀牢山-红河剪切带始新世到中新世发生的左行走滑构造环境有关。四川盐源地区发现的西范坪-模范村斑岩矿床属于该成矿带的北分支,斑岩群的容岩、容矿构造多沿构造带的次级伴生断裂或不同类型和方向构造的复合部位分布(李立主等,2006;李立主等,1995)。

在冈底斯斑岩成矿带,古近纪斑岩矿床目前勘查发现的主要是斑岩钼矿,如沙让、明则斑岩钼矿,据闫学义等(2010)研究,斑岩钼矿受控于一级序雅江走滑断裂派生的二级序逆冲断层(沙让钼矿)或三级序、四级序逆冲断层(明则钼矿)。而在冈底斯斑岩成矿带中,新近纪斑岩矿床勘查发现的主要是斑岩铜矿,据侯增谦等(2006)和侯增谦、杨志明(2009)研究,斑岩铜矿受南北向正断层系统控制。我们知道,在冈底斯正断层和走滑断层是两个主要的活动构造(Armijo et al.,1989)。正断层,为南北走向,反映出东西向引张。而在冈底斯发育的走滑断裂,是由北西-南东走向的自东向西呈雁形排列、由嘉黎断裂、崩错断裂和格仁错断裂与喀喇昆仑断裂组成的喀喇昆仑-嘉黎右旋走滑断裂带(KJFZ)(Armijo et al.,1989)(图8-3)。对断裂年龄测试结果表明,喀喇昆仑断裂活动时间开始于约17Ma(Dunlap et al.,1998),嘉黎断裂活动时间为18~12Ma(Lee et al.,2003),正断层开始活动和最主要活动时期为18~13Ma(Coleman & Hodges,1993;Willams et al.,2001),并在8Ma得到强化(Yin & Harrison,2000),直到现今仍在活动(Armijo et al.,1986)。目前,虽然对南北向正断层的发育机制尚存较大争议,但在冈底斯正断层和走滑断层在发育时限上的一致性说明二者应具有相同的形成机制(common causal mechanism),呈北西-南东向的走滑断裂带(KJFZ)在空间上终止了南北向正断层的向北延伸,可能暗示了南北向正断层与北西-南东向分布的KJFZ断裂带存在着成因关系,而正是印度与亚洲板块间的斜向汇聚对中新世中期以来上述两类断层的形成起到了关键作用(Lee et al.,2003)。因此,不难看出,在冈底斯,受控于南北向正断层系统的新近纪斑岩矿床在高序次构造上应是受控于区域性KJFZ走滑断裂的。

在班公湖-怒江燕山期斑岩成矿带,由多不杂铜金矿和波龙铜金矿构成的矿集区在空间上集聚在呈北东向分布的多不杂右旋走滑断裂的北西侧,这条区域性右旋走滑断裂对班公湖-怒江西段燕山期含矿斑岩的上升侵位起到了控制作用(图8-3)。

三、勘查意义

如上所述,在我国西南地区已勘查发现的5个斑岩成矿带中的斑岩矿床的集聚几乎都与区域性深大走滑断裂存在着密切的关系,因此,在对西南地区现有的5个斑岩成矿带中开展斑岩矿床勘查时,应注意沿走滑断裂方向勘查并加强在走滑断层带内或在周围由其派生的局部的引张和挤压地区开展找矿,尤其要注意研究由区域走滑断裂派生的二级序、三级序和四级序构造及与侵入体的关系,注意寻找与这些构造相切的线性构造交切部位(如盐源西范坪-模范村斑岩群就位于隐伏的东西向和近南北—北北东向的构造交会处)。

在义敦-中甸斑岩成矿带,要注意对呈南北走向的格咱河-德格-乡城断裂右旋走滑断裂及其所影响的周围区域开展斑岩矿床的找矿工作。在玉龙-马拉松多斑岩成矿带,应注意对车所乡右旋走滑断裂及其周围区域的勘查;在丽江-金平斑岩成矿带,斑岩矿床勘查应沿哀牢山-红河左行走滑构造带两侧进行。在冈底斯斑岩成矿带,要注意对一级序雅江走滑断裂和喀喇昆仑-嘉黎走滑断裂带及其派生的或具有成因关系的断层(如古近纪雅江走滑断裂派生的逆冲挤压断裂、新近纪喀喇昆仑-嘉黎走滑断裂具有成因关系的南北向引张断裂)与斑岩侵入体关系的研究。在班公湖-怒江斑岩成矿带,走滑断裂与斑岩侵入体的关系已得到勘查工作的证实,在斑岩矿床勘查中要重视和加强在走滑断裂(如多不杂右旋走滑断裂)及其周围地区的勘查。

需要指出的是,在我国西南地区除了应加强在已发现的上述5个斑岩成矿带中的斑岩矿床的勘查外,还应加强对鲜水河-小江左旋走滑断裂及其两侧的勘查。构造研究表明,鲜水河-小江左旋走滑断裂在新近纪是印度板块相对于南中国地壳物质旋转的东部边界(一级构造边界),换句话说,鲜水河-小江左旋走滑断裂在晚新生代的构造性质类似于红河左行走滑挤压构造带在古近纪的构造性质(Wang & Burchfiel,2000),从斑岩矿床成矿构造环境相似性来看,鲜水河-小江新近纪左旋走滑断裂极有可能类似于红河古近纪左旋走滑断裂(形成丽江-金平斑岩成矿带)而可能成为我国西南地区潜在的新的斑岩矿床战略勘查区。

结 语

中国西南地区在成矿构造上涵盖特提斯-喜马拉雅和滨太平洋两大全球巨型成矿域,孕育着丰富的矿产资源,其中,西南三江、冈底斯-喜马拉雅、班公湖-怒江、上扬子等地区为全国重点成矿区带。该书综合西南地区矿产资源潜力评价项目研究成果及西南三江、冈底斯-喜马拉雅、班公湖-怒江、上扬子等成矿带自1999年国土资源大调查以来地质调查和科研成果,对西南地区重要矿产成矿规律进行了较为全面的总结,但由于西南地区地质构造时空演化复杂,成矿类型丰富,成矿作用多样,因此,本次对西南地区成矿规律的总结还是初步的,许多重要科学问题还有待深入研究。

根据西南地区独特的地质构造演化与成矿多样性的特点,从有利于指导西南地区地质找矿部署和促进区域成矿规律研究发展,今后在西南地区成矿规律研究中至少有以下几点需要加强:

一是加强同碰撞造山作用与成矿的研究。西南地区地质构造演化经历了多期次的洋-陆构造体制转化、造山作用与成矿。当前,对于俯冲造山和碰撞后成矿作用研究较多,而对于同碰撞造山(即前陆盆地与前陆造山)地质作用与成矿的研究还比较薄弱,需要加强,尤其在雅鲁藏布江结合带和班公湖-怒江结合带成矿作用研究上更是需要重视。

二是加强印支碰撞造山后燕山期成矿作用研究,换句话说,应将印支期—燕山期成矿作为一个连续完整的成矿期进行系统研究。这一点在川滇黔MVT型铅锌矿、南盘江微细粒金矿和三江义敦地区斑岩-矽卡岩矿床的研究上显得更为重要。

三是加强矿集区区域成矿作用与成矿系统研究。同一矿集区内,矿床具有相似的成矿地质特征,不同矿集区的矿床具有不同的成矿地质特征,矿集区内发生的成矿作用应是区域性的成矿事件,而非局部或孤立的事件(Paradis et al.,2007),这在西藏甲玛矿集区和川滇黔碳酸盐岩容矿铅锌矿成矿作用上表现较为典型。在西南三江地区,更要加强矿集区内矿床多期复合叠加成矿作用研究和成矿机理(包括成矿物质和区域成矿流体迁移、搬运和沉淀聚集的成矿过程)的研究。

总之,西南地区独特的地质演化和复杂的洋-陆变迁造就了复杂多样的成矿作用,而成矿作用作为地质作用的一部分,对其成矿规律的认识,必将随着地质理论的不断创新和科技的进步而得以不断深化,因此,就要求人们不断进行总结其规律来指导找矿实践并不断促进对西南地区矿产成矿规律的认识。鉴于此,希望本书的出版,对西南地区成矿规律的研究仅是一个新的开端,并乐见后续持续不断的总结涌现。

主要参考文献

白金刚,池三川,梅建明.云南白牛厂超大型银多金属矿床黄铁矿的标型特征及其成因意义[J].贵金属地质,1995(4):302-306.
白金刚,池三川,覃功炯.云南白牛厂沉积喷流型银多金属矿床沉积环境分析[J].有色金属矿产与勘查,1996(3):140-145.
毕献武,胡瑞忠,彭建堂,等.姚安和马厂箐富碱侵入岩体的地球化学特征[J].岩石学报,2005,21(1):113-124.
曹鸿水.黔西南"大厂层"形成环境及其成矿作用的探讨[J].贵州地质,1991,8(1):5-12.
常向阳,朱炳泉,孙大中,等.东川铜矿床同位素地球化学研究:I.地层年代与铅同位素化探应用[J].地球化学,1997,26(2):32-38.
陈炳蔚,李永森,曲景川,等.三江地区主要大地构造问题及其与成矿的关系[M].北京:地质出版社,1991.
陈庚户,柏万灵,刘增达,等.四川盐源烂纸厂铁矿地质特征及找矿远景[J].矿床地质,2010,29(增刊):67-68.
陈华安,祝向平,马东方,等.西藏波龙斑岩铜金矿床成矿斑岩年代学、岩石化学特征及其成矿意义[J].地质学报,2013,87(10):1-19.
陈吉琛.滇西A型花岗岩的确定及其意义[J].云南地质,1984(2):291.
陈建平,唐菊兴,丛源,等.藏东玉龙斑岩铜矿地质特征及成矿模型[J].地质学报,2009,83(12):1887-1900.
陈懋弘,毛景文,屈文俊,等.贵州贞丰烂泥沟卡林型金矿床含砷黄铁矿Re-Os同位素测年及地质意义[J].地质论评,2007,53(3):371-382.
陈学明,林棕,谢富昌.云南白牛厂超大型银多金属矿床叠加成矿的地质地化特征[J].地质科学,1998(1):116-125.
陈毓川,王登红,等.重要矿产和区域成矿规律研究技术要求[M].北京:地质出版社,2010.
陈毓川,王登红.重要矿产预测类型划分方案[M].北京:地质出版社,2010.
陈毓川,王登红,朱裕生,等.中国成矿体系与区域成矿评价[M].北京:地质出版社,2007.
陈毓川,翟裕生,等.中国矿床成矿模式[M].北京:地质出版社,1993.
陈毓川,朱裕生,等.中国矿床成矿系列图[M].北京:地质出版社,1999.
陈毓川,朱裕生.中国矿床成矿模式[M].北京:地质出版社,1993.
陈毓川.当代矿产勘查评价的理论与方法[M].北京:地震出版社,1999.
陈毓川.矿床成矿系列[J].地学前缘,1994(3):90-94.
陈毓川.中国主要成矿区带矿产资源远景评价[M].北京:地质出版社,1999.
储著银,王伟,陈福坤,等.云南潞西三台山超镁铁质岩体Os-Nd-Pb-Sr同位素特征及地质意义[J].岩石学报,2009,25(12):3221-3228.
崔萍萍,黄肇敏,周素莲.我国铝土矿资源综述[J].轻金属,2008(2):6-8.
戴婕,张林奎,潘晓东,等.滇东南南秧田白钨矿矿床矽卡岩矿物学特征及成因探讨[J].岩矿测试,2011,30(3):269-275.
邓玉书.云南个旧锡矿和构造的关系[J].地质论评,1951(2):57-66.
董美玲,董国臣,莫宣学,等.滇西保山地块早古生代花岗岩类的年代学、地球化学及意义[J].岩石学报,2012,28(5):1453-1464.
董文伟,刘博,陈少玲.小干沟金矿地质特征及控矿因素分析[J].现代矿业,2013,533(9):60-61,103.

杜利林,耿元生,杨崇辉,等.扬子地台西缘康定群的再认识:来自地球化学和年代学证据[J].地质学报,2007,81(11):1562-1577.

杜利林,耿元生,杨崇辉,等.扬子地台西缘新元古代TTG的厘定及其意义[J].矿物岩石学杂志,2006,25(4):273-281.

杜利林,耿元生,杨崇辉,等.扬子地台西缘盐边群玄武质岩石地球化学特征及SHRIMP锆石U-Pb年龄[J].地质学报,2005,79(6):850-813.

杜利林,杨崇辉,耿元生,等.扬子地台西南缘高家村岩体成因:岩石学、地球化学和年代学证据[J].岩石学报,2009,25(8):1897-1908.

范玉华,李文昌.云南普朗斑岩铜矿床地质特征[J].中国地质,2006,33(2):352-362.

符德贵,崔子良,官德任.保山金厂河铜多金属隐伏矿综合找矿[J].云南地质,2004,23(2):188-198.

付少英,靳拥护,张哨波,等.西藏那曲县尤卡朗铅银矿床地质特征及成因分析[J].矿产与地质,2008,22(5):412-417.

傅敏军.攀西红格钒钛磁铁矿床地质特征及控矿因素分析[D].成都理工大学,2012.

傅涛.川西石棉金鸡台金矿的地质地球化学特征与控矿规律[J].矿业工程,2004,2(2):15-17.

高怀忠.关于热水沉积物稀土配分模式的讨论[J].地质科技情报,1999,18(3):40-42.

高子英.蒙自白牛厂银多金属矿床的成因研究[J].云南地质,1996(1):91-102.

葛良胜,邹依林,李振华,等.云南马厂箐(铜、钼)金矿床地质特征及成因研究[J].地质与勘探,2002,38(5):11-17.

耿元生,柳永清,高林志,等.扬子克拉通西南缘中元古代通安组的形成时代——锆石LA-ICP-MS U-Pb年龄[J].地质学报,2012,86(9):1479-1490.

耿元生,杨崇辉,杜利林,等.天宝山组形成的时代和形成环境——锆石SHRIMP U-Pb年龄和地球化学证据[J].地质论评,2007,53(4):556-562.

耿元生,杨崇辉,王新社,等.扬子地台西缘变质基底演化[M].北京:地质出版社,2008.

龚荣洲,於崇文,岑况.成矿元素富集机制的量子地球化学研究——以攀枝花钒钛磁铁矿矿床为例[J].地学前缘,2000,1:43-51.

顾影渠,钱天宏,叶芝珊,等.滇西镇康木厂A型花岗岩岩石学及地球化学特征[J].岩石矿物学杂志,1988,7(1):38-48.

关俊雷,郑来林,刘建辉,等.四川省会理县河口地区辉绿岩体的锆石SHRIMP U-Pb年龄及其地质意义[J].地质学报,2011,85(4):482-490.

贵州省地质矿产局.贵州省区域矿产志[C].北京:地质出版社,1992.

郭晓东,侯增谦,陈祥,等.云南马厂箐富碱斑岩埃达克性质的厘定及其成矿意义[J].岩石矿物学杂志,2009,28(4):375-386.

郭阳,王生伟,孙晓明,等.武定铁铜矿区古元古代辉绿岩锆石U-Pb年龄及其成矿的关系[J].矿床地质,2012,31(增刊):545-546.

郭阳,王生伟,孙晓明,等.扬子地台西南缘古元古代末的裂解事件——来自武定地区辉绿岩锆石U-Pb年龄和地球化学证据[J].地质学报,2014,88(9):1651-1666.

郭阳,王生伟,孙晓明,等.云南武定迤纳厂铁铜矿区古元古代辉绿岩锆石的U-Pb年龄及其地质意义[J].大地构造与成矿学,2014,38(1):208-215.

郭远生,曾普胜,杨伟光,等.北衙金多金属矿床地质特征与成因[J].中国工程科学,2005,7(增刊):218-223.

韩润生,刘丛强,黄智龙.论云南会泽富铅锌矿床成矿模式[J].矿物学报,2001,21(4):674-680.

韩至钧,王砚耕,冯济舟,等.黔西南金矿地质与勘探[M].贵阳:贵州科技出版社,1999.

何登发,李德生,张国伟.四川多旋回叠合盆地的形成与演化[J].地质科学,2011,46(3):589-606.

何英.永乐-平江地区自然重砂矿物组合及其地质意义[J].贵州地质,2001,18(3):149-153.

和文言,莫宣学,喻学惠,等.滇西北衙金多金属矿床锆石U-Pb和辉钼矿Re-Os年龄及其地质意义[J].岩石学报,2013,4:1301-1310.

侯兵德,吴志成,占朋才.松桃杨立掌锰矿地质特征及深部找矿潜力分析[J].化工矿产地质,2011b,33(2):93-99.

侯兵德,袁良军,占朋才.贵州松桃杨立掌锰矿地质特征及找矿潜力分析[J].矿产与地质,2011a,25(1):47-52.

侯林,丁俊,邓军,等.滇中武定迤纳厂铁铜矿床磁铁矿元素地球化学特征及其成矿意义[J].岩石矿物学杂志,2013,32(2):154-166.

侯林,丁俊,邓军,等.云南武定迤纳厂铁铜矿岩浆角砾岩LA-ICP-MS锆石U-Pb年龄及其地质意义[J].地质通报,2013,32(4):580-588.

侯林,丁俊,王长明,等.云南武定迤纳厂铁-铜-金-稀土矿床成矿流体与成矿作用[J].岩石学报,2013,29(4):1187-1202.

侯林,丁俊.云南武定迤纳厂岩浆热液型铁-铜-金-稀土矿床流体特征研究[J].西北地质,2012,45(4):39-50.

侯增谦,潘桂棠,王安建,等.青藏高原碰撞造山带:Ⅱ.晚碰撞转换成矿作用[J].矿床地质,2006b,25(5):521-545.

侯增谦,曲晓明,杨竹森,等.青藏高原碰撞造山带:Ⅲ.后碰撞伸展成矿作用[J].矿床地质,2006c,25(6):629-651.

侯增谦,杨岳清,曲晓明,等.三江地区义敦岛弧造山带演化和成矿系统[J].地质学报,2004,78(1):109-120.

侯增谦,杨志明.中国大陆环境斑岩型矿床:基本地质特征、岩浆热液系统和成矿概念模型[J].地质学报,2009,83(12):1779-1817.

侯增谦,杨竹森,徐文艺,等.青藏高原碰撞造山带:Ⅰ.主碰撞造山成矿作用[J].矿床地质,2006a,25(4):337-358.

胡彬,韩润生,马德云,等.云南毛坪铅锌矿区Ⅰ号矿体分布区断裂构造岩稀土元素地球化学特征及找矿意义[J].地质地球化学,2003,31(4):22-28.

胡受权,曹运江,郭文平.滇西北宁蒗县白牛厂铅锌矿成矿地质条件[J].火山地质与矿产,1998(1):47-52.

郇伟静,袁万明,李娜.川西甘孜-理塘金矿带形成条件的矿物电子探针与裂变径迹研究[J].现代地质,2011,25(2):261-270.

黄华,张长青,周云满,等.云南金厂河铁铜铅锌多金属矿床矽卡岩矿物学特征及蚀变分带[J].岩石矿物学杂志,2014,33(1):127-148.

黄汲清,陈炳蔚.中国及邻区特提斯海的演化[M].北京:地质出版社,1987.

黄汲清,任纪舜,姜春发,等.中国大地构造基本轮廓[J].地质学报,1977(2):117-135.

黄汲清.中国主要地质构造单位[M].北京:地质出版社,1954.

黄小文,漆亮,赵新福,等.云南东川汤丹铜矿硫化物的Re-Os年代学研究[J].矿物学报,2011,S1:594.

黄肖潇,许继峰,陈建林,等.中甸岛弧红山地区两期中酸性侵入岩的年代学、地球化学特征及其成因[J].岩石学报,2012,28(5):1493-1506.

黄永平,吴健民,王滋平.东川铜矿田因民组热水沉积岩地质地球化学[J].地质与勘探,1999,35(4):15-18.

黄玉蓬,刘显凡,邓江红,等.滇西北甫哥岩体成岩与成矿地质地球化学特征分析[J].矿物学报,2011,(增刊):349-350.

黄智龙,陈进,刘丛强,等.峨眉山玄武岩与铅锌矿床成矿关系初探——以云南会泽铅锌矿床为例[J].矿物学报,2001,21(4):681-688.

季建清,钟大赉,张连生.滇西南新生代走滑断裂运动学、年代学及对青藏高原东南部块体运动的意义[J].地球科学,2000,35(3):336-349.

贾润幸.云南个旧锡矿集中区地质地球化学研究(博士)[D].西北大学,2005.

江鑫培.白牛厂银多金属矿床银的赋存形式及银矿物特征[J].岩石矿物学杂志,1994a(3):278-284.

江鑫培.蒙自白牛厂银多金属矿床银赋存形式及其矿物特征[J].云南地质,1994b(1):74-85.

江鑫培.蒙自白牛厂银-多金属矿矿床特征和成矿作用探讨[J].云南地质,1990(4):291-307.

姜朝松,周瑞琦,周真恒,等.滇西地区及邻区构造单元划分及其特征[J].地震研究,2000,23(1):21-29.

蒋成兴,卢映祥,陈永清,等.滇西南芦子园超大型铅锌多金属矿床成矿模式与综合找矿模型[J].地质通报,2013,32(11):1832-1844.

蒋成兴,卢映祥,尹光候,等.云南省镇康县芦子园铅锌铁矿床特征及找矿潜力分析[J].矿物学报,2011(增刊):204-205.

蒋小芳,王生伟,廖震文,等.四川会东油房沟铜矿床Re-Os同位素年龄及其地质意义[J].大地构造与成矿学,2015,39(5):866-875.

蒋小芳,王生伟,廖震文,等.元谋县路古模组变质基性火山岩锆石的U-Pb年龄及其对苴林群沉积时代的制约[J].地层学杂志(增刊),2013(4):624-625.

解超明,李才,董永胜,等.青藏高原羌塘中部冈玛日-菊花山地区大型逆冲推覆构造的基本特征及形成机制[J].地质通报,2010,29(12):1857-1862.

金灿海,范文玉,张海,等.滇西来利山锡矿正长花岗岩LA-ICP-MS锆石U-Pb年龄及地质意义[J].地质学报,2013,87(9):1211-1220.

金祖德.个旧层间赤铁矿型锡矿热液成因之否定[J].地质与勘探,1991(1):19-20.

来又东.吉林珲春小西南岔地区重砂金矿物的找矿指示意义[J].黄金,2008,29(1):16-21.

李宝龙,季建清,王丹丹,等.滇南新元古代的岩浆作用:来自瑶山群深变质岩SHRIMP锆石U-Pb年代学证据[J].地质学报,2012,86(10):1584-1591.

李炳华.关于1:20万溪流重砂测量工作中若干问题的探讨[J].陕西地质科技情报,1992,11(4):36-41.

李定谋,王立全,须同瑞,等.金沙江构造带铜金矿成矿与找矿[M].北京:地质出版社,2002.

李光明,段志明,刘波,等.西藏班公湖-怒江结合带北缘多龙地区侏罗纪增生杂岩的特征及意义[J].地质通报,2011,30(8):1256-1260.

李光明,李金祥,秦克章,等.西藏班公湖带多不杂超大型富金斑岩铜矿的高温高盐高氧化成矿流体:流体包裹体证据[J].岩石学报,2007,23(5):935-952.

李光明,芮宗瑶.西藏冈底斯成矿带斑岩铜矿的成岩成矿年龄[J].大地构造与成矿学,2004,28(2):165-170.

李海平,张满社.西藏罗布莎蛇绿岩的地球化学特征及形成环境探讨[J].西藏地质,1996(2):55-61.

李鸿超.成因矿物学概论[M].长春:吉林大学出版社,1984.

李家和.个旧锡矿花岗岩特征及成因研究[J].云南地质,1985(4):327-352.

李金祥,李光明,秦克章,等.班公湖带多不杂富金斑岩铜矿床斑岩-火山岩的地球化学特征与时代:对成矿构造背景的制约[J].岩石学报,2008,24(3):531-543.

李景略.梁河来利山锡矿床地质特征及其成因[J].云南地质,1984,8(1):47-58.

李开文,张乾,王大鹏,等.滇东南白牛厂多金属矿床铅同位素组成及铅来源新认识[J].地球化学,2013(2):116-130.

李开文,张乾,王大鹏,等.云南蒙自白牛厂多金属矿床锡石原位LA-MC-ICP-MS U-Pb年代学[J].矿物学报,2013(2):3-209.

李开文,张乾,王大鹏,等.云南蒙自白牛厂银多金属矿床同位素地球化学研究[J].矿床地质,2010,(s1):462-463.

李立主,杨仕长,康本和.盐源县西范坪-模范村喜马拉雅期斑岩群地质特征及找矿前景探讨[J].四川地质学报,1995,15(4):283-293.

李立主,赵支刚,贺金良,等.四川盐源西模范村喜马拉雅期斑岩铜矿地质特征[J].矿床地质,2006,25(3):269-280.

李文博,黄智龙,陈进,等.云南会泽超大型铅锌矿床硫同位素和稀土元素地球化学研究[J].地质学报,2004,8:507-518.

李文昌,潘桂棠,侯增谦,等.西南"三江"多岛弧盆-碰造山成矿理论与勘查技术[M].北京:地质出版社,

2010.

李文昌,尹光侯,余海军,等.滇西北格咱火山岩浆弧斑岩成矿作用[J].岩石学报,2011,27(9):2541-2552.

李文昌,尹光侯,刘学龙,等.中甸矿集区普朗-红山铜多金属成矿亚带北段帕纳牛场斑岩体 $^{40}Ar-^{39}Ar$ 年龄及锑矿化[J].地质与勘探,2010,46(2):267-271.

李文昌,余海军,尹光候.西南"三江"格咱岛弧斑岩成矿系统[J].岩石学报,2013,29(4):1129-1140.

李文昌,曾普胜.云南普朗超大型斑岩铜矿特征及成矿模式[J].成都理工大学学报(自然科学版),2007,34(4):436-446.

李文昌,曾普胜.云南普朗超大型斑岩铜矿特征及成矿模型[J].成都理工大学生学报(自然科学版),2007,34(4):436-446.

李文尧.云南麻栗坡新寨锡矿物化探异常特征[J].云南地质,2002(1):72-82.

李献华,李正祥,周汉文,等.川西关刀山岩体的 SHRIMP 锆石 U-Pb 年龄、元素和 Nd 同位素地球化学——岩石成因与构造意义[J].中国科学(D辑),2002a,32(增刊):60-68.

李献华,李正祥,周汉文,等.川西新元古代玄武质岩浆岩的锆石 U-Pb 年代学、元素和 Nd 同位素研究:岩石成因与地球动力学意义[J].地学前缘,2002b,9(4):329-338.

李献华,周汉文,李正祥,等.川西新元古代双峰式火山岩成因的微量元素和 Sm-Nd 同位素制约及其大地构造意义[J].地质科学,2002c,37(3):264-276.

李献华,周汉文,李正祥,等.扬子地块西缘新元古代双峰式火山岩的锆石 U-Pb 年龄和岩石化学特征[J].地球化学,2001,30(4):315-322.

李兴振,刘文均,王义昭,等.西南三江地区特提斯构造演化与成矿(总论)[M].北京:地质出版社,1999.

李志,赵炳坤,杨亚斌,等.青藏高原构造及邻区重力系列图及说明书[M].北京:地质出版社,2013.

李志钧.云南鹤庆北衙金多金属矿床成矿地质条件[J].矿产与地质,2010,24(3):198-203.

梁华英,谢应雯,张玉泉.富钾碱性岩体形成演化对铜矿成矿制约——以马厂箐铜矿为例[J].自然科学进展,2004,14(1):116-120.

梁伟杰,李任时,孟嵩,等.自然重砂数据库系统(ZSAPS 1.0)的应用[J].吉林地质,2007,26(1):55-60.

廖士范,梁同荣,等.中国铝土矿地质学[M].贵阳:贵州科技出版社,1991.

廖世勇,王冬兵,唐渊,等."三江"云龙锡(钨)成矿带晚白垩世二云母花岗岩 LA-ICP-MS 锆石 U-Pb 定年及其地质意义[J].岩石矿物学杂志,2013,32(4):450-462.

廖震文,王生伟,孙晓明,等.黔东北地区 MVT 型铅锌矿床闪锌矿的 Rb-Sr 定年及其地质意义[J].矿床地质,2015,34(4):769-785.

林方成,潘桂棠.四川大渡河谷灯影期层状铅锌矿床中震积岩的发现及其成矿意义[J].中国科学(D辑地球科学),2006,36(11):998-1008.

凌文黎,高山,程建萍,等.扬子陆核与陆缘新元古代岩浆事件对比及其构造意义——来自黄陵和汉南侵入杂岩 ELA-ICPMS 锆石 U-Pb 同位素年代学的约束[J].岩石学报,2006,22(2):387-396.

刘爱民,张命桥.黔东地区含锰岩系中微量元素 Mn/Cr 比值与锰矿成矿预测[J].贵州地质,2007,24(1):60-63.

刘才泽,秦建华,李明雄,等.四川攀西地区钒钛磁铁矿成矿元素富集过程模拟与资源潜力评价[J].吉林大学学报(地球科学版),2013,3:758-764.

刘长龄.中国铝土矿的成因类型[J].中国科学(B辑),1987,5:535-544.

刘春学.个旧锡矿区高松矿田综合信息成矿预测(博士)[D].昆明理工大学,2002:1-190.

刘红英,夏斌,张玉泉.云南马头湾透辉石花岗斑岩锆石 SHRIMP U-Pb 年龄研究[J].地球学报,2003,24(6):552-554.

刘继顺,张洪培,方维萱,等.云南蒙自白牛厂银多金属矿床若干地质问题探讨[J].中国工程科学,2005,(s1):238-244.

刘家军,刘建明,顾雪祥,等.黔西南微细浸染型金矿床的海底喷流沉积成因[J].科学通报,1997,42(19):

126-2127.

刘建中,邓一明,刘川勤,等.贵州省贞丰县水银洞层控特大型金矿成矿条件与成矿模式[J].中国地质,2006,33(1):169-177.

刘建中,刘川勤.贵州省贞丰县水银洞金矿床地质特征及控矿因素研究[C].第一届贵州地质矿产发展战略研讨会论文集,2003.

刘建中,刘川勤.贵州省贞丰县水银洞金矿床稀土元素地球化学特征[J].矿物岩石地球化学通报,2005,24(2):135-139.

刘建中,夏勇,邓一明,等.贵州水银洞SBT研究及区域找矿意义探讨[J].黄金科学技术,2009,17(3):1-5.

刘平,李沛刚,李克庆,等.黔西南金矿成矿地质作用浅析[J].贵州地质,2006,23(2):83-93.

刘平.八论贵州之铝土矿——黔中-渝南铝土矿成矿背景及成因探讨[J].贵州地质,2001,18(4):238-243.

刘平.五论贵州之铝土矿——黔中-川南成矿带铝土矿含矿岩系[J].贵州地质,1995,12(3):185-203.

刘庆宏,肖志坚,曹圣华,等.班公湖-怒江结合带西段多岛弧盆系时空结构初步分析[J].沉积与特提斯地质,2004,24(3):15-21.

刘嵘,董月霞,谭靖,等.沉积岩中稳定重砂矿物的成岩蚀变特征及其指示意义[J].地质科技情报,2007,26(6):10-16.

刘书生,范文玉,聂飞,等.四川木里梭罗沟金矿床地质特征及控矿因素分析[J].矿物岩石地球化学通报,2015,36(6):110-119.

刘文凯.遵义后槽铝土矿床内的三期构造运动[J].贵州地质,1992,9(3):255-260.

刘显凡,陶专,卢秋霞,等.云南金顶超大型铅锌矿床地幔流体成矿作用探讨[J].矿床地质,2006,25(增刊):79-82.

刘学龙,李文昌,张娜.西南三江义敦岛弧南端地壳抬升历史及资源评价意义[J].2015,89(2):289-304.

刘巽峰,王庆生,陈有能,等.黔北铝土矿成矿地质特征及成矿规律[M].贵阳:贵州人民出版社,1990.

刘巽锋,王庆生,高兴基,等.贵州锰矿地质[M].贵阳:贵州人民出版社,1989.

刘玉平,李正祥,李惠民,等.都龙锡锌矿床锡石和锆石U-Pb年代学:滇东南白垩纪大规模花岗岩成岩-成矿事件[J].岩石学报,2007(5):967-976.

刘玉平,李正祥,叶霖,等.滇东南老君山矿集区钨成矿作用Ar-Ar年代学[J].矿物学报,2011(s1):617-618.

刘玉平,叶霖,李朝阳,等.滇东南发现新元古代岩浆岩:SHRIMP锆石U-Pb年代学和岩石地球化学证据[J].岩石学报,2006,22(4):916-926.

刘增乾,李兴振,叶庆同,等.三江地区构造岩浆带的划分与矿产分布规律[M].北京:地质出版社,1993.

罗小军.攀枝花钒钛磁铁矿矿床韵律层特征及其研究意义[D].成都理工大学,2003.

骆耀南,曹志敏.石棉县大水沟脉型碲化物矿床地球化学——世界首例独立碲矿床成因[J].四川地质学报,1996,16(1):80-84.

骆耀南.康滇构造带的古板块历史演化[J].地球科学,1983,3:93-102.

骆耀南.攀西古裂谷研究中的认识和进展[J].中国地质,1985(1):29-35.

骆耀南,俞如龙,侯立纬,等.龙门山-锦屏山陆内造山带[M].成都:四川科学技术出版社,1998.

马国桃,汪名杰,姚鹏,等.四川省九龙县黑牛洞富铜矿矿床黑云母$^{40}Ar-^{39}Ar$测年及其地质意义[J].地质学报,2009,83(5):671-679.

马国桃,姚鹏,马东方,等.四川九龙新火山花岗岩体单颗粒锆石LA-ICP-MS U-Pb定年及其地质意义[J].沉积与特提斯地质,2012,32(4):70-75.

马鸿文.工业矿物与岩石[M].第二版.北京:化学工业出版社,2005.

马铁球,陈立新,柏道远,等.湘东北新元古代花岗岩体锆石SHRIMP U-Pb年龄及地球化学特征[J].中国地质,2009,36(1):65-73.

毛光源.个旧锡矿是何时最早开采的?[J].职大学报(哲学社会科学),2006(3):117-118.

毛景文,程彦博,郭春丽,等.云南个旧锡矿田:矿床模型及若干问题讨论[J].地质学报,2008(11):1455-1467.

莫宣学,路凤香,沈上越,等.三江特提斯火山作用与成矿[M].北京:地质出版社,1993.

莫宣学,王文孝.三江中南段火山岩-蛇绿岩与成矿[M].北京:地质出版社,1998.

牟传龙,林仕良,余谦.四川会理天宝山组U-Pb年龄[J].地层学杂志,2003,27(3):216-219.

聂飞,董国臣,莫宣学,等.滇西昌宁-孟连带三叠纪花岗岩地球化学、年代学及其意义[J].岩石学报,2012,28(5):1465-1476.

聂飞,范文玉,董国臣,等.滇西新街岩体LA-ICP-MS锆石U-Pb年龄、Hf同位素和地球化学及其构造意义[J].地质通报,2015,34(10):1837-1847.

聂飞,范文玉,刘书生,等.自然重砂异常在云南西邑铅锌矿找矿中的意义[J].地质通报,2014,33(12):2019-2022.

潘桂棠,等.西南"三江"多岛弧造山过程成矿系统与资源评价[M].北京:地质出版社,2003.

潘桂棠,王立全,姚冬生,等.青藏高原及邻区1:150万地质图及说明书[M].成都:成都地图出版社,2004.

潘桂棠,王培生.东特提斯地质构造形成演化[M].北京:地质出版社,1997.

潘桂棠,徐强,侯增谦,等.西南"三江"多岛弧造山过程成矿系统与资源评价[M].北京:地质出版社,2003.

彭张翔.个旧锡矿成矿模式商榷[J].云南地质,1992(4):362-368.

秦德先,黎应书,范柱国,等.个旧锡矿地球化学及成矿作用演化[J].中国工程科学,2006(1):30-39.

秦德先,黎应书,谈树成,等.云南个旧锡矿的成矿时代[J].地质科学,2006(1):122-132.

秦建华,丁俊,刘才泽,等.我国西南地区斑岩矿床区域成矿环境[J].大地构造与成矿学,2010a,34(2):217-224.

秦建华,丁俊,刘才泽,等.我国西南地区斑岩矿床与走滑断裂关系及其勘查意义[J].地质与勘探,2010b,46(6):1028-1035.

秦建华,廖震文,朱斯豹,等.川滇黔相邻区碳酸盐岩容矿铅锌矿成矿特征[J].沉积与特提斯地质,2016,36(1):1-13.

秦建华,吴应林,颜仰基,等.南盘江盆地海西期—印支期沉积构造演化[J].地质学报,1996,70(2):99-107.

邱华宁,戴橦谟,蒲志平.滇西泸水钨锡矿床$^{40}Ar-^{39}Ar$法成矿年龄研究[J].地球化学,1994,23(增刊):93-102.

曲晓明,王瑞江,代晶晶,等.西藏班公湖-怒江缝合带中段雄梅斑岩铜矿的发现及意义[J].矿床地质,2012,31(1):1-12.

曲晓明,辛洪波.藏西班公湖斑岩铜矿带的形成时代与成矿构造环境[J].地质通报,2006,25(7):792-799.

任光明,庞维华,孙志民,等.扬子西缘登相营群基性岩墙锆石U-Pb年代学及岩石地球化学特征[J].成都理工大学学报(自然科学版),2013,40(1):66-79.

芮宗瑶,李光明,张立生.西藏斑岩铜矿对重大地质事件的影响[J].地学前缘,2004,11(1):145-154.

余宏全,李进文,马东方,等.西藏多不杂斑岩铜矿床辉钼矿Re-Os和锆石U-Pb SHRIMP测年及地质意义[J].矿床地质,2009,28(6):737-746.

沈渭洲,高剑峰,徐士进,等.四川盐边冷水箐岩体的形成时代和地球化学特征[J].岩石学报,2003,19(1):27-37.

沈渭洲,高剑锋,徐士进.扬子板块西缘泸定桥头基性杂岩体的地球化学特征和成因[J].高校地质学报,2002a,8(4):380-389.

沈渭洲,李惠民,徐士进,等.扬子板块西缘黄草山和下索子花岗岩体锆石U-Pb年代学研究[J].高校地质学报,2000,6(3):412-416.

沈渭洲,徐士进,高剑锋,等.四川石棉蛇绿岩套的Sm-Nd及Nd-Sr同位素特征[J].科学通报,2002b,47(20):1592-1595.

沈战武,金灿海,张海,等.云南滇滩无极山铁矿二长花岗岩锆石LA-ICP-MS U-Pb年代学及地球化学[J].矿物岩石,2013,33(1):53-59.

石洪召,张林奎,任光明,等.云南麻栗坡南秧田白钨矿床层控似矽卡岩成因探讨[J].中国地质,2011,38(3):673-680.

四川省地质局.四川省地质志[M].北京:地质出版社,1989.

四川省地质矿产局.四川省区域地质志[M].北京:地质出版社:1991.

四川省地质矿产局.四川省区域矿产总结[M].北京:地质出版社,1990.

四川省区域地质志[M].地质出版社,1982.

宋焕斌,金世昌.滇东南都龙锡矿床的控矿因素及区域找矿方向[J].云南地质,1987(4):298-304.

宋焕斌.老君山含锡花岗岩的特征及其成因[J].矿产与地质,1988,2(3):45-53.

宋焕斌.云南东南部都龙锡石-硫化物型矿床的成矿特征[J].矿床地质,1989(4):29-38.

孙超.锡矿产业链下的云南个旧工业建筑遗产保护更新研究(硕士)[D].重庆大学,2012.

孙志明,尹福光,关俊雷,等.云南东川地区昆阳群黑山组凝灰岩锆石 SHRIMP U-Pb 测年及其地层学意义[J].地质通报,2009,28(7):896-900.

索书田,侯光久,张明发,等.黔西南盘江大型多层次席状逆冲-推覆构造[J].中国区域地质,1993,3:239-247.

谈树成,秦德先,赵筱青,等.个旧锡矿印支中晚期海底基性火山-沉积 Sn-Cu-Zn(Au)矿床成矿雏议[J].地质与勘探,2006(1):43-50.

谈树成.个旧锡-多金属矿床成矿系列研究(博士)[D].昆明理工大学.2004.

唐菊兴,丁帅,孟展,等.西藏林子宗群火山岩中首次发现低硫化型浅成低温热液型矿床——以斯弄多银多金属矿为例[J].地球学报,2016,37(4):461-470.

陶平,李沛刚,李克庆.贵州泥堡金矿区矿床构造及其与成矿的关系[J].贵州地质,2002,19(4):221-227.

陶平,朱华,陶勇.黔西南凝灰岩型金矿的层控特征分析[J].贵州地质,2004,21(1):30-37.

陶琰,胡瑞忠,朱飞霖,等.云南保山核桃坪铅锌矿成矿年龄及动力学背景分析[J].岩石学报,2010,26(6):1760-1772.

陶琰,马德云,高振敏.个旧锡矿成矿热液活动的微量元素地球化学指示[J].地质地球化学,2002(2):34-39.

汪志芬.关于个旧锡矿成矿作用的几个问题[J].地质学报,1983(2):154-163.

王德华,王乃东,张永军,等.青藏高原构造及邻区航磁系列图及说明书[M].北京:地质出版社,2013.

王登红,等.西南三江地区新生代大陆动力学过程与大规模成矿[M].北京:地质出版社,王登红等.

王登红,屈文俊,李志伟,等.金沙江-红河成矿带斑岩铜钼矿的成矿集中期:Re-Os 同位素定年[J].中国科学(D辑)地球科学,2004,34(4):345-349.

王登红,应汉龙,梁华英,等.西南三江地区新生代大陆动力学过程与大规模成矿[M].北京:地质出版社,2006.

王冬兵,孙志明,尹福光,等.扬子地块西缘河口群的时代:来自火山岩锆石 LA-ICP-MS U-Pb 年龄的证据[J].地层学杂志,2012,36(3):82-87.

王剑,刘宝珺,潘桂棠.华南新元古代裂谷盆地演化及其全球构造意义[J].矿物岩石,2001,21(3):133-145.

王剑.华南新远古代裂谷盆地沉积演化——兼论与 Rodinia 解体的关系[M].北京:地质出版社,2000.

王力娟.我国卡林型金矿的基本特征[J].科技信息,2009(32):125.

王立全,潘桂棠,李才,等.藏北羌塘中部果干加年山早古生代堆晶辉长岩的锆石 SHRIMP U-Pb 年龄——兼论原-古特提斯洋的演化[J].地质通报,2008,27(12):2045-2056.

王濮,等.系统矿物学[M].北京:地质出版社,1987.

王生伟,廖震文,孙晓明,等.会东菜园子花岗岩的年龄、地球化学——扬子地台西缘格林威尔造山运动的机制探讨[J].地质学报,2013,87(1):55-70.

王生伟,廖震文,孙晓明,等.康滇地区燕山期岩石圈演化——来自东川基性岩脉 SHRIMP 锆石 U-Pb 年龄和地球化学制约[J].地质学报,2014,88(3):299-317.

王生伟,廖震文,孙晓明,等.云南东川铜矿区古元古代辉绿岩地球化学——Columbia 超级大陆裂解在扬子陆块西缘的响应[J].地质学报,2013,87(12):1834-1852.

王生伟,孙晓明,蒋小芳,等.东川铜矿原生黄铜矿的Re-Os年龄及其成矿背景[J].矿床地质,2012,31(增刊):609-610.

王生伟,孙晓明,廖震文,等.会理菜子园镍矿方辉橄榄岩铂族元素、Re-Os同位素地球化学及其地质意义[J].矿床地质,2013,32(3):515-532.

王生伟,孙晓明,廖震文,等.云南金宝山铂钯矿床铂族元素地球化学及找矿意义[J].矿床地质,2012,31(6):1259-1276.

王生伟,孙晓明,周邦国,等.峨眉山玄武岩中岩浆硫化物矿床Cu/Pd和Cu/Pt比值差异及意义[J].矿床地质,2009,28(28,增刊):49-66.

王生伟,孙晓明,周邦国,等.西南地区岩浆硫化物矿床的Cu/Pd、Cu/Pt比值差异及找矿意义[J].矿物学报,2009(增刊):96-97.

王世霞,朱祥坤,宋谢炎.攀枝花钒钛磁铁矿Fe同位素分布特征及其意义[J].矿物学报,2011,S1:1020-1021.

王维华,陈庚户,李松键,等.四川省盐源县烂纸厂铁矿成因浅析[J].四川地质学报,2012,32(1):20-24.

王新光,朱金初,沈渭洲.个旧锡矿的成矿物质来源[J].桂林冶金地质学院学报,1992(2):164-170.

王新松,毕献武,冷成彪,等.滇西北中甸红山Cu多金属矿床花岗斑岩锆石LA-ICP-MS U-Pb定年及其地质意义[J].矿物学报,2011,31(3):315-321.

王砚耕,索书田,张明发.黔西南构造与卡林型金矿[M].北京:地质出版社,1994.

王砚耕,王立亭,张明发,等.南盘江地区浅层地壳结构与金矿分布模式[J].贵州地质,1995,11(2):91-183.

王砚耕.黔西南及邻区两类赋金层序与沉积环境[J].岩相古地理,1990,6:8-13.

王正允.四川攀枝花含钒钛磁铁矿层状辉长岩体的岩石学特征及其成因初探[J].矿物岩石,1982,1:49-64.

王治华,王科强,喻万强,等.西藏申扎县甲岗雪山钨钼(铋)多金属矿床的Re-Os同位素年龄及其意义[J].安徽地质,2006,16(2):112-115.

王子正,郭阳,杨斌,等.扬子克拉通西缘1.73 Ga非造山型花岗岩的发现及其意义[J].地质学报,2013,(87)7:931-942.

韦天姣.猫场特大型铝土矿的产出特征及其勘查发现[J].贵州地质,1995,12(1):48-52.

魏泽权,雄敏.遵义地区锰矿成矿模式及找矿前景分析[J].贵州地质,2011,28(2):104-107.

温泉,温春齐,黄于鉴.四川攀枝花铁矿区辉石$^{40}Ar/^{39}Ar$快中子活化年龄及地质意义[J].矿物学报,2011(S1):647-648.

吴德超,刘家铎,刘显凡,等.黔西南地区叠加褶皱及其对金矿成矿的意义[J].地质与勘探,2003,39(2):16-20.

吴开兴,胡瑞忠,毕献武,等.滇西北衙金矿蚀变斑岩中的流体包裹体研究[J].矿物岩石,2005,25(2):20-26.

吴孔文,钟宏,朱维光,等.云南大红山层状铜矿床成矿流体研究[J].岩石学报,2008,24(9):2045-2057.

夏邦栋.普通地质学[M].北京:地质出版社,1995.

夏斌,徐力峰,韦振权,等.西藏东巧蛇绿岩中辉长岩锆石SHRIMP定年及其地质意义[J]. Acta Geologica Sinica,2008,82(4):528-531.

夏庆霖,陈永清,卢映祥,等.云南芦子园铅锌矿床地球化学、流体包裹体及稳定同位素特征[J].地球科学——中国地质大学学报,2005,30(2):177-186.

夏勇,苏文超,张兴春,等.黔西南水银洞层控卡林型金矿床成矿机理初探[J].矿物岩石地球化学通报,2006,25(增刊):146-149.

夏勇,张瑜,苏文超,等.黔西南水银洞层控超大型卡林型金矿床成矿模式及成矿预测研究[J].地质学报,2009,83(10):1473-1482.

肖骑彬,蔡新平,徐兴旺.云南北衙表生金矿形成与保存探讨[J].矿床地质,2003,4:1-407.

肖晓牛,喻学惠,莫宣学,等.滇西北衙金多金属矿床成矿地球化学特征[J].地质与勘探,2011,47(2):170-179.

肖晓牛,喻学惠,莫宣学,等.滇西北衙金多金属矿床流体包裹体研究[J].地学前缘,2009,2:250-261.

肖晓牛,喻学惠,莫宣学,等.滇西洱海北部北衙地区富碱斑岩的地球化学、锆石 SHRIMP U-Pb 定年及成因[J].地质通报,2009,28(12):1786-1803.

辛洪波,曲晓明,王瑞江,等.藏西班公湖斑岩铜矿带成矿斑岩地球化学及 Pb、Sr、Nd 同位素特征[J].矿床地质,2009,28(6):785-792.

忻建刚,袁奎荣.云南都龙隐伏花岗岩的特征及其成矿作用[J].桂林冶金地质学院学报,1993(2):121-129.

徐受民,莫宣学,曾普胜,等.滇西北衙富碱斑岩的特征及成因[J].现代地质,2006,20(4):527-535.

徐受民.滇西北衙金矿床的成矿模式及与新生代富碱斑岩的关系[D].北京:中国地质大学(北京),2007.

徐新煌,刘文周,王小春.康滇隆起东缘震旦系层控铅锌矿床地质特征地球化学特征成因[C]//中国南方震旦纪岩相古地理文集.成都:成都科技大学出版社,1991.

徐兴旺,蔡新平,宋保昌,等.滇西北衙金矿区碱性斑岩岩石学、年代学和地球化学特征及其成因机制[J].岩石学报,2006,22(3):632-642.

徐兴旺,蔡新平,张宝林,等.滇西北衙金矿矿床类型与结构模型[J].矿床地质,2007,26(3):249-264.

徐正余,陈福忠,郑延中,等.青藏高原主要矿产及其分布规律[M].北京:地质出版社,1991.

徐志刚,陈毓川,等.中国成矿区带划分方案[M].北京:地质出版社,2008.

徐志刚.中国成矿区带划分方案[M].北京:地质出版社,2008.

许志琴,杨经绥,李海兵,等.青藏高原与大陆动力学——地体拼合、碰撞造山及高原隆升的深部驱动力[J].中国地质,2006,33(2):221-238.

许庄.重砂的鉴定方法及其指示作用[J].化学工程与装备,2008,(4):91-93.

薛传东,侯增谦,刘星,等.滇西北北衙金多金属矿田的成岩成矿作用对印-亚碰撞造山过程的响应[J].岩石学报,2008,24(3):457-472.

薛传东.个旧超大型锡铜多金属矿床时空结构模型(博士)[D].昆明理工大学,2002.

闫升好,余金杰,赵以辛,等.藏北美多锑矿带地质地球化学特征及其地球动力学背景探讨[J].地球学报,2004,25(5):541-548.

闫学义,黄树峰,杜安道.冈底斯泽当钨铜钼矿 Re-Os 年龄及陆缘走滑转换成矿作用[J].地质学报,2010,84(3):398-406.

颜丹平,周美夫,宋鸿林,等.华南在 Rodinia 古陆中位置的讨论——扬子地块西缘变质-岩浆杂岩证据及其与 Seychelles 地块的对比[J].地学前缘,2002,9(4):249-256.

阳正熙,Anthony E Williams-Jones,蒲广平.四川冕宁牦牛坪轻稀土矿床地质特征[J].矿物岩石,2000,20(2):28-34.

杨崇辉,耿元生,杜利林,等.扬子地块西缘 Grenville 期花岗岩的厘定及其意义[J].中国地质,2009,36(3):647-657.

杨红,刘福来,杜利林,等.扬子地块西南缘大红山群老厂河组变质火山岩的锆石 U-Pb 定年及其地质意义[J].岩石学报,2012,28(8):2994-3014.

杨建民,薛春纪,徐珏,等.滇西北喜马拉雅期富碱斑岩地质特征及其成矿作用[A]//陈毓川.喜马拉雅期内生成矿作用研究.北京:地质出版社,2001.

杨开辉,侯增谦,莫宣学."三江"地区火山成因块状硫化物矿床的基本特征与主要类型[J].矿床地质,1992,11(1):35-44.

杨开辉,莫宣学.滇西南晚古生代火山岩与裂谷作用及区域构造演化[J].岩石矿物学杂志,1993b,12(4):297-311.

杨开辉,莫宣学.云南澜沧老厂火山成因块状铅锌铜硫化物矿床的基本特征及其成因类型[J].中国地质科学院院报,1993a,26:79-96.

杨科佑,陈丰,苏文超,等.滇黔桂地区卡林型金矿的地质地球化学特征及找矿前景[M]//中加金矿床对比研究—CIDA 项目Ⅱ-17 文集.北京:地震出版社,1994.

杨启军,徐义刚,黄小龙,等.滇西腾冲-梁河地区花岗岩的年代学、地球化学及其构造意义[J].岩石学报,

2009,25(5):1092-1104.

杨启军,徐义刚,黄小龙,等.高黎贡构造带花岗岩的年代学和地球化学及其构造意义[J].岩石学报,2006,22(4):817-834.

杨小峰,罗刚.云南镇康地区芦子园铅锌矿床控矿因素浅析[J].地质通报,2011,30(7):1137-1146.

杨岳清,杨建民,徐德才,等.云南大平掌铜多金属矿床成矿作用[J].矿床地质,2008,27(2):230-242.

杨志明,侯增谦,宋玉财,等.西藏驱龙超大型斑岩铜矿床:地质、蚀变与成矿[J].矿床地质,2008,27(3):279-318.

杨宗喜,毛景文,陈懋弘,等.云南个旧卡房矽卡岩型铜(锡)矿 Re-Os 年龄及其地质意义[J].岩石学报,2008(8):1937-1944.

杨宗喜,毛景文,陈懋弘,等.云南个旧老厂细脉带型锡矿白云母 $^{40}Ar-^{39}Ar$ 年龄及其地质意义[J].矿床地质,2009(3):336-344.

杨宗永,何斌.南盘江盆地中三叠统碎屑锆石地质年代学:物源及其地质意义[J].大地构造与成矿学,2012,36(4):581-596.

姚祖德,燕永清.四川盐源矿山梁子-牛厂铁矿成因再认识[J].四川地质学报,1991,11(2):117-126.

叶庆同,胡云中,杨岳清.三江地区区域地球化学背景和金银铅锌成矿作用[M].北京:地质出版社,1992.

叶水盛.基于GIS的重砂空间信息合成[J].吉林大学学报(地球科学版),2005,35(1):131-135.

叶现韬,朱维光,钟宏,等.云南无定迤纳厂 Fe-Cu-REE 矿床的锆石 U-Pb 和黄铜矿 Re-Os 年代学、稀土元素地球化学及其地质意义[J].岩石学报,2013,29(4):1167-1186.

尹崇玉,刘敦一,高林志,等.南华系底界与古城冰期的年龄:SHRIMP Ⅱ 定年证据[J].科学通报,2003,48(16):1721-1725.

尹福光,孙志明,任光明,等.上扬子陆块西南缘古—中元古代造山运动的地质记录[J].地质学报,2012,12:1917-1932.

应汉龙,蔡新平.云南北衙矿区富碱斑岩正长石和白云母的 $^{40}Ar-^{39}Ar$ 年龄[J].地质科学,2004,1:107-110.

应汉龙,蔡新平.云南北衙矿区富碱斑岩正长石和白云母的 $^{40}Ar-^{39}Ar$ 年龄[J].地质科学,2004,39(1):107-110.

袁间齐,朱上庆,等.矿床学[M].北京:地质出版社,1985.

袁忠信,施泽民,白鸽,等.四川冕宁牦牛坪轻稀土矿床[M].北京:地震出版社,1995.

云南鹤庆北衙金多金属矿床成矿地质条件[J].矿产地质,2010,24(3):198-203.

云南省地质矿产局.云南省区域地质志[M].北京:地质出版社,1990.

云南省地质矿产局.云南省区域地质志[M].北京:地质出版社,1990.

云南省地质矿产局.云南省区域矿产志[M].北京:地质出版社,1993.

云南省地质矿产局.云南省区域矿产总结[M].北京:地质出版社,1993.

曾令高,张均,江满容,等.四川盐源平川铁矿床成矿作用及其结构[J].矿床地质,2010,29(增刊):121-122.

曾普胜,莫宣学,喻学惠,等.滇西北中甸斑岩及斑岩铜矿[J].矿床地质,2003,22(4):393-400.

曾志刚,李朝阳,刘玉平,等.滇东南南秧田两种不同成因类型白钨矿的稀土元素地球化学特征[J].地质地球化学,1998(2):34-38.

曾志刚,李朝阳,刘玉平,等.老君山成矿区变质成因矽卡岩的地质地球化学特征[J].矿物学报,1999(1):48-55.

张长青,李向辉,余金杰,等.四川大梁子铅锌矿床单颗粒闪锌矿铷-锶测年及其地质意义[J].地质论评,2008,54(4):532-538.

张长青,毛景文,刘峰,等.云南会泽铅锌矿床黏土矿物 K-Ar 测年及其地质意义[J].矿床地质,2005b,24(3):317-324.

张长青,毛景文,吴锁平,等.川滇黔地区 MVT 铅锌矿床分布、特征及成因[J].矿床地质,2005a,24(3):336-348.

张弘,申俊峰,董国臣,等.云南来利山锡矿矿物学研究及氢氧同位素特征[J].岩石矿物学杂志,2017,36(1):48-59.

张洪培.云南蒙自白牛厂银多金属矿床——与花岗质岩浆作用有关的超大型矿床(博士)[D].中南大学,2007.

张欢,童祥,武俊德,等.个旧锡矿——红海型热水沉积登陆的实例[J].矿物学报,2007(Z1):335-341.

张建东.个旧锡矿花岗岩接触-凹陷带空间展布特征、控矿机理及空间信息成矿预测研究(博士)[D].中南大学,2007.

张林奎,范文玉,高大发.西藏勒青拉铁铅锌矿床成矿模式探讨[J].地球学报,2012,33(4):673-680.

张启明,江新胜,秦建华,等.黔北-渝南地区中二叠世早期梁山组的岩相古地理特征和铝土矿成矿效应[J].地质通报,2012,31(4):558-568.

张乾,李开文,王大鹏,等.滇东南白牛厂多金属矿床成因的地质地球化学新证据[J].矿物学报,2009(s1):355-356.

张文林,曹华文,杨志民,等.四川梭罗沟大型金矿区新生代碱性煌斑岩脉地球化学特征及其地质意义[J].矿物岩石地球化学通报,2015,34(1):110-119.

张晓琪,张加飞,宋谢炎,等.斜长石和橄榄石成分对四川攀枝花钒钛磁铁矿床成因的指示意义[J].岩石学报,2011,12:3675-3688.

张亚辉,张世涛,刘红卫.滇东南薄竹山地区大型多金属矿床控矿因素对比研究[J].昆明理工大学学报(自然科学版),2012(6):1-7.

张玮,金灿海,范文玉,等.腾冲地区与锡矿床有关的花岗岩地球化学特征及类型判别[J].地质学报,2013,87(12):1853-1863.

张玉泉,谢应雯.哀牢山金沙江富碱侵入岩年代学和Nd,Sr同位素特征[J].中国科学(D辑),1997,34(4):289-293.

张璋,耿全如,彭智敏,等.班公湖-怒江成矿带西段材玛花岗岩体岩石地球化学及年代学[J].沉积与特提斯地质,2011,31(4):86-96.

张振亮,黄智龙,饶冰,等.会泽铅锌矿床成矿流体研究[J].地质找矿论丛,2005,20(2):115-122.

张志,唐菊兴,何林,等.西藏班怒带尕尔穷、嘎拉勒铜金矿床成矿母岩岩石化学特征初步对比研究[J].矿物学报,2011(增刊):669-670.

赵会庆.中国卡林型金矿成矿构造环境及热液特征[J].地质找矿论丛,1999,14(3):34-41.

赵庆英,李满环,杨卓.地理信息系统在建立1:20万自然重砂空间数据库中的应用[J].吉林地质,2002,21(4):69-73.

赵元艺,宋亮,樊兴涛,等.西藏申扎县舍索铜多金属矿床辉钼矿Re-Os年代学及地质意义[J].Acta Geologica Sinica,2009,83(8):1150-1158.

赵准.中甸-大理-金平地区与喜马拉雅期斑岩有关的铅、铜钼、金矿床成矿模式[J].云南地质,1995,15(4):333-341.

郑明华,阳正熙,顾雪祥.四川木里耳泽岩溶型金矿床形成条件和成矿机制[J].地质科学,1995,30(4):363-373.

郑永飞.新元古代超大陆构型中华南的位置[J].科学通报,2004,49(8):715-716.

中国地质大学(武汉)信息工程学院 MapGIS地理信息系统用户教程[M].武汉:中国地质大学出版社,1998.

中国地质调查局.国土资源地质大调查成果总结报告(1999—2010年)[R].北京:地质出版社,2012.

中国地质调查局发展研究中心.中国地质矿产工作中长期发展战略与宏观部署研究[M].北京:地质出版社,2010.

中国矿床发现史编委会.中国矿床发现史.(云南卷)[M].北京:地质出版社,1996.

钟大赉.滇川西部古特提斯造山带[M].北京:科学出版社,1998.

钟立峰,夏斌,周国庆,等.藏南罗布莎蛇绿岩辉绿岩中锆石SHRIMP测年[J].地质论评,2006,52(2):

224-229.

钟志成. 漫谈重砂矿物的鉴定问题及实例[J]. 湖南地质, 1989(2): 61-64.

周邦国, 王生伟, 孙晓明, 等. 四川会东新田金矿矿床地质及找矿远景[J]. 地质与勘探, 2013, 49(5): 872-881.

周邦国, 王生伟, 孙晓明, 等. 云南东川地区辉绿岩锆石的 SHRIMP U-Pb 年龄及其意义[J]. 地质论评, 2012, 58(2): 360-368.

周家喜, 黄智龙, 周国富, 等. 黔西北赫章天桥铅锌矿床成矿物质来源: S、Pb 同位素和 REE 制约[J]. 地质论评, 2010, 56(4): 513-524.

周家云, 毛景文, 刘飞燕, 等. 扬子地台西缘河口群钠长岩锆石 SHRIMP 年龄及岩石地球化学特征[J]. 矿物岩石, 2011, 31(3): 66-73.

周家云, 王以明, 李建忠, 等. 会理元古代 Fe-Cu 岩系的年代格架及其成矿约束[J]. 矿床地质, 2012, 31(增刊): 81-82.

周建平, 徐克勤, 华仁民, 等. 滇东南喷流沉积块状硫化物特征与矿床成因[J]. 矿物学报, 1998a(2): 158-168.

周建平, 徐克勤, 华仁民, 等. 滇东南锡多金属矿床成因商榷[J]. 云南地质, 1997(4): 309-349.

周肃, 莫宣学, Mahoney J J, 等. 西藏罗布莎蛇绿岩中辉长辉绿岩 Sm-Nd 定年及 Pb, Nd 同位素特征[J]. 科学通报, 2001, 46(16): 1387-1390.

朱飞霖, 陶琰, 胡瑞忠, 等. 云南镇康芦子园铅-锌矿的成矿年龄[J]. 矿物岩石地球化学通报, 2011, 30(1): 73-79.

朱华平, 范文玉, 周邦国, 等. 论东川地区前震旦系地层层序: 来自锆石 SHRIMP 及 LA-ICP-MS 测年的证据[J]. 高校地质学报, 2011, 17(3): 452-461.

朱华平, 周邦国, 王生伟, 等. 扬子地台西缘康滇克拉痛中碎屑锆石的 LA-ICP-MS U-Pb 定年及其地质意义[J]. 矿物岩石, 2011, 31(1): 70-74.

朱赖民, 金景福, 何明友, 等. 黔西南微细浸染型金矿床深部物质来源的同位素地球化学研究[J]. 长春科技大学学报, 1998, 28(1): 37-42.

朱赖民, 袁海华, 栾世伟, 等. 四川底苏、大梁子铅锌矿床同位素地球化学特征及成矿物质来源探讨[J]. 矿物岩石, 1995, 15(1): 72-79.

朱启金. 个旧大马芦锡矿层间氧化矿矿床特征及成矿模式[J]. 云南地质, 2012(1): 26-31.

朱维光, 邓海琳, 刘秉光, 等. 四川盐边高家村镁铁-超镁铁质杂岩的形成时代: 单颗粒锆石 U-Pb 和角闪石 ^{40}Ar-^{39}Ar 年代学制约[J]. 科学通报, 2004, 49(10): 985-992.

朱兴宽, 姚香. 重砂分离与综合利用[J]. 黄金, 1991(8): 35-38.

朱余银, 韩润生, 薛传东, 等. 云南保山核桃坪铅-锌矿床地质特征[J]. 矿产与地质, 2006, 20(113): 32-35.

祝朝辉, 刘淑霞, 张乾, 等. 云南白牛厂银多金属矿床成矿作用特征的稀土元素地球化学约束[J]. 矿物岩石地球化学通报, 2009(4): 365-376.

祝朝辉, 刘淑霞, 张乾, 等. 云南白牛厂银多金属矿床喷流沉积成因证据: 容矿岩石的地球化学约束[J]. 现代地质, 2010(1): 120-130.

祝朝辉, 张乾, 何玉良. 滇东南白牛厂银多金属矿床成矿元素特征[J]. 矿物岩石地球化学通报, 2005(4): 327-332.

祝朝辉, 张乾, 邵树勋, 等. 云南白牛厂银多金属矿床成因[J]. 世界地质, 2006(4): 353-359.

祝向平, 陈华安, 马东方, 等. 西藏波龙斑岩铜金矿床的 Re-Os 同位素年龄及其地质意义[J]. 岩石学报, 2011, 27(7): 2159-2164.

X H A, 刘丽玲. 应用重砂的矿物-地球化学方法预测和寻找金矿床[J]. 地质地球化学, 1992(5): 20-24.

Armijo R, Tapponnier P, Han T. Late Cenozoic right-lateral strike-slip faulting across southern Tibet[J]. Journal of Geophysical Research, 1989, 94 (B3): 2787-2838.

Armijo R, Tapponnier P, Mercier J L, et al. Quaternary extension in southern Tibet: Field observations and tectonic implications[J]. Journal of Geophysical Research, 1986, 91 (B14): 13 803-13 872.

Brown M. The generation, segregation, ascent and emplacement of granite magma: the migmatite – to – crustally – derived granite connection in thickened orogens[J]. Earth – Science Reviews, ,1994,36: 83 – 130.

Chen W T, Zhou M F. Paragenesis, stable isotopes, and molybdenite Re – Os isotope age of the Lala Iron – Copper deposit, southwest China[J]. Economic Geology, 2012, 107: 459 – 480.

Coleman M E, Hodges K P. Evidence for Tibetan plateau uplift before 14 Myr ago from a new minimum estimate of east – west extension[J]. Nature, 1993, 364: 50 – 54.

Cornejo P, Tosdal R M, Mpodozis C, et al. El Salvador, Chile porohyry copper deposit revisited: Geological and geochronoligic framework[J]. International Geology Review, 1997, 39: 22 – 54.

Dunlap W J, Weinberg R F, Searle M P. Karakoram fault zone rocks cool in two phase[J]. J. Geol. Soc. London, 1998, 155: 903 – 912.

Geng Q R, Zhang Z, Peng Z M, et al. Jurassic – Cretaceous granitoids and related tectonometallogenesis in the Zapug – Duobuza arc, western Tibet[J]. Ore Geology Reviews, 2016, 77: 163 – 175.

Han R S, Zou L J, Hu B, Hu Y Z, et al. Features of fluid inclusions and sources of ore forming fluid in the Maoping carbonate – hosted Zn – Pb –(Ag – Ge) deposit, Yunnan, China[J]. Acta Petrofogica Sinica, 2007, 23(9): 2109 – 2118.

Han R S, Zou L J, Hu B, et al. Features of fluid inclusions and sources of ore forming fluid in the Maoping carbonate – hosted Zn – Pb –(Ag – Ge) deposit, Yunnan, China. Acta Petrofogica Sinica, 2007, 23(9): 2109 – 2118.

Hou Z Q, Cook N J. Metallogenesis of the Tibetan collisional orogen: A review and introduction to the special issue[J]. Ore Geology Reviews, 2009, 36: 2 – 24.

Hou Z Q, Ma H W, Khin Z, et al. The Himalayan Yulong porphyry Copper belt: Product of Large – scale strike –slip faulting in Eastern Tibet[J]. Economic Geology, 2003, 98: 125 – 145.

Hou Z Q, Zaw K, Pan G T, et al. Sanjiang Tethyan metallogenesis in S. W. China: Tectonic setting, metallogenic epochs and deposit types[J]. Ore Geology Reviews, 2007, 31: 48 – 87.

Hou Z Q, Zeng P S, Gao Y F, et al. Himalayan Cu – Mo – Au mineralization in the eastern Indo – Asian collision zone: constraints from Re – Os dating of molybdenite[J]. Mineralium Deposita, 2006, 41: 33 – 45.

Kapp P, Yin A, Manning C E, Harrison T M, et al. Tectonic evolution of the early Mesozoic blueschist –bearing Qiangtang metamorphic belt[J]. central Tibet. Tectonics, 2003b, 22(4): 1043 – 1069.

Kapp P, Yin An, Harrison T M, et al. Cretaceous – Tertiary shortening, basin development, and volcanism in central Tibet[J]. GSA Bulletin, 2005, 117(7 – 8): 865 – 878.

Leach D J, Bradley D, Lewchuk M T et al. Mississippi Valley – type lead – zinc deposits through geological time: implications from recent age – dating[J]. Mineralium Deposita, 2001, 36: 711 – 740.

Lee H Y, Chung S L, Wang J R, et al. Miocene Jiali faulting and its implications for Tibet tectonic evolution [J]. Earth and Planetary Science Letters, 2003, 205: 185 – 194.

Leloup P H, Lacassin R, Tapponnier P, et al. The Ailao Shan – Red River shear zone (Yunnan, China), Tertiary transform boundary of Indochina[J]. Tectonophysics, 1995, 251: 3 – 84.

Li J X, Qin K Z, Li G M, et al. ,Petrogenesis of Cretaceous igneous rocks from the Duolong porphyry Cu – Au deposit, central Tibet: evidence from zircon U – Pb geochronology, petrochemistry and Sr – Nd– Pb – Hf isotope characteristics[J]. Geological Journal, 2014a, DOI: 10.1002/gj.2631.

Li S M, Zhu D C, Wang Q, et al. Northward subduction of Bangong – Nujiang Tethys: Insight from Late Jurassic intrusive rocks from Bangong Tso in western Tibet[J]. Lithos 2014b, 205 (2014): 284 – 297.

Metcalfe I. Gondwana dispersion and Asian accretion: Tectonic and palaeogeographic evolution of eastern Tethys[J]. Journal of Asian Earth Sciences, 2013, 66: 1 – 33.

Metcalfe I. Palaeozoic and Mesozoic tectonic evolution and palaeogeography of East Asian crustal fragments:

the Korean Peninsula in context[J]. Gondwana Research,2006,9: 24-46.

Metcalfe I. Permian tectonic framework and palaeogeography of SE Asia[J]. Journal of Asia Earth Sciences, 2002,20: 551-566.

Metcalfe I. Tectonic framework and Phanerozoic evolution of Sundaland[J]. Gondwana Rearch, 2011, 19: 3-21.

Norin E. Geological Exploration in Western Tibet: Report on Sino-Swedish Expedition 29[M]. Stockholm: Sweden Aktiebolaget Thule Stockholm,1946.

Paradis S,Hannigan P,Dewing K. Mississippi Valley-type lead-Zinc deposits[A],in Goodfellow W D,ed., Mineral Deposits of Canada: A synthesis of Major Deposit-Type,District Metallogeny,the Evolution of Geological Provinces,and Exploration Methods: Geological Association of Canada,Mineral Deposits Division,Special Publication 2007,5:185-203.

Pellant C. 岩石与矿物. 谷祖纲,李桂兰,译. 北京:中国友谊出版社,2007.

Peng T P,Wang Y J,Fan W M,et al. SHRIMP ziron U-Pb geochronology of Early Mesozoic felsic igneous rocks from the southern Lancangjiang and its tectonic implications. Science in China (Series D),2006,49: 1032-1042.

Richards T P. Discussion of"Is there a close spatial relationship between faults and plutons?"by Paterson S R and Schmidt K L[J]. Journal of Structural Geology,2001,23: 2025-2027.

S. Paradis,P. Hanniganand K. Dewing. Mississippi Valley-type lead-Zinc deposits,in Goodfellow W D,ed., Mineral Deposits of Canada: A synthesis of Major Deposit-Type,District Metallogeny,the Evolution of Geological Provinces,and Exploration Methods: Geological Association of Canada[J]. Mineral Deposits Division,Special Publication 2007(5):185-203.

Sengör A M C. Mid-Mesozoic closure of Permo-Triassic Tethys and its implication[J]. Nature,1979,279: 590-593.

Sone M and Metcalfe I. Parallel Tethyan Sutures in mainland SE Asia: new insights for Palaeo-Tethys closure and implications for the Indosinian orogeny[J]. Comptes Rendus Geoscience,2008,340: 166-179.

Ueno K,Wang Y and Wang X. Fusulinoidean faunal sucession of a Paleo-Tethyan oceanic seamount in the Changning-Menglian belt,West Yunnan,Southwest China:An overview[J]. The Island Arc,12: 145-161.

Wang E,Burchfiel B C. Late Cenozoic to Holocene deformation in southwestern Sichuan and adjacent Yunnan, China,and its role in formation of the southeastern part of the Tibetan Plateau[J]. Geological Society of American Bulletin,2000,112(3): 413-423.

Wang J,Li Z X. History of Neoproterzoic Rift Basins in South China: Implications for Rodinia Breakup[J]. Precambrian Research,2003,122: 141-158.

Williams H M,Turner S P,Pearce J A,et al. Nature of the source regions for post collisional,potassic magmatism in southern and northern Tibet from geochemical varations and inverse element modeling[J]. Journal of Petrology,2004,45:555-607.

Williams H M,Turner S,Kelley S,et al. Age and composition of dikes in Southern Tibet: new constrains on the timing of east-west extension and its relationship to post-collisional volcanism[J]. Geology,2001, 29:339-342.

Williams H,Turner S,Kelley S,et al. Age and composition of dikes in Southern Tibet: News on the timing of constraints on the timing of east-west extension and its relationship to postcollisional volcanism[J]. Geology,2001,29(4): 339-342.

Xu Y G,Yang Q J,Lan J B,et al. Temporal-spatial distribution and tectonic implications of the batholiths in the Gaoligong-Tengliang-Yingjiang area,western Yunnan: Constraints from zircon U-Pb ages and Hf isotopes[J]. Journal of Asian Earth Sciences, Doi: 10.1016/j.jseaes.2011.

Yang Yongfei, Fan Wenyu, Luo Maojin, et al. Magmatic Hydrothermal Origin of the Wenyu copper Polymetallic Deposit, Southern Lancangjiang Zone, SW China [J]. ACTA Geologica Sinica(English Edition), 2015, 89(5):1769-1770.

Yin A, Harrison T M. Geologic evolution of the Himalayan-Tibetan orogen[J]. Annu. Rev. Earth Planet. Sci., 2001, 28: 211-280.

Zhao X F, Zhou M F, Li J W, et al. Late Paleoproterozoic to early Mesoproterozoic Dongchuan Group in Yunnan, SW China: Implications for tectonic evolution of the Yangtze Block[J]. Precambian Research, 2010, 182: 57-69.

Zhao X F, Zhou M F. Fe-Cu deposits in the Kangdian region, SW China: a proterozoic IOCG(iron-oxide-copper-gold) metallogenic province[J]. Mineral Deposita, 2011, 46: 731-747.

Zhou J X, Huang Z L, Zhou M F, et al. Constraints of C-O-S-Pb isotopic compositions and Rb-Sr isotopic age on the origin of Tianqiao carbonate-hosted Pb-Zn deposit, SW China[J]. Ore Geology Reviews, 2013, 53:77-92.

Zhou M F, Yan D P, Kennedy A K, et al. SHRIMP U-Pb zircon geochronological and geochemical evidence for Neoproterozoic arc-magmatism along the western margin of the Yangtze block, south China[J]. Earth and Planetay Science Letters, 2002, 196: 51-57.

Zhu D C, Zhao Z D, Niu Y L, et al. Cambrian bimodal volcanism in the Lhasa Terrane, southern Tibet: record of an early Paleozoic Andean-type magmatic arc in the Australian proto-Tethyan margin[J]. Chemical Geology, 2012, 328: 290-308.

Zhu Z M, Sun Y L. Direct Re-Os dating of chalcopyrite form the Lala IOCG depsosit in the Kangdian copper belt, China[J]. Economic Geology, 2013, 108: 871-882.

内部参考资料

蔡新平,等.滇西北衙金矿床特征及成因初探[R].1991.
成都地调中心.北衙金矿远景区深部调查评价项目总体设计及2012年工作方案,2012.
成都地调中心.云南金平-元阳地区金多金属矿集区深部构造与隐伏矿找矿方法研究总体设计,2013.
福建省闽北地质大队.有关1:5万重砂测量问题的讨论,1992.
耿涛,刘宽厚.青藏高原1:100万区域重力研究报告[R].陕西省地质矿产勘查开发局第二综合物探大队,2008.
贵州国土资源厅.贵州找矿突破战略行动实施方案(2011—2020年),2012.
贵州省地质调查院.贵州省资源潜力评价成果报告,2011.
贵州省国土资源厅.贵州省重要矿种矿产预测成果总结报告(全国矿产资源潜力评价项目),2013.
国土资源部.全国矿产资源潜力评价总体实施方案,2007,3.
何政伟.四川攀枝花深部找矿疑难问题研究2013年度工作方案.成都理工大学.2013.
攀西地质大队.攀枝花-西昌地区钒钛磁铁矿成矿规律与预测研究,1982.
全国矿产资源潜力评价数据模型重砂分册.2009,7-31.
全国矿产资源潜力评价项目办公室.全国自然重砂资料应用成果要求,2009,11-16.
四川国土资源厅.四川找矿突破战略行动实施方案(2011—2020年),2012.
四川省地矿局.攀西裂谷带主要地质构造特征及其矿产的控制,1986.
四川省地矿局.四川省构造体系及其与铁、铜、地震分布规律的研究,1980.
四川省地质调查院.四川省潜力评价成果报告,2011.
四川省地质调查院.四川省重要矿种区域成矿规律矿产预测课题成果报告,2013.

四川省地质矿产局.四川省区域矿产总结——1:100万区域河流重砂异图说明书,1989.
四川省国土资源厅.四川省重要矿种矿产预测成果总结报告(全国矿产资源潜力评价项目),2013.
四川省稀土矿潜力资源评价报告.四川省地质矿产勘查开发局109地质队,2011.
王永华,等.西南三江地区中段地球化学图说明书[R].内部出版,1998.
王永坤,刘增乾,陈福忠,等.藏东地区铜、锡、金成矿地质特征及远景预测,成都地质矿产研究所、西藏地质矿产局(1990).
西藏地质矿产局.拉萨幅1:20万区域地质调查报告,1994.
徐开峰.西藏1:20万自然重砂数据库成果报告,2004.
颜丹平,宋鸿林,傅昭仁,等.四川九龙江浪变质穹隆体"地层"新解.1996,58-66.
云南国土资源厅,云南地调局.云南找矿突破战略行动实施方案(2011—2020年),2012.
云南省地调院.云南省1:20万自然重砂数据库建设报告,2005.
云南省地矿局区调队.云南省综合重砂异常图及说明书,1987.
云南省地质调查局.云南省鹤庆县北衙矿区及外围金矿评价报告(1999—2000年),2003.
云南省地质调查局.云南省铝矿资源潜力评价成果报告,2011.
云南省地质调查局.云南省铜、铅锌、金、钨、锑、稀土矿资源潜力评价成果报告,2011.
云南省国土资源厅.云南省国土资源遥感综合调查报告,2003.
云南有色地质勘查院.云南省宁蒗-祥云斑岩铜矿评价成果报告,2006.
中国地调局.全国矿产资源潜力评价数据模型,2008.
中国地质大学(北京),云南财经大学,云南地矿资源股份有限公司.北衙地区金铜矿床成矿模型及深部斑岩金铜矿潜力研究报告,2008.
中国地质调查局.国土资源大调查矿产资源调查评价成果集成报告(1999—2010年),2010.
中国地质调查局.自然重砂数据库建设工作指南,2001.
中国地质调查局发展研究中心.自然重砂数据库系统用户使用手册[Z].2006.
中国地质调查局发展研究中心.自然重砂资料应用技术要求,2006.
中国地质调查局发展中心.重砂软件系统操作说明书,2006.
重庆地质矿产研究院.重庆市潜力评价成果报告,2011.
重庆市国土资源局.重庆市重要矿种矿产预测成果总结报告(全国矿产资源潜力评价项目),2013.